SPSS/AMOS를 활용한 100문 100답

다변량 통계분석의 이론과 해설

양병화 저

MULTIVARIATE DATA ANALYSIS FOR ABSOLUTE BEGINNERS

학지사

일러두기

- 이 책의 예제 데이터는 학지사 홈페이지 자료실에서 내려받을 수 있습니다(SPSS/AMOS 명령문 포함).
- 이 책의 프로그램은 SPSS 25.0과 AMOS 25.0을 이용하였습니다.
- 이 책의 일부 용어는 현용 맞춤법이 아닌 SPSS 프로그램 용어를 사용하였습니다.

머리말

과거 다변량 통계분석이라고 하면 어렵고 전문가들이 사용하는 고도의 기법이라고 생각했지만 이제 다변량 통계분석은 전문가의 시대를 지나 누구나 쉽게 접하고 이용하는 시대가 되었습니다. 사회와 환경이 복잡해지는 만큼 현상을 이해하고 분석하는 더 나은 통계기법이 요구되고 사회과학을 공부하는 학생들의 통계에 대한 이해 수준도 높아져 다변량 통계분석은 그야말로 연구를 위한 필수 도구가 되고 있습니다.

이 책은 다변량 통계분석을 처음 접하는 독자에서부터 어느 정도 익숙한 독자까지 스스로 원하는 방식으로 학습할 수 있도록 예제와 해설을 수록하였고 상황에 따라 필요한 부분을 선택적으로 공부할 수 있도록 '100문 100답'의 형식으로 구성하였습니다. 통계가 전공이 아닌 학생이나 실무자들에게 다소 까다롭게 느껴질 수 있는 다변량의 개념과 원리를 묻고 답하는 형식으로 쉽게 접근할 수 있도록 하였고 상황에 따라 필요한 이론과 사용법을 찾아볼 수 있도록 함으로써 시간과 노력이 요구되는 다변량 통계분석을 효율적으로 학습할 수 있도록 하였습니다.

이 책을 공부하면서 독자께서는 먼저 분석의 원리와 목적을 파악하고 어떤 상황에서 쓰이는지를 이해하고 그다음 예제 데이터를 활용하여 실제 분석을 따라 하기로 수행하면서 절차와 해석 요령을 익힐 것을 추천합니다. 그리고 예제 데이터뿐만 아니라 더 많은 실전 데이터를 적용하여 분석하고 해석을 연습한다면 비록 까다롭게 느껴지는 다변량 통계분석이지만 연구에 활용하는 능력을 충분히 익힐 것으로 생각됩니다. 또한 실전 경험에서 생기는 궁금증이 있을 때 100문 100답에서 힌트를 얻거나 문제 해결에 도움이 된다면 학습의 또 다른 좋은 출발점이 될 것입니다.

모든 다변량 통계분석을 다 수록하지 못한 아쉬움이 크지만 이 책에 수록된 분석은 다중회귀분석(multiple regression analysis), 판별함수분석(discriminant function analysis), 다변량분산분석(multivariate ANOVA), 요인분석(factor analysis), 구조방정식모형(structural equation modeling) 등 사회과학에서 비교적 사용빈도가 높고 활용범위가 넓은 대중적 방법을 해설하였습니다. 각 분석의 원리를 먼저 파악하는 것이 우선되지만 예제 데이터를 해석하는 과정에서 필요한 개념적 원리를 추적하여 학습하는 것도 좋은 방법입니다. 이 책에 수록된 분석기법의 경중은 따질 수 없으나 독자께서 사용 목적에 따라 선호하는 방법은 있을 수 있습니다. 다중회귀분석은 학술적으로나 실무적으로 가장 선호되는 기법의 하나로 예측을 목적으로 하는 대표적인 방법일 것입니다. 판별함수분석은 집단을 판별하는 목적으로 실무의 활용도가 높고 다변량분산분석은 여러 종속변수 측정치를 사용하는 실험연구에서 중요한 분석기법이라고 할 것입니다. 또한 요인분석은 다변량의 빛나는 역사를 담고 있는 완벽한 알고리즘의 통계기법이며 구조방정식모형은 요인분석의 뒤를 이어 20세기 후반부터 지금까지 다변량 분석의 발전을 선도하는 가장 트렌디한 접근의 하나입니다.

이제 다변량 통계분석이 현대 과학적 접근의 필수인 시대에 누구나 쉽게 다변량 통계분석을 사용하고 해석할 수 있도록 독자들께 미력을 보태는 마음으로 책을 시작하였습니다. 책을 쓰기 시작할 때의 용기는 책을 마무리할 때의 아쉬움으로 남지만 부족한 원고가 무사히 출간될 수 있도록 최선을 다해 주신 학지사의 사장님과 선생님들께 진심으로 감사를 드립니다. 이 책이 다변량을 공부하는 분들께 더 좋은 길라잡이가 될 수 있도록 많은 질책과 조언을 부탁드립니다.

2023년 12월

차례

03 판별함수분석 101

04 다변량분산분석 183

05 요인분석 251

06 구조방정식모형 341

01

다변량 통계분석이란

Foundation of Multivariate Data Analysis

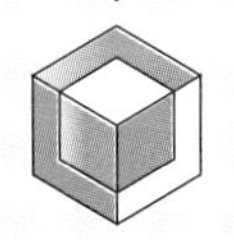

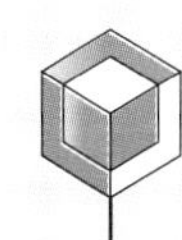

학습목표

- 다변량 통계분석의 기초
- 다변량 통계분석의 분류와 선택
- 신뢰도의 개념과 해석
- 타당도의 개념과 해석
- 신뢰도와 타당도의 관계

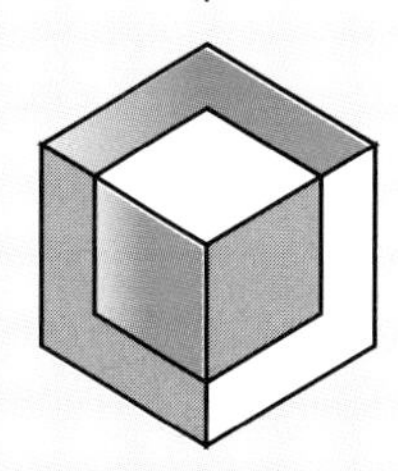

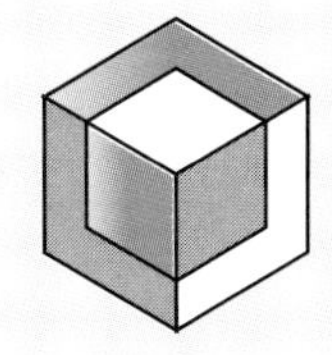

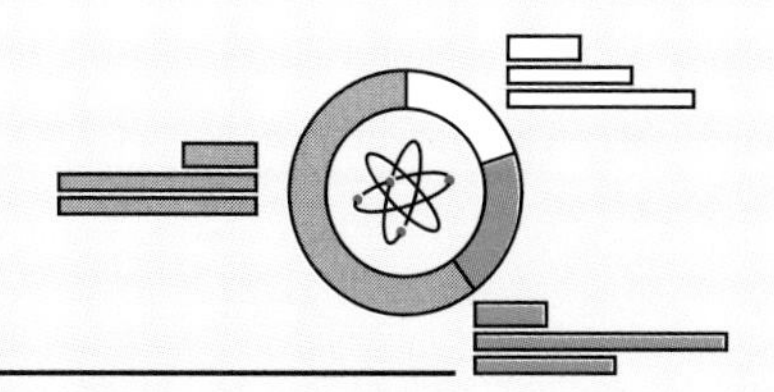

Q1 다변량 통계분석은 무엇인가요?

해설

다변량 통계분석은 여러 변수의 관계성을 동시에 다루는 고급의 통계기법으로 하나의 종속변수만을 대상으로 하는 단변량 분석과 달리 다수의 독립변수(independent variable: IV)와 다수의 종속변수(dependent variable: DV)를 동시에 분석하는 방법입니다. 다수의 변수를 동시에 고려하므로 **다변량의 분포**는 평면상의 면적(정규분포에서의 면적)이 아닌 공간상의 체적(확률함수의 적분 값)을 의미하며 종속변수에 대한 효과는 평균(혹은 분산)이 아니라 여러 변수의 **선형조합**(평균벡터)을 이용하여 분석합니다.

선형조합(linear combination)은 공간상에 조합을 이루는 여러 변수의 가중치 평균이라고 생각할 수 있는데, 일상의 사건과 사상들이 독립적이지 않고 복합적인 방식으로 작용하거나 다차원 구조를 이룰 때 적용됩니다. 간단히 말해, 선형조합은 평면이 아닌 공간상의 **다변량 정규분포**를 따릅니다. 모든 다변량 통계기법은 다변량 정규분포를 따른다고 가정하며 다변량 분포 역시 단변량 분포와 같이 **중심극한정리**(central limit theorem)에 따라 모집단이 정규분포를 이룰 때 표본크기가 증가하면 다변량 정규분포를 가정하는 수학적 공리에 기초합니다.

다변량 통계분석의 분류법

다변량 통계분석은 그 목적과 유형에 따라 다양하게 구분되며 어떤 분석을 선택해야 하는지를 결정하기 위해서는 다음 3가지 기준을 따릅니다. 첫째는 독립변수(IV)와 종속변수(DV)의 구분이고 둘째는 종속변수의 수이며, 셋째는 측정수준(명목, 서열, 등간, 비율)의 구분입니다.

(1) **변수를 독립변수와 종속변수로 구분할 수 있는가?** 변수를 독립변수와 종속변수로 구분할 수 있으면 독립방법의 다변량 분석이 적용되고 독립변수와 종속변수를 구분할

수 없으면 종속방법의 다변량 분석이 적용됩니다.

(2) **독립방법의 경우 종속변수의 수는 몇 개인가?** 종속변수(DV)가 하나인 경우와 다수인 경우로 구분됩니다.

(3) **측정의 수준이 연속형인가 범주형인가?** 단변량 통계분석과 같이 측정척도가 **연속형**(등간, 비율)인지 혹은 **범주형**(명목, 서열)인지에 따라 모수통계와 비모수통계 방법으로 구분됩니다. 연속형은 메트릭 데이터(metric data)로 등간척도나 비율척도를 포함하고 범주형은 비메트릭 데이터(nonmetric data)로 명목척도와 서열척도를 포함합니다.

[그림 1-1]은 이들 3가지 기준으로 다변량 분석의 기법을 구분한 것입니다. 즉, 다변량분석이 적용되려면 변량(variance)의 수가 2개 이상이어야 하고 만일 변량의 수가 1개이면 단변량 통계기법이 적용됩니다. 그다음 독립변수(IV)와 종속변수(DV)가 구분되지 않는 종속방법의 경우(흔히 종속표본), 측정수준이 메트릭이면 군집분석, 요인분석, 다차원척도법 등 분류 및 차원을 찾는 분석기법이 적용되고 비메트릭이면 범주형 다차원척도법과 같은 방법이 적용됩니다.

한편 독립변수(IV)와 종속변수(DV)가 구분되는 독립방법의 경우(흔히 독립표본), 종속변수(DV)가 한 개이고 다수 독립변수의 선형조합을 이용하는 **다중회귀분석**이 있으며(모든 변수는 메트릭) 독립변수의 여러 수준에 따른 최적의 조합을 찾아내는 컨조인트분석(conjoint analysis)이 있습니다. 다중회귀분석은 예측을 목적으로 하는 다변량의 기초분석에 해당하며 컨조인트분석은 실무에서 소비자가 선호하는 패키지 개발이나 최적의 조합을 찾기 위해 사용되는 방법입니다. 만일 종속변수가 한 개이면서 비메트릭(범주형)인 경우에는 **판별분석**이나 **로지스틱 분석**을 사용할 수 있습니다. 이들 분석은 모두 집단을 예측하기 위해 사용되지만 판별분석은 모수통계인 반면 로지스틱분석은 비모수통계의 접근에 해당합니다.

종속변수의 수가 2개 이상이고 측정수준이 메트릭인 경우, 분산분석의 확장인 **다변량분산분석**(multivariate analysis of variance: MANOVA)과 **프로파일분석**(profile analysis)을 사용할 수 있습니다. 이들 분석은 실험연구에서 처치변수의 효과를 분석할 목적으로 사용되는데, 특히 프로파일분석은 반복측정설계에서 종속측정치의 기울기 변화를 분석하여 효과를 검증하는 방법을 사용합니다. 한편 독립변수와 종속변수 모두 다수인 경우는 **구조방정식모형**(structural equation modeling: SEM)과 같은 고급의 통계기법이 적용됩니다.

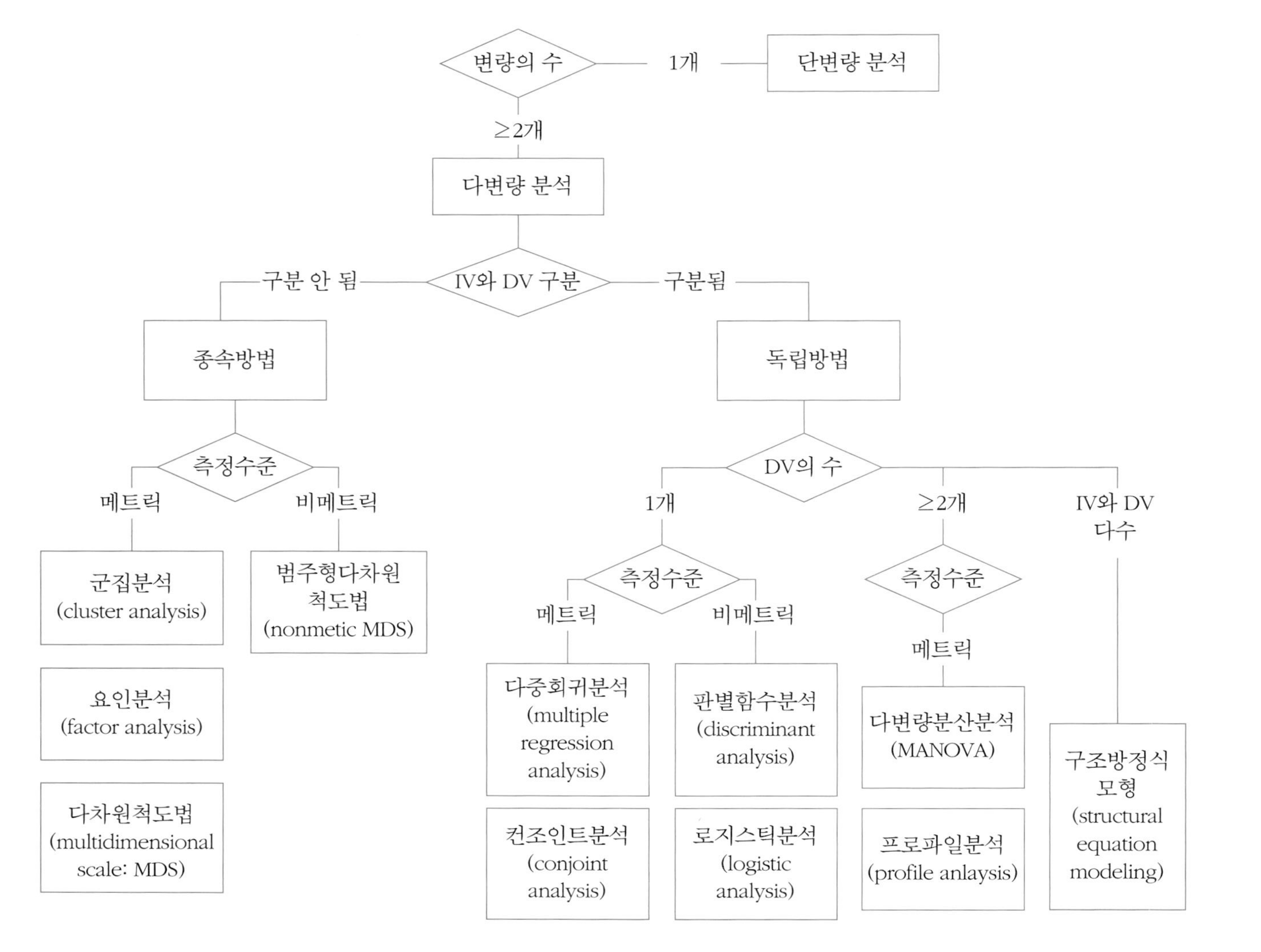

[그림 1-1] 다변량 분석의 선택

Q2 그렇다면 단변량 분석의 선택은 어떻게 다른가요?

해설

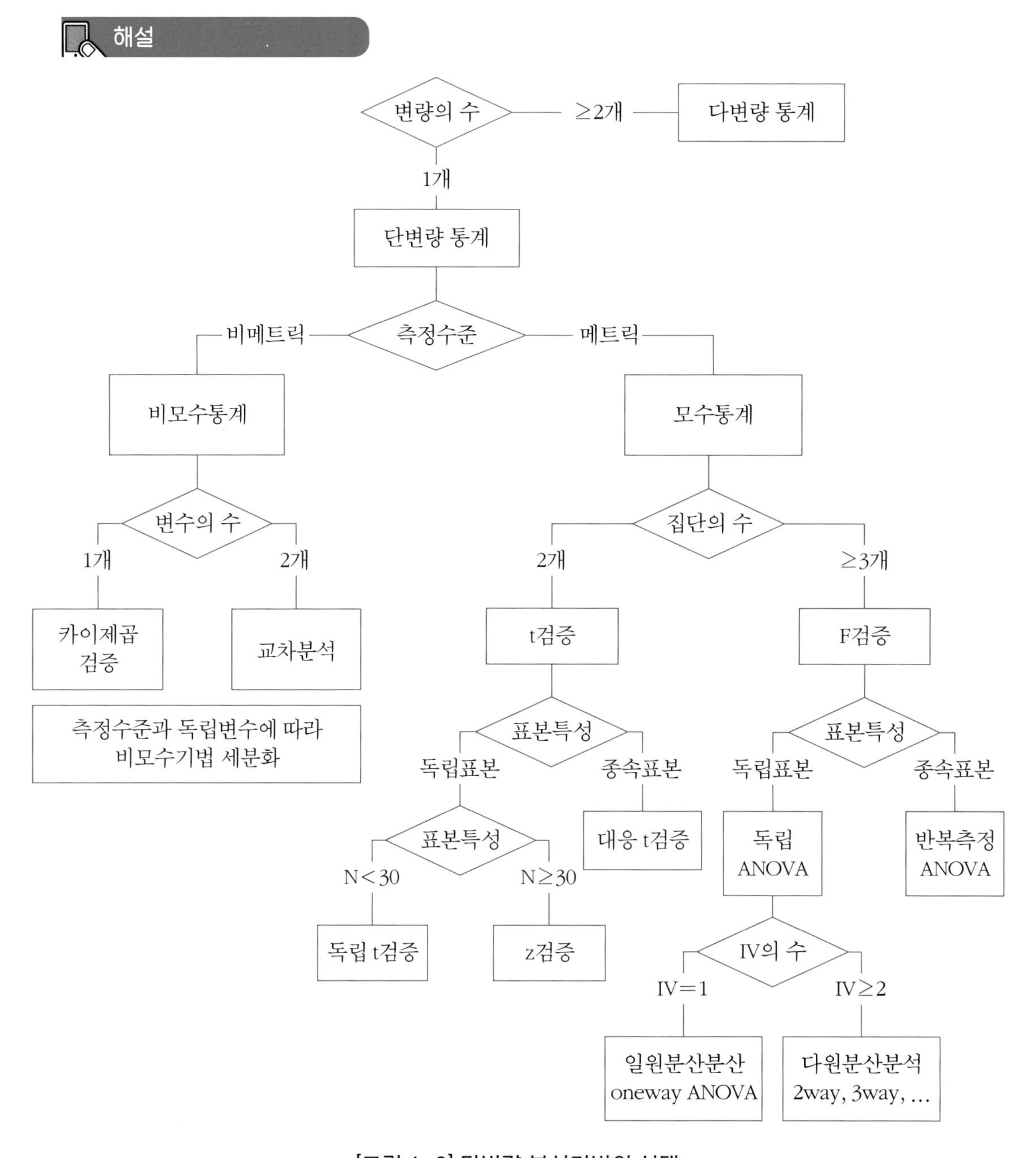

[그림 1-2] 단변량 분석기법의 선택

다변량 분석을 공부하는 사람들은 일정 수준 단변량 통계에 대해 익숙하겠지만 다변량 분석과의 비교를 위해 단변량 분석을 구분하는 방법에 대해 알아보겠습니다. [그림 1-2]는 단변량 분석을 구분하는 접근법을 나타낸 것입니다.

[그림 1-2]와 같이, 측정의 수준이 비메트릭(명목, 서열)이면 비모수통계를 적용하고 메트릭(등간, 비율)이면 모수통계를 적용합니다. 비모수통계의 다양한 기법이 있으나 대표적인 형태로 빈도의 차이를 검증하는 일표본 카이제곱 검증(one sample chi-square test)이 있고 변수의 수가 2개면 특히 **교차분석**(cross-tab analysis)이라고 부릅니다.

측정수준이 메트릭인 경우에 모수통계가 적용되며 잘 알려진 t검증, ANOVA, 상관분석 등이 있습니다. 하나의 독립변수에 2개의 집단이 있으면 t검증을 적용하는데, 독립표본이면 **독립 t검증**을 적용하고 종속표본이면 **대응표본 t검증**을 수행합니다. 만일 표본의 크기(N)가 30보다 작으면 t검증을 적용하고 30보다 크면 **z검증**을 적용합니다(t검증은 표본분포가 작은 분포일 때 적용하는 검증이고 z검증은 큰 분포, 즉 정규분포를 가정하는 검증임).

만일 하나의 독립변수에 집단이 3개 이상이면 F검증, 즉 분산분석(analysis of variance: ANOVA)을 수행합니다. t검증과 유사하게 독립표본이면 **독립 ANOVA**가 적용되고 종속표본이면 **반복측정 ANOVA**를 각각 적용합니다. 독립표본은 상호 독립적이고 배타적인 집단으로 구성되어 개인은 하나의 처치만을 받는 조건에 해당하며 종속표본은 반복처치와 같이 개인이 모든 처치를 받는 조건인 경우를 말합니다. 독립변수가 하나면 일원 ANOVA라 부르며 독립변수가 둘이면 이원 ANOVA, 독립변수가 셋이면 삼원 ANOVA와 같은 방식으로 명명합니다.

[그림 1-2]에는 제시되어 있지 않지만 **상관분석**(correlation analysis)은 독립변수와 종속변수가 구분되지 않는 종속방법에 의한 분석이며 변수 간의 관계성을 분석합니다. 상관분석은 예측을 목적으로 하지만 관계성의 정도와 방향에 관한 정보만을 제공합니다. 반면 회귀분석은 상관분석처럼 예측을 목적으로 하지만 독립변수와 종속변수가 구분되고 본격적인 예측의 문제를 해결하는 접근에 해당합니다. 또한 **단순회귀분석**은 하나의 독립변수만을 사용하므로 단변량 분석이지만 독립변수가 2개 이상이 되면 **다중회귀분석**이라 부르고 선형조합을 사용하여 예측을 하므로 다변량 분석이 됩니다.

단변량 분석방법을 적절하게 선택하기 위한 고려사항과 그에 따른 적용을 요약하면 다음 〈표 1-1〉과 같습니다(양병화, 2013).

<표 1-1> 단변량 분석방법의 선택

<table>
<tr><th colspan="2">고려 사항</th><th>적용</th></tr>
<tr><td colspan="2">① 변량의 수</td><td>• 변량이 1개이면 단변량 분석
• 변량이 2개 이상이면 다변량 분석</td></tr>
<tr><td colspan="2">② 측정수준</td><td>• 메트릭이면 모수통계
• 비메트릭이면 비모수통계</td></tr>
<tr><td rowspan="4">단변량통계</td><td>③ 표본특성</td><td>• 독립표본일 때: 독립표본 t검증, 독립 ANOVA
• 종속표본일 때: 대응표본 t검증, 반복측정 ANOVA</td></tr>
<tr><td>④ 집단의 수</td><td>• 독립변수의 집단 수가 2개일 때: t검증
• 독립변수의 집단 수가 3개 이상: ANOVA</td></tr>
<tr><td>⑤ 표본크기</td><td>• 표본의 크기 $n<30$이면 t검증
$n\geq30$이면 z검증</td></tr>
<tr><td>⑥ IV와 DV 구분</td><td>• 구분이 없을 때(종속표본): 상관관계분석
• 구분이 있을 때(독립표본): t검증, ANOVA</td></tr>
</table>

〈표 1-1〉에서 보듯이, 분석방법을 선택하기 위해 고려해야 할 사항은 ① 변량의 수 ② 측정수준 ③ 표본특성 ④ 집단의 수 ⑤ 표본크기 ⑥ 독립변수와 종속변수의 구분 등입니다. 이 기준을 활용하면 단변량 분석에서 데이터에 부합하는 분석 방법을 비교적 쉽게 결정할 수 있습니다. 먼저 변량의 수가 1개이면 단변량 분석이 적용되고 2개 이상이면 다변량 분석이 적용됩니다. 즉, 종속변수가 1개이면 단변량 분석을 적용하고 종속변수(혹은 측정치)가 2개 이상이면 다변량 분석이 적용됩니다. 종속변수의 측정수준이 메트릭이면 모수통계, 비메트릭이면 비모수통계를 적용하고 독립표본일 때는 독립 방법(예: 독립 t검증, 독립 ANOVA)을, 종속표본일 때는 종속방법(예: 대응표본 t검증, 반복측정 ANOVA)을 각각 적용합니다. 앞서 언급했듯이, 단변량의 경우 독립변수의 집단이 2개이면 t검증을 적용하고 3개 이상이면 ANOVA가 적용됩니다. 또한 표본크기는 $n=30$을 기준으로 30 이상이면 정규분포를 가정하는 z분포를 적용하고 30보다 작으면 표본분포를 가정하는 t분포를 적용합니다. 마지막으로 독립변수와 종속변수의 구분이 없으면 종속방법으로 상관분석과 같은 관계성 분석을 적용합니다.

Q3 연구목적에 따라 이 책의 다변량 분석은 어떻게 분류되나요?

해설

다변량 분석기법은 매우 다양하고 끊임없이 새로운 기법들이 개발되고 있습니다. 모든 분석기법을 다룰 수는 없지만 이 책에 수록된 다변량 분석은 사회과학 분야에서 자주 사용되는 분석기법들로 크게 3가지 범주로 구분됩니다. 첫째는 변수 간의 관계성(예측력) 검증, 둘째는 집단 차이에 대한 유의성 검증, 셋째는 변수의 잠재구조와 잠재변수 간의 관계성(구조분석)을 포함합니다. 다음의 〈표 1-2〉는 연구목적에 따라 구분되는 분석기법의 특징을 요약한 것입니다.

<표 1-2> 연구목적별 다변량 분석기법의 분류(이 책의 범위)

목적별	변수 간의 관계성 검증	집단 간 차이 검증	잠재구조와 구조분석
분석기법	• 다중회귀분석 • 판별함수분석	• 다변량분산분석 • 반복측정에 의한 분산분석	• 요인분석 • 구조방정식모형
해석범위	• 모형의 적합성 • 독립변수의 예측력 • 집단구성원 예측	• 주효과, 상호작용효과 • 반복측정 변수의 효과 • 종속변수의 선형 관계성	• 구성개념의 파악 • 변수의 잠재구조 분석 • 잠재변수 간의 인과관계
응용	• 더미변수 사용 • 조절된 매개효과	• 공변수(covariate) 사용 • 반복측정설계의 적용	• 요인점수의 활용 • 경로분석

〈표 1-2〉와 같이 이 책은 다변량 분석의 기초가 되는 다중회귀분석, 판별함수분석, 다변량분산분석, 요인분석, 구조방정식모형을 다룹니다. 변수 간의 예측 관계성을 검증할 목적의 다중회귀분석과 집단 분류를 목적으로 하는 판별함수분석이 있고 분산분석의 다변량 모형인 다변량분산분석이 있습니다. 그리고 잠재구조(요인)를 밝히고 그들 간의 관계를 분석할 목적의 요인분석과 구조방정식모형이 있습니다.

Q4 신뢰도란 무엇인가요? 신뢰도를 어떻게 해석하나요?

해설

다변량 분석은 복잡한 통계적 원리에 기초하고 다중 관측치를 사용해 구성개념(construct)과 같은 잠재요인을 찾는 고도화된 기법을 포함합니다. 특히 요인분석과 같은 방법은 관측변수의 잠재구조를 파악하고 **구성타당도**(construct validity)를 밝히는 방법으로 관측치의 신뢰도와 타당도를 확보하는 것이 선행되어야 합니다.

신뢰도(reliability)는 '측정도구에 존재하는 측정오차의 상대적 부재'로 정의됩니다. 신뢰도는 일관성, 안정성, 신빙성 등의 용어로도 사용되며 어떤 검사(측정)의 결과가 시간에 따라 혹은 문항마다 일관되게 나타나거나 안정된 결과를 보이면 '검사가 신뢰롭다'고 말합니다. 다시 말해, 시간에 걸쳐 일관되거나 안정된 결과를 보이는 검사는 측정의 오차가 상대적으로 적다는 것을 의미합니다. 흔히 신뢰도 계수를 추정하고 그 값을 제곱한 결정계수로 해석합니다. 그러므로 어떤 검사의 신뢰도 계수가 0.90이라면 0.90^2인 **81%가 검사의 분산으로 설명되고** 나머지 19%는 오차분산에 의해 설명된다고 말합니다.

신뢰도의 분산

일반적으로 분산(variance)은 체계적 분산과 오차분산으로 구성됩니다. **체계적 분산**(systematic variance)은 오차분산(V_e)을 제외한 부분으로 '진점수'의 분산을 말합니다. **진점수**(眞點數: true score)는 관측점수의 기대치이자 체계적 분산으로 파악할 수 있는 실제 검사의 분산을 말하며 '무수히 많은 독립적인 반복측정으로 얻을 수 있는 개별 평균점수'로 정의됩니다(Lord & Novick, 2008). 이를 **진분산**(true variance: V_∞)이라 하며 다음과 같은 공식으로 나타냅니다.

$$V_t = V_\infty + V_e \quad \text{(공식 1-1)}$$

여기서 V_t는 총분산, V_∞는 진분산, V_e는 오차분산을 나타냅니다. 〈공식 1-1〉에 따르면 어떤 측정 혹은 한 검사를 동일 집단에 무수히 실시하고 그에 따른 개인 점수의 평균을 구하면 거의 진점수에 근접한 측정치를 얻을 수 있으며 이때 오차는 0에 근접하므로 $V_t = V_\infty$가 될 수 있습니다. 다만 모든 측정의 오차는 항상 존재하므로 **실제 진분산은 추정될 뿐**입니다.

신뢰도가 측정오차의 상대적 부재로 정의되므로 진분산의 크기, 즉 (총분산−오차분산)으로 추정할 수 있으며 오차분산이 작을수록 신뢰로운 측정이라고 할 것입니다. 다시 말해, 총분산(V_t)에서 진분산(V_∞)이 차지하는 비율이 높을수록 신뢰도가 높고 상대적으로 오차분산(V_e)은 감소하게 됩니다. [그림 1-3]은 진분산과 오차분산의 분할에 의한 신뢰도의 크기를 추정하는 방식을 나타냅니다(양병화, 2013).

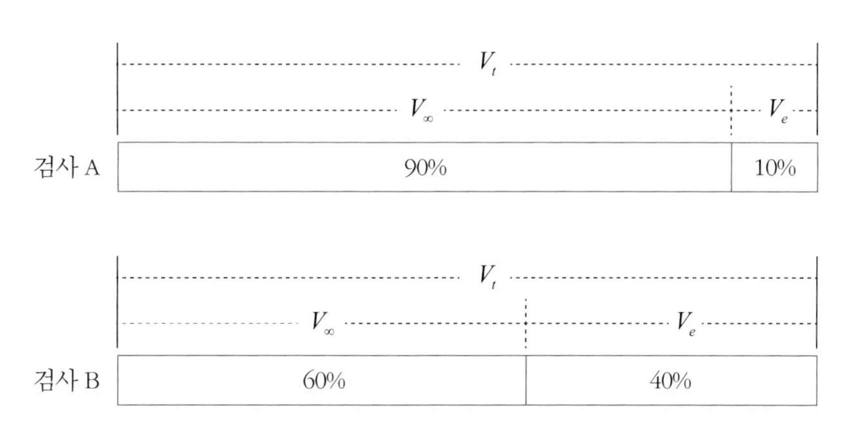

[그림 1-3] 분산에 의한 신뢰도의 추정

이를 공식으로 표현하면 〈공식 1-2〉 및 〈공식 1-3〉과 같습니다.

$$r_{tt} = \frac{V_\infty}{V_t} \quad \text{(공식 1-2)}$$

$$r_{tt} = 1 - \frac{V_e}{V_t} \quad \text{(공식 1-3)}$$

여기서 r_{tt}는 신뢰도, V_∞는 진분산, V_e는 오차분산을 나타냅니다. 그러므로 신뢰도는 총분산에서 진분산이 차지하는 비율 혹은 **총분산에서 오차분산의 상대적 비율**로 산출합니다.

Q5 타당도란 무엇인가요? 타당도를 어떻게 해석하나요?

해설

타당도(validity)는 측정도구의 정확성을 말하며 측정 대상을 얼마나 정확하게 측정하고 있는가의 문제를 다룹니다. 신뢰도가 측정의 일관성이나 안정성을 말한다면 타당도는 측정도구의 정확성과 본질을 의미합니다. 예를 들어, 신뢰도는 지능검사의 하위 차원(언어능력, 수리능력, 추리능력)이 일관되게 무엇인가를 측정하는지를 판단한다면 타당도는 각 차원이 무엇을 의미하는지(본질) 혹은 각 측정치가 차원을 정확하게 측정하고 있는지를 판단하는 문제입니다. 그래서 측정의 질적인 면에서 신뢰도는 '필요조건'을 따르고 타당도는 '필요충분조건'을 따른다고 할 수 있습니다.

길이나 무게와 같은 물리적 속성의 측정에도 오차(error)가 포함되기 마련이지만, 심리학이나 사회과학에서 다루는 많은 개념(예: 지능, 갈등, 권위주의)은 조작적으로 정의될 뿐 본질적 속성에 대한 일치된 정의를 구하기 어렵습니다. 그러므로 타당도를 해석할 때 다음과 같은 해석적 기준을 고려하는 것이 좋습니다(Linn & Gronlund, 1995).

(1) 타당도는 측정하고자 하는 대상의 본질을 말하지만 모든 개념의 본질을 정확히 규명하는 것은 불가능합니다. 따라서 타당도란 '검사 도구(예: 지능검사)에 의해 얻어진 결과에 대한 해석의 적합성 수준'으로 이해합니다.

(2) 타당도는 측정의 본질에 관한 것으로 '정도'의 문제, 즉 어느 정도로 본질에 접근하는가로 인식할 수 있습니다.

(3) 타당도는 특정 개념을 측정할 때 설명되는 분산으로 일반화에 제약이 따르며 해당 측정도구에서만 유효하게 해석됩니다.

타당도의 분산

신뢰도는 총분산에서 진분산이 차지하는 비율을 의미하는 반면 타당도는 총분산(V_t)에서

공통분산(V_{co})이 차지하는 비율을 말합니다. 이것을 공식화하면 〈공식 1-4〉와 같습니다.

$$Val = \frac{V_{co}}{V_t} \quad \text{(공식 1-4)}$$

여기서 *Val*은 타당도 분산, V_t는 총분산, V_{co}는 공통분산을 말합니다. **공통분산**(common variance)은 두 측정도구 혹은 관측치가 공유하는 분산으로 검사 A와 검사 B가 있을 때 이 두 검사가 공유하는 분산입니다. 공통분산은 개별 검사의 고유분산(specific variance: V_{sp})의 존재를 가정합니다. 따라서 총분산은 공통분산, 고유분산, 오차분산으로 분할됩니다. 이를 공식으로 나타내면 〈공식 1-5〉와 같습니다.

$$V_t = V_{co} + V_{sp} + V_e \quad \text{(공식 1-5)}$$

여기서 V_t는 총분산, V_{co}는 공통분산, V_{sp}는 고유분산, V_e는 오차분산을 말합니다. 만일 두 검사(A, B)의 고유분산이 존재하지 않는다면 공통분산만이 존재하는 검사, 즉 **동일한 검사**(A=B)를 의미합니다. [그림 1-4]는 타당도의 분산을 도식적으로 나타낸 것입니다.

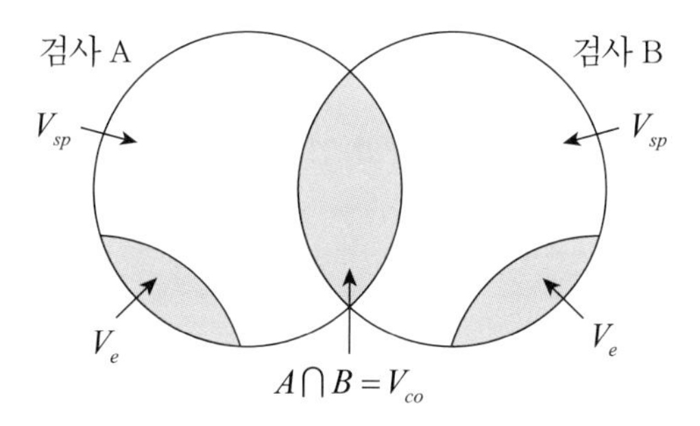

[그림 1-4] 타당도의 분산 벤다이어그램

[그림 1-4]에서 보듯이, 검사 A와 검사 B는 각각의 고유분산(V_{sp})과 오차분산(V_e)을 가지고 있으며 A와 B의 교집합($A \cap B$) 부분은 두 검사가 공유하는 분산(V_{co})에 해당합니다. 그러므로 교집합 부분이 넓어지면 공통분산이 증가하고 타당도의 계수가 큰 값을 갖게 됩니다.

Q6 그렇다면 타당도와 신뢰도는 어떤 관계인가요?

해설

타당도와 신뢰도의 관계를 설명하기 위해 앞의 공식을 활용해 보겠습니다. 〈공식 1-3〉의 $r_{tt}=1-\frac{V_e}{V_t}$는 다음과 같이 표현할 수 있습니다.

$$r_{tt}=1-\frac{V_e}{V_t} \rightarrow r_{tt}=V_t-V_e \quad \text{(공식 1-6)}$$

$$r_{tt}=V_t-V_e=V_\infty \quad \text{(공식 1-7)}$$

또한 앞서 〈공식 1-5〉에서 공통분산(V_{co})과 고유분산(V_{sp})을 이항하면 다음과 같습니다.

$$V_{co}=V_t-V_{sp}-V_e \quad \text{(공식 1-8)}$$

$$V_{co}+V_{sp}=V_t-V_e \quad \text{(공식 1-9)}$$

여기서 신뢰도(r_{tt})는 진분산(V_∞)의 비율이며 이는 곧 총분산에서 공통분산(V_{co})과 고유분산(V_{sp})의 합으로 구성된 것과 같습니다. 그러므로 정리하면 다음과 같습니다.

$$V_\infty=V_{sp}+V_{co} \quad \text{(공식 1-10)}$$

$$Val=\frac{V_{co}}{V_t}=\frac{V_\infty}{V_t}-\frac{V_{sp}}{V_t} \quad \text{(공식 1-11)}$$

요약하면 〈공식 1-11〉과 같이 공통분산의 비율은 총분산 중 진분산(V_∞)이 차지하는 비율에서 고유분산(V_{sp})의 비율을 뺀 것과 같습니다. 즉, 타당도(Val)는 **신뢰도에서 고유분산을 뺀 비율**($r_{tt}-V_{sp}$)과 같습니다. 그러므로 이론적으로 타당도의 크기는 신뢰도보다 클 수 없습니다. 예를 들어, 두 검사가 각각 수리능력(검사 A)과 추리능력(검사 B)을 측정한다고 할 때 두 검사의 공통변량(V_{co})은 V_A+V_B이므로 앞서 〈공식 1-11〉을 다음과 같이 나타낼 수 있습니다.

$$Val = \frac{V_{co}}{V_t} = \frac{V_A}{V_t} + \frac{V_B}{V_t} \quad \text{(공식 1-12)}$$

$$V_t = \underbrace{\underbrace{V_A + V_B}_{h^2} + V_{sp}}_{r_{tt}} + V_e \quad \text{(공식 1-13)}$$

여기서 h^2은 **커뮤넬리티**(communality)라 하며 보통 검사의 공통(요인)분산을 나타내는 기호이자 측정 요소의 타당한 부분을 의미합니다(요인분석에서 측정치들의 '공통성'을 의미). 그러므로 두 검사 요인이 있을 때 검사 A와 B의 **커뮤넬리티와 고유분산이 신뢰도의 비율이며 그중 공통분산(커뮤넬리티)이 타당도**의 비율이 됩니다. 지금까지의 설명을 바탕으로 두 검사 요인에 의한 분산의 분할을 예시하면 [그림 1-5]와 같습니다(양병화, 2013).

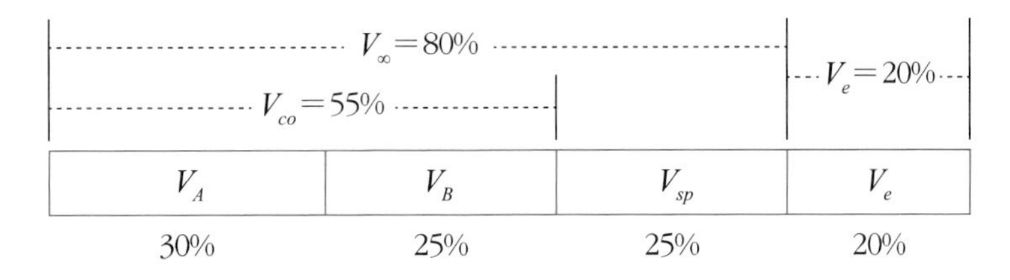

[그림 1-5] 두 검사요인(A, B)에 의한 분산의 비율

[그림 1-5]에서 보듯이 총분산에서 검사 A와 B에 의해 공통으로 추정되는 비율, 즉 타당도는 55%, 검사의 신뢰도는 80%, 검사의 고유분산은 25%입니다. 진분산(V_∞)의 비율이 80%로 높은 편이지만 검사의 신뢰도가 높다고 해서 타당도가 항상 높은 것은 아님에 주의할 필요가 있습니다. 그것은 신뢰도는 검사의 '안정성'이나 '일관성'을 의미하지만 타당도는 '본질'을 의미하는 별개의 문제이기 때문입니다. 하지만 **좋은 측정치**란 측정하고자 하는 본질을 정확하게 측정(타당도)하는 동시에 일관된 측정(신뢰도)을 이루는 것입니다. 즉, 신뢰롭고 타당한 측정치가 좋은 측정치이며 다변량 분석과 같이 복잡한 관계성을 다루는 통계기법에서 신뢰도와 타당도는 결과의 올바른 해석을 위한 중요한 선행 요소에 해당합니다.

02

다중회귀분석

Multiple Regression Analysis

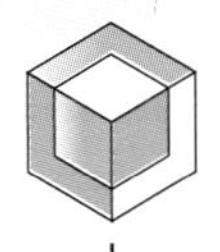

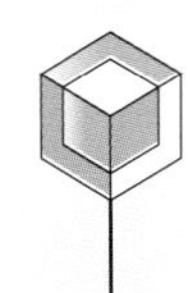

학습목표

- 다중회귀분석의 개념
- 다중회귀분석의 목적
- 다중회귀분석의 유형별 특징
- 표준 회귀분석의 사용과 해석
- 위계적 회귀분석의 사용과 해석
- 단계적 회귀분석의 사용과 해석
- 다중회귀분석의 기본 가정
- 결과표의 작성과 보고서
- 회귀분석의 응용: 더미변수의 사용
- 회귀분석의 응용: 조절된 매개효과

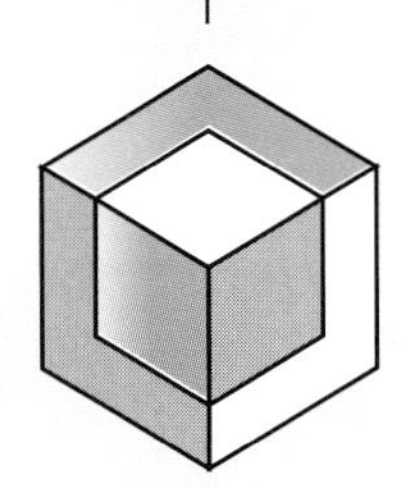

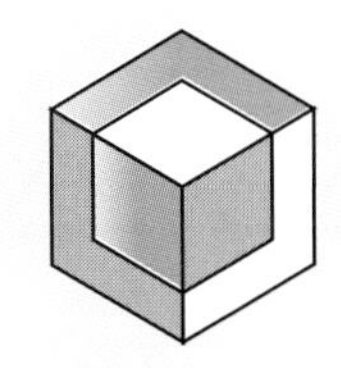

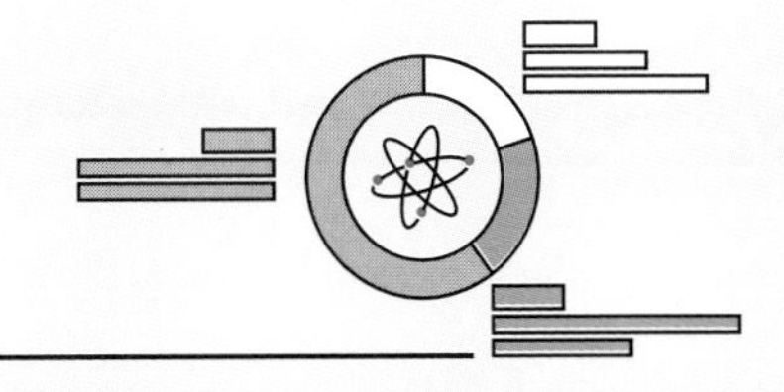

일러두기

- 실습 데이터: 예제1_회귀분석.sav ~ 예제3_회귀분석.sav
- 실습 명령문: 예제1_회귀분석.sps ~ 예제3_회귀분석.sps

Q7 다중회귀분석은 무엇인가요?

해설

다중회귀분석(multiple regression analysis)은 여러 독립변수(IV)를 이용해 종속변수(DV)를 예측하는 통계기법으로 다변량통계의 기초이자 실무적으로 활용도가 높은 방법의 하나입니다. 다중회귀분석은 단순회귀분석의 확장으로 여러 독립변수가 하나의 종속변수를 예측하므로 '다중회귀'라고 하며, 주요 목적은 종속변수를 예측하는 회귀모형의 적합성을 평가하고 독립변수의 상대적 중요도를 밝히는 것입니다. 흔히 다중회귀에서 독립변수는 **예측변수**(predictor variable)라 하고 종속변수를 **준거변수**(criterion variable)라고도 합니다. 여러 독립변수가 투입된 다중회귀방정식의 일반적 모형은 다음과 같습니다.

$$Y' = B_0 + B_1X_1 + B_2X_2 + B_3X_3 + \cdots + B_iX_i \quad \text{(공식 2-1)}$$

여기서,

Y': 예측하고자 하는 종속변수(DV)

B_0: 절편(intercept)

B_i: 회귀계수(regression coefficient)

X_i: 독립변수(IV)

〈공식 2-1〉에서 B_0는 모든 독립변수(X_i)가 0일 때의 Y값, 즉 **상수**(constant)를 말합니다. $B_1 \sim B_3$은 회귀계수로 각 독립변수에 대한 **가중치**(weight)를 의미합니다. 다시 말해, 종속변수(Y')에 대한 독립변수(X_i)의 상대적 중요도이자 기여도를 말합니다.

회귀계수: 베타

회귀계수는 **베타계수**(B: beta coefficient)라 하고 흔히 $b = r_{xy}\frac{s_y}{s_x}$로 정의되며 b는 비표준화 회귀계수를 말합니다. 이를 일반 회귀식에 대입하면 $Y' = bX + c$에서 $Y' = r_{xy}(\frac{s_y}{s_x})X + c$

가 되며 이때 $c = -r_{xy}(\frac{s_y}{s_x})\overline{X} + \overline{Y}$와 같습니다. 즉, $Y' = r_{xy}(\frac{s_y}{s_x})X - r_{xy}(\frac{s_y}{s_x})\overline{X} + \overline{Y}$입니다. 이를 표준화하면 $Y' = r_{xy}X$가 되고(평균이 0이고 표준편차가 1인 단위정규분포) 단순회귀에서 표준화된 회귀계수는 상관계수와 같아집니다($r=\beta$).[1] 이때 표준화 회귀계수(β)는 $\beta = \frac{\sum z_x z_y}{N}$와 같으므로 단순회귀에서는 상관계수만으로도 예측의 문제를 해결할 수 있습니다. 다만 다중회귀에서는 여러 독립변수가 공변하므로 계산이 복잡해지는데, 그렇다 해도 베타계수를 구하는 원리는 동일합니다. 그에 기초하여 일반적으로 회귀계수는 다음 두 가지의 목적을 지닙니다.

(1) 독립변수들을 통해 예측되는 Y의 값(Y')과 측정을 통해 얻은 Y의 실제값 간의 차이를 최소화하는 것입니다. 흔히 예언의 오차로 $Y-Y'$(혹은 $\Sigma-S$)로 표시되며 잔차(residual)를 말합니다. **편차제곱의 합**(sum of squared deviations)을 통해 차이가 최소화되는 직선(회귀선)을 얻습니다.

(2) 관측된 Y값과 예측되는 Y값 간의 상관을 최적화하는 목적을 지닙니다.

실제 값과 예측값의 차이를 최소화하기 위해 **최소제곱의 원리**(principle of least square)가 적용되는데, 평균으로부터 얻은 편차제곱의 합을 구하면 예언의 오차(X에 의해 기대되는 Y값의 예언 오차)가 가장 적고 그 점들을 연결하면 최적의 직선(회귀선)을 얻게 됩니다. 이 직선을 공식화한 것이 **회귀방정식**이며 그렇게 얻은 회귀방정식에 의한 추정치는 예언오차(잔차)가 가장 적은 **불편추정치**(unbiased estimate)가 됩니다.

그리고 B계수의 두 번째 목적인 관측된 Y값과 예측된 Y값 간의 상관을 최적화한다는 것은 관측값(Y')과 실제값(Y)의 높은 상관을 의미합니다. 이때 다중회귀분석에서 베타계수(β)를 비교하면 개별 독립변수(X_i)의 상대적 중요도를 평가할 수 있습니다.

---

1) 상관계수 $r = COV(X, Y) / s_x s_y$이고 $COV(X, Y) = \sum xy / N$임. 여기서 $\sum xy$는 $\Sigma(X_i - \overline{X})(Y_i - \overline{Y})$이고 r의 표준점수는 $r = \frac{\sum z_x z_y}{N}$임.

Q8 다중회귀분석의 주된 사용 목적은 무엇인가요?

해설

다중회귀분석은 다중의 사건들과 현상 간의 예측적 관계성을 밝히는 통계기법으로 기본적인 목적은 회귀모형의 적합성을 평가하고 종속변수의 예측에 기여하는 독립변수의 상대적 중요도를 밝히는 것입니다. 예언의 오차를 최소화하는 직선을 구하고 거기서 회귀방정식을 얻어 각 독립변수의 베타계수(β)를 평가는 과정에서 두 가지 목적을 수행합니다.

◇ 회귀모형의 검증

다중회귀분석의 일차적인 목적은 종속변수(Y')를 예측하는 여러 독립변수(X_i)의 총합이 얼마나 좋은 회귀모형을 이루는지를 평가하는 것입니다(〈공식 2-1〉). 회귀모형의 적합성은 '다중회귀식의 효과=0인가' 혹은 '독립변수(IV)들의 설명량=0'인지를 검증하는 것이며 영가설 H_0: $R^2=0$을 설정하게 됩니다. 흔히 R^2은 독립변수들의 총설명량으로 **결정계수**라고 부릅니다. 따라서 $R^2=0$이면 다중회귀식의 효과가 없고 독립변수들의 총설명량은 0임을 말합니다. 결국 $R^2=0$은 회귀모형의 적합성이 통계적으로 유의미하지 않은 상태입니다. 반면 영가설을 기각할 때 독립변수들(X_i)이 종속변수(Y')를 유의미하게 예측(설명)한다고 해석합니다. 회귀모형의 검증을 위한 연구문제의 예시는 다음과 같습니다.

예 1 직장에서의 성공은 대학성적, 성취동기, 직장 만족도, 직장 명성에 의해 예측될 수 있는가?

예 2 제품 성능, 브랜드 명성, 광고 이미지는 소비자의 구매 의도를 적절히 설명하는가?

예 3 개인의 외모, 성격, 능력, 경제력은 대인 호감도를 예측하는 회귀모형으로 적합한가?

◇ 독립변수들의 상대적 중요도

다중회귀식을 통해 독립변수(IV)들의 상대적 중요도 혹은 기여도를 평가하는데, 이를 위해 회귀계수(b)를 해석합니다. 회귀계수는 각 독립변수의 가중치인 b계수가 0인지를 검증하는 영가설 $H_0: b_1 = b_2 = b_3 = \cdots = b_i$를 설정하고 영가설의 기각 여부에 따라 독립변수들의 상대적 기여도를 판단합니다. 실제 회귀식을 구성하는 계수 b는 비표준화 회귀계수(unstandardized beta coefficient)로 상대적 비교가 불가능하므로 이를 표준화한 표준회귀계수 β(standardized beta coefficient)를 사용합니다. 베타계수(β)의 크기는 각 독립변수(X_i)의 주효과로 해석할 수 있습니다. 이것은 마치 분산분석에서 집단 내 분산 대비 집단 간 분산($F = SS_b/SS_w$)으로 주효과의 크기를 결정하는 것과 같습니다. 회귀분석과 분산분석은 접근법이 다르지만 선형모형을 가정할 때 동일한 수학적 모형을 갖습니다. 즉, 회귀분석은 독립변수와 종속변수 모두 연속형 데이터를 사용하고 예측을 목적으로 하지만 분산분석은 처치변수를 독립변수로 하여 종속변수에 미치는 처치효과를 밝히는 접근법을 사용합니다. 다만 분산분석을 선형모형으로 접근하면 독립변수와 종속변수의 선형적 관계성을 전제하므로 독립변수의 주효과는 절편을 포함한 선형회귀의 베타계수처럼 해석하고 설명량을 의미하는 결정계수를 구하게 됩니다. 그에 따라 독립변수의 상대적 중요도를 검증하는 다중회귀분석의 연구문제(가설)는 예측의 문제로 진술하지만 종종 분산분석과 같이 차이검증의 문제로 진술할 수도 있습니다.

예 1 직장에서의 성공 예측에 있어 대학성적, 성취동기, 직장 만족도는 차이를 보일 것이다.

예 2 제품 성능, 브랜드 명성, 광고 이미지는 소비자의 구매 의도에 다르게 영향을 줄 것이다.

예 3 연령, 지역, 가계소득에 따라 현 정부에 대한 정치 지지도는 차이가 있을 것이다.

[CHECK POINT]

다중회귀분석의 주요 목적은 투입변수들로 구성된 회귀식(모형)이 통계적으로 유의미한지를 밝히고 투입된 변수들의 효과에 대한 상대적 크기를 파악하는 것입니다. 이를 위해 설명분산 R^2을 평가하고 각 투입변수의 베타 크기를 비교합니다.

Q9 다중회귀분석의 또 다른 사용 목적은 무엇이 있나요?

해설

다중회귀분석은 회귀모형의 적합성을 검증하고 독립변수의 상대적 중요도를 평가하는 외에도 다음과 같은 다양한 목적을 수행합니다.

◇ 독립변수를 통제한 효과

다중회귀분석은 특정한 독립변수의 효과를 통제한 상태에서 나머지 변수들의 '순수한' 효과를 검증할 수 있습니다. 이 경우 영가설은 상대적 중요도를 검증할 때처럼 설정하지만 통제를 목적으로 하는 독립변수의 효과는 상수(constant)로 해석하는 것이 다릅니다. 원리로 보면, 공분산분석(ANCOVA)에서 특정 변수를 공변수(covariate)로 설정하고 독립변수의 효과를 검증하는 것과 같습니다.

이때 통제를 목적으로 하는 변수(공변수)는 조사나 연구를 설계하는 과정에서 통제할 수 없거나 종속변수에 영향이 크다고 가정되는 경우로 국한합니다. 그래서 통제변수 혹은 공변수는 '통계적으로 통제한다'고 하며 만일 연구 단계에서 통제가 가능한 변수(외생변수)라면 연구설계에서 통제하는 것이 올바른 접근입니다. 예를 들어, 광고의 기억효과를 측정하는 연구에서 기존의 광고를 사용한다면 광고에 대한 사전노출도에 따라 소비자의 기억이 영향을 받을 것이므로 부득이 실험 광고를 제작하지 않고 기존 광고를 사용해야 한다면 사전노출도는 통계적 절차로 통제하기 위해 공변수로 사용합니다. 다음과 같은 예시를 생각해 볼 수 있습니다.

예 1 광고에 대한 노출 경험을 통제한 상태에서 긍정적 광고태도는 기억에 영향을 줄 것이다.

예 2 지능을 통제하였을 때 수업태도, 학습동기, 성실성은 학업성적에 영향을 줄 것이다.

예 3 환자들이 병원을 방문하는 주요 원인이 신체적 질병과 스트레스라는 것이 일반적 사실이라면 신체적 질병과 스트레스를 통제한다면 어떤 요인이 영향력을 보일 것인가?

예 4 (생산라인에서 교육훈련의 효과를 알고자 할 때) 개인의 근무연수와 연령을 통제한다면 교육훈련이 직무이해 능력을 향상시킬 것인가?

◇ 새로운 독립변수의 효과

여러 독립변수를 투입하여 다중회귀방정식을 만들고 독립변수들의 상대적 중요도를 결정한 후 새로운 독립변수를 방정식에 추가하여 모형의 개선이나 신규 변수의 효과를 추정할 수 있습니다. 예를 들어, 앞서 설명한 직장 내의 성공에 대한 다중회귀식은 「성공(Y')=B_0+B_1(대학성적)$+B_2$(성취동기)$+B_3$(직장만족도)」이 됩니다. 여기에 새로운 변수로 '대인관계'를 추가하면, 「성공(Y')$=B_0+B_1$(대학성적)$+B_2$(성취동기)$+B_3$(직장만족도)$+B_4$(**대인관계**)」가 됩니다. '대인관계' 변수를 추가했을 때의 R^2의 변화량(ΔR^2)이 유의미한지를 평가하여 추가변수의 효과를 분석합니다. 이때의 영가설은 $H_0: b_4=0$로 설정할 수 있지만 $H_0: \Delta R^2=0$으로 설정하는 것이 기존 모형과의 비교를 위한 일반적 접근입니다.

이렇게 추가변수의 효과를 검증하는 경우 추가변수를 회귀식의 마지막에 투입하는 것을 주의해야 합니다. 회귀분석은 변수 간의 다중상관(multiple correlation)에 의해 상대적 중요도가 달라지므로 변수의 투입순서가 중요합니다. 따라서 위의 예에서 '대인관계' 변수가 가장 나중에 투입되지 않으면 기존 변수들의 효과가 달라지므로 비교가 어렵습니다. 다음은 추가변수의 효과를 포함한 다중회귀분석의 예시입니다.

예 1 Cooper와 Payne(1978)는 과제요구, 역할요구, 대인관계가 직무스트레스를 결정하는 요인이라는 직무스트레스 모형을 제안하였습니다. 후속 연구자들은 이 모형에 리더십을 추가하는 예측모형을 검증하기 위해 다음과 같은 회귀식을 설정하였습니다. 즉, 「직무스트레스(Y')$=B_0+B_1$(과제요구)$+B_2$(역할요구)$+B_3$(대인관계)$+B_4$(**리더십**)」으로 다중회귀식을 설정하고 '리더십' 변수의 효과를 위한 영가설 $H_0: \Delta R^2=0$을 검증하였습니다.

예 2 전통적인 태도모형에서 Fishbein과 Ajzen(1975)은 태도(신념, 평가)와 주관적 규범이 행동에 영향을 주는 주요 요인이라고 보았습니다. 이 모형을 바탕으로 한 연구자는 소비자의 구매 행동에 있어 '점포충성도'를 추가하는 회귀식을 검증하고자 하였습니다. 그러면 회귀식은 「구매 행동(Y')$=B_0+B_1$(태도)$+B_2$(주관적 규범)$+B_3$(**점포충성도**)」이고 영가설은 $H_0: \Delta R^2=0$이 됩니다.

◇ 조절효과의 검증

회귀분석은 선형모형의 분산분석과 같이 주효과와 상호작용효과를 검증할 수 있습니다. 흔히 상호작용효과는 변수 간의 **교차곱**(cross product)으로 구해지고 상호 의존적 관계를 밝히는 목적으로 사용됩니다. 예를 들어, 초등학생의 읽기 능력(DV)은 부모의 관심도(IV)에 따라 일정한 수준까지 증가하는데, 독립변수인 부모의 관심도(IV)는 아이의 '학습 흥미도'에 의존하는 효과를 보일 수 있습니다. 여기서 학습 흥미도는 부모의 관심도를 조절하는 역할을 한다고 하여 **조절변수**(moderating variable)라 부르고 조절변수의 역할이 통계적으로 유의할 때 조절효과(moderating effect)가 있다고 말합니다. 조절변수는 독립변수와 독립적으로 종속변수에 영향을 주므로 제2의 독립변수라고 부릅니다.

조절효과를 분석하는 회귀방정식은 「읽기 능력$(Y')=B_0+B_1$(부모관심)$+B_2$(학습흥미)$+B_3$(부모관심×학습흥미)」와 같고 마지막 항의 베타계수 B_3의 효과를 검증함으로써 조절효과를 밝힙니다. SPSS 회귀분석을 이용할 때 회귀식의 **상호작용 항은 두 변수의 단순 곱을 투입하거나 평균중심화**(mean centerting)[2] 값을 구하여 회귀식의 마지막에 투입합니다. 회귀분석을 이용해 조절효과를 분석한 고전적 연구들을 참고할 수 있습니다(예: Jaccard et al., 1990; Sharma et al., 1981; Baron & Kenny, 1986). 조절효과를 위한 연구문제(가설)의 예시는 다음과 같습니다.

예 1 아동의 학습 흥미도와 부모의 관심도는 아동의 읽기 능력에 상호작용효과를 보일 것이다. 즉, 학습 흥미도는 아동의 읽기 능력에 대한 부모 관심도의 효과를 조절할 것이다.

예 2 주효과와 상호작용효과를 나누어 가설을 설정하는 경우.

가설 1-1. 아동의 학습 흥미도는 아동의 읽기 능력에 긍정적 영향을 줄 것이다.

가설 1-2. 부모의 관심도는 아동의 읽기 능력에 긍정적 영향을 줄 것이다.

가설 1-3. 아동의 읽기 능력에 있어 아동의 학습 흥미도와 부모의 관심도는 상호작용효과를 보일 것이다.

◇ 매개효과의 검증

조절효과와 더불어 회귀분석에서는 여러 모형의 회귀계수를 비교함으로써 **매개효과**(mediating effect)를 검증할 수 있습니다. 흔히 조절효과는 상호작용효과로 검증하지만 매개효과는 단순회귀와 다중회귀의 계수를 비교하여 차이가 있을 때 매개효과가 있다고 말합니

2) 평균중심화는 두 변수 X, M의 원점수 곱을 만들지 않고 각 변수의 원점수에서 평균을 뺀 값의 곱, 즉 $(X_i-\overline{X})*(M_i-\overline{M})$를 회귀식의 상호작용 항으로 투입하는 방법임.

다. 매개효과의 가장 기초적인 형태는 Baron과 Kenny(1986)가 제안한 것입니다. 먼저 ① 독립변수(IV)와 종속변수(DV)의 단순회귀모형을 만들고 그다음 ② 독립변수(IV), 매개변수(M), 종속변수(DV)의 다중회귀식을 만듭니다. 독립변수와 매개변수가 유의미한 관계가 있다는 전제하에 ③ 독립변수와 종속변수의 베타계수가 단순회귀와 다중회귀에서 차이를 보이면 매개효과의 가능성을 추론합니다. 특히 다중회귀에서 독립변수의 베타계수가 단순회귀보다 작아진다면 매개효과가 있는 것으로 해석합니다. 다음 예시를 통해 적용 사례를 살펴보겠습니다.

예 자존감은 지각된 스트레스와 성공에 대한 기대감의 관계를 매개할 것이다(Abel, 1996).

Abel(1996)은 [그림 2-1]과 같이 지각된 스트레스와 성공기대 간의 관계에 작용하는 자존감의 매개효과를 밝히고자 다음과 같은 회귀식을 설정하였습니다.

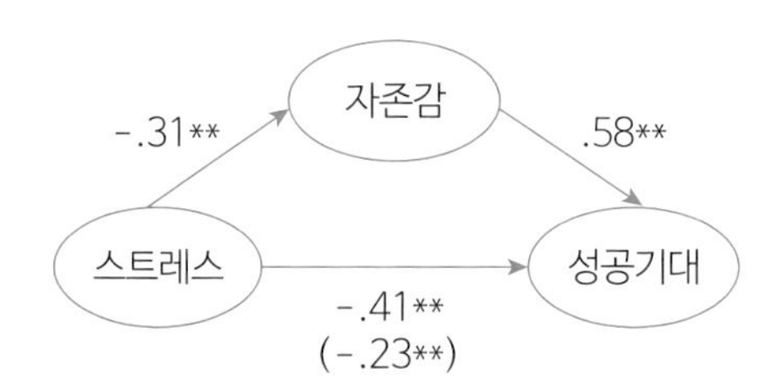

[그림 2-1] 매개효과의 검증(Abel, 1996)

모형 1: 성공기대$(Y')=B_0+B_1$(스트레스)

모형 2: 자존감$(Y')=B_0+B_1$(스트레스)

모형 3: 성공기대$(Y')=B_0+B_1$(스트레스)$+B_2$(자존감)

모형 1의 베타계수 −0.41과 모형 3의 베타계수 −0.23을 비교할 것인데, 다중회귀(모형 3)에서 약 0.18이 감소하였으므로 '자존감' 변수가 '스트레스'의 효과를 매개한다고 해석합니다. 다만 단순회귀보다 다중회귀에서 0.18의 감소가 통계적으로 유의한지에 대한 정확한 검증이 필요할 수 있습니다. 회귀계수의 변화(감소)가 통계적으로 차이가 있는지를 분석하기 위해서는 일련의 **부트스트래핑**(bootstrapping) 방법이 적용될 수 있으며 대안적으로 간접효과의 유의성을 판단하는 **소벨검증**(Sobel test)을 활용할 수 있습니다.

매개변수와 조절변수

- 매개변수는 이론적으로 관찰되지 않는 잠재변수의 형태이며 조작할 수 없는 변인임 → 독립변수가 없으면 존재하지 않음([그림 2-2]의 (가)).
- 조절변수는 독립변수와 상호의존적 관계에서 종속변수에 영향을 주지만 독립변수와 별개로 종속변인에 영향을 주는 제2의 독립변수임 → 독립변수 없이도 존재([그림 2-2]의 (나)).

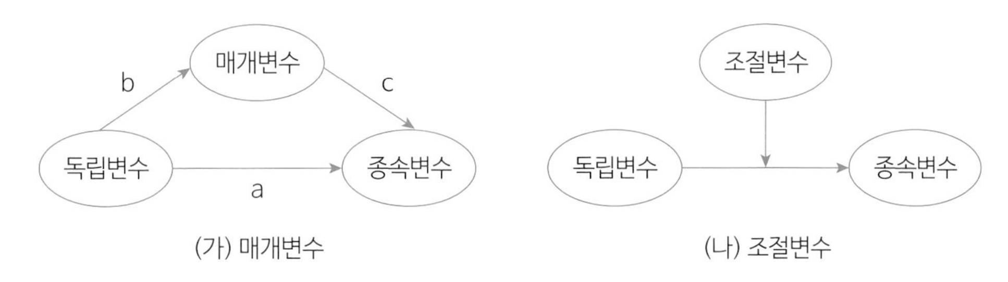

[그림 2-2] 매개변수와 조절변수의 구분

◇ 조절된 매개효과의 검증

다중회귀분석은 예측을 목적으로 하는 실무(예: 판매, 수행, 생산성)에 활용도가 높지만 조절효과와 매개효과를 결합한 **조절된 매개효과**(moderated mediation effect)와 같은 방법은 학술 연구에서 복잡한 변수효과를 설명하기에 유용합니다. 다음 [그림 2-3]은 조절된 매개효과의 기본적인 형태로 매개변수의 효과를 제3의 변수가 조절하는 모형입니다.

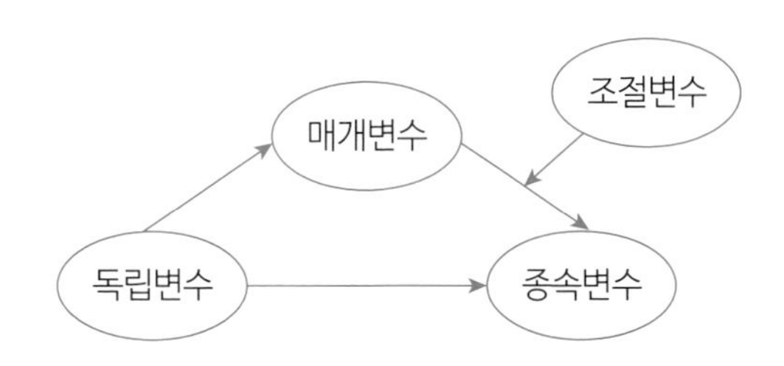

[그림 2-3] 조절된 매개효과

Hayes(2013)는 Baron과 Kenny(1986)의 모형을 확장하여 매개효과와 조절효과를 포함한 **조건부 간접효과 분석**을 제안했습니다. 그 가운데 활용도가 높은 조건모형의 하나가 조절된 매개로 [그림 2-3]에서와 같이 매개변수의 효과를 제3의 변수가 조절하는 조건부 모형입니다. 조절변수의 역할이 단순히 독립변수(X)와 종속변수(Y)의 관계에 작용하는 것이 아니라 매개변수(M)의 효과에 작용한다고 가정하는 것으로 이론적으로 상당히 복잡한 모형입니다.

예 역기능적 팀 행동과 팀 수행의 관계는 부정적 감정(톤)을 통해 매개될 것이다. 또한 부정적 감정 톤의 효과는 비언어적인 부적 표현에 의해 조절될 것이다(Cole et al., 2008).

이를 위해 Cole 등(2008)은 Hayes의 모형을 이용한 **조건부 프로세스 모형**을 수행하고 매개효과(model 4), 조절효과(model 1), 조절된 매개효과(model 14)를 각각 분석하였습니다. 이때 조건부 간접효과는 표준편차 ±1.0을 기준으로 낮은 수준과 높은 수준에서 조절변수의 상이한 효과가 나타날 때 조절된 매개효과가 있는 것으로 해석합니다(SPSS에서 '확장' 메뉴를 통해 조건부 프로세스 모듈을 설치).

◇ 교차타당화를 위한 모형비교

일단 회귀모형이 구성되면 이 회귀모형을 다른 표본(다른 상황에 있는 새로운 집단)에 적용하여 모형의 타당성을 검증하거나 하나의 표본을 둘로 나뉘어 회귀모형의 동일성을 평가할 수 있습니다. 흔히 **교차타당화**(cross validation)의 과정이며 다중회귀분석으로도 검증 가능합니다. 예를 들어, 기업의 인사선발모형이나 각종 공인시험의 교차타당화를 위해 회귀분석을 사용할 수 있습니다.

예 1 인사선발을 위한 회귀모형으로 「면접점수(Y')$=B_0+B_1$(학력)$+B_2$(상식)$+B_3$(인성)$+B_4$(적성)」이 여러 다른 표본에서 적합한 예측모형인가?

예 2 A맥주의 판매량을 예측하는 회귀모형으로 「판매량(Y')$=B_0+B_1$(선호도)$+B_2$(유통)$+B_3$(광고)$+B_4$(가격)」이 B맥주의 판매량 예측에도 적합한가? 혹은 소주의 판매량 예측에도 적합한 모형인가?

Q10 분산분석, 상관분석, 회귀분석의 차이점은 무엇인가요?

해설

분산분석, 상관분석, 회귀분석은 사용 빈도가 높은 대표적인 모수통계의 방법들입니다. 학술적으로나 실무적으로 용도가 다양하지만 기본적으로 분산분석(ANOVA)은 집단 간 차이를 검증하고 상관관계는 관계성, 회귀분석은 예측을 목적으로 합니다. 이들 방법의 기본적인 차이점을 비교하면 〈표 2-1〉과 같습니다.

<표 2-1> 분산분석, 상관분석, 회귀분석의 비교

	분산분석	상관분석	회귀분석
목적	• 세 집단 이상의 평균 차이 검증	• 변수 간의 관계 강도 • 관계성의 방향(+/−) 검증	• 회귀모형의 적합도 검증 • 독립변수의 상대적 중요도
원리	• 집단 간 분산의 크기가 집단 간 차이를 의미 • $F = \frac{SS_b / df_b}{SS_w / df_w}$	• 상관은 변수 간 공통분산의 크기 • $r = \frac{\sum x_i y_i / N}{s_x s_y} = \frac{COV(X, Y)}{s_x s_y}$	• 최소자승원리에 따라 실제점수(Y)와 예측점수(Y')의 차이를 최소화하는 회귀식 산출 • $b = r_{xy}\frac{s_y}{s_x}$
기본 가정	• 모집단 분포의 정규성 • 분산의 동질성 • 표본의 독립성	• 모수통계의 기본 가정	• 잔차의 정상성, 선형성, 독립성 • 독립변수 간의 무상관
측정 수준	• 독립변수: 범주형 데이터 • 종속변수: 연속형 데이터	• 연속형 데이터	• 연속형 데이터
검증 통계치	• F값	• 상관계수(r) • 결정계수(r^2)	• 설명량(R^2) • 베타계수(β)
적용 예	• 세 가지 치료 방법이 건강 회복에 미치는 영향	• 수능성적과 대학성적 간의 관계성	• 직장에서의 성공을 예측하는 회귀모형

Q11 다중회귀분석의 유형은 어떻게 구분되며 차이점은 무엇인가요?

해설

다중회귀분석은 기초적이고 활용 범위가 넓은 통계기법이지만 실제 연구목적에 맞지 않게 사용되는 경우도 많습니다. 특히 다중회귀분석은 변수들의 선형조합을 사용하므로 변수의 투입순서가 중요한데, 변수의 투입순서에 따라 종속변수(DV)에 대한 설명분산이 달라지므로 사용에 주의해야 합니다. 따라서 연구의 목적에 맞는 적절한 유형의 회귀분석을 선택하는 것이 분석의 시작입니다. 일반적으로 다중회귀분석은 연구목적에 따라 다음 세 가지 유형으로 구분됩니다: 표준 회귀분석(standard multiple regression), 위계적 회귀분석(hierarchical multiple regression), 단계적 회귀분석(stepwise multiple regression). 〈표 2-2〉는 연구목적에 따라 선택 가능한 다중회귀분석의 유형을 분류한 것입니다.

<표 2-2> 연구목적에 따른 다중회귀분석 유형의 선택

목적별	표준 회귀분석	위계적 회귀분석	단계적 회귀분석
회귀모형의 검증	○	×	×
독립변수의 상대적 중요도	×	가설검증 ○ 탐색연구 ×	탐색연구 ○ 가설검증 ×
독립변수의 통제	×	○	×
새로운 독립변수의 효과	×	○	○
조절효과/매개효과	×	가설검증 ○ 탐색연구 ×	탐색연구 ○ 가설검증 ×
교차타당화	○	○	×

회귀분석의 도해(圖解)

각 유형의 가장 중요한 차이는 변수의 투입순서가 다르다는 것입니다. 먼저 유형별 특징을 요약하면 다음과 같습니다.

① 표준 회귀분석: 독립변수 간의 공통분산을 제외하고 회귀식을 구성함.

② 위계적 회귀분석: 공통분산이 회귀식에 먼저 투입된 변수에 귀속(투입순서 준거는 이론).

③ 단계적 회귀분석: 공통분산이 회귀식에 먼저 투입된 변수에 귀속(투입순서 준거는 상관).

공통분산(common variance)은 독립변수 간의 공분산(covariance)을 의미합니다. 그러므로 독립변수 간 상관이 낮으면 회귀분석의 해석은 개별 독립변수(IV)의 효과로 자연스럽게 설명되지만 그렇지 않고 독립변수 간의 상관이 높으면 개별변수에 대한 해석이 어려워집니다. 따라서 독립변수 간의 다중상관, 즉 **다중공선성**(multicollinearity)은 회귀분석의 주요 가정의 하나이자 핵심 이슈라 할 수 있습니다(공선성의 진단 및 해설 ☞ Q20). 먼저 각 유형의 설명분산이 어떻게 달라지는지를 알아보기 위해 [그림 2-4]의 벤다이어그램을 살펴보겠습니다.

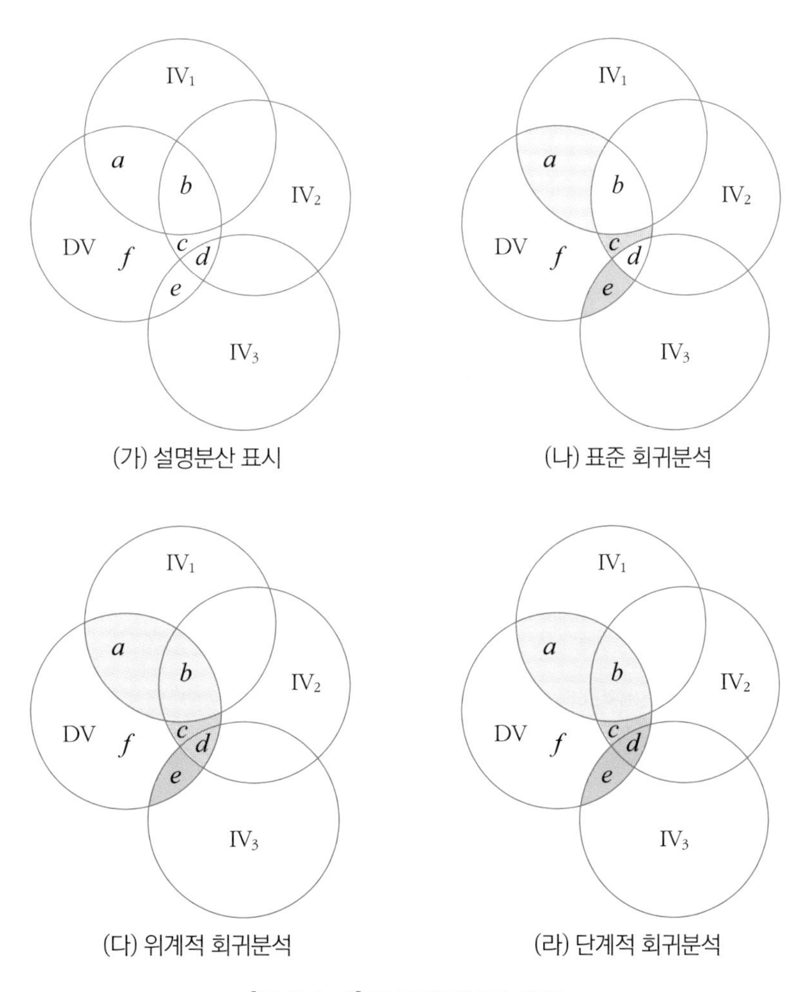

[그림 2-4] 다중회귀분석 유형

$$R^2=(a+b+c+d+e)/(a+b+c+d+e+f)$$

먼저 [그림 2-4]의 (가)는 종속변수(DV)와 3개의 독립변수(IV_1, IV_2, IV_3)와의 공분산 및 독립변수 간 상관을 표시한 것입니다. 이를 회귀식으로 나타내면 $Y'=B_0+B_1(IV_1)+B_2(IV_2)+B_3(IV_3)$이 되고 DV 전체 면적에서 a~e가 차지하는 면적이 회귀모형의 예측력(R^2)이 됩니다. 즉, $R^2=(a+b+c+d+e)/(a+b+c+d+e+f)$입니다. 이때 **3개의 독립변수가 모두 유의미한 경우는** (나), (다), (라)**에서 동일하지만** 어느 한 독립변수라도 유의미하지 않을 때 (라)의 R^2이 달라집니다. (라)의 단계적 회귀분석에서는 통계적으로 유의미하지 않은 변수는 회귀식에서 제외되기 때문입니다.

[그림 2-4]에서 보듯이 (나)의 표준 회귀분석에서 모든 독립변수(IV)는 **동시에** 회귀식에 투입되는데, 변수들이 '동시에' 회귀식을 구성하므로 공유 부분(그림의 b와 d)은 어느 변수의 설명량으로도 귀속되지 않습니다(a, c, e만이 각 독립변수의 설명력). 그러므로 표준 회귀분석에서는 **개별 독립변수의 설명분산의 합이 전체 R^2과 같아지지 않는 것에 주의할** 필요가 있습니다.

반면 (다)의 위계적 회귀분석과 (라)의 단계적 회귀분석에서는 변수가 **순서적**으로 투입됩니다. 그러므로 먼저 투입되는 변수가 공유 부분을 취하게 됩니다. 구체적으로 (다)의 위계적 회귀분석에서 공유 부분 b는 먼저 투입된 IV_1로 귀속되고 d는 그다음 투입된 IV_2로 귀속되었습니다. 그리고 IV_3은 e로만 설명됩니다. 이 경우 '연구자'가 이론을 근거로 투입순서를 $IV_1 \rightarrow IV_2 \rightarrow IV_3$으로 정했기 때문입니다. 한편 (라)의 단계적 회귀분석에서 공유 부분 b는 IV_1로 귀속되었지만 d는 IV_3으로 귀속된 것을 볼 수 있습니다. '컴퓨터'의 계산에 의해 종속변수와의 상관이 높은 순서대로 $IV_1 \rightarrow IV_3 \rightarrow IV_2$의 투입순서가 정해진다는 것이 위계적 회귀분석과 다른 점입니다. (라)의 경우, IV_2의 설명량이 c만을 취하므로 (다)의 위계적 회귀분석과 독립변수의 설명량에서 큰 차이가 있음을 주목할 수 있습니다($c+d \rightarrow c$). 물론 IV_3의 경우는 반대입니다($e \rightarrow d+e$). 다음의 예시와 같이 각 유형별 설명량의 변화를 직접 수치로 확인해 보겠습니다.

변수 투입순서에 따른 설명량 변화(예시)

- 위계적 회귀분석의 투입순서: $IV_1 \rightarrow IV_2 \rightarrow IV_3$
- 단계적 회귀분석의 투입순서: $IV_1 \rightarrow IV_3 \rightarrow IV_2$

유형별	IV_1	IV_2	IV_3
표준	20%	5%	6%
위계적	35%	11%	6%
단계적	35%	5%	12%
R^2	52%		

주: 모든 독립변수(IV)가 유의미하다고 가정함.

- $R^2=(a+b+c+d+e)/(a+b+c+d+e+f)$
- 영역별 설명분산의 예시

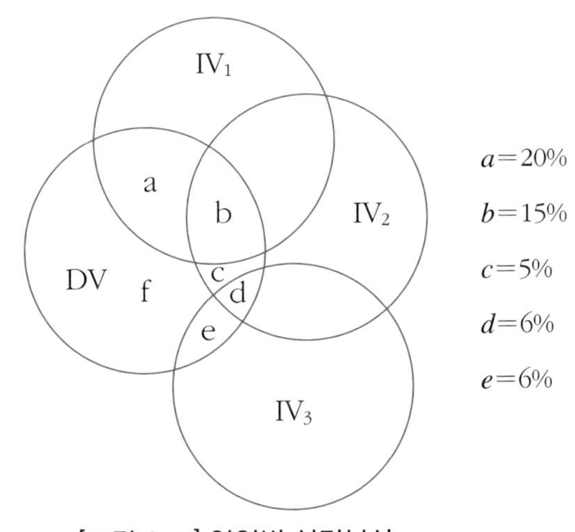

[그림 2-5] 영역별 설명분산

- [그림 2-5]의 예시처럼 독립변수 간의 공통분산이 복잡하게 존재하면 변수의 투입순서에 따라 상대적 중요도가 달라짐.
- 실제 표준방식은 공통분산이 제외되지만 전체 R^2은 모든 유형에서 동일하게 표시됨. 또한 유의미하지 않은 독립변수가 있을 때 전체 R^2은 달라질 수 있음.

Q12 다중회귀분석을 위한 [예제연구 1]은 무엇인가요?

해설

회귀분석을 위한 데이터는 독립변수와 종속변수 모두 연속형 변수를 사용합니다. 범주형을 독립변수로 사용하는 경우가 있지만(더미변수의 사용) 선형회귀를 적용할 때 모든 변수는 연속형 변수를 가정해야 합니다. [예제연구 1]은 대인매력을 종속변수(DV)로 하고 외모, 유머, 성격, 지능의 평가점수를 독립변수(IV)로 하는 회귀모형입니다(실제 분석에서는 더 많은 데이터가 요구되지만 설명목적으로 50명의 표본만을 사용).

예제연구 1(data file: 예제1_회귀분석.sav)

- 연구문제: 외모, 유머, 성격, 지능과 같은 개인 특성은 대인매력을 잘 예측할 것인가?
- 종속변수: 대인매력(attract)
- 독립변수: 외모(face), 유머(humor), 성격(charact), 지능(iqscore)
- 기타변수: 성별(gender)
- 데이터의 구성($n=50$)

응답자 번호	성별	대인매력(DV)	외모(IV_1)	유머(IV_2)	성격(IV_3)	지능(IV_4)
1	2	5	6	5	4	3
2	1	4	4	3	5	5
3	2	6	5	6	3	6
4	2	5	6	4	4	3
5	1	2	3	5	2	5
6	1	6	5	5	6	4
7	2	7	6	5	4	3
8	2	4	3	3	3	5
9	1	6	5	5	3	4
…	…	…	…	…	…	…
50	1	6	5	5	3	4

주: 성별 1은 여자, 2는 남자. 평정척도는 7점 만점.

- 매력$(Y')=B_0+B_1$(외모)$+B_2$(유머)$+B_3$(성격)$+B_4$(지능)

Q13 표준 회귀분석은 어떻게 수행하고 결과를 해석하나요?

[♣ 데이터: 예제1_회귀분석.sav]

해설

표준 회귀분석(standard multiple regression)은 독립변수들이 '동시에' 회귀식에 투입되는 방식으로 흔히 동시다중회귀분석(simultaneous multiple regression)이라고도 합니다. 앞서 [그림 2-4]의 (나)에서 보듯이, 독립변수들이 동시에 회귀식을 구성하므로 각 독립변수의 설명량은 공유 부분(b, d)을 제외한 고유한 설명분산만을 갖게 됩니다(IV_1=a, IV_2=c, IV_3=e). 이렇게 고유분산(unique variance)만으로 각 독립변수를 평가할 때 IV_2는 상대적으로 과소평가됨을 주목할 수 있습니다(b+c+d → only c). 따라서 표준 회귀분석은 전체 회귀모형의 적합도를 평가하기 위한 목적으로 유용하지만 개별 독립변수의 상대적 중요도를 평가하는 목적으로는 사용에 한계가 있습니다. 그러면 표준 회귀분석의 기본적인 특성을 염두에 두고 [예제연구 1]의 결과물을 살펴보겠습니다.

1. 기초 정보 **IBM® SPSS® Statistics**

(신택스 이용: 표준 회귀분석을 위한 SPSS 명령어)

```
REGRESSION
 /DESCRIPTIVES MEAN STDDEV CORR SIG N
 /MISSING LISTWISE
 /STATISTICS COEFF OUTS R ANOVA COLLIN TOL ZPP
 /CRITERIA=PIN(.05) POUT(.10)
 /NOORIGIN
 /DEPENDENT attract
 /METHOD=ENTER face humor charact iqscore.
```

(메뉴: 분석 → 회귀분석 → 선형)
- 표준 방식: '방법 → 입력'을 선택하고 '블록(B)'에 모든 독립변수를 한 블록에 입력
- 위계적 방식: '방법 → 입력'을 선택하고 '블록(B)'에 변수를 하나씩 순서대로 블록별로 입력(블록 1/1~블록 3/3)
- 단계적 방식: '방법 → 단계 선택입력'을 선택하고 '블록(B)'에 모든 독립변수를 한 블록에 입력

Ⓐ 기술통계량

	평균	표준화 편차	N
attract 대인매력	5.10	1.389	50
face 외모	4.80	1.088	50
humor 유머	4.68	.978	50
charact 성격	3.92	1.338	50
iqscore 지능	4.20	.990	50

Ⓑ 상관계수

		attract 대인매력	face 외모	humor 유머	charact 성격	iqscore 지능
Pearson 상관	attract 대인매력	1.000	.756	.625	.356	-.386
	face 외모	.756	1.000	.495	.255	-.720
	humor 유머	.625	.495	1.000	.089	-.038
	charact 성격	.356	.255	.089	1.000	-.173
	iqscore 지능	-.386	-.720	-.038	-.173	1.000
유의확률 (단측)	attract 대인매력	.	.000	.000	.006	.003
	face 외모	.000	.	.000	.037	.000
	humor 유머	.000	.000	.	.269	.397
	charact 성격	.006	.037	.269	.	.115
	iqscore 지능	.003	.000	.397	.115	.
N	attract 대인매력	50	50	50	50	50
	face 외모	50	50	50	50	50
	humor 유머	50	50	50	50	50
	charact 성격	50	50	50	50	50
	iqscore 지능	50	50	50	50	50

Ⓒ 입력/제거된 변수[a]

모형	입력된 변수	제거된 변수	방법
1	iqscore 지능, humor 유머, charact 성격, face 외모[b]	.	입력

a. 종속변수: attract 대인매력
b. 요청된 모든 변수가 입력되었습니다.

결과 Ⓐ의 '기술통계치'에는 변수들의 평균, 표준편차, 사례수의 정보가 제시되고 결과 Ⓑ의 상관계수는 피어슨의 적률상관(Pearson's product moment correlation)을 의미합니다. 이 상관계수는 결과 Ⓕ의 0차 **상관**(zero-order correlation)과 같은 상관입니다. 그리고 결과 Ⓒ는 변수의 투입정보를 나타냅니다. 즉 종속변수는 대인매력이고 지능, 유머, 성격, 외모의 4개 변수가 입력(독립)변수임을 나타냅니다.

Ⓓ 모형 요약

모형	R	R 제곱	수정된 R 제곱	추정값의 표준오차
1	.834[a]	.695	.668	.800

a. 예측자: (상수), iqscore 지능, humor 유머, charact 성격, face 외모

결과 Ⓓ는 다중상관(*R*), 회귀모형의 설명분산인 R제곱(R^2), 수정된 R제곱(adjusted R^2), 표준오차를 나타냅니다. $R^2=0.695$로 회귀모형은 '대인매력(DV)'을 약 69.5% 설명하는데, 이 예제처럼 **사례수가 작은 경우 수정된 R제곱을 해석**하는 것이 바람직합니다. 따라서 이 모형의 설명량은 69.5%보다 다소 낮은 66.8%라고 해석하는 것이 타당합니다.

Ⓔ ANOVA[a]

모형		제곱합	자유도	평균제곱	F	유의확률
1	회귀	65.673	4	16.418	25.630	.000[b]
	잔차	28.827	45	.641		
	전체	94.500	49			

a. 종속변수: attract 대인매력
b. 예측자: (상수), iqscore 지능, humor 유머, charact 성격, face 외모

결과 Ⓔ는 결과 Ⓓ의 R제곱에 대한 유의검증 결과입니다. 즉, 회귀모형의 적합도 검증을 나타냅니다. 회귀모형의 $F=25.630$이고 $p=.000$으로 0.001수준에서 유의미하므로 외모, 유머, 성격, 지능으로 구성된 대인매력을 예측하는 회귀모형은 양호한 것으로 해석할 수 있습니다.

Ⓕ 계수[a]

모형		비표준화 계수		표준화 계수	t	유의확률	상관계수			공선성 통계량	
		B	표준화 오류	베타			0차	편상관	부분상관	공차	VIF
1	(상수)	-2.444	1.386		-1.764	.085					
	face 외모	.854	.209	.669	4.095	.000	.756	.521	.337	.254	3.942
	humor 유머	.401	.159	.283	2.528	.015	.625	.353	.208	.542	1.843
	charact 성격	.191	.089	.184	2.154	.037	.356	.306	.177	.931	1.074
	iqscore 지능	.194	.196	.139	.990	.327	-.386	.146	.082	.346	2.888

a. 종속변수: attract 대인매력

결과 Ⓕ에는 중요한 회귀계수와 공선성 통계량이 포함되어 있습니다. 이를 바탕으로 다음과 같은 회귀방정식을 만들 수 있습니다.

$$매력(Y') = -2.444 + 0.854(외모) + 0.401(유머) + 0.191(성격) + 0.194(지능)$$

이 회귀식으로 개별 응답자의 대인매력 예측점수(Y')를 산출하고 실제점수(Y)와의 차이, 즉 $Y-Y'$ 구하면 그 값이 바로 잔차(residual)가 됩니다. 예를 들어, 첫 번째 응답자의 예측점수를 구하면 $Y' = -2.444 + 0.854(6) + 0.401(5) + 0.191(4) + 0.194(3) = 6.031$이고 표본 데이터의 실제 값은 5이므로 잔차($Y-Y'$)는 -1.031이 됩니다.[3] 결국 회귀모형의 설명력이 증가하면 잔차는 작아지고 이론적으로 잔차가 0이 되면 회귀모형의 R제곱(R^2)은 1.0으로 완전한 모형이 됩니다.

개별 독립변수의 효과는 표준계수(베타: β)로 설명할 수 있습니다. 결과 Ⓕ를 보면 외모 0.669($t=4.095$, $p<.01$), 유머 0.283($t=2.528$, $p<.05$), 성격 0.184($t=2.154$, $p<.05$), 지능 0.139($t=0.990$, $p>.05$)로 '외모', '유머', '성격' 변수는 유의미한 반면 '지능' 변수는 통계적으로 유의미하지 않습니다. 따라서 '지능'을 제외하고 '외모', '유머', '성격'의 순으로 대인매력을 설명하는 것으로 해석됩니다. 다만 표준 회귀분석에서 표준계수(베타)를 비교하면 독립변수의 상대적 중요도를 평가할 수 있지만 동시에 회귀식에 투입되므로 **각 독립변수가 기여하는 정확한 설명분산**을 찾을 수는 없습니다. 개별 독립변수의 설명분산의 합이 전체 R^2(0.695)과 같아지지 않으므로 정확한 상대적 기여도를 밝히려는 연구에서는 그 사용이 제한적일 수밖에 없습니다.

결과 Ⓕ의 두 상관계수가 그것을 보여 줍니다. **부분상관**(semipartial correlation: Part)은 종속변수의 총분산 중 한 독립변수가 차지하는 설명분산을 의미하고 **편상관**(partial correlation: Partial)은 다른 독립변수가 설명하는 부분을 제외한 설명분산을 말합니다. 그러므로 부분상관의 제곱은 개별 독립변수의 설명량이 되고(위계적/단계적 회귀분석에서는 R제곱변화량, ΔR^2), 모든 **부분상관제곱의 합은 이론적으로 전체 R제곱(R^2)과 같아집니다**. 그러나 예상되는 바와 같이 결과 Ⓕ에서 이들의 합은 $0.337^2 + 0.208^2 + 0.177^2 + 0.082^2 = 0.195$로 R제곱($R^2 = 0.695$)과는 큰 차이를 보입니다. 다시 말해, 독립변수 간의 공통분산이 50%에 이른다는 뜻인데 이렇게 큰 차이는 독립변수 간의 높은 다중상관, 즉 다중공선성을 반영한 결과입

3) SPSS 회귀분석의 대화창에서 '저장' 옵션을 선택하면 모든 표본의 비표준화 예측값 및 잔차를 구할 수 있음.

니다([그림 2-4] 참고).

결과 Ⓕ의 '공선성 통계량'의 값들이 이를 설명합니다. '성격' 변수를 제외한 변수들의 공차(tolerance: 1-SMC)가 0.6이하로 낮은 값을 갖고 있어 다중공선성이 높다는 것을 보여 줍니다(공차가 1.0에 접근할 때 다중공선성이 없는 것으로 해석함). 같은 의미로 VIF(분산팽창지수)의 값도 '성격' 변수는 1.074로 1.0에 근접하지만 나머지는 1.843~3.942로 높아 역시 다중공선성을 의심할 수 있습니다. 이처럼 공차나 VIF 값은 독립변수들의 다중공선성(다중의 상관)을 의미하므로 회귀분석의 결과를 해석할 때 주의 깊게 살펴보아야 하는 지표입니다.

Ⓖ 공선성 진단[a]

모형	차원	고유값	상태지수	분산비율				
				(상수)	face 외모	humor 유머	charact 성격	iqscore 지능
1	1	4.803	1.000	.00	.00	.00	.00	.00
	2	.102	6.876	.00	.01	.00	.32	.09
	3	.073	8.139	.00	.05	.05	.59	.03
	4	.019	15.817	.09	.09	.68	.09	.00
	5	.004	35.845	.91	.85	.26	.00	.88

a. 종속변수: attract 대인매력

이와 함께 다중공선성을 해석할 수 있는 추가지표로 결과 Ⓖ에 있는 **상태지수**(conditional index)와 **분산비율**(variance proportions)이 있습니다. **상태지수**는 고유값(eigenvalue)의 상대적 크기로 공선성을 파악하기 위해 사용되며 보통 30을 초과할 때 공선성 가능성이 높은 것으로 해석합니다(보통의 범위는 15에서 30). 한편 **분산비율의 해석**은 상태지수와 함께 수행하는데, 만일 상태지수가 30을 넘고 상수를 포함한 둘 이상의 변수에서 분산비율이 0.90을 넘으면 높은 공선성으로 판단합니다. 결과 Ⓖ에서는 한 차원의 상태지수가 35.845이고 상수(0.91), '외모'(0.85), '지능'(0.88)의 분산비율이 준거에 근접하고 있어 '외모'와 '지능' 변수의 공선성 가능성이 높은 것으로 판단됩니다.

표준 회귀분석은 그 목적이 회귀모형의 검증에 초점을 두므로 전체 모형의 적합도(R^2)와 베타계수(β)를 중심으로 독립변수의 효과를 해석하는 것에 그치지만 위계적 회귀분석과 단계적 회귀분석에서는 **독립변수의 상대적 중요도를 설명분산의 변화량**(ΔR^2)**으로 비교하므로** 다중공선성의 영향을 중요한 가정으로 검토해야 합니다(공선성의 진단 및 해설 ☞ Q20).

Q14 부분상관제곱과 편상관제곱은 무엇인가요?

해설

부분상관(semipartial correlation: Part)과 편상관(partial correlation: Partial)은 독립변수의 상대적 기여도를 평가하는 계수로 그 값을 제곱하면 설명분산을 나타냅니다. 간단히 말해, **부분상관제곱**(Part)은 총분산에서 한 독립변수가 차지하는 분산을 말하고 **편상관제곱**(Partial)은 다른 독립변수의 부분을 제외하고 한 독립변수가 차지하는 설명량을 의미합니다. 따라서 서로 용도가 다른데, 편상관제곱은 공통분산을 제외한 고유분산의 크기를 비교할 때 사용되고 부분상관제곱은 위계적 회귀분석과 같이 개별 독립변수의 상대적 기여도를 분산의 관점에서 해석할 때 사용됩니다. 위계적 회귀분석에서 부분상관제곱은 각 독립변수의 R제곱변화량(ΔR^2)이고 그 합은 항상 전체 R^2과 같습니다. 앞서 [그림 2-4]를 참조하여 각각을 표시하면 다음과 같습니다.

- 표준 회귀분석: IV_1의 설명분산
  - 부분상관제곱 $= a/(a+b+c+d+e+f)$
  - 편상관제곱 $= a/(a+f)$

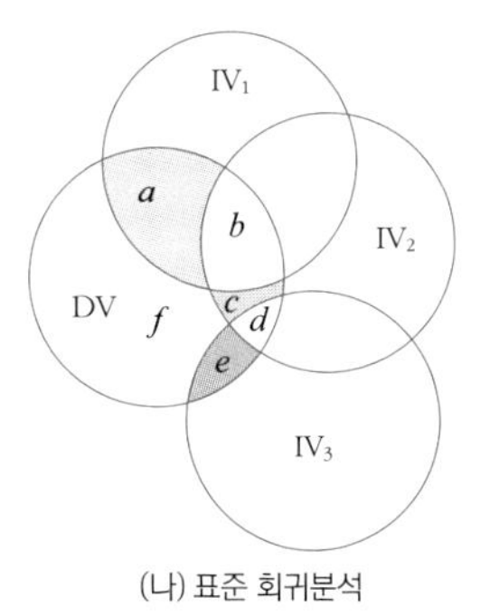

(나) 표준 회귀분석

- 위계적 회귀분석: IV_1의 설명분산
  - 부분상관제곱 $= (a+b)/(a+b+c+d+e+f)$
  - 편상관제곱 $= (a+b)/(a+b+f)$

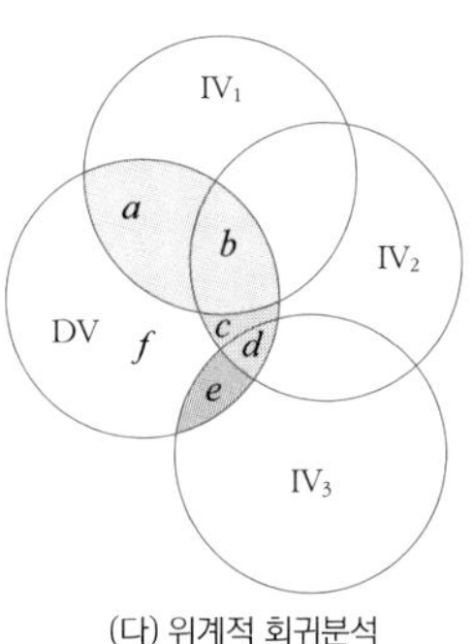

(다) 위계적 회귀분석

Q15 위계적 회귀분석은 어떻게 수행하고 결과를 해석하나요?

[♣ 데이터: 예제1_회귀분석.sav]

해설

위계적 회귀분석(hierarchical multiple regression)은 회귀식에 투입되는 독립변수의 순서를 연구자가 지정하는 방식입니다. 연구자는 임의로 정하지 않고 **경험적 근거**(이론 및 논리적 근거)를 **바탕으로 투입변수의 순서를 정해야** 합니다. 만일 변수의 순서를 논리적으로 정할 수 없다면 단계적 회귀분석을 실시하는 것이 바람직합니다. 위계적 회귀분석에서 독립변수는 정해진 순서로 투입되므로 독립변수가 하나씩 추가될 때마다 회귀모형에 대한 평가가 이루어집니다. [예제연구 1]의 경우 변수의 투입순서를 '외모', '유머', '성격', '지능'의 순으로 정하였다면 다음과 같은 회귀식이 단계별로 평가됩니다.

- 1단계: 매력(Y')$=B_0+B_1$(외모)
- 2단계: 매력(Y')$=B_0+B_1$(외모)$+B_2$(유머)
- 3단계: 매력(Y')$=B_0+B_1$(외모)$+B_2$(유머)$+B_3$(성격)
- 4단계: 매력(Y')$=B_0+B_1$(외모)$+B_2$(유머)$+B_3$(성격)$+B_4$(지능)

단계별로 변수가 투입되므로 공통분산은 먼저 투입된 독립변수의 설명분산이 됩니다. 앞서 [그림 2-4]의 (다)와 같이, $IV_1 \rightarrow IV_2 \rightarrow IV_3$의 순으로 투입된다면 공통분산 b는 IV_1에 귀속되고 공통분산 d는 IV_2에 귀속됩니다. 따라서 투입순서에 따라 독립변수의 개별 설명분산에 차이가 많이 발생하는 경우가 생기는데, 특히 **다중공선성**(multicollinearity)이 존재할 때 그렇습니다. 그래서 위계적 회귀분석이나 단계적 회귀분석의 경우에는 독립변수 간의 상관(다중공선성)을 검토하는 것이 중요합니다. 다중공선성에 대해서는 기본 가정의 평가에서 다루고(☞ Q20), 여기서는 위계적 회귀분석의 결과물을 하나씩 살펴보겠습니다.

1. 기초 정보 **IBM® SPSS® Statistics**

```
(위계적 회귀분석을 위한 SPSS 명령어)
REGRESSION
 /DESCRIPTIVES MEAN STDDEV CORR SIG N
 /MISSING LISTWISE
 /STATISTICS COEFF OUTS R ANOVA COLLIN TOL CHANGE ZPP
 /CRITERIA=PIN(.05) POUT(.10)
 /NOORIGIN
 /DEPENDENT attract
 /METHOD=ENTER face
 /METHOD=ENTER humor
 /METHOD=ENTER charact
 /METHOD=ENTER iqscore.
```

Ⓒ 입력/제거된 변수[a]

모형	입력된 변수	제거된 변수	방법
1	face 외모[b]	.	입력
2	humor 유머[b]	.	입력
3	charact 성격[b]	.	입력
4	iqscore 지능[b]	.	입력

a. 종속변수: attract 대인매력
b. 요청된 모든 변수가 입력되었습니다.

기술통계량과 상관계수는 표준 회귀분석과 동일합니다(Q13의 결과 Ⓐ와 Ⓑ). 차이점은 결과 Ⓒ에서 보듯이 변수의 투입순서가 지정되어 단계별로 회귀모형이 구성됩니다.

2. 모형 및 계수 **IBM® SPSS® Statistics**

Ⓓ 모형 요약

모형	R	R 제곱	수정된 R 제곱	추정값의 표준오차	통계량 변화량				
					R 제곱 변화량	F 변화량	자유도 1	자유도 2	유의확률 F 변화량
1	.756[a]	.572	.563	.918	.572	64.191	1	48	.000
2	.810[b]	.655	.641	.832	.083	11.356	1	47	.002
3	.830[c]	.688	.668	.800	.033	4.855	1	46	.033
4	.834[d]	.695	.668	.800	.007	.980	1	45	.327

a. 예측자: (상수), face 외모
b. 예측자: (상수), face 외모, humor 유머
c. 예측자: (상수), face 외모, humor 유머, charact 성격
d. 예측자: (상수), face 외모, humor 유머, charact 성격, iqscore 지능

결과 Ⓓ의 '모형 요약'은 단계별 회귀모형의 요약입니다. 모형 1에서 '외모' 변수만으로 구성된 회귀식의 다중상관은 0.756, R^2은 57.2%, 수정된(adjusted) R^2은 56.3%로 '외모' 변수만으로도 대인매력을 잘 설명하는 모형입니다. 표의 '통계량 변화량'의 값들은 각 단계에서 추가된 독립변수가 모형을 얼마나 개선하는지를 나타내는 지표입니다. R제곱변화량(ΔR^2)이 대표적인데, 모형 1에서는 하나의 독립변수(외모)만이 있으므로 그 값이 R^2과 같습니다.

모형 2에서 '유머' 변수가 추가되었을 때 R제곱의 변화량은 $\Delta R^2=0.083$으로 약 8.3%의 모형 설명분산이 증가하였고 이러한 변화량에 대한 유의도, 즉 $F=11.356$으로 .01 수준에서 통계적으로 유의미한 것으로 나타났습니다. 모형 3에서 세 번째로 투입된 '성격' 변수의 효과는 설명분산을 3.3% 증가시켰고($\Delta R^2=0.033$) 그 변화량은 통계적으로 유의미한 수준이었습니다($F_{1,46}=4.855$, $p<.05$). 반면 모형 4에서 마지막으로 투입된 변수의 R제곱변화량은 매우 작고($\Delta R^2=0.007$) 그 변화는 통계적으로 유의미하지 않았습니다($F_{1,45}=0.980$, $p>.05$).

결과 Ⓓ에서 단계별 회귀모형을 평가하고 변화량(ΔR^2)에 주목하였다면 실제 독립변수의 상대적 효과는 결과 Ⓕ의 '계수'에서 값을 비교하여 해석합니다. 그에 앞서 결과 Ⓔ는 결과 Ⓓ의 회귀모형에 대한 유의도 검증의 결과입니다.

Ⓔ ANOVA[a]

모형		제곱합	자유도	평균제곱	F	유의확률
1	회귀	54.069	1	54.069	64.191	.000[b]
	잔차	40.431	48	.842		
	전체	94.500	49			
2	회귀	61.937	2	30.968	44.698	.000[c]
	잔차	32.563	47	.693		
	전체	94.500	49			
3	회귀	65.045	3	21.682	33.861	.000[d]
	잔차	29.455	46	.640		
	전체	94.500	49			
4	회귀	65.673	4	16.418	25.630	.000[e]
	잔차	28.827	45	.641		
	전체	94.500	49			

a. 종속변수: attract 대인매력
b. 예측자: (상수), face 외모
c. 예측자: (상수), face 외모, humor 유머
d. 예측자: (상수), face 외모, humor 유머, charact 성격
e. 예측자: (상수), face 외모, humor 유머, charact 성격, iqscore 지능

결과 Ⓔ의 'ANOVA'는 각 단계별 회귀모형의 적합성에 대한 유의검증 결과입니다. 결과 Ⓓ의 'F변화량'은 각 단계에서 새로 투입된 변수의 효과이고 그에 따른 모형의 변화를 살펴보았다면, 결과 Ⓔ의 'F'값은 각 단계에서 완성된 회귀모형이 적합한지를 유의검증한 것입니다.

따라서 모형 1은 '외모' 변수만이 존재하므로 F값이 결과 Ⓓ의 F변화량이 같지만(F=64.191, $p<.001$) 모형 2에서는 '외모' 변수와 '유머' 변수가 함께 구성된 회귀식에 대한 유의도입니다(F=44.698, $p<.001$). 결과 Ⓓ의 F변화량(11.356)과 다르다는 것을 확인할 수 있습니다. 마찬가지로 모형 4의 F=25.630으로 $p<.001$로 유의합니다. 다시 말해, 4단계에서 '지능' 변수가 추가될 때 모형이 개선되지 않았음에도 불구하고(결과 Ⓓ의 모형 4) '지능' 변수를 포함한 전체 회귀모형은 양호한 수준임을 말합니다.

Ⓕ 계수[a]

모형		비표준화 계수		표준화 계수	t	유의확률	상관계수			공선성 통계량	
		B	표준화 오류	베타			0차	편상관	부분상관	공차	VIF
1	(상수)	.466	.593		.785	.436					
	face 외모	.966	.121	.756	8.012	.000	.756	.756	.756	1.000	1.000
2	(상수)	-.734	.645		-1.138	.261					
	face 외모	.756	.126	.592	6.010	.000	.756	.659	.515	.755	1.324
	humor 유머	.471	.140	.332	3.370	.002	.625	.441	.289	.755	1.324
3	(상수)	-1.238	.661		-1.874	.067					
	face 외모	.689	.125	.540	5.525	.000	.756	.632	.455	.710	1.408
	humor 유머	.484	.135	.341	3.599	.001	.625	.469	.296	.754	1.327
	charact 성격	.195	.088	.188	2.203	.033	.356	.309	.181	.933	1.072
4	(상수)	-2.444	1.386		-1.764	.085					
	face 외모	.854	.209	.669	4.095	.000	.756	.521	.337	.254	3.942
	humor 유머	.401	.159	.283	2.528	.015	.625	.353	.208	.542	1.843
	charact 성격	.191	.089	.184	2.154	.037	.356	.306	.177	.931	1.074
	iqscore 지능	.194	.196	.139	.990	.327	-.386	.146	.082	.346	2.888

a. 종속변수: attract 대인매력

결과 Ⓕ의 '계수'에는 회귀모형의 단계별 독립변수의 효과를 파악할 수 있는 값들이 산출되어 있습니다. 모형 4의 최종결과는 표준 회귀분석과 같지만 단계별 모형이 구성되는 과정의 주요 정보들이 있습니다. 주요 정보는 다음과 같습니다.

(1) 각 단계에서 **새로 투입된 변수의 부분상관제곱은 곧 해당 변수의 R제곱변화량(ΔR^2)과 같습니다.** 예를 들어, 결과 Ⓕ에서 '외모' 변수의 부분상관제곱은 $0.756^2 = 0.572$로 결과 Ⓓ의 R제곱변화량(ΔR^2)입니다. 같은 방식으로 '유머' 변수의 부분상관제곱 $0.289^2 = 0.083$, '성격' 변수의 부분상관제곱 $0.181^2 = 0.033$, '지능' 변수의 부분상관제곱 $0.082^2 = 0.007$과 같습니다.

(2) **부분상관제곱의 합은 항상 전체 R제곱(R^2)과 같습니다.** 즉, $0.572 + 0.083 + 0.033 + 0.007 = 0.695$로 결과 Ⓓ의 모형 4의 최종 R제곱과 같습니다.

(3) 변수가 다른 변수와의 관계에서 **종속변수에 대한 영향력이 어떻게 변화되는지** 알 수 있습니다. 예를 들어, '외모' 변수의 부분상관계수(개별 IV의 기여도)는 1단계에서 0.756, 2단계에서 0.515, 3단계에서 0.455, 4단계에서 0.337로 감소하고 있으며 그와 동시에 공차(다중공선성)는 1.0에서 0.755, 0.710, 0.254로 급격히 감소합니다. 다시 말해 '외모' 변수의 효과는 독립적으로 대인매력을 매우 잘 설명하는데, 새로운 변수가 회귀식에 투입되면서 다중공선성에 의해 상대적으로 그 효과가 약화되고 있음을 나타냅니다. '유머' 변수나 '성격' 변수에 비해 감소 폭이 큰 것은 '외모' 변수의 개별효과와 더불어 독립변수 간 다중공선성이 높은 조건에서 먼저 투입되었기 때문입니다. 그만큼 다중공선성이 높을 때 독립변수에 대한 해석은 주의가 요구되는데, 타당한 해석을 위해 가장 좋은 전략은 지나친 다중공선성을 사전에 피하는 것입니다. 이를 위해 변수를 제외하거나 요인분석을 통해 변수를 줄이는 방법을 고려할 수 있습니다.

Ⓖ 제외된 변수[a]

모형		베타 입력	t	유의확률	편상관 계수	공선성 통계량		
						공차	VIF	최소공차
1	humor 유머	.332[b]	3.370	.002	.441	.755	1.324	.755
	charact 성격	.174[b]	1.827	.074	.258	.935	1.070	.935
	iqscore 지능	.330[b]	2.559	.014	.350	.481	2.078	.481
2	charact 성격	.188[c]	2.203	.033	.309	.933	1.072	.710
	iqscore 지능	.153[c]	1.052	.298	.153	.347	2.881	.262
3	iqscore 지능	.139[d]	.990	.327	.146	.346	2.888	.254

a. 종속변수: attract 대인매력
b. 모형내의 예측자: (상수), face 외모
c. 모형내의 예측자: (상수), face 외모, humor 유머
d. 모형내의 예측자: (상수), face 외모, humor 유머, charact 성격

결과 Ⓖ는 단계별 회귀식에 포함되지 않은 변수에 대한 정보입니다. 각 모형의 **베타입력** 값은 해당 변수가 모형에 포함될 때의 표준화계수 베타(β)를 나타냅니다. 따라서 결과 Ⓖ의 모형 1에 있는 '유머'의 베타입력 값 0.332는 결과 Ⓕ의 모형 2 '유머'의 표준화 베타 값이 됩니다. 또한 결과 Ⓖ의 모형 1에 있는 '성격'의 베타입력 0.174의 값은 만일 '성격' 변수가 두 번째로 회귀식에 투입되었을 때의 값을 나타냅니다.

종합적으로 위계적 회귀분석의 특성을 요약하면 다음과 같습니다.

(1) 위계적 회귀분석은 회귀모형의 적합성뿐만 아니라 독립변수의 개별효과를 설명하는 여러 지표를 함께 해석합니다(단계별 통계량 변화량, 변화량에 대한 유의도, 비표준화 및 표준화 계수, 부분상관, 편상관, 공선성통계량 등).

(2) 위계적 회귀분석은 다중공선성에 민감하지만 변수의 투입순서가 이론 및 경험적 근거에 의해 지정되므로 연구자의 관점에서 이론을 근거로 연역적으로 가설을 설정하는 것과 같은 원리입니다. 그러므로 위계적 회귀분석은 **가설검증에 적합한 방법**입니다.

[CHECK POINT]

위계적 회귀분석은 연구자에 의해 투입순서가 결정되므로 '이론'에 근거한 가설검증에 적합한 방법이며 투입된 변수들은 통계적 유의도에 관계없이 모두 회귀식에 포함되므로 다중공선성에 유의하여 해석해야 합니다.

Q16 그렇다면 위계적 회귀분석에서 '유머' 변수가 회귀식에 먼저 투입된다면 결과에 어떻게 영향을 주나요?

[♣ 데이터: 예제1_회귀분석.sav]

해설

위계적 회귀분석은 다중공선성의 영향으로 변수의 투입순서가 중요하다고 하였습니다. 그렇다면 [예제연구 1]에서 변수의 투입순서를 '유머 → 외모 → 성격 → 지능'으로 한다면 결과가 어떻게 달라질까요? 이 투입순서의 결과와 '외모' 변수가 먼저 투입된 결과를 비교해 보면 다중공선성의 영향을 좀 더 쉽게 파악할 수 있습니다. 다음은 '유머' 변수를 먼저 투입한 위계적 회귀분석의 주요 결과입니다.

1. 기초 정보 **IBM® SPSS® Statistics**

(위계적 회귀분석을 위한 SPSS 명령어: '유머' 우선 투입)

```
REGRESSION
 /DESCRIPTIVES MEAN STDDEV CORR SIG N
 /MISSING LISTWISE
 /STATISTICS COEFF OUTS R ANOVA COLLIN TOL CHANGE ZPP
 /CRITERIA=PIN(.05) POUT(.10)
 /NOORIGIN
 /DEPENDENT attract
 /METHOD=ENTER humor
 /METHOD=ENTER face
 /METHOD=ENTER charact
 /METHOD=ENTER iqscore.
```

© 입력/제거된 변수[a]

모형	입력된 변수	제거된 변수	방법
1	humor 유머[b]	.	입력
2	face 외모[b]	.	입력
3	charact 성격[b]	.	입력
4	iqscore 지능[b]	.	입력

a. 종속변수: attract 대인매력
b. 요청된 모든 변수가 입력되었습니다.

공통의 결과를 제외하고 비교에 필요한 주요 결과를 살펴 보겠습니다. 결과 ⓒ에서 보듯이, '유머' 변수가 첫 번째로 모형 1에 투입되었고 '외모' 변수는 두 번째로 모형 2에 투입되었습니다.

2. 모형 및 계수 IBM® SPSS® Statistics

Ⓓ 모형 요약

모형	R	R 제곱	수정된 R 제곱	추정값의 표준오차	통계량 변화량				
					R 제곱 변화량	F 변화량	자유도 1	자유도 2	유의확률 F 변화량
1	.625[a]	.391	.378	1.095	.391	30.770	1	48	.000
2	.810[b]	.655	.641	.832	.265	36.115	1	47	.000
3	.830[c]	.688	.668	.800	.033	4.855	1	46	.033
4	.834[d]	.695	.668	.800	.007	.980	1	45	.327

a. 예측자: (상수), humor 유머
b. 예측자: (상수), humor 유머, face 외모
c. 예측자: (상수), humor 유머, face 외모, charact 성격
d. 예측자: (상수), humor 유머, face 외모, charact 성격, iqscore 지능

위의 결과 Ⓓ에서 '유머'를 가장 먼저 투입했을 때(모형 1) '유머' 변수의 R제곱과 변화량은 0.391로 '유머' 변수가 두 번째로 투입되었을 때(Q15의 Ⓓ, 모형 2에서 R제곱변화량)의 0.083과 비교해 0.308, 즉 **30.8%의 차이**를 보입니다. **이 차이는 '외모'와 '유머' 변수의 공통분산**인 셈이며 '외모' 변수가 가장 먼저 투입되었을 때와 두 번째로 투입되었을 때의 차이와 같습니다(0.572−0.265, 0.001의 차이는 소수점 자릿수 영향). 공통분산은 두 독립변수가 종속변수에 미치는 영향에서 공유하는 분산이므로 **간접효과로 해석**할 수 있습니다. 즉, '외모'와 '유머'의 공통분산 30.8%는 간접효과로 해석하는데, 만일 '유머' 변수가 먼저 투입된 모형임을 가정한다면 '외모'는 유머와 대인 매력의 관계에서 30.8%의 간접효과를 보인다고 해석합니다. 다시 말해, 두 번째로 투입된 '외모' 변수는 먼저 투입된 '유머' 변수와 종속변수(매력)의 관계에 간접적으로 작용하는 것을 말합니다. 여기서 간접효과의 방식은 연구의 방향에 따라 **조절효과** 혹은 **매개효과**가 될 수 있습니다.

Q17 단계적 회귀분석은 위계적 회귀분석과 어떻게 다른가요?

[♣ 데이터: 예제1_회귀분석.sav]

해설

단계적 회귀분석(stepwise multiple regression)은 회귀모형의 R^2이나 개별 독립변수의 상대적 중요도(베타계수와 R제곱변화량)에 대한 평가가 위계적 회귀분석과 동일합니다. 그러나 변수의 투입방식이 다른데, 위계적 회귀분석은 연구자의 논리(이론적 근거)에 따라 투입순서가 정해지는 반면 단계적 회귀분석은 **오로지 통계적 계산에 기초**하여 변수의 투입순서가 결정됩니다. 따라서 단계적 방식은 연역적으로 접근하는 가설검증보다는 **탐색적 연구를 수행하고자 할 때 권장**되는 방식입니다. 그 이유는 표본오차에 의해 발생하는 분산이 모두 설명분산(R^2)으로 귀속되므로 **회귀모형이 과대평가**될 수 있으며 특히 변수 간 다중공선성이 높을 때 해석적 오류 가능성이 증가하기 때문입니다.

그러므로 가설검증이 목적이라면 위계적 회귀분석을 사용할 것이지만 선행연구가 부족하거나 이론적 근거가 약한 연구에서 영향력 있는 변수를 찾거나 새로운 변수관계를 발견하고자 한다면 단계적 회귀분석이 적합합니다. 다음은 단계적 회귀분석의 일반적 절차입니다(변수 투입순서의 결정).

① 1단계: SPSS는 전체 독립변수와 종속변수의 기초상관을 비교하여 가장 상관이 높은 변수를 회귀식에 먼저 투입함.

② 2단계: 그다음 첫 번째로 투입된 변수의 설명량을 제외한 나머지 분산 중 종속변수와의 공분산(상관)이 높은 변수를 두 번째 투입변수로 결정함.

③ 3단계: 2단계의 과정을 반복하면서 다음 투입순서의 독립변수가 결정되는데, 이때 R제곱변화량(ΔR^2)이 더이상 통계적으로 유의미하지 않으면 분석이 종료되고 최종의 회귀식이 구성됨.

단계적 회귀분석에서 변수의 투입순서를 정할 수 없을 때

- **모든 변수의 투입순서를 정할 수 없을 때**: 일반적 절차로 SPSS의 선형회귀 대화상자에서 모든 변수를 한 블록에 넣고 '방법'을 '단계선택'으로 지정 → 앞서의 3단계를 거치면서 컴퓨터 계산에 의한 최종의 회귀식 산출.
- **일부 변수의 순서만을 정할 수 없을 때**: 흔히 집합적 회귀분석(setwise regression procedure)을 수행함. SPSS 선형회귀 대화상자에서 '블록'을 클릭하여 순서 지정이 가능한 변수들은 블록으로 구분하고 순서를 정할 수 없는 변수들은 묶어서 한 블록에 놓음 → '방법'은 '단계선택'으로 지정(단계적 회귀분석과 위계적 회귀분석의 결합 형태).

이제 [예제연구 1]을 이용해 일반적 절차(모든 변수의 투입순서를 정할 수 없을 때)에 의한 단계적 회귀분석을 수행하고 결과물을 살펴보겠습니다.

1. 기초 정보 **IBM® SPSS® Statistics**

(단계적 회귀분석을 위한 SPSS 명령어)

```
REGRESSION
 /DESCRIPTIVES MEAN STDDEV CORR SIG N
 /MISSING LISTWISE
 /STATISTICS COEFF OUTS R ANOVA COLLIN TOL CHANGE ZPP
 /CRITERIA=PIN(.05) POUT(.10)
 /NOORIGIN
 /DEPENDENT attract
 /METHOD=STEPWISE face humor charact iqscore.
```

© 입력/제거된 변수[a]

모형	입력된 변수	제거된 변수	방법
1	face 외모	.	단계선택(기준: 입력에 대한 F의 확률 <= .050, 제거에 대한 F의 확률 >= .100).
2	humor 유머	.	단계선택(기준: 입력에 대한 F의 확률 <= .050, 제거에 대한 F의 확률 >= .100).
3	charact 성격	.	단계선택(기준: 입력에 대한 F의 확률 <= .050, 제거에 대한 F의 확률 >= .100).

a. 종속변수: attract 대인매력

기술통계량과 상관계수는 표준 회귀분석 및 위계적 회귀분석과 동일합니다. 그러나 결과 ⓒ에서 보듯이 변수의 투입정보에 '외모', '유머', '성격' 변수가 회귀식에 투입되고 '지능' 변수는 통계적으로 유의미하지 않아 회귀식에서 제외된 것을 볼 수 있습니다. 여기서 변수 투입의 기준은 F값의 유의도가 .05보다 작으면 투입하고 1.00보다 크면 회귀식에서 제거하는 방식입니다.

2. 모형 및 계수 IBM® SPSS® Statistics

Ⓓ 모형 요약

모형	R	R 제곱	수정된 R 제곱	추정값의 표준오차	통계량 변화량				
					R 제곱 변화량	F 변화량	자유도 1	자유도 2	유의확률 F 변화량
1	.756[a]	.572	.563	.918	.572	64.191	1	48	.000
2	.810[b]	.655	.641	.832	.083	11.356	1	47	.002
3	.830[c]	.688	.668	.800	.033	4.855	1	46	.033

a. 예측자: (상수), face 외모
b. 예측자: (상수), face 외모, humor 유머
c. 예측자: (상수), face 외모, humor 유머, charact 성격

Ⓔ ANOVA[a]

모형		제곱합	자유도	평균제곱	F	유의확률
1	회귀	54.069	1	54.069	64.191	.000[b]
	잔차	40.431	48	.842		
	전체	94.500	49			
2	회귀	61.937	2	30.968	44.698	.000[c]
	잔차	32.563	47	.693		
	전체	94.500	49			
3	회귀	65.045	3	21.682	33.861	.000[d]
	잔차	29.455	46	.640		
	전체	94.500	49			

a. 종속변수: attract 대인매력
b. 예측자: (상수), face 외모
c. 예측자: (상수), face 외모, humor 유머
d. 예측자: (상수), face 외모, humor 유머, charact 성격

Ⓕ 계수[a]

모형		비표준화 계수 B	비표준화 계수 표준화 오류	표준화 계수 베타	t	유의확률	상관계수 0차	상관계수 편상관	상관계수 부분상관	공선성 통계량 공차	공선성 통계량 VIF
1	(상수)	.466	.593		.785	.436					
	face 외모	.966	.121	.756	8.012	.000	.756	.756	.756	1.000	1.000
2	(상수)	-.734	.645		-1.138	.261					
	face 외모	.756	.126	.592	6.010	.000	.756	.659	.515	.755	1.324
	humor 유머	.471	.140	.332	3.370	.002	.625	.441	.289	.755	1.324
3	(상수)	-1.238	.661		-1.874	.067					
	face 외모	.689	.125	.540	5.525	.000	.756	.632	.455	.710	1.408
	humor 유머	.484	.135	.341	3.599	.001	.625	.469	.296	.754	1.327
	charact 성격	.195	.088	.188	2.203	.033	.356	.309	.181	.933	1.072

a. 종속변수: attract 대인매력

'지능' 변수가 회귀식에서 제외됨에 따라 결과 Ⓓ의 최종 모형에서 R제곱(R^2)은 0.688로 '지능'이 포함된 모형(R^2=0.695)보다 약간 감소했습니다. 그러나 결과 Ⓔ는 3단계까지의 각 회귀모형이 통계적으로 유의미함을 보여 줍니다($F_{3,46}=33.861$, $p<.001$).

결과 Ⓕ에 기초해 단계별 회귀식을 만들면 다음과 같습니다.

$$매력(Y')=-1.238+0.689(외모)+0.484(유머)+0.195(성격)$$

여기서 '외모'($\beta=0.540$, $t=5.525$, $p<.001$), '유머'($\beta=0.341$, $t=3.599$, $p<.01$), '성격'($\beta=0.188$, $t=2.203$, $p<.05$)이고 이때 **'지능' 변수가 제외되면서 공차(tolerance)가 상당히 개선되었음**을 볼 수 있습니다. 결과 Ⓕ에서 '외모' 변수의 최종 공차는 0.710으로 '지능' 변수가 포함된 모형에서의 값 0.254(☞ Q15의 결과 Ⓕ)와 비교하면 큰 차이를 보입니다. 그만큼 '지능' 변수가 다른 변수와의 다중공선성이 높다는 것을 알 수 있습니다.

Q18 다중회귀분석에서 독립변수의 상대적 중요도를 알려 주는 계수들은 무엇인가요?

해설

다중회귀분석에서 산출되는 계수들과 그 특징을 요약하면 다음과 같습니다.

<표 2-3> 다중회귀분석에서 산출되는 주요 계수들

목적	계수	설명
회귀 모형 평가	R제곱(R^2)	종속변수에 대한 독립변수 전체의 설명비율 혹은 설명분산
	수정된 R제곱	Adjusted R^2이라고 함. 표본크기가 작을 때 무선오차에 의해 R^2값이 편향되는 것을 방지하기 위해 자유도로 교정한 R제곱
	ANOVA	(단계별) 회귀모형에 대한 통계적 유의도 검증
상대적 중요도	비표준화 계수 B	회귀식을 만들 때 사용되는 비표준화 회귀계수(비표준계수)
	표준화 계수 베타(β)	비표준화 B계수를 표준점수로 변환한 값. 비교가 가능하므로 척도가 다른 독립변수들의 상대적 중요도 평가에 사용(표준계수)
	R제곱변화량(ΔR^2)	새로운 변수가 회귀식에 투입되었을 때 R^2의 변화량, 즉 개별 독립변수의 상대적 기여도를 설명분산으로 나타낸 값
	편상관(Partial)	Partial correlation이라고 함. 독립변수 간의 공통설명분산을 제외한 고유기여도를 의미
	부분상관(Part)	Semipartial correlation이라고 함. 총분산에서 한 독립변수가 차지하는 분산으로 이 값의 제곱이 R제곱변화량임
	신뢰구간	SPSS 결과물에서 「B에 대한 95.0% 신뢰구간」을 말하며 신뢰구간의 상한계와 하한계가 표시됨 → '하한'과 '상한'에 0이 포함되지 않으면 해당 변수가 유의미한 것으로 해석
	t와 유의확률	신뢰구간은 구간추정치이고 t는 B에 대한 점추정치로 개별 독립변수의 'F변화량' 값의 제곱근(즉, t^2=F변화량) → 회귀계수 B에 대한 유의검증으로 독립변수의 중요도를 말함

〈표 2-3〉에서 보듯이 독립변수의 상대적 중요도를 평가하는 계수로는 비표준화계수(B), 표준화계수(β), R제곱변화량, 편상관, 부분상관, 신뢰구간, t값 등이 있습니다.

Q19 다중회귀분석에서 발견되는 억제변수는 무엇인가요? 어떻게 진단하나요?

해설

다중회귀분석을 수행하다 보면 다른 독립변수의 잠재적 영향으로 독립변수의 효과가 비정상적으로 상승하는 경우가 종종 있습니다. 예를 들어, 독립변수 A를 단순회귀하면 종속변수에 대한 예측력이 없는데, 독립변수 B와 함께 다중회귀식을 만들면 효과가 커지는 경우입니다. 이런 경우 독립변수 B를 **억제변수**(suppressor variable)라고 하는데, 독립변수의 예측과 무관하게 숨어서 설명분산을 증가시키기 때문에 **잠재적 영향요인으로 간주**합니다.

만일 회귀분석을 수행하였을 때 표준화 회귀계수와 단순상관행렬에서 다음과 같은 증상이 발견되면 억제변수로 판단할 수 있습니다.

① 특정 독립변수(IV)의 베타계수(표준화 계수)가 0이 아니면서
② 종속변수(DV)와의 상관(절대값)이 베타계수보다 작거나
③ 단순상관과 베타계수가 서로 반대 부호를 가지고 있을 때.

억제변수가 포함되면 독립변수의 설명분산을 주의 깊게 해석해야 합니다. 예를 들어, 위계적 회귀분석의 결과 Ⓕ에서 보듯이(☞ Q15) '지능' 변수는 위의 두 가지 조건에 해당합니다. 즉, 베타계수는 0이 아닌 0.139이고 0차상관은 −0.386으로 서로 반대부호에 있습니다. '지능'이 억제변수의 가능성은 높지만 이 경우 회귀계수가 통계적으로 유의미하지 않고 지능변수의 영향을 받는 다른 변수에 대한 추적이 쉽지 않기 때문에 해석이 어려울 수 있습니다. 다만 여러 상황을 고려해야 하지만 억제변수로 추정되거나 가능성이 높은 변수를 분석에서 제외하면 결과의 명료한 해석에 도움이 되는 것은 분명합니다.

Q20 다중회귀분석의 기본 가정에서 가장 중요한 것은 무엇인가요?

해설

회귀분석의 선형모형은 모수통계의 기본 가정을 모두 포함하지만 특히 중요한 것은 독립변수 간의 다중상관, 즉 다중공선성(multicollinearity)의 문제입니다. 독립변수 간의 공통분산은 회귀분석에서 변수의 투입순서 및 개별 설명분산에 영향을 주기 때문에 다중공선성이 높을 때 해석에 주의를 기울여야 합니다.

사회과학의 연구주제들은 대체로 독립변수 간의 상관을 전제하므로 '적절한' 크기의 상관이 분석에 필요합니다. 그러나 독립변수 간 상관이 너무 높으면 회귀계수를 산출하는 과정에서 역행렬을 신뢰할 수 없고 완전한 상관은 역행렬을 구할 수 없는 조건이 됩니다(singularity). 그러므로 다중회귀분석을 위한 좋은 조건은 독립변수 간의 적절한 크기의 상관이 존재하면서 그 상관이 너무 높지 않은 경우(정칙행렬 혹은 가역행렬)입니다.

그러면 다중공선성을 진단하는 방법과 해결방안에 대해 알아보겠습니다.

◇ 다중공선성의 진단

(1) 먼저 독립변수 간의 기초상관행렬에서 변수의 관계성을 살펴봅니다. 변수 간의 기초상관이 지나치게 높으면 다중공선성의 원인이 됩니다.

(2) 개별변수의 공차(tolerance: $1-R_i^2$)를 파악합니다. 공차는 독립변수들의 다중상관제곱(squared multiple correlation: SMC$=R_i^2$)을 1.0에서 빼준 것으로 개별변수의 표준오차분산을 의미합니다. 이때 다중상관제곱(SMC)은 각각의 독립변수(IV)를 종속변수(DV)로 놓고 다른 독립변수를 예측변수로 하여 얻은 설명량의 크기(설명분산)와 같습니다. 따라서 다중상관제곱의 값이 크다는 것은 그만큼 해당 독립변수가 다른 독립변수에 의해 설명되는 분산이 많다는 것, 즉 다른 독립변수와의 공통분산이 크다는 것을 의미합니다. 다중상관이 높으면 공차는 작은 값을 갖고 다중상관이 낮으면 공차는 큰 값을 갖게 됩니다. 그래서 보통 공차가 1.0에 접근하면 변수 간 다중공선성이 없는 것으로

해석합니다.

(3) 또 다른 방법은 공차에 역수를 취한 값으로 VIF(분산팽창지수)를 평가하는 것입니다. VIF는 $1/(1-R_i^2)$로 각 회귀계수의 분산 증가분을 의미하며, 그 값이 **1.0에 접근할 때 다중공선성이 없는 것으로 판단**하고 10.0 이상이면 다중공선성이 높은 것으로 간주합니다.

(4) 이 밖에도 SPSS 회귀분석에서는 '공선성 진단'의 고유값, 상태지수, 분산비율과 같은 공선성 진단계수를 제공합니다. 이들 계수는 변수가 투입될 때 변화되는 개별변수의 상대적 크기로 변수 간의 의존성을 나타냅니다. **고유값**(eigenvalue)은 그 대표치고 **상태지수**(condition index)는 고유값을 절대값으로 변환한 것으로 보통 15에서 30의 범위를 가집니다. **분산비율**(variance proportions)은 상태지수와 함께 해석하는데, '상태지수가 30을 넘고 상수를 포함한 둘 이상의 변수에서 분산비율이 0.90 이상이면 공선성을 의심'할 수 있습니다. 다중공선성의 판단은 여러 지수가 제시되는 만큼 하나의 지수에 의존하지 않고 종합적으로 해석하는 것이 바람직합니다.

◇ 다중공선성의 조치 사항

(1) 다중공선성이 의심되는 변수를 회귀식에서 제외하거나 유의미한 변수의 조합 혹은 여러 회귀모형으로 공선성이 높은 변수를 분리하여 검증합니다.

(2) 공선성이 의심되지만 중요한 독립변수로 사용해야 한다면, 주성분분석(principle component analysis)이나 요인분석(factor analysis)을 활용해 다중공선성이 높은 변수들을 하나의 잠재요인으로 산출하고 그 **요인점수**(factor score)를 **회귀식에 투입변수로 지정**할 수 있습니다(문항묶음 사용). 그에 따라 높은 공선성 혹은 개념적 중복이 없는 다중회귀식을 만들게 됩니다. 다만 요인은 직접 관찰된 변수가 아니고 여러 변수가 내재된 잠재구조(construct)라는 점에서 요인을 하나의 독립변수로 투입한 경우 변수에 대한 해석이 달라질 수 있음을 주의해야 합니다.

(3) 모형의 과대적합성을 교정해 주는 방법으로 능형회귀모형(ridge regression model)을 적용하는 것도 대안입니다(Dillon & Goldstein, 1984). 이는 다중공선성에 의해 모형의 분산이 커질 때 패널티항을 추가하여 오차를 교정해 주는 방식으로 계수를 추정합니다.

Q21 그렇다면 다중회귀분석의 잔차에 대한 가정은 무엇인가요?

[♣ 데이터: 예제3_회귀분석.sav]

해설

다중회귀분석의 또 다른 기본 가정의 하나는 종속변수 관측치(Y)와 종속변수 예측치(Y') 간의 차이, 즉 잔차(residual)가 종속변수 예측치(Y')에 대해 정규분포를 이루어야 하고(정규성) 직선적 관계를 지녀야 하며(선형성) 서로 독립적이어야 한다(독립성)는 것입니다. 회귀분석은 잔차를 최소화하는 최적의 회귀선을 구하는 과정이므로 잔차가정은 좋은 해법(solution)을 얻는 기초가 됩니다. 이와 같은 잔차 검증을 분석하는 방법으로는 ① **정규확률 도표 혹은 정규 P-P 도표**(normal P-P Plot), ② **산점도**(scatter plot), ③ **더빈-왓슨**(Durbin-Watson)의 **d 통계치** 등이 있습니다.[4)]

1. 히스토그램, 정규 P-P 도표, 산점도 **IBM® SPSS® Statistics**

```
(잔차 검증을 위한 SPSS 명령어)
REGRESSION
 /MISSING LISTWISE
 /STATISTICS COEFF OUTS R ANOVA
 /CRITERIA=PIN(.05) POUT(.10)
 /NOORIGIN
 /DEPENDENT satis
 /METHOD=ENTER motiv envir salary stress
 /SCATTERPLOT=(*ZPRED ,*ZRESID)
 /RESIDUALS DURBIN HISTOGRAM(ZRESID) NORMPROB(ZRESID).
```

4) 회귀분석의 기본 가정 검토를 위해서는 충분한 사례수가 필요하므로 예제 데이터 [예제3_회귀분석.sav]를 활용함.

Ⓐ 히스토그램

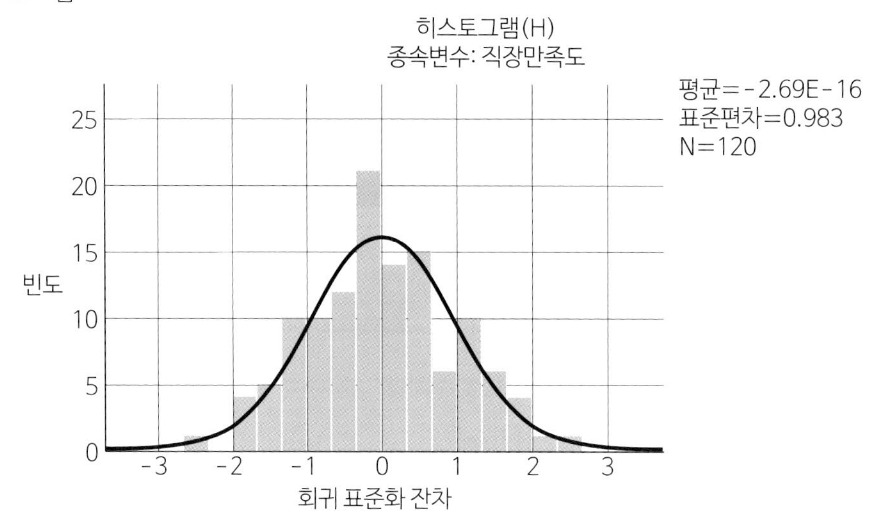

Ⓑ 정규 P-P 도포

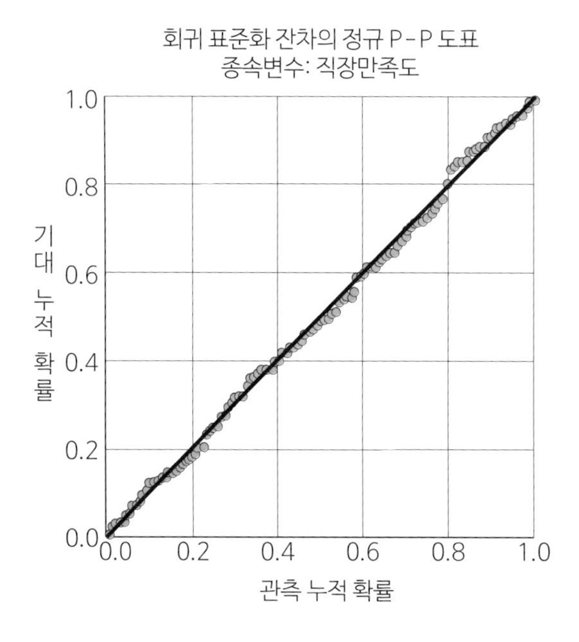

먼저 결과 Ⓐ의 '히스토그램'은 종속변수에 대한 빈도분포를 정규분포곡선과 함께 제시한 것으로 기초적인 수준에서 분포특성을 파악할 수 있습니다. 대략적으로 가운데가 볼록하고 양쪽 끝이 가는 형태의 정규성을 보이고 있습니다. 결과 Ⓑ의 '정규 P-P 도표'는 표준 정규분포에서 변수의 관측치를 가장 작은 값에서 큰 값으로 순위화하고 이를 이론적인 기대치와 쌍으로 대응시킨 것입니다. 즉, 관측치의 누적확률과 기대치의 누적확률을 대응시킨 도표로 잔차의 누적확률곡선이라고 하며 분포가 정규성을 지니면 원점을 통과하면서 45°를 유지하는 점(사례)들의 그래프 모양이 나타납니다. 결과 Ⓑ를 보면 점으로 표시된 사례들이 45°를 유지하고 있어 잔차의 정규성과 선형성이 가정됩니다. 만일 결과 Ⓑ의 정규 P-P 도표에서 점들이 45°를 벗어나 이탈된 모습을 급격히 보일 때 극단치의 존재를 가정하게 됩니다. 이 예에서는 약간 벗어나는 관찰치가 있지만 급격한 이탈값은 관찰되지 않습니다.

보통 투입된 개별변수들이 정규성을 보이지 않을 때 잔차의 정규성이 가정되지 않는 경우가 많으므로(Seer, 1984), 결과 Ⓐ의 히스토그램으로 개별변수의 정규성을 탐색하고 결과 Ⓑ에서 잔차의 정규성이 대체로 파악되면 변수 간의 선형적 관계를 가정하게 됩니다.

Ⓒ 산점도

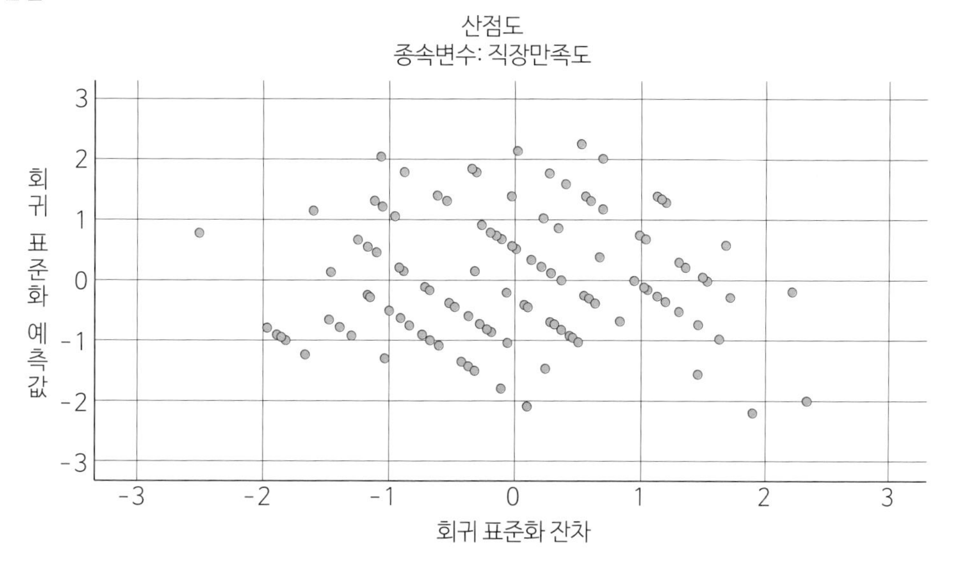

잔차의 정규성을 해석하는 두 번째 방법은 산점도(scatterplot)입니다. 결과 Ⓒ에서 보듯이, 예측치(Y')에 대한 잔차의 산점도를 그렸을 때 표준점수 0을 중심으로 대략적인 직사각형의 분포를 이루며 넓게 퍼져 있으면 잔차의 정규성을 가정할 수 있습니다. 만일 잔차가 정규분포를 갖지 않으면 산점도의 모양은 직사각형의 고른 분포가 아닌 특정 패턴이나 한쪽으로 치우친 모양의 패턴을 보이게 됩니다. 위의 결과 Ⓒ는 완벽한 직사각형 모양은 아니지만 큰 이탈값(극단치)이 발견되지 않는 대략적인 직사각형 구조로 판단되므로 정규 P-P 도표와 함께 잔차의 정규성을 가정하는 결과로 해석됩니다.

Ⓓ 모형 요약[b]

모형	R	R 제곱	수정된 R 제곱	추정값의 표준오차	Durbin-Watson
1	.580[a]	.337	.314	1.730	1.831

a. 예측자: (상수), stress 작업스트레스, envir 작업환경, salary 임금, motiv 작업동기
b. 종속변수: satis 직장만족도

마지막으로 결과 Ⓓ의 '모형요약'에 있는 **Durbin-Watson 통계치**는 잔차(오차)의 독립성을 해석하는 지표입니다. 잔차의 독립성은 한 관측치의 오차가 다른 관측치의 오차와 상관을 갖지 않는다는 의미로 **오차항의 자기상관이 없음**을 말합니다. 보통 시계열 데이터와 같이 데이터 수집의 간격이 짧거나 공선성이 높은 관측치에서 자주 발견됩니다. Durbin-Watson 통계치는 흔히 **d 통계치**라 합니다. d 통계치의 정확한 임계치는 알려져 있지 않지만 대략 0~4의 범위를 지니며 오차 간 상관이 완전 정적(+1.0)일 때 0의 값을 갖고 완전 부적상관(−1.0)일 때 대략 4의 값을 갖습니다. 따라서 **d 통계치가 2에 가까운 값을 가질 때 오차항 간의 자기상관이 없는 것으로 해석**합니다(Dillon & Goldstein, 1984). 결과 Ⓓ의 'Durbin-Watson' 값은 1.831로 대략 2에 근접하고 있어 오차항 간의 자기상관이 없는 것, 즉 잔차의 독립성을 가정할 수 있습니다.

[CHECK POINT]

다중회귀분석의 주요 기본 가정은 ① 다중공선성이 낮아야 하며 ② 오차의 정규성, 선형성, 독립성을 가정해야 하고 ③ 독립변수와 사례수는 1:20 혹은 1:40의 비율을 유지해야 합니다. 그리고 ④ 극단치는 결과에 민감한 영향을 주므로 반드시 제거해야 합니다.

Q22 다중회귀분석의 사례수에 대한 가정은 무엇인가요?

해설

다중회귀분석을 타당하게 해석하기 위해서는 적절한 크기의 표본(사례수)이 있어야 합니다. 그래야 회귀분석의 결과가 우연에 의한 효과가 아님을 확신할 수 있는데, 표본의 크기가 너무 작으면 오차분산에 의한 우연적 효과가 결과에 영향을 주므로 적정 사례수의 확보는 결과를 신뢰롭고 타당하게 해석하는 기초가 됩니다. 반면 사례수가 너무 많으면 계수가 과대평가되므로 지나치게 많은 사례수도 타당한 해석을 방해하게 됩니다.

회귀분석에 어느 정도의 사례수가 좋은지에 대한 일치된 견해는 없지만 대체로 **독립변수와 사례수의 비율이 약 1:20 정도는 되어야** 예측 검증력이 낮아지지 않는다고 보고 있습니다(Tabachnick & Fidell, 2013). 그러므로 독립변수(IV)가 5개면 사례수(N)는 약 100개 이상이 되어야 안정적인 분석 결과를 얻을 수 있습니다. 최소 비율이 약 1:5라는 견해도 있지만 회귀계수의 해석이 다소 불안정한 경향이 있습니다.

또한 주의해야 할 몇 가지 사항이 있습니다. **첫째**, 결측치(응답누락)가 있을 때 실제 사례수는 감소하므로 준거보다 더 많은 사례수가 필요합니다. **둘째**, 분포가 편포되거나 측정오차가 포함되었다고 판단될 때 분포를 정규화시키는 변환을 시도하거나(예: 로그, 제곱근, 역수 등) 더 많은 사례수를 포함해야 합니다. **셋째**, 단계적 회귀분석을 수행할 때 대략 1:40의 비율을 유지해야 결과를 일반화할 수 있습니다. 만일 충분한 사례수를 확보하는 것이 어려울 때는 덜 중요하다고 판단되는 독립변수를 제외하거나 여러 회귀모형을 설정하여 비교하거나 요인분석과 같은 방법으로 독립변수의 수를 줄이는 접근을 사용해야 합니다.

한편 **사례수가 너무 많으면** 변수 간의 다중상관이 과대평가되므로 실제 효과가 없는 독립변수가 통계적으로 유의미한 것처럼 보일 수 있습니다. 따라서 사례수가 지나치게 많은 경우에는 통계적 유의성(statistical significance)을 평가하기에 앞서 **실용적 유의성**(practical significance)을 고려해야 합니다. 예를 들어, $N=2{,}000$이고 $R^2=0.010$, 그에 따른 유의도 $p<.01$이라면 실제 1% 밖에 되지 않는 설명량이지만 유의미한 변수로 평가될 수 있습니

다. 이는 표본크기(N)의 영향이므로 실용적 유의성에 대한 고려가 필요한 이유입니다. 따라서 통계적 의사결정에 있어 추천되는 사례수를 사용한 연구에서는 통계적 유의성만으로도 결과해석을 타당하게 수행할 수 있지만 사례수가 지나치게 많은 경우에는 통계적 유의성과 더불어 실용적 유의성을 함께 설명하는 것이 바람직합니다.

요약하면, 회귀분석에서 필요한 사례수는 추천되는 기준비율을 초과하는 적정 크기의 사례수라고 할 것입니다. 사례수가 너무 적으면 계수산출이 불안정하며 사례수가 너무 많으면 계수가 과대평가되므로 적정 사례수를 통해 통계적으로나 실용적으로 합리적인 해석을 내릴 수 있어야 합니다.

분포의 정규성을 위한 자료변환 방법

- 보통 다변량 정규성은 독립변수들의 독립성과 선형성 조건을 충족하는 것이지만 변수의 선형조합에 따라 다변량 정규성이 가정되지 않을 때 자료변환을 수행할 수 있음. 단, 자료를 변환하면 측정된 원래값으로 해석되지 않으므로 주의가 필요함.
- 정규성을 위한 자료(데이터)의 변환은 분포가 편포(skewness)되거나 첨도(kurtosis)가 높아 정규성에 영향을 줄 때 사용하는 조치로 다음의 〈표 2-4〉와 같음.

<표 2-4> 정규분포를 위한 자료의 변환

원자료의 형태	자료변환	SPSS compute
정적 편포	제곱근(square root)	tr_x=sqrt(x)
정적 첨도가 높은 정적 편포	로그(logarithm)	tr_x=lg10(x)
0을 포함한 정적 편포	상수 및 로그	tr_x=lg10(x+c)
부적 첨도가 높은 정적 편포(L모양)	역수(inverse)	tr_x=1/x
0을 포함한 L모양 분포	상수 및 역수	tr_x=1/(x+c)
부적 편포	반전(reflect) 및 제곱근	tr_x=sqrt(k−x)
정적 첨도가 높은 부적 편포	반전 및 로그	tr_x=lg10(k−x)
부적 첨도가 높은 부적 편포(J모양)	반전 및 역수	tr_x=1/(k−x)

주: c와 k는 상수. c는 최소값이 1이 되도록 더해주고 k는 최소값이 1이 되도록 빼 줌.

Q23 다중회귀분석에서 극단치는 결과에 어떤 영향을 주나요? 어떻게 극단치를 탐지하나요?

[♣ 데이터: 예제2_회귀분석.sav]

해설

다중회귀분석에서 다중공선성만큼이나 결과에 민감하게 영향을 주는 요소가 바로 극단치(outliers)입니다. 극단치의 탐지와 제거는 모든 통계분석에 앞서 데이터 정제의 과정에서 수행해야 하는 작업이지만 특히 회귀분석에서 이론적 예측과 다르거나 논리적이지 않은 결과를 얻었다면 극단치의 영향을 먼저 체크해 보는 것이 필요합니다. 회귀분석에서 극단치는 절편과 회귀계수 모두에 영향을 주므로 예측력을 저하시키는 원인이 됩니다(Mosteller & Tukey, 1977). 따라서 극단치가 발견되면 극단치를 포함한 사례를 제외하거나 해당 변수를 제외시키고 분석을 수행하거나 분포가 정규성을 이루도록 변환해 주어야 합니다.

SPSS에서 극단치를 파악하는 방법은 다음과 같습니다.

(1) 그래픽적 방법: 예측치(Y')와 잔차 간의 산점도(scatter plot), 정규확률도표(normal P−P plot)를 확인합니다(산점도의 직사각형 및 P−P 도표의 45° 유지 확인).

(2) 마할나노비스 거리: 마할나노비스의 거리(Mahalanobis distance)는 단순회귀의 경우 독립변수의 평균으로부터 각 사례가 떨어진 거리를 표준화시킨 값으로 평균에서 멀수록 큰 값을 갖습니다. 즉, 이 값이 크다는 것은 극단치의 가능성을 의미합니다($D_i = [X_i - (\overline{X} / S_x)]$). 다중회귀의 경우 개별변수의 평균이 아니라 변수들의 선형조합(센트로이드)에서 각 사례가 떨어진 거리를 표준화한 값입니다. 이때 마할나노비스 거리 값은 독립변수의 수만큼의 자유도를 가진 카이제곱 분포를 따릅니다. 따라서 해당 자유도에 따른 카이제곱 분포에서 일정 유의수준($p=.01$)의 임계치(critical value)보다 값이 크면 극단치로 판단합니다.

(3) 쿡의 거리: 쿡의 거리(Cook's distance)는 종속변수의 예측에 영향력이 큰 사례를 나타냅니다. 쿡의 거리는 해당 사례가 제거될 때 잔차의 변화를 보여 주므로 다른 계수들

과 함께 해석합니다. 쿡의 거리값이 1.0 이상이면 영향력이 큰 사례로 판단합니다. 마할나노비스 거리와 쿡의 거리는 변수들의 선형조합으로부터 각 사례의 거리를 계산하므로 다변량 극단치를 판단하는 주요 계수입니다.

(4) 기타의 값들: 레버리지(leverage)는 H행렬(hat matrix)의 대각선 값으로 회귀의 예측에 영향력을 나타내는 지수이며 그 값이 클 때 영향력이 큰 것으로 판단합니다. 공분산비(covariate ratio)는 분산-공분산 행렬에서 해당 사례가 제거될 때와 포함될 때의 비율로 그 값이 1.0에 근접하면 회귀계수에 큰 영향이 없는 것으로 해석합니다. 또한 표준화 잔차(standardized residual)는 그 값이 ±3.0의 범위를 벗어나 클 때 극단치로 판단합니다.

다중회귀분석에서 제공하는 다양한 지수가 있는 만큼 극단치를 탐지할 때 여러 지수를 종합적으로 해석하는 것이 좋습니다. 그러면 다음의 [예제연구 2]를 통해 극단치의 영향을 살펴보도록 하겠습니다(설명목적으로 단순회귀를 사용).

예제연구 2(data file: 예제2_회귀분석.sav)

- 분석목표: 고객의 소득수준이 제품 구매(액)에 영향을 미칠 것인가?
- 종속변수: 구매액(purchase)
- 독립변수: 수입(income)
- 기타변수: 성별(gender), 연령(age)
- 데이터의 구성($n=20$)

고객 번호	성별(gender)	연령(age)	구매액(DV)	수입(income)
1	2	48	960	520
2	2	36	810	410
3	2	52	730	480
…	…	…	…	…
8	2	35	330	250
9	2	57	1080	630
10	2	43	1820	650
…	…	…	…	…
20	1	39	640	470

주: 성별 1은 여자, 2는 남자. 금액 단위는 만 원.

1. 기초 정보 IBM® SPSS® Statistics

```
(극단치 탐지를 위한 SPSS 명령어)
REGRESSION
 /MISSING LISTWISE
 /STATISTICS COEFF OUTS R ANOVA
 /CRITERIA=PIN(.05) POUT(.10)
 /NOORIGIN
 /DEPENDENT purchase
 /METHOD=ENTER income
 /SCATTERPLOT=(*ZPRED, *ZRESID)
 /RESIDUALS HISTOGRAM(ZRESID) NORMPROB(ZRESID)
 /CASEWISE PLOT(ZRESID) OUTLIERS(3)                → 케이스별 진단(표준화 잔차 ≥ ±3.0)
 /SAVE MAHAL COOK LEVER SDBETA COVRATIO.           → 데이터 파일에 저장
```

2. 모형 및 계수 IBM® SPSS® Statistics

Ⓐ 모형 요약[b]

모형	R	R 제곱	수정된 R 제곱	추정값의 표준오차
1	.376[a]	.141	.094	277.959

a. 예측자: (상수), income 수입(만 원)
b. 종속변수: purchase 구매액(만 원)

Ⓑ ANOVA[a]

모형		제곱합	자유도	평균제곱	F	유의확률
1	회귀	228894.330	1	228894.330	2.963	.102[b]
	잔차	1390705.670	18	77261.426		
	전체	1619600.000	19			

a. 종속변수: purchase 구매액(만 원)
b. 예측자: (상수), income 수입(만 원)

먼저 결과 Ⓐ의 '모형 요약'을 보면 회귀모형의 R제곱(R^2)은 0.141로 약 14.1%의 설명량을 보이고 결과 Ⓑ는 이러한 회귀모형이 통계적으로 유의하지 않음을 나타내고 있습니다($F_{1,18}=2.963$, $p>.05$). 그러므로 수입(소득수준)만을 고려했을 때 고객의 구매(액)를 예측하는 모형은 적절하지 않습니다.

Ⓒ 계수[a]

모형		비표준화 계수 B	비표준화 계수 표준화 오류	표준화 계수 베타	t	유의확률
1	(상수)	524.937	176.896		2.967	.008
	income 수입(만 원)	.527	.306	.376	1.721	.102

a. 종속변수: purchase 구매액(만 원)

결과 Ⓒ를 보면 수입의 베타계수(β)는 0.376이고 t값은 1.721로 0.05수준에서 유의하지 않은 것으로 나타났습니다.

Ⓓ 케이스별 진단[a]

케이스 번호	표준화 잔차	purchase 구매액(만 원)	예측값	잔차
10	3.426	1820	867.75	952.249

a. 종속변수: purchase 구매액(만 원)

결과 Ⓓ는 '케이스별 진단'으로 **표준화 잔차**(standardized residual)가 ±3.0의 범위를 벗어나는 케이스 번호와 그 값을 제시하고 있습니다. 결과 Ⓓ를 보면 10번 케이스가 표준점수 ±3.0 범위를 벗어나므로 잠정적으로 극단치로 판단할 수 있는데, 종합적인 판단을 위해 다른 극단치 정보들을 추가로 살펴봅니다.

Ⓔ 히스토그램

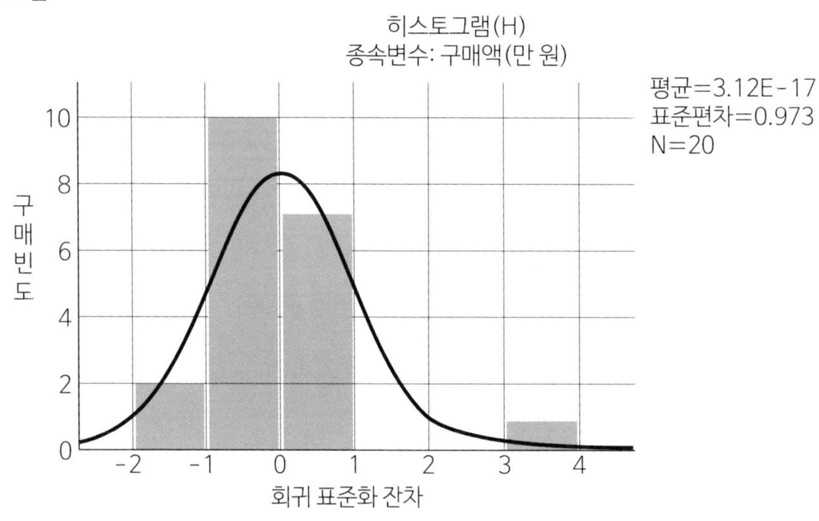

Ⓕ 잔차의 산점도(scatter plot)

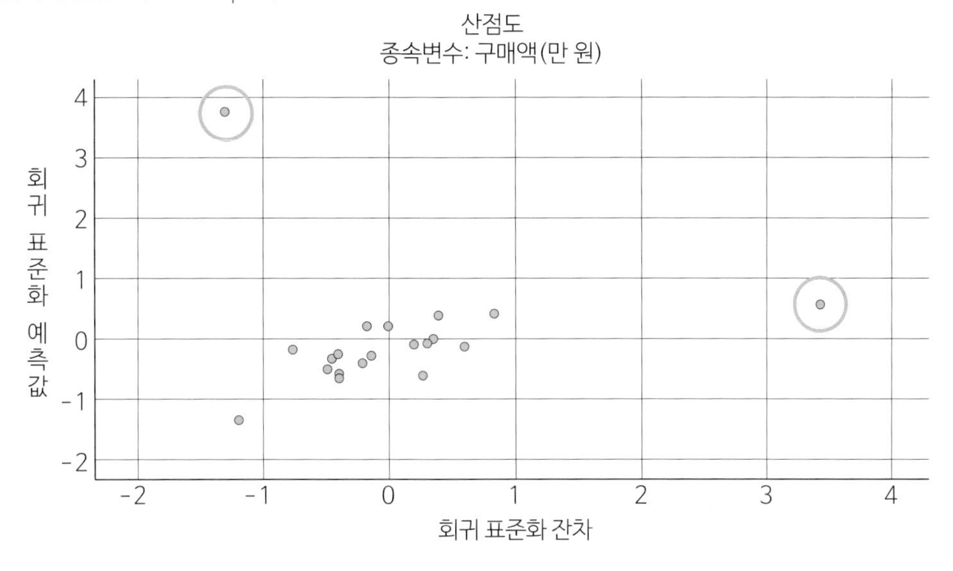

결과 Ⓔ의 '히스토그램'을 보면 정규분포에서 다소 떨어진 사례가 관찰되고 결과 Ⓕ의 '산점도(scatter plot)'에서 분포에서 이탈되는 사례(원 안의 점)가 2개 정도 관찰됩니다. 이 예의 사례가 많지 않아($n=20$) 분포는 다소 왜곡된 모양을 보이지만 그 가운데에서도 히스토그램과 산점도에서 극단치로 보이는 관측치가 비교적 명확하게 나타나 있습니다. 대략적인 극단치 가능성을 이들 정보에서 판단하면 그다음 극단치 정보를 구체적인 값으로 알려 주는 산출물 정보를 확인합니다. 극단치에 대한 대표적인 정보는 마할나노비스 거리(Mahalanobis distance)와 쿡의 거리(Cook's distance)이며 레버리지(leverage)와 공분산비(covariate ratio)의 값 등을 참고할 수 있습니다. 이들 값은 SPSS 산출물에 제시되지 않고 데이터 파일로 저장되므로 데이터 파일에서 값의 크기로 개별 사례의 극단치 여부를 판단합니다. 다음의 결과 Ⓖ는 이들 정보가 저장된 데이터 파일의 값을 보여 주고 있습니다.

결과 Ⓖ는 데이터 파일에 저장된 마할나노비스 거리(MAH_1), 쿡의 거리(COO_1), 레버리지(LEV_1), 공분산비(COV_1)를 각각 나타냅니다. 그 가운데 **케이스 12번**을 주목할 수 있는데, 마할나노비스 거리는 14.39174, 쿡의 거리는 18.92206, 레버리지 0.75746으로 다른 값들에 비해 매우 큰 값을 가지고 있습니다. 공분산비는 **케이스 10번**에서 0.11001로 극단치 가능성을 나타냅니다.

Ⓖ 마할나노비스 거리, 쿡의 거리, 레버리지 값, 공분산비

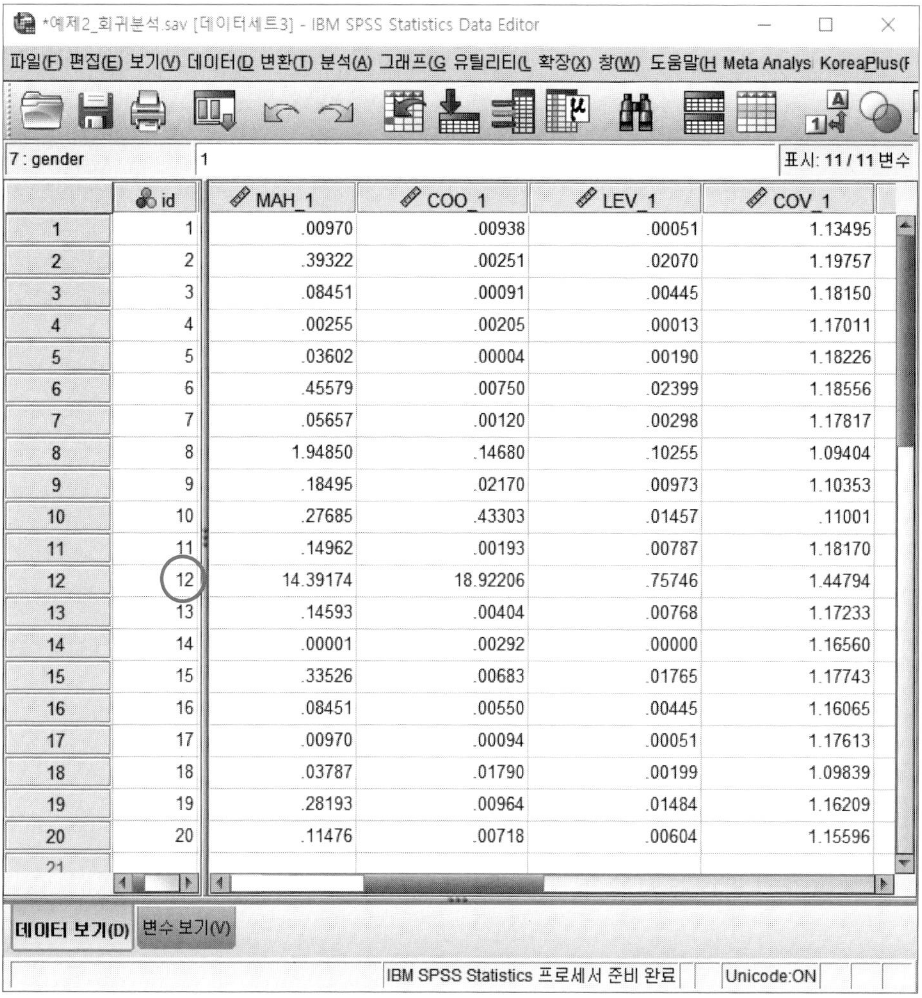

*예제2_회귀분석.sav [데이터세트3] - IBM SPSS Statistics Data Editor

파일(F) 편집(E) 보기(V) 데이터(D) 변환(T) 분석(A) 그래프(G) 유틸리티(L) 확장(X) 창(W) 도움말(H) Meta Analysis KoreaPlus(F

7 : gender | 1 | 표시: 11 / 11 변수

	id	MAH_1	COO_1	LEV_1	COV_1
1	1	.00970	.00938	.00051	1.13495
2	2	.39322	.00251	.02070	1.19757
3	3	.08451	.00091	.00445	1.18150
4	4	.00255	.00205	.00013	1.17011
5	5	.03602	.00004	.00190	1.18226
6	6	.45579	.00750	.02399	1.18556
7	7	.05657	.00120	.00298	1.17817
8	8	1.94850	.14680	.10255	1.09404
9	9	.18495	.02170	.00973	1.10353
10	10	.27685	.43303	.01457	.11001
11	11	.14962	.00193	.00787	1.18170
12	12	14.39174	18.92206	.75746	1.44794
13	13	.14593	.00404	.00768	1.17233
14	14	.00001	.00292	.00000	1.16560
15	15	.33526	.00683	.01765	1.17743
16	16	.08451	.00550	.00445	1.16065
17	17	.00970	.00094	.00051	1.17613
18	18	.03787	.01790	.00199	1.09839
19	19	.28193	.00964	.01484	1.16209
20	20	.11476	.00718	.00604	1.15596

데이터 보기(D) 변수 보기(V)

IBM SPSS Statistics 프로세서 준비 완료 | Unicode:ON

요약하면, 10번과 12번의 두 케이스가 극단치로 평가됩니다. 특히 케이스 12번은 주요 지표에서 극단치 가능성을 나타내므로 분석 전에 반드시 제거해야 할 첫 번째 대상입니다. 케이스 10번도 일부 지표에서 극단치 가능성을 보이므로 케이스 12번 제거 후에도 모형이 개선되지 않는다면 추가 제거를 고려할 수 있는 대상입니다. 이렇게 극단치를 제거해 가면 이론에 부합하는 회귀모형을 찾는 데 도움이 될 것입니다.

Q24 그렇다면 '케이스 12번'을 제외하고 분석을 수행하면 결과에 차이가 있나요?

[♣ 데이터: 예제2_회귀분석.sav]

해설

앞서 극단치를 탐색한 결과에 따라 '케이스 12번'을 제외하고 같은 방법으로 회귀분석을 수행해 보겠습니다.

1. 기초 정보 — IBM® SPSS® Statistics

(케이스 '12번'을 제외하는 SPSS 명령어)

```
USE ALL.
COMPUTE filter_$=(id ~= 12).
VARIABLE LABELS filter_$ 'id ~= 12 (FILTER)'.
VALUE LABELS filter_$ 0 'Not Selected' 1 'Selected'.
FORMATS filter_$ (f1.0).
FILTER BY filter_$.
EXECUTE.
```

2. 모형 및 계수 — IBM® SPSS® Statistics

Ⓐ 모형 요약[b]

모형	R	R 제곱	수정된 R 제곱	추정값의 표준오차
1	.756[a]	.571	.546	201.976

a. 예측자: (상수), income 수입(만 원)
b. 종속변수: purchase 구매액(만 원)

결과 Ⓐ의 '모형 요약'은 케이스 12번을 제외하고 분석을 수행한 결과입니다. 이때 R^2은 0.571로 케이스 12번이 포함된 경우와 큰 차이를 보입니다. 즉, 케이스 12번이 포함된 분석(Q23의 결과 Ⓐ)에서 R제곱은 0.141이었으므로 그 차이는 0.430으로 극단치 1개를 제외한 결과로 무려 43.0%의 **회귀모형 설명량 증가**를 볼 수 있습니다.

Ⓑ ANOVA[a]

모형		제곱합	자유도	평균제곱	F	유의확률
1	회귀	923467.496	1	923467.496	22.637	.000[b]
	잔차	693500.925	17	40794.172		
	전체	1616968.421	18			

a. 종속변수: purchase 구매액(만 원)
b. 예측자: (상수), income 수입(만 원)

Ⓒ 계수[a]

모형		비표준화 계수		표준화 계수	t	유의확률
		B	표준화 오류	베타		
1	(상수)	-366.704	251.078		-1.461	.162
	income 수입(만 원)	2.353	.495	.756	4.758	.000

a. 종속변수: purchase 구매액(만 원)

결과 Ⓑ의 'ANOVA'는 이 회귀모형이 유의하다는 것을 나타냅니다($F_{1,17}=22.637$, $p<.001$). 그리고 결과 Ⓒ에서 '수입' 변수는 매우 유의미한 예측변수로 평가됩니다($\beta=0.756$, $t=4.758$, $p<.001$ vs. 케이스 12번이 포함된 모형의 경우 $\beta=0.376$, $t=1.721$, $p>.05$).

이처럼 하나의 극단치가 회귀분석에 미치는 영향은 극명하게 나타날 수 있습니다. 그러므로 회귀분석을 수행하기 전에 극단치를 탐지하고 제거하는 과정은 필수적입니다. 이해를 돕기 위해 같은 방법으로 케이스 10번을 제외한 분석을 수행하고 비교해 보기 바랍니다(케이스 12번만큼은 아니지만 회귀모형에 중요한 변화를 주는 극단치임).

- 케이스 12번과 10번을 제거한 경우, $R^2=0.699$, $F_{1,16}=37.238$, $p<.001$; 수입의 $\beta=0.836$, $t=6.102$, $p<.001$임.
- 따라서 케이스 12번만 제거했을 경우보다 R^2은 12.8%(0.699−0.571=0.128) 증가하고 '수입' 변수는 더욱 유의미해짐. 단, 표본크기가 작으므로 1~2케이스 제거로도 R^2의 변화가 더 크게 보일 수 있음.

Q25 다중회귀분석의 결과표 작성과 해석 요령은 무엇인가요?

[♣ 데이터: 예제3_회귀분석.sav]

해설

분석의 결과를 표로 작성하고 해석하는 일은 통계분석의 마지막 단계로 보고서(논문)의 작성과 같습니다. 극단치를 제거하고 기본 가정을 검토하여 연구문제나 가설에 적절한 다중회귀분석을 수행하였다면 이제 결과를 표로 제시하고 해석하는 단계입니다. 결과표에는 독자들이 결과를 이해할 수 있는 충분한 정보를 제시하는 것이 좋습니다.

그러면 [예제연구 3]을 통해 회귀분석의 결과표 작성 및 해석 요령에 대해 알아보겠습니다. 단계적 회귀분석의 결과표 작성은 위계적 회귀분석과 유사하므로 표준 회귀분석과 위계적 회귀분석의 결과를 중심으로 살펴보겠습니다.

예제연구 3(data file: 예제3_회귀분석.sav)

- 연구문제: 작업동기, 작업환경, 임금, 스트레스가 직장에 대한 만족을 얼마나 잘 예측할 것인가?
- 종속변수: 직장생활 만족도(satis)
- 독립변수: 작업동기(motiv), 작업환경(envir), 임금(salary), 작업스트레스(stress)
- 기타변수: 지역(area)
- 데이터의 구성(n=120)

응답자 번호	지역 (area)	직장만족도 (DV)	작업동기 (motiv)	작업환경 (envir)	임금 (salary)	스트레스 (stress)
1	1	6	4	3	$1750.00	4
2	3	7	4	2	$2100.00	5
3	2	3	2	3	$1524.00	1
4	3	6	4	5	$2350.00	2
5	2	6	5	2	$1980.00	3
6	1	3	3	3	$1030.00	3
7	3	8	4	3	$1620.00	4
8	2	4	2	1	$1500.00	2
9	1	4	3	4	$1500.00	1
…	…	…	…	…	…	…
120	3	6	4	5	$1710.00	2

주: 지역은 1=서울, 2=지방, 3=해외. 직장만족도는 10점 만점. 작업동기, 작업환경, 스트레스는 5점 만점. 임금은 주급(달러).

표준 회귀분석의 결과표 작성

표준 회귀분석은 기본적으로 회귀모형의 적합성을 평가하는 목적이므로 그에 부합하는 정보를 제공해야 합니다. 보통 결과표에는 독자들의 이해를 위한 충분한 정보를 표시해야 하지만 정보를 효율적으로 나누어 제시하거나 분석량이 많은 경우에 핵심정보를 간추려 제시할 수도 있습니다. 다음의 〈표 2-5〉는 한눈에 볼 수 있도록 정보를 제시하는 방법을 소개합니다.

<표 2-5> 직장생활 만족도에 대한 표준 회귀분석 결과

변수	직장만족	작업동기	작업환경	임금	스트레스	B	β	t
작업동기	.496					.726	.387	4.772**
작업환경	.192	.158				.220	.122	1.589
임금	.334	.296	.048			.001	.227	2.846**
스트레스	.230	.121	−.011	−.014		.329	.187	2.444*
						c=−.788	다중 R=.580**	
평균	5.34	3.21	3.31	1530.95	3.08		R^2=.337[a]	
표준편차	2.09	1.11	1.16	351.61	1.19		수정된 R^2=.314	
							($F_{4,115}$=14.600**)	

*$p<.05$, **$p<.01$

[a] 고유분산=.227(공유분산=.110), B=비표준화 회귀계수, β=표준화 회귀계수, c=상수

〈표 2-5〉는 [예제연구 3]을 이용해 분석한 표준 회귀분석의 결과입니다. 표준 회귀분석을 수행하였으므로 R제곱변화량(ΔR^2)은 표시하지 않습니다. 부분상관의 제곱을 합하면 고유분산의 합을 구할 수 있고 총분산에서 고유분산을 빼면 곧 독립변수들의 공유분산을 구할 수 있습니다. 다시 말해 SPSS의 결과물에서 '부분상관 및 편상관계수'를 지정하여 얻어진 '계수'의 부분상관을 합하면 $0.362^2+0.121^2+0.216^2+0.186^2=0.227$이고 이 값이 고유분산의 합 22.7%입니다. 그리고 고유분산=22.7%와 R^2=33.7%와의 차이, 즉 11.0%는 공유분산이 됩니다. 다만 표준 회귀분석에서는 투입변수의 순서가 정해지지 않으므로 공유분산을 제외한 '고유분산'이 개별변수의 효과를 설명하는 적절한 용어입니다.

결과해석 요령(표준 회귀분석)

〈표 2-5〉에서 보듯이 직장생활 만족도에 영향을 주는 요인들에 대한 표준 회귀분석을 수행한 결과, 회귀모형의 설명력은 $R^2=0.337$(33.7%)로 양호하였고 통계적으로 유의미하였다(다중 $R=.580$, $F_{4,115}=14.600$, $p<.01$). 구체적으로 직장생활 만족도에 가장 영향을 주는 예측변수는 작업동기였으며($\beta=0.387$, $t=4.772$, $p<.01$) 그다음 임금($\beta=0.227$, $t=2.846$, $p<.01$), 스트레스($\beta=0.187$, $t=2.444$, $p<.05$)의 순이었다. 그러나 작업환경은 통계적으로 유의미하지 않은 것으로 나타났다($\beta=0.122$, $t=1.589$, $p>.05$).

위계적 회귀분석의 결과표 작성

위계적 회귀분석은 이론이나 논리적 근거로 변수의 투입순서가 정해지므로 독립변수의 효과를 검증하는 가설검증에 적합한 방법입니다. 그에 따라 개별변수의 효과를 파악할 수 있는 정보(베타계수, R제곱변화량)를 함께 제시합니다. 위계적 회귀분석에서는 **R제곱변화량(ΔR^2)의 합 혹은 부분상관제곱의 합은 항상 전체 R제곱(R^2)과 같으므로** 투입변수의 상대적 중요도를 판단할 때 분산(설명량)으로 기여도를 평가할 수 있습니다.

〈표 2-6〉은 [예제연구 3]을 이용하여 위계적 회귀분석의 결과를 표로 작성한 것입니다.

<표 2-6> 직장생활 만족도에 대한 위계적 회귀분석 결과

단계	변수	직장만족	작업동기	스트레스	임금	작업환경	B	β	t	R^2변화량
1	작업동기	.496					.726	.387	4.772**	.246
2	스트레스	.230	.121				.329	.187	2.444*	.029
3	임금	.344	.296	−.014			.001	.227	2.846**	.047
4	작업환경	.192	.158	−.011	.048		.220	.122	1.589	.015
							c=−.788	다중 R=.580**		
	평균	5.34	3.21	3.08	1530.95	3.31		R^2=.337		
	표준편차	2.09	1.11	1.19	351.61	1.16		수정된 R^2=.314		
								($F_{4,115}$=14.600**)		

*$p<.05$, **$p<.01$

B=비표준화 회귀계수, β=표준화 회귀계수, c=상수

결과 해석 요령(위계적 회귀분석)

〈표 2-6〉에서 보듯이 직장생활 만족도에 영향을 주는 요인들에 대한 위계적 회귀분석 결과, 회귀모형의 설명력은 $R^2=0.337$(33.7%)로 양호하였고 통계적으로 유의미하였다(다중 $R=.580$, $F_{4,115}=14.600$, $p<.01$). 구체적으로 직장생활 만족도에 가장 영향을 주는 예측변수는 작업동기였으며($\beta=0.387$, $t=4.772$, $p<.01$) 그다음 임금($\beta=0.227$, $t=2.846$, $p<.01$), 스트레스($\beta=0.187$, $t=2.444$, $p<.05$), 작업환경($\beta=0.122$, $t=1.589$, $p>.05$)의 순이었다. 특히 작업동기는 전체 설명분산 33.7% 중에서 24.6%의 높은 비율을 차지하였고 임금은 4.7%, 스트레스는 2.9%를 각각 나타냈다. 한편 작업환경은 1.5%의 설명력을 보였으나 통계적으로 유의미한 수준은 아니었다.

단계적 회귀분석의 경우에는 위계적 회귀분석과 유사하지만 통계적으로 유의하지 않은 변수가 회귀식에서 제외된다는 점을 주의하면 됩니다. 따라서 단계적 회귀분석을 수행하면 〈표 2-6〉에서 3단계까지만 분석이 진행되고 '작업환경' 변수가 표에서 제외됩니다.

[CHECK POINT]

다중회귀분석의 유형별 차이는 ① 표준 회귀분석은 공통분산을 제외한 고유분산만 산출하고 모든 변수가 회귀식에 포함되며 ② 위계적 회귀분석은 모든 변수가 포함되면서 연구자가 지정한 순서대로 회귀식을 구성하고 ③ 단계적 회귀분석은 유의미하지 않은 변수를 제외하고 중요한 순서대로 회귀식을 구성합니다. 위계적 회귀분석에서는 개별변수의 설명분산(R제곱변화량)의 합은 항상 전체 R제곱과 일치하고 단계적 회귀분석에서는 모든 투입변수가 유의미할 때에만 개별변수의 R제곱 변화량 합이 전체 R제곱과 일치합니다. 단, 표준회귀분석은 공유분산을 회귀식에서 제외하므로 개별 설명분산의 합은 전체 R제곱과 일치하지 않습니다.

Q26 실전에서 회귀분석의 기본 가정에 대한 평가는 어떻게 서술하나요?

[♣ 데이터: 예제3_회귀분석.sav]

해설

회귀분석에서 기본 가정에 대한 평가는 결과표에 제시하지 않지만 방법론이나 결과 부분에 포함하여 데이터의 적절성을 설명하는 것이 좋습니다. 그러면 [예제연구 3]의 결과에서 기본 가정들에 대한 평가를 서술하는 방법을 알아보겠습니다.

1. 사례수와 극단치 평가 **IBM® SPSS® Statistics**

Ⓐ 잔차 통계량[a]

	최소값	최대값	평균	표준화 편차	N
표준화 잔차	-2.493	2.352	.000	.983	120
Mahal. 거리	.111	11.583	3.967	2.394	120
Cook의 거리	.000	.084	.009	.014	120
중심화된 레버리지 값	.001	.097	.033	.020	120

a. 종속변수: satis 직장만족도

여기서 SPSS 결과물은 기본 가정을 위한 통계량을 중심으로 산출한 것입니다. 먼저 [예제연구 3]의 독립변수는 4개이고 표본크기(사례수)는 $n = 120$으로 1:20의 기준을 초과하고 있어 다른 조건이 만족한다면 표본오차에 의한 영향은 없을 것으로 해석됩니다.

결과 Ⓐ의 '잔차 통계치'는 데이터 파일로 저장된 잔차 계수들을 요약해서 나타내고 있습니다. 실제 개별 사례에 대해 산출된 마할나노비스 거리는 10을 초과하는 몇 개의 사례가 있지만(최대값은 11.583) 쿡의 거리와 레버리지 값들이 매우 작고 표준화 잔차는 ±3.0의 범위를 벗어나는 사례가 없어 해석에 영향을 주는 극단치는 없는 것으로 해석해도 무방할 것입니다.

Ⓑ 산점도

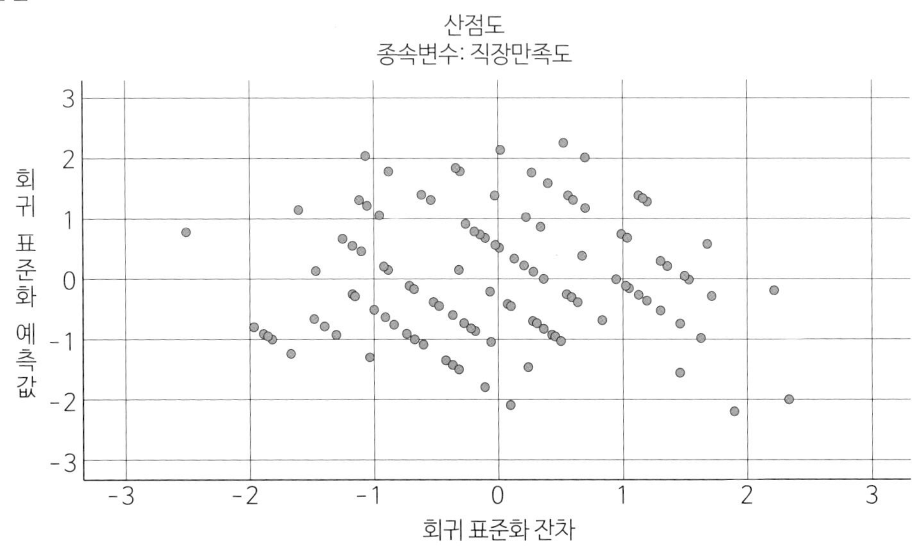
산점도
종속변수: 직장만족도
회귀 표준화 예측값
3
2
1
0
-1
-2
-3
-3
-2
-1
0
1
2
3
회귀 표준화 잔차

Ⓒ 정규 P-P 도포

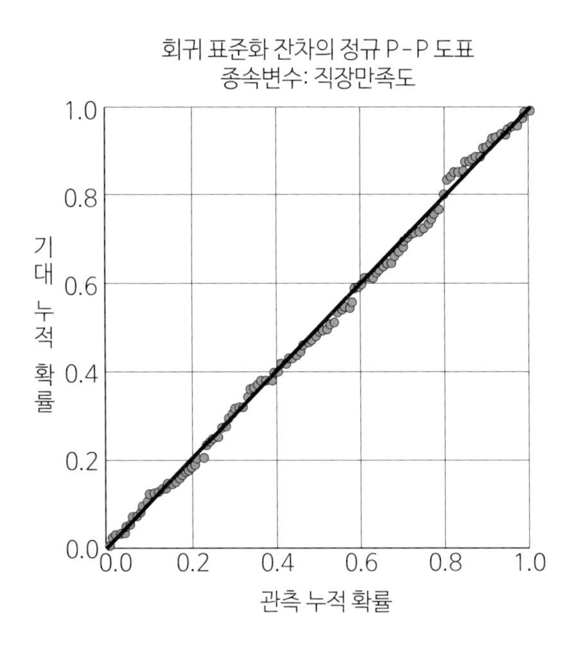
회귀 표준화 잔차의 정규 P-P 도표
종속변수: 직장만족도
기대 누적 확률
1.0
0.8
0.6
0.4
0.2
0.0
0.0
0.2
0.4
0.6
0.8
1.0
관측 누적 확률

Ⓓ 더빈-왓슨 d 통계치

Ⓓ 모형 요약[b]

모형	R	R 제곱	수정된 R 제곱	추정값의 표준오차	Durbin-Watson
1	.580[a]	.337	.314	1.730	1.831

a. 예측자: (상수), stress 작업스트레스, envir 작업환경, salary 임금, motiv 작업동기
b. 종속변수: satis 직장만족도

결과 Ⓑ의 '산점도'(scatterplot)는 표준점수 0을 기준으로 대략적인 정규분포를 보이고 결과 Ⓒ의 '정규 P-P 도표'(normal P-P plot)에서 45°를 기준으로 사례들이 모여 있어 잔차의 정규성 및 선형성을 가정할 수 있습니다. 또한 결과 Ⓓ의 Dubin-Watson의 d=1.831로 2.0에 근접하고 있어 잔차의 독립성을 가정할 수 있는 것으로 평가됩니다.

3. 다중공선성 평가

IBM® SPSS® Statistics

다중공선성의 평가를 위해 표준 중다회귀분석에서 공선성 통계량(공차, VIF)과 공선성 진단(고유값, 상태지수, 분산비율) 결과물을 산출하였습니다.

Ⓔ 계수[a]

모형		비표준화 계수		표준화 계수	t	유의확률	상관계수			공선성 통계량	
		B	표준화 오류	베타			0차	편상관	부분상관	공차	VIF
1	(상수)	-.788	.938		-.840	.403					
	motiv 작업동기	.726	.152	.387	4.772	.000	.496	.407	.362	.876	1.142
	envir 작업환경	.220	.139	.122	1.589	.115	.192	.147	.121	.974	1.027
	salary 임금	.001	.000	.227	2.846	.005	.344	.257	.216	.910	1.099
	stress 스트레스	.329	.135	.187	2.444	.016	.230	.222	.186	.982	1.019

a. 종속변수: satis 직장만족도

Ⓕ 공선성 진단[a]

모형	차원	고유값	상태지수	분산비율				
				(상수)	motiv 작업동기	envir 작업환경	salary 임금	stress 스트레스
1	1	4.704	1.000	.00	.00	.00	.00	.01
	2	.123	6.173	.00	.02	.22	.01	.72
	3	.091	7.174	.00	.43	.53	.03	.08
	4	.061	8.792	.06	.55	.12	.32	.05
	5	.020	15.298	.94	.00	.13	.64	.14

a. 종속변수: satis 직장만족도

결과 Ⓔ의 '계수'를 보면 독립변수들의 **공차**는 0.876에서 0.982의 범위고 **VIF**는 1.019에서 1.142로 대체로 1.0에 근접하고 있습니다. 또한 결과 Ⓕ의 **상태지수**는 30을 초과하는 변수가 없고 그에 따른 분산비율 역시 상수를 포함해 둘 이상의 변수에서 0.90을 넘는 변수가 없습니다. 따라서 독립변수들의 다중공선성에 의해 해석이 오염될 가능성은 낮은 것으로 평가됩니다.

기본 가정에 대한 평가에서 다중공선성에 대한 설명은 반드시 포함해야 하고 극단치는 결과에 미치는 영향이 크므로 제거하고 분석해야 합니다. 오차(잔차)에 대한 가정 및 사례수에 대한 평가를 포함해 실제 연구에서는 결과 파트나 방법론(분석방법) 파트에서 이들 가정에 대한 평가를 서술할 수 있습니다.

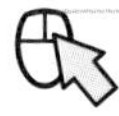

기본 가정에 대한 해석 요령

먼저 사례수는 n=120이고 독립변수가 4개이므로 20:1의 비율로 표본오차에 의한 영향을 배제할 수 있는 안정적 수준이다. 또한 오차에 영향을 주는 극단치가 없는 것으로 판단된다(마할나노비스 0.111~11.583, 쿡의 거리 0.000~0.084, 표준화잔차 −2.493~2.352). Durbin-Watson의 d=1.831로 준거인 2.0에 근접하고 있어 잔차의 독립성을 가정할 수 있으며 정규 P-P 도표와 산점도의 결과는 선형성과 정규성의 가정을 만족하는 것으로 보인다. 또한 공차는 0.876−0.982의 범위로 준거인 1.0에 가까운 값으로 투입변수의 다중공선성이 높지 않은 것으로 해석할 수 있다. 따라서 다중회귀분석의 결과를 타당하게 해석하기 위한 기본 가정을 대체로 만족하는 것으로 평가된다.

Q27 회귀분석에서 더미변수는 어떻게 사용하나요?

[♣ 데이터: 예제3_회귀분석.sav]

해설

회귀분석에서 **더미변수**(dummy variable)는 범주형 데이터를 선형회귀에 투입하기 위해 **연속형 데이터로 변환**한 변수를 말합니다. 그래서 더미변수를 **가변수**(假變數)라고도 하는데, 원래 있던 변수가 아니라 기존 변수에서 없던 것을 새로 만들었다는 의미입니다. 더미변수는 하나의 범주형 변수에서 **(범주의 수−1)의 변수**가 생성됩니다. 예를 들어, 성별(남/여) 변수의 경우 2개의 범주이므로 2−1=1의 더미변수가 만들어지며 두 범주 중에서 하나를 0으로 하고 나머지를 1로 하여 연속변수처럼 사용합니다. 즉, 남자를 0으로 한다면 여자는 1이 되므로 0(남)을 기준으로 1(여)의 기울기 변화(베타계수)를 해석하게 됩니다.

[예제연구 3]에 포함된 '지역' 변수를 활용하면 지역(1=서울, 2=지방, 3=해외)은 3개의 범주를 지니므로 3−1=2개의 더미변수가 생성되고 1(서울)을 0으로 한다면 '서울'을 기준으로 '지방(1)'과 '해외(2)'의 베타계수를 해석합니다. 그러면 [예제연구 3]의 '지역' 변수를 더미변수로 변환하여 더미변수를 이용한 회귀분석을 수행하고 결과를 살펴보겠습니다. 먼저 SPSS의 '자료변환' 명령을 통해 더미변수를 생성하고 더미변수를 독립변수로 하는 표준 회귀분석을 수행합니다.

1. 기초 정보 **IBM® SPSS® Statistics**

```
(더미변수 생성을 위한 SPSS 명령어)
IF (area = 1) d1 = 0.
IF (area = 1) d2 = 0.
EXECUTE.
IF (area = 2) d1 = 1.
IF (area = 2) d2 = 0.
EXECUTE.
IF (area = 3) d1 = 0.
IF (area = 3) d2 = 1.
VARIABLE LABEL d1 '지방(D)' /d2 '해외(D)'.
EXECUTE.
```

(더미변수를 이용한 표준 회귀분석의 명령어)

```
REGRESSION
 /DESCRIPTIVES MEAN STDDEV CORR SIG N
 /MISSING LISTWISE
 /STATISTICS COEFF OUTS R ANOVA COLLIN TOL ZPP
 /CRITERIA=PIN(.05) POUT(.10)
 /NOORIGIN
 /DEPENDENT satis
 /METHOD=ENTER d1 d2.
```

Ⓐ 입력/제거된 변수[a]

모형	입력된 변수	제거된 변수	방법
1	d2 해외(D), d1 지방(D)[b]	.	입력

a. 종속변수: satis 직장만족도
b. 요청된 모든 변수가 입력되었습니다.

결과 Ⓐ의 '입력/제거된 변수'를 보면 더미변수(d1, d2)만으로 직장생활 만족도(satis)를 예측하는 모형을 만들었습니다. 따라서 회귀식은 다음과 같습니다.

$$직장만족도(Y') = B_0 + B_1 d_1 + B_2 d_2 \qquad (공식\ 2\text{-}2)$$

2. 모형 및 계수 **IBM® SPSS® Statistics**

Ⓑ 모형 요약

모형	R	R 제곱	수정된 R 제곱	추정값의 표준오차
1	.327[a]	.107	.092	1.990

a. 예측자: (상수), d2 해외(D), d1 지방(D)

Ⓒ ANOVA[a]

모형		제곱합	자유도	평균제곱	F	유의확률
1	회귀	55.517	2	27.758	7.007	.001[b]
	잔차	463.475	117	3.961		
	전체	518.992	119			

a. 종속변수: satis 직장만족도
b. 예측자: (상수), d2 해외(D), d1 지방(D)

결과 Ⓑ의 '모형 요약'에서 보듯이, R제곱(R^2)은 0.107로 약 10.7%의 모형 설명량을 보이고 수정된 R제곱(adjusted R^2)은 9.2%의 설명량을 보이고 있습니다. 결과 Ⓒ의 'ANOVA'는 이와 같은 회귀모형이 통계적으로 유의미함을 보여 줍니다($F_{2,117}=7.007$, $p<.01$).

Ⓓ 계수[a]

모형		비표준화 계수		표준화 계수	t	유의확률	상관계수			공선성 통계량	
		B	표준화 오류	베타			0차	편상관	부분 상관	공차	VIF
1	(상수)	5.195	.311		16.714	.000					
	d1 지방(D)	-.595	.442	-.135	-1.345	.181	-.252	-.123	-.118	.759	1.317
	d2 해외(D)	1.061	.445	.239	2.384	.019	.305	.215	.208	.759	1.317

a. 종속변수: satis 직장만족도

결과 Ⓓ의 '계수'에서 지방(d1)의 직장생활 만족도는 서울(0)에 비해 −0.595 수준이고 '해외'(d2)는 서울(0)에 비해 1.061 수준입니다. 즉, 지방은 서울보다 0.595 낮고 해외는 서울보다 1.061만큼 높습니다. 다만 '지방'의 회귀계수는 통계적으로 유의하지 않으나($\beta=-.135$, $t=-1.345$, $p>.05$) '해외'의 경우는 통계적으로 유의미한 수준입니다($\beta=.239$, $t=2.384$, $p<.05$). 그러므로 직장생활 만족도에 대해 지방은 서울과 유의미한 차이를 보이지 않지만 해외는 유의미하게 만족도가 높다고 할 수 있습니다.

더미변수는 범주형 변수를 선형회귀모형에 적용하는 유용한 방법이지만 여러 더미변수를 사용하면 해석이 복잡해지므로 제약이 따릅니다. 만일 회귀분석의 선형모형을 가정하지 않는다면 범주형 데이터는 더미변수를 사용하지 않고 대안적으로 **로지스틱 회귀분석**(logistic regression)과 같은 방법을 사용할 수 있습니다.

[CHECK POINT]

더미변수(dummy variable)는 예측변수(독립변수)가 범주형일 때 0과 1의 연속형 변수로 변환하여 회귀식에 투입하기 위해 사용하는 가변수입니다. 더미변수의 해석은 변환된 범주 0을 기준으로 나머지 범주의 베타계수를 비교하는 방식으로 이루어집니다.

Q28 조절된 매개효과란 무엇이고 회귀분석을 이용한 절차는 무엇인가요?

해설

조절된 매개효과(moderated mediation effect)는 조건부 프로세스를 이용해 매개변수와 조절변수의 효과를 '동시에' 설명하는 기법입니다. 즉, 독립변수와 종속변수 간의 매개변수를 가정하고 매개변수의 효과를 조절하는 또 다른 제3의 조절변수를 검증합니다. Hayes(2013)는 다양한 형태의 조절효과와 매개효과를 가정하는 100여 개의 복합적인 조건부 모형을 제안했는데, 그 가운데 매개변수와 종속변수의 관계에 작용하는 조절된 매개효과(모형 14)와 독립변수와 매개변수 사이에 작용하는 매개된 조절효과(mediated moderation effect: 모형 7) 모형이 포함되어 있습니다.

조건부 프로세스 모형은 다양한 형태의 간접효과를 설명하고 있어 활용범위가 넓지만 여기서는 비교적 사용 빈도가 높은 조절된 매개효과를 예시하고 결과표의 제시와 해석방법을 살펴보겠습니다.

조절된 매개효과는 기본적으로 회귀분석 모형을 이용하므로 회귀분석과 접근법이 동일하게 적용됩니다. 다만 매개변수(M)는 독립변수(X)와 종속변수(Y)를 연결하고 조절변수(V)는 매개변수(M)와 상호작용하여 종속변수(Y)에 영향을 미치는 형태입니다. [그림 2-6]의 (가)는 조절된 매개효과의 개념적 도식으로 태도와 브랜드 충성도의 관계에서 체험과 유대감의 조건부 간접효과를 검증하는 예시입니다(김상원, 양병화, 2016). 그리고 (나)는 조건부 간접효과에 대한 통계적 도식입니다. 여기서 a_1은 매개변수(M)에 대한 독립변수(X)의 직접효과, c'은 종속변수(Y)에 대한 독립변수(X)의 직접효과, b_1은 매개변수(M)의 직접효과, b_2는 조절변수(V)의 직접효과, b_3은 매개변수(M)와 조절변수(V)의 상호작용효과를 각각 나타냅니다. 일반적인 조절된 매개효과는 다음 〈공식 2-3〉과 같이 나타낼 수 있습니다(Hayes, 2013).

$$f(\hat{\theta} / W) = \hat{a}_1(\hat{b}_1 + b_3 W) \qquad \text{(공식 2-3)}$$

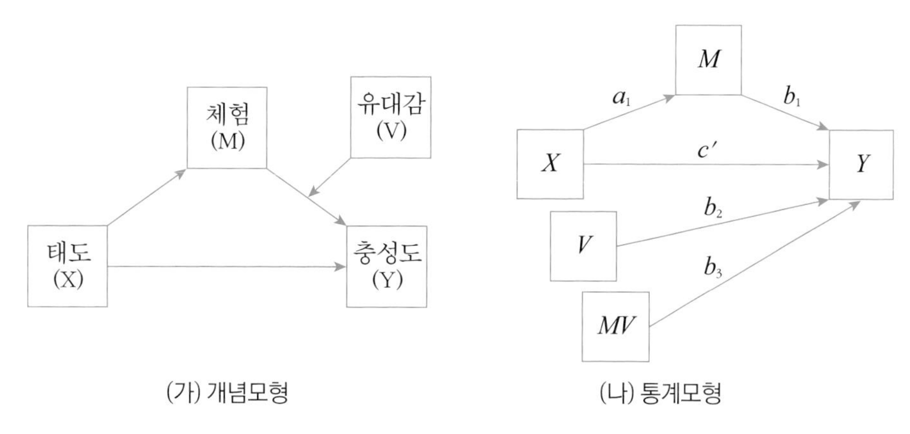

[그림 2-6] 조절된 매개모형의 개념도와 통계모형(예시)

조건부 프로세스 매크로의 설치

- SPSS에서 조건부 프로세스를 이용하기 위해서는 [확장] 메뉴의 '유틸리티' → '사용자 정의 대화상자 설치'에서 관련 매크로를 설치해야 함(매크로 설치 ☞ Q92).
- 조건부 프로세스용, 간접효과, 소벨검증 매크로 등을 설치할 수 있고(http://www.processmacro.org) 프로세스 매크로가 설치되면 [그림 2-7]과 같이 회귀분석 내에 프로세스 모듈이 설치됨.

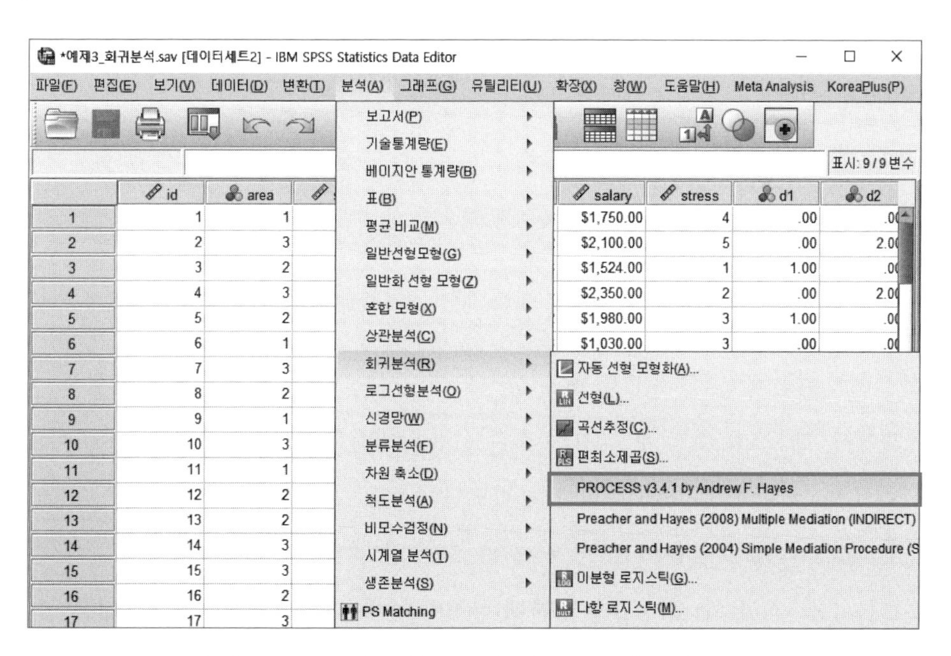

[그림 2-7] 프로세스 매크로가 설치된 SPSS 회귀분석 모듈

Q29 회귀분석을 이용한 조절된 매개효과의 결과해석 요령은 무엇인가요?

해설

조절된 매개효과의 결과는 ① 기초상관 ② 단순매개효과 ③ 상호작용효과 ④ 조건부 간접효과(조절된 매개효과)를 포함합니다. [그림 2-6]에 예시된 연구사례의 결과에 기초해 결과표를 작성하고 해석하는 요령에 대해 알아보겠습니다.

단순매개효과

조절된 매개효과의 검증에서 먼저 제시하는 것은 기초상관과 단순매개효과입니다(기초상관표는 생략함). 〈표 2-7〉은 단순매개효과의 결과이며 표의 3단계 회귀모형은 Baron과 Kenny(1986)의 매개효과검증 절차와 같습니다(SPSS 프로세스 매크로 모형 4). 따라서 다음과 같은 회귀식을 단계별로 설정합니다.

- 1단계: 충성도$(Y')=B_0+B_1$(태도)
- 2단계: 체험$(Y')=B_0+B_1$(태도)
- 3단계: 충성도$(Y')=B_0+B_1$(태도)$+B_2$(체험)

〈표 2-7〉의 1단계에서 '태도'가 '충성도'에 미치는 효과는 유의미하였으며($\beta=0.52$, $t=12.40$, $p<.01$), 이는 긍정적 태도가 높은 충성도에 영향을 미치는 결과로 해석할 수 있습니다. 2단계에서 '태도'가 '체험'에 미치는 효과도 유의미하였고($\beta=0.39$, $t=8.68$, $p<.01$) 3단계에서 '태도'와 '체험'을 동시에 투입한 회귀모형에서도 모두 유의미한 효과를 보였습니다(태도 $\beta=0.46$, $t=10.21$; 체험 $\beta=0.15$, $t=3.43$, 모두 $p<.01$).

특히 1단계(단순회귀)의 베타(β)는 3단계(다중회귀)에서 작지만 감소하는 것을 볼 수 있습니다($0.52-0.46=0.06$). 이 차이는 '태도 → 충성도'의 관계에서 **'체험'의 매개로 나타나는**

<표 2-7> 단순매개효과의 회귀분석 결과

변수	1단계: 충성도				2단계: 체험				3단계: 충성도			
	B	SE	β	t	B	SE	β	t	B	SE	β	t
태도	.51	.04	.52	12.40**	.33	.04	.39	8.68**	.45	.04	.46	10.21**
체험									.18	.05	.15	3.43**
	R^2=.27, F=153.78**				R^2=.15, F=75.37**				R^2=.29, F=84.76**			
Sobel 검증						값			SE		Z	
						.06			.02		3.17**	
Boot 간접효과			간접효과			SE			95% LLCI		95% ULCI	
			.06			.02			.02		.11	

*$p<.05$, **$p<.01$
주: B=비표준화계수, SE=표준오차, β=표준화계수, LLCI=신뢰구간하한계, ULCI=신뢰귀간상한계.
출처: 김상원, 양병화(2016).

간접효과의 크기를 말합니다. 이러한 간접효과의 통계적 유의성을 판단하기 위해 소벨검증치와 부트스트래핑(bootstrapping)의 결과를 해석합니다(소벨검증치는 점추정법에 기초하고 부트스트래핑은 구간추정법에 기초함). 구체적으로 소벨검증치를 보면 Sobel=0.06이고 그에 따른 Z=3.17로 0.01 수준에서 통계적으로 유의미한 것으로 해석됩니다. 유사하게 부트스트래핑 결과(표본수 N=1,000)에서도 95% 신뢰수준에서 하한계 0.02와 상한계 0.11은 0을 포함하고 있지 않으므로 체험의 매개효과가 유의미하다고 해석합니다. 따라서 태도와 충성도의 관계에서 '체험'의 간접효과로서 매개효과는 통계적으로 유의미한 것으로 결론지을 수 있습니다. 소벨검증치와 부트스트래핑 결과는 함께 해석하거나 둘 중 한 가지 방법으로만 간접효과를 설명할 수 있습니다.

상호작용효과

단순매개효과에 대한 설명이 끝나면 그다음 조절변수의 효과를 해석합니다. 조절효과는 매개변수와 조절변수 간의 상호작용으로 해석합니다(SPSS 프로세스 매크로 모형 1). 이를 위해 '체험'과 '유대감'의 점수를 곱하여 상호작용항을 만들게 되는데, 이때 각 변수의 원점수를 곱하여도 되지만 다중공선성에 의한 해석의 오류를 막기 위해 평균중심화(mean

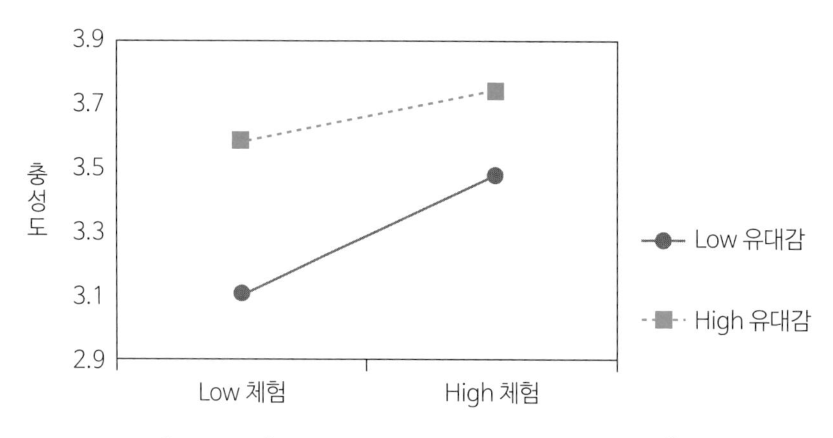

[그림 2-8] 체험과 유대감의 상호작용효과(예시)[5)]

centering) 방법을 사용할 수 있습니다. 간단히 말해, 평균중심화는 각 변수의 (원점수-평균)의 값을 곱해 주는 방식입니다. 예를 들어, X의 평균=3.0, M의 평균=3.5이고 $X_1=3.5$, $M_1=4.0$이라고 할 때 $X_1M_1=(3.5-3.0)\times(4.0-3.5)=0.25$가 되며 모든 사례에 대해 같은 방법으로 구하게 됩니다. 평균중심화는 회귀모형에서 상호작용항의 공차와 VIF를 개선할 목적으로 사용됩니다.

이 예시에서는 평균중심화 방법을 사용하여 상호작용항을 만들어 회귀식을 구성하였고 상호작용을 위한 회귀식은 다음과 같습니다.

$$충성도(Y')=B_0+B_1(체험)+B_2(유대감)+B_3(체험*유대감) \quad (공식\ 2\text{-}4)$$

〈공식 2-4〉의 마지막 회귀계수 B_3의 값이 '체험'과 '유대감'의 평균중심화 값이 투입된 상호작용항입니다. **상호작용의 해석**에서는 결과표를 대신해 [그림 2-8]과 같이 도표만을 제시할 수도 있습니다. 다만 회귀모형과 각 항의 베타계수를 설명하는 것이 좋습니다(예시의 연구사례에서는 표를 제시하고 설명함).[6)] [그림 2-8]은 체험(M)과 유대감(V)의 상호작용효과

5) '체험'의 B=0.24(SD=0.54), '유대감'의 B=0.32(SD=0.58), 상호작용의 B=−.17, 상수=3.48임. 각 변수의 비표준화계수(B)와 표준편차(SD)를 이용해 상호작용 도표를 산출(상호작용효과: $\beta=-.10$, $t=-2.25$, $p<.05$).

6) 해설: (연구결과) R제곱변화량은 다소 낮으나 통계적으로 유의미한 수준이었고($\Delta R^2=0.01$, $\Delta F=5.07$, $p<.05$) 상호작용항은 충성도를 설명하는 유의미한 변인임($\beta=-.10$, $t=-2.25$, $p<.05$).

를 나타낸 것으로 '유대감'이 낮은 경우 '체험'이 높을 때 '충성도'가 증가한 반면 '유대감'이 높은 경우에는 '체험' 수준에 따른 기울기의 변화가 크지 않은 것으로 나타났습니다. 따라서 '유대감'은 '체험'의 효과를 조절하는 것으로 해석할 수 있습니다(단순기울기 검증을 조절효과에서 추가하면 고/저에 따른 기울기 변화를 좀 더 명확히 설명하는 것이 가능함).

조건부 간접효과

단순매개효과와 상호작용효과를 설명하고 나면 마지막 단계에서 조건부 간접효과로 조절된 매개를 설명합니다. 다음의 〈표 2-8〉은 태도(X), 체험(M), 유대감(V), 체험*유대감(MV)의 모든 변수가 투입된 조건부 간접효과의 결과를 보여 주고 있으며 조절변수인 유대감(V)에 대한 단순기울기 검증(Aiken & West, 1991)을 함께 제시하였습니다(SPSS 프로세스 매크로 모형 14).

<표 2-8> 조건부 간접효과의 회귀분석 결과(예시)

예측변수	B	SE	β	t
체험				
상수	−1.17	.14		−8.54**
태도(a_1)	.33	.04	.40	8.68**
충성도				
상수	2.07	.17		12.49**
태도	.40	.05	.41	8.58**
체험(b_1)	.12	.05	.10	2.19*
유대감(b_2)	.18	.05	.16	3.40**
체험×유대감(b_3)	−.16	.07	−.09	−2.32*
유대감	Boot 간접효과	Boot SE	Boot 95% LLCI	Boot 95% ULCI
−1SD(−.58)	.07	.03	.0173	.1238
Mean	.04	.02	.0022	.0812
+1SD(+.58)	.01	.02	−.0341	.0053

*$p < .05$, **$p < .01$

주: N=416, B 비표준화 회귀계수, SE 표준오차, β 표준화 회귀계수, LLCI 신뢰구간 하한계, ULCI 신뢰구간 상한계.

출처: 김상원, 양병화(2016).

〈표 2-8〉에서 보듯이, '태도'는 '충성도'에 유의미한 효과를 보이고($\beta=0.41$, $t=8.58$, $p<.01$) '체험'과 '충성도'의 관계도 유의미하였습니다($\beta=0.10$, $t=2.19$, $p<.05$). 또한 '체험'과 '유대감'의 상호작용효과가 유의미하였고($\beta=-0.09$, $t=-2.32$, $p<.05$), 그에 따른 조절된 매개효과의 크기를 구하면 다음과 같습니다(Preacher et al., 2007).

$$f(\hat{\theta}/W)=\hat{a}_1(\hat{b}_1+b_3W)=0.33(0.12+(-0.16*\text{유대감})) \quad \text{(공식 2-5)}$$

〈공식 2-5〉는 〈공식 2-3〉에 기초해 산출된 값을 표시한 것으로 '태도'가 긍정적일 때 '체험'은 증가하고 '체험'이 증가하면 '충성도'가 높아지는데, 이러한 간접효과는 '유대감'의 크기가 증가하면서 점차 감소($\beta=-0.09$, $p<.05$)하는 조절된 매개효과를 보여 줍니다.

여기에 **단순기울기 검증**(Aiken & West, 1991)의 결과를 추가하면 '유대감'의 방향에 따른 보다 명료한 설명이 가능합니다. 단순기울기는 특정 값(−1SD, 평균, +1SD)에서 기울기의 변화로 조절변수의 효과를 설명하는 방법입니다. 〈표 2-8〉의 하단 결과를 보면 −1SD의 하한계(Boot 95% LLCI)와 상한계(Boot 95% ULCI)는 0.0173에서 0.1238로 0을 포함하지 않지만 +1SD의 하한계와 상한계는 −0.0341에서 0.0053으로 0을 포함합니다. 그러므로 **'유대감'이 낮은 경우**(평균의 경우 포함)에는 '태도'가 '체험'을 통해 '충성도'를 예측하는 조건부 간접효과가 유의미하지만(유의미한 회귀선 기울기) **'유대감'이 높은 경우**에는 조건부 간접효과가 유의미하지 않은 것으로 해석할 수 있습니다. 결국 '체험'의 매개효과는 '유대감'이 낮은 경우에 작용하는 반면 '유대감'이 높은 경우에는 상대적으로 '체험'의 매개효과가 약한 것으로 평가됩니다.

조건부 간접효과를 설명하는 조절된 매개효과가 다소 복잡하다고 느낄 수 있지만 기존의 방법들(매개효과, 조절효과)을 결합하여 만들어 놓은 방식이므로 분석 목적(조절효과, 매개효과, 조절된 매개효과 등)에 따라 SPSS 매크로 번호를 구분하여 지정하고 결과물을 순서에 따라 해석하면 활용도가 높을 것입니다.

03

판별함수분석

Discriminant Function Analysis

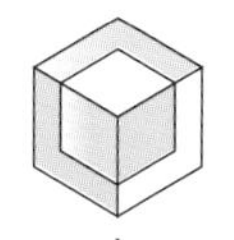

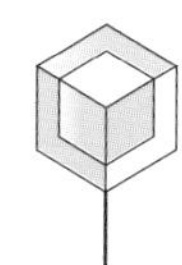

학습목표

- 판별함수분석의 개념
- 판별계수의 원리
- 판별함수분석의 목적과 활용범위
- 직접적 판별분석의 사용과 해석
- 위계적 판별분석의 사용과 해석
- 단계적 판별분석의 사용과 해석
- 판별분석의 기본 가정
- 3집단 판별분석에 대한 접근
- 결과표의 작성과 보고서

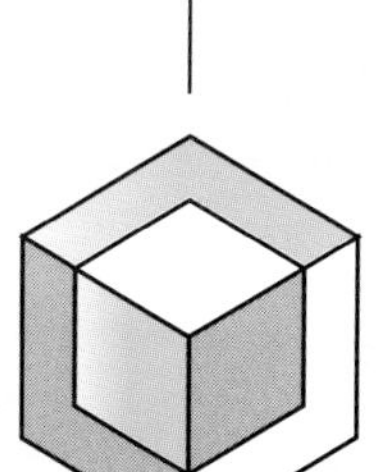

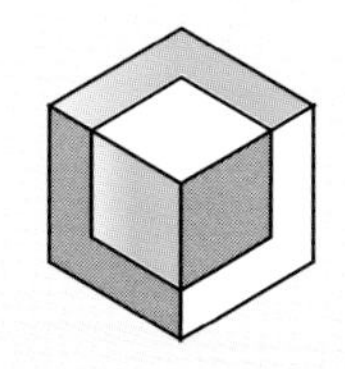

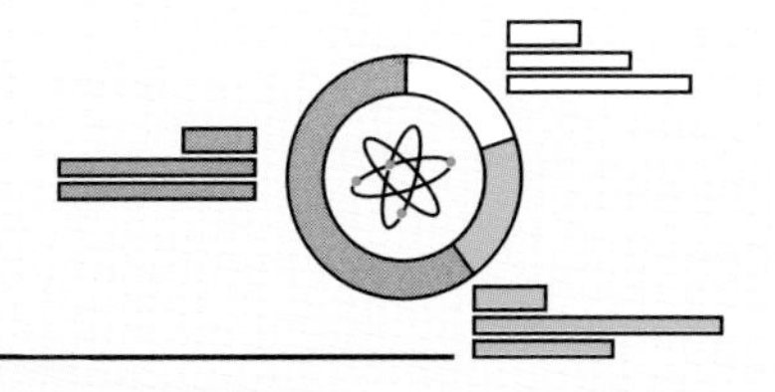

일러두기

- 실습 데이터: 예제4_판별분석.sav, 예제5_판별분석.sav
- 실습 명령문: 예제4_판별분석.sps, 예제5_판별분석.sps

Q30 판별함수분석이란 무엇인가요?

해설

판별함수분석(discriminant function analysis)은 다중회귀분석과 유사한 점이 많은데, 기본적으로 독립변수(IV)와 종속변수(DV)의 예측적 관계성을 검증한다는 공통점이 있습니다. 다만 다중회귀분석에 투입되는 데이터는 모두 연속형 변수이지만 판별함수분석은 **연속형의 독립변수(IV)와 범주형의 종속변수(DV)를 사용**합니다. 즉, 연속형의 독립변수를 이용해 집단변수로 구성된 종속변수를 예측하고자 할 때 사용하는 방법입니다. 이때 집단변수는 성공/실패, 정상/이상, 우수고객/불량고객, 당선/낙선 등과 같이 명확히 구분되는 집단구성원이 존재하는 경우입니다.

예를 들어 어떤 개인의 대학성적, 영어성적(토익), 적성검사 점수를 알고 있을 때, 직장에서의 성공을 예측하기 위한 모형을 만들 수 있고 예측요인에 의해 각 개인이 성공 및 실패 집단의 어디에 속하는지를 판별해 낼 수 있습니다. 간단히 말해, 판별함수분석은 여러 독립변수를 통해 성공/실패 여부를 예측하고 개인을 분류(성공집단 혹은 실패집단)하는 통계기법입니다.

판별함수분석은 연속형 데이터로 구성된 독립변수들의 **선형조합**(linear combination)을 이용해 개인을 분류하는데, 이때 집단의 분류오류(오차)를 최소화하는 선형조합으로 판별함수를 도출합니다. 다중회귀에서처럼 판별식은 각 독립변수에 가중치를 곱한 형태의 일반적인 함수식을 나타냅니다.

$$Z_i = d_0 + d_{i1}X_1 + d_{i2}X_2 + d_{i3}X_3 + \cdots + d_{ip}X_p \quad \text{(공식 3-1)}$$

여기서 Z_i는 i번째 개인의 판별점수, d_0는 상수, d_1는 독립변수(X_1)에 대한 판별가중치(판별계수), d_{ip}는 i번째 개인의 p번째 독립변수에 대한 판별가중치, X_p는 p번째 독립변수의 값을 각각 나타냅니다. 판별분석은 분류에 중요한 변수가 무엇인지를 찾아주는 방법으로 실무에서 개인에 대한 집단 분류의 목적으로 유용하게 사용됩니다.

Q31 판별함수분석의 통계적 원리는 무엇인가요?

해설

각 집단에 속한 개인의 판별점수는 〈공식 3-1〉의 판별함수식에 의해 산출되는데, 독립변수들의 선형조합에 따른 집단 가중치의 평균(센트로이드: centroid)으로부터 개인이 속한 집단을 추정하게 됩니다. 이때 센트로이드는 집단의 수만큼 산출되고 각 집단 센트로이드의 평균(선형조합의 평균)으로부터 판별함수식을 구하게 됩니다.

판별함수식의 일차적 목적은 개인을 집단으로 분류하는 것이며 각 센트로이드의 차이를 분석함으로써 판별함수의 유의성을 검증합니다. 구체적으로 센트로이드의 차이는 판별계수(d)의 크기로 결정되며 판별계수는 회귀계수와 같이 각 독립변수의 상대적 중요도를 의미합니다(판별계수의 추정은 '집단간제곱합÷집단내제곱합'에 의해 집단 간 차이가 최대화되도록 추정됨). 예를 들어, 신용카드 회사에서 개인의 소득과 계좌잔고를 이용해 우수고객과 불량고객을 분류하는 판별모형을 만든다면 다음과 같습니다.

$$\text{고객 1의 판별점수}(Z_1) = d_0 + d_{11}(\text{소득}) + d_{12}(\text{계좌잔고}) \qquad \text{(공식 3-2)}$$

신용카드사는 〈공식 3-2〉에서 개인 고객의 판별점수를 산출하고 일정 기준에 따라 우수고객 혹은 불량고객으로 집단을 분류할 수 있습니다(혹은 우수고객/일반고객/불량고객). 만일 판별함수식이 충분한 예측력이 있다면 우수고객에게는 대출을 허용하고 불량고객에게는 대출을 제한하는 정책을 수립할 것입니다. 나아가 '소득' 변수와 '잔고' 변수 중에서 어느 요소가 중요한지를 결정하거나 추가적인 변수를 투입해 고객관리를 위한 종합적인 예측 시스템을 구축할 수도 있습니다. 이렇듯 판별함수분석은 개인 분류를 목적으로 하는 의사결정 과정에 중요한 정보를 제공하는 수단으로 활용도가 높습니다(Green et al., 1988).

판별함수분석의 수학적 모형은 다변량분산분석(MANOVA)과 역의 모양을 취하면서(즉, 독립변수는 집단이고 종속변수는 소득과 계좌잔고) 독립변수들이 모형에 투입되고 해석되는 과정은 회귀분석과 동일한 형태입니다.

판별함수의 도해(圖解)

판별함수가 어떻게 산출되는지를 이해하기 위해 [그림 3-1]을 살펴보겠습니다. 먼저 2개의 ANOVA 분포가 있는데, 소득(X_1)과 잔고(X_2)의 분포입니다. 이는 각 독립변수에서 집단 A(우수고객)와 집단 B(불량고객) 구성원의 점수를 분포로 나타낸 것입니다. 따라서 집단(우수/불량고객)을 독립변수로 하고 소득과 잔고를 종속변수로 하는 다변량분산분석(MANOVA)과 같고 다만 독립변수와 종속변수의 위치가 바뀐 것입니다. 그러므로 각 분포로부터 집단 구성원(A/B)의 평균을 통과하는 직선을 그릴 수 있고 이 선은 센트로이드, 즉 선형조합의 평균이 됩니다. 그리고 선형조합의 평균(센트로이드)과 원점을 지나는 선을 직각으로 교차하면 새로운 직선을 얻게 되는데, 이 직선으로부터 판별함수식 $Z=d_0+d_1$(소득)$+d_2$(계좌잔고)을 구하게 됩니다.

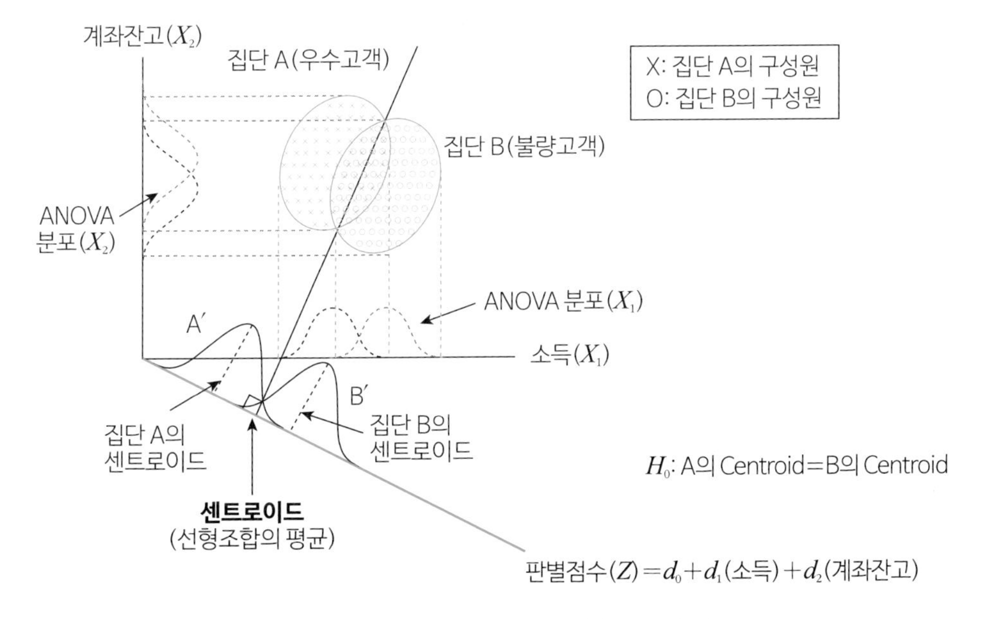

[그림 3-1] 두 집단에 대한 판별함수의 도식

이렇게 얻어진 판별함수에서 모든 개인의 판별점수를 산출하므로 개인이 판별함수로부터 얼마나 정확하게 분류되는지, 각 독립변수가 얼마나 분류에 기여하는지 등의 정보를 얻게 됩니다. 예를 들어, [그림 3-1]의 두 분포의 원 안에 있는 ○와 ×는 판별함수에 의해 잘 분류된 개인을 나타내고 중첩 부분에 ○와 ×가 혼재되어 있는 부분은 판별함수에 의해 정확하게 분류되지 않은 개인(케이스)을 나타냅니다. 이 부분이 적을수록 판별함수의 예측력은 높고 좋은 판별모형이 됩니다. 그림에서 보듯이, 두 집단(A, B) 센트로이드의 거리가 멀어질수록 집단 구성원에 대한 구분이 명확해지고 판별함수의 판별력이 개선됩니다.

또한 판별함수가 어느 축에 걸리는지에 따라 상수(d_0)의 계수 부호가 결정됩니다. 즉, [그림 3-1]에서 판별함수의 센트로이드가 X_1축에 걸리면 상수인 d_0의 방향은 음수(−)가 되고 X_2축에 걸리면 양수(+)가 됩니다. 그러므로 [그림 3-1]에서는 판별함수의 센트로이드가 X_1축에 걸려 있으므로 d_0의 부호는 음수(−)가 될 것입니다.

[CHECK POINT]

판별함수분석은 집단을 분류하고 예측하는 목적을 지닌 통계방법으로 수학적으로는 다변량분산분석(MANOVA)과 같고 기능은 다중회귀분석과 유사합니다. 즉, 2개의 분산분석 모형이 결합된 형태이면서 집단분류와 예측을 목적으로 합니다. 그러므로 독립변수는 연속형 변수이고 종속변수는 집단변수의 형태를 취합니다. 판별함수는 2개의 ANOVA 분포로부터 집단의 중심을 통과하는 평균을 구하게 되고 그 평균(센트로이드)에서 직교하는 함수식을 만들면 곧 판별함수를 구하게 되는 원리입니다. 판별함수가 산출되면 집단의 구분에 기여하는 독립변수가 무엇인지를 판별하고 개인이 각 집단에 속할 확률을 구하게 됩니다.

Q32 판별함수분석의 사용 목적은 무엇인가요?

해설

판별함수분석은 다변량분산분석(MANOVA)과 성질이 유사하면서 회귀분석과는 기능적인 공통성을 갖고 있습니다. 먼저 판별함수분석의 기본적인 목적은 다음과 같이 요약할 수 있습니다.

① 집단구성원을 예측하는 판별(분류)함수를 찾는다-집단 분류
② 판별함수모형의 예측력을 평가한다-모형평가
③ 집단구성원의 분류에 기여하는 독립변수를 밝힌다-독립변수의 상대적 중요도

판별함수분석은 집단구성원을 예측하는 분류목적을 갖기 때문에 실무적으로 활용도가 높고 융통성 있는 변수의 선정이 가능합니다. 특히 변수의 선택에서 반드시 이론적 근거를 필요로 하지 않는 실무 변수를 투입하거나 데이터베이스의 고객 데이터를 그대로 사용하여 판별모형을 만들기도 합니다. 또한 판별분석의 활용에서 표본의 크기가 충분하다면 결과의 일반화를 위한 **교차타당화나 데이터마이닝**을 위한 분석표본(training sample)과 검증표본(test sample)을 구분하는 단계적 모형도 판별분석의 좋은 활용 예입니다.

판별함수분석의 세부적인 사용 목적을 분류하면 다음과 같습니다.

◇ 판별함수모형의 검증

회귀분석과 유사하게 여러 독립변수(IV)를 투입한 판별함수모형을 만들고 모형의 예측력을 검증할 수 있습니다. 예측변수들이 종속변수(DV)인 집단을 구분하는 좋은 판별력을 갖고 있을 때 판별함수에 대해 여러 통계치(정준상관계수, 윌크스 람다, 고유값, 카이제곱)가 유의미한 값을 나타냅니다.

또한 판별함수모형이 얼마나 설명력을 갖는지 직관적으로 해석하는 설명량(분류집단과 독립변수 간의 공유분산 혹은 연합강도)을 산출할 수 있습니다. 예를 들어, 판별함수의 설명분산

은 판별분석에서 산출되는 '정준상관계수의 제곱'으로 구하며 회귀분석의 R제곱(R^2)과 같이 해석합니다.

판별함수모형의 검증을 위한 예시는 다음과 같습니다.

예 1 제품의 내구성, 성능, 스타일은 소비자의 구매집단(구매/비구매)을 적절히 분류하는 모형인가? 소비자 구매집단에 대한 모형의 설명량은 얼마나 되는가?

예 2 직장에 대한 만족도, 성취동기, 급여수준, 대인관계는 종업원의 이직 여부를 잘 예측하는가?

예 3 정치적 리더십, 정치경력, 출신 지역은 총선의 당선자와 낙선자를 구분하는 유의미한 판별모형인가?

예 4 기업에서 이직자와 잔류(생존)자를 분류하기 위한 예측인자로 직업적성, 직무만족, 임금수준, 근속기간, 연령은 실제 이직자를 몇 % 예측하는가?

◇ 판별함수의 수와 차원의 결정

판별함수분석은 집단구성원을 구분하는 유의미한 판별함수의 수와 차원이 무엇인지를 파악합니다. 이때 판별함수의 수는 보통 '집단의 수(k) − 1'과 같습니다. 즉, 두 집단을 분류하는 경우 판별함수는 1개, 세 집단을 분류한다면 판별함수는 2개가 산출됩니다. 예를 들

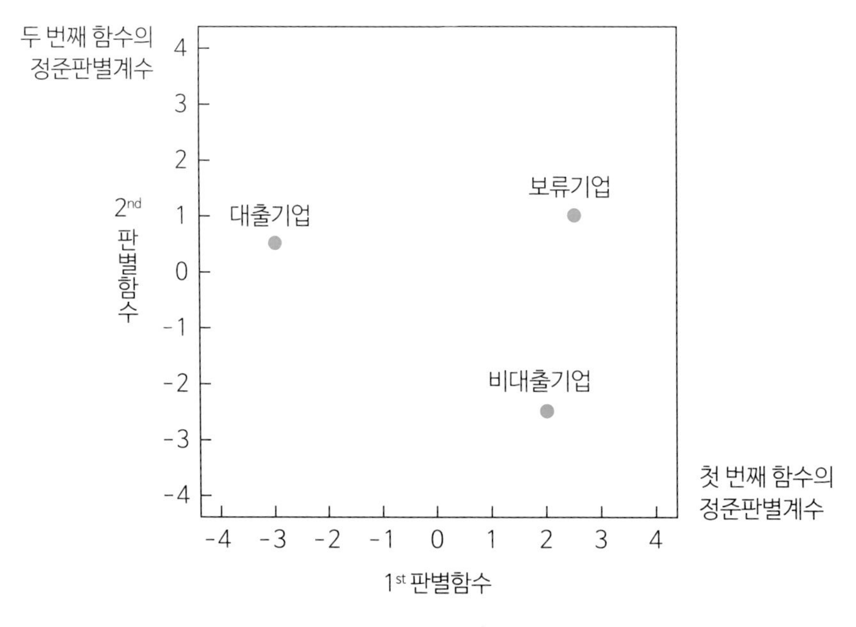

[그림 3-2] 정준판별계수에 의한 판별함수

어, [그림 3-2]와 같이 세 집단(대출기업, 비대출기업, 보류기업)을 구분한다면 먼저 첫 번째판별함수는 대출집단과 나머지 집단을 구분하고 두 번째 판별함수는 첫 번째 판별함수와 직교(orthogonal)를 이루며 첫 번째 함수에 의해 설명되지 않는 부분, 즉 비대출기업과 보류기업을 분류하고 예측합니다.

집단의 구분은 정준판별계수(canonical discriminant function coefficient)에 의해 이루어지는데, 만일 첫 번째 판별함수와 정준상관이 높은 변수가 '기업신용도'와 '자산평가'이고 두 번째 판별함수는 '거래실적'이라는 변수와 상관이 높다면 첫 번째 판별함수 축은 '기업신뢰도'라고 명명하고 두 번째 판별함수는 '거래실적'과 같이 대표성을 갖는 변수명으로 명명할 수 있습니다. 이처럼 판별함수 축은 잠재적 차원이고 그에 대한 설명은 요인분석에서 잠재변수에 명칭을 부여하는 것과 같습니다.

판별함수의 수나 차원에 대한 연구문제의 예시는 다음과 같이 설정할 수 있습니다.

예 1 A 은행에서 대출가능 기업과 불가능 기업, 보류기업을 분류하기 위해 거래실적, 기업신용도, 자산평가를 독립변수로 하는 판별모형을 만들었다면 유의미한 판별 차원의 수는 몇 개인가?

예 2 (예 1에서) 대출기업과 기타 기업을 구분하는 차원은 무엇인가? 대출기업을 가장 잘 설명하는 판별함수의 특성은 무엇인가?

예 3 웩슬러 지능검사, 언어능력 검사, 정서강도 검사, 연령의 4개 독립변수를 가정할 때 정상 아동, 학습장애 아동, 정서장애 아동 집단을 구분하는 유의미한 차원은 무엇인가?

예 4 기업에서 업무능력, 고과점수, 경력, 대인관계, 연령을 기준으로 승진 대상을 분류하고자 할 때 핵심 차원은 무엇인가?

◇ 개별 독립변수의 효과검증

회귀분석과 같이 판별함수를 예측하는 독립변수의 상대적 중요도를 검증할 수 있습니다. 회귀분석에서는 베타계수(β)의 크기를 비교하지만 판별함수분석에서는 정준판별계수를 이용하여 상대적 중요도를 평가합니다. 앞의 예시에서 첫 번째 판별함수(대출기업과 나머지의 분류)에 대해서는 '기업의 신용도'와 '자산평가'가 높은 상관을 보인 독립변수이며 두 번째 함수(비대출기업과 보류기업의 분류)에 대해서는 '거래실적'이 중요한 독립변수라고 가정하였습니다. 이 경우 대출기업과 나머지 기업을 분류하는 주요 독립변수는 '기업의 신용도'와

'자산평가'이며 비대출기업과 보류기업을 분류하는 주요 독립변수는 '거래실적'이라고 해석합니다.

또한 실제 분석에서 독립변수들이 판별식을 구성할 때 각 변수가 제거된 후의 F값(F to remove)을 얻게 되는데, 이 값은 독립변수의 중요도 파악에 직관적으로 활용할 만합니다. 이 값이 크다는 것은 해당 변수가 제거될 때 F값이 커지는 것을 의미하므로 해당 변수가 덜 중요함을 말하며 반대로 이 값이 작으면 해당 변수가 제거될 때 F값이 작아지는 것이므로 중요한 변수임을 말합니다.

개별 독립변수의 효과검증을 위한 연구문제 혹은 가설의 예시는 다음과 같습니다.

예 1 소비자의 브랜드 태도, 브랜드 충성도, 점포 이미지에 따라 제품구매 여부는 다르게 나타날 것이다.

예 2 투표할 정당의 선택에 있어 정책의 지지도, 정당 이미지, 정치적 성향, 연령, 출신 지역 가운데 가장 중요한 요인은 무엇인가?

예 3 기업에서 이직자와 잔류(생존)자를 분류하기 위한 예측인자로 직업적성, 직무만족, 임금수준, 근속기간, 연령 중 가장 중요한 인자는 무엇인가?

◇ 분류의 적절성 평가

판별함수에 기초해 개인을 집단에 얼마나 '정확하게' 분류했는지, 잘못 분류한 사례는 누구인지와 같은 세부 사항을 파악할 수 있는 것이 판별분석의 또 다른 목적입니다. 기업에서 근로자 개인에 대한 분류의 정확성은 예측모형으로서뿐만 아니라 개인을 보상하거나 훈련을 위한 프로그램 설계에 중요한 실무여서 판별분석의 활용가치가 그만큼 높습니다. 따라서 판별모형이 적절하다면 개인의 판별점수는 미래의 '잠재적인 이직자' 혹은 '성공잠재력이 높은 근로자'를 예측하고 관리하는 유용한 도구가 될 수 있습니다. 이와 같은 연구문제의 예시는 다음과 같습니다.

예 1 직업적성, 직무만족, 임금수준, 근속기간, 연령의 판별모형이 적절하다면 조직 내 성공잠재력이 높은 종업원은 누구인가?

예 2 산업현장의 산업사고는 안전신념, 직무만족, 근무시간, 안전풍토에 의해 설명될 수 있다. 이들 요인이 산업사고 경험자와 무사고 경험자를 분류한다면 정확히 분류된 사례의 비율은 얼마인가? 또한

잘못 분류된 사례(근로자)는 누구이며 어떤 특성을 갖는가?

예 3 (예 2와 관련하여) 만일 생산직 근로자에 대한 위의 판별모형이 적합하다면 이 모형은 건설현장 노무자의 사고를 분류하는 데에도 타당할 것인가?

이 밖에도 판별함수분석은 공분산분석(ANCOVA)과 같이 **공변수**(covariate)를 포함한 판별모형을 검증할 수 있습니다. 해석은 다중회귀분석에서 공변수를 포함하는 경우와 같습니다. 즉, 개별 독립변수의 효과나 판별모형의 적합성은 공변수의 효과를 제외한 분산으로 설명하고 공변수를 제외한 독립변수의 유의성을 평가하게 됩니다. 예를 들어, '지능'을 통제하고 수업태도, 학습동기, 몰입도에 따라 학점등급(A, B, C)을 분류하는 판별모형을 검증한다면 지능변수를 가장 먼저 모형에 투입하고 그 효과를 제외한 분산으로 판별모형의 설명량과 독립변수의 효과를 평가합니다.

또한 판별함수모형은 종속변수가 집단변수이므로 각 독립변수에 대해 각 집단의 **평균차이를 검증**함으로써 독립변수에 대한 집단의 효과를 파악할 수 있습니다. 판별모형의 독립변수들이 집단을 잘 판별한다면(판별함수가 예측력이 있다면) 각 독립변수에 대한 집단별 평균은 거리가 멀고 그만큼 차이가 클 것입니다. 그러므로 좋은 판별함수를 만드는 독립변수는 **집단별 평균의 차이를 극대화하는 변수**를 의미합니다.

[CHECK POINT]

판별함수분석의 목적은 ① 집단 분류를 위한 판별모형의 적합성 및 예측력을 검증하고 ② 판별함수의 차원별 특징을 파악하며 ③ 개별 독립변수의 효과를 검증하고 ④ 분류의 적절성 및 분류집단의 특성을 파악하는 것입니다.

Q33 판별분석, 다중회귀분석, 다변량분산분석의 차이점은 무엇인가요?

해설

판별함수분석은 종속변수(DV)가 집단변수라는 점을 제외하고 다중회귀분석과 예측의 목적이 같으며 다변량분산분석(MANOVA)과는 역의 관계에서 동일한 수학적 알고리즘을 갖고 있습니다. 다음의 〈표 3-1〉은 각각의 구체적 특징을 비교한 것입니다.

<표 3-1> 판별함수분석, 다중회귀분석, 다변량분산분석의 비교

	판별함수분석	다중회귀분석	다변량분산분석
목적	• 판별함수의 예측력과 개별 독립변수의 상대적 중요도 • 개별 사례의 분류(정확도)	• 회귀모형의 적합도 • 독립변수의 상대적 중요도	• 종속변수가 2개 이상인 경우의 분산분석 • 종속변수 간 상관을 전제
원리	• 독립변수의 선형조합에 의한 판별함수 산출 • 함수에 의한 집단 간 분산의 극대화	• 최소자승원리에 따라 실제값 Y와 예측값 Y'의 차이를 최소화하는 회귀식을 구함	• 판별분석과 동일
기본 가정	• 정규성 • 분산-공분산행렬의 동질성 • 선형성	• 잔차의 정상성, 선형성, 독립성 • 독립변수 간의 무상관	• 판별분석과 동일
측정 수준	• 독립변수: 연속형 데이터 • 종속변수: 범주형 데이터	• 독립변수: 연속형 데이터 • 종속변수: 연속형 데이터	• 독립변수: 범주형 데이터 • 종속변수: 연속형 데이터
검증 통계치	• 람다값, 정준상관계수, 고유값 등	• 베타계수와 결정계수(R^2)	• 윌크스 람다값(λ) • $\lambda = SSCP_w / SSCP_t$

〈표 3-1〉에서 보듯이, 판별분석과 다변량분산분석(MANOVA)은 독립변수와 종속변수의 측정수준이 서로 바뀐 형태이지만 동일한 원리와 기본 가정, 검증 통계치를 사용합니다. 또한 이들 방법은 모두 선형조합을 이용하는 다변량분석의 공통 원리를 따릅니다.

Q34 그렇다면 판별분석도 회귀분석과 같이 여러 유형으로 구분되나요?

해설

판별함수분석은 다중회귀분석과 같이 목적에 따라 세 가지 유형으로 구분됩니다. 첫째, 표준 혹은 직접적 판별분석(standard or direct discriminant function analysis)은 표준 회귀분석과 같이 모든 독립변수가 '동시에' 판별식에 투입되며 그에 따라 독립변수 간의 공통분산은 총 설명분산에서 제외되는 방식입니다. 직접적 판별분석은 전체 판별모형의 적합도를 평가하는 목적으로 사용하므로 표준회귀분석과 같이 개별 독립변수의 상대적 효과를 분산비율로 설명하기에는 한계가 있습니다. 둘째, 단계적 판별분석(stepwise discriminant function analysis)은 통계적 준거에 따라 판별식에 투입되는 변수의 순서가 결정된다는 점에서 단계적 회귀분석과 절차가 같습니다. 따라서 명확하게 투입변수의 우선순위를 정할 수 없는 탐색적 연구에 적합한 방법입니다.

한편 세 번째의 형태로 위계적 판별분석(hierarchical discriminant function analysis)이 있습니다. 판별식에 먼저 투입된 변수에 공통분산이 귀속되는 방식이면서 연구자에 의해 변수의 투입순서가 결정된다는 점에서 위계적 회귀분석과 유사하며 가설검증 및 독립변수(예측변수)의 상대적 효과를 검증하는 목적으로 적절합니다. 다만 위계적 회귀분석에서는 유의미하지 않은 변수일지라도 회귀식에 포함하는 반면 위계적 판별분석에서는 투입 준거를 충족하지 못하는 변수는 제외하고 최종의 판별식을 구성한다는 것이 다른 점입니다. 그러므로 판별분석에서 위계적 접근은 단계적 접근의 응용으로 보거나 단계적 접근의 특수한 형태로 볼 수 있습니다. 비록 연구자의 논리를 기준으로 투입변수의 순서를 정하지만 그 순서는 연구자의 관점이나 기준일 뿐 선행연구나 '이론'에 근거하지 않을 수 있습니다. 그로 인해 이론에 근거할 때 가설검증이 가능하지만 이론이 약하거나 부족할 때 실무적 용도에 맞게 사용할 수 있습니다. 다시 말해, 가설검증의 목적이 아닐지라도 실무에서 실무자의 경험에 의해 고려되는 변수를 판별식에 우선 투입하고 효과를 관찰할 수 있습니다.

Q35 판별함수분석을 위한 [예제연구 4]는 무엇인가요?

해설

판별분석에 사용되는 독립변수(IV)는 연속형 데이터이고 종속변수(DV)는 범주형 데이터입니다. 다음의 [예제연구 4]는 판별분석의 유형별 특징을 알아보기 위한 것으로 영업판매원 집단(이직자/생존자)을 종속변수(DV)로 하고 연령, 분기별 수당, 사회적 영향력, 성취동기를 독립변수(IV)로 하는 판별모형을 예시한 것입니다. 집단변수는 입사 1년 후 이직한 판매원(이직자)과 회사에 잔류한 판매원(생존자)을 파악하여 데이터를 구성한 것으로 가정합니다.

예제연구 4(data file: 예제4_판별분석.sav)

- 연구문제: 연령, 수당, 사회적 영향력, 성취동기는 영업판매원의 이직과 생존을 잘 예측할 것인가?
- 종속변수: 집단(grp) → 이직자=1, 생존자=2
- 독립변수: 연령(age), 분기별 수당(income), 사회적 영향력(spower), 성취동기(achmov)
- 데이터의 구성(n=30)

사원 번호	연령(IV_1)	분기수당(IV_2)	사회적 영향력(IV_3)	성취동기(IV_4)	판매원집단(DV)
901	34	1820	2	6	1
902	28	2890	4	2	2
903	31	760	3	5	1
904	29	1710	4	4	1
905	33	1050	5	3	1
906	36	930	6	3	2
907	37	1180	5	3	2
908	28	850	3	1	2
909	46	1480	5	4	2
910	23	650	2	6	1
…	…	…	…	…	…
930	34	970	3	5	1

주: 집단 1은 이직자이고 2는 생존자, 수당은 분기단위(만 원), 평정척도는 7점 만점.

이 예제의 판별함수식은 다음과 같이 나타낼 수 있습니다.

$$집단(Z) = d_0 + d_1(연령) + d_2(수당) + d_3(사회적\ 영향력) + d_4(성취동기)$$

만일 위의 판별모형이 검증된다면 다음과 같은 정보를 얻게 됩니다.

① 판별함수의 예측력을 위한 모형이 얼마나 좋은가
② 가장 중요한 예측변수는 무엇인가
③ 이직한 판매원은 누구이고 잔류(생존)자는 누구이며 각 특징은 무엇인가
④ 얼마나 정확하게 집단을 분류하였는가 등을 파악.

위의 판별식에서 이직집단(1)과 생존집단(2)을 예측하기 위해 4개의 독립변수(연령, 수당, 사회적 영향력, 성취동기)를 투입하였습니다. 종속변수가 집단변수인 범주형 변수이지만 판별분석은 전형적인 다변량 모수통계에 해당합니다. 그것은 판별함수가 다변량 선형조합에 의해 도출되기 때문입니다. 즉, 종속변수인 집단별 예측변수의 분포에 따라 집단을 구분하는 선형조합(센트로이드)을 구하고 그에 따라 판별함수를 산출하고 예측하므로 전형적인 모수통계가 적용됩니다([그림 3-1]). 한편 종속변수를 집단변수로 할 때 사용되는 유사한 접근법이 있는데, 가장 대표적인 방법으로 로지스틱 회귀분석(logistic regression analysis)이 있습니다. 이는 회귀분석이지만 범주형인 종속변수에 대해 선형조합이 아니라 카이제곱값으로 통계적 유의도를 검증하는 방법입니다. 그러므로 로지스틱 회귀모형은 다변량 모수통계가 아니라 비모수통계에 해당된다는 점이 다르다고 할 수 있습니다.

Q36 직접적 판별분석은 어떻게 수행하고 결과를 해석하나요?

[♣ 데이터: 예제4_판별분석.sav]

해설

직접적 판별분석(direct discriminant function analysis)은 표준 판별분석이라고도 하며 독립변수가 투입되는 방식이 표준 회귀분석과 같습니다. 즉, 모든 독립변수가 한꺼번에 판별식에 투입되므로 독립변수 간의 공유분산은 개별 독립변수의 효과를 나타내는 설명분산에서 제외됩니다. 그러므로 직접적 판별분석의 주된 목적은 집단과 독립변수 간의 전반적 관계성을 검증하는 것인데(판별함수모형의 검증), 이는 다변량분산분석(MANOVA)에서 전반적 검증(overall test 혹은 omnibus test)을 수행하는 것과 같습니다. 하지만 중요한 차이점이 있습니다. 첫째, 다변량분산분석에서는 종속변수들의 선형조합을 종속변수(DV) 측정치로 하고 독립변수(IV)는 집단이기 때문에 독립변수와 종속변수가 서로 반대입니다. 둘째, 전반적 검증이 유의미할 때 다변량분산분석은 집단차이가 어떤 종속변수에서 나타나는지를 평가하는 반면 판별분석에서는 집단을 구분하는 유의미한 판별함수를 찾고 구성원에 대한 분류의 정확도를 평가합니다.

그러면 다변량 분산분석과의 유사점과 차이점을 염두에 두고 판별분석의 기본적인 형태인 직접적 판별분석을 수행하고 결과를 살펴보겠습니다. SPSS 판별분석은 분석정보를 포함한 많은 결과물이 있으므로 해석에 필요한 주요 결과를 중심으로 해설합니다.

---

1. 기초 정보 **IBM® SPSS® Statistics**

(직접적 판별분석을 위한 SPSS 명령어)

```
DISCRIMINANT
 /GROUPS=grp(1 2)
 /VARIABLES=age income spower achmov
 /ANALYSIS ALL
 /SAVE=CLASS SCORES PROBS
 /PRIORS EQUAL
 /HISTORY
 /STATISTICS=MEAN STDDEV UNIVF BOXM COEFF RAW CORR COV GCOV TCOV TABLE CROSSVALID
```

```
/PLOT=SEPARATE MAP
/PLOT=CASES
/CLASSIFY=NONMISSING POOLED MEANSUB.
```

(SPSS 메뉴: 분석 → 분류분석 → 판별분석)

- 직접적 방식: '독립변수'에서 '독립변수를 모두 입력'을 선택
- 단계적 방식: '독립변수'에서 '단계선택법 사용'을 선택 → '방법' 탭에서 'Wilks의 람다' 선택
- 위계적 방식: '독립변수'에서 '독립변수를 모두 입력'을 선택 → /ANALYSIS에 'All' 대신 변수별 투입순서 지정(역순)

Ⓐ 집단통계량

grp 판매원집단		평균	표준화 편차	유효 N(목록별)	
				가중되지 않음	가중됨
1 이직자	age 연령	31.13	3.583	15	15.000
	income 분기수당(만 원)	1130.00	432.815	15	15.000
	spower 사회적 영향력	3.40	1.056	15	15.000
	achmov 성취동기	4.73	1.223	15	15.000
2 생존자	age 연령	36.07	7.667	15	15.000
	income 분기수당(만 원)	1448.00	652.415	15	15.000
	spower 사회적 영향력	4.93	1.033	15	15.000
	achmov 성취동기	3.20	1.207	15	15.000
전체	age 연령	33.60	6.393	30	30.000
	income 분기수당(만 원)	1289.00	567.513	30	30.000
	spower 사회적 영향력	4.17	1.289	30	30.000
	achmov 성취동기	3.97	1.426	30	30.000

Ⓑ 집단평균의 동질성에 대한 검정

	Wilks의 람다	F	자유도 1	자유도 2	유의확률
age 연령	.846	5.097	1	28	.032
income 분기수당(만 원)	.919	2.475	1	28	.127
spower 사회적 영향력	.634	16.170	1	28	.000
achmov 성취동기	.701	11.945	1	28	.002

결과 Ⓐ와 Ⓑ는 분석에 앞서 투입된 변수의 기초적인 정보를 제공합니다. 결과 Ⓐ에는 집단별 투입변수의 평균과 표준편차가 제시되고 결과 Ⓑ는 각 독립변수에 대한 집단 간 평균 차이를 나타낸 것으로 집단평균의 동질성을 검증하기 위한 목적입니다($H_0:\mu_1=\mu_2$). 여기서 윌크스(Wilks) 람다값은 집단 내 제곱합을 전체 제곱합으로 나눈 값($SSCP_w/SSCP_t$)과 같습니다.

ⓒ 집단-내 행렬 통합[a]

		age 연령	income 분기수당(만 원)	spower 사회적 영향력	achmov 성취동기
공분산	age 연령	35.810	506.857	2.474	.405
	income 분기수당(만 원)	506.857	306487.143	81.357	41.643
	spower 사회적 영향력	2.474	81.357	1.090	.029
	achmov 성취동기	.405	41.643	.029	1.476
상관관계	age 연령	1.000	.153	.396	.056
	income 분기수당(만 원)	.153	1.000	.141	.062
	spower 사회적 영향력	**.396**	.141	1.000	.023
	achmov 성취동기	.056	.062	**.023**	1.000

a. 공분산 행렬의 자유도는 28입니다.

결과 ⓒ의 '집단-내 행렬 통합'(Pooled within-group matrices)은 집단별 독립변수들의 공통분산을 평균(pooled의 의미)하여 구한 상관으로 독립변수 간의 상관을 의미합니다. 이 상관은 공통분산의 평균으로 구해지므로 집단 구분 없이 산출되는 영순위상관(zero-order correlation)과는 다르다는 점을 주의해야 합니다. 만일 집단 간 공통분산이 없다면 집단 간 상관은 0이고 통합상관(pooled correlation) 역시 0이 됩니다. 하지만 집단에서의 독립변수들의 분포가 선형적임으로 가정한다면 통합상관과 영순위상관은 서로 공변하는 모양을 보이고 크기는 다르지만 유사한 패턴을 보입니다.

이들 정보는 독립변수들의 다중공선성에 대한 정보로 활용되는데, 결과 ⓒ에서 상관의 범위는 절대값 기준 |0.023|~|0.396|으로 전체적으로 높은 값을 보이지 않으므로 다중공선성의 가능성이 크지 않은 것으로 해석할 수 있습니다(위계적 및 단계적 판별분석에서는 공차가 산출되므로 다중공선성을 평가할 때 공차로 해석). 다만 직접적 판별분석의 경우는 공통분산이 판별식에서 제외되고 공차가 산출되지 않으므로 공차를 해석하지 않고 결과 ⓒ에 제시된 상관으로 대략적 공선성을 판단합니다.

ⓓ 로그 행렬식

grp 판매원집단	순위	로그 행렬식
1 이직자	4	14.905
2 생존자	4	17.203
집단-내 통합값	4	16.479

인쇄된 판별값의 순위와 자연로그는 집단 공분산 행렬의 순위 및 자연로그를 나타냅니다.

Ⓔ 검정 결과

Box의 M		11.908
F	근사법	1.005
	자유도 1	10
	자유도 2	3748.207
	유의확률	.437

모집단 공분산 행렬이 동일하다는
영가설을 검정합니다.

결과 Ⓓ와 Ⓔ는 분산-공분산 행렬의 동질성을 검증하는 것으로 판별분석의 기본 가정에 대한 검토입니다. 결과 Ⓓ의 '로그 행렬식'에는 각 집단의 공분산이 4개 변수에 의해 산출되었음을 나타내고, 결과 Ⓔ의 '검정 결과'에는 공분산 행렬의 동질성을 나타내는 Box의 M값과 그에 대한 유의도가 제시되어 있습니다. 결과를 보면 Box M값이 11.908이고 $p > .05$이므로 공분산 행렬이 동일하다는 영가설을 기각할 수 없습니다. 즉, 분산-공분산 행렬의 동질성이 가정됩니다.

2. 판별함수에 대한 정보 **IBM® SPSS® Statistics**

Summary of Canonical Discriminant Functions

Ⓕ 고유값

함수	고유값	분산의 %	누적 %	정준상관
1	1.103[a]	100.0	100.0	.724

a. 첫 번째 1 정준 판별함수가 분석에 사용되었습니다.

Ⓖ Wilks의 람다

함수의 검정	Wilks의 람다	카이제곱	자유도	유의확률
1	.476	19.327	4	.001

결과 Ⓕ와 Ⓖ는 판별함수의 적합도를 평가한 결과입니다. 좋은 판별함수란 '판별계수(d)의 추정을 통해 집단 내 분산에 비해 집단 간 분산이 최대화하는 것'을 말합니다. 즉, 전체 분산 중에서 집단 간 분산의 비율이 집단 내 분산보다 큰 경우입니다. 이렇게 산출된 값이 결과 Ⓕ의 '고유값(eigenvalue)'입니다. 집단 간 제곱합을 집단 내 제곱합으로 나눈 값(SS_b/SS_w)으로 이 값이 크면 집단을 구분하는 좋은 판별함수임을 나타냅니다. 고유값은 1.103이

고 함수 1의 설명분산은 100%(판별함수 1만 있으므로), 판별함수와 집단 간의 상관을 나타내는 **정준상관계수**(canonical correlation coefficients)는 0.724로 높은 수준입니다.

여기서 정준상관계수를 제곱한 값(0.724^2), 즉 **52.4%는 판별함수에 의해 집단이 설명되는 분산**(설명량)을 의미합니다(윌크스 람다, 고유값, 정준상관의 관계 ☞ Q37). 그리고 결과 Ⓖ의 'Wilks의 람다'에 이들 값에 대한 유의검증 결과가 있습니다. 윌크스 람다값은 0.476이고 그에 대한 카이제곱값은 19.327, 자유도 4일 때 $p < .01$이므로 판별함수 1은 통계적으로 유의한 것으로 해석할 수 있습니다.

Ⓗ 표준화 정준 판별함수 계수

	함수
	1
age 연령	.154
income 분기수당(만 원)	.209
spower 사회적 영향력	.648
achmov 성취동기	-.658

Ⓘ 구조행렬

	함수
	1
spower 사회적 영향력	.724
achmov 성취동기	-.622
age 연령	.406
income 분기수당(만 원)	.283

판별변수와 표준화 정준 판별함수 간의 집단-내 통합 상관행렬. 변수는 함수 내 상관행렬의 절대값 크기순으로 정렬되어 있습니다.

판별함수에 대한 평가에 이어 결과 Ⓗ와 Ⓘ는 개별 독립변수에 대한 상대적 중요도를 나타내는 계수들입니다. 결과 Ⓗ는 **판별계수의 표준화 값**이고 결과 Ⓘ의 '구조행렬'(structure matrix)은 **판별함수와 예측변수 간의 상관**으로 개별 사례의 판별계수와 예측변수의 피어슨 적률상관을 의미합니다. 즉, 구조행렬의 계수는 예측변수의 선형조합에 의해 산출된 각 사례의 판별점수와 그 사례가 갖는 예측변수 점수 간의 상관을 구한 것입니다. 따라서 구조행렬의 계수는 최종의 판별함수에 기여하는 **예측변수들의 상대적 중요도를 해석하는 주요 지표**입니다. 결과 Ⓘ의 '구조행렬'에서 보듯이 사회적 영향력은 0.724, 성취동기 −0.622, 연령 0.406, 분기별 수당 0.283의 순으로 판별함수, 즉 이직자와 생존자 집단을 구분하는 판별함수에 기여하고 있습니다. 다만 '분기별 수당(income)'은 결과 Ⓑ에서 집단 간 차이가 유의미하지 않았으므로 집단을 구분하는 능력이 없는 변수로 해석합니다.

Ⓙ 함수의 집단 중심값

grp 판매원집단	함수 1
1 이직자	-1.015
2 생존자	1.015

표준화하지 않은 정준 판별함수가 집단 평균에 대해 계산되었습니다.

다음 단계는 판별계수의 부호를 해석합니다. 결과 Ⓗ의 표준화 계수와 Ⓘ의 구조행렬 계수를 보면 '성취동기' 변수는 음(-)의 부호이고 나머지는 양(+)의 부호로 반대 방향으로 작용하고 있습니다. 특히 부호의 해석은 결과 Ⓐ의 집단평균이나 결과 Ⓙ의 '함수의 집단 중심값'을 함께 해석합니다. 표준화 계수는 집단평균과 함께 해석하고 구조행렬 계수는 함수의 집단 중심값(즉, 집단 센트로이드)과 함께 해석합니다. 세부 해석 요령을 요약하면 다음과 같습니다.

표준화계수 + 집단평균의 해석과 구조행렬 + 센트로이드의 해석

- 표준화 판별계수의 방향에 따른 집단평균(Ⓐ)의 해석
  - 이직자 집단은 성취동기가 높고 연령, 수당, 사회적 영향력이 상대적으로 낮음.
  - 생존자 집단은 성취동기가 상대적으로 낮고 연령, 수당, 사회적 영향력이 높음.
  - 단, '분기별 수당'은 집단의 구분에 있어 통계적으로 유의미하지 않음.
- 구조행렬 계수의 방향에 따른 함수의 집단 중심값(센트로이드, Ⓙ)의 해석
  - 집단 중심값에서 집단 1(이직자)은 −1.015이고 집단 2(생존자)는 +1.015임.
  - 구조행렬에서 음(−)의 부호를 나타내는 성취동기가 높으면 집단 1로 분류될 가능성이 크고 반면 양(+)의 부호를 나타내는 사회적 영향력과 연령이 높으면 집단 2로 분류될 가능성이 큼.
- 0과 1로 코딩된 양분변수가 사용된다면?
  - 어떤 독립변수가 양분변수이면서 0과 1로 측정되었다면 0~1의 범위에서 집단평균이 그대로 확률적 의미를 지님.

- 예를 들어, '근무지' 변수가 0(본사)과 1(지역)로 구분되고 이직자 집단의 평균이 0.75라면 이직자의 75%가 '지역' 근무자인 것으로 해석할 수 있음.

Ⓚ 정준 판별함수 계수

	함수
	1
age 연령	.026
income 분기수당(만 원)	.000
spower 사회적 영향력	.620
achmov 성취동기	-.542
(상수)	-1.791

비표준화 계수

독립변수에 대한 해석이 끝나면 개별 사례를 집단으로 분류하는 결과들이 남습니다. 결과 Ⓚ의 '정준 판별함수 계수'는 **비표준화 판별계수**를 말하며 판별식을 만들 때 사용합니다.

$$Z = -1.79 + 0.026(\text{연령}) + 0.000(\text{수당}) + 0.620(\text{사회적 영향력}) - 0.542(\text{성취동기}) \quad \text{(공식 3-3)}$$

이렇게 산출된 개인의 판별점수를 근거로 소속될 가능성이 높은 집단(예측집단)의 확률을 구하고 그에 따라 개별 사례를 분류합니다. 그리고 마지막으로 실제 집단과 비교하여 분류의 정확성을 비율로 보여 줍니다.

3. 분류정보 **IBM® SPSS® Statistics**

Classification Statistics

Ⓛ 분류 처리 요약

처리		30
제외	결측되었거나 범위를 벗어난 집단코드	0
	적어도 하나 이상의 결측 판별변수	0
출력시 사용됨		30

Ⓜ 집단에 대한 사전확률

grp 판매원집단	사전확률	분석에 사용된 케이스	
		가중되지 않음	가중됨
1 이직자	.500	15	15.000
2 생존자	.500	15	15.000
전체	1.000	30	30.000

Ⓝ 분류함수 계수

	grp 판매원집단	
	1 이직자	2 생존자
age 연령	.724	.776
income 분기수당(만 원)	.002	.003
spower 사회적 영향력	1.268	2.527
achmov 성취동기	2.934	1.835
(상수)	-22.051	-25.685

Fisher의 선형 판별함수

결과 Ⓛ의 '분류 처리 요약'은 개별 사례의 분류정보로 30개 사례를 분류하고 결측치가 없음을 나타냅니다. 결과 Ⓜ의 '집단에 대한 사전확률'은 집단을 분류할 때 미리 적용한 **사전확률**(prior probabilities for groups)의 값을 나타내며 모집단에 대한 특별한 정보가 없을 때는 모든 사례의 집단에 분류될 가능성을 0.50으로 동등하게 지정(디폴트값)합니다. 하지만 모집단 비율에 대한 정보가 있거나 실제 집단의 사례가 다른 경우 사전확률은 동일하게 정하지 않고 '집단크기로 계산'하도록 지정할 수 있습니다.

결과 Ⓝ의 '분류함수 계수'(Classification function coefficients)는 흔히 **Fisher의 판별함수**라고 부릅니다. 실제 각 **사례를 집단으로 분류하는 데 사용하는 계수**로 개별 사례에 대해 집단별 분류점수가 산출됩니다. 그러므로 각 개인이 집단 1과 집단 2에 대한 분류점수를 갖게 되고 그중 큰 값의 분류점수를 갖는 집단으로 분류가 이루어집니다. 예를 들어, 첫 번째 사례(id=901)의 집단별 분류점수를 구하면 다음과 같습니다.

- 첫 번째 사례(id=901)의 집단 1 분류점수

  $C_1 = -22.051 + (0.724*34) + (0.002*1820) + (1.268*2) + (2.934*6) = 26.35$

- 첫 번째 사례(id=901)의 집단 2 분류점수

  $C_2 = -25.685 + (0.776*34) + (0.003*1820) + (2.527*2) + (1.835*6) = 22.22$

첫 번째 사례의 경우 집단 1의 분류점수가 26.35로 집단 2의 분류점수(22.22)보다 크므로 집단 1로 예측하고 분류합니다. 이렇게 분류점수에 의해 개별 사례가 분류된 결과가 결과 Ⓞ와 같이 제시됩니다('첫 번째 사례'가 예측집단 1로 분류된 결과를 확인).

분류점수와 판별점수

- 분류점수는 개별 사례를 최종 예측집단으로 분류하기 위한 점수이며 집단별로 산출된 점수를 비교하여 분류점수가 큰 집단으로 개별 사례를 분류함. 판별점수는 함수식에 의해 산출된 점수이며 집단 센트로이드(중심값)를 기준으로 어느 집단에 가까운지를 판단함.
- 첫 번째 사례의 판별점수:

$$Z = -1.79 + 0.026(34) + 0.00037(1820) + 0.620(2) - 0.542(6) = -2.24$$

- 따라서 첫 번째 사례의 판별점수 −2.24는 '함수의 집단 중심값'(결과 Ⓙ)에서 집단 1의 −1.015에 가까움 → 집단 1(이직자)로 분류 가능성이 큼.

Ⓞ 케이스별 통계량

	케이스 번호	실제 집단	최대집단					두 번째로 큰 최대집단			판별 점수
			예측 집단	P(D>d |G=g) 확률	자유도	P(G=g |D=d)	중심값까지의 제곱 Mahalanobis 거리	집단	P(G=g |D=d)	중심값까지의 제곱 Mahalanobis 거리	함수 1
원래값	1	1	1	.222	1	.989	1.489	2	.011	10.558	-2.235
	2	2	2	.684	1	.947	.166	1	.053	5.935	1.422
	3	1	1	.592	1	.959	.287	2	.041	6.579	-1.550
	4	1	1	.351	1	.541	.871	2	.459	1.201	-.081
	5	1	2**	.936	1	.870	.006	1	.130	3.800	.935
	6	2	2	.567	1	.962	.328	1	.038	6.770	1.587
	7	2	2	.942	1	.901	.005	1	.099	4.417	1.087
	8	2	2	.659	1	.762	.195	1	.238	2.520	.573
	9	2	2	.902	1	.859	.015	1	.141	3.632	.891
	10	1	1	.052	1	.998	3.786	2	.002	15.800	-2.960
	11	2	2	.831	1	.836	.045	1	.164	3.299	.802
	12	1	1	.525	1	.684	.403	2	.316	1.944	-.380
	13	1	1	.686	1	.776	.163	2	.224	2.642	-.611
	14	2	1**	.686	1	.775	.163	2	.225	2.641	-.610
	15	1	1	.461	1	.637	.544	2	.363	1.668	-.277
	16	1	1	.986	1	.890	.000	2	.110	4.189	-1.032
	17	2	1**	.685	1	.775	.165	2	.225	2.635	-.609
	18	1	1	.989	1	.884	.000	2	.116	4.061	-1.001

	19	1	1	.785	1	.818	.074	2	.182	3.085	-.742
	20	2	2	.033	1	.998	4.564	1	.002	17.352	3.151
	21	1	1	.167	1	.992	1.913	2	.008	11.643	-2.398
	22	2	2	.895	1	.857	.018	1	.143	3.598	.882
	23	2	2	.398	1	.978	.715	1	.022	8.264	1.860
	24	1	1	.539	1	.693	.377	2	.307	2.003	-.401
	25	1	1	.937	1	.902	.006	2	.098	4.445	-1.094
	26	2	2	.152	1	.993	2.053	1	.007	11.986	2.448
	27	2	2	.448	1	.627	.576	1	.373	1.613	.255
	28	2	2	.686	1	.775	.163	1	.225	2.642	.611
	29	2	2	.885	1	.854	.021	1	.146	3.549	.869
	30	1	1	.705	1	.944	.144	2	.056	5.799	-1.394
교차 검증값[b]	1	1	1	.089	4	.991	8.065	2	.009	17.392	
	2	2	2	.000	4	.877	22.646	1	.123	26.583	
	3	1	1	.948	4	.954	.727	2	.046	6.798	
	4	1	2**	.646	4	.529	2.494	1	.471	2.728	
	5	1	2**	.938	4	.937	.805	1	.063	6.194	
	6	2	2	.580	4	.955	2.869	1	.045	8.988	
	7	2	2	.986	4	.892	.350	1	.108	4.563	
	8	2	2	.023	4	.519	11.300	1	.481	11.451	
	9	2	2	.341	4	.805	4.510	1	.195	7.343	
	10	1	1	.224	4	.999	5.688	2	.001	18.725	
	11	2	2	.423	4	.780	3.878	1	.220	6.411	
	12	1	1	.241	4	.547	5.482	2	.453	5.862	
	13	1	1	.525	4	.714	3.201	2	.286	5.032	
	14	2	1**	.428	4	.921	3.843	2	.079	8.767	
	15	1	1	.359	4	.522	4.367	2	.478	4.546	
	16	1	1	.279	4	.845	5.078	2	.155	8.475	
	17	2	1**	.432	4	.920	3.813	2	.080	8.709	
	18	1	1	.942	4	.871	.773	2	.129	4.587	
	19	1	1	.980	4	.806	.431	2	.194	3.274	
	20	2	2	.138	4	.999	6.967	1	.001	21.274	
	21	1	1	.263	4	.993	5.247	2	.007	15.279	
	22	2	2	.008	4	.673	13.698	1	.327	15.143	
	23	2	2	.114	4	.975	7.452	1	.025	14.760	
	24	1	1	.280	4	.569	5.075	2	.431	5.634	
	25	1	1	.889	4	.888	1.134	2	.112	5.281	
	26	2	2	.156	4	.994	6.643	1	.006	17.036	
	27	2	2	.503	4	.540	3.336	1	.460	3.661	
	28	2	2	.856	4	.748	1.333	1	.252	3.504	
	29	2	2	.685	4	.823	2.277	1	.177	5.345	
	30	1	1	.929	4	.937	.867	2	.063	6.276	

원 데이터의 경우 제곱 Mahalanobis 거리는 정준 함수를 기준으로 결정됩니다. 교차검증 데이터의 경우 제곱 Mahalanobis 거리는 관측에 따라 결정됩니다.

**. 오분류 케이스

b. 분석 시 해당 케이스에 대해서만 교차검증이 수행됩니다. 교차검증 시 각 케이스는 해당 케이스를 제외한 모든 케이스로부터 파생된 함수별로 분류됩니다.

결과 ⓞ의 '케이스별 통계량'은 개별 사례의 분류결과입니다. '예측집단'은 분류점수에 의해 예측된 집단을 말하고 원래(original) 표본과 교차타당화(cross-validated) 표본을 함께 제시합니다. 여기서 $P(D>d|G=g)$는 조건확률의 값을, $P(G=g|D=d)$는 사후확률의 값을 각각 나타냅니다. 사후확률은 판별점수에 의해 개별 사례가 집단 i에 속할 확률을 말합니다(Bayes 정리). '첫 번째 사례(id=901)'의 경우 분류 가능성이 가장 큰 집단의 사후확률은 0.989이고 그다음은 0.011입니다. 판별점수는 −2.235(≒2.24)로 집단 1의 '집단 중심값(−1.015)'에 가깝고 분류점수는 예측집단 1로 예측하였습니다. 첫 번째 사례(id=901)에 대한 계산의 예시와 같이 모든 사례에 대해 같은 방식으로 산출됩니다.

또한 '중심값까지의 제곱 Mahalanobis 거리(Squared Mahalanobis distance to centroid)'는 회귀분석에서처럼 이 값이 클 때 극단치로 판단합니다. '원래값'에서는 특이치가 보이지 않으나 '교차타당화' 표본에서는 다소 큰 값이 관찰됩니다(예: 케이스 번호 2).

Ⓟ 분류결과[a, c]

		grp 판매원집단	예측 소속집단 1 이직자	예측 소속집단 2 생존자	전체
원래값	빈도	1 이직자	14	1	15
		2 생존자	2	13	15
	%	1 이직자	93.3	6.7	100.0
		2 생존자	13.3	86.7	100.0
교차검증값[b]	빈도	1 이직자	13	2	15
		2 생존자	2	13	15
	%	1 이직자	86.7	13.3	100.0
		2 생존자	13.3	86.7	100.0

a. 원래의 집단 케이스 중 90.0%이(가) 올바로 분류되었습니다.
b. 분석 시 해당 케이스에 대해서만 교차검증이 수행됩니다. 교차검증 시 각 케이스는 해당 케이스를 제외한 모든 케이스로부터 파생된 함수별로 분류됩니다.
c. 교차검증 집단 케이스 중 86.7%이(가) 올바로 분류되었습니다.

결과 Ⓟ의 '분류결과'는 최종적인 분류결과를 나타냅니다. 실제집단과 예측집단의 교차분할표가 제시되고 각 셀의 사례와 비율이 표시됩니다. 결과 Ⓟ를 보면 판별함수는 실제 '이직자' 중에서 14명을 정확하게 분류하고(93.3%) 1명을 잘못 분류했습니다(6.7%). 한편 '생존자' 중에서 13명을 정확하게 분류하고(86.7%) 2명을 잘못 분류했습니다(13.3%).

최종 분류의 정확도를 보면 '원래 값(original sample)'에서 90.0%의 케이스를 정확하게 분류했고 '교차검증 값(cross-validated sample)'에서는 86.7%를 정확하게 분류했습니다(원래 값은 표본 데이터의 값이고 교차검증값은 SPSS가 자동무선샘플링에 의한 표본의 값임).

지금까지의 직접적 판별분석의 결과를 요약하면 다음과 같습니다.

(1) 판별함수는 90%의 정확한 분류비율을 지닌 예측력 있는 모형입니다. 특히 이직자의 93.3%, 생존자의 86.7%를 정확히 예측했습니다.

(2) 집단의 예측에 있어 가장 중요한 변수는 '사회적 영향력'이고 그다음 '성취동기', '연령'의 순이며 '분기별 수당'은 집단예측에 유의미한 효과를 보이지 않았습니다.

(3) '성취동기'가 높으면 이직 가능성이 크고 반면 '사회적 영향력'과 '연령'이 높을수록 잔류(생존) 가능성이 증가하는 것으로 나타났습니다. 따라서 영업판매원 중에서 성취동기가 높고 사회적 영향력과 연령이 상대적으로 낮은 종업원의 이직 가능성이 큰 것으로 예측됩니다.

[CHECK POINT]

직접적 판별함수분석의 SPSS 주요 결과물은 ① 집단통계량과 집단평균의 동질성 검정(집단별 차이) ② 집단 내 행렬통합(집단별 독립변수의 공통분산 평균에 대한 각각의 상관) ③ Box의 M값(분산-공분산의 동질성 검정) ④ 고유값과 Wilks의 람다값(판별함수의 적합도 평가 및 유의도) ⑤ 판별함수계수(표준화 및 비표준화 계수) ⑥ 구조행렬(투입변수들의 상대적 기여도 평가) ⑦ 함수의 집단 중심값(센트로이드) ⑧ 분류함수계수와 케이스별 통계량(집단분류를 위한 함수와 분류정보) ⑨ 분류결과(집단별 정확분류 및 오류분류의 비율에 대한 정보) 등을 포함합니다. 판별함수분석에서 산출되는 결과물이 많지만 각 결과물의 해석 용도를 먼저 파악해 두면 혼동을 피할 수 있습니다.

Q37 윌크스 람다값, ANOVA, 고유값, 정준상관계수는 각각 어떤 관계에 있나요?

[♣ 데이터: 예제4_판별분석.sav]

해설

두 집단 판별분석에서 산출되는 윌크스 람다(Wilks' lambda), 고유값, 정준상관계수는 판별함수를 예측하는 주요 지표들로 서로 긴밀한 관계에 있습니다. 이러한 관계는 다변량분산분석과 판별함수분석이 동일한 수학적 모형에 기초하는 것에 기인하며 관련 통계치들은 같은 근원으로부터 계산되고 해석적 관점에서 서로 호환될 수 있습니다. 여기서 계수의 근원을 이해하기 위해 분산분석(ANOVA)을 수행하고 그로부터 판별분석의 계수를 추정해 보겠습니다.

먼저 **윌크스 람다값**은 집단 내 제곱합을 전체 제곱합으로 나눈 값으므로 개별적인 ANOVA를 실시하고 얻은 결과에서 이 값을 추정할 수 있습니다. 앞의 예제에서 '성취동기' 변수를 종속변수(DV)로 하고 '집단' 변수를 독립변수(IV)로 하여 ANOVA를 수행하면 다음과 같은 결과를 얻습니다.

㉮ ANOVA

achmov 성취동기

	제곱합	자유도	평균제곱	F	유의확률
집단-간	17.633	1	17.633	11.945	.002
집단-내	41.333	28	1.476		
전체	58.967	29			

Ⓑ 집단평균의 동질성에 대한 검정 ☞ Q36의 Ⓑ

	Wilks의 람다	F	자유도 1	자유도 2	유의확률
age 연령	.846	5.097	1	28	.032
income 분기수당(만 원)	.919	2.475	1	28	.127
spower 사회적 영향력	.634	16.170	1	28	.000
achmov 성취동기	.701	11.945	1	28	.002

위의 결과 ㉮는 '성취동기'를 종속변수로 하고 집단(이직/생존)을 독립변수로 하여 분석한 ANOVA이고 결과 Ⓑ는 직접적 판별분석에서 산출한 집단별 평균분석의 결과입니다. 결과

㉮의 F값과 결과 Ⓑ의 F값은 11.945로 같습니다.

그리고 Wilks의 람다값을 계산하기 위해 결과 ㉮에서 집단 내 제곱합 41.333을 전체 제곱합 58.967로 나누면(41.333/58.967) 그 값은 0.701로 역시 결과 Ⓑ의 '성취동기' 변수의 윌크스 람다값임을 알 수 있습니다. 이처럼 람다값은 전체 분산에서 집단 내 분산의 비율, 즉 **전체에서 오차분산의 비율**이므로 람다값이 작다는 것은 오차분산의 비율이 낮고 집단 간 분산이 크다는 것을 말합니다. 따라서 람다값이 작으면 집단 간의 처치효과가 유의미하게 됩니다.

한편 결과 Ⓑ에서 '분기별 수당' 변수의 윌크스 람다값은 0.919로 1.0에 근접합니다. '성취동기'와 달리 람다값이 1.0에 근접하고 크므로 오차분산(집단 내 분산)이 전체 분산에 차지하는 비율이 높다는 것을 의미합니다. 따라서 분기별 수당은 집단별 차이에 기여하지 않을 것인데, 그 결과는 통계적으로 유의미하지 않은 것으로 나타났습니다($F = 2.475$, $p > .05$).

판별분석의 결과에서는 또 하나의 람다값이 있습니다. **함수에 대한 윌크스 람다값인데**(결과 Ⓖ), 이는 '집단'을 독립변수(IV)로 하고 **개인의 판별점수를 종속변수(DV)로 하여** ANOVA를 수행한 결과로부터 추정할 수 있습니다.

㉯ ANOVA

Dis1_1 1 분석용 함수 1의 판별 점수

	제곱합	자유도	평균제곱	F	유의확률
집단-간	30.882	1	30.882	30.882	.000
집단-내	28.000	28	1.000		
전체	58.882	29			

Ⓖ Wilks의 람다(☞ Q36의 Ⓖ)

함수의 검정	Wilks의 람다	카이제곱	자유도	유의확률
1	.476	19.327	4	.001

위의 결과 ㉯는 판별점수를 종속변수로 한 ANOVA의 결과이고 결과 Ⓖ는 판별분석에서 산출된 함수에 대한 윌크스 람다값입니다(개인별 판별점수는 '저장' 옵션에서 지정하면 데이터에 새로운 변수로 저장됨). 같은 방법으로 결과 ㉯의 집단 내 제곱합을 전체 제곱합으로 나누면(28.000/58.882) 그 값은 0.476으로 결과 Ⓖ의 윌크스 람다값과 같습니다.

이 람다값은 고유값, 정준상관과 각각 함수관계에 있습니다. 먼저 고유값(eigenvale)과는 어떤 관계에 있는지 살펴보겠습니다.

Ⓕ 고유값(☞ Q36의 Ⓕ)

함수	고유값	분산의 %	누적 %	정준상관
1	1.103[a]	100.0	100.0	.724

a. 첫 번째 1 정준 판별함수가 분석에 사용되었습니다.

결과 Ⓕ는 직접적 판별분석에서 산출된 '고유값'으로 판별점수를 종속변수로 설정한 ANOVA의 결과로부터 추정할 수 있습니다. 고유값은 **집단 간 제곱합을 집단 내 제곱합으로 나눈 값**(SS_b/SS_w)입니다. 따라서 결과 ㉯의 집단 간 제곱합을 집단 내 제곱합으로 나눈 값(30.882/28.000=1.103)은 결과 Ⓕ의 고유값(1.103)과 같습니다.

유사하게 결과 Ⓕ의 정준상관계수 0.724도 결과 ㉯를 통해 추정할 수 있습니다. 앞서 **정준상관계수의 제곱은 판별함수의 설명분산**이라고 하였습니다. 즉, $0.724^2=0.524$로 약 **52.4%**의 설명분산을 갖습니다. 흔히 설명분산은 **에타제곱**(eta^2)이라 하며 전체 분산에서 집단 간 분산이 차지하는 비율, 즉 집단 간 분산을 전체 분산으로 나눈 값(SS_b/SS_t)입니다. 결과 ㉯에서 집단 간 제곱합을 전체 제곱합으로 나누면 30.882/58.882=0.524이고 이 값의 제곱근 값(즉, $\sqrt{0.524}=0.724$)이 곧 결과 Ⓕ의 정준상관계수의 값(0.724)과 같습니다. 또한 에타제곱(설명분산) 0.524는 결과 Ⓖ에서 **1−람다**, 즉 1−0.476=0.524와도 같습니다.

이처럼 산출되는 계수의 원리를 이해하면 각 계수의 해석과 용도를 파악하는 데 도움이 될 것입니다. 지금까지 설명한 윌크스 람다, 고유값, 정준상관계수, 에타제곱의 관계를 정리하면 다음과 같습니다.

윌크스 람다, 고유값, 정준상관계수, 에타제곱의 관계

- 윌크스 람다(Wilks' lambda): 전체 분산에서 집단 내 분산이 차지하는 비율 → SS_w/SS_t
- 고유값(eigenvalue): 집단 내 분산 대비 집단 간 분산의 크기 → SS_b/SS_w
- 정준상관(canonical correlation): 전체 분산에서 집단 간 분산이 차지하는 비율로 eta와 같음
- eta$^2=SS_b/SS_t$ → 에타=정준상관계수
- 1−람다=eta^2, 즉 eta^2+람다=1.0

Q38 판별계수와 회귀계수는 어떤 관계에 있나요?

[♣ 데이터: 예제4_판별분석.sav]

두 집단 판별분석의 경우 판별계수는 회귀계수와 일정한 비율적 관계를 갖습니다. 실제 회귀분석에서는 범주형 변수를 사용하지 않지만 둘 간의 관계를 이해하기 위해 집단변수(이직자/생존자)를 종속변수(DV)로 놓고 다중회귀분석을 수행해 보겠습니다.

㉰ 모형 요약

모형	R	R 제곱	수정된 R 제곱	추정값의 표준오차
1	.724[a]	.524	.448	.378

a. 예측자: (상수), achmov 성취동기, income 분기수당(만원), age 연령, spower 사회적 영향력

㉱ 계수[a]

모형		비표준화 계수		표준화 계수		
		B	표준화 오류	베타	t	유의확률
1	(상수)	1.037	.477		2.177	.039
	age 연령	.007	.013	.084	.513	.613
	income 분기수당(만 원)	.000098	.000	.109	.752	.459
	spower 사회적 영향력	.160	.067	.406	2.376	.025
	achmov 성취동기	-.140	.052	-.393	-2.700	.012

a. 종속변수: grp 판매원집단

Ⓚ 정준 판별함수 계수(☞ Q36의 Ⓚ)

	함수
	1
age 연령	.026
income 분기수당(만 원)	.0003
spower 사회적 영향력	.620
achmov 성취동기	-.542
(상수)	-1.791

비표준화 계수

위의 결과 ㉰는 비교를 위해 집단변수를 종속변수로 한 회귀모형의 요약이고 결과 ㉱는 '판매원집단' 변수를 종속변수(DV)로 하여 회귀분석을 수행한 결과입니다. 그리고 결과 Ⓚ는 직접적 판별분석에서 산출된 비표준 판별계수(canonical discriminant function coefficients)입니다. 비표준화 회귀계수와 비표준화 판별계수를 비교해 보면 모든 독립변수에 대해 판별계수와 회귀계수는 일정한 비율로 변화하는 것을 볼 수 있습니다. 다음의 〈표 3-2〉는 판별계수와 회귀계수의 비율적 관계를 요약한 것입니다.

<표 3-2> 판별계수와 회귀계수의 관계

독립변수	판별계수	회귀계수	비율	R	R^2
연령	0.026	0.007	3.85	0.724	0.524
분기별 수당	0.0003	0.000098	3.85		
사회적 영향력	0.620	0.160	3.85		
성취동기	−0.542	−0.140	3.85		

〈표 3-2〉에서 보듯이, 앞의 결과 ㉱와 Ⓚ의 계수를 비교해 보면 판별계수는 회귀계수의 약 3.85배에 해당합니다. 또한 결과 ㉰에 있는 회귀분석에서의 $R=0.724$는 판별분석의 정준상관계수와 같으며 $R^2=0.524$는 에타제곱(eta^2)과 같습니다. 다만 이러한 관계는 2집단 판별함수의 경우에 유효하지만 3집단 이상의 판별모형에는 적용되지 않습니다. 3집단 이상의 판별분석은 집단 구분을 위해 2개 이상의 판별함수가 산출되고 각 함수식의 계수가 구분되기 때문에 회귀계수와의 비율적 관계가 산술적으로 복잡해집니다.

Q39 단계적 판별분석은 어떻게 수행하고 결과를 해석하나요?

[♣ 데이터: 예제4_판별분석.sav]

해설

직접적 판별분석은 표준 회귀분석과 같이 공통분산이 개별변수의 기여도로 귀속되지 않으므로 개별변수의 설명분산을 정확히 파악할 수 없는 한계가 있습니다. 이와 달리 단계적 판별분석과 위계적 판별분석은 둘 다 공통분산이 개별변수의 설명분산으로 귀속되는 모형입니다. 따라서 개별변수의 기여도를 평가하기 위해서는 단계적 혹은 위계적 판별분석을 사용하는 것이 바람직합니다. 그러나 위계적 판별분석에서 변수 투입은 이론적 준거나 연구자의 논리를 근거하는 반면 단계적 판별분석의 변수 투입은 상관에 기초한 컴퓨터의 계산에 근거한다는 것이 다릅니다(회귀분석의 위계적 모형과 단계적 모형의 투입기준과 같음).

그에 따라 단계적 판별분석(stepwise discriminant function analysis)은 탐색적으로 집단 분류에 중요한 변수를 찾거나 변수의 우선순위를 결정하는 판별모형에 적합한 방법입니다. 다만 단계적 회귀분석과 같이 독립변수 간의 다중공선성이 높을 때 변수의 투입순서와 기여도가 달라지므로 주의 깊게 살펴보아야 합니다. 즉, 단계적 판별분석의 사용에서 다중공선성을 비롯한 기본 가정에 대한 평가를 수행하고 해석해야 합니다.

기본 가정에 대한 평가는 추후 살펴보기로 하고 여기서는 [예제연구 4]를 활용하여 단계적 판별분석을 수행하고 직접적 판별분석과 어떻게 다른지를 비교해 보겠습니다(비교를 위한 주요 결과 중심).

1. 기초 정보 **IBM® SPSS® Statistics**

(단계적 판별분석을 위한 SPSS 명령어)

```
DISCRIMINANT
 /GROUPS=grp(1 2)
 /VARIABLES=age income spower achmov
 /ANALYSIS ALL
 /SAVE=CLASS SCORES PROBS
 /METHOD=WILKS
```

```
/FIN=3.84                          → 입력 준거(단계적 방식)
/FOUT=2.71                         → 제거 준거(단계적 방식)
/PRIORS EQUAL
/HISTORY
/STATISTICS=MEAN STDDEV UNIVF BOXM COEFF RAW CORR COV GCOV TCOV FPAIR TABLE
          CROSSVALID
/PLOTSEPARATE MAP
/PLOT=CASES
/CLASSIFY=NONMISSING POOLED MEANSUB.
```

Ⓐ 집단통계량

grp 판매원집단		평균	표준화 편차	유효 N(목록별)	
				가중되지 않음	가중됨
1 이직자	age 연령	31.13	3.583	15	15.000
	income 분기수당(만 원)	1130.00	432.815	15	15.000
	spower 사회적 영향력	3.40	1.056	15	15.000
	achmov 성취동기	4.73	1.223	15	15.000
2 생존자	age 연령	36.07	7.667	15	15.000
	income 분기수당(만 원)	1448.00	652.415	15	15.000
	spower 사회적 영향력	4.93	1.033	15	15.000
	achmov 성취동기	3.20	1.207	15	15.000
전체	age 연령	33.60	6.393	30	30.000
	income 분기수당(만 원)	1289.00	567.513	30	30.000
	spower 사회적 영향력	4.17	1.289	30	30.000
	achmov 성취동기	3.97	1.426	30	30.000

Ⓑ 집단평균의 동질성에 대한 검정

	Wilks의 람다	F	자유도 1	자유도 2	유의확률
age 연령	.846	5.097	1	28	.032
income 분기수당(만 원)	.919	2.475	1	28	.127
spower 사회적 영향력	.634	16.170	1	28	.000
achmov 성취동기	.701	11.945	1	28	.002

결과 Ⓐ와 Ⓑ는 기초통계량과 동질성 파악을 위한 집단평균에 대한 차이검증으로 직접적 판별분석의 결과와 같습니다.

Ⓒ 로그 행렬식

grp 판매원집단	순위	로그 행렬식
1 이직자	2	.504
2 생존자	2	.425
집단-내 통합값	2	.476

인쇄된 판별값의 순위와 자연로그는 집단 공분산 행렬의 순위 및 자연로그를 나타냅니다.

Ⓓ 검정 결과

Box의 M		.303
F	근사법	.093
	자유도 1	3
	자유도 2	141120.000
	유의확률	.964

모집단 공분산 행렬이 동일하다는 영가설을 검정합니다.

결과 Ⓒ와 Ⓓ는 분산-공분산 행렬의 동질성 검증을 위한 것으로 '단계적'으로 판별모형이 구성됨에 따라 직접적 판별분석의 결과와 다릅니다(☞ Q36의 결과 Ⓓ와 Ⓔ 비교). 결과 Ⓒ의 '로그 행렬식'을 보면 단계적으로 변수가 투입되면서 유의미하지 않은 변수가 모형에서 제외되어 2개 변수에 의해서만 집단별 로그 행렬식(공분산)이 산출되었습니다(순위 2: 직접적 판별분석의 경우는 모든 변수가 투입되어 순위 4로 표시됨).

결과 Ⓓ의 '검정 결과'는 공분산 행렬의 동질성을 검증하는 Box의 M값과 그에 따른 유의도입니다. 집단을 예측하는 유의미한 2개 변수의 공분산 동질성은 Box M값이 0.303이고 유의확률 0.964로 $p > .05$이므로 공분산이 동일하다는 영가설을 기각할 수 없습니다. 따라서 분산-공분산 행렬의 동질성을 가정할 수 있습니다.

2. 변수 투입정보 **IBM® SPSS® Statistics**

Stepwise Statistics

Ⓔ 입력/제거된 변수[a,b,c,d]

		Wilks의 람다							
						정확한 F			
단계	입력된	통계량	자유도 1	자유도 2	자유도 3	통계량	자유도 1	자유도 2	유의확률
1	spower 사회적 영향력	.634	1	1	28.000	16.170	1	28.000	.000
2	achmov 성취동기	.493	2	1	28.000	13.864	2	27.000	.000

각 단계에서 전체 Wilks의 람다를 최소화하는 변수가 입력됩니다.
a. 최대 단계 수는 8입니다.
b. 입력에 대한 최소 부분 F는 3.84입니다.
c. 제거에 대한 최대 부분 F는 2.71입니다.
d. F 수준, 공차 또는 VIN 부족으로 계산을 더 수행할 수 없습니다.

결과 Ⓔ의 '입력/제거된 변수'에는 변수의 투입과 제거에 대한 정보가 있는데, 변수의 투입은 **윌크스(Wilks) 람다**값을 최소화하는 규칙을 따릅니다. 즉, 변수가 투입될 때 전체 람다값을 최소화시키면 해당 단계의 변수로 투입됩니다(선형조합에 의한 효과). **결과 Ⓔ**는 분석 이전의 단계이므로 그 결과는 **결과 Ⓗ**의 윌크스 람다값이 됩니다. 예를 들어, 결과 Ⓔ에서 '사회적 영향력' 변수의 윌크스 람다값 0.634는 결과 Ⓗ에서 '1단계(사회적 영향력)'의 람다값과 같습니다.

Ⓕ 분석에 사용된 변수

단계		공차	제거에 대한 F	Wilks의 람다
1	spower 사회적 영향력	1.000	16.170	
2	spower 사회적 영향력	.999	11.363	.701
	achmov 성취동기	.999	7.693	.634

Ⓖ 분석에 사용되지 않은 변수

단계		공차	최소 공차	입력에 대한 F	Wilks의 람다
0	age 연령	1.000	1.000	5.097	.846
	income 분기수당(만 원)	1.000	1.000	2.475	.919
	spower 사회적 영향력	1.000	1.000	16.170	.634
	achmov 성취동기	1.000	1.000	11.945	.701
1	age 연령	.843	.843	.321	.626
	income 분기수당(만 원)	.980	.980	.633	.619
	achmov 성취동기	.999	.999	7.693	.493
2	age 연령	.841	.841	.377	.486
	income 분기수당(만 원)	.977	.977	.693	.481

결과 Ⓕ와 Ⓖ는 4개의 변수 중에 투입기준을 충족하는 2개의 변수가 사용되고 나머지 2개의 변수는 사용되지 않았다는 정보를 나타냅니다. 여기서 변수의 투입 준거로 윌크스 람다값 외에도 **공차**(tolerance), **제거에 대한 F**(F to remove), **입력에 대한 F**(F to enter)를 참조합니다.

'공차'($1-R^2$)는 0.001 이상이면 투입됩니다. '제거에 대한 F값'은 해당 변수를 판별식에서 제외했을 때 F값의 변화를, '입력에 대한 F값'은 해당변수가 투입되었을 때 F값의 변화를 각각 나타내며 입력(투입)의 기준은 $F > 3.84$이고 제거의 기준은 $F < 2.71$입니다.

F값의 변화는 해당 단계에서 제외되거나 입력될 때의 변화이므로 곧 **개별변수의 상대적 중요도**를 평가하는 정보로도 활용됩니다. 예를 들어, 결과 Ⓖ의 0단계 F값을 보면 '사회적 영향력'과 '성취동기'는 입력에 대한 F값이 크므로 판별식에 기여하는 주요 변수로 평가됩니다. 반면 '사회적 영향력'이 투입된 후 '연령'과 '수당'은 입력에 대한 F값이 작으므로 판별

식에 거의 기여하지 못하는 변수로 해석할 수 있습니다.

Ⓗ Wilks의 람다

단계	변수의수	람다	자유도 1	자유도 2	자유도 3	정확한 F			
						통계량	자유도 1	자유도 2	유의확률
1	1	.634	1	1	28	16.170	1	28.000	.000
2	2	.493	2	1	28	13.864	2	27.000	.000

결과 Ⓗ의 'Wilks의 람다'는 투입(입력) 기준을 충족하여 판별식에 투입된 변수의 정보입니다. 결과 Ⓖ의 '분석에 사용되지 않는 변수' 정보는 결과 Ⓗ의 실제 투입된 변수의 정보와 일치해야 합니다. 예를 들어, 결과 Ⓖ에서 0단계 '사회적 영향력'의 람다값은 결과 Ⓗ에서 1단계의 람다값과 같고(0.634) 결과 Ⓖ에서 1단계 '성취동기'의 람다값은 결과 Ⓗ에서 2단계의 람다값과 같습니다(0.493).

여기서 단계별 투입변수의 람다값이 주어졌으므로 각 변수의 설명분산을 계산할 수 있습니다. 즉, 에타제곱(eta^2)은 1－람다값이므로 이를 통해 설명분산을 산출하면 다음의 〈표 3-3〉과 같습니다.

<표 3-3> 단계적 판별분석에서 단계별 에타제곱과 증가분

단계	투입변수	에타제곱(eta^2)	증가분(Δeta^2)
1	사회적 영향력	1－0.634＝0.366	36.6%
2	사회적 영향력＋성취동기	1－0.493＝0.507	14.1%

〈표 3-3〉에서 보듯이, 1단계에서 '사회적 영향력' 변수가 투입되었을 때 36.6%를 설명하고 2단계에서 '성취동기'가 추가되었을 때 전체 50.7%의 판별함수 설명분산을 갖는 것으로 볼 수 있습니다. 이때 성취동기는 판별식에 추가되면서 약 14.1%의 설명분산 증가분을 나타내고 있습니다. 또한 이들 값은 정준상관계수 및 Wilks 람다값과 직접 관련됩니다. 예를 들어, 정준상관은 에타와 같으므로 〈표 3-3〉에서 2단계의 에타제곱의 제곱근은 곧 정준상관의 값이 됩니다(즉, $\sqrt{0.507} = 0.712$). 이들 관계를 다음의 결과 Ⓘ와 Ⓙ에서 구체적으로 검토해 보겠습니다.

3. 판별함수에 대한 정보 **IBM® SPSS® Statistics**

Summary of Canonical Discriminant Functions

Ⓘ 고유값

함수	고유값	분산의 %	누적 %	정준상관
1	1.027[a]	100.0	100.0	.712

a. 첫 번째 1 정준 판별함수가 분석에 사용되었습니다.

Ⓙ Wilks의 람다

함수의 검정	Wilks의 람다	카이제곱	자유도	유의확률
1	.493	19.077	2	.000

결과 Ⓘ와 Ⓙ는 판별함수의 적합도에 대한 평가입니다. 결과 Ⓘ의 '고유값'에서 집단이 2개이므로 함수는 1개가 산출되었고 고유값은 1.027, 정준상관계수는 0.712로 직접적 판별함수보다 다소 낮지만 큰 차이를 보이지는 않습니다(직접적 판별분석의 경우: 고유값 1.103, 정준상관 0.724). 그만큼 투입된 2개 변수(사회적 영향력, 성취동기)의 판별함수에 대한 기여도가 크다는 것을 알 수 있습니다.

앞서 언급했듯이, 고유값은 집단 간 제곱합을 집단 내 제곱합으로 나눈 값이고(SS_b/SS_w) 정준상관의 제곱은 판별함수와 집단 간의 상관이며 정준상관의 제곱은 에타제곱(eta^2)으로 설명분산이 됩니다. 따라서 정준상관계수를 제곱하면(0.712^2) 판별함수는 약 **50.7%의 설명력을 갖게 되고** 이 값은 〈표 3-3〉에서 산출한 2단계의 에타제곱과 같습니다(또는 **1-람다**, 즉 1-0.493=0.507).

결과 Ⓙ의 'Wilks의 람다'는 함수에 대한 유의도 평가 결과로 윌크스 람다값 0.493, 그에 대한 카이제곱값은 19.077, 자유도 2일 때 $p<.01$이므로 2개 변수(사회적 영향력, 성취동기)에 의해 구성된 판별함수는 통계적으로 유의미한 것으로 해석할 수 있습니다.

Ⓚ 표준화 정준 판별함수 계수

	함수
	1
spower 사회적 영향력	.765
achmov 성취동기	-.662

Ⓛ 구조행렬

	함수
	1
spower 사회적 영향력	.750
achmov 성취동기	-.645
age 연령[a]	.266
income 분기수당(만 원)[a]	.067

판별변수와 표준화 정준 판별함수 간의 집단-내 통합 상관행렬. 변수는 함수 내 상관행렬의 절대값 크기순으로 정렬되어 있습니다.
a. 이 변수는 분석에 사용되지 않습니다.

결과 Ⓚ와 Ⓛ은 개별변수의 상대적 중요도를 평가하는 정보입니다. 이들 정보는 상대적 비교를 목적으로 사용되는데, **표준화 계수**는 비표준화 판별계수(결과 Ⓜ)를 표준화한 값이고 **구조행렬 계수**는 각 사례의 판별점수와 독립변수 간의 상관으로 변수의 상대적 기여도로 해석합니다.

단계적 판별분석에서 결과 Ⓚ의 표준화 계수는 판별식에 투입된 변수(즉, 유의미한 변수들)만 포함하지만 결과 Ⓛ의 구조행렬에는 비교목적을 위해 분석에 사용된 모든 변수가 표시됩니다.

Ⓜ 정준 판별함수 계수

	함수
	1
spower 사회적 영향력	.732
achmov 성취동기	-.545
(상수)	-.891

비표준화 계수

결과 Ⓜ의 '정준 판별함수 계수'는 **비표준화 계수로 판별함수식을 만들 때 사용**합니다. 이를 공식화하면 다음과 같습니다.

$$Z = -0.891 + 0.732(\text{사회적 영향력}) - 0.545(\text{성취동기}) \qquad \text{(공식 3-4)}$$

Ⓝ 함수의 집단 중심값

grp 판매원집단	함수
	1
1 이직자	-.979
2 생존자	.979

표준화하지 않은 정준 판별함수가 집단 평균에 대해 계산되었습니다.

결과 Ⓝ은 '함수의 집단별 중심값'(centroid)으로 집단평균(결과 Ⓐ)과 함께 해석합니다. 즉, 이직자 집단은 성취동기가 높고(평균=4.73) 상대적으로 사회적 영향력이 낮은 반면(평균=3.40) 생존자 집단은 사회적 영향력이 높고(평균=4.93) 성취동기가 다소 낮은 특성을 보입니다(평균=3.20).

또한 결과 Ⓝ의 '함수의 집단 중심값'의 부호와 결과 Ⓛ의 '구조행렬'의 부호가 같은지에 따라 영향력의 방향을 해석하는데, 구조행렬(결과 Ⓛ)에서 음(-)의 부호를 보이는 '성취동기'가 높으면 집단 1(이직자)로 분류될 가능성이 높고 양(+)의 부호를 보이는 '사회적 영향력'이 높으면 집단 2(생존자)로 분류될 가능성이 높다고 해석할 수 있습니다(부호의 영향).

4. 분류정보 **IBM® SPSS® Statistics**

Classification Statistics

Ⓞ 집단에 대한 사전확률

grp 판매원집단	사전확률	분석에 사용된 케이스	
		가중되지 않음	가중됨
1 이직자	.500	15	15.000
2 생존자	.500	15	15.000
전체	1.000	30	30.000

Fisher의 선형 판별함수

Ⓟ 분류함수 계수

	grp 판매원집단	
	1 이직자	2 생존자
spower 사회적 영향력	3.035	4.469
achmov 성취동기	3.148	2.081
(상수)	-13.303	-15.048

Ⓠ 분류결과[a,c]

		grp 판매원집단	예측 소속집단 1 이직자	예측 소속집단 2 생존자	전체
원래값	빈도	1 이직자	13	2	15
		2 생존자	2	13	15
	%	1 이직자	86.7	13.3	100.0
		2 생존자	13.3	86.7	100.0
교차검증값[b]	빈도	1 이직자	13	2	15
		2 생존자	2	13	15
	%	1 이직자	86.7	13.3	100.0
		2 생존자	13.3	86.7	100.0

a. 원래의 집단 케이스 중 86.7%이(가) 올바로 분류되었습니다.
b. 분석 시 해당 케이스에 대해서만 교차검증이 수행됩니다. 교차검증 시 각 케이스는 해당 케이스를 제외한 모든 케이스로부터 파생된 함수별로 분류됩니다.
c. 교차검증 집단 케이스 중 86.7%이(가) 올바로 분류되었습니다.

결과 Ⓞ의 '집단에 대한 사전확률'은 사례의 집단분류 가능성을 나타내는 것으로 모집단의 구성비율에 관한 특별한 정보가 없는 보통의 경우에 사전확률을 집단별로 동등하게 지정합니다(디폴트 값). 결과 Ⓟ의 '분류함수 계수'는 개별 사례를 집단으로 분류하기 위한 분류함수이고 결과 Ⓠ의 '분류결과'는 최종 분류결과의 정보입니다. 결과 Ⓠ를 보면 예측의 정확도는 86.7%로 각각 2명씩을 잘못 분류한 오류가 있습니다. 2명씩의 오류가 있기는 하지만 정확도가 높아 2개의 독립변수(사회적 영향력, 성취동기)로 예측한 판별모형은 만족할 만한 것으로 평가됩니다. 4개의 독립변수를 모두 투입한 직접적 판별모형의 분류정확도 90.0%와 비교해서 약 3.3%의 차이밖에 보이지 않는 점을 주목할 수 있습니다.

Q40 위계적 판별함수분석은 어떻게 수행하고 결과를 해석하나요?

[♣ 데이터: 예제4_판별분석.sav]

해설

위계적 판별분석(hierarchical discriminant function analysis)은 단계적 판별분석과 유사하게 공통분산이 개별변수의 설명분산으로 귀속되지만 변수의 투입(입력) 기준이 연구자의 논리에 근거한다는 점이 다릅니다. 간단히 말해, 연구자가 직접 변수의 투입순서를 지정하는 방식입니다. 이는 위계적 회귀분석과 같이 판별분석의 유형 중에 가장 가설검증에 적합한 방법임을 의미합니다. 다만 위계적 회귀분석에서는 유의미하지 않은 변수일지라도 회귀식에 포함하지만 위계적 판별분석에서는 지정한 순서대로 투입되는 변수가 준거(입력 F > 3.84; 제거 F < 2.71)를 만족하지 못하면 판별식에서 제외된다는 점이 다릅니다. 이런 점에서 판별분석에서 위계적 방식은 단계적 방식의 응용 혹은 단계적 방식의 특수한 형태로 보기도 합니다(이론의 검증보다는 실무 목적이 강함).

그러면 [예제연구 4]를 활용하여 위계적 판별분석을 수행하고 결과를 해석해 볼 것인데, SPSS 결과물 중에서 위계적 판별분석의 주요 결과를 중심으로 살펴보겠습니다.

1. 기초 정보 **IBM® SPSS® Statistics**

(위계적 판별분석을 위한 SPSS 명령어)

```
DISCRIMINANT
 /GROUPS=grp(1 2)
 /VARIABLES=age income spower achmov
 /ANALYSIS age(4) income(2) spower(1) achmov(3)    → 높은 숫자부터 먼저 투입. (0)은 분석에서 제외
 /SAVE=CLASS SCORES PROBS
 /METHOD=WILKS
 /FIN=3.84
 /FOUT=2.71
 /PRIORS EQUAL
 /HISTORY
 /STATISTICS=MEAN STDDEV UNIVF BOXM COEFF RAW CORR COV GCOV TCOV FPAIR TABLE
       CROSSVALID
 /PLOT=SEPARATE MAP
```

```
/PLOT=CASES
/CLASSIFY=NONMISSING POOLED MEANSUB.
```

Ⓐ 집단평균의 동질성에 대한 검정

	Wilks의 람다	F	자유도 1	자유도 2	유의확률
age 연령	.846	5.097	1	28	.032
income 분기수당(만 원)	.919	2.475	1	28	.127
spower 사회적 영향력	.634	16.170	1	28	.000
achmov 성취동기	.701	11.945	1	28	.002

Ⓑ 로그 행렬식

grp 판매원집단	순위	로그 행렬식
1 이직자	4	14.905
2 생존자	4	17.203
집단-내 통합값	4	16.479

인쇄된 판별값의 순위와 자연로그는 집단 공분산 행렬의 순위 및 자연로그를 나타냅니다.

먼저 결과 Ⓐ와 Ⓑ는 직접적 판별분석과 동일합니다. 결과 Ⓑ에서 보듯이, 4개 변수에 의한 집단별 로그 행렬식(공분산)이 제시되었습니다. 위계적으로 순서를 지정한 4개의 변수가 모두 투입된 행렬식이 평가되었습니다(단계적 판별분석에서는 로그 행렬식에 2개만 포함).

Ⓒ 검정 결과

Box의 M		11.908
F	근사법	1.005
	자유도 1	10
	자유도 2	3748.207
	유의확률	.437

모집단 공분산 행렬이 동일하다는 영가설을 검정합니다.

결과 Ⓒ의 '검정 결과'에는 공분산 행렬식의 동질성 검증을 위한 Box의 M값이 제시되었고 그 값은 11.908로 $p > .05$이므로 통계적으로 유의하지 않습니다. 이때의 영가설은 '집단별 공분산행렬이 같다'이므로 공분산 행렬의 동질성을 가정할 수 있습니다.

2. 변수 투입정보 **IBM® SPSS® Statistics**

Stepwise Statistics

Ⓓ 입력/제거된 변수[a,b,c,d]

단계	입력된	Wilks의 람다							
						정확한 F			
		통계량	자유도 1	자유도 2	자유도 3	통계량	자유도 1	자유도 2	유의확률
1	age 연령	.846	1	1	28.000	5.097	1	28.000	.032
2	achmov 성취동기	.609	2	1	28.000	8.663	2	27.000	.001
3	income 분기수당(만 원)	.583	3	1	28.000	6.202	3	26.000	.003
4	spower 사회적 영향력	.476	4	1	28.000	6.893	4	25.000	.001

각 단계에서 전체 Wilks의 람다를 최소화하는 변수가 입력됩니다.
a. 최대 단계 수는 5입니다.
b. 입력에 대한 최소 부분 F는 3.84입니다.
c. 제거에 대한 최대 부분 F는 2.71입니다.
d. F 수준, 공차 또는 VIN 부족으로 계산을 더 수행할 수 없습니다.

Ⓔ 분석에 사용된 변수

단계		공차	제거에 대한 F	Wilks의 람다
1	age 연령	1.000	5.097	
2	age 연령	.997	4.070	.701
	achmov 성취동기	.997	10.499	.846
3	age 연령	.974	2.944	.649
	achmov 성취동기	.994	10.054	.808
	income 분기수당(만 원)	.974	1.170	.609
4	age 연령	.832	.263	.481
	achmov 성취동기	.994	7.289	.614
	income 분기수당(만 원)	.966	.566	.486
	spower 사회적 영향력	.837	5.644	.583

결과 Ⓓ의 '입력/제거된 변수'를 주목해 볼 수 있는데, 변수의 투입(입력)과 제거에 대한 정보가 다른 유형의 판별분석과 차이가 있습니다. 연구자가 지정한 투입순서에 따라 단계가 구성되었고 1단계에서 4단계까지 투입순서에 따라 모든 변수가 통계적으로 유의미한 것을 확인할 수 있습니다. 즉, 투입순서를 연령 → 성취동기 → 수당 → 사회적 영향력의 순으로 지정했을 때 모든 변수가 투입기준($F > 3.84$)을 충족했습니다(단계적 방식에서는 '사회적 영향력'과 '성취동기'만이 유의미함).

그러나 다시 결과 Ⓔ의 '분석에 사용된 변수'를 보면 4단계의 모든 변수가 포함된 판별식에서 '연령'과 '수당' 변수가 제거되는 기준($F < 2.71$)에 놓인 것을 볼 수 있습니다. 그럼에도 불구하고 결과 Ⓓ에서 단계별 투입에서 유의미한 변수는 그대로 유지하는 것이 위계적 판별분석의 특징입니다. 만일 결과 Ⓓ의 '입력/제거된 변수'에서 단계별 투입에서 유의미하지 않는 변수가 있다면 분석에서 제외됩니다.[1)]

Ⓕ Wilks의 람다

단계	변수의수	람다	자유도 1	자유도 2	자유도 3	정확한 F			
						통계량	자유도 1	자유도 2	유의확률
1	1	.846	1	1	28	5.097	1	28.000	.032
2	2	.609	2	1	28	8.663	2	27.000	.001
3	3	.583	3	1	28	6.202	3	26.000	.003
4	4	.476	4	1	28	6.893	4	25.000	.001

결과 Ⓕ의 'Wilks의 람다'는 투입(입력) 기준을 충족하여 판별식에 투입된 변수의 정보로 각 단계의 '정확한 F'는 결과 Ⓓ의 '정확한 F'값과 같습니다. 단계별 판별분석에서 보았듯이, 주어진 람다값으로부터 단계별 변수의 설명분산을 구하면 다음의 〈표 3-4〉와 같습니다.

<표 3-4> 위계적 판별분석에서 단계별 에타제곱과 증가분

단계	투입변수	에타제곱(eta^2)	증가분(Δeta^2)
1	연령	1−0.846=0.154	15.4%
2	연령+성취동기	1−0.609=0.391	23.7%
3	연령+성취동기+수당	1−0.583=0.417	2.6%
4	연령+성취동기+수당+사회적 영향력	1−0.476=0.524	10.7%

〈표 3-4〉에서 보듯이, '연령 → 성취동기 → 수당 → 사회적 영향력'의 순으로 판별식을 구성했을 때 연령은 15.4%, 성취동기는 23.7%, 분기별 수당은 2.6%, 사회적 영향력은 10.7%의 설명분산(증가분)을 각각 나타냈습니다(사회적 영향력을 가장 먼저 투입하면 단계적 판별분석에서와 같이 36.6%의 설명분산이 됨 ☞ Q39).

1) 이는 투입순서에 따른 것으로 만일 투입순서를 '사회적 영향력 → 성취동기 → 연령 → 수당'의 순으로 지정되면 최종 모형은 3단계에서 종료함. '수당'이 마지막 4단계를 구성할 때 기준을 충족하지 못해 제외되기 때문임(☞ Q41).

4단계의 에타제곱은 직접적 판별분석과 같이 52.4%이고, 이 값은 결과 Ⓖ의 정준상관계수의 제곱(0.724^2)과 같습니다(또한 1－람다, 즉 1－0.476＝0.524와도 같음).

3. 판별함수에 대한 정보 **IBM® SPSS® Statistics**

Summary of Canonical Discriminant Functions

Ⓖ 고유값

함수	고유값	분산의 %	누적 %	정준상관
1	1.103[a]	100.0	100.0	.724

a. 첫 번째 1 정준 판별함수가 분석에 사용되었습니다.

Ⓗ Wilks의 람다

함수의 검정	Wilks의 람다	카이제곱	자유도	유의확률
1	.476	19.327	4	.001

결과 Ⓖ와 Ⓗ는 다시 **4개 변수가 모두 투입된 직접적 판별분석의 결과와 같습니다.** 고유값은 1.103, 정준상관계수는 0.724, 그에 따른 윌크스 람다는 0.476, 카이제곱 19.327로 자유도 4일 때 $p < .01$이므로 판별함수 1은 통계적으로 유의미한 모형입니다.

이하의 결과물(표준화 판별계수, 구조행렬 계수, 비표준화 계수, 분류함수 계수, 분류결과)은 모두 직접적 판별분석의 결과와 같습니다. 이는 4개의 독립변수가 모두 투입된 판별모형으로 같기 때문인데, 만일 위계적 분석에서 유의미하지 않은 변수가 제외된다면 계수 및 분류 결과가 다른 결과를 보이게 됩니다.

[CHECK POINT]

위계적 판별분석은 연구자가 변수의 투입순서를 직접 지정하는 방식으로 가설검증을 목적으로 하지만 실무에서 중요한 변수를 경험적으로 지정하는 목적으로도 사용됩니다. 연구자의 논리에 의해 투입순서가 지정되므로 변수의 우선순위가 중요하지만 모든 변수가 함수식을 구성하는 것이 아니라 유의미하지 않는 변수는 제외된다는 것이 또한 특징입니다.

Q41 그렇다면 '사회적 영향력 → 성취동기 → 연령 → 수당'의 투입순서로 위계적 판별분석을 수행하면 어떻게 되나요?

[♣ 데이터: 예제4_판별분석.sav]

해설

앞서 위계적 판별분석의 단계별 투입에서 유의미한 변수들은 유지하고 그렇지 않은 변수들은 제외하면서 최종 판별함수식을 구성한다고 하였습니다. 투입에서 모든 변수가 유의미한 경우와 유의미하지 않은 변수가 있을 경우를 비교해 보기 위해 투입순서를 '연령 → 성취동기 → 수당 → 사회적 영향력'에서 **'사회적 영향력 → 성취동기 → 연령 → 수당'**으로 변경하여 그 차이점을 비교해 보겠습니다. 이렇게 투입순서가 변하면서 연구자가 순서를 지정하였지만 만일 유의미하지 않은 변수가 있다면 최종판별 모형에서 제외되고 유의미한 변수로만 판별함수를 구성할 것입니다(SPSS 명령문에서 '분석'의 괄호 숫자가 큰 변수부터 판별식에 먼저 투입됨).

1. 기초 정보 **IBM® SPSS® Statistics**

(위계적 판별분석을 위한 SPSS 명령어: 사회적 영향력 → 성취동기 → 연령 → 수당)

```
DISCRIMINANT
 /GROUPS=grp(1 2)
 /VARIABLES=age income spower achmov
 /ANALYSIS age(2) income(1) spower(4) achmov(3)
 /SAVE=CLASS SCORES PROBS
 /METHOD=WILKS
 /FIN=3.84
 /FOUT=2.71
 /PRIORS EQUAL
 /HISTORY
 /STATISTICS=MEAN STDDEV UNIVF BOXM COEFF RAW CORR COV GCOV TCOV FPAIR TABLE
        CROSSVALID
 /PLOT=SEPARATE MAP
 /PLOT=CASES
 /CLASSIFY=NONMISSING POOLED MEANSUB.
```

Ⓐ 로그 행렬식

grp 판매원집단	순위	로그 행렬식
1 이직자	3	2.883
2 생존자	3	4.281
집단-내 통합값	3	3.881

인쇄된 판별값의 순위와 자연로그는 집단 공분산 행렬의 순위 및 자연로그를 나타냅니다.

Ⓑ 검정 결과

Box의 M		8.376
F	근사법	1.232
	자유도 1	6
	자유도 2	5680.302
	유의확률	.286

모집단 공분산 행렬이 동일하다는 영가설을 검정합니다.

결과 Ⓐ의 '로그 행렬식'을 보면 3개 변수에 의해 집단별 공분산 행렬이 구해진 것으로 나타나 판별식에 3개의 변수가 투입되었음을 알 수 있습니다. 또한 결과 Ⓑ의 '검정 결과'에서 Box의 M값이 8.376이고 $p > .05$로 통계적으로 유의미하지 않아 집단별 공분산 행렬이 동질적임을 가정할 수 있습니다.

2. 변수 투입정보 **IBM® SPSS® Statistics**

Stepwise Statistics

Ⓒ 입력/제거된 변수[a, b, c, d]

단계	입력된	Wilks의 람다							
		통계량	자유도 1	자유도 2	자유도 3	정확한 F			
						통계량	자유도 1	자유도 2	유의확률
1	spower 사회적 영향력	.634	1	1	28.000	16.170	1	28.000	.000
2	achmov 성취동기	.493	2	1	28.000	13.864	2	27.000	.000
3	age 연령	.486	3	1	28.000	9.155	3	26.000	.000

각 단계에서 전체 Wilks의 람다를 최소화하는 변수가 입력됩니다.
a. 최대 단계 수는 5입니다.
b. 입력에 대한 최소 부분 F는 3.84입니다.
c. 제거에 대한 최대 부분 F는 2.71입니다.
d. F 수준, 공차 또는 VIN 부족으로 계산을 더 수행할 수 없습니다.

Ⓓ 분석에 사용된 변수

단계		공차	제거에 대한 F	Wilks의 람다
1	spower 사회적 영향력	1.000	16.170	
2	spower 사회적 영향력	.999	11.363	.701
	achmov 성취동기	.999	7.693	.634
3	spower 사회적 영향력	.843	6.568	.609
	achmov 성취동기	.997	7.494	.626
	age 연령	.841	.377	.493

결과 ⓒ를 보면 1단계에서 '사회적 영향력'이 투입되고 2단계에서 '성취동기', 3단계에서 '연령'이 각각 투입되었습니다. 각 단계의 변수는 투입(입력)기준($F>3.84$)을 충족하였습니다. 투입순서를 '연령 → 성취동기 → 수당 → 사회적 영향력'으로 지정했을 때와는 달리 '수당' 변수는 판별식에서 제외되었습니다(결과 Ⓓ의 3단계에서 분석 종료).

Ⓔ Wilks의 람다

단계	변수의 수	람다	자유도 1	자유도 2	자유도 3	정확한 F 통계량	정확한 F 자유도 1	정확한 F 자유도 2	정확한 F 유의확률
1	1	.634	1	1	28	16.170	1	28.000	.000
2	2	.493	2	1	28	13.864	2	27.000	.000
3	3	.486	3	1	28	9.155	3	26.000	.000

결과 Ⓔ의 'Wilks의 람다'에서는 판별식의 단계별 구성이 제시되고 최종 3단계에서 분석이 종료된 것을 보여 줍니다. 윌크스 람다값을 이용하여 설명분산(에타제곱)을 구하면 다음의 〈표 3-5〉와 같습니다.

<표 3-5> 위계적 판별분석에서 단계별 에타제곱과 증가분(투입순서의 변경)

단계	투입변수	에타제곱(eta^2)	증가분(Δeta^2)
1	사회적 영향력	1−0.634=0.366	36.6%
2	사회적 영향력+성취동기	1−0.493=0.507	14.1%
3	사회적 영향력+성취동기+연령	1−0.486=0.514	0.7%

〈표 3-5〉를 보면 '사회적 영향력'이 1단계에서 투입되었을 때는 36.6%이었고 '성취동기'의 개별 설명분산(증가분)은 14.1%로 나타났습니다(단계적 회귀분석에서와 같음). 그리고 '연령'은 0.7%로 작지만 판별식에서 유의미한 변수로 투입되었으므로 통계적으로는 유의미하

다고 해석해도 무방합니다. 다만 1.0% 미만으로 실용적 유의도는 낮은 편입니다.

3. 판별함수에 대한 정보 IBM® SPSS® Statistics

Summary of Canonical Discriminant Functions

Ⓕ 고유값

함수	고유값	분산의 %	누적 %	정준상관
1	1.056[a]	100.0	100.0	.717

a. 첫 번째 1 정준 판별함수가 분석에 사용되었습니다.

결과 Ⓕ의 '고유값'은 앞서 3개 변수만 투입되었기에 고유값(1.056)과 정준상관 계수(0.717)가 4개 변수가 투입된 경우와 약간의 차이를 보입니다(4개 변수가 투입된 경우 고유값=1.027, 정준상관=0.712).

Ⓖ 표준화 정준 판별함수 계수

	함수
	1
spower 사회적 영향력	.682
achmov 성취동기	-.661
age 연령	.182

Ⓗ 구조행렬

	함수
	1
spower 사회적 영향력	.739
achmov 성취동기	-.635
age 연령	.415
income 분기수당(만 원)[a]	.083

판별변수와 표준화 정준 판별함수 간의 집단-내 통합 상관행렬. 변수는 함수 내 상관행렬의 절대값 크기순으로 정렬되어 있습니다.
a. 이 변수는 분석에 사용되지 않습니다.

결과 Ⓖ의 '표준화 정준 판별함수 계수'에서도 유의미한 3개의 변수만이 표준화 계수를 산출하였고 결과 Ⓗ의 '구조행렬'에서는 모든 변수를 표시하였습니다(구조행렬은 변수 간의 비교 목적으로 모든 변수가 표시됨).

Ⓘ 정준 판별함수 계수

	함수
	1
spower 사회적 영향력	.653
achmov 성취동기	-.544
age 연령	.030
(상수)	-1.585

비표준화 계수

그리고 결과 Ⓘ의 비표준화 계수(정준판별계수)는 판별함수식을 구성하는 계수로 통계적으로 유의미한 변수만 표시됩니다. 이를 공식화하면 다음과 같습니다.

$$Z = -1.585 + 0.653(\text{사회적 영향력}) - 0.544(\text{성취동기}) + 0.030(\text{연령})$$

(공식 3-5)

Ⓙ 분류결과[a,c]

		grp 판매원집단	예측 소속집단 1 이직자	예측 소속집단 2 생존자	전체
원래값	빈도	1 이직자	14	1	15
		2 생존자	2	13	15
	%	1 이직자	93.3	6.7	100.0
		2 생존자	13.3	86.7	100.0
교차 검증값[b]	빈도	1 이직자	15	0	15
		2 생존자	0	15	15
	%	1 이직자	100.0	.0	100.0
		2 생존자	.0	100.0	100.0

a. 원래의 집단 케이스 중 90.0%이(가) 올바로 분류되었습니다.
b. 분석 시 해당 케이스에 대해서만 교차 검증이 수행됩니다. 교차 검증시 각 케이스는 해당 케이스를 제외한 모든 케이스로부터 파생된 함수별로 분류됩니다.
c. 교차검증 집단 케이스 중 100.0%이(가) 올바로 분류되었습니다.

결과 Ⓙ의 '분류결과'를 보면 이직자의 93.3%를 정확히 분류하고 생존자의 86.7%를 정확히 분류한 것으로 나타났습니다. 비록 '수당' 변수를 제외하고 3개 변수만으로 집단을 분류하였지만 4개 변수를 포함한 분류결과와 다르지 않습니다. 그만큼 이직자와 생존자 집단의 분류에 있어 3개 변수(사회적 영향력, 성취동기, 연령)의 예측력이 높다는 것을 의미합니다.

Q42 판별분석에서 투입 기준으로 사용되는 라오의 V계수, 마할나노비스 D^2는 무엇인가요?

[♣ 데이터: 예제4_판별분석.sav]

해설

단계적 판별분석에서는 보통 'Wilks 람다값'과 '입력에 대한 F값', '제거에 대한 F값'을 사용하여 투입변수를 결정합니다. 윌크스 람다값은 단계마다 전체 람다값을 최소화하는 변수(즉, 오차분산의 최소화)가 먼저 투입되는 기준을 갖고 있으며, 입력에 대한 F값의 기준은 $F > 3.84(p < .05)$이고 제거에 대한 F값의 기준은 $F < 2.71(p > .10)$입니다.

이러한 기준 외에도 자주 사용되는 기준이 있는데, 흔히 라오의 V(Rao's V) 통계치와 마할나노비스의 거리(Mahalanobis distance) D^2 통계치입니다.

◇ 라오(Rao)의 V값

이 값은 흔히 호텔링 T(Hotelling T)라고도 하며 집단 간 평균의 차이를 최대화시키는 일반화된 거리(distance) 측정치입니다. 이 값을 지정하면 투입(입력)변수를 결정하는 윌크스 람다값을 대신해 라오의 V값이 산출됩니다. 예를 들어, 'Rao의 V'를 선택하여 단계적 판별분석을 수행하면 다음과 같은 결과물을 얻을 수 있습니다(SPSS 판별분석에서 '단계선택법 사용'을 클릭하고 '방법'에서 Rao의 V를 선택).

㉮ 입력/제거된 변수[a,b,c,d,e]

단계	입력된	Rao의 V			V의 변화량	
		통계량	자유도	근사 유의확률	통계량	유의확률
1	spower 사회적 영향력	16.170	1	5.789E-5	16.170	.000
2	achmov 성취동기	28.756	2	5.698E-7	12.586	.000

각 단계에서는 Rao의 V에서 가장 큰 증가를 나타낼 변수가 입력됩니다.
a. 최대 단계 수는 8입니다.
b. 입력에 대한 최소 부분 F는 3.84입니다.
c. 제거에 대한 최대 부분 F는 2.71입니다.
d. 입력에 대한 Rao의 최소 V는 0입니다.
e. F 수준, 공차 또는 VIN 부족으로 계산을 더 수행할 수 없습니다.

앞의 결과 ㉮를 보면 Wilks 람다값을 대신해 Rao의 V값과 그에 따른 V 변화량에 대한 유의검증이 제시됩니다. 이 값은 두 집단 판별모형에서 변수가 투입될 때 개별 독립변수의 상대적 기여도로 해석할 수 있습니다. 결과 ㉮의 V 변화량은 1단계에서 16.170, 2단계에서 12.586으로 모두 $p < .001$에서 통계적으로 유의미한 수준입니다.

㉯ 분석에 사용되지 않은 변수

단계		공차	최소 공차	입력에 대한 F	Rao의 V
0	age 연령	1.000	1.000	5.097	5.097
	income 분기수당(만 원)	1.000	1.000	2.475	2.475
	spower 사회적 영향력	1.000	1.000	16.170	16.170
	achmov 성취동기	1.000	1.000	11.945	11.945
1	age 연령	.843	.843	.321	16.696
	income 분기수당(만 원)	.980	.980	.633	17.205
	achmov 성취동기	.999	.999	7.693	28.756
2	age 연령	.841	.841	.377	29.578
	income 분기수당(만 원)	.977	.977	.693	30.269

결과 ㉯는 Rao의 V값으로 산출한 '분석에 사용되지 않는 변수'의 정보입니다. 결과 ㉯에서 보듯이, 0단계에서 가장 큰 라오의 V값인 '사회적 영향력'(16.170)이 1단계에 투입되고 사회적 영향력을 제외한 그다음 단계(1)에서 가장 큰 V값인 '성취동기'(28.756)가 2단계로 투입됩니다. 그렇게 해서 앞서 결과 ㉮의 단계가 구성됩니다.

◇ 마할나노비스의 거리 D^2 통계치

마할나노비스 거리 통계치는 집단을 쌍으로 만들어 두 집단 간 평균의 거리를 일반화시킨 측정치입니다. 이 값 또한 판별함수에 투입되는 변수를 결정하는 준거로 사용됩니다. 즉, 단계적 판별모형에서 투입(입력) 이전에 모든 가능한 집단 쌍에 대한 마할나노비스의 거리(D^2)를 계산하고 D^2의 값이 가장 큰 독립변수를 판별식에 먼저 투입합니다. 이 준거를 선택하는 방법은 Rao의 V와 같이 SPSS 판별분석에서 '단계 선택법 사용'을 클릭하고 '방법'에서 Mahalanobis의 거리를 선택합니다. 그렇게 하여 다음과 같은 결과를 얻을 수 있습니다.

㉰ 입력/제거된 변수[a, b, c, d]

단계	입력된	최소 D 제곱					
				정확한 F			
		통계량	집단-간	통계량	자유도 1	자유도 2	유의확률
1	spower 사회적 영향력	2.156	1 이직자 및 2 생존자	16.170	1	28.000	.000
2	achmov 성취동기	3.834	1 이직자 및 2 생존자	13.864	2	27.000	7.202E-5

각 단계에서 최근접 두 집단 간의 Mahalanobis 거리를 최대화하는 변수가 입력됩니다.
a. 최대 단계 수는 8입니다.
b. 입력에 대한 최소 부분 F는 3.84입니다.
c. 제거에 대한 최대 부분 F는 2.71입니다.
d. F 수준, 공차 또는 VIN 부족으로 계산을 더 수행할 수 없습니다.

㉱ 분석에 사용되지 않은 변수

단계		공차	최소 공차	입력에 대한 F	최소 D 제곱	집단-간
0	age 연령	1.000	1.000	5.097	.680	1 이직자 및 2 생존자
	income 분기수당(만 원)	1.000	1.000	2.475	.330	1 이직자 및 2 생존자
	spower 사회적 영향력	1.000	1.000	16.170	2.156	1 이직자 및 2 생존자
	achmov 성취동기	1.000	1.000	11.945	1.593	1 이직자 및 2 생존자
1	age 연령	.843	.843	.321	2.226	1 이직자 및 2 생존자
	income 분기수당(만 원)	.980	.980	.633	2.294	1 이직자 및 2 생존자
	achmov 성취동기	.999	.999	7.693	3.834	1 이직자 및 2 생존자
2	age 연령	.841	.841	.377	3.944	1 이직자 및 2 생존자
	income 분기수당(만 원)	.977	.977	.693	4.036	1 이직자 및 2 생존자

결과 ㉰와 ㉱는 Mahalanobis 거리를 산출한 단계별 입력 및 제거된 변수를 나타냅니다. 이때 Mahalanobis의 D^2값은 집단 간의 쌍을 만들고 각 쌍의 거리값을 구하여 산출합니다. 두 집단 간의 차이를 극대화하는 D^2을 먼저 투입하는 방식으로 결과 ㉱에서 **0단계**에서 D^2값이 가장 큰 '사회적 영향력'이 먼저 투입되어 1단계(결과 ㉰)를 구성했습니다. 그다음 '사회적 영향력'을 제외한 **나머지 변수 가운데 큰 D^2값**의 '성취동기'가 결과 ㉰의 2단계를 구성하는 방식입니다.

이처럼 Rao의 V값이나 마할나노비스의 D^2값은 보통의 경우 윌크스람다 및 F값을 사용하는 것과 큰 차이를 보이지 않지만 만일 표본오차의 영향이 크거나 집단크기가 서로 다른 경우 윌크스람다와 차이를 보입니다. 따라서 이들은 무선오차의 영향이나 집단 사례수가 다른 경우 유용하게 사용할 수 있는 준거들입니다.

Q43 판별분석을 위한 기본 가정은 무엇인가요?

해설

판별분석은 이론을 검증하거나 실험을 목적으로 하는 경우보다는 실무에서 집단을 예측하거나 구성원을 분류할 목적으로 더 자주 사용하는 방법입니다. 따라서 모수통계에 대한 기본 가정을 다소 덜 엄격하게 적용할 수 있지만 결과해석의 정확성을 높이기 위해서는 반드시 필요한 요소입니다. 판별분석을 위한 기본 가정은 사례수(표본크기), 다변량 정규성, 분산-공분산 행렬의 동질성, 다중공선성에 대한 가정을 포함합니다.

◇ 표본크기에 대한 가정

판별분석에서 표본의 사례를 집단으로 분류하는 것을 일차적 목적으로 하는 경우에는 집단 간의 사례를 동등하게 유지하는 것이 좋으며 일반적인 경우 표본집단의 사례수는 **최소한 예측변수의 수보다는 많아야** 합니다(Tabachnick & Fidell, 2013). 표본 사례수가 너무 작으면, ① 자유도가 작아져 오차에 의한 통계적 검증력이 낮아지고 ② 분산-공분산 행렬의 동질성 확보가 어려우며 ③ 집단 셀의 정보가 적어져 동일 정보로 인해 변수 간 역행렬을 산출할 수 없는 경우가 발생합니다(singularity).

한편으로 집단 사례수가 적으면 유의하지 않은 판별함수가 유의하게 산출되는 **함수의 과적합**(overfitting)의 원인이 되기도 합니다. 따라서 통계적 검증력의 향상을 위해 충분한 사례를 확보하는 것이 필요한데, 고전적 연구들은 다변량 정규성을 가정할 때 적은 집단의 사례수를 $n \geq 20$이 되도록 할 것을 추천합니다(Mardia, 1971).

또한 분석표본 사례수에 영향을 주는 **결측치(무응답)를 고려**해야 합니다. 결측치는 분석에서 제외되므로 분석 사례를 감소시킬 뿐만 아니라 일정한 패턴의 무응답은 일련의 응답으로 간주될 수 있으므로 주의해야 합니다. 일정한 패턴을 보이는 무응답은 제외하고 충분한 사례를 확보해야 하지만 특정 패턴이 없는 적은 수의 결측치가 있다면 **평균으로 대체하여 분석**함으로써 사례수 손실을 보정할 수 있습니다(SPSS 판별분석 메뉴에서 '결측값을 평균으로 바꾸기'를 사용).

◇ 다변량 정규성

다변량 정규성은 독립변수의 점수들이 모집단으로부터 독립적이고 무선적으로 추출되어야 하고(독립성) 독립변수에 의한 선형조합의 표본분포가 정규성을 이루어야 한다는 것을 말합니다(선형성). 즉, 독립변수들의 독립성과 선형성에 대한 가정입니다.

단변량 분포의 경우 중심극한정리에 의해 표본크기의 증가에 따라 정규성 가정을 충족하지만 다변량 분포는 변수 간의 선형조합에 대한 독립성과 선형성을 가정해야 하므로 보통의 경우 만족하기 쉽지 않습니다. 다만 판별분석은 MANOVA와 같이 극단치에 의해 정규성 가정이 위반되지 않은 한 불균형 표본(unequal sample)일지라도 가장 적은 집단의 사례수가 20보다 크면 정규성 가정에 문제가 되지 않는 것으로 알려져 있습니다(Mardia, 1971).

독립변수가 많아지면 선형조합에 의한 정규성 가정이 쉽지 않지만 모든 독립변수가 개별적으로 정규성을 충족하면 다변량 정규성에 도움이 되고 이들 변수 간의 선형적 관계를 가정할 수 있습니다. 따라서 개별 독립변수의 정규성을 가정하는 것이 중요합니다. 그에 따라 변수의 왜도(skewness)와 첨도(kurtosis)를 통해 다변량 정규성을 평가합니다. 각 변수의 왜도가 −3.0에서 +3.0의 범위에 있거나 첨도가 −10.0에서 +10.0의 범위에 있을 때 다변량 정규성에 대한 수용 가능한 범위로 판단합니다(Griffin & Steinbrecher, 2013). 수용 가능한 범위에 대해서는 연구자마다 약간의 차이가 있는데, Lei와 Lomax(2005)는 왜도 ±2.0, 첨도 ±3.0의 범위를 주장하고 Curran 등(1996)은 왜도 ±2.0, 첨도 ±4.0의 범위를 정규성으로 가정하기도 합니다.

만일 개별변수가 편포되거나 첨도가 정상적이지 않을 때 개별분포를 변환하여 왜곡된 분포의 중심을 이동시키는 방법을 취할 수 있습니다. 다만 분포를 변환하면 측정치의 원래값으로 해석되지 않기 때문에 원척도의 해석 여부를 고려해야 합니다(자료 변환 방법 ☞ Q22의 〈표 2-4〉 참고).

◇ 분산-공분산 행렬의 동질성

분산-공분산 행렬의 동질성은 동일한 모집단으로부터 추출된 공분산이 단일한 오차 추정치를 만든다는 가정에서 출발합니다(Harris, 2001). 다시 말해, 집단 내의 오차행렬이 이질적이면(즉, 집단 내 분산이 다르면) 오차분산을 정확하게 추정하지 못하므로 결과를 신뢰할 수 없습니다.

특히 판별분석에서 오차의 공분산이 이질적이면 집단을 구분하는 판별함수가 개별 사례를 잘못 분류할 가능성이 증가합니다. 예를 들어, 기업의 우수고객과 불량고객을 구분하는 판별함수에서 우수고객집단의 분산이 상대적으로 크다면 개별 사례를 우수고객으로 잘못 분류할 가능성이 커집니다. 그러므로 집단분류를 목적으로 할 때 공분산 행렬의 동질성은 특히 중요한 가정이 됩니다. 집단별 표본크기가 동일하거나 충분한 사례가 있다면 정규성과 같이 큰 문제가 되지 않을 수 있지만 표본크기가 작거나 집단별 사례수가 다를 때에는 판별분석의 명확한 해석을 위한 몇 가지 조치 사항을 고려할 필요가 있습니다. 이를 요약하면 다음의 〈표 3-6〉과 같습니다.

<표 3-6> 분산-공분산 행렬의 동질성 진단 및 조치 사항

진단	조치 사항
• 표본크기가 크고 공분산이 큼 → 1종 오류 증가	• 유의수준의 하향조정($p < .01$)
• 표본크기가 작고 공분산이 큼 → 2종 오류 증가	• 유의수준의 상향조정($p < .10$)
• 윌크스 람다값 → 집단 내 분산의 영향이 큼(Olson, 1979)	• 변경: 필라이(Pillai)의 준거값 사용
• 표본크기가 다를 때 → 작은 표본집단의 검증력 저하	• 동일 사례수 유지
• Box의 M값 → 해석 기준 통계치	• M값이 $p > .05$이면 동질성 가정
• 산포도(scatterplot) → 도표를 이용한 해석(3집단)	• 산포도의 유사성으로 판단

위의 〈표 3-6〉을 참고로 먼저 Box의 M값을 해석하고 만일 동질성을 가정하지 못하면 유의수준을 조정하거나 표본크기를 맞추거나 오차분산의 영향을 덜 받는 통계치를 사용하는 것이 바람직합니다. 산포도는 3집단의 판별에서 유용하며 직관적으로 산포도의 모양이 유사할 때 분산-공분산행렬의 동질성을 판단할 수 있습니다.

◇ 다중공선성

다중공선성(multicollinearity)은 다중회귀분석에서 중요한 이슈인 것처럼 판별분석에서도 변수의 상대적 중요도를 평가할 때 영향을 주는 요소입니다. 다중공선성은 독립변수 간의 상관이 지나치게 높은 것을 말하는데, 하나의 독립변수가 다른 독립변수에 대한 정보를 많이 갖고 있다는 의미입니다. 만일 정보가 일치하면 상관계수는 1.0이 되고 이렇게 독립변수 간에 완전한 상관을 보이면 흔히 비정칙행렬(singular matrix)이라 부르며 계수추정을 위한 역행렬을 산출할 수 없는 상태가 됩니다. 판별분석에서 다중공선성을 파악하고 그에 따른 조치 사항을 요약하면 다음과 같습니다.

(1) 먼저 판별분석에서 산출되는 집단-내 행렬 통합(pooled within-group matrices)과 공차(tolerance)를 확인합니다. 이는 직접적인 다중공선성의 지표로 집단-내 행렬 통합의 상관이 전체적으로 낮거나 공차가 1.0에 근접하면 다중공선성이 없는 것으로 판단합니다.

(2) 다중공선성이 발견되거나 의심되면 변수를 분석에서 제외하거나 유의미한 변수조합(요인)으로 투입변수를 대체하는 것이 좋습니다. 특히 어떤 변수를 제외할 것인지를 결정해야 한다면 모든 독립변수를 돌아가면서 하나씩 종속변수(DV)로 놓고 나머지 변수를 독립변수(IV)로 하여 다중회귀분석을 반복해 보는 것도 한 방법입니다. 이렇게 돌아가면서 종속변수로 놓인 변수의 설명분산을 구하여 비교해 보면 쉽게 다중공선성이 높은 변수를 찾을 수 있습니다. 다시 말해, 종속변수로 가장 설명분산이 높은 변수가 곧 다중공선성이 높은 변수입니다. 따라서 독립변수에 의해 가장 설명분산(R^2)이 높은 변수를 제외하고 분석을 수행하면 다중공선성을 피할 수 있습니다(이때 대체로 높은 수준의 공차를 보이는 독립변수의 설명분산 R^2은 0.99에 근접함).

[CHECK POINT]

판별함수분석은 다변량 모수통계의 방법으로 다음과 같은 기본 가정을 포함합니다. ① 표본크기는 가장 적은 집단의 사례수가 최소 $n \geq 20$이어야 하고 ② 다변량정규성(독립성 및 선형성)을 만족해야 하며 ③ 분산-공분산 행렬의 동질성을 확보해야 하고 ④ 독립변수 간의 상관, 즉 다중공선성이 높지 않아야 합니다.

Q44 3집단 판별분석은 2집단 판별분석과 어떻게 다른가요?

[♣ 데이터: 예제5_판별분석.sav]

해설

판별함수모형은 두 집단 분석이 전형적이지만 실무적으로 세 집단 이상을 분류할 목적으로 사용되는 경우도 많습니다. 다음의 [예제연구 5]는 3개의 지역별(A, B, C)로 자동차 신모델의 특성이 어떻게 선호되고 어떤 요소가 중요하게 평가되는지를 알아보기 위한 3집단 판별분석의 예제입니다. 종속변수(DV)는 지역(A/B/C)이고 독립변수(IV)는 가격, 이미지, 서비스, 성능, 편리성으로 구성되어 있습니다. 이른바 소비자 표적시장을 개발하기 위해 지역(세그먼트)의 특성을 예측하는 판별분석 모형입니다. 표본의 크기는 $n=61$이고 성별, 연령, 경제적 수준 등을 고려해 무선할당표집을 가정합니다. 다음은 [예제연구 5]의 3집단 판별분석을 위한 데이터 구성을 나타냅니다.

예제연구 5(data file: 예제5_판별분석.sav)

- 연구문제: 가격, 이미지, 서비스, 성능, 편리성은 목표 소비자의 지역을 잘 예측하는가?
- 종속변수: 지역(area)
- 독립변수: 가격(price), 이미지(image), 서비스(serv), 성능(perfo), 편리성(conv)
- 데이터의 구성($n=61$)

응답자 번호	가격(price)	이미지(image)	서비스(serv)	성능(perfo)	편리성(conv)	지역(DV)
1	3	5	3	2	6	2
2	5	2	4	5	2	1
3	6	2	3	3	3	1
4	2	6	5	4	5	2
5	5	5	2	2	4	3
6	4	4	6	2	2	3
7	6	2	3	4	1	1
8	1	7	4	2	5	2

9	4	4	3	2	4	2
10	3	4	5	4	3	3
…	…	…	…	…	…	…
61	2	3	4	5	3	3

주: 지역 1=A지역, 2=B지역, 3=C지역, 평정척도는 7점 만점(1=전혀 중요하지 않음, 7=매우 중요함)

3집단 직접적 판별분석

2집단 판별분석에 비해 3집단 판별분석의 가장 큰 특징은 2개의 판별함수가 산출된다는 점입니다(산출되는 함수의 수는 '집단의 수-1'). 첫 번째 산출되는 판별함수가 집단을 구분하고(집단 1과 2, 3) 두 번째 판별함수는 첫 번째 판별함수와 직교하여 나머지 집단(집단 2와 3)을 구분합니다. 이처럼 2개의 판별함수가 산출되므로 독립변수의 상대적 기여도가 각 판별함수에 따라 달라집니다. 즉, 독립변수별로 판별함수 1과 2에 기여하는 정도가 각기 다르게 나타납니다. 그리고 집단분류를 도식적으로 보여 주는 영역도(territorial map)라는 도표가 추가적으로 산출됩니다.

그러면 3집단에 대한 직접적 판별분석을 수행하고 2집단의 경우와 다른 점을 비교해 보겠습니다.

1. 기초 정보 **IBM® SPSS® Statistics**

(3집단 직접적 판별분석을 위한 SPSS 명령어)

```
DISCRIMINANT
 /GROUPS=area(1 3)                                   → 세 집단에 대한 분류
 /VARIABLES=price image serv perfo conv
 /ANALYSIS ALL
 /SAVE=CLASS SCORES PROBS
 /PRIORS  EQUAL
 /STATISTICS=MEAN STDDEV UNIVF BOXM COEFF RAW CORR COV GCOV TCOV TABLE
 /PLOT=COMBINED SEPARATE MAP CASES
 /CLASSIFY=NONMISSING POOLED.
```

Ⓐ 분석 케이스 처리 요약

가중되지 않은 케이스		N	퍼센트
유효		60	98.4
제외	결측되었거나 범위를 벗어난 집단코드	0	.0
	적어도 하나 이상의 결측 판별변수	1	1.6
	결측되었거나 범위를 벗어난 집단코드와 적어도 하나 이상의 결측 판별변수	0	.0
	전체	1	1.6
전체		61	100.0

Ⓑ 집단통계량

-		평균	표준화 편차	유효 N(목록별) 가중되지 않음	가중됨
1 A지역	price 가격	4.65	1.268	20	20.000
	image 이미지	3.10	.788	20	20.000
	serv 서비스	3.50	1.192	20	20.000
	perfo 성능	3.85	1.348	20	20.000
	conv 편리성	2.85	.813	20	20.000
2 B지역	price 가격	2.95	1.234	20	20.000
	image 이미지	4.15	1.387	20	20.000
	serv 서비스	3.10	.968	20	20.000
	perfo 성능	3.10	1.021	20	20.000
	conv 편리성	4.65	.988	20	20.000
3 C지역	price 가격	4.20	.951	20	20.000
	image 이미지	3.55	.999	20	20.000
	serv 서비스	4.65	1.496	20	20.000
	perfo 성능	3.55	.999	20	20.000
	conv 편리성	3.10	.852	20	20.000
전체	price 가격	3.93	1.351	60	60.000
	image 이미지	3.60	1.153	60	60.000
	serv 서비스	3.75	1.385	60	60.000
	perfo 성능	3.50	1.157	60	60.000
	conv 편리성	3.53	1.186	60	60.000

결과 Ⓐ의 '분석 케이스 처리 요약'을 보면 결측치가 1개 있고 그에 따라 실제 분석은 60 케이스(N=60)를 대상으로 하였음을 나타냅니다. 결과 Ⓑ의 '집단통계량'에는 3개 집단별로 평균과 표준편차가 제시되어 있습니다.

Ⓒ 집단평균의 동질성에 대한 검정

	Wilks의 람다	F	자유도 1	자유도 2	유의확률
price 가격	.712	11.531	2	57	.000
image 이미지	.858	4.701	2	57	.013
serv 서비스	.771	8.450	2	57	.001
perfo 성능	.928	2.216	2	57	.118
conv 편리성	.541	24.141	2	57	.000

결과 Ⓒ의 '집단평균의 동질성에 대한 검정'에서는 **독립변수별 집단 간 차이에 대한 검증 결과**를 나타냅니다(윌크스 람다값은 총분산에서 집단 내 분산의 비율임). '성능' 변수에 대해 집단(A/B/C) 간의 차이는 유의미하지 않지만(람다=0.928, F=2.216, p > .05) 다른 변수의 집단 간 차이는 통계적으로 유의미한 것으로 나타났습니다(가격 람다=0.712, F=11.531, p < .001; 이미지 람다=0.858, F=4.701, p < .05; 서비스 람다=0.771, F=8.450, p < .01; 편리성 람다=0.541, F=24.141, p < .001).

Ⓓ 로그 행렬식

area 지역	순위	로그 행렬식
1 A지역	5	-.299
2 B지역	5	.511
3 C지역	5	-.216
집단-내 통합값	5	.718

인쇄된 판별값의 순위와 자연로그는 집단 공분산 행렬의 순위 및 자연로그를 나타냅니다.

Ⓔ 검정 결과

Box의 M		41.012
F	근사법	1.193
	자유도 1	30
	자유도 2	10295.120
	유의확률	.216

모집단 공분산 행렬이 동일하다는 영가설을 검정합니다.

결과 Ⓓ의 '로그 행렬식'은 표준 판별분석에서 5개의 변수가 투입되었음을 나타내고 결과 Ⓔ의 '검정 결과'는 분산-공분산 행렬의 동질성 검증으로 Box의 M값이 41.012이고 p > .05이므로 집단 간 분산-공분산 행렬의 동질성을 가정할 수 있습니다.

Summary of Canonical Discriminant Functions

Ⓕ 고유값

함수	고유값	분산의 %	누적 %	정준상관
1	1.550[a]	87.6	87.6	.780
2	.219[a]	12.4	100.0	.424

a. 첫 번째 2 정준 판별함수가 분석에 사용되었습니다.

Ⓖ Wilks의 람다

함수의 검정	Wilks의 람다	카이제곱	자유도	유의확률
1-2	.322	62.394	10	.000
2	.820	10.909	4	.028

결과 Ⓕ와 Ⓖ는 판별함수의 적합도 평가 결과로 두 개의 판별함수에 대해 각각 산출되어 있습니다. 첫 번째 함수의 고유값(eigenvalue: SS_b/SS_w)은 1.550이고 정준상관계수(canonical correlation coefficient)는 0.780입니다. 결과 Ⓖ의 '윌크스 람다'는 함수값에 대한 총분산에서 집단 내 분산의 비율이지만 두 집단의 경우와는 달리 **첫 번째 람다는 함수 1과 2의 통합된 값이고 두 번째 람다는 함수 2의 값**입니다. 그에 따라 3집단의 경우는 결과 Ⓕ의 정준상관을 제곱해도 결과 Ⓖ의 (1−람다)와 일치하지 않습니다.

그러므로 결과 Ⓖ에서 **1−람다**, 즉 1−0.322=0.678로 67.8%는 판별함수 1과 2에 의한 설명분산이 되고 이 중 함수 2의 비율은 정준상관의 제곱 $0.424^2=0.180$(18.0%)으로 함수 2의 경우에만 정준상관의 제곱과 '1−람다'의 값이 일치합니다(즉, 결과 Ⓖ의 함수 2에서 1−0.820=0.180이고 이 값은 결과 Ⓕ의 '정준상관'의 제곱(0.424^2)과 같습니다. 함수 2는 첫 번째 함수가 구분한 집단 1을 제외하고 나머지 두 집단을 구분하므로 같음). 물론 좀 더 복잡하지만 3집단의 경우에도 2집단에서와 같이 ANOVA의 결과에서 이들 람다값과 정준상관계수를 구할 수 있습니다.

3집단의 윌크스 람다, 고유값, 정준상관계수, 에타제곱의 관계

- 3집단의 경우 **윌크스 람다값**은 다음의 〈공식 3-6〉과 같이 함수 1과 함수 2의 곱으로 구함.

월크스 람다값 = (함수 1의 SS_w/SS_t) × (함수2의 SS_w/SS_t) (공식 3-6)

- 함수 1과 2의 판별점수를 각각 종속변수로 하고 '집단'을 독립변수로 하여 다음의 ANOVA 결과를 얻고 각 계수를 추정함.

㉮ ANOVA

		제곱합	자유도	평균제곱	F	유의확률
Dis1_1 1 분석용 함수 1의 판별 점수	집단-간	88.350	2	44.175	44.175	.000
	집단-내	57.000	57	1.000		
	전체	145.350	59			
Dis2_1 1 분석용 함수 2의 판별 점수	집단-간	12.504	2	6.252	6.252	.004
	집단-내	57.000	57	1.000		
	전체	69.504	59			

- 위의 결과 ㉮에서 해당 값을 〈공식 3-6〉에 대입하면

함수 1-2의 람다값 = (57.000÷145.350)×(57.000÷69.504) = 0.3216
함수 2의 람다값 = (57.000÷69.504) = 0.8201

- 이 값은 결과 Ⓖ의 함수 1-2(1에서 2)의 람다값(0.322), 함수 2의 람다값(0.820)과 같음 → 함수 2의 경우는 함수 1의 부분이 없는 것과 같음.
- 고유값은 SS_b/SS_w으로 함수 1-2의 경우에는 (88.350÷57.000) = 1.550이고 함수 2의 경우에는 (12.504÷57.000) = 0.2194로 결과 Ⓕ의 고유값과 같음.
- 정준상관은 에타(eta)와 같은데, 에타제곱(eta^2)은 SS_b/SS_t이므로 결과 ㉮에서 값을 구하면 함수 1-2의 경우는 (88.350÷145.350) = 0.6078이고 $\sqrt{0.6078}$ = 0.779이며 함수 2의 경우는 (12.504÷69.504) = 0.1799이고 $\sqrt{0.1799}$ = 0.424로 결과 Ⓕ의 정준상관 값과 같음.
- 또한 결과 Ⓕ의 분산비율(분산의 %)은 **두 함수의 집단 간 분산 합에 대한 각 함수의 집단 간 분산의 비율**로 결과 ㉮로부터 함수 1-2의 경우는 88.350÷(88.350+12.504) = 0.876(87.6%), 함수 2의 경우는 12.504÷(88.350+12.504) = 0.124 (12.4%)와 같음.

Ⓗ 표준화 정준 판별함수 계수

	함수	
	1	2
price 가격	.581	-.066
image 이미지	-.137	.120
serv 서비스	.323	.961
perfo 성능	.174	-.386
conv 편리성	-.729	.159

Ⓘ 구조행렬

	함수	
	1	2
conv 편리성	-.738*	.098
price 가격	.503*	-.242
perfo 성능	.212*	-.193
serv 서비스	.280	.892*
image 이미지	-.305	.307*

판별변수와 표준화 정준 판별함수 간의 집단-내 통합 상관행렬. 변수는 함수 내 상관행렬의 절대값 크기순으로 정렬되어 있습니다.
*. 각 변수와 임의의 판별함수 간의 가장 큰 절대 상관행렬

결과 Ⓗ와 Ⓘ는 개별 독립변수의 상대적 기여도를 나타내는 표준화 계수와 구조행렬 계수입니다. 결과 Ⓘ의 '구조행렬'을 보면 함수 1은 편리성(−0.738), 가격(+0.503), 이미지(−0.305)의 기여도가 높은 반면 함수 2는 서비스(0.892)와 이미지(+0.307), 가격(−0.242)이 집단 구분에 큰 영향을 미치는 것으로 해석됩니다. '성능' 변수는 집단 구분에 유의미하지 않았습니다(결과 Ⓒ의 $F_{2,57}=2.216$, $p>.05$). 각 함수의 집단 구분 능력은 결과 Ⓙ의 집단 중심값(센트로이트)을 비교하여 해석합니다.

Ⓙ 함수의 집단 중심값

	함수	
area 지역	1	2
1 A지역	.972	-.532
2 B지역	-1.711	-.051
3 C지역	.738	.583

표준화하지 않은 정준 판별함수가 집단 평균에 대해 계산되었습니다.

결과 Ⓙ의 '함수의 집단 중심값'(센트로이트)을 보면 함수 1의 경우 B지역의 센트로이드는 −1.711이고 지역 A와 C는 각각 +0.972와 +0.738, 함수 2의 경우는 각각 A지역 −0.532, C지역 +0.583, B지역 −0.051입니다. 따라서 평균거리에 기초하여 함수 1은 B지역과 다른 두 지역(A, C)를 구분하는 함수이고 함수 2는 함수 1이 구분하고 난 나머지 집단, 즉 A지역과 C지역을 구분하는 함수입니다.

여기서 집단 평균(결과 Ⓑ)을 함께 해석하면 B지역은 '편리성'과 '이미지'를 중시하는 반면 A와 C지역은 '가격'과 '서비스'를 상대적으로 중시하는 것으로 볼 수 있습니다. 다만 통계적

으로 유의미하지는 않지만 A지역은 다른 지역에 비해 '성능'을 약간 더 선호하는 것으로 해석할 수 있습니다.

Ⓚ 정준 판별함수 계수

	함수	
	1	2
price 가격	.501	-.057
image 이미지	-.126	.110
serv 서비스	.261	.776
perfo 성능	.153	-.340
conv 편리성	-.822	.179
(상수)	-.126	-2.525

비표준화 계수

결과 Ⓚ의 '정준 판별함수 계수'는 **비표준화 계수로 판별함수식에 대입하여 판별점수를 산출할 때 사용**합니다. 결과 Ⓚ의 값으로 두 개의 판변함수식을 만들면 다음과 같습니다.

- 판별함수 1:

$$Z = -0.126 + 0.501(\text{가격}) - 0.126(\text{이미지}) + 0.261(\text{서비스}) + 0.153(\text{성능}) - 0.822(\text{편리성})$$

- 판별함수 2:

$$Z = -2.525 - 0.057(\text{가격}) + 0.110(\text{이미지}) + 0.776(\text{서비스}) - 0.340(\text{성능}) + 0.179(\text{편리성})$$

3. 분류정보 IBM® SPSS® Statistics

Classification Statistics

Ⓛ 집단에 대한 사전확률

area 지역	사전확률	분석에 사용된 케이스	
		가중되지 않음	가중됨
1 A지역	.333	20	20.000
2 B지역	.333	20	20.000
3 C지역	.333	20	20.000
전체	1.000	60	60.000

Ⓜ 분류함수 계수

	area 지역		
	1 A지역	2 B지역	3 C지역
price 가격	4.648	3.276	4.467
image 이미지	3.570	3.962	3.723
serv 서비스	2.321	1.995	3.125
perfo 성능	3.316	2.741	2.900
conv 편리성	3.100	5.391	3.492
(상수)	-32.302	-34.028	-34.915

Fisher의 선형 판별함수

Ⓝ 영역도(Territorial map)

```
                              Territorial Map
Canonical Discriminant
Function 2
      -8.0      -6.0      -4.0      -2.0       .0       2.0       4.0       6.0       8.0
        +---------+---------+---------+---------+---------+---------+---------+---------+
   8.0 +                   23                                          +
       I                  23                                          I
       I                  23                                          I
       I                   23                                         I
       I                   23                                         I
       I                    23                                        I
   6.0 +        +       +       23       +       +       +       +       +
       I                    23                                        I
       I                     23                                       I
       I                     23                                       I
       I                      23                                      I
       I                      23                                      I
   4.0 +        +       +      + 23      +       +       +       +       +
       I                       23                                     I
       I                       23                                     I
       I                        23                                    I
       I                        23                                    I
       I                         23                                   I
   2.0 +        +       +      +  23   +       +       +       +       +
       I                          23                                  3I
       I                          23                          333333331I
       I                          23                     3333333111111111 I
       I                           23    *          333333331111111     I
       I                           23        33333333311111111          I
    .0 +        +       +      +*    23+33333333311111111  +       +       +
       I                           23311111111                        I
       I                            211   *                       I
       I                            21                            I
       I                            21                            I
       I                            21                            I
  -2.0 +        +       +      +    21 +       +       +       +       +
       I                           21                             I
       I                           21                             I
       I                           21                             I
       I                           21                             I
       I                          21                              I
       I                          21                              I
```

결과 Ⓛ의 '집단에 대한 사전확률'은 3집단이므로 집단별 사전확률은 0.333으로 집단마다 같습니다. 결과 Ⓜ의 '분류함수 계수'는 피셔(Fisher)의 판별함수로 개별 사례를 집단으로 분류하는 함수입니다. 분류함수식에 의해 집단별 개별 사례의 분류점수가 산출되고 가장 높은 점수의 집단으로 각 사례를 분류합니다.

그리고 결과 Ⓝ은 3집단 판별분석에서 산출되는 영역도(territorial map)입니다. 영역도는 각 집단의 센트로이드(*)에 따라 숫자 1, 2, 3으로 집단의 경계를 표시합니다. 영역도에서 숫자가 혼합되어 있는 곳의 사례들은 잘못 분류될 가능성이 높은 사례입니다. 3의 사례가 2보다 1에 근접해 있는 것(1과 3의 혼합)은 함수 2의 분류능력이 함수 1보다 다소 떨어지는 것을 반증합니다. 유사하게 결과 Ⓟ의 '결합도표'(A, B, C지역 동시 표시)에서도 B지역보다 A와 C지역이 서로 인접해 혼합된 모습을 볼 수 있습니다.

Ⓞ 케이스별 통계량

	케이스 번호	실제 집단	최대집단					두 번째로 큰 최대집단			판별 점수	
			예측 집단	P(D>d|G=g) 확률	P(D>d|G=g) 자유도	P(G=g|D=d)	중심값까지의 제곱 Mahalanobis 거리	집단	P(G=g|D=d)	중심값까지의 제곱 Mahalanobis 거리	함수 1	함수 2
원래값	1	2	2	.314	2	.998	2.319	3	.002	14.711	-3.097	.579
	2	1	1	.401	2	.784	1.830	3	.216	4.408	2.292	-.829
	3	1	1	.878	2	.737	.260	3	.258	2.363	1.404	-.803
	4	2	2	.309	2	.955	2.352	3	.041	8.650	-2.075	1.439
	5	3	2	.501	2	.557	1.382	1	.266	2.856	-.712	-.670
	6	3	3	.245	2	.884	2.812	1	.114	6.913	1.599	2.022
	7	1	1	.052	2	.905	5.908	3	.095	10.411	3.201	-1.502
	...	...	...	...	...	...	...	...	...	...	...	...
	61	3	1	.520	2	.422	1.309	3	.346	1.710	-.160	-.368

결과 Ⓞ의 '케이스별 통계량'은 개별 사례의 분류결과입니다. 중간 부분을 생략했지만 실제 결과물에는 전체 사례의 분류결과가 제시됩니다(결측치는 제외됨: 케이스 56번). 예측집단은 분류점수에 의해 예측된 집단이고 판별점수는 함수 1과 2에 대해 산출되어 있습니다. 두 집단의 경우와 달리 결과 Ⓞ의 '두 번째로 큰 최대집단'은 예측된 집단 외의 나머지 집단 중에서 속할 가능성이 더 높은 집단을 표시합니다. 예를 들어, 케이스 1번의 경우 '예측집단'(최대집단)은 2이고 '두 번째로 큰 최대집단'은 집단 3으로 분류될 가능성이 높음을 나타냅니다. 5번 케이스는 '예측집단'(최대집단)은 2이지만 '두번째로 큰 최대집단'은 집단 1로 예측되었습니다.

Ⓟ 도표(개별집단, 결합집단)

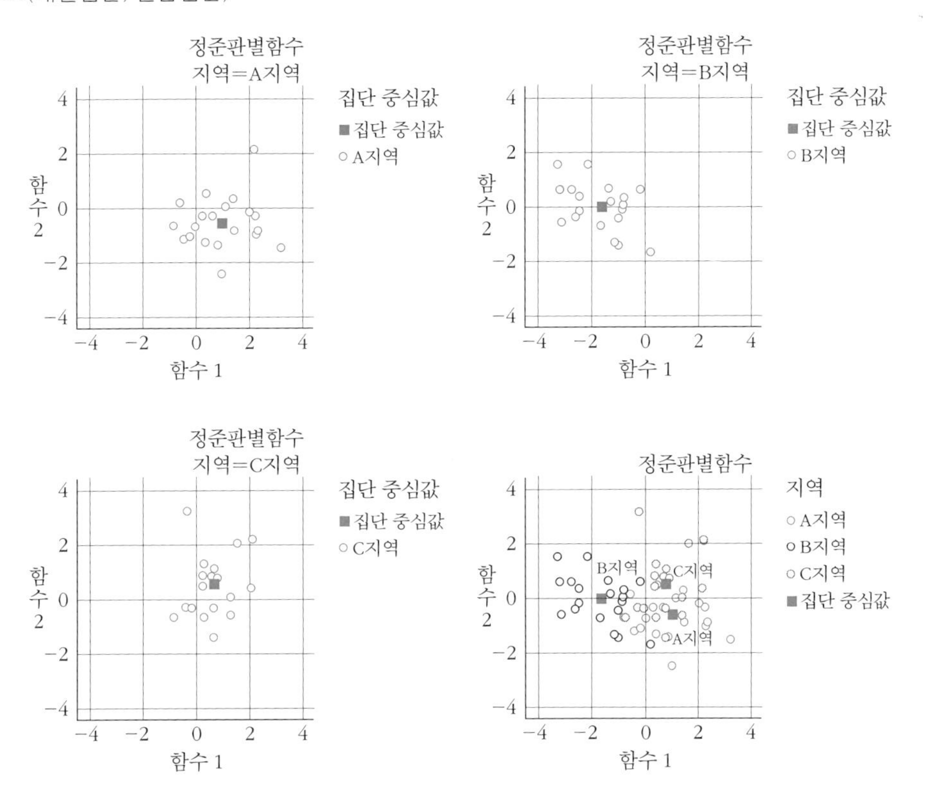

결과 Ⓟ는 **개별집단 및 결합집단의 산포도**(scatter plot)입니다. 결합집단의 산포도는 앞서의 설명과 같이 집단의 분류상태를 도식적으로 파악하는 데 도움을 줍니다. 개별(지역별) 산포도는 사례의 분포를 나타내므로 서로 분포의 모양이 비슷하면 분산-공분산의 동질성을 추정할 수 있습니다. 결과 Ⓟ의 경우는 집단별(A, B, C)로 개별 산포도의 모양이 크게 벗어나지 않으므로 분산-공분산의 유사성을 대략적으로 가정할 수 있습니다. 물론 분산-공분산의 동질성에 대한 일차적인 평가는 **결과** Ⓔ의 Box M값에 기초합니다.

Ⓠ 분류결과[a]

			예측 소속집단			
		area 지역	1 A지역	2 B지역	3 C지역	전체
원래값	빈도	1 A지역	15	2	3	20
		2 B지역	1	18	1	20
		3 C지역	7	1	12	20
	%	1 A지역	**75.0**	10.0	15.0	100.0
		2 B지역	5.0	**90.0**	5.0	100.0
		3 C지역	35.0	5.0	**60.0**	100.0

a. 원래의 집단 케이스 중 75.0%이(가) 올바로 분류되었습니다.

결과 ⓠ의 '분류결과'는 최종의 분류결과입니다. 전체적으로 75%의 정확 분류를 보였고 지역별로 A지역은 75%, B지역은 90%, C지역은 60%의 정확 분류율을 나타냅니다. 앞서 언급했듯이, 예측력이 높은 함수 1에 의한 구분(즉, B지역과 나머지 지역을 구분)이 함수 2보다 정확한 분류라는 것을 보여 줍니다(정확 분류율이 높음).

지금까지의 판별분석 결과를 요약하면 다음과 같은 결론을 얻을 수 있습니다.

(1) 자동차의 특성인 가격, 이미지, 서비스, 성능, 편리성은 두 차원의 판별함수에 의해 유의미하게 예측됩니다. 지역(세그먼트)의 구분에 덜 영향을 주는 '성능'을 제외하고 편리성, 가격, 이미지, 서비스 모두 신차에 대한 선호에 중요한 요인으로 평가됩니다.

(2) 세분화된 세그먼트가 가능합니다. B지역은 다른 두 지역 A 및 C와 구분되는 세그먼트로 '편리성'을 가장 중요하게 생각하고 그다음 선호하는 특징은 '이미지'입니다. A지역과 C지역에서 '가격'과 '서비스'가 중요한데 A지역은 '가격', C지역은 '서비스'로 세분화될 수 있습니다. 판별함수에 따라 제1세그먼트는 'B지역', 제2세그먼트는 'A지역'과 'C지역'으로 구분하여 전략을 수립하는 것이 가능합니다.

(3) 판별분석의 결과로 세부적인 자동차 포지셔닝을 생각해 볼 수 있습니다. 만일 신차의 특징이 고품질의 이미지나 편리함에 있다면 제1세그먼트(B지역)가 주요 표적시장이 될 수 있습니다. 만일 신차의 특징이 가격 경쟁력과 서비스(A/S)에 초점이 맞추어져 있다면 제2세그먼트(A지역, C지역)를 주요 표적시장으로 삼을 수 있습니다.

Q45 3집단 판별분석의 결과는 기본 가정을 만족하나요?

[♣ 데이터: 예제5_판별분석.sav]

해설

앞서 [예제연구 5]의 3집단 판별분석을 올바르게 해석하기 위해서는 기본 가정에 대한 검토가 필요합니다. 판별분석을 위한 기본 가정은 ① 사례수 ② 다변량 정규성 ③ 분산-공분산 행렬의 동질성 ④ 다중공선성에 대한 가정을 포함합니다. 여기서는 [예제연구 5]의 3집단 직접적 판별분석 결과에 기초해서 기본 가정을 살펴보겠습니다.

◇ 사례수(N)

[예제연구 5]의 경우 사례수는 A지역=20, B지역=20, C지역=21입니다. 각 사례수는 예측변수의 수 5를 초과하므로 통계적 검증력에는 문제가 없습니다. 이 예에서 56번 사례의 '서비스' 결측치가 있으므로 실제 집단별 20명씩으로 동일한 사전확률(prior probability)을 가정할 수 있습니다.

◇ 다변량 정규성

판별분석에서 다변량 정규성은 집단의 사례수가 다른 경우라도 가장 적은 집단의 사례수가 20보다 크면 정규성 가정에 문제가 없는 것으로 판단할 수 있습니다(Mardia, 1971). 따라서 [예제연구 5]의 집단별 사례수가 $n=20$이므로 정규성 가정에 문제가 없는 것으로 판단됩니다. 다만 개별변수의 정규성 가정이 다변량 정규성에 영향을 준다는 점에서 **왜도**(skewness)와 **첨도**(kurtosis)를 살펴볼 필요가 있습니다. 왜도의 범위는 −3.0에서 +3.0, 첨도의 범위는 엄격하게 −4.0에서 +4.0에 있을 때 정규성을 판단합니다(Griffin & Steinbrecher, 2013; Curran et al., 1996). 왜도와 첨도를 구하기 위해 SPSS '기술통계량' 메뉴에서 옵션을 지정하여 다음과 같이 산출합니다.

㉮ 기술통계량

	N	최소값	최대값	평균	표준편차	왜도		첨도	
	통계량	통계량	통계량	통계량	통계량	통계량	표준오류	통계량	표준오류
price 가격	61	1	7	3.92	1.345	-.016	.306	-.412	.604
image 이미지	61	1	7	3.59	1.146	.665	.306	1.410	.604
serv 서비스	60	2	7	3.75	1.385	.665	.309	-.006	.608
perfo 성능	61	1	6	3.49	1.149	-.047	.306	-.414	.604
conv 편리성	61	1	6	3.52	1.178	.382	.306	-.379	.604
유효 N(목록별)	60								

결과 ㉮의 '기술통계량'에서 보듯이, 왜도의 범위는 −0.047에서 +0.665로 수용 가능한 범위고 첨도 역시 −0.414에서 +1.410으로 안정적인 범위에 있습니다. 따라서 다변량 정규성을 크게 위배하지 않는 것으로 판단해도 무방하겠습니다.

◇ 분산−공분산 행렬의 동질성

판별분석에서 분산−공분산의 동질성은 산포도(scatter plot)나 Box의 M값으로 평가합니다. 산포도(☞ Q44의 결과 Ⓟ)의 모양이 유사할 때 직관적으로 분포의 동질성을 가정합니다. 나아가 Box의 M값은 41.012로 $p > .05$이므로(☞ Q44의 결과 Ⓔ) 분산−공분산 동질성을 가정할 수 있습니다. 만일 판별분석에서 집단의 분산−공분산의 동질성을 가정할 수 없을 때 그에 필요한 조치 사항을 참조할 수 있습니다(☞ Q43의 〈표 3−6〉).

요약: 분산−공분산 행렬의 동질성 진단 및 조치 사항(〈표 3−6〉)

- Box의 M 값을 해석하고 M값이 $p > .05$이면 동질성 가정.
- 표본의 크기가 크고 공분산이 클 때는 유의수준은 낮게 설정하고 표본의 크기가 작고 공분산이 클 때는 유의수준을 높게 설정함.
- 윌크스 람다 값을 대신해 필라이(Pillai)의 준거값을 사용하고 만일 표본크기가 다르면 집단별 동일 사례가 되도록 조정함.

◇ 다중 공선성에 대한 가정

판별분석에서 다중공선성을 평가하는 방법은 **집단-내 행렬 통합**(pooled within-groups correlation matrix)과 **공차**(tolerance)를 확인하는 것입니다. 다만 판별분석에서 '공차'는 단계적 방식에서 산출되므로 직접적 판별분석에서는 '집단 내-행렬 통합'을 기준으로 해석합니다.

결과 Ⓡ의 '집단-내 행렬 통합'에서 보면 집단-내 행렬 통합(상관)은 |0.020|~|0.214|의 범위로 대체로 낮은 값을 보여 다중공선성의 가능성이 낮은 것으로 판단됩니다. 회귀분석에서와 마찬가지로 다중공선성이 높을 때 필요한 조치사항을 참조할 수 있습니다(다중공선성의 진단과 조치 ☞ Q20).

Ⓡ 집단-내 행렬 통합[a]

		price 가격	image 이미지	serv 서비스	perfo 성능	conv 편리성
공분산	price 가격	1.346	-.217	-.281	-.090	.039
	image 이미지	-.217	1.181	.132	-.211	.092
	serv 서비스	-.281	.132	1.532	.301	-.072
	perfo 성능	-.090	-.211	.301	1.286	.020
	conv 편리성	.039	.092	-.072	.020	.788
상관관계	price 가격	1.000	-.172	-.195	-.069	.037
	image 이미지	-.172	1.000	.098	-.172	.096
	serv 서비스	-.195	.098	1.000	.214	-.065
	perfo 성능	-.069	-.172	.214	1.000	.020
	conv 편리성	.037	.096	-.065	.020	1.000

a. 공분산 행렬의 자유도는 57입니다.

요약: 다중공선성의 진단과 조차시항(☞ Q20)

- 기초상관을 살펴보고 공차(tolerance)를 확인함. 기초상관의 상관계수들이 너무 높지 않고 공차가 1.0에 접근하면 변수 간 다중공선성이 없는 것으로 해석함.
- 공차의 역수를 취한 VIF를 평가함. VIF 역시 1.0에 근접할 때 다중공선성이 없는 것으로 해석.
- 기타지수: 고유값, 상태지수, 분산비율을 종합하여 해석.
- 다중공선성이 의심되는 변수를 분석에서 제외하거나 요인분석을 통해 변수묶음으로 투입변수를 축약함. 또는 능형회귀분석으로 교정된 오차를 적용함.

Q46 3집단 단계적 판별분석은 어떻게 수행하고 해석하나요?

[♣ 데이터: 예제5_판별분석.sav]

해설

판별분석에서 직접적 방식은 변수가 동시에 투입되고 단계적 혹은 위계적 방식은 변수의 투입이 단계적으로 이루어진다는 것은 2집단 판별분석이나 3집단 판별분석 모두 같습니다. 또한 위계적 판별분석에서의 변수 투입은 이론적 준거나 연구자의 논리를 근거로 하고 단계적 방식에서는 상관에 기초하는 것도 같습니다. 다만 3집단의 경우 2개의 판별함수가 '단계적'으로 구성되므로 단계에 따라 판별함수를 해석하는 것에 약간의 차이가 있습니다. 그러면 [예제연구 5]를 통해 3집단 단계적 판별분석을 수행하고 직접적 판별분석과 어떻게 다른지를 주요 결과 중심으로 살펴보겠습니다(단계적 방식의 지정을 위해서는 SPSS 판별분석 대화상자에서 '독립변수'의 '단계 선택법 사용'에 체크함).

1. 기초 정보 **IBM® SPSS® Statistics**

(3집단 단계적 판별분석을 위한 SPSS 명령어)

```
DISCRIMINANT
 /GROUPS=area(1 3)
 /VARIABLES=price image serv perfo conv
 /ANALYSIS ALL
  /METHOD=WILKS
  /FIN= 3.84
  /FOUT= 2.71
 /PRIORS  EQUAL
  /HISTORY STEP END
 /STATISTICS=MEAN STDDEV UNIVF BOXM COEFF RAW CORR COV GCOV TCOV TABLE
 /PLOT=CASES
 /CLASSIFY=NONMISSING POOLED.
```

Ⓐ 검정 결과

Box의 M		13.037
F	근사법	1.003
	자유도 1	12
	자유도 2	15745.154
	유의확률	.443

모집단 공분산 행렬이 동일하다는
영가설을 검정합니다.

결과 Ⓐ의 '검정 결과'는 분산-공분산 행렬의 동질성 검증으로 기본 가정에 대한 평가에 해당합니다. Box의 M값이 13.037이고 $p > .05$이므로 공분산 행렬의 동질성을 가정할 수 있습니다.

Stepwise Statistics

Ⓑ 입력/제거된 변수[a,b,c,d]

단계	입력된	Wilks의 람다							
						정확한 F			
		통계량	자유도 1	자유도 2	자유도 3	통계량	자유도 1	자유도 2	유의확률
1	conv 편리성	.541	1	2	57.000	24.141	2	57.000	.000
2	price 가격	.434	2	2	57.000	14.490	4	112.000	.000
3	serv 서비스	.344	3	2	57.000	12.919	6	110.000	.000

각 단계에서 전체 Wilks의 람다를 최소화하는 변수가 입력됩니다.
a. 최대 단계 수는 10입니다.
b. 입력에 대한 최소 부분 F는 3.84입니다.
c. 제거에 대한 최대 부분 F는 2.71입니다.
d. F 수준, 공차 또는 VIN 부족으로 계산을 더 수행할 수 없습니다.

결과 Ⓑ의 '입력/제거된 변수'는 투입된 변수의 단계별 윌크스 람다값과 통계적 유의도가 제시되어 있습니다. 5개 변수 중에서 **통계적으로 유의미한 3개 변수**(편리성, 가격, 서비스)**가 판별식에 투입**되었습니다. 여기서 '성능'과 '이미지' 변수는 단계적 판별식에서 유의미하지 않아 제외되었습니다. 이는 결과 Ⓔ의 '구조행렬'에서도 다른 변수에 비해 계수의 크기가 상대적으로 작은 것을 확인할 수 있습니다(유의미하지 않은 투입변수의 경우 구조행렬에는 표시되지만 분석에서 제외되어 판별함수식에는 포함되지 않음).

Summary of Canonical Discriminant Functions

Ⓒ 고유값

함수	고유값	분산의 %	누적 %	정준상관
1	1.465[a]	89.1	89.1	.771
2	.179[a]	10.9	100.0	.389

a. 첫 번째 2 정준 판별함수가 분석에 사용되었습니다.

Ⓓ Wilks의 람다

함수의 검정	Wilks의 람다	카이제곱	자유도	유의확률
1-2	.344	59.737	6	.000
2	.848	9.213	2	.010

결과 Ⓒ와 Ⓓ는 **판별함수의 적합도**로 판별식에 투입된 3개 변수(편리성, 가격, 서비스)의 함수식에 대한 평가입니다. 결과 Ⓒ에는 '고유값'과 함수의 설명분산이 제시되어 있고 결과 Ⓓ는 각 함수에 대한 적합도 검증의 결과입니다. 함수 1-2의 람다값은 0.344, 그에 대한 카이제곱 59.737이고 $p < .001$로 유의미합니다. 함수 2의 경우도 람다값 0.848, 카이제곱 9.213, $p < .05$로 유의미한 수준입니다(Ⓓ의 람다값은 함수 1과 2의 SS_w/SS_t의 곱으로 산출됨).

Ⓔ 구조행렬

	함수	
	1	2
conv 편리성	-.757*	.201
price 가격	.513*	-.332
serv 서비스	.303	.952*
perfo 성능[b]	.023	.217*
image 이미지[b]	-.141	.145*

판별변수와 표준화 정준 판별함수 간의 집단-내 통합 상관행렬. 변수는 함수 내 상관행렬의 절대값 크기순으로 정렬되어 있습니다.

*. 각 변수와 임의의 판별함수 간의 가장 큰 절대 상관행렬.

b. 이 변수는 분석에 사용되지 않습니다.

Ⓕ 함수의 집단 중심값

	함수	
area 지역	1	2
1 A지역	.886	-.494
2 B지역	-1.667	-.021
3 C지역	.782	.515

표준화하지 않은 정준 판별함수가 집단 평균에 대해 계산되었습니다.

결과 Ⓔ의 '구조행렬'에서 보듯이, 함수 1은 편리성(−0.757)과 가격(0.513)의 영향이 큰 반면 함수 2는 서비스(0.303)의 영향이 상대적으로 큰 것으로 나타났습니다. '성능'과 '이미지'는 유의미하지 않아 판별함수에 포함되지 않았습니다. 결과 Ⓕ의 '함수의 집단 중심값'을 참고해 보면 **함수 1은 B지역과 나머지 지역(A와 C)을 구분하고 함수 2는 A지역과 C지역을 구분하는 것으로 해석됩니다.**

Ⓖ 분류결과[a]

		area 지역	예측 소속집단 1 A지역	2 B지역	3 C지역	전체
원래값	빈도	1 A지역	13	2	5	20
		2 B지역	1	18	1	20
		3 C지역	5	1	14	20
	%	1 A지역	65.0	10.0	25.0	100.0
		2 B지역	5.0	90.0	5.0	100.0
		3 C지역	25.0	5.0	70.0	100.0

a. 원래의 집단 케이스 중 75.0%이(가) 올바로 분류되었습니다.

결과 Ⓖ의 '분류결과'는 전체 **75%의 정확 분류율**을 나타냅니다. 지역별로 **A지역 65%, B지역 90%, C지역 70%를 각각 정확하게 분류**했습니다. 직접적 판별분석의 경우 정확분류의 비율인 A지역 75%, B지역 90%, C지역 60%와 비교할 때 3개 변수(편리성, 가격, 서비스)만으로 분류한 단계적 판별분석과 B지역은 같고 A지역은 다소 낮아지고 C지역은 오히려 정확히 분류한 비율이 상승했습니다.

이처럼 3집단 판별분석에서 단계적 방식은 직접적 방식과 크게 다르지 않지만 단계별 변수의 투입과정에 대한 해석과 유의미한 변수로만 판별함수가 구성된다는 차이점을 기억할 필요가 있습니다.

Q47 판별함수분석의 결과표 작성과 해석 요령은 무엇인가요?

[♣ 데이터: 예제5_판별분석.sav]

해설

판별분석의 결과표는 연구목적에 따라 각기 다른데, 특히 개별 사례의 분류 및 예측을 목적으로 할 때는 모든 사례의 분류결과와 판별함수 및 분류함수 등 많은 산출물의 제시가 필요합니다. 반면 예측모형의 검증이나 독립변수의 효과에 관심을 둔다면 가설검증의 목적으로 윌크스 람다값 및 아이겐 값, 표준화 판별계수, 구조행렬계수, 판별함수의 구성 단계 등을 제시합니다. 집단의 중심값(센트로이드)과 분류의 정확도, 기본 가정에 대한 검토는 공통적인 요소들입니다. 여기서는 [예제연구 5]를 이용하여 직접적 판별분석과 단계적 판별분석으로 나누어 예측모형 및 독립변수의 효과를 검증하는 결과표 작성에 대해 알아보겠습니다.

직접적 판별분석의 결과표 작성

직접적 판별분석에 포함되어야 할 내용은 ① 기초통계량 ② 집단 내 행렬 통합(pooled within-group matrices), 구조행렬, 함수정보(아이겐값, 정준상관, 람다값), 사례의 정확 분류율 등입니다. 표에 실어야 하는 정보가 많은 경우 자연스럽게 표를 나누어 제시하는 것도 좋습니다. 다음의 〈표 3-7〉은 판별분석의 집단통계량을 나타내고 〈표 3-8〉은 직접적 판별분석의 결과표를 예시한 것입니다.

<표 3-7> 집단통계량

변수	평균(SD)	A지역	B지역	C지역
가격	3.93(1.35)	4.65(1.27)	2.95(1.23)	4.20(0.95)
이미지	3.60(1.15)	3.10(0.79)	4.15(1.39)	3.55(1.00)
서비스	3.75(1.39)	3.50(1.19)	3.10(0.97)	4.65(1.50)
성능	3.50(1.16)	3.85(1.35)	3.10(1.02)	3.55(1.00)
편리성	3.53(1.19)	2.85(0.81)	4.65(0.99)	3.10(0.85)

<표 3-8> 직접적 판별함수분석의 결과

	구조행렬[a]		단변량		집단 내 행렬 통합			
예측변수	함수 1	함수 2	람다값	F(2,57)	이미지	서비스	성능	편리성
가격	.503	−.242	.712	11.531**	−.172	−.195	−.069	.037
이미지	−.305	.307	.858	4.701*		.098	−.172	.096
서비스	.280	.892	.771	8.450**			.214	−.065
성능	.212	−.193	.928	2.216				.020
편리성	−.738	.098	.541	24.141**		Box's M=41.012(p=.216)		
아이겐값	1.550	.219						
분산비율	87.60	12.40						
정준상관	.780	.424						
람다값	.322**	.820*						
	집단 중심값					분류정확도(75.0%)		
A지역	.972	−.532				75.0%		
B지역	−1.711	−.051				90.0%		
C지역	.738	.583				60.0%		

*p < .05, **p < .01

a 구조행렬은 판별함수와 변수 간의 상관임. 부호의 방향은 각 변수와 임의의 판별함수 간의 절대 상관 행렬.

〈표 3-7〉에는 기초통계량이 제시되어 있고 〈표 3-8〉은 판별분석의 산출물로 상대적 기여도(구조행렬, 단변량 통계치), 집단 내 행렬 통합(집단별 독립변수의 공통분산을 평균하여 구한 상관), 함수정보(아이겐값, 설명분산, 정준상관, 람다값), 집단별 중심값, 사례의 정확 분류율, 공분산 행렬의 동질성(Box's M값)이 포함되어 있습니다(표의 정보가 많은 경우에는 필요한 정보를 나누어 제시).

〈표 3-8〉에서 보듯이 가격, 이미지, 서비스, 편리성은 판별함수에서 집단을 예측하는 유의미한 변수로 나타났지만 '성능' 변수는 통계적으로 유의미하지 않았습니다. 첫 번째 판별함수가 87.6%를 설명하고 두 번째 판별함수는 12.4%를 설명하고 있어 첫 번째 함수에 대한 의존도가 높습니다. 첫 번째 함수가 B지역과 다른 지역(A와 C)을 구분하고 두 번째 함수는 A와 C지역을 구분합니다.

전체 사례의 분류정확도는 75.0%이고 지역별로는 A지역 75.0%, B지역 90.0%, C지역

60.0%입니다. 따라서 첫 번째 함수에 의한 분류(B지역과 나머지 지역)의 정확도가 높습니다. 이러한 집단 분류는 '편리성', '가격', '이미지'와 같은 변수에 의해 잘 예측되는 것으로 해석됩니다.

결과해석 요령(직접적 판별분석)

자동차 시장세분화를 위한 판별분석의 결과, 산출된 두 개의 판별함수는 통계적으로 유의미하였다(함수 1-2 람다=.322, $p < .01$; 함수 2 람다=0.820, $p < .05$). 변수의 상대적 중요도를 평가하는 구조계수를 보면 판별함수 1은 편리성(계수=-0.738)과 가격(계수=0.503)에 의해 잘 예측되고 함수 2는 서비스(계수=0.892)에 의해 잘 예측되었다. 이미지는 두 함수에 모두 기여하는 것으로 나타났으나(함수 1=-0.305; 함수 2=0.307, 람다=0.858, $p < .05$) 성능은 판별함수에 유의하지 않은 것으로 나타났다(람다=0.928, $p > .05$).

한편 집단 중심값(센트로이드)에서 함수 1은 B지역(-1.711)과 다른 두 지역(A=0.972, C=0.738)을 구분하고 함수 2는 A지역(-0.532)과 C지역(0.583)을 구분하는 것으로 해석된다. 각 지역의 변수별 평균을 보면 B지역은 '편리성'을 가장 선호하고 A지역은 '가격', C지역은 '서비스'를 각각 선호하는 것으로 나타났다.

판별함수에 의한 집단분류의 정확도는 전체 75.0%이고 집단별로 A지역 75.0%, B지역 90.0%, C지역 60.0%로 함수 1에 의한 B지역의 분류정확도가 가장 높고 함수 2에 의한 C지역의 분류정확도가 상대적으로 가장 낮았다.

단계적 판별분석의 결과표 작성

단계적 판별분석의 결과에는 직접적 판별분석의 산출물이 기본적으로 포함되지만 나아가 판별함수가 구성되는 단계별 정보(투입순서)가 추가됩니다. 다음의 〈표 3-9〉는 단계별 판별분석의 결과표를 예시한 것입니다.

<표 3-9> 단계적 판별함수분석의 결과

	구조행렬[a]		단계별			집단 내 행렬 통합			
예측변수	함수 1	함수 2	단계	람다값	F	가격	서비스	성능	이미지
편리성	−.757	.201	1	.541	24.141**	.037	−.065	.020	.096
가격	.513	−.332	2	.434	14.490**		−.195	−.069	−.172
서비스	.303	.952	3	.344	12.919**			.214	.098
성능	.023	.217							−.172
이미지	−.141	.145				Box's M=13.037(p=.443)			
아이겐값	1.465	.179							
분산비율	89.10	10.90							
정준상관	.771	.389							
람다값	.344**	.848*							
집단 중심값						분류정확도(75.0%)			
A지역	.886	−.494				65.0%			
B지역	−1.667	−.021				90.0%			
C지역	.782	.515				70.0%			

*$p<.05$, **$p<.01$

a 구조행렬은 판별함수와 변수 간의 상관임. 부호의 방향은 각 변수와 임의의 판별함수 간의 절대 상관행렬.

〈표 3-9〉의 단계적 판별분석은 직접적 판별분석에서 제시되었던 정보와 유사하지만 단계별 정보가 추가되었습니다(기초통계량은 직접적 판별분석과 동일). 단계별 정보는 판별함수가 투입 준거(입력은 $F>3.84$; 제거는 $F<2.71$)에 따라 변수를 단계적으로 투입한 정보입니다. '편리성'이 가장 중요한 변수로 먼저 투입되었고 '가격', '서비스'의 순으로 투입되었습니다. '성능'과 '이미지'는 함수식의 구성에서 준거를 만족하지 못하여 제외되었습니다.

결과해석 요령(단계적 판별분석)

〈표 3-9〉와 같이 단계적 판별분석을 수행한 결과, 두 개의 유의미한 판별함수가 산출되었다(함수 1-2 람다=0.344, $p<.01$; 함수 2 람다=0.848, $p<.05$). 변수의 상대적 중요도를 평가하는 구조계수를 보면, 함수 1은 편리성(계수=−0.757)과 가격(계수=0.513)에 의해 잘 설명되고 함수 2는 서비스(계수=0.952)에 의해 잘 설명되는 것으로 나타났다. 그러나 성능과 이미지 변수는 집단을 구

분하는 판별함수에 기여하지 못하였다(모두 $p > .05$).

한편 집단 중심값(센트로이드)에서 함수 1은 B지역(−1.667)과 A지역(0.886) 및 C지역(0.782)을 구분하고 함수 2는 A지역(−0.494)과 C지역(0.515)을 구분하는 것으로 보인다. 이에 기초하여 지역별 평균을 보면 B지역은 '편리성'을 가장 선호하고 A지역은 '가격', C지역은 '서비스'를 각각 선호하는 것으로 나타났다.

판별함수에 의한 집단분류의 정확도는 전체적으로 75.0%를 보였다. 집단별로는 A지역 65.0%, B지역 90.0%, C지역 70.0%로 함수 1에 의한 B지역의 분류정확도가 가장 높고 함수 2에 의한 A지역의 분류정확도가 상대적으로 낮게 나타났다.

04

다변량분산분석

Multivariate Analysis of Variance

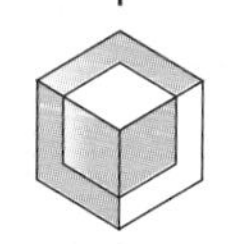

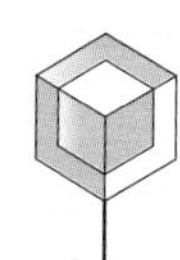

학습목표

- 다변량분산분석의 개념
- 다변량분산분석의 목적
- 다변량분산분석의 통계치
- 2집단 독립 다변량분산분석의 사용과 해석
- 다변량분산분석의 기본 가정
- 요인설계에 의한 다변량분산분석의 사용과 해석
- 반복측정설계에 의한 (다변량)분산분석의 사용과 해석
- 다변량공분산분석의 사용과 해석
- 결과표의 작성과 보고서

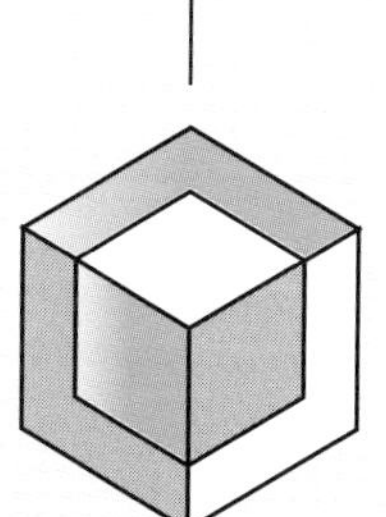

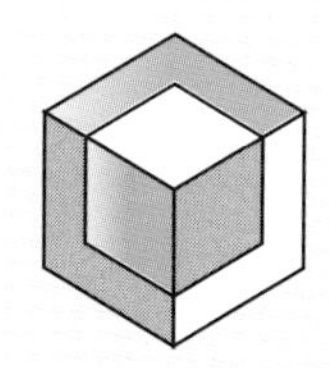

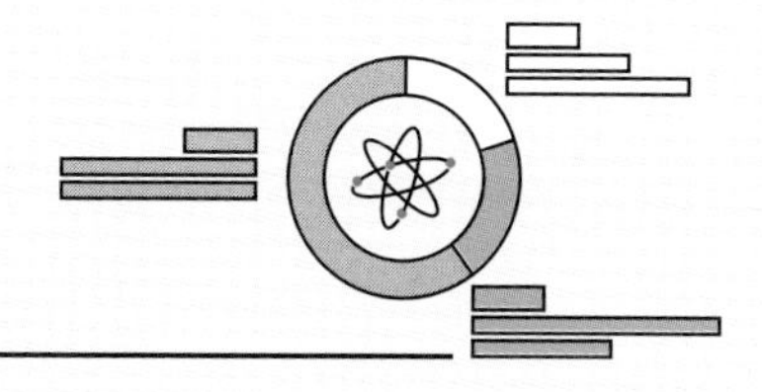

일러두기

- 실습 데이터: 예제6_MANOVA.sav, 예제7_MANOVA.sav
- 실습 명령문: 예제6_MANOVA.sps, 예제7_MANOVA.sps

Q48 다변량분산분석이란 어떤 분석인가요?

해설

다변량분산분석(Multivariate ANalysis Of VAriance: MANOVA)은 단변량 모수통계로 친숙한 분산분석(ANOVA)의 확장된 형태입니다. 유사하게 다변량분산분석은 실험연구에 적합한 방법으로 종속변수(DV)가 두 개 이상이거나 여러 개의 반복측정치를 포함한 형태가 일반적입니다. 실험목적의 ANOVA와 마찬가지로 주효과와 상호작용효과의 검증을 기본 목적으로 하며 공변수(covariate)를 포함한 다변량공분산분석(MANCOVA)으로 확장될 수 있습니다.

ANOVA는 한 개의 종속변수 측정치를 사용하는 반면 다변량분산분석은 두 개 이상의 종속변수를 사용하므로 상호상관이 가정되는 여러 종속변수의 선형조합에 의한 평균벡터(센트로이드)의 차이를 검증합니다. 예를 들어, 한 연구자가 청소년의 폭력과 약물복용이 가족의 라이프스타일에 따라 영향을 받는지를 알고자 한다면 가족의 라이프스타일은 독립변수(IV)이고 청소년의 폭력과 약물복용은 종속변수(DV)가 됩니다. 이때 종속변수인 폭력과 약물복용은 서로 상관이 높다고 가정되므로 두 번의 ANOVA를 독립적으로 수행하는 것은 효율성이 낮을 뿐만 아니라 통계적으로 1종 오류의 가능성을 배제할 수 없습니다.

현대사회의 많은 현상이 그렇듯이 복잡하게 얽혀 있는 여러 종속변수 간의 상호 관련성을 전제로 동시에 분석하고자 할 때 다변량분산분석은 유용한 분석이며 특히 실험연구로 접근할 때 강력한 분석 도구가 됩니다. 실험연구에서 반복측정 데이터나 두 개 이상의 종속변수를 동시에 분석하고자 한다면 다변량분산분석에 기초하여 종속변수 측정치의 선형조합의 차이, 즉 평균벡터의 차이를 처치의 효과로 설명하게 됩니다. 그러나 여러 종속변수를 동시에 분석한다는 장점만을 고려하여 만일 '성적'과 '체중'이라는 종속변수의 평균벡터에 대한 독립변수(강의식/토의식)의 효과를 검증한다면 다변량분산분석은 적절한 방법이 되지 못합니다. 평균벡터는 종속변수 간의 의존적 관계를 전제하기 때문인데 이를 고려하여 종속변수 측정치를 '성적'과 '만족도'와 같이 공변하는 변수로 설정할 때 논리적으로나 분석적으로 타당한 접근이 됩니다.

그렇게 하여 독립변수인 학습법(강의식/토의식)에 따라 '성적'과 '만족도'의 평균벡터를 구하면 판별분석에서와 같은 센트로이드와 판별함수를 구할 수 있습니다. 다변량분산분석과 판별분석은 수학적으로 동일한 모형을 취하므로 독립변수에 따른 종속변수들의 상대적 효과, 즉 학습법이 성적의 효과를 잘 설명하는지 혹은 만족도를 잘 설명하는지를 판별분석에서와 같은 방식으로 설명할 수 있습니다. 특히 종속변수별로 제공되는 **부분에타제곱**(partial eta^2)**은 독립변수의 설명분산으로** 해당 종속변수에 대한 독립변수의 효과를 비율로 나타낸 것입니다. 이 값이 크면 상대적으로 독립변수의 처치효과가 해당 종속변수에서 더 유의미하다고 해석할 수 있습니다.

종속변수의 상대적 효과를 알아보기 위해 고전적인 다변량분산분석 모형(MANOVA)에서는 로이-바그먼(Roy-Bargman)의 단계적 F검증(stepdown F-test)이라는 값이 사용되었지만 다변량분산분석이 선형모형을 취하면서 에타제곱을 분할한 부분에타제곱으로 종속변수들의 상대적 효과를 해석합니다.[1] 로이-바그먼의 방식은 종속변수들을 여러 번 분석할 때 발생하는 1종 오류를 방지하는 장점이 있는 반면 **부분에타제곱**은 회귀분석에서 R^2과 같이 설명량(분산)을 직관적으로 해석하는 장점이 있습니다.

영가설의 설정

다변량분산분석은 ANOVA의 확장으로 단일한 종속변수가 아니라 여러 종속변수(DVs)의 선형조합에 의한 평균벡터(센트로이드)가 독립변수의 집단 간에 차이가 있는지를 검증하는 것입니다. 이때의 영가설은 '집단별 평균벡터는 같다'이고 평균벡터의 수는 집단의 수와 같습니다. ANOVA에서는 평균의 차이를 검증하지만 다변량분석에서는 종속변수의 선형조합에 의한 평균벡터와 차이를 검증하게 됩니다. ANOVA와 다변량분산분석에서의 영가설을 비교하면 [그림 4-1]과 같습니다.

[그림 4-1]과 같이 다변량분산분석에서는 여러 개의 집단(IV)과 여러 개의 종속변수가 있

1) 로이-바그먼의 단계적 분석(Roy-Bargman's stepdwon F-test)은 종속변수의 선형조합에서 독립변수와 가장 높은 다중상관의 종속변수를 먼저 분석하고 그다음 먼저 분석된 종속변수를 공변수(covariate)로 하여 독립변수의 효과를 단계적으로 검증하는 방식임.

으므로 각 집단의 종속변수 평균벡터가 같은지를 검증하고 만일 영가설이 기각되면 종속변수의 선형조합에 미치는 독립변수의 처치효과가 유의미하다고 해석합니다. [그림 4-1]의 영가설은 평균벡터에 대한 **전반적인 검증**(omnibus test)에 해당합니다. 따라서 전반적인 검증이 유의미할 때 집단 간의 다중비교(multiple comparison)를 수행하거나 종속변수별 상대적 효과를 분석하는 후속 작업을 수행해야 합니다.

$$H_0: \boxed{\mu_1 = \mu_2 = \cdots = \mu_j}$$

(가) ANOVA의 영가설

$$H_0: \begin{bmatrix} \mu_{11} \\ \mu_{21} \\ \vdots \\ \mu_{i1} \end{bmatrix} = \begin{bmatrix} \mu_{12} \\ \mu_{22} \\ \vdots \\ \mu_{i2} \end{bmatrix} = \cdots = \begin{bmatrix} \mu_{1j} \\ \mu_{2j} \\ \vdots \\ \mu_{ij} \end{bmatrix}$$

(나) 다변량분산분석의 영가설

[그림 4-1] ANOVA와 다변량분산분석의 영가설(i는 변수, j는 집단)

다중비교와 응용

다변량분산분석에서 다중집단을 비교하는 방법은 ANOVA와 같이 사후검증과 사전비교를 사용할 수 있는데, 전반적 검증이 유의미할 때 사용하는 **사후검증**(post hoc test)은 개별 종속변수를 대상으로 한다는 점에서 ANOVA의 경우와 같습니다. 반면 사전검증(contrast test, 흔히 대비검증)은 ANOVA에서처럼 사용하지만 종속변수의 평균벡터에 대한 대비검증 결과를 추가로 볼 수 있습니다.

이와 더불어 종속변수가 반복측정치일 경우 측정치들의 변화 경향성(혹은 기울기)을 파악하는 **프로파일분석**(profile analysis)이 있습니다. 프로파일 분석은 변화의 패턴을 추적하는 것으로 여러 주기나 회기에서 반복측정된 종속측정치의 기울기 패턴과 변화의 유의성을 검증하는 방식입니다. 즉, 집단 내 변수로서 반복측정치의 기울기를 검증(flatness test)하고 독립변수와 반복측정치의 상호작용을 검증(parallelism test)하여 **기울기의 변화가 독립변수의 수준에 따라 유의미하게 변화되는지를 분석**합니다. 다만 흔히 이중다변량 반복측정 설계(독립변수+2개 이상의 반복측정치)의 경우 반복측정 변수 간의 효과가 혼재되어 그만큼 기울기의 해석이 어려울 수 있음을 주의해야 합니다.

Q49 다변량분산분석의 사용 목적은 무엇인가요?

해설

다변량분산분석은 독립변수의 조작에 따라 종속변수의 변화를 관찰하는 실험연구에 적합한 방법입니다. ANOVA와 같이 실험에 기초하여 하나의 독립변수에 의한 일원(one-way) 설계뿐만 아니라 두 개 이상의 독립변수에 의한 요인설계(factorial design)가 가능합니다. 이와 더불어 현실 문제에서 여러 종속변수의 상호상관이 가정될 때 해석과정에서의 1종 오류 가능성을 줄이려는 목적으로 사용될 수도 있습니다. 다변량분산분석의 주요 목적을 세분화하면 다음과 같습니다.

◇ 주효과 검증

기본적으로 주효과(main effect) 검증은 단변량 ANOVA의 논리와 동일합니다. 다만 개별 종속변수의 평균 차이를 검증하는 것이 아니라 종속변수들의 선형조합에 의한 평균벡터의 차이를 검증합니다. 예를 들어, 학습법(강의식/토의식)에 따라 성적과 만족도의 선형조합에 차이를 검증한다면 전형적인 **일원설계에 의한 독립 다변량분산분석**이 되고 이때의 주효과는 '학습법'의 효과입니다.

만일 학습법(강의식/토의식)과 성별(남/여)에 따른 성적과 만족도의 선형조합에 대한 차이를 검증한다면 **2×2 요인설계에 의한 독립 다변량분산분석**이 됩니다. 그리고 이때의 주효과는 두 개로 독립변수인 '학습법'과 '성별'의 개별효과가 됩니다. 이와 같은 요인설계에서 주효과는 다른 독립변수의 효과를 **일정하게 유지한 상태에서** 한 독립변수의 효과를 검증하는데, 이는 다른 독립변수의 효과가 상수(constant)로 설정되는 것과 같습니다.

예 1 (일원설계에 의한 독립 다변량분산분석) 세 가지 치료유형(행동치료, 인지치료, 약물치료)에 따라 환자의 스트레스와 불안 점수의 평균벡터에 차이가 있을 것이다.

예 2 (요인설계에 의한 독립 다변량분산분석) 임금수준(고/저)과 작업유형(생산직/사무직)에 따라 작업에 대한 내적 동기와 외적 동기의 평균벡터에 차이가 있을 것이다.

◇ 상호작용효과 검증

간단히 말해, 상호작용효과(interaction effect)는 한 독립변수(IV_1)의 효과가 다른 독립변수(IV_2)에 의해 변화되는 것을 의미합니다. 상호작용은 요인설계에 의한 분산분석의 기본 목적이며 이때 제2의 독립변수는 **조절변수**(moderating variable)라고도 합니다. 예를 들어, 스트레스와 불안의 평균벡터에 대한 치료유형(행동치료/약물치료)과 성별(남/여)의 효과를 알고자 할 때 '치료유형'을 제1의 독립변수라 하면 성별(IV_2)은 상호작용 변수이자 조절변수가 됩니다. 이때 **상호작용효과가 유의미하면** 주효과는 해석하지 않고 '성별'의 조절변수를 해석하게 됩니다(두 변수의 의존효과로 인해 주효과의 설명이 무의미함). 예컨대, 치료유형의 효과가 평균벡터상에서 차이가 있으며 그와 같은 차이는 '성별' 변수에 의해 조절된다고 해석합니다. 그리고 성별에 따라 치료유형의 효과가 어떻게 다른지를 알아보기 위해 추가적으로 **단순주효과분석**(simple main effect analysis)을 수행합니다.

한편 둘 이상의 독립변수를 사용하는 요인설계에서는 각 집단 셀의 사례수가 다르면 전체 제곱합이 가법적인 형태로 분할되지 않으므로(개별효과를 합해도 전체 제곱합이 되지 않음) 독립변수의 효과가 명확하게 해석되지 않을 수 있습니다. 특히 상호작용의 해석은 더욱 어렵습니다. 물론 불균형 설계를 위해 SPSS와 같은 통계 프로그램에서 제곱합의 분할 옵션을 별도로 제공하고 있지만, 실험연구의 목적으로 다변량분산분석을 적용한다면 집단별 충분한 사례수를 확보하거나 집단 간 균형설계를 유지하는 것이 올바른 해석을 위해 바람직합니다. 균형설계인 경우 효과의 우선순위와 관계없이 제곱합이 가법적으로 분할되므로 효과별(주효과, 상호작용효과) 해석의 일관성이 유지됩니다. 상호작용분석을 위한 예시는 다음과 같습니다.

예 1 환자의 스트레스와 불안 점수의 평균벡터에서 치료유형(행동치료/약물치료)과 성별(남/여)은 상호작용효과를 보일 것이다. 구체적으로 남자의 경우에는 행동치료를 받을 때 스트레스와 불안의 평균벡터에서 낮은 점수를 나타낼 것이고 여자의 경우에는 약물치료를 받을 때 평균벡터에서 낮은 점수를 보일 것이다.

예 2 아동의 특성(통제집단/학습장애)과 부모의 교육수준(고/저)은 아동용 웩슬러 지능검사의 언어력, 수리력, 공간력, 추리력의 차원에서 상호작용효과를 보일 것이다. 즉, 아동의 특성과 부모의 교육수준은 지능검사의 평균벡터 점수에서 유의미한 상호작용효과를 보일 것이다.

제곱합의 분할 옵션(SPSS의 일반선형모형)

- ANOVA의 경우 제곱합은 $SS_t = SS_b + SS_w$로 집단 간 제곱합과 집단 내 제곱합으로 구성됨. 다변량분산분석은 종속변수들의 선형조합에 의한 평균벡터를 구하므로 행렬(matrix)로 표시된다는 것이 다르지만 $SSCP_t = SSCP_b + SSCP_w$로 기본 구성 요소는 집단 간 및 집단 내 제곱합으로 같음.
- SPSS 프로그램에서 연구표본의 특성에 맞도록 제곱합의 분할방식을 선택하는 별도의 옵션이 제공되므로 필요한 경우에 사용(메뉴: '분석 → 일반선형모형 → 다변량'에서 '모형' 선택 후 하단의 제곱합을 유형별로 선택).
- 제 I 유형: 위계적 접근이라고도 하며 주효과와 공변수의 효과들이 바로 앞의 효과에 의해서만 위계적으로 평가됨. 단, 상호작용효과는 위계적으로 처리되지 않고 모든 효과에 의해 교정됨. 주효과가 상호작용효과에 앞서 분석되는 균형설계와 내재설계(nested design: 한 변수의 수준에서 다른 변수에 따른 집단 차이를 검증)에서 유용함.
- 제II유형: 각 효과는 모든 효과에 의해 고정됨. 내재설계에서 사용.
- 제III유형: 회귀적 접근이라고도 하며 SPSS의 디폴트 값으로 모든 효과에 의해 교정됨. 분석에 포함된 모든 효과를 직교방식으로 분할하고 개별 제곱합의 총합은 전체 제곱합과 같음.
- 제IV유형: 집단의 특정 셀이 비어 있는 불균형설계에 사용 가능한 방식(특정 셀의 사례수가 0인 경우).

◇ 연합강도(설명분산)의 파악

다변량분산분석의 기본적인 목적은 종속변수에 미치는 독립변수의 주효과와 상호작용효과를 분석하는 것이지만 선형모형에서 독립변수와 종속변수의 관련성을 R제곱(R^2)과 같이 설명량으로 나타낼 수 있습니다. 주효과나 상호작용효과가 통계적으로 유의미할지라도 독립변수와 종속변수의 관련성이 낮은 수준이라면 처치의 효과가 약하다는 것을 의미하므로 이런 경우 설명분산을 파악하는 것이 중요합니다.

다변량분산분석에서 산출되는 '부분에타제곱'(partial eta^2)은 **독립변수와 종속변수 간의 연합강도로 효과의 크기를 의미하고**(독립변수의 설명분산) 동시에 여러 종속변수의 상대적 영향력을 말합니다.[2)] 따라서 부분에타제곱이 크다는 것은 해당 독립변수의 설명력이 높다는 것을 말하고 그 종속변수가 다른 종속변수에 비해 상대적으로 중요함을 의미합니다. 연합 강도는 실험설계모형에서 변수 간의 인과성 정도를 의미하므로 실험연구에서 부분에타제곱은 독립변수와 종속변수 간의 인과성 강도로 해석할 수 있습니다.

예 1 치료유형(행동치료/약물치료)과 성별(남/여)에 따른 환자의 스트레스와 불안 점수의 평균벡터에 차이가 있을 것이다. 특히 치료유형과 성별의 상호작용효과는 환자의 스트레스보다 불안 점수에서 더 높게 나타날 것이다.

예 2 가족의 지지도(고/저)와 청소년의 약물 경험(유/무)에 따라 청소년 비행과 폭력 수준에 차이가 있는가? 만일 그렇다면 청소년의 비행과 폭력 가운데 가족의 지지도에 의해 더 설명력이 높은 변수는 무엇인가?

◇ 공변수의 효과

다변량분산분석은 잘 계획된 실험방안에 의해 외생변수를 통제하고 독립변수의 효과를 분석하지만 실험상에서 통제할 수 없는 변수가 존재하거나 사전측정치를 통제한 상태에서 사후측정치의 효과를 분석하고자 할 때 공변수(covariate)를 활용한 다변량분산분석을 수행할 수 있습니다. 이를 다변량공분산분석(multivariate analysis of covariance: MANCOVA)이라고 부르며 공변수의 유의성과 공변수에 의해 교정된 평균벡터가 분석됩니다.

예 1 개인의 자극민감성을 통제한 상태에서 세 가지 치료유형(행동치료/인지치료/약물치료)에 따라 환자의 스트레스와 불안 점수의 평균벡터에 차이가 있을 것이다.

예 2 학령전 학습 경험을 통제한 상태에서 부모의 교육수준(고/저)에 따라 아동의 언어력, 수리력, 추리력의 평균벡터에 차이가 있을 것이다.

2) 에타제곱(eta^2)은 총분산에서 집단 간 분산이 차지하는 비율로 SS_b/SS_t이고 '1−람다'와 같음.

Q50 ANOVA, 다변량분산분석, 반복측정치를 이용한 ANOVA의 차이점은 무엇인가요?

해설

다변량분산분석은 ANOVA의 확장이고 반복측정치에 의한 ANOVA와는 많은 공통점을 갖습니다. 다음의 〈표 4-1〉은 이들 간의 차이와 공통점을 비교한 것입니다.

<표 4-1> ANOVA, 다변량분산분석, 그리고 반복측정 ANOVA의 비교

	독립 ANOVA	독립 다변량분산분석	반복측정 ANOVA
목 적	• 처치효과(집단평균) • 주효과, 상호작용효과 • 공변수 사용	• 처치효과(평균벡터) • 주효과, 상호작용효과 • 공변수 사용	• 반복처치효과(평균벡터) • 주효과, 상호작용효과 • 공변수 사용
분석 조건	• 독립변수 다수 • 종속변수 단일 • 독립표본	• 독립변수 다수 • 종속변수 다수 • 독립표본	• 독립변수 없음 혹은 다수 • 종속변수 단일(단, 측정치 다수)
기본 가정	• 모집단 분포의 정규성 • 분산의 동질성 • 표본의 독립성	• 모집단 분포의 정규성 • 분산-공분산 행렬의 동질성 • 다중공선성(DV) 확인	• 모집단 분포의 정규성 • 분산-공분산 행렬의 동질성 • 다중공선성(DV) 확인
측정 수준	• 독립변수: 범주형 데이터 • 종속변수: 연속형 데이터	• 독립변수: 범주형 데이터 • 종속변수: 연속형 데이터	• 독립변수: 범주형 데이터 • 종속변수: 연속형 데이터
검증 통계치	• F값	• 람다값 • 단변량 F값	• 람다값 • 단변량 F값
예 시	• IV=1, DV=1: 일원분산분석(one-way ANOVA) • IV=2, DV=1: 이원분산분석(two-way ANOVA) → 요인설계 • IV=1, DV≥2: 일원다변량분산분석(one-way MANOVA) • IV=2, DV≥2: 이원다변량분산분석(two-way MANOVA) → 요인설계 • DV=1, 측정치≥2: 반복측정 ANOVA • DV≥2, 측정치≥2: 반복측정 다변량분산분석 • IV≥1, DV≥2, 측정치≥2: 혼합설계에 의한 이중다변량분산분석		

〈표 4-1〉에서 보듯이, 독립 ANOVA와 독립 다변량분산분석은 독립표본설계에 기초하지만 단일한 종속변수와 다수의 종속변수를 사용하는 것이 다릅니다. 즉, 독립 ANOVA는 단일한 종속변수를 사용하고 독립 다변량분산분석은 다수의 종속변수를 사용합니다. 그리고 반복측정 ANOVA는 기본적으로 종속표본으로 두 개 이상의 종속변수 측정치를 갖는 경우를 지칭합니다. 이 경우 종속측정치가 두 개 이상이므로 다변량분산분석과 같은 분석모형으로 평균벡터를 검증하고 다변량 통계치(예: 람다값)를 해석하게 됩니다. 여러 종속측정치의 평균벡터(선형조합)를 검증하므로 다변량분산분석과 반복측정 ANOVA는 수학적으로 같은 알고리즘에 기초합니다. 나아가 반복측정 ANOVA는 두 개 이상의 종속측정치를 가지면서 독립집단을 동시에 분석할 수 있는데, 여기에 만일 두 개 이상의 측정치를 갖는 종속변수가 추가된다면 가장 복잡한 형태의 혼합설계에 의한 이중다변량분산분석 모형이 됩니다.

한편 측정수준은 ANOVA와 다변량분산분석 모두 범주형 데이터를 독립변수로 하고 연속형 데이터를 종속변수로 하며 분산분석에 기초한 F값과 람다값을 선택적으로 해석합니다. 모두 모수통계에 해당하므로 모수통계의 기본 가정을 전제하지만 다변량분석의 경우 종속측정치 간의 다중공선성을 확인해야 합니다. 〈표 4-1〉에는 독립변수와 종속변수 및 종속측정치의 수를 기준으로 분산분석의 유형을 예시하였으므로 참고할 수 있습니다. 다음은 분산분석 유형별로 설정 가능한 연구문제(가설)를 비교 목적으로 예시한 것입니다.

예 1 독립 ANOVA: 세 가지 치료유형(행동치료/약물치료/인지치료)에 따른 스트레스 점수에 차이가 있을 것이다.

예 2 일원 독립 MANOVA: 세 가지 치료유형(행동치료/약물치료/인지치료)에 따라 불안과 스트레스의 평균벡터에 차이가 있을 것이다.

예 3 반복측정 ANOVA: 약물처치의 효과(1주 간격의 3회 측정)가 스트레스의 감소에 긍정적으로 나타날 것이다.

예 4 반복측정 MANOVA: 약물처치의 효과(1주 간격의 3회 측정)가 스트레스와 불안의 평균벡터점수에 영향을 줄 것이다.

예 5 혼합설계에 의한 이중다변량분산분석: 성별에 따른 약물처치의 효과(1주 간격의 3회 측정)가 스트레스와 불안의 평균벡터에 차이를 보일 것이다.

Q51 다변량분산분석을 위한 [예제연구 6]은 무엇인가요?

해설

다변량분산분석은 종속변수 측정치가 두 개 이상이라는 점을 제외하고 ANOVA와 같으므로 친숙한 형태입니다. SPSS의 일반선형모형으로 분석하는 다변량분산분석은 절차의 복잡성과 관계없이 해석에 꼭 필요한 정보만을 포함하고 있어 ANOVA의 해석에 다변량 통계치를 일부 첨가한 형식으로 이해할 수 있습니다.

다변량분산분석의 해설을 위한 [예제연구 6]은 학습장애 아동에게 개념학습보다 문제해결을 위한 모방학습이 도움이 될 것인지를 알아보기 위한 연구입니다. 이를 위해 학습조건(개념학습/모방학습)과 아동특성(통제집단/학습장애)에 따라 아동용 웩슬러 지능검사의 하위 차원(언어력, 수리력, 공간력)에서 차이가 있는지를 분석하고자 합니다. 따라서 독립변수는 아동특성과 학습조건이고 종속변수는 지능검사 점수, 종속변수 측정치는 언어력, 수리력, 공간력의 3개 차원입니다. 그리고 학습시간은 공변수로 가정합니다(총 60시간으로 하루 2시간씩 2개월간 학습을 가정함).

예제연구 6(data file: 예제6_MANOVA.sav)

- 연구가설: 아동특성(통제집단/학습장애)과 학습조건(개념학습/모방학습)에 따라 지능검사 하위 차원 점수의 평균벡터에 차이가 있을 것이다.
- 종속변수: 웩슬러 지능검사의 하위 차원인 언어력(verbal), 수리력(math), 공간력(sptial)
- 독립변수: 아동특성(통제집단/학습장애: grp1), 학습조건(개념학습/모방학습: grp2)
- 공변수: 학습시간(분: ltime)

• 데이터의 구성($n=100$)

참여자 ID	아동특성 (IV_1)	학습조건 (IV_2)	언어력 (DIV_1)	수리력 (DIV_2)	공간지각력 (DV_3)	학습시간 (공변수)
1	1	1	72	81	75	52
2	1	1	78	82	81	56
3	1	1	80	84	67	54
4	1	1	77	75	79	60
5	1	1	80	91	90	60
…	…	…	…		…	…
96	2	2	76	75	72	56
97	2	2	82	76	81	54
98	2	2	72	76	79	58
99	2	2	82	64	76	60
100	2	2	80	68	83	60

주: 아동 특성 1=통제집단, 2=학습장애, 학습조건 1=개념학습, 2=모방학습, 지능점수는 100점 만점임.

위의 [예제연구 6]은 일원설계에 의한 독립 다변량분산분석, 요인설계에 의한 독립 다변량분산분석, 그리고 학습시간을 공변수(covariate)로 하는 독립 다변량공분산분석을 수행할 수 있는 데이터입니다.

① 2집단 독립 다변량분산분석: 아동특성(통제집단/학습장애)에 따라서 지능검사 하위차원의 평균벡터에 차이가 있을 것이다.

② 요인설계에 의한 독립 다변량분산분석: 아동특성(통제집단/학습장애)과 학습조건(개념학습/모방학습)에 따라서 지능검사 하위차원의 평균벡터에 차이가 있을 것이다.

③ 2집단 독립 다변량공분산분석: 학습시간을 통제한 상태에서 아동특성(통제집단/학습장애)에 따라서 지능검사 하위차원의 평균벡터에 차이가 있을 것이다.

Q52 2집단 독립 다변량분산분석은 어떻게 수행하고 결과를 해석하나요?

[♣ 데이터: 예제6_MANOVA.sav]

해설

2집단 독립 다변량분산분석은 하나의 독립변수(IV)에서 두 개의 집단을 가정하고 종속변수(DV) 측정치는 두 개 이상인 경우에 해당합니다. 따라서 [예제연구 6]의 아동특성(통제집단/학습장애)에 따라 3개 차원의 지능검사 점수의 평균벡터에 차이가 있는지를 알아보고자 할 때 2집단 독립 다변량분산분석을 수행할 수 있습니다.

1. 기초 정보 **IBM® SPSS® Statistics**

```
GLM                                     → 일반선형모형의 다변량 분석 모듈
 verbal math sptial  BY grp1
 /METHOD = SSTYPE(3)
 /INTERCEPT = INCLUDE
 /EMMEANS = TABLES(OVERALL) /EMMEANS = TABLES(grp1)
 /PRINT = DESCRIPTIVE ETASQ OPOWER PARAMETER TEST(SSCP) RSSCP HOMOGENEITY
 /CRITERIA = ALPHA(.05)
 /DESIGN .
```

(메뉴: 분석 → 일반선형모형 → 다변량 or 반복측도)
종속변수는 '종속변수' 칸에, 독립변수는 '고정요인' 칸에, 공변수는 '공변량' 칸에 각각 입력하고 필요한 옵션 선택(모형, 대비, 도표, 사후분석, 저장, 옵션, 붓스트랩 등)

일반선형모형

Ⓐ 개체-간 요인

		값 레이블	N
grp1 아동특성	1	통제집단	50
	2	학습장애	50

Ⓑ 기술통계량

	grp1 아동특성	평균	표준편차	N
verbal 언어력	1 통제집단	79.6800	7.35524	50
	2 학습장애	73.7400	9.27320	50
	전체	76.7100	8.84581	100
math 수리력	1 통제집단	80.1800	5.70961	50
	2 학습장애	71.9600	5.98965	50
	전체	76.0700	7.13825	100
sptial 공간력	1 통제집단	75.3200	6.56347	50
	2 학습장애	77.1400	6.80939	50
	전체	76.2300	6.71626	100

위의 결과 Ⓐ와 Ⓑ는 투입된 독립변수에 대한 기본 정보와 집단 통계치로서 평균과 표준편차가 제시되어 있습니다. 결과 Ⓑ의 '기술통계량'은 종속변수별로 제시된 것으로 개별 단변량 ANOVA의 결과와 같습니다.

Ⓒ 공분산 행렬에 대한 Box의 동일성 검정[a]

Box의 M	23.249
F	3.746
자유도 1	6
자유도 2	69583.698
유의확률	.001

여러 집단에서 종속변수의 관측 공분산 행렬이 동일한 영가설을 검정합니다.
a. Design: 절편 + grp1

Ⓓ Bartlett의 구형성 검정[a]

우도비	.000
근사 카이제곱	49.670
자유도	5
유의확률	.000

잔차 공분산 행렬이 항등 행렬에 비례하는 영가설을 검정합니다.
a. Design: 절편 + grp1

결과 Ⓒ는 Box의 M값으로 분산-공분산 행렬의 동질성을 평가하기 위한 것입니다. Box의 M값이 23.249이며 $p < .05$로 분산-공분산의 동질성 가정이 어려운 것으로 나타났습니다. 이 경우 다변량 검증치 윌크스(Wilks)의 람다값보다 분산-공분산 행렬의 동질성에 덜 영향을 받는 **필라이의 트레이스값**(Pillai's Trace: T)을 해석하는 것이 더 적절할 수 있습니다.

결과 Ⓓ의 'Bartlett의 구형성 검정'은 종속변수들의 독립성을 평가하는 것으로 '종속변수 간의 상관이 0($r=0$)'이라는 영가설을 검증하게 됩니다. 결과 Ⓓ를 보면 변환된 카이제곱값은 49.670이고 그에 대한 유의도는 $p<.01$이므로 영가설을 기각하고 종속변수 간의 상관이 유의미하게 존재함을 확인할 수 있습니다(종속변수 간의 상관이 존재하므로 다변량분산분석이 적절함).

위의 결과 Ⓒ에서 Box의 M값이 종속변수 측정치들의 정규성 가정을 충족하지 않는 것으로 나타났는데, 이와 같은 경우 해석의 오류를 방지하기 위한 장치가 필요합니다. 예를 들어, 사례수, Bartlett의 구형성 검증치, 오차분산의 동일성(결과 Ⓕ) 등에서 통계적 검증력이 파악되면 Pillai의 T값을 해석하는 것이 가능합니다. 즉, 사례수는 집단별로 $n=50$으로 충분하고 'Bartlett의 구형성 검정'의 전환된 카이제곱값이 49.670이고 $p<.01$로 종속변수들의 상관이 유의미합니다. 또한 결과 Ⓕ의 '오차분산의 동일성에 대한 Levene의 검정'을 보면 각 종속 측정치에 대해 집단별 분산의 동질성을 가정할 수 있습니다(모두 $p>.05$). 따라서 비록 Box의 M값은 준거를 만족하지 못하지만, 개별 종속변수별 동분산성이 가정되고 이들의 상관이 독립적이지 않으며 통계적 검증력을 위한 최소 사례수를 충족하고 있어 유의수준을 좀 더 엄격하게 적용하면 해석의 오류를 최소화할 수 있을 것으로 평가됩니다.

2. 다변량 검증치 **IBM® SPSS® Statistics**

Ⓔ 다변량 검정[a]

효과		값	F	가설 자유도	오차 자유도	유의확률	부분에타제곱
절편	Pillai의 트레이스	.996	7469.852[b]	3.000	96.000	.000	.996
	Wilks의 람다	.004	7469.852[b]	3.000	96.000	.000	.996
	Hotelling의 트레이스	233.433	7469.852[b]	3.000	96.000	.000	.996
	Roy의 최대근	233.433	7469.852[b]	3.000	96.000	.000	.996
grp1	Pillai의 트레이스	.409	22.116[b]	3.000	96.000	.000	.409
	Wilks의 람다	.591	22.116[b]	3.000	96.000	.000	.409
	Hotelling의 트레이스	.691	22.116[b]	3.000	96.000	.000	.409
	Roy의 최대근	.691	22.116[b]	3.000	96.000	.000	.409

a. Design: 절편 + grp1
b. 정확한 통계량

결과 Ⓔ의 '다변량 검정'은 독립변수인 '아동특성'에 대한 다변량 통계치와 그에 따른 F값,

부분에타제곱(partial eta²)이 산출되어 있습니다. **다변량 통계치**로는 필라이(Pillai)의 트레이스, 윌크스(Wilks)의 람다, 호텔링(Hotelling)의 트레이스, 로이(Roy)의 최대근값이 함께 제시되어 있습니다. 이들 값은 각기 장단점을 가지고 있으므로 환경에 맞도록 사용하는 것이 좋습니다. 예를 들어, **다변량 정규성이 가정될 때 윌크스 람다값**은 가장 안정적 결과를 제공하며 **분산-공분산의 동질성이 확보되지 않을 때 필라이의 트레이스값**을 사용할 수 있습니다. 이 결과에서는 분산-공분산이 이질적임을 고려하여 필라이의 트레이스(T)를 해석해 보면 필라이(Pillai)의 T값은 0.409, 그에 따른 $F_{3,96}=22.116$이고 $p<.01$로 통계적으로 유의미한 것으로 나타났습니다(대안적으로 람다=0.591, $F_{3,96}=22.116$, $p<.01$). 즉, 아동특성(통제집단/학습장애)에 따라 언어력, 수리력, 공간력의 평균벡터에 유의미한 차이가 있는 것으로 나타났습니다. 이때의 **부분에타제곱**은 0.409, 즉 아동특성은 종속측정치의 평균벡터를 **약 40.9%로 설명**하고 있습니다(효과의 크기).

Ⓕ 오차분산의 동일성에 대한 Levene의 검정[a]

		Levene 통계량	자유도 1	자유도 2	유의확률
verbal 언어력	평균을 기준으로 합니다.	1.534	1	98	.219
	중위수를 기준으로 합니다.	1.027	1	98	.313
	자유도를 수정한 상태에서 중위수를 기준으로 합니다.	1.027	1	88.631	.314
	절삭평균을 기준으로 합니다.	1.366	1	98	.245
math 수리력	평균을 기준으로 합니다.	.598	1	98	.441
	중위수를 기준으로 합니다.	.709	1	98	.402
	자유도를 수정한 상태에서 중위수를 기준으로 합니다.	.709	1	96.474	.402
	절삭평균을 기준으로 합니다.	.611	1	98	.436
sptial 공간력	평균을 기준으로 합니다.	.265	1	98	.608
	중위수를 기준으로 합니다.	.175	1	98	.677
	자유도를 수정한 상태에서 중위수를 기준으로 합니다.	.175	1	97.990	.677
	절삭평균을 기준으로 합니다.	.239	1	98	.626

여러 집단에서 종속변수의 오차분산이 동일한 영가설을 검정합니다.
a. Design: 절편 + grp1

결과 Ⓕ의 '오차분산의 동일성에 대한 Levene의 검정'은 **집단의 오차분산에 대한 동질성 검증 결과**로 Levene의 값에 대한 유의확률이 $p>.05$이면 동질성을 가정할 수 있습니다. 결과 Ⓕ에서 보듯이, 모든 기준에서 Levene의 통계량이 $p>.05$로 종속측정치(언어력, 수리력, 공간력)에 대한 집단 간 오차분산의 동질성을 가정할 수 있습니다.

04 MANOVA

Ⓖ 개체-간 효과 검정

소스	종속변수	제 III 유형 제곱합	자유도	평균제곱	F	유의확률	부분에타제곱
수정된 모형	verbal 언어력	882.090[a]	1	882.090	12.593	.001	.114
	math 수리력	1689.210[b]	1	1689.210	49.338	.000	.335
	sptial 공간력	82.810[c]	1	82.810	1.852	.177	.019
절편	verbal 언어력	588442.410	1	588442.410	8400.809	.000	.988
	math 수리력	578664.490	1	578664.490	16901.356	.000	.994
	sptial 공간력	581101.290	1	581101.290	12993.207	.000	.993
grp1	verbal 언어력	882.090	1	882.090	12.593	.001	.114
	math 수리력	1689.210	1	1689.210	49.338	.000	.335
	sptial 공간력	82.810	1	82.810	1.852	.177	.019
오차	verbal 언어력	6864.500	98	70.046			
	math 수리력	3355.300	98	34.238			
	sptial 공간력	4382.900	98	44.723			
전체	verbal 언어력	596189.000	100				
	math 수리력	583709.000	100				
	sptial 공간력	585567.000	100				
수정된 합계	verbal 언어력	7746.590	99				
	math 수리력	5044.510	99				
	sptial 공간력	4465.710	99				

a. R 제곱=.114 (수정된 R 제곱=.105)
b. R 제곱=.335 (수정된 R 제곱=.328)
c. R 제곱=.019 (수정된 R 제곱=.009)

위의 결과 Ⓖ의 '개체-간 효과 검정'은 일반선형모형에 기초한 단변량 ANOVA의 결과를 종속측정치별로 제시한 것입니다. 이는 앞서 결과 Ⓔ의 다변량 검증에서 집단변수에 따른 평균벡터에 차이가 유의미할 때 어떤 종속측정치에서 차이를 보이는지 세분화한 것과 같습니다. 즉, 독립변수에 따른 종속변수의 상대적 효과로 해석할 수 있습니다. 결과 Ⓖ를 보면 독립변수(grp1)에 따라 언어력과 수리력은 통계적으로 유의미한 반면(언어력 $F_{1,98}=12.593$; 수리력 $F_{1,98}=49.338$, $p<.01$), 공간력에서는 독립변수의 효과가 유의미하지 않은 것으로 나타났습니다($F_{1,98}=1.852$, $p>.05$). 따라서 언어력과 수리력에서 아동특성(통제집단/학습장애)의 주효과는 유의미한 반면 공간력에서는 아동특성의 주효과는 없는 것으로 해석됩니다.

또한 부분에타제곱(partial eta^2)을 보면 수리력은 0.335이고 언어력은 0.114로 아동특성의 효과가 언어력보다 수리력에서 더 큰 것으로 해석할 수 있습니다. 결과 Ⓑ의 '기술통계량'을 참고하면 언어력과 수리력에서 통제집단의 평균은 학습장애 집단보다 높고(언어력의 경우 통제집단 79.680, 학습장애 73.740; 수리력의 경우 통제집단 80.180, 학습장애 71.960), 공간력에

서는 반대로 학습장애 집단의 평균이 통제집단보다 더 높은 것으로 나타났습니다(통제집단 75.320, 학습장애 77.140).

지금까지의 설명과 같이 2집단 다변량분산분석의 해석에서는 독립변수(집단)의 평균벡터에 대한 주효과를 설명하는 것이 핵심이고 독립변수의 효과가 종속변수별로 차이가 있는지를 부가적으로 해석합니다. 그러나 실제 SPSS의 일반선형모형(다변량/옵션)을 이용하면 좀 더 다양한 추가적 해석이 가능합니다. 다음은 일반선형모형의 [옵션]에서 추가적으로 산출할 수 있는 통계치들을 간략히 소개한 것입니다.

다변량분산분석에서 산출 가능한 통계치 옵션

SPSS의 〈일반선형모형 → 다변량 → 옵션〉을 선택하면 다음과 같은 대화창에서 여러 통계치를 선택할 수 있음.

[그림 4-2] 선택 가능한 통계 옵션

- 기술통계량: 각 종속변수에 대한 집단통계치(평균, 표준편차, 사례수)
- 효과크기 추정값: 부분에타제곱(partial eta^2)의 산출
- 관측검정력: 통계적 검증력을 의미하며 값이 0.80 이상이면 수용 가능한 검증력으로 해석
- 모수 추정치: 일반선형모형의 적용으로 단변량 F검증의 결과를 회귀모형으로 나타냄
- SSCP 행렬: 집단변수에 대한 종속측정치의 분산-공분산 행렬. 개체-간 효과 검증에서 집단변수의 제곱합(sum of square)과 같음

- 잔차 SSCP 행렬: 잔차에 대한 분산-공분산 행렬(제곱합) 및 교적행렬(교차곱). 잔차 SSCP 행렬에서 '제곱합 및 교차곱'의 대각선 값은 SSCP 행렬에서 오차행렬의 대각선 값과 같고, '공분산'의 대각선 값은 개체-간 효과 검증 결과에서 오차의 평균제곱합과 같음. 바틀릿(Bartlett)의 구형성 검증을 산출하는 근거임
- 변환행렬: 계수산출을 위해 대각선을 1로 고정한 행렬
- 동질성 검정: Box의 공분산 행렬의 동질성 검증을 산출함
- 수준-산포 도표: 집단별 종속측정치에 대한 평균과 산포(표준편차, 분산)를 나타낸 도표
- 잔차도표: 관측값, 각 종속측정치에 대한 예측값, 표준화 잔차 간의 관계를 나타냄
- 적합성 결여 검증: 독립변수와 종속변수의 관계성에 대한 추가 정보로 $p > .10$이면 적절한 관계성이 없는 것으로 해석
- 일반 추정가능 함수: 통계치 산출을 위한 집단별 대비(contrast) 정보

이 밖에도 다변량분산분석에서 각종 통계치를 산출하기 위한 행렬정보를 제공하는데, 가장 기본이 되는 행렬로 개체 간 SSCP 행렬과 잔차 SSCP 행렬 등이 있습니다.

3. 행렬정보 **IBM® SPSS® Statistics**

Ⓗ 모수 추정값

종속변수	모수	B	표준오차	t	유의확률	95% 신뢰구간 하한	95% 신뢰구간 상한	부분 에타제곱
verbal 언어력	절편	73.740	1.184	62.301	.000	71.391	76.089	.975
	[grp1=1]	5.940	1.674	3.549	.001	2.618	9.262	.114
	[grp1=2]	0[a]	.	.	.	.	.	.
math 수리력	절편	71.960	.827	86.961	.000	70.318	73.602	.987
	[grp1=1]	8.220	1.170	7.024	.000	5.898	10.542	.335
	[grp1=2]	0[a]	.	.	.	.	.	.
sptial 공간력	절편	77.140	.946	81.564	.000	75.263	79.017	.985
	[grp1=1]	-1.820	1.338	-1.361	.177	-4.474	.834	.019
	[grp1=2]	0[a]	.	.	.	.	.	.

a. 현재 모수는 중복되므로 0으로 설정됩니다.

결과 Ⓗ의 '모수 추정값'은 결과 Ⓖ의 '개체-간 효과 검정'에 있는 ANOVA 결과를 회귀모형으로 나타낸 것입니다. 그에 따라 종속변수별로 독립변수의 회귀계수와 그에 따른 t값과

유의도가 제시되어 있습니다. $t^2=F$이므로 각각의 t^2은 결과 Ⓖ의 F값과 같습니다. 예를 들어, 수리력에서 t값의 제곱 $7.024^2=49.337$로 결과 Ⓖ의 수리력 49.338의 근사치입니다.

Ⓘ 개체-간 SSCP 행렬

			verbal 언어력	math 수리력	sptial 공간력
가설	절편	verbal 언어력	588442.410	583532.970	584760.330
		math 수리력	583532.970	578664.490	579881.610
		sptial 공간력	584760.330	579881.610	581101.290
	grp1	verbal 언어력	882.090	1220.670	-270.270
		math 수리력	1220.670	1689.210	-374.010
		sptial 공간력	-270.270	-374.010	82.810
오차		verbal 언어력	6864.500	2104.360	1705.940
		math 수리력	2104.360	3355.300	1345.400
		sptial 공간력	1705.940	1345.400	4382.900

제 III 유형 제곱합 기준

결과 Ⓘ의 '개체-간 SSCP 행렬'에는 집단 간 분산-공분산 행렬의 값이 제시되어 있습니다. 독립변수(grp1)의 **대각선 값은 결과 Ⓖ의 '개체-간 효과 검정'에 있는 독립변수(grp1)의 제곱합**이 됩니다. 마찬가지로 결과 Ⓘ에서 '오차'의 대각선 값은 결과 Ⓖ의 '오차'의 제곱합과 같습니다. 여기서 집단 간 제곱합(SS_b)과 집단 내 제곱합(SS_w)을 더하면 전체 제곱합이 되므로 결과 Ⓘ의 독립변수(grp1)의 대각선 값과 오차의 대각선 값을 각각 합하면 결과 Ⓖ의 '수정된 합계'의 제곱합이 됩니다. 예를 들어, 결과 Ⓘ에서 언어력의 882.090+6864.500을 하면 결과 Ⓖ의 '수정된 합계'에서 언어력의 제곱합 7746.590과 같습니다.

Ⓙ 잔차 SSCP 행렬

		verbal 언어력	math 수리력	sptial 공간력
제곱합 및 교차곱	verbal 언어력	6864.500	2104.360	1705.940
	math 수리력	2104.360	3355.300	1345.400
	sptial 공간력	1705.940	1345.400	4382.900
공분산	verbal 언어력	70.046	21.473	17.408
	math 수리력	21.473	34.238	13.729
	sptial 공간력	17.408	13.729	44.723
상관관계	verbal 언어력	1.000	.438	.311
	math 수리력	.438	1.000	.351
	sptial 공간력	.311	.351	1.000

제 III 유형 제곱합 기준

결과 Ⓙ의 '잔차 SSCP 행렬'은 잔차에 대한 분산–공분산 행렬(제곱합) 및 교적행렬(교차곱)을 나타냅니다. 여기서 **'공분산'의 대각선행렬 값은 결과 Ⓖ의 '오차'의 평균제곱합**(제곱합을 자유도로 나눈 값)**과 같습니다**. 예를 들어, 결과 Ⓙ에서 언어력(공분산)의 대각선 값 70.046은 결과 Ⓖ의 언어력(오차)의 평균제곱 70.046이 됩니다. 수리력과 공간력도 마찬가지입니다. 또한 결과 Ⓙ의 '제곱합 및 교차곱'의 대각선 값은 결과 Ⓘ의 '오차'의 대각선 값과 같습니다.

이처럼 결과 Ⓘ와 Ⓙ의 행렬은 다변량분산분석의 결과를 해석하는 직접적인 계수는 아니지만 계수산출에 필요한 기초적인 정보를 제공하고 특히 다변량통계치와 Box의 M값 등의 산출에 직접 사용됩니다.

[CHECK POINT]

2집단 다변량분산분석의 해석에 필요한 주요 결과물은 기술통계치(평균, 표준편차)를 포함해 분산-공분산행렬의 동질성을 검증하는 Box의 M값, 종속변수 간의 상관 여부를 판단하는 Barlett의 구형성 검증치, 그리고 Pillai의 T값이나 Wilks의 람다값과 같은 다변량 통계치(종속변수의 평균벡터에 대한 검증치), 오차분산의 동질성 검증치 등입니다. 또한 SPSS의 결과물에서는 다변량 통계치나 Box의 M값 등의 계수 산출에 필요한 행렬을 제공하는데, 여기에는 개체 간 SSCP 행렬과 잔차 SSCP 행렬이 포함됩니다. 만일 기본가정의 하나인 분산-공분산행렬의 동질성을 가정하지 못한다면 유의수준을 좀 더 엄격하게 설정하고 Wilks의 람다값을 대신해 Pillai의 T값을 해석할 수 있습니다.

Q53 다변량 통계치 가운데 무엇을 해석해야 하나요? 그리고 각 통계치가 산출되는 근거는 무엇인가요?

해설

다변량분산분석에서 산출되는 다변량 통계치는 대표적인 윌크스(Wilks) 람다 이외에도 필라이(Pillai)의 트레이스, 호텔링(Hotelling)의 트레이스, 로이(Roy)의 최대근 등이 있습니다. 각 통계치는 다변량분산분석의 조건이나 기본 가정의 충족 여부에 따라 사용될 수 있으며 이들 통계치의 산출은 행렬식에서 계산을 통해 얻게 됩니다. 즉, 개체 간 SSCP 행렬과 잔차 SSCP 행렬에 근거하여 산출됩니다. 여기서 다변량 통계치를 계산하는 행렬식의 산출과 상황에 따른 통계치의 효율성에 대해 살펴보겠습니다.

◇ 행렬의 분산과 공분산

다변량 통계치는 개체(집단) 간 SSCP 행렬과 잔차 SSCP 행렬을 산출하고 그에 대한 역행렬을 구하여 자유도로 나누어 산출됩니다. 여기서 SSCP 행렬의 분산과 공분산은 평균 간 차이와 교차곱으로 구해집니다. 즉, SSCP 행렬의 대각선 값(분산)은 집단평균과 전체평균의 차이로부터 산출되고 대각선 외의 값(공분산)은 변수 간의 교차합으로 계산됩니다(각 집단의 $n=50$). 예를 들어, '개체 간 SSCP 행렬'(결과 ①)의 언어력 대각선 값 882.090과 언어력과 수리력의 공분산 행렬 1220.670을 구하면 다음과 같습니다(☞ Q52의 결과 Ⓑ와 Ⓘ를 이용).

- 언어력의 분산: |50*(79.68−76.71)*(73.74−76.71)*2|=882.090
- 언어력과 수리력의 공분산: 50*(79.68−76.71)*(80.18−76.07)
  +50*(73.74−76.71)*(71.96−76.07)=1220.670

Ⓑ 기술통계량

	grp1 아동특성	평균	표준편차	N
verbal 언어력	1 통제집단	79.6800	7.35524	50
	2 학습장애	73.7400	9.27320	50
	전체	76.7100	8.84581	100
math 수리력	1 통제집단	80.1800	5.70961	50
	2 학습장애	71.9600	5.98965	50
	전체	76.0700	7.13825	100
sptial 공간력	1 통제집단	75.3200	6.56347	50
	2 학습장애	77.1400	6.80939	50
	전체	76.2300	6.71626	100

Ⓘ 개체-간 SSCP 행렬

			verbal 언어력	math 수리력	sptial 공간력
가설	절편	verbal 언어력	588442.410	583532.970	584760.330
		math 수리력	583532.970	578664.490	579881.610
		sptial 공간력	584760.330	579881.610	581101.290
	grp1	verbal 언어력	882.090	1220.670	-270.270
		math 수리력	1220.670	1689.210	-374.010
		sptial 공간력	-270.270	-374.010	82.810
오차		verbal 언어력	6864.500	2104.360	1705.940
		math 수리력	2104.360	3355.300	1345.400
		sptial 공간력	1705.940	1345.400	4382.900

제 III 유형 제곱합 기준

이렇게 제곱합이 집단평균과 전체평균의 차이로부터 구해지므로 **가중차이제곱합**(weighted squared differences)이라 하며 개체 간 SSCP 행렬과 잔차 SSCP 행렬의 역행렬을 자유도로 나누어 구한 값이 대표적인 다변량 통계치인 **호텔링 T^2**입니다. 약간의 차이는 있지만 이들 행렬에 기초하여 다변량 통계치가 산출되며 기본 가정의 평가를 위한 통계치(Box의 M값, Levene의 검증치, Bartlett의 구형성 검증치 등)의 산출에도 적용됩니다.

◇ 다변량 통계치의 사용

다변량분산분석에서 산출되는 다변량 통계치는 필라이(Pillai)의 트레이스, 윌크스(Wilks)의 람다, 호텔링(Hotelling)의 트레이스, 로이(Roy)의 최대근이 있습니다. 산출의 근원은 같지만 산출방식에 차이가 있어 통계치마다 해석에 적합한 상황이 약간씩 다릅니다. 각 통계치의 적절한 사용을 요약하면 다음과 같습니다.

(1) 전형적인 2집단 다변량분산분석의 경우

2집단 다변량분산분석을 위한 가장 기본적인 통계치는 호텔링의 트레이스 값, 즉 호텔링 T^2이라고 할 수 있습니다. 호텔링 T^2은 종속변수들의 평균벡터에 대한 두 집단 간 차이를 마치 단변량의 t검증과 같이 사용하기 때문에 2집단 다변량분산분석의 대표적 통계치로 해석합니다. 2집단의 경우에는 호텔링 T^2과 다른 통계치들이 같은 F값을 갖지만 그 이상일 때는 집단의 결합방식에 의해 다변량 통계치들이 동일 F값을 갖지 않게 됩니다.

(2) 3집단 이상 다변량분산분석의 경우

2집단의 경우 호텔링 T^2이 대표적이지만 3집단의 경우에는 통계적 검증력을 고려하여 해석적 준거를 선택할 수 있습니다. 만일 기본 가정을 크게 위배하지 않고 집단 간의 차이가 실제 존재한다면 그 차이를 정확히 탐지할 수 있어야 합니다. 다변량 통계치의 경험적 결과를 볼 때 통계적 검증력은 필라이의 트레이스, 윌크스 람다, 호텔링의 트레이스, 로이의 최대근의 순서로 감소합니다.

(3) 분산-공분산의 동질성을 가정하기 어려운 경우

분산-공분산의 동질성을 가정하기 어렵거나 다변량 정규성을 가정하기 어려운 경우에는 집단 내 분산의 영향을 덜 받는 필라이의 트레이스(T) 값이 다른 준거에 비해 해석적 오류가 적은 것으로 알려져 있습니다(Olson, 1979). 이와 더불어 표본의 크기가 작고 셀의 사례수가 다른 경우, 즉 불균형 설계에서도 필라이의 T값이 해석적 준거로 적절합니다.

(4) 종속변수의 상대적 효과가 차이가 날 때

종속변수 가운데 집단별 효과가 크게 다른 경우(예: 첫 번째 종속변수가 다른 종속변수에 비해 집단 간 평균 차이가 큰 경우) 필라이의 T값보다는 윌크스 람다나 호텔링 T^2, 로이의 최대근(gcr값)이 해석적 준거로 선호될 수 있습니다. 반면 여러 종속변수 간의 집단차이가 크지 않으면 통계적 검증력 기준으로 필라이 T값이 선호될 수 있습니다.

Q54 다변량 통계치의 통계적 검증력은 어떻게 평가하나요?

해설

다변량분산분석에서 제공되는 다변량 통계치(Pillai's Trace, Wilks' Lambda, Hotelling's Trace, Roy's Largest Root)의 통계적 검증력은 일반적으로 다음과 같은 세 가지 조건에 기초합니다. 첫째 유의수준 α, 둘째 표본크기, 셋째 처치의 효과크기입니다.

검증력은 연구변수에 대한 처치의 효과가 실제 존재하는지에 대한 통계검증의 능력을 말하므로 검증력이 있는 통계치는 독립변수의 처치효과를 확신하게 만드는 요소입니다. 먼저 검증력은 유의수준(α)과 부적인 관계에 있습니다. 유의수준이 엄격할수록(예: 0.05 → 0.01) 통계적 검증력은 감소합니다. [그림 4-3]에서 보듯이, 통계적 검증력은 1종 오류와 2종 오류의 관계에서 설명됩니다. 흔히 α는 1종 오류(영가설이 참일 때 이를 기각하고 대립가설을 받아들일 가능성)의 확률이고 β는 2종 오류(대립가설이 참일 때 이를 기각하고 영가설을 받아들일 가능성)의 확률입니다. 따라서 유의수준 α가 엄격해지면 1종 오류의 가능성이 줄어들지만 동시에 통계적 검증력도 감소합니다. 이때 $1-\beta$를 통계적 검증력이라고 합니다. 즉, 2종 오류가 감소하면 그만큼 통계적 검증력은 커진다는 것을 의미합니다. 역으로 말해 대립가설이 참일 때 그것을 정확하게 받아들일 확률이 높아질 때 통계적 검증력은 증가합니다.

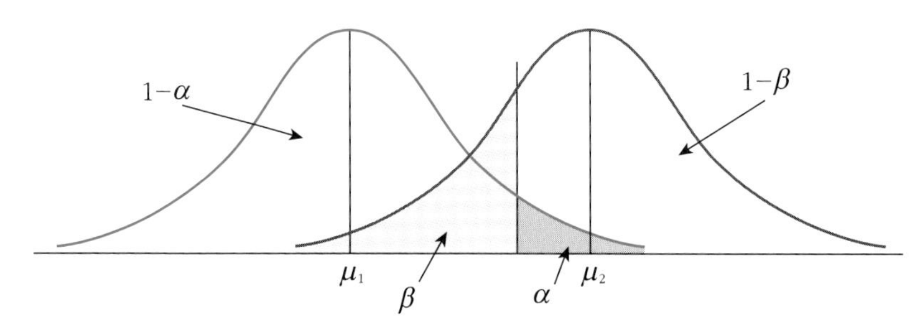

[그림 4-3] 통계적 검증력($1-\beta$)

둘째의 영향요인은 표본의 크기입니다. 표본의 크기가 커지면 표준오차가 감소하고 검증의 민감성(검증력)이 증가합니다. 다변량분산분석에서 보통 표본크기가 한 집단에서 50미만의 사례수를 가질 때 통계적 검증력은 약해지며 사례수가 $n=150$까지는 검증력이 급격히 증가하다가 $n>150$이 되면 완만한 증가를 보입니다.

세 번째 요인은 효과크기(effect size)입니다. 효과크기는 집단 간 평균차이를 표준편차(s)로 나눈 값으로 표준화된 집단차이로 볼 수 있습니다. 표본크기가 정해져 있을 때 통계적 검증력이 증가하면 효과의 크기도 증가하는 관계에 있습니다. 따라서 독립변수의 처치효과가 약할 때 표본의 크기를 크게 함으로써 검증력 증가를 기대할 수 있습니다. 효과크기에 대한 해석적 준거는 대체로 코헨(Cohen)의 $d \geq 0.80$이면 검증력이 크다고 판단하고 $0.50 \leq d \leq 0.70$이면 보통 수준으로 판단합니다. $0.40 \leq d$이면 약하고 0.10이하면 효과가 없는 것으로 해석합니다(Cohen, 1988). 한편 최근 연구들은 $0.40 \geq d$이면 바람직한 크기의 검증력으로 평가하기도 합니다(Hattie, 2009). 다만 실험연구에서 통계적 검증력이 있어도 처치의 효과가 유의미하지 않을 때 효과의 크기를 검토해야 하는데, 대체로 작은 표본을 대상으로 할 때 실용적 유의성을 나타낼 만큼 검증력이 크지 않기 때문입니다(Cohen, 1988).

부가적으로 다변량분산분석에서 통계적 검증력은 종속변수들의 다중공선성의 영향을 받습니다. 종속변수 간의 상관, 특히 높은 부적 상관은 효과의 크기와 통계적 검증력을 증가시킬 가능성이 크다고 알려져 있습니다(Cole et al., 1994).

[CHECK POINT]

다변량분산분석의 통계적 검증력에 영향을 주는 요소(요약)

① $1-\beta$, 즉 대립가설이 참이고 그것을 받아들일 가능성이 증가할 때

② 표본의 크기가 적절히 클 때($50 \leq n \leq 150$)

③ 효과의 크기가 클 때

Q55 다변량분산분석의 기본 가정은 무엇인가요?

해설

다변량분산분석은 실험연구에서 변수통제를 바탕으로 인과관계를 설명할 수 있습니다. 즉, 실험적으로 독립변수들이 적절히 조작되어 외생변수의 효과가 통제되고 연구 참여자들이 무작위로 처치집단에 할당되었다면 실험 결과를 통해 변수 간의 인과성을 확신하게 됩니다. 이 과정에서 다변량분산분석의 결과를 적절하게 해석하기 위해서는 기본 가정에 대한 검토가 필요합니다. 다변량분산분석을 위한 기본 가정은 사례수(표본크기), 다변량 정규성, 분산-공분산 행렬의 동질성, 종속변수의 선형성, 회귀의 동질성 등을 포함합니다.

◇ 표본크기에 대한 가정

다변량분산분석에서 가장 작은 셀의 사례수는 종속변수의 수를 초과해야 합니다. 그렇지 않으면 오차의 자유도가 작아져 통계적 검증력이 약화되며 다변량 통계치가 유의미하지 않아도 단변량 F값이 유의미한 결과를 보이게 됩니다. 나아가 분산-공분산 행렬의 동질성을 확보하기 어렵게 되거나 종종 역행렬을 산출하지 못하는 경우가 발생할 수 있습니다.

통계적 검증력을 고려할 때 표본크기는 $n \geq 50$은 되어야 결과를 안정적으로 해석을 할 수 있습니다(Hair et al., 2010). 만일 사례수를 충분히 확보할 수 없다면 **셀 간의 동등 사례수를 유지하는 것이 도움**이 됩니다(극단치가 있을 때 다변량 정규성에 영향).

◇ 다변량 정규성

다변량 정규성은 종속변수들의 점수가 모집단으로부터 독립적이고 무선적으로 추출되어야 하고 선형조합의 분포가 정규분포를 따라야 함을 말합니다. 선형조합에 의한 다변량 정규성은 쉽지 않기 때문에 (판별분석과 같이) **가장 적은 집단의 사례수가 20보다 크면** 정규성 가정을 크게 위배하지 않는 것으로 해석할 수 있습니다(Mardia, 1971). 또한 개별변수의 정규성이 다변량 정규성에 영향을 주므로 개별변수의 왜도(skewness)와 첨도(kurtosis)를 지표로 사용할 수 있습니다. 각 변수의 왜도가 −3.0에서 +3.0의 범위에 있거나 첨도가 −10.0에서 +10.0의 범위 내에 있으면 다변량 정규성이 수용한 가능한 범위에 있는 것으로 판단합니다(Griffin & Steinbrecher, 2013). 또한 Lei와 Lomax(2005)는 왜도 ±2.0, 첨도 ±3.0의 범위를 주장하고 Curran 등(1996)은 왜도 ±2.0, 첨도 ±4.0의 범위를 정규성으로 주장합니다.

◇ 분산-공분산 행렬의 동질성

각 집단 셀의 분산-공분산 행렬이 동질적이지 않으면 그로부터 산출된 행렬에서 오차분산을 추정하는 것이 편향되므로 결과를 신뢰할 수 없게 됩니다. 다변량분산분석에서 분산-공분산 행렬의 동질성을 검증하는 통계치는 Box의 M값입니다($p > .05$이면 동질적). 보통 표본이 충분히 크고 각 셀의 사례수가 동일하다면 분산-공분산 행렬의 동질성은 크게 문제시되지 않지만 표본이 작거나 셀의 크기가 다를 때 적절한 조치가 필요합니다(☞ Q43의 〈표 3-6〉 참고). 또한 종속변수에 대한 **오차분산의 동일성 검증**(Levene's test)을 참고할 수 있습니다. 물론 개별변수의 오차분산 동질성이 다변량 분포의 공분산 동질성을 의미하지는 않지만 모든 오차분산의 동질성이 확보되면 다변량 정규성을 예측할 수 있습니다.

한편 반복측정설계에 따른 (다변량)분산분석의 경우에는 **모클리(Mauchly)의 구형성 검증**을 확인해야 합니다. 모클리의 W값이 $p > .05$이면 반복측정치의 시간 간격에 따른 분산의 동질성을 가정할 수 있습니다. 만일 W값이 $p < .05$이면 측정치 간 시간차에 의한 분산의 동질성을 확신할 수 없으므로 그린하우스-가이저(Greenhouse-Geisser) 및 후인-펠트(Huynh-Feldt)의 **엡실런(ε) 값들**과 그에 따른 유의검증 결과를 해석합니다(자유도 교정에 의한 불편추정치).

◇ 종속변수들의 선형적 관계성

다변량분산분석을 적절히 수행하기 위해서 종속변수들의 분포가 선형적 관계에 있어야 합니다. 종속변수들의 선형적 관계는 곧 각 변수의 쌍이 유의미한 상관관계를 지니고 있어 다변량분산분석을 수행하는 것이 적절함을 의미합니다(Harris, 2001).[3]

SPSS에서 제공하는 **Batlett의 구형성 검증**은 투입변수들의 상관행렬식이 항등행렬

3) 만일 종속변수들의 상관이 전제되지 않으면 여러 번의 ANOVA를 수행하는 것이 바람직함.

(identity matrix: 대각선이 1이고 나머지 요소가 0인 행렬)이라는 영가설을 검증함으로써 변수 간 상관의 적절성을 파악합니다. 즉, 대각선 이외의 요소들(공분산)이 0이 아님을 검증하여 다변량분산분석을 수행할 만큼 종속변수들의 상관이 존재하는지를 파악합니다. 이 값은 카이제곱(χ^2)으로 변환되며 그 값이 $p < .05$이면 상관행렬식이 0이라는 영가설을 기각하고 종속변수 간의 타당한 상관, 즉 다변량분산분석 수행의 적절성을 확인합니다. 반면 상관이 너무 높아도 문제되는데, 이는 변수의 쌍이 동일 정보를 가진 것이므로(singular matrix: 상관계수=1.0) 마찬가지로 분석을 위한 역행렬을 산출할 수 없게 됩니다.

◇ 회귀의 동질성(공변수 사용할 때)

다변량분산분석에서 공변수를 사용하는 경우를 다변량공분산분석(MANCOVA)이라고 하는데, 이때 산출되는 점수들은 공변수에 의해 교정되므로 종속변수에 대한 공변수의 회귀계수 기울기가 동일하다는 가정이 필요합니다. 만일 회귀의 동질성을 가정하지 못하면 공변수와 종속변수의 관계뿐만 아니라 독립변수에 따른 교정된 점수들이 달라지기 때문에 공분산분석의 결과를 해석할 수 없게 됩니다.

달리 말하면, 회귀계수의 기울기가 동질적이지 않다는 것은 독립변수와 공변수가 상호작용효과를 보이는 것을 의미입니다. ANOVA에서 독립변수 간의 상호작용효과는 주효과 해석을 무효화하는 것과 같이 공변수와 독립변수의 상호작용은 독립변수의 해석을 어렵게 합니다. 회귀의 동질성은 다음 [그림 4-4]와 같이 나타낼 수 있습니다.

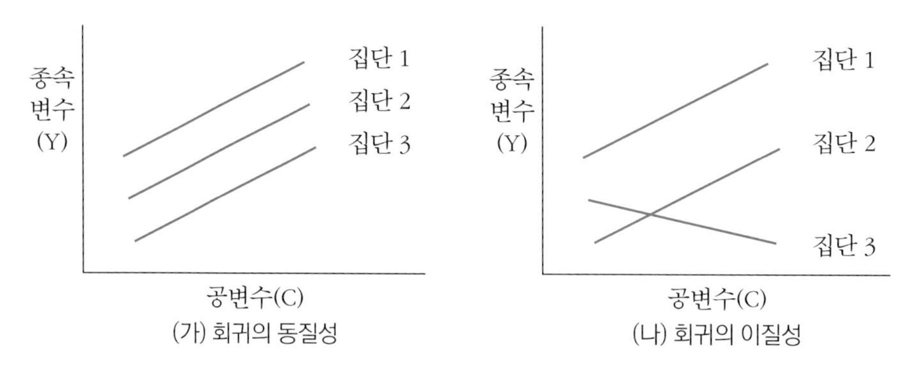

[그림 4-4] 회귀의 동질성

[그림 4-4]의 (가)는 각 집단에 따라 종속변수(Y)에 대한 공변수(C)의 변화가 일정하므로 회귀의 기울기가 집단에 따라 동질적임을 알 수 있습니다. 반면 (나)의 경우 집단 1과 집단 2는 회귀의 기울기가 일정하여 동질적이지만 집단 3은 집단 1 및 2와 달리 공변수와 명백한 상호작용을 보이므로 회귀의 기울기가 집단에 따라 동일하다는 가정을 위배합니다. 이와 같은 상황에 필요한 조치 사항은 다음과 같습니다.

회귀의 동질성을 가정할 수 없을 때

- 공변수와 종속변수가 동일한 척도로 측정되었고 사전-사후점수로 되어 있는 경우: ① 사전점수를 공변수로 하였으나 회귀의 동질성을 가정할 수 없다면 대안적으로 사후점수와 사전점수의 차이점수를 종속변수로 놓고 ANOVA를 수행하거나 ② 각 종속변수의 사후-사전의 차이점수를 종속변수로 하여 다변량분산분석을 수행 → 단, 이 경우 사전점수가 너무 높거나 낮으면 점수 간의 차이를 신뢰할 수 없으므로 점수의 크기가 적절한지 확인해야 함.
- 공변수가 연속변수로 측정되었다면: 무선화된 블록설계(randomized block design)와 같이 공변수에 대해 측정치를 몇 개의 블록으로 만들어 블록 내에서 피험자들의 공변수 점수가 동질적이 되도록 확보하고 그다음 독립변수의 수준에 무선 할당함. 그러면 최소한 공변수(C)상에서 집단별 점수가 동일함을 가정함을 가정. 단, 이는 연구설계 단계에서 공변수를 다루는 것이어서 분석 이전 단계에서 공변수가 회귀의 동질성을 가정할 수 없다는 정보가 있을 때 사용.
- 사례수가 충분하다면: 공변수를 하나의 독립변수로 취급하고 집단수준을 나누어 요인설계로 계획함. 공변수를 독립변수로 취함으로써 연구설계의 변경은 불가피하지만 공변수와의 상호작용을 또 하나의 연구주제로 삼을 수 있음.

Q56 요인설계에 의한 다변량분산분석은 어떻게 수행하고 결과를 해석하나요?

[♣ 데이터: 예제6_MANOVA.sav]

해설

이원 독립 다변량분산분석과 같이 두 개의 독립변수에 의한 분석모형을 요인설계방안이라고 합니다. 예를 들어, [예제연구 6]에서 아동특성(통제집단/학습장애)과 학습조건(개념/모방)을 독립변수로 하고 언어력, 수리력, 공간력을 종속변수로 한다면 전형적인 **2×2 요인설계에 의한 독립 다변량분산분석**이 됩니다. 독립변수인 아동특성(통제집단/학습장애)과 학습조건(개념/모방)이 상호 의존적 관계에서 지능발달에 영향을 줄 것으로 가정하는 분석모형으로 요인설계방안이라고 하며 독립변수의 상호작용효과가 분석의 주요 관심입니다. 독립변수가 2개인 경우에 상호작용효과는 1개가 산출되지만 만일 독립변수가 3개인 모형이 되면(A, B, C) 3개의 이원 상호작용효과(A*B, B*C, A*C)과 1개의 삼원 상호작용효과(A*B*C)가 산출됩니다. 이 예에서처럼 각 셀의 사례수가 동일한 경우에는 효과의 분석 순서(주효과 및 상호작용효과)에 관계없이 제곱합이 동등하게 분할되므로 SPSS의 디폴트 모형인 완전요인모형(full factorial model)에 해당합니다.

---

1. 기초 정보 **IBM® SPSS® Statistics**

```
GLM verbal math sptial BY grp1 grp2
 /METHOD=SSTYPE(3)
 /INTERCEPT=INCLUDE
 /PLOT=PROFILE(grp1*grp2) TYPE=LINE ERRORBAR=NO MEANREFERENCE=NO YAXIS=AUTO
 /PRINT=DESCRIPTIVE ETASQ PARAMETER TEST(SSCP) RSSCP HOMOGENEITY
 /CRITERIA=ALPHA(.05)
 /DESIGN= grp1 grp2 grp1*grp2.
```

* SPSS 다변량모형의 '모형설정' 방법
 - SPSS 대화상자에서 '모형'을 선택하고 상호작용항이나 특정 주효과 항을 우선 지정할 수 있음('항 설정' 선택).
 - 특정 이론이 두 독립변수의 상호작용을 전제하거나 특정 주효과를 우선하는 경우 사용 가능함.
 - 단, 집단 사례수가 다른 불균형설계에서는 항(term)마다 제곱합이 동일하게 분할되지 않으므로 사용이 제한됨.

일반선형모형

Ⓐ 개체-간 요인

		값 레이블	N
grp1 아동특성	1	통제집단	50
	2	학습장애	50
grp2 학습조건	1	개념학습	50
	2	모방학습	50

Ⓑ 기술통계량

	grp1 아동특성	grp2 학습조건	평균	표준편차	N
verbal 언어력	1 통제집단	1 개념학습	77.2800	7.68397	25
		2 모방학습	82.0800	6.27774	25
		전체	79.6800	7.35524	50
	2 학습장애	1 개념학습	67.4800	8.50059	25
		2 모방학습	80.0000	4.65475	25
		전체	73.7400	9.27320	50
	전체	1 개념학습	72.3800	9.42400	50
		2 모방학습	81.0400	5.56945	50
		전체	76.7100	8.84581	100
math 수리력	1 통제집단	1 개념학습	80.5600	6.47482	25
		2 모방학습	79.8000	4.93288	25
		전체	80.1800	5.70961	50
	2 학습장애	1 개념학습	72.7200	6.43247	25
		2 모방학습	71.2000	5.53775	25
		전체	71.9600	5.98965	50
	전체	1 개념학습	76.6400	7.51532	50
		2 모방학습	75.5000	6.76802	50
		전체	76.0700	7.13825	100
sptial 공간력	1 통제집단	1 개념학습	76.2800	7.45833	25
		2 모방학습	74.3600	5.51422	25
		전체	75.3200	6.56347	50
	2 학습장애	1 개념학습	74.3200	6.95653	25
		2 모방학습	79.9600	5.45038	25
		전체	77.1400	6.80939	50
	전체	1 개념학습	75.3000	7.20615	50
		2 모방학습	77.1600	6.11909	50
		전체	76.2300	6.71626	100

결과 Ⓐ의 '개체-간 요인'에는 요인설계(2×2)의 집단 구성 정보가 제시되고 결과 Ⓑ의 '기술통계량'에는 종속변수별 집단 통계치로 단변량 F검증과 같은 평균과 표준편차가 제시되어 있습니다. 결과 Ⓑ의 기술통계치는 언어력, 수리력, 공간력을 각각 종속변수로 하여 아동특성×학습조건의 ANOVA를 수행한 것과 같습니다.

Ⓒ 공분산 행렬에 대한 Box의 동일성 검정[a]

Box의 M	27.264
F	1.428
자유도 1	18
자유도 2	32566.969
유의확률	.107

여러 집단에서 종속변수의 관측 공분산 행렬이 동일한 영가설을 검정합니다.
a. Design: 절편 + grp1 + grp2 + grp1 * grp2

Ⓓ Bartlett의 구형성 검정[a]

우도비	.000
근사 카이제곱	62.946
자유도	5
유의확률	.000

잔차 공분산 행렬이 항등 행렬에 비례하는 영가설을 검정합니다.
a. Design: 절편 + grp1 + grp2 + grp1 * grp2

결과 Ⓒ의 '공분산 행렬에 대한 Box의 동일성 검정'은 분산-공분산 행렬의 동질성을 검증하는 Box의 M값이 제시되는데, M값은 27.264이고 그에 따른 F=1.428로 $p > .05$이므로 2×2 집단의 분산-공분산 행렬의 동질성을 가정할 수 있는 것으로 해석됩니다.

결과 Ⓓ의 'Bartlett의 구형성 검정'은 종속변수들의 선형조합을 분석하기에 적절한 상관이 존재하는지를 검증한 결과입니다. 구형성에 대한 카이제곱 근사치는 62.946으로 $p < .01$이므로 종속변수 간의 상관이 0이라는 영가설을 기각할 수 있습니다(즉, 종속변수들의 독립성 기각). 그러므로 종속변수의 평균벡터를 검증하는 다변량분산분석의 접근을 타당하게 해석할 수 있습니다.

Ⓔ 오차분산의 동일성에 대한 Levene의 검정[a]

		Levene 통계량	자유도 1	자유도 2	유의확률
verbal 언어력	평균을 기준으로 합니다.	1.710	3	96	.170
	중위수를 기준으로 합니다.	1.643	3	96	.184
	자유도를 수정한 상태에서 중위수를 기준으로 합니다.	1.643	3	75.070	.187
	절삭평균을 기준으로 합니다.	1.720	3	96	.168
math 수리력	평균을 기준으로 합니다.	2.062	3	96	.110
	중위수를 기준으로 합니다.	1.562	3	96	.204
	자유도를 수정한 상태에서 중위수를 기준으로 합니다.	1.562	3	92.921	.204
	절삭평균을 기준으로 합니다.	1.983	3	96	.122
sptial 공간력	평균을 기준으로 합니다.	1.297	3	96	.280
	중위수를 기준으로 합니다.	1.199	3	96	.314
	자유도를 수정한 상태에서 중위수를 기준으로 합니다.	1.199	3	91.133	.315
	절삭평균을 기준으로 합니다.	1.296	3	96	.280

여러 집단에서 종속변수의 오차분산이 동일한 영가설을 검정합니다.
a. Design: 절편 + grp1 + grp2 + grp1 * grp2

앞서 결과 Ⓓ의 해석에 더해 결과 Ⓔ의 '오차분산의 동일성에 대한 Levene의 검정'은 **개별 종속변수에 대한 오차분산의 동질성 검증 결과로** 모든 종속변수에 대해 $p > .05$이면 집단의 동질성 가정을 보완하는 결과로 해석합니다. 결과 Ⓔ를 보면 Levene의 값은 평균 기준 언어력 1.710, 수리력 2.062, 공간력 1.297로 모두 $p > .05$이므로 종속변수들의 오차분산이 동질적임을 가정할 수 있습니다.

결과 Ⓒ, Ⓓ, Ⓔ를 종합하면 기본 가정에 대한 평가를 다음과 같이 요약할 수 있습니다.

기본 가정에 대한 평가(서술 요령)

이 예에서 독립변수의 집단별 사례수는 각각 $n=50$으로 충분하며 2(통제집단/학습장애)×2(개념학습/모방학습) 집단에서 동등한 표본크기를 나타냈다. 2×2 집단에 대한 분산-공분산의 동질성을 가정할 수 있으며(Box's M=27.264, $F=1.428$, $p > .05$) 개별 종속변수의 오차행렬이 집단에 따라 동질적임을 가정할 수 있다(언어력 Levene's $F=1.710$, 수리력 Levene's $F=2.062$, 공간력 Levene's $F=1.297$, 모두 $p > .05$). 또한 종속변수들의 상호상관은 유의미하여 다변량분산분석을 수행하기에 적합한 것으로 평가된다(Bartlett의 구형성 $\chi^2_5=62.946$, $p<.01$). 따라서 다변량분산분석의 결과를 타당하게 해석하기에 큰 오류가 없을 것으로 판단된다.

기초 정보로 제공되는 기본 가정에 대한 평가를 마치면 개체 간 효과를 포함한 다변량 검증치를 해석합니다.

2. 다변량 검증치 **IBM® SPSS® Statistics**

Ⓕ 다변량 검정[a]

효과		값	F	가설 자유도	오차 자유도	유의확률	부분에타제곱
절편	Pillai의 트레이스	.996	7819.603[b]	3.000	94.000	.000	.996
	Wilks의 람다	.004	7819.603[b]	3.000	94.000	.000	.996
	Hotelling의 트레이스	249.562	7819.603[b]	3.000	94.000	.000	.996
	Roy의 최대근	249.562	7819.603[b]	3.000	94.000	.000	.996
grp1	Pillai의 트레이스	.421	22.761[b]	3.000	94.000	.000	.421
	Wilks의 람다	.579	22.761[b]	3.000	94.000	.000	.421
	Hotelling의 트레이스	.726	22.761[b]	3.000	94.000	.000	.421
	Roy의 최대근	.726	22.761[b]	3.000	94.000	.000	.421
grp2	Pillai의 트레이스	.456	26.257[b]	3.000	94.000	.000	.456
	Wilks의 람다	.544	26.257[b]	3.000	94.000	.000	.456
	Hotelling의 트레이스	.838	26.257[b]	3.000	94.000	.000	.456
	Roy의 최대근	.838	26.257[b]	3.000	94.000	.000	.456
grp1 * grp2	Pillai의 트레이스	.215	8.577[b]	3.000	94.000	.000	.215
	Wilks의 람다	.785	8.577[b]	3.000	94.000	.000	.215
	Hotelling의 트레이스	.274	8.577[b]	3.000	94.000	.000	.215
	Roy의 최대근	.274	8.577[b]	3.000	94.000	.000	.215

a. Design: 절편 + grp1 + grp2 + grp1 * grp2
b. 정확한 통계량

결과 Ⓕ의 '다변량 검정'을 보면 grp1(아동특성)과 grp2(학습조건)의 주효과, grp1과 2의 상호작용효과에 대한 다변량 통계치가 모두 통계적으로 유의미하였습니다. **종속변수들의 평균벡터에 대한 상호작용효과가 통계적으로 유의미함에 따라** 주효과에 대한 해석은 하지 않습니다.

결과 Ⓕ의 상호작용효과(grp1*grp2)의 결과를 보면 Wilks의 람다=0.785, $F_{3,94}=8.577$로 $p<.01$이므로 통계적으로 유의미합니다. 그리고 상호작용효과와 평균벡터의 관계성은

0.215로 약 21.5%의 설명력을 보이고 있습니다(부분에타제곱). 상호작용효과가 유의미하므로 '아동특성'과 '학습조건'의 상호작용이 어떤 종수변수에서 나타나는지를 확인하는 과정이 필요한데, 이를 위해 결과 Ⓖ의 '개체-간 효과 검정'과 Ⓙ의 '프로파일 도표'를 추가 해석합니다.

Ⓖ 개체-간 효과 검정

소스	종속변수	제 III 유형 제곱합	자유도	평균제곱	F	유의확률	부분에타제곱
수정된 모형	verbal 언어력	3129.470[a]	3	1043.157	21.690	.000	.404
	math 수리력	1725.310[b]	3	575.103	16.634	.000	.342
	sptial 공간력	526.510[c]	3	175.503	4.277	.007	.118
절편	verbal 언어력	588442.410	1	588442.410	12235.002	.000	.992
	math 수리력	578664.490	1	578664.490	16736.500	.000	.994
	sptial 공간력	581101.290	1	581101.290	14161.689	.000	.993
grp1	verbal 언어력	882.090	1	882.090	18.341	.000	.160
	math 수리력	1689.210	1	1689.210	48.856	.000	.337
	sptial 공간력	82.810	1	82.810	2.018	.159	.021
grp2	verbal 언어력	1874.890	1	1874.890	38.983	.000	.289
	math 수리력	32.490	1	32.490	.940	.335	.010
	sptial 공간력	86.490	1	86.490	2.108	.150	.021
grp1 * grp2	verbal 언어력	372.490	1	372.490	7.745	.006	.075
	math 수리력	3.610	1	3.610	.104	.747	.001
	sptial 공간력	357.210	1	357.210	8.705	.004	.083
오차	verbal 언어력	4617.120	96	48.095			
	math 수리력	3319.200	96	34.575			
	sptial 공간력	3939.200	96	41.033			
전체	verbal 언어력	596189.000	100				
	math 수리력	583709.000	100				
	sptial 공간력	585567.000	100				
수정된 합계	verbal 언어력	7746.590	99				
	math 수리력	5044.510	99				
	sptial 공간력	4465.710	99				

a. R 제곱=.404 (수정된 R 제곱=.385)
b. R 제곱=.342 (수정된 R 제곱=.321)
c. R 제곱=.118 (수정된 R 제곱=.090)

결과 Ⓖ의 '개체-간 효과 검정'은 **종속변수별 일반선형모형에 의한 단변량 ANOVA의 결과와 같습니다**. 즉, 2(아동특성)×2(학습조건)에 의한 ANOVA를 각 종속변수별(언어력, 수리력, 공간력)로 수행하여 얻은 결과를 합해 놓은 것과 같습니다. 그리고 단변량 F검증에서 산출되는 각각의 에타제곱(eta^2)은 결과 Ⓖ의 '수정된 모형'의 부분에타제곱과 같습니다. 예컨대,

결과 Ⓖ의 수정된 모형에서 언어력의 부분에타제곱 0.404는 언어력을 종속변수로 놓고 아동특성×학습조건의 독립 ANOVA를 수행하여 얻은 전체 R제곱(0.404)과 같습니다.

결과 Ⓖ에서 상호작용효과를 보면 '언어력'의 경우 $F_{1,96}=7.745$이고 '공간력'의 경우 $F_{1,96}=8.705$로 모두 $p<.01$에서 유의미합니다. 다만 '수리력'에 대해서는 $F_{1,96}=0.104$이고 $p>.05$로 통계적으로 유의하지 않습니다. 즉, 결과 Ⓕ에 나타난 종속변수들의 **평균벡터에 대한 상호작용효과는 주로 '공간력'과 '언어력'에서 나타난 효과로 추정**할 수 있습니다. 결과 Ⓙ의 '프로파일 도표'를 미리 살펴보면 (c)의 '공간력'과 (a)의 '언어력'에서 아동특성과 학습조건의 상호작용이 크게 나타나는 것을 확인할 수 있습니다.

결과 Ⓖ에서 상호작용효과가 유의미하여 독립변수의 주효과는 해석하지 않지만 참고해 보면 **아동특성**의 주효과는 '언어력'과 '수리력'에서 유의미하고(각각 $F_{1,96}=18.341$; $F_{1,96}=48.586$, 모두 $p<.01$) '공간력'에서는 차이를 보이지 않습니다($F_{1,96}=2.018$, $p>.05$). 또한 **학습조건**의 주효과는 '언어력'에서만 유의미하고($F_{1,96}=38.983$, $p<.01$) '수리력'과 '공간력'에서는 차이를 보이지 않았습니다(각각 $F_{1,96}=0.940$, $F_{1,96}=2.108$, 모두 $p>.05$). 종속변수별 2×2 요인모형의 설명량은 언어력에 대해 약 40.4%, 수리력에 대해서는 34.2%, 공간력에 대해서는 11.8%를 각각 보이고 있습니다(수정된 모형의 부분에타제곱).

개체-간 효과 검정(결과 Ⓖ)과 ANOVA의 산출

- 결과 Ⓖ의 '개체-간 효과 검정'은 각 종속변수별로 2×2 독립 ANOVA를 수행한 것과 같음 → 예시: SPSS 일반선형모형의 '일변량'으로 분석한 결과(DV=언어력).

㉮ 개체-간 효과 검정

종속변수: verbal 언어력

소스	제 III 유형 제곱합	자유도	평균제곱	F	유의확률
수정된 모형	3129.470[a]	3	1043.157	21.690	.000
절편	588442.410	1	588442.410	12235.002	.000
grp1	882.090	1	882.090	18.341	.000
grp2	1874.890	1	1874.890	38.983	.000
grp1 * grp2	372.490	1	372.490	7.745	.006
오차	4617.120	96	48.095		
전체	596189.000	100			
수정된 합계	7746.590	99			

a. R 제곱 = .404 (수정된 R 제곱 = .385)

- 위의 결과 ㉮에서 보듯이, 집단 1(아동특성)의 F=18.341, 집단 2(학습조건)의 F=38.983, 이들 간 상호작용효과는 F=7.745로 결과 Ⓖ의 F값과 같고 결과 ㉮의 R제곱=0.404는 결과 Ⓖ의 '수정된 모형'의 부분에타제곱 0.404와 같음.
- 또한 결과 ㉮의 제곱합은 결과 Ⓗ의 '개체-간 SSCP 행렬'에서 언어력의 값과 같고 오차의 제곱합(4617.120)은 결과 Ⓘ의 '잔차 SSCP 행렬'에서 제곱합 및 교차곱'의 값과 같음.

결과 Ⓗ의 '개체-간 SSCP 행렬'은 개체 간 분산-공분산 행렬의 값으로 앞서 설명한 바와 같이 종속변수별 제곱합과 같습니다. 결과 Ⓘ의 '잔차 SSCP 행렬'에는 변수별 제곱합 및 교차곱, 공분산이 제시되어 있는데 **제곱합 및 교차곱은** 결과 Ⓗ의 '개체-간 SSCP 행렬'의 오차와 같습니다. 결과 Ⓘ의 **공분산**의 대각선 값은 결과 Ⓖ(개체-간 효과 검정)에 있는 '오차'의 평균제곱(48.095, 34.575, 41.033)과 같습니다.[4)]

Ⓗ 개체-간 SSCP 행렬

			verbal 언어력	math 수리력	sptial 공간력
가설	절편	verbal 언어력	588442.410	583532.970	584760.330
		math 수리력	583532.970	578664.490	579881.610
		sptial 공간력	584760.330	579881.610	581101.290
	grp1	verbal 언어력	882.090	1220.670	-270.270
		math 수리력	1220.670	1689.210	-374.010
		sptial 공간력	-270.270	-374.010	82.810
	grp2	verbal 언어력	1874.890	-246.810	402.690
		math 수리력	-246.810	32.490	-53.010
		sptial 공간력	402.690	-53.010	86.490
	grp1 * grp2	verbal 언어력	372.490	-36.670	364.770
		math 수리력	-36.670	3.610	-35.910
		sptial 공간력	364.770	-35.910	357.210
오차		verbal 언어력	4617.120	2387.840	938.480
		math 수리력	2387.840	3319.200	1434.320
		sptial 공간력	938.480	1434.320	3939.200

제 III 유형 제곱합 기준

4) 결과 Ⓘ의 '잔차 SSCP 행렬'의 대각선 값인 종속변수의 오차분산(4617.12, 3319.20, 3939.20)을 2집단의 경우(6864.50, 3355.30, 4382.90; ☞ Q52의 결과 Ⓙ)와 비교해 보면 요인설계에 의한 분석에서 오차분산이 2집단 설계의 오차분산에 비해 상당히 감소한 것을 확인할 수 있음. 즉, 요인설계방안은 2집단 일원설계에 비해 오차분산이 작아짐을 알 수 있음. 이는 오차분산에 있던 '학습조건' 변수가 또 하나의 독립변수가 되면서 오차분산은 줄고 그만큼 체계적 분산은 증가하는 원리에 기인함.

Ⓘ 잔차 SSCP 행렬

		verbal 언어력	math 수리력	sptial 공간력
제곱합 및 교차곱	verbal 언어력	4617.120	2387.840	938.480
	math 수리력	2387.840	3319.200	1434.320
	sptial 공간력	938.480	1434.320	3939.200
공분산	verbal 언어력	48.095	24.873	9.776
	math 수리력	24.873	34.575	14.941
	sptial 공간력	9.776	14.941	41.033
상관관계	verbal 언어력	1.000	.610	.220
	math 수리력	.610	1.000	.397
	sptial 공간력	.220	.397	1.000

제 III 유형 제곱합 기준

Ⓙ 프로파일 도표

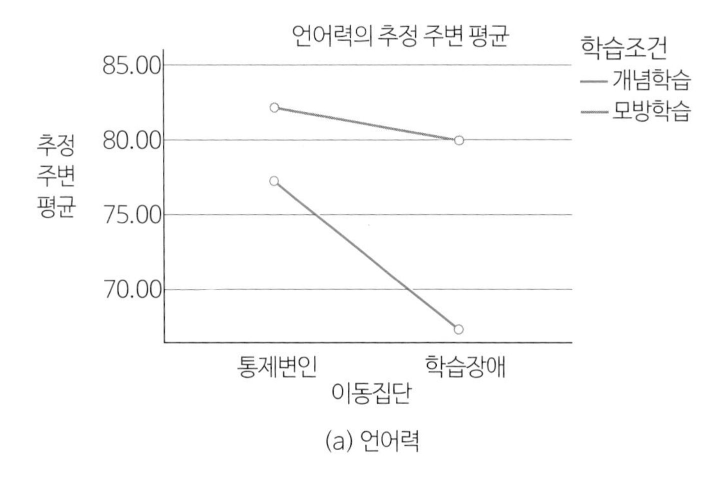

(a) 언어력

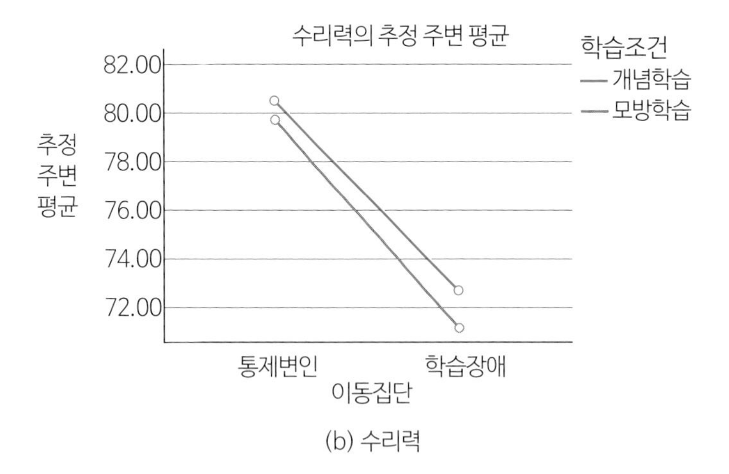

(b) 수리력

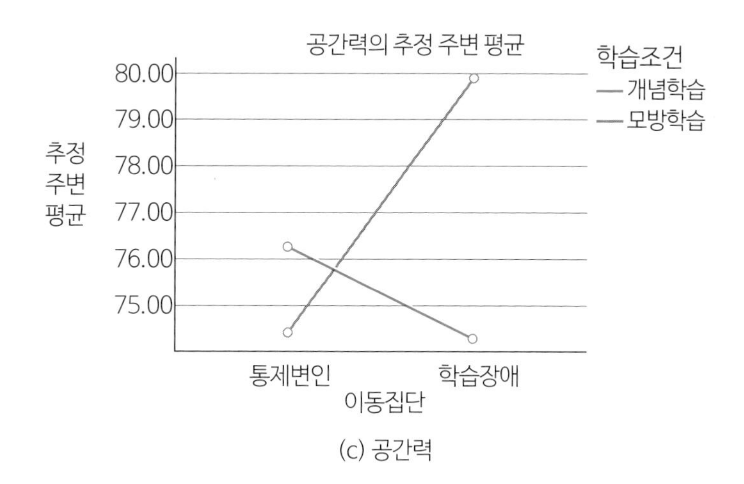

(c) 공간력

결과 Ⓙ의 '프로파일 도표'는 아동집단×학습조건에 따른 종속변수별 평균의 변화를 도표로 나타낸 것입니다. 앞서 언급했듯이, 상호작용을 직관적으로 파악할 수 있으며 집단평균(결과 Ⓑ)과 함께 해석합니다. **공간력(c)의 경우** 모방학습은 통제집단(평균 74.36)에 비해 학습장애 집단(평균 79.96)에서 효과적이고 개념학습은 오히려 학습장애 집단(평균 74.32)에 비해 통제집단(평균 76.28)에서 효과적인 것으로 나타났습니다. 또한 **언어력(a)에서도** 유의미한 상호작용효과는 발견되었지만 그 효과는 공간력만큼 크지는 않았습니다(모방학습 통제집단 평균 82.08, 학습장애 평균 80.00). **수리력(b)의 경우**는 아동특성과 학습조건에 따른 상호작용은 나타나지 않았습니다.

결과의 요약

분석 결과를 종합해 보면 아동특성(통제집단/학습장애)과 학습조건(개념/모방학습)에 따른 지능검사 하위 차원의 벡터평균에 유의미한 상호작용효과가 발견되었고 그와 같은 상호작용효과는 공간력과 언어력에서 나타나는 것으로 해석된다. 구체적으로 공간력의 경우 일반 아동에게는 개념학습이 효과적인 반면 학습장애 아동에게 모방학습이 효과적인 것으로 나타났다. 언어력의 경우에는 모방학습에 따른 차이는 크지 않지만 학습장애 집단의 개념학습의 효과가 일반 아동에 비해 상대적으로 낮은 것으로 평가된다. 한편 수리력의 경우에는 일반 아동에 비해 학습장애 집단에서 개념학습과 모방학습 모두에서 낮은 점수를 보였다.

Q57 반복측정설계에 의한 (다변량)분산분석의 [예제연구 7]은 무엇인가요?

[♣ 데이터: 예제7_MANOVA.sav]

해설

반복측정설계에 의한 분산분석은 다변량분산분석의 특수한 형태로 볼 수 있습니다. 기본적으로 반복측정 데이터는 하나의 종속변수에 여러 측정치를 갖기 때문에 다변량분산분석과 같은 모형을 취합니다. 하나의 종속변수에 2개 혹은 3개 이상의 측정치를 갖는 경우가 있을 수 있고 확장되어 2개 이상의 종속변수에 2개 이상의 측정치를 갖는 복잡한 형태가 될 수도 있습니다.

[예제연구 7]은 반복측정 분산분석의 기초적인 형태로 3개의 종속측정치를 가진 가상적인 데이터입니다. 이를 분석하고 독립 ANOVA와 비교해 볼 것인데, 비교를 통해 반복측정 설계가 독립설계에 비해 어떤 점이 다른지를 확인할 수 있습니다. [예제연구 7]은 가상의 데이터로 12명의 사례수가 있고 12명의 실험참여자는 독립처치(예: 약물)에 의한 3개의 종속측정치를 갖고 있습니다(3주간 측정 혹은 6주간 격주 측정). 이와 같은 반복측정치를 독립설계로 전환한다면 하나의 종속측정치가 있고 독립처치의 집단이 3개가 되는 모형을 가정할 수 있습니다. 이와 같은 데이터의 특성을 정리하면 다음과 같습니다.

설명목적으로 [예제연구 7]의 (가) 반복측정설계의 데이터는 12명의 피험자가 3번의 반복처치를 받고 각각의 측정치를 얻은 반복측정 데이터의 모형이고($n=12$), (나) 독립설계의 데이터는 같은 데이터이지만 독립설계를 가정하여 독립집단(1, 2, 3)으로 구성된 데이터의 모형입니다($n=32$).

예제연구 7(data file: 예제7_MANOVA.sav)

- 종속변수: 3회의 측정치(TR1, TR2, TR3)
- 독립변수: (예시) 약물처치(IV)

• 데이터의 구성

(가) 반복측정설계의 데이터(n=12)				
참여자 번호	TR1	TR2	TR3	gender
1	53	47	45	1
2	49	42	41	1
3	47	39	38	1
4	42	37	36	1
5	51	42	35	1
…	…	…	…	…
12	27	6	20	2

(나) 독립설계의 데이터(n=36)		
참여자 번호	DV	IV
1	53	1
2	49	1
3	47	1
4	42	1
5	51	1
…	…	1
12	27	1
13	47	2
14	42	2
15	39	2
16	37	2
17	42	2
…	…	2
24	6	2
25	45	3
26	41	3
27	38	3
28	36	3
29	35	3
…	…	3
36	20	3

주: gender 1=남자, 2=여자, IV 1=TR1, 2=TR2, 3=TR3

(가) 12명의 실험참여자가 3주에 걸쳐 매주 1회 측정(반복측정 3회) → 집단 내 설계에 의한 반복측정모형의 경우

(나) 36명의 실험참여자가 각기 다른 처치를 받음 → 집단 간 설계에 의한 독립측정모형의 경우

Q58 반복측정설계에 의한 (다변량)분산분석은 어떻게 수행하고 결과를 해석하나요?

[♣ 데이터: 예제7_MANOVA.sav]

해설

[예제연구 7]의 분석모형은 다변량분산분석과 유사하지만 독립집단은 없고 하나의 종속변수에 3개의 측정치를 지닌 전형적인 반복측정설계에 의한 ANOVA 모형입니다. 먼저 반복측정 ANOVA의 분석 결과를 살펴보고 그다음 동일 데이터로 독립설계를 가정하고 분석한 결과와 비교해 보겠습니다.

1. 기초 정보 **IBM® SPSS® Statistics**

```
GLM                                             → 일반선형모형의 다변량 모듈
 verbal math sptial  BY grp1
 /METHOD = SSTYPE(3)
 /INTERCEPT = INCLUDE
 /EMMEANS = TABLES(OVERALL) /EMMEANS = TABLES(grp1)
 /PRINT = DESCRIPTIVE ETASQ OPOWER PARAMETER TEST(SSCP) RSSCP HOMOGENEITY
 /CRITERIA = ALPHA(.05)
 /DESIGN .
```

(메뉴: 분석 → 일반선형모형 → 반복측도)
반복측도 요인 정의: 반복측정 변수의 수준(예: 3)을 지정하고 '추가' 및 '정의'
반복측도 대화창에서, '개체-내 변수' 지정(반복측정 변수 입력) → 집단 간 변수는 '개체-간 요인'에 입력하고 필요한 옵션을 선택(모형, 대비, 도표, 사후분석, 저장, 옵션 등)

일반선형모형

Ⓐ 개체-내 요인
측도: MEASURE_1

요인1	종속변수
1	TR1
2	TR2
3	TR3

Ⓑ 기술통계량

	평균	표준편차	N
TR1 측정_1주차	40.00	10.796	12
TR2 측정_2주차	26.00	15.202	12
TR3 측정_3주차	34.50	8.394	12

결과 Ⓐ의 '개체-내 요인'은 반복측정치에 대한 정보로 집단 내 요인의 3개 측정치가 있음을 나타냅니다. 만일 집단변수가 있다면 '개체-간 요인'의 정보가 함께 제시됩니다.

결과 Ⓑ의 '기술통계량'에는 반복측정치 각각의 평균과 표준편차가 제시되어 있습니다. $n=12$의 모든 피험자가 1~3주차(혹은 격주로 6주간)에 걸쳐 세 번 측정하고 각각 TR1, TR2, TR3로 기록되었습니다(예시: 집단 내 설계로 모든 개인이 같은 약물처치를 받고 3주간 매주 증상을 측정하여 3개의 반복 측정치를 얻음). 첫 번째 측정 후 두 번째 측정에서 증상이 감소하다가 (40.0 → 26.0) 다시 약간 상승함(26.0 → 34.50). 독립설계와 달리 반복측정설계는 이처럼 **반복측정치의 변화(기울기)가 통계적으로 유의한지를 검증**하는 방법입니다.

Ⓒ Bartlett의 구형성 검정[a]

우도비	.000
근사 카이제곱	25.558
자유도	5
유의확률	.000

잔차 공분산 행렬이 항등 행렬에 비례하는 영가설을 검정합니다.
a. Design: 절편
개체-내 계획: 요인 1

결과 Ⓒ의 'Bartlett의 구형성 검정'은 종속변수 측정치들이 독립적인지를 파악합니다. 만일 독립적이라면 종속측정치 간의 관계성이 없음을 의미하므로 다변량분산분석의 적용이 부적절합니다. 결과 Ⓒ에서 보듯이, 근사 카이제곱값은 25.558로 $p<.01$이므로 종속측정치들이 독립적이라는 영가설을 기각할 수 있습니다. 따라서 종속측정치들은 다변량분석을 하기에 적절한 상관을 지닌 것으로 해석할 수 있습니다.[5]

5) 만일 이 예에서 독립집단이 있다면 분산-공분산의 동질성을 검증하는 Box의 M값이 산출됨. 이 예에서는 독립집단이 없으므로 Box의 M값이 산출되지 않음.

2. 다변량 검증치 **IBM® SPSS® Statistics**

Ⓓ 다변량 검정[a]

효과		값	F	가설 자유도	오차 자유도	유의확률	부분 에타제곱
요인1	Pillai의 트레이스	.790	18.833[b]	2.000	10.000	.000	.790
	Wilks의 람다	.210	18.833[b]	2.000	10.000	.000	.790
	Hotelling의 트레이스	3.767	18.833[b]	2.000	10.000	.000	.790
	Roy의 최대근	3.767	18.833[b]	2.000	10.000	.000	.790

a. Design: 절편
개체-내 계획: 요인 1
b. 정확한 통계량

Ⓔ Mauchly의 구형성 검정[a]

측도: MEASURE_1

개체-내 효과	Mauchly의 W	근사 카이제곱	자유도	유의확률	엡실런[b]		
					Greenhouse-Geisser	Huynh-Feldt	하한
요인1	.415	8.789	2	.012	.631	.675	.500

정규화된 변형 종속변수의 오차 공분산 행렬이 항등 행렬에 비례하는 영가설을 검정합니다.
a. Design: 절편
개체-내 계획: 요인 1
b. 유의성 평균검정의 자유도를 조절할 때 사용할 수 있습니다. 수정된 검정은 개체내 효과검정 표에 나타납니다.

결과 Ⓓ의 '다변량 검정'을 보면 3개 종속측정치의 평균벡터에 대해 다변량통계치가 유의미하고(모두 $p < .01$) 약 79.0%의 높은 설명력을 보이고 있습니다. 다변량통계치는 독립집단이 없으므로 집단 내 변수(3개의 측정치)에 대해서만 산출되었습니다.

그런데 결과 Ⓔ의 'Mauchly의 구형성 검정'을 보면 모클리(Mauchly)의 W값은 0.415이고 $p < .05$이므로 종속측정치의 시간 간격에 따른 분산이 동일하지 않은 것으로 나타났습니다. 따라서 결과 Ⓕ의 '개체-내 효과 검정'에서 '구형성 가정'의 통계치를 대신하여 그린하우스-가이저(Greenhouse-Geisser)나 후인-펠트(Huynh-Feldt)의 통계치를 해석합니다. 이처럼 구형성 검증에서 분산-공분산 행렬의 동질성 여부에 따라 결과 Ⓕ의 '개체-내 효과검정'의 통계량을 선택적으로 해석합니다(결과 Ⓔ의 Mauchly의 W값이 $p > .05$이면 결과 Ⓕ의 '구형성 가정'의 통계치를 해석함).

Ⓕ 개체-내 효과 검정

측도: MEASURE_1

소스		제 III 유형 제곱합	자유도	평균제곱	F	유의확률	부분에타제곱
요인1	구형성 가정	1194.000	2	597.000	12.305	.000	.528
	Greenhouse-Geisser	1194.000	1.262	946.103	12.305	.002	.528
	Huynh-Feldt	1194.000	1.350	884.582	12.305	.002	.528
	하한	1194.000	1.000	1194.000	12.305	.005	.528
오차(요인1)	구형성 가정	1067.333	22	48.515			
	Greenhouse-Geisser	1067.333	13.882	76.885			
	Huynh-Feldt	1067.333	14.848	71.885			
	하한	1067.333	11.000	97.030			

결과 Ⓕ의 '개체-내 효과검증'은 집단 내 변수의 효과(요인 1: TR1, TR2, TR3)를 나타냅니다. 앞서 결과 Ⓔ에서 구형성 가정이 어려우므로 그린하우스-가이저(Greenhouse-Geisser)의 값이나 후인-펠트(Huynh-Feldt)에 의한 값을 해석합니다. 그린하우스-가이저(Greenhouse-Geisser)에 의한 교정치 $F=12.305(df=1.262,\ 13.882)$이고 $p<.01$(부분에타제곱=0.528)이므로 종속측정치인 집단 내 변수들의 효과는 유의미한 것으로 해석됩니다. 즉, 3개 측정치 간의 평균에서 통계적인 차이가 있음을 의미합니다.

결론적으로 독립집단은 없지만 처치(예시: 약물)의 효과가 주차별 측정치에서 차이를 나타내므로 **처치의 효과가 유의미하다고 해석**할 수 있습니다(만일 독립집단이 있다면 독립변수의 효과를 추가 설명함).

Ⓖ 개체-간 효과 검정

측도: MEASURE_1
변환된 변수: 평균

소스	제 III 유형 제곱합	자유도	평균제곱	F	유의확률	부분에타제곱
절편	40401.000	1	40401.000	125.836	.000	.920
오차	3531.667	11	321.061			

Ⓗ 모수 추정값

종속변수	모수	B	표준오차	t	유의확률	95% 신뢰구간		부분에타제곱
						하한	상한	
TR1 측정_1주차	절편	40.000	3.116	12.835	.000	33.141	46.859	.937
TR2 측정_2주차	절편	26.000	4.388	5.925	.000	16.341	35.659	.761
TR3 측정_3주차	절편	34.500	2.423	14.238	.000	29.167	39.833	.949

결과 Ⓖ의 '개체-간 효과 검정'은 집단 간 효과검증의 결과로 독립집단이 없으므로 절편(상수)과 오차만 산출되었습니다. 결과 Ⓗ의 '모수 추정값'은 결과 Ⓖ의 F검증 결과를 회귀모형으로 나타낸 것이며 역시 독립집단은 없고 절편(상수)만 산출되어 있습니다.

Ⓘ 개체-간 SSCP 행렬

			MEASURE_1
가설	절편	MEASURE_1	40401.000
오차		MEASURE_1	3531.667

제 III 유형 제곱합 기준

Ⓙ 잔차 SSCP 행렬

		TR1 측정_1주차	TR2 측정_2주차	TR3 측정_3주차
제곱합 및 교차곱	TR1 측정_1주차	1282.000	1314.000	876.000
	TR2 측정_2주차	1314.000	2542.000	808.000
	TR3 측정_3주차	876.000	808.000	775.000
공분산	TR1 측정_1주차	116.545	119.455	79.636
	TR2 측정_2주차	119.455	231.091	73.455
	TR3 측정_3주차	79.636	73.455	70.455
상관관계	TR1 측정_1주차	1.000	.728	.879
	TR2 측정_2주차	.728	1.000	.576
	TR3 측정_3주차	.879	.576	1.000

제 III 유형 제곱합 기준

결과 Ⓘ의 '개체-간 SSCP 행렬'과 Ⓙ의 '잔차 SSCP 행렬'은 여러 통계치(Box의 M값, Bartlett의 구형성 검증치 등)의 산출 근거입니다. 결과 Ⓘ에서는 독립집단이 없으므로 절편(상수)과 오차에 대한 제곱합이 제시되어 있고 결과 Ⓙ에서는 각 종속측정치의 제곱합과 교차곱, 공분산이 제시되어 있습니다.

독립집단이 없는 반복측정 분산분석의 결과는 '개체-내 효과검정'의 통계치(요인 1)로 반복측정변수의 효과를 분석하므로 비교적 결과의 해석은 단순합니다. 다만 이 결과를 독립집단에 의한 결과와 비교해 보면 설계 방안(집단 내 설계와 집단 간 설계)에 따른 차이를 이해하는 데 도움이 될 것입니다.

Q59 그렇다면 반복측정 ANOVA와 독립 ANOVA는 어떤 차이가 있나요?

[♣ 데이터: 예제7_MANOVA.sav]

해설

반복측정 ANOVA는 집단 내 설계에 기초한 방법이고 독립 ANOVA는 집단 간 설계에 기초한 방법입니다. 집단 간 설계는 독립집단을 포함하며 집단 간에는 **상호 배타적**, 즉 한 집단에 속한 구성원은 다른 집단에 속할 확률이 0이 되는 조건입니다. 그러므로 독립집단 설계에 의한 ANOVA는 개인이 하나의 종속측정치를 갖지만 집단 내 설계는 한 개인이 다수의 반복측정치를 갖습니다(즉, 한 개인이 여러 시점 혹은 다수의 측정치를 가짐).

이처럼 반복측정 설계에서는 모든 개인이 동일 처치를 받기 때문에 집단 간에서 발생하는 오차(error)가 없습니다. 그러므로 반복측정 설계는 독립집단 설계에 비해 **그만큼 오차가 작다는 장점**이 있습니다. 하지만 반복적으로 동일 처치에 대해 측정을 하므로 연습효과나 피로효과 등의 순서효과(order effect)가 나타나는 것이 단점입니다. 물론 독립집단 설계는 집단 간에서 발생하는 오차가 있지만 실험에서 일정하게 유지된다고 가정할 때 집단 간의 차이는 처치효과에 기인한다고 해석할 수 있습니다. 따라서 독립집단 설계에서는 처치를 집단에 따라 독립적으로 시행하므로 **효과에 대한 해석이 명료하다는 장점**이 있습니다. 어떤 방법이 좋고 나쁘다고는 말할 수 없으며 연구의 상황과 주제에 따라 올바른 설계방안을 택하는 것이 중요합니다.

그러면 [예제연구 7]의 반복측정 데이터를 독립집단으로 가정하고 분석한 결과와 반복측정에 의한 분석결과를 비교해 보겠습니다. 다음의 결과 ㉮는 TR1, TR2, TR3을 독립집단으로 가정하고 **일원 독립 ANOVA**를 수행한 것이며 결과 ㉯는 피험자(subject)를 또 하나의 독립변수로 놓고 이원 독립 ANOVA를 수행한 결과입니다.[6)]

6) 반복측정 데이터(예제7_MANOVA.sav)에서 TR1, TR2, TR3은 하나의 변수로 묶어 종속변수(DV)로 만들고 독립집단 변수(IV)를 새로 추가해 TR1에 해당하는 사례는 1, TR2에 해당하는 사례는 2, TR3에 해당하는 사례는 3으로 각각 코딩함. 따라서 반복측정 데이터와 독립실계 데이터는 같은 데이터이지만 비교 목적으로 각 분석에 맞도록 재구성한 것임.

1. 독립 ANOVA **IBM® SPSS® Statistics**

㉮ 개체-간 효과 검정(일원독립 ANOVA)

종속변수: DV 종속변수

소스	제 III 유형 제곱합	자유도	평균제곱	F	유의확률
수정된 모형	1194.000[a]	2	597.000	4.284	.022
절편	40401.000	1	40401.000	289.896	.000
IV	1194.000	2	597.000	4.284	.022
오차	4599.000	33	139.364		
전체	46194.000	36			
수정된 합계	5793.000	35			

a. R 제곱=.206 (수정된 R 제곱=.158)

㉯ 개체-간 효과 검정(이원독립 ANOVA)

종속변수: DV 종속변수

소스	제 III 유형 제곱합	자유도	평균제곱	F	유의확률
수정된 모형	5793.000[a]	35	165.514	.	.
절편	40401.000	1	40401.000	.	.
IV	1194.000	2	597.000	.	.
subject	3531.667	11	321.061	.	.
IV * subject	1067.333	22	48.515	.	.
오차	.000	0	.		
전체	46194.000	36			
수정된 합계	5793.000	35			

a. R 제곱=1.000 (수정된 R 제곱=.)

결과 ㉮와 ㉯의 전체 제곱합은 46194.000이고 절편은 40401.000, IV의 제곱합은 1194.000으로 같지만 오차의 크기는 일원 ANOVA(결과 ㉮)에서 4599.000이고 이원 ANOVA(결과 ㉯)에서 0이 됩니다. 그 이유는 원래 집단 간 피험자의 분산(즉, 개인차 분산=오차분산)이 독립변수가 되었으므로 오차분산이 0이 된 것과 같습니다. 즉, 결과 ㉯의 피험자(subject) 및 상호작용(IV*subject)의 분산이 일원 ANOVA의 오차분산에서 분할된 것입니다. 그러므로 **피험자 변수의 제곱합 3531.667과 상호작용의 제곱합 1067.333의 합은 결과 ㉮의 '오차' 제곱합 4599.000이 됩니다.** 다시 말해, 집단 내 설계에서는 집단 간 분산이 없으므로 집단 내 개인차와 독립변수의 상호작용이 오차분산이 되는 논리입니다.

Ⓕ 개체-내 효과 검정(☞ Q58의 결과 Ⓕ)

측도: MEASURE_1

소스		제 III 유형 제곱합	자유도	평균제곱	F	유의확률	부분 에타제곱
요인 1	구형성 가정	1194.000	2	597.000	12.305	.000	.528
	Greenhouse-Geisser	1194.000	1.262	946.103	12.305	.002	.528
	Huynh-Feldt	1194.000	1.350	884.582	12.305	.002	.528
	하한	1194.000	1.000	1194.000	12.305	.005	.528
오차 (요인 1)	구형성 가정	1067.333	22	48.515			
	Greenhouse-Geisser	1067.333	13.882	76.885			
	Huynh-Feldt	1067.333	14.848	71.885			
	하한	1067.333	11.000	97.030			

Ⓖ 개체-간 효과 검정(☞ Q58의 결과 Ⓖ)

측도: MEASURE_1

변환된 변수: 평균

소스	제 III 유형 제곱합	자유도	평균제곱	F	유의확률	부분에타제곱
절편	40401.000	1	40401.000	125.836	.000	.920
오차	3531.667	11	321.061			

앞서의 독립 ANOVA의 결과를 반복측정의 결과와 비교해 보겠습니다. 반복측정 ANOVA에서 얻은 결과 Ⓕ의 요인 1(독립변수)의 제곱합은 1194.000으로 앞서 결과 ㉮, ㉯의 독립변수의 분산과 변함이 없습니다. 다만 **오차의 제곱합은 1067.333으로 결과 ㉯의 독립변수와 피험자 변수의 상호작용(IV*subject) 분산과 같음을 주목할** 수 있습니다. 그리고 결과 Ⓖ의 '개체-간 효과검증'을 보면 독립집단이 없으므로 절편과 오차만 표시되어 있는데, 절편의 제곱합(40401.000)은 앞서 결과 ㉮, ㉯의 절편과 같고 오차의 제곱합(3531.667)은 결과 ㉯의 순수한 피험자 분산(subject의 3531.667)과 같습니다.

결국 **집단 내 설계는 독립집단이 없으므로 그만큼(즉, 피험자 분산만큼)의 오차분산이 감소한다는 것을 알** 수 있습니다. 다만 작아진 오차분산만큼 처치의 효과도 크게 보일 수 있다는 것도 사실입니다. 즉, 일원 독립 ANOVA의 $F=4.284$이고 $p<.05$인 반면(결과 ㉮) 반복측정 ANOVA의 $F=12.305$이고 $p<.001$입니다(결과 Ⓕ). 따라서 반복측정설계는 분명 오차분산을 감소하는 방법이지만 동시에 1종 오류의 증가를 가져온다는 것에 주의해야 합니다.

Q60 다변량공분산분석(MANCOVA)은 어떻게 수행하고 해석하나요?

[♣ 데이터: 예제6_MANOVA.sav]

해설

다변량공분산분석(Multivariate Analysis of Covariance: MANCOVA)은 간단히 공변수를 사용한 다변량분산분석이며 단변량공분산분석(Analysis of Covariance: ANCOVA)의 확장입니다. 산출되는 통계치들이 공분산에 의해 교정되므로 처치의 효과는 투입된 공변수의 영향을 제외한(혹은 통제한) 순수한 효과로 해석할 수 있습니다.

다변량공분산분석의 해설을 위해 [예제연구 6]의 데이터(예제6_MANOVA.sav)에서 학습시간 ltime을 공변수로 설정하고 아동특성(통제집단/학습장애)과 학습조건(개념학습/모방학습)을 독립변수 그리고 언어력, 수리력, 공간력을 종속변수로 설정합니다. 그러면 학습시간(ltime)은 공변수로 설정하고 다변량분산분석을 수행한 결과를 살펴보겠습니다.[7]

1. 기초 정보 **IBM® SPSS® Statistics**

```
GLM verbal math sptial BY grp1 grp2 WITH ltime            → 공변수 투입: ltime
 /METHOD=SSTYPE(3)
 /INTERCEPT=INCLUDE
 /PLOT=PROFILE(grp1*grp2) TYPE=LINE ERRORBAR=NO MEANREFERENCE=NO YAXIS=AUTO
 /EMMEANS=TABLES(grp1) WITH(ltime=MEAN)
 /EMMEANS=TABLES(grp2) WITH(ltime=MEAN)
 /EMMEANS=TABLES(grp1*grp2) WITH(ltime=MEAN)
 /PRINT=DESCRIPTIVE ETASQ PARAMETER TEST(SSCP) RSSCP HOMOGENEITY
 /CRITERIA=ALPHA(.05)
 /DESIGN=ltime grp1 grp2 grp1*grp2.
```

7) 공변수(학습시간) 투입에 따라 '교정된' 기술통계치(추정주변평균: Estimated Marginal means)를 산출하기 위해 SPSS 메뉴 '일반선형모형/다변량'의 대화상자에서 [EM평균]을 클릭하고 주효과 및 상호작용효과를 모두 선택하여 실행함. 그리고 학습시간(ltime)은 '공변량(C):'으로 설정함.

일반선형모형

Ⓐ 개체-간 요인

		값 레이블	N
grp1 아동특성	1	통제집단	50
	2	학습장애	50
grp2 학습조건	1	개념학습	50
	2	모방학습	50

Ⓑ 기술통계량

	grp1 아동특성	grp2 학습조건	평균	표준편차	N
verbal 언어력	1 통제집단	1 개념학습	77.2800	7.68397	25
		2 모방학습	82.0800	6.27774	25
		전체	79.6800	7.35524	50
	2 학습장애	1 개념학습	67.4800	8.50059	25
		2 모방학습	80.0000	4.65475	25
		전체	73.7400	9.27320	50
	전체	1 개념학습	72.3800	9.42400	50
		2 모방학습	81.0400	5.56945	50
		전체	76.7100	8.84581	100
math 수리력	1 통제집단	1 개념학습	80.5600	6.47482	25
		2 모방학습	79.8000	4.93288	25
		전체	80.1800	5.70961	50
	2 학습장애	1 개념학습	72.7200	6.43247	25
		2 모방학습	71.2000	5.53775	25
		전체	71.9600	5.98965	50
	전체	1 개념학습	76.6400	7.51532	50
		2 모방학습	75.5000	6.76802	50
		전체	76.0700	7.13825	100
sptial 공간력	1 통제집단	1 개념학습	76.2800	7.45833	25
		2 모방학습	74.3600	5.51422	25
		전체	75.3200	6.56347	50
	2 학습장애	1 개념학습	74.3200	6.95653	25
		2 모방학습	79.9600	5.45038	25
		전체	77.1400	6.80939	50
	전체	1 개념학습	75.3000	7.20615	50
		2 모방학습	77.1600	6.11909	50
		전체	76.2300	6.71626	100

결과 Ⓐ의 '개체-간 요인'에는 2×2 요인설계에 대한 집단정보가 제시되어 있습니다. 결과 Ⓑ의 '기술통계량'은 2×2 요인설계에 의한 다변량분산분석의 결과와 같습니다. 즉, 결과 Ⓑ의 통계치는 공변수(학습시간)에 의해 교정되지 않은 결과입니다. 공변수에 의해 교정된

평균과 표준편차는 마지막의 결과 Ⓔ~Ⓖ에 제시되어 있습니다.

2. 다변량 검증치 **IBM® SPSS® Statistics**

Ⓒ 다변량 검정[a]

효과		값	F	가설 자유도	오차 자유도	유의확률	부분에타제곱
절편	Pillai의 트레이스	.218	8.665[b]	3.000	93.000	.000	.218
	Wilks의 람다	.782	8.665[b]	3.000	93.000	.000	.218
	Hotelling의 트레이스	.280	8.665[b]	3.000	93.000	.000	.218
	Roy의 최대근	.280	8.665[b]	3.000	93.000	.000	.218
ltime	Pillai의 트레이스	.269	11.429[b]	3.000	93.000	.000	.269
	Wilks의 람다	.731	11.429[b]	3.000	93.000	.000	.269
	Hotelling의 트레이스	.369	11.429[b]	3.000	93.000	.000	.269
	Roy의 최대근	.369	11.429[b]	3.000	93.000	.000	.269
grp1	Pillai의 트레이스	.428	23.233[b]	3.000	93.000	.000	.428
	Wilks의 람다	.572	23.233[b]	3.000	93.000	.000	.428
	Hotelling의 트레이스	.749	23.233[b]	3.000	93.000	.000	.428
	Roy의 최대근	.749	23.233[b]	3.000	93.000	.000	.428
grp2	Pillai의 트레이스	.449	25.245[b]	3.000	93.000	.000	.449
	Wilks의 람다	.551	25.245[b]	3.000	93.000	.000	.449
	Hotelling의 트레이스	.814	25.245[b]	3.000	93.000	.000	.449
	Roy의 최대근	.814	25.245[b]	3.000	93.000	.000	.449
grp1 * grp2	Pillai의 트레이스	.224	8.928[b]	3.000	93.000	.000	.224
	Wilks의 람다	.776	8.928[b]	3.000	93.000	.000	.224
	Hotelling의 트레이스	.288	8.928[b]	3.000	93.000	.000	.224
	Roy의 최대근	.288	8.928[b]	3.000	93.000	.000	.224

a. Design: 절편 + ltime + grp1 + grp2 + grp1 * grp2
b. 정확한 통계량

결과 Ⓒ의 '다변량 검정'은 종속변수들의 평균벡터에 대한 다변량 통계치로 공변수(학습시간)에 의해 교정된 값들입니다. 먼저 공변수(ltime)의 효과를 보면 공변수인 '학습시간'은 종속변수들의 평균벡터에 대해 통계적으로 유의미한 것으로 나타났습니다(Pillai의 T=0.269, Wilks의 람다=0.731, $F_{3,93}=11.429$, $p<.001$). 따라서 '학습시간' 변수는 종속변수들의 선형조합에 영향을 주는 변수로 공변수로서 적절함, 즉 종속변수의 선형조합에 영향을 주는 변수로 통제변수의 설정이 적절한 것으로 해석할 수 있습니다. 공변수가 종속변수에 영향을 주므로 통제하고 독립변수의 효과를 살펴보는 것이 적절하지만 공분산분석의 올바른 해석을 위해서는 회귀의 기울기가 같다는 동질성 가정을 만족해야 합니다(회귀의 동질성 검

증 ☞ Q61).

공변수의 효과를 알아보기 위해 위의 결과 ⓒ의 값을 공변수를 사용하지 않은 결과(Q56의 결과 Ⓕ)와 비교해 보겠습니다. 예를 들어, 아동특성(grp1)의 윌크스 람다는 0.572로 공변수를 사용하지 않은 결과(Q56의 결과 Ⓕ)의 0.579와 비교할 때보다 감소하였고(0.007) 필라이 T값은 0.428로 공변수를 사용하지 않은 결과(0.421)에 비해 미세하게 증가하였습니다. 이때의 부분에타제곱(partial eta^2)은 0.428로 공변수를 사용하지 않았을 때의 0.421보다 약 0.07% 증가하였습니다.

상호작용효과(grp1*grp2)에서도 공변수가 없는 결과(Q56의 결과 Ⓕ)에 비해 공변수가 있을 때(앞의 결과 ⓒ)에서 윌크스 람다는 감소하고(0.785 → 0.776) 필라이 T값은 증가하였습니다(0.215 → 0.224). 부분에타제곱도 공변수가 있을 때 약 0.09% 증가하는 것으로 나타났습니다(0.215 → 0.224).

Ⓕ 다변량 검정[a](☞ Q56의 결과 Ⓕ)

효과		값	F	가설 자유도	오차 자유도	유의확률	부분에타제곱
절편	Pillai의 트레이스	.996	7819.603[b]	3.000	94.000	.000	.996
	Wilks의 람다	.004	7819.603[b]	3.000	94.000	.000	.996
	Hotelling의 트레이스	249.562	7819.603[b]	3.000	94.000	.000	.996
	Roy의 최대근	249.562	7819.603[b]	3.000	94.000	.000	.996
grp1	Pillai의 트레이스	.421	22.761[b]	3.000	94.000	.000	.421
	Wilks의 람다	.579	22.761[b]	3.000	94.000	.000	.421
	Hotelling의 트레이스	.726	22.761[b]	3.000	94.000	.000	.421
	Roy의 최대근	.726	22.761[b]	3.000	94.000	.000	.421
grp2	Pillai의 트레이스	.456	26.257[b]	3.000	94.000	.000	.456
	Wilks의 람다	.544	26.257[b]	3.000	94.000	.000	.456
	Hotelling의 트레이스	.838	26.257[b]	3.000	94.000	.000	.456
	Roy의 최대근	.838	26.257[b]	3.000	94.000	.000	.456
grp1 * grp2	Pillai의 트레이스	.215	8.577[b]	3.000	94.000	.000	.215
	Wilks의 람다	.785	8.577[b]	3.000	94.000	.000	.215
	Hotelling의 트레이스	.274	8.577[b]	3.000	94.000	.000	.215
	Roy의 최대근	.274	8.577[b]	3.000	94.000	.000	.215

a. Design: 절편 + grp1 + grp2 + grp1 * grp2
b. 정확한 통계량

그러나 학습조건(grp2)의 경우 공변수가 없는 경우(Q56의 결과 Ⓕ)에 비해 공변수가 있을 때 윌크스 람다는 증가했고(0.544 → 0.551) 필라이의 T값은 오히려 감소했습니다(0.456 → 0.449). 그로써 학습조건의 부분에타제곱은 0.456에서 0.449로 약 0.07% 감소하였습니다.

따라서 학습시간을 공변수로 사용했을 때 아동특성의 효과와 상호작용효과는 미세하지만 증가하고 학습조건의 효과는 다소 감소하였습니다. 그러나 마찬가지로 상호작용효과가 유의미하므로 공변수를 포함한 2×2 독립 다변량공분산분석(MANCOVA)의 결과에서는 주효과는 해석하지 않고 상호작용효과를 중심으로 해석합니다.

Ⓓ 개체-간 효과 검정

소스	종속변수	제 III 유형 제곱합	자유도	평균제곱	F	유의확률	부분 에타제곱
수정된 모형	verbal 언어력	3577.111[a]	4	894.278	20.376	.000	.462
	math 수리력	2346.239[b]	4	586.560	20.651	.000	.465
	sptial 공간력	1245.804[c]	4	311.451	9.189	.000	.279
절편	verbal 언어력	658.512	1	658.512	15.004	.000	.136
	math 수리력	462.993	1	462.993	16.301	.000	.146
	sptial 공간력	388.767	1	388.767	11.470	.001	.108
ltime	verbal 언어력	447.641	1	447.641	10.199	.002	.097
	math 수리력	620.929	1	620.929	21.862	.000	.187
	sptial 공간력	719.294	1	719.294	21.222	.000	.183
grp1	verbal 언어력	830.784	1	830.784	18.929	.000	.166
	math 수리력	1605.005	1	1605.005	56.509	.000	.373
	sptial 공간력	103.497	1	103.497	3.054	.084	.031
grp2	verbal 언어력	1635.823	1	1635.823	37.272	.000	.282
	math 수리력	74.852	1	74.852	2.635	.108	.027
	sptial 공간력	36.137	1	36.137	1.066	.304	.011
grp1 * grp2	verbal 언어력	367.788	1	367.788	8.380	.005	.081
	math 수리력	4.176	1	4.176	.147	.702	.002
	sptial 공간력	351.382	1	351.382	10.367	.002	.098
오차	verbal 언어력	4169.479	95	43.889			
	math 수리력	2698.271	95	28.403			
	sptial 공간력	3219.906	95	33.894			
전체	verbal 언어력	596189.000	100				
	math 수리력	583709.000	100				
	sptial 공간력	585567.000	100				
수정된 합계	verbal 언어력	7746.590	99				
	math 수리력	5044.510	99				
	sptial 공간력	4465.710	99				

a. R 제곱 = .462 (수정된 R 제곱 = .439)
b. R 제곱 = .465 (수정된 R 제곱 = .443)
c. R 제곱 = .279 (수정된 R 제곱 = .249)

위의 결과 Ⓓ의 '개체-간 효과 검정'은 단변량 공분산분석(ANCOVA)의 결과와 같습니다. 따라서 개별 종속변수에 대해 학습시간(ltime)을 공변수로 하여 ANCOVA를 수행한 것과 같

은 결과입니다. 공변수(학습시간)를 포함할 때 수정된 모형의 부분에타제곱은 '언어력'의 경우 0.462(약 46.2%)로 공변수를 포함하지 않은 결과(Q56의 결과 Ⓖ)의 0.404(약 40.4%)보다 5.8%의 설명분산이 증가했습니다. 유사하게 '수리력'(0.342 → 0.465)이나 '공간력'(0.118 → 0.279)의 경우 모두 공변수를 포함한 분석에서 수정된 모형의 부분에타제곱이 상승한 결과를 보여 줍니다.

한편 다변량 통계치(결과 Ⓒ)에서 상호작용효과가 유의미하였으므로 결과 Ⓓ의 상호작용효과(grp1*grp2)를 해석합니다. 결과 Ⓓ의 grp1*grp2를 보면 '수리력'의 경우($F_{1,95}=0.147$, $p>.05$)를 제외하고 **언어력**($F_{1,95}=8.380$, $p<.01$, 부분에타제곱=0.081)과 **공간력**($F_{1,95}=10.367$, $p<.01$, 부분에타제곱=0.098)에서 유의미한 상호작용효과가 발견되었습니다.[8)]

추정 주변 평균

Ⓔ 1. 아동특성

종속변수	아동특성	평균	표준오차	95% 신뢰구간	
				하한	상한
verbal 언어력	1 통제집단	79.595[a]	.937	77.734	81.455
	2 학습장애	73.825[a]	.937	71.965	75.686
math 수리력	1 통제집단	80.080[a]	.754	78.583	81.576
	2 학습장애	72.060[a]	.754	70.564	73.557
sptial 공간력	1 통제집단	75.212[a]	.824	73.577	76.847
	2 학습장애	77.248[a]	.824	75.613	78.883

a. 모형에 나타나는 공변량은 다음 값에 대해 계산됩니다.: ltime 학습시간=56.8200.

Ⓕ 2. 학습조건

종속변수	학습조건	평균	표준오차	95% 신뢰구간	
				하한	상한
verbal 언어력	1 개념학습	72.636[a]	.940	70.769	74.503
	2 모방학습	80.784[a]	.940	78.917	82.651
math 수리력	1 개념학습	76.941[a]	.756	75.440	78.443
	2 모방학습	75.199[a]	.756	73.697	76.700
sptial 공간력	1 개념학습	75.624[a]	.826	73.984	77.265
	2 모방학습	76.836[a]	.826	75.195	78.476

a. 모형에 나타나는 공변량은 다음 값에 대해 계산됩니다.: ltime 학습시간=56.8200.

8) 공변수가 없는 경우(Q56의 결과 Ⓖ): 언어력($F=7.745$, $p<.01$, 부분에타제곱=.075), 공간력($F=8.705$, $p<.01$, 부분에타제곱=.083) → 공변수가 있는 경우 약간 높은 설명력을 보임.

Ⓖ 3. 아동특성 * 학습조건

종속변수	아동특성	학습조건	평균	표준오차	95% 신뢰구간 하한	95% 신뢰구간 상한
verbal 언어력	1 통제집단	1 개념학습	77.438[a]	1.326	74.806	80.071
		2 모방학습	81.751[a]	1.329	79.113	84.389
	2 학습장애	1 개념학습	67.833[a]	1.330	65.194	70.473
		2 모방학습	79.817[a]	1.326	77.184	82.450
math 수리력	1 통제집단	1 개념학습	80.747[a]	1.067	78.629	82.864
		2 모방학습	79.412[a]	1.069	77.290	81.535
	2 학습장애	1 개념학습	73.136[a]	1.070	71.013	75.260
		2 모방학습	70.985[a]	1.067	68.867	73.103
sptial 공간력	1 통제집단	1 개념학습	76.481[a]	1.165	74.168	78.794
		2 모방학습	73.943[a]	1.168	71.624	76.261
	2 학습장애	1 개념학습	74.768[a]	1.168	72.448	77.088
		2 모방학습	79.728[a]	1.165	77.415	82.042

a. 모형에 나타나는 공변량은 다음 값에 대해 계산됩니다.: ltime 학습시간=56.8200.

결과 Ⓔ~Ⓖ는 공변수(학습시간)의 효과에 의해 교정된 평균과 표준편차입니다. 결과 Ⓑ의 '기술통계량'과 비교하면 각 셀의 평균에 영향을 주는 학습시간의 효과가 통제되어 각 셀의 평균이 조금씩 낮아졌음을 알 수 있습니다.

이 결과에서 공변수의 효과는 아주 큰 편은 아니지만 만일 공변수의 효과가 커지면 그에 따라 교정된 평균은 더 많은 영향을 받게 되므로 상대적으로 더 작은 값을 갖게 됩니다. 다만 표본의 크기가 셀마다 다른 불균형설계의 경우에는 제곱합이 가법적으로 분할되지 않으므로 분석되는 항의 순서에 따라 결과마다 추정 주변 평균이 달라지며 잔차의 값도 안정되지 않습니다. 따라서 불균형설계에 의한 (다변량)공분산분석을 사용할 때 동등 크기의 셀을 사용하는 것이 해석의 오류를 줄이는 바람직한 접근입니다.

[CHECK POINT]

공변수는 통계적으로 통제가 필요한 변수를 사용하며 기본적으로 공변수가 종속변수의 선형조합에 유의미하게 영향을 줄 때 사용합니다. 공분산분석을 수행하면 기술통계치는 공변수의 효과가 통제된 상태의 '추정주변평균'(estimated marginal means)을 제시하는 것이 좋습니다.

Q61 다변량공분산분석에서 회귀의 동질성을 어떻게 파악하나요?

[♣ 데이터: 예제6_MANOVA.sav]

해설

다변량공분산분석(MANCOVA)은 공변수에 의해 집단 추정치가 교정되므로 집단별 회귀의 기울기가 동일해야 합니다. 집단별로 회귀의 기울기가 다르면 공변수에 의한 교정이 일정하지 않으므로 공분산분석의 경우 회귀의 기울기가 집단별로 동일한지는 반드시 확인해야 할 사항입니다(☞ Q55의 [그림 4-4]). 회귀의 기울기가 동일하지 않다는 것은 독립변수와 공변수의 상호작용을 의미하므로 공변수와 독립변수의 상호작용효과를 분석하여 회귀의 동질성을 파악합니다. 즉, **공변수와 독립변수의 상호작용효과가 유의미하지 않을 때 회귀의 동질성을 가정**할 수 있습니다.

회귀의 동질성을 알아보기 위해 [예제연구 6]에서 학습시간을 공변수, 아동특성(grp1)과 학습조건(grp2)을 독립변수로 하고 지능의 하위 차원(언어력, 수리력, 공간력)을 종속변수로 하는 다변량공분산분석에서 독립변수와 공변수(학습시간)의 상호작용을 항(term)으로 설정하고 분석해 보겠습니다. 이때 해석하게 될 주요 결과는 공변수인 학습시간(ltime)과 각 독립변수(grp1, grp2)와의 상호작용효과입니다.

1. 기초 정보 **IBM® SPSS® Statistics**

```
GLM verbal math sptial BY grp1 grp2 WITH ltime
 /METHOD=SSTYPE(3)
 /INTERCEPT=INCLUDE
 /CRITERIA=ALPHA(.05)
 /DESIGN=ltime grp1*ltime grp2*ltime grp1*grp2.
```

* 공변수와 독립변수의 상호작용항
  - grp1*1time
  - grp2*1time

㉮ 다변량 검정[a]

효과		값	F	가설 자유도	오차 자유도	유의확률
절편	Pillai의 트레이스	.235	9.334[b]	3.000	91.000	.000
	Wilks의 람다	.765	9.334[b]	3.000	91.000	.000
	Hotelling의 트레이스	.308	9.334[b]	3.000	91.000	.000
	Roy의 최대근	.308	9.334[b]	3.000	91.000	.000
ltime	Pillai의 트레이스	.261	10.729[b]	3.000	91.000	.000
	Wilks의 람다	.739	10.729[b]	3.000	91.000	.000
	Hotelling의 트레이스	.354	10.729[b]	3.000	91.000	.000
	Roy의 최대근	.354	10.729[b]	3.000	91.000	.000
grp1 * ltime	Pillai의 트레이스	.044	1.393[b]	3.000	91.000	.250
	Wilks의 람다	.956	1.393[b]	3.000	91.000	.250
	Hotelling의 트레이스	.046	1.393[b]	3.000	91.000	.250
	Roy의 최대근	.046	1.393[b]	3.000	91.000	.250
grp2 * ltime	Pillai의 트레이스	.027	.858[b]	3.000	91.000	.466
	Wilks의 람다	.973	.858[b]	3.000	91.000	.466
	Hotelling의 트레이스	.028	.858[b]	3.000	91.000	.466
	Roy의 최대근	.028	.858[b]	3.000	91.000	.466
grp1 * grp2	Pillai의 트레이스	.300	3.451	9.000	279.000	.000
	Wilks의 람다	.712	3.689	9.000	221.621	.000
	Hotelling의 트레이스	.387	3.858	9.000	269.000	.000
	Roy의 최대근	.337	10.456[c]	3.000	93.000	.000

a. Design: 절편 + ltime + grp1 * ltime + grp2 * ltime + grp1 * grp2
b. 정확한 통계량
c. 해당 유의수준에서 하한값을 발생하는 통계량은 F에서 상한값입니다.

결과 ㉮의 '다변량 검정'에서 보듯이, 공변수(ltime)의 종속변수 평균벡터에 대한 주효과는 유의미하므로(윌크스 람다=0.739, $F_{3,91}=10.729$, $p<.001$) 학습시간을 공변수로 사용하는 것이 적절함을 나타냅니다. 특히 아동특성(grp1)과 공변수의 상호작용(윌크스 람다=0.956, $F_{3,91}=1.393$, $p>.05$)과 학습조건(grp2)과 공변수의 상호작용(윌크스 람다=0.973, $F_{3,91}=0.858$, $p>.05$)은 모두 유의미하지 않습니다. 각 독립변수와 공변수의 상호작용이 유의미하지 않다는 것은 각 집단에 대해 회귀의 기울기가 동일함, 즉 회귀의 동질성을 가정할 수 있는 결과입니다.

이와 더불어 정확한 해석을 위해 회귀의 기울기가 개별 종속변수에 대해 동일하다는 확신이 필요하므로 다음의 결과 ㉯의 '개체-간 효과 검정'에 제시된 개별 종속변수에 대한 효과를 추가로 확인합니다. 정상적인 데이터의 경우 다변량 통계치의 상호작용이 없다면 대체로 개별 종속변수에 대한 상호작용도 나타나지 않지만 만일 다변량 통계치의 상호작용효과

가 없으면서 개별 종속변수의 상호작용이 유의미하면 데이터의 적절성(오류 및 오차분산의 크기)을 다시 확인해 보아야 합니다.

㉯ 개체-간 효과 검정

소스	종속변수	제 III 유형 제곱합	자유도	평균제곱	F	유의확률
수정된 모형	verbal 언어력	3773.470[a]	6	628.912	14.721	.000
	math 수리력	2384.167[b]	6	397.361	13.891	.000
	sptial 공간력	1286.252[c]	6	214.375	6.271	.000
절편	verbal 언어력	743.071	1	743.071	17.393	.000
	math 수리력	481.638	1	481.638	16.837	.000
	sptial 공간력	396.589	1	396.589	11.600	.001
ltime	verbal 언어력	370.324	1	370.324	8.668	.004
	math 수리력	582.580	1	582.580	20.366	.000
	sptial 공간력	689.686	1	689.686	20.173	.000
grp1 * ltime	verbal 언어력	115.507	1	115.507	2.704	.103
	math 수리력	.161	1	.161	.006	.940
	sptial 공간력	8.143	1	8.143	.238	.627
grp2 * ltime	verbal 언어력	77.981	1	77.981	1.825	.180
	math 수리력	37.832	1	37.832	1.323	.253
	sptial 공간력	32.783	1	32.783	.959	.330
grp1 * grp2	verbal 언어력	666.810	3	222.270	5.203	.002
	math 수리력	39.107	3	13.036	.456	.714
	sptial 공간력	397.516	3	132.505	3.876	.012
오차	verbal 언어력	3973.120	93	42.722		
	math 수리력	2660.343	93	28.606		
	sptial 공간력	3179.458	93	34.188		
전체	verbal 언어력	596189.000	100			
	math 수리력	583709.000	100			
	sptial 공간력	585567.000	100			
수정된 합계	verbal 언어력	7746.590	99			
	math 수리력	5044.510	99			
	sptial 공간력	4465.710	99			

a. R 제곱=.487 (수정된 R 제곱=.454)
b. R 제곱=.473 (수정된 R 제곱=.439)
c. R 제곱=.288 (수정된 R 제곱=.242)

결과 ㉯의 '개체-간 효과 검정'에서 각 종속변수 측정치에 대해 공변수(ltime)와 집단변수 간의 유의미한 상호작용효과는 나타나지 않았습니다(grp1*ltime 및 grp2*ltime의 유의확률 범위는 0.103~0.940, 모두 $p>.05$). 이처럼 종속변수의 평균벡터에서뿐만 아니라 개별 종속변수 측정치에서 회귀의 동질성을 가정할 수 있는 것으로 나타났습니다. 따라서 다변량공분산분석(MANCOVA)의 기본 가정을 만족하고 회귀의 동질성에 의한 해석의 오류 가능성은 거의 없는 것으로 판단할 수 있습니다. 만일 회귀의 동질성을 가정할 수 없다면 올바른 결과해석을 위해 몇 가지 조치 사항이 필요합니다(회귀의 동질성을 가정할 수 없을 때 ☞ Q55).

회귀의 동질성 검증을 위한 상호작용 항의 설정(SPSS)

- SPSS에서 공변수와 독립변수의 상호작용은 디폴트로 제공되지 않으므로 분석을 위해 항을 만들고 지정해야 함. SPSS 메뉴에서 [분석 → 일반선형모형 → 다변량]을 선택하고 '모형'을 클릭한 후 다음 대화상자의 '항 설정(B)'에서 공변수와 독립변수의 상호작용을 만들어 지정함.

[그림 4-5] 공변수와 독립변수의 상호작용 설정

- [그림 4-5]와 같이 지정하고 분석을 수행한 후 공변수와 독립변수의 상호작용을 해석 → ① 상호작용이 유의미할 때 회귀의 기울기가 이질적인 임. ② 상호작용이 유의미하지 않을 때 회귀의 동질성을 가정함.

- 회귀의 동질성을 가정할 수 없을 때(☞ Q55): ① 공변수를 또 하나의 독립변수로 설정하거나 ② 무선블록설계방안을 고려하거나 ③ 사전-사후의 차이점수를 종속변수로 사용하는 등의 대안적 방법으로 접근함.

Q62 다변량분산분석의 결과표 작성과 해석 요령은 무엇인가요?

[♣ 데이터: 예제6_MANOVA.sav]

해설

다변량분산분석의 결과물은 ANOVA처럼 단순화하여 볼 수 있으므로 그에 준해서 결과표를 작성합니다. 기본적인 사항으로는 기술통계치(평균, 표준편차), 다변량 통계치(필라이 T값, 윌크스 람다값, 호텔링 T^2, 로이의 최대근 중에서 적합한 값), 단변량 F값 및 유의도, 부분에타제곱, 기본 가정을 위한 통계치(공분산 행렬의 동질성 검증, 바틀렛의 구형성 검증)를 포함합니다. 그리고 상호작용효과가 유의미할 경우 상호작용 도표를 포함합니다.

[예제연구 6]의 데이터(예제6_MANOVA.sav)를 이용해 아동특성(통제집단/학습장애)과 학습조건(개념학습/모방학습)을 독립변수로 하고 지능의 하위 차원인 언어력, 수리력, 공간력을 종속변수로 하는 2×2 요인설계에 의한 다변량분산분석의 결과표를 작성하고 해석 요령을 살펴보겠습니다(☞ Q56의 결과).

<표 4-2> 기술통계치($n=100$)

종속변수	아동특성	학습조건		계
		개념학습	모방학습	
언어력	통제집단	77.28(7.68)	82.08(6.28)	79.68(7.36)
	학습장애	67.48(8.50)	80.00(4.66)	73.74(9.27)
	계	72.38(9.42)	81.04(5.57)	76.71(8.85)
수리력	통제집단	80.56(6.48)	79.80(4.93)	80.18(5.71)
	학습장애	72.72(6.43)	71.20(5.54)	71.96(5.99)
	계	76.64(7.52)	75.50(6.77)	76.07(7.14)
공간력	통제집단	76.28(7.46)	74.36(5.51)	75.32(6.56)
	학습장애	74.32(6.96)	79.96(5.45)	77.14(6.81)
	계	75.30(7.21)	77.16(6.12)	76.23(6.72)

주: 값은 평균(표준편차)임.

<표 4-3> 2×2 요인설계에 의한 다변량분산분석의 결과

독립변수	종속변수	다변량 통계치				단변량 통계치[a]		
		윌크스 람다	F(3,94)	p	부분에타 제곱	단변량 F (1,96)	p	부분에타 제곱
아동특성	언어력	.579	22.761	.000	.421	18.341	.000	.160
	수리력					48.856	.000	.337
	공간력					2.018	.159	.021
학습조건	언어력	.544	26.257	.000	.456	38.983	.000	.289
	수리력					.940	.335	.010
	공간력					2.108	.150	.021
아동특성 × 학습조건	언어력	.785	8.577	.000	.215	7.745	.006	.075
	수리력					.104	.747	.001
	공간력					8.705	.004	.083

- Box의 동일성 검증=27.264, $p > .05$
- Bartlett의 구형성 검증(근사카이제곱)=62.946, $p < .01$
- 오차분산의 동질성 Levene F: 언어력=1.170, 수리력=2.062, 공간력=1.297(모두 $p > .05$)

a 단변량 통계치의 유의수준은 $p < .01$로 함.
주: 괄호 안은 자유도임.

기본적으로 〈표 4-2〉의 기술통계치와 〈표 4-3〉의 유의검증을 위한 다변량분산분석 표를 구분하여 제시합니다. 만일 상호작용효과가 유의미하다면 프로파일 도표를 함께 제시하여 상호작용을 도식적으로 나타내는 것이 좋습니다.

〈표 4-3〉의 다변량 통계치를 보면 주효과와 상호작용효과가 모두 유의미하였습니다. 상호작용효과가 유의미하므로 주효과는 해석하지 않고 상호작용효과를 중심으로 설명합니다. 또한 개별 종속변수에 대한 효과를 나타내는 단변량 통계치의 경우는 1종 오류의 영향을 고려하여 유의수준(p)을 0.01수준으로 엄격하게 적용하였습니다. 유의수준을 엄격하게 적용함으로써 다변량분산분석에서 종속변수의 상대적 효과를 설명할 때 1종 오류에 의한 해석적 편파를 줄일 수 있습니다. 단변량 통계치의 경우에도 상호작용효과를 중심으로 설명하고 프로파일 도표와 집단평균을 함께 해석합니다. 종합하여 2×2 요인설계에 의한 다변량분산분석의 결과를 해석하면 다음과 같습니다.

결과해석 요령(2×2 요인설계에 의한 다변량분산분석)

아동특성(통제집단/학습장애)과 학습조건(개념학습/모방학습)에 따른 2×2 요인설계에 의한 다변량분산분석을 수행하였다. 그 결과 〈표 4-3〉과 같이 언어력, 수리력, 공간력의 선형조합 점수에 대한 아동특성과 학습조건의 상호작용효과가 유의미하였다(윌크스 람다=0.785, $F_{3,94}=8.577$, $p<.001$). 상호작용효과의 부분에타제곱은 0.215로 약 21.5%의 설명력을 보였다. 한편 상호작용효과가 유의미함에 따라 독립변수들의 주효과는 해석하지 않는다.

지능 하위 차원의 평균벡터에 대한 상호작용효과를 바탕으로 개별 종속변수에 대한 효과를 추가분석하였고 개별 종속변수에 대한 효과는 1종 오류의 가능성을 줄이기 위해 0.01의 엄격한 유의수준(p)을 적용하였다. 〈표 4-3〉의 단변량 통계치에서 보듯이, 상호작용효과는 언어력과 공간력에서 나타났으며(언어력 $F_{1,96}=7.745$; 공간력 $F_{1,96}=8.705$, 모두 $p<.01$) 수리력에서는 통계적으로 유의미하지 않았다($F_{1,96}=0.104$, $p>.01$). 각 종속변수에 대한 상대적 효과를 비교해 보면 공간력(부분에타제곱=0.083), 언어력(부분에타제곱=0.075), 수리력(부분에타제곱=0.001)의 순으로 나타났다.

상호작용효과에 근거하여 언어력과 공간력에 대한 상호작용을 구체적으로 알아보는 도표가 [그림 4-6]에 제시되어 있다.

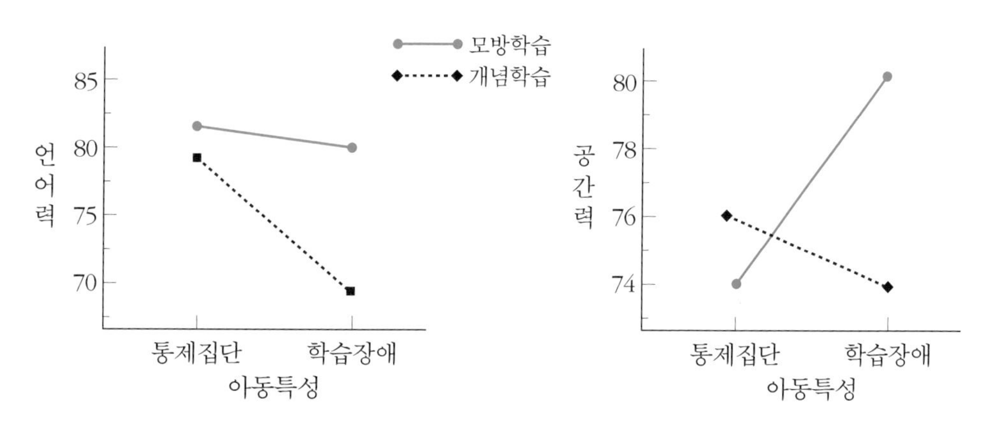

[그림 4-6] 상호작용효과

[그림 4-6]에서 보듯이, 언어력의 경우에는 학습장애 아동집단의 개념학습 평균이 상대적으로 낮은 것으로 보이고 공간력의 경우는 아동집단별 학습조건의 효과가 반대 방향인 것으로 나타났다. 이와 관련하여 〈표 4-2〉의 평균을 살펴보면 언어력의 경우 모방학습에서는 아동집단별로 큰 차이를 보이지 않지만(통제집단 82.08, 학습장애 80.00) 개념학습에서는 통제집단보다 학습장애 아동

집단에서 낮은 평균을 보였다(통제집단 77.28, 학습장애 67.48). 한편 공간력의 경우 모방학습은 학습장애 아동에게 효과적인 반면(통제집단 74.36, 학습장애 79.96) 개념학습은 통제집단에서 더 효과적인 것으로 나타났다(통제집단 76.28, 학습장애 74.32).
종합하면, 지능검사 하위 차원에 대해 아동특성과 학습조건의 상호작용효과로 인해 일반 아동과 학습장애 아동의 경우 서로 다른 학습방법의 교육이 지능발달에 효과적인 것으로 보인다. 특히 공간력 발달에 대해 학습장애 아동의 경우에는 모방학습이 효과적이고 일반 아동의 경우에는 개념학습이 상대적으로 효과적인 것으로 해석된다. 언어력은 일반 아동의 평균이 조금 높지만 학습장애 아동의 경우 개념학습보다는 모방학습이 더 우수한 방법으로 평가된다. 한편 수리력의 경우에는 학습조건과 아동특성의 상호작용이 발견되지 않았다.

다변량공분산분석의 해석

기본적으로 다변량분산분석과 다변량공분산분석의 해석은 크게 다르지 않지만 공분산을 투입함에 따라 회귀 기울기의 동일성(회귀의 동질성)을 위한 가정 검토와 공변수의 효과를 표에 함께 제시해야 합니다. 같은 예제에서 학습시간(ltime)을 공변수로 한 2×2 요인설계에 의한 다변량공분산분석을 수행한 결과로 같은 방식의 표를 만들면 〈표 4-4〉와 같습니다(기술통계치는 추정주변평균의 값을 사용 ☞ Q60의 결과 Ⓔ~Ⓖ).

<표 4-4> 2×2 요인설계에 의한 다변량공분산분석의 결과

독립변수	종속변수	다변량 통계치				단변량 통계치[a]		
		윌크스 람다	F(3,93)	p	부분에타제곱	단변량 F (1,95)	p	부분에타제곱
공변수 (학습시간)	언어력	.731	11.429	.000	.269	10.199	.002	.097
	수리력					21.862	.000	.187
	공간력					21.222	.000	.183
아동특성	언어력	.572	23.233	.000	.428	18.929	.000	.166
	수리력					56.509	.000	.373
	공간력					3.054	.084	.031
학습조건	언어력	.551	25.245	.000	.449	37.272	.000	.282
	수리력					2.635	.108	.027
	공간력					1.066	.304	.011

아동특성 × 학습조건	언어력	.776	8.928	.000	.224	8.380	.005	.081
	수리력					.147	.702	.002
	공간력					10.367	.002	.098

주: 아동특성 × 공변수(☞ Q61): 윌크스 람다 = .956, F = 1.393, p > .05
학습조건 × 공변수(☞ Q61): 윌크스 람다 = .973, F = 0.858, p > .05

a 단변량 통계치의 유의수준은 p < .01로 함.
주: 괄호 안은 자유도임.

〈표 4-4〉와 같이 공변수에 대한 정보를 포함하고 모든 통계치는 공변수에 의한 교정값을 제시합니다. 실제 기술통계치의 경우에도 공변수에 의해 교정된 평균과 표준편차인 '추정주변평균'의 값을 제시하는 것이 좋습니다. 결과해석 요령은 기본적으로 같지만 공변수 및 회귀의 동질성 검증에 대한 설명을 포함합니다.

공변수에 대한 설명의 예시

학습시간을 통제한 상태에서 아동특성과 학습방법에 따른 2×2 요인설계에 의한 다변량공분산분석을 수행하였다. 그 결과, 공변수인 학습시간의 윌크스 람다 = 0.731, $F_{3,93}$ = 11.429이고 p < .001로 통계적으로 유의미한 것으로 나타났다. 학습시간이 종속변수들의 평균벡터에 영향을 주므로 공변수로서 사용의 적절한 것으로 평가된다. 또한 학습시간과 아동특성 및 학습시간과 학습조건의 상호작용은 통계적으로 유의미하지 않았다(각각 람다 = 0.956, F = 1.393; 람다 = 0.973, F = 0.858, 모두 p > .05). 따라서 공변수에 의한 교정효과가 모든 조건에서 동일하며(회귀의 동질성) 그로써 공변수에 의한 결과해석의 오류 가능성은 거의 없는 것으로 해석된다.

* 공변수와 독립변수의 상호작용은 모든 종속변수에 대해 설명할 수도 있음(개채-간 효과 검정을 이용).
* 주효과 및 상호작용효과에 대한 설명은 2×2 요인설계에 의한 다변량분산분석과 같음.

05

요인분석

Factor Analysis

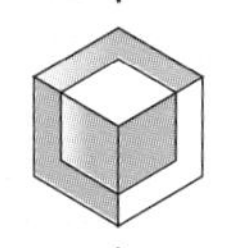

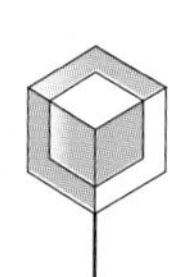

학습목표

- 요인분석의 기본 개념
- 요인분석의 절차
- 요인분석의 사용 목적
- 요인분석의 기본 가정
- 탐색적 요인분석의 수행과 해석
- 요인회전, 요인추출모형, 요인의 수에 따른 결과의 해석
- 직교회전과 사교회전의 비교
- 요인모형 가꾸기
- 결과표의 작성과 보고서

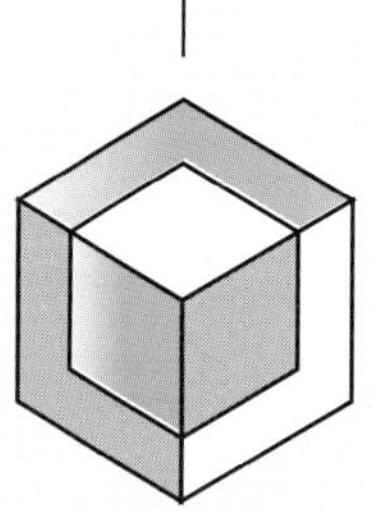

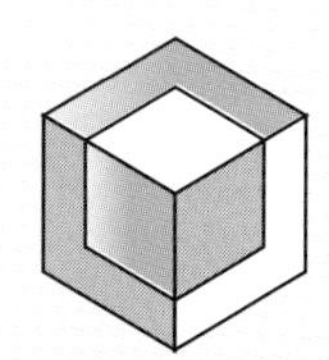

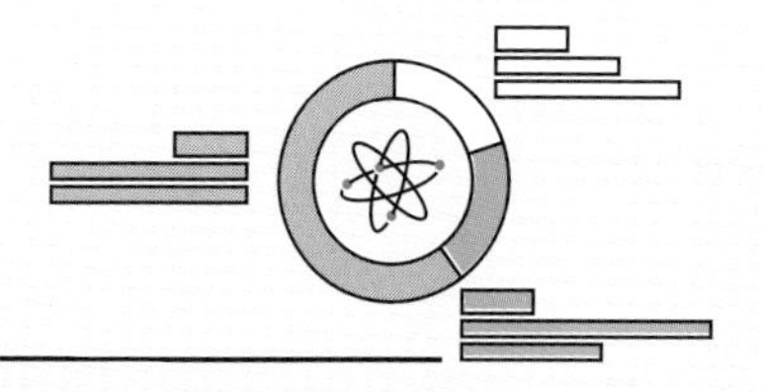

일러두기

- 실습 데이터: 예제8_요인분석.sav
- 실습 명령문: 예제8_요인분석.sps

Q63 요인분석이란 무엇인가요?

해설

요인분석(Factor analysis)은 이론적인 변수의 잠재구조를 파악하고 요약하는 방법으로 관측변수들이 지닌 정보를 축약하여 적은 수의 잠재된 구조(construct)로 요약하는 고도화된 통계기법입니다. 요인분석은 많은 수의 관측변수를 적은 수의 잠재구조로 요약하므로 과학이 추구하는 절약성의 원리(principle of parsimony)에 가장 충실한 통계방법의 하나이며 추출된 요인은 무수히 많은 관측변수의 특성을 대표하는 개념이 되므로 현상을 단순명료하게 설명하는 경제성과 효율성을 모두 갖춘 방법입니다. 말하자면, 요인분석은 과학의 원리에 충실하면서 수학적 논리가 잘 갖추어진 통계모형으로 관측변수들의 상호상관에 기초하여 변수의 잠재구조나 차원을 파악하고 설명할 목적으로 사용됩니다.

요인분석은 인간의 정신능력, 특히 지능에 대한 객관적 검사를 개발하는 과정에서 발전했으며 오늘날 다양한 분야에서 직접 측정되지 않는 현상(예: 성격, 동기, 라이프스타일 등)의 잠재적 구조를 파악하고 개념화하는 필수적인 분석툴로 활용되고 있습니다. 예를 들어, 성격이나 라이프스타일에 대한 정의는 다양하고 이를 측정하는 수많은 검사가 있지만 연구자는 요인분석을 이용해 100개의 문항에서 간단히 5개, 6개 혹은 7개 정도의 핵심차원으로 전체 변수를 일목요연하게 요약할 수 있습니다. 즉, 성격이나 라이프스타일을 설명하고자 할 때 100개의 문항을 모두 사용한다면 정보는 많을지라도 매우 번거롭고 비효율적인 설명이 될 것입니다. 이때 요인분석을 수행하면 비교적 적은 수의 차원(요인)으로 100개 문항을 축약할 수 있으므로 효율적으로 개념(성격이나 라이프스타일)을 설명할 수 있으며 나아가 이들 개념을 쉽게 다른 장면에 활용할 수 있습니다.

요인분석의 넓은 활용범위와 효율성에도 불구하고 종종 요인분석에서 산출되는 잠재구조의 임의성(요인 추출의 모호한 기준과 해석적 어려움)은 분석적 가치를 저해하는 요소가 되기도 합니다. Gould(1981)는 "요인분석은 연구자를 좌절시키는 가장 심각한 통계절차의 하나(p. 223)"라고 말할 만큼 까다로운 통계방법으로 보았습니다. 그만큼 현실의 데이터가 이론적인 잠재구조에 부합되기 쉽지 않음을 역설적으로 표현한 것입니다. 때로는 너무나도 많은 요인이 산출되거나 이론에 부합하지 않는 요인구조, 심지어 동일한 문항에 대해서도 연구자마다 서로 다른 요인구조를 보이는 경우가 흔합니다. 그래서 **무엇보다 요인분석은 이론적 근거와 논리를 바탕으로 수행하는 것이 중요하고** 일련의 요인구조를 확신하기 위해서는 타당성을 입증할 여러 검증절차와 반복연구가 필요합니다. 즉, 요인분석은 이론과 개념을 검증하는 절차라 할 수 있습니다. 이론이 합리적이고 타당하다면 현실의 데이터는 이론에 부합되는 잠재구조를 보일 것이며 요인분석은 이를 증명하고 타당화하는 통계절차인 것입니다.

흔히 요인분석은 두 가지의 형태로 나뉘는데, 하나는 탐색적 요인분석(exploratory factor analysis: EFA)이고 다른 하나는 확인적 요인분석(confirmatory factor analysis: CFA)이라고 부릅니다. **탐색적 요인분석(EFA)**은 발견되지 않은 잠재적인 구성개념을 찾기 위해 데이터를 탐색하는 방법이라면 **확인적 요인분석(CFA)**은 확정된 이론으로부터 현실의 데이터가 이론적 구성개념에 부합되는지를 확인하는 절차입니다. 그래서 탐색적 요인분석(EFA)은 과학철학의 **귀납적 접근방법**에 근거하는 반면 확인적 요인분석(CFA)은 **연역적 접근**에 기초합니다. 흔히 SPSS나 SAS와 같은 통계 프로그램에서 다루는 요인분석은 탐색적 요인분석을 지칭하고 AMOS나 LISREL과 같은 프로그램에서 다루는 구조방정식모형(structural equation modeling: SEM)의 측정모형은 전형적인 확인적 요인분석을 지칭합니다.

요인분석은 까다로운 통계기법에 속하지만 다음과 같은 일반적인 단계별 접근법을 구분해 두면 사용에 도움이 될 것입니다.

(1) 아직 많은 연구가 수행되지 않은 단계에서 새로운 구성개념이나 이론을 개발하고자 한다면 탐색적 요인분석(EFA)을 수행합니다.

(2) 탐색적 요인분석을 반복하면서 요인(구성개념)의 차원이 타당하게 산출될 때까지 관측변수(문항)를 더하거나 빼면서 최적의 요인구조를 만들어 갑니다(요인모형 가꾸기).

(3) 요인모형 가꾸기를 통해 만족할 만한 요인구조가 발견되었다면 확인적 요인분석(CFA)을 수행하고 잠재적 요인구조의 타당성을 확인합니다.

이러한 과정은 검사나 척도를 개발하는 과정에서 전형적으로 사용되는 절차로 흔히 **구성**

개념(construct)의 타당도를 검증하는 절차이기도 합니다. 보통 검사나 척도개발을 목적으로 하는 연구에서는 탐색적 요인분석(EFA)을 통해 초기 척도문항을 개발하고 확인적 요인분석(CFA)를 통해 타당화하는 절차를 거치게 됩니다. 다만 검사나 척도개발을 목표로 하지 않고 기존의 잘 확립된 척도를 사용하는 연구에서는 EFA를 생략하고 CFA만으로 사용척도의 타당성을 주장할 수도 있습니다. 참고로 검사나 척도의 개발 단계에서 요인분석이 어떻게 적용되는지를 이해하기 위해 다음 〈표 5-1〉에서 척도개발의 일반적 단계와 타당화 절차를 소개합니다.

<표 5-1> 척도개발의 과정과 통계기법

단계	절차[a]	설명[b]	통계기법
초기 문항 개발	• 문헌 검토 • 전문가 인터뷰, FGI • 차원성 검토	• 구성개념의 파악 • 문항 풀(pool) 구성 • 내용 타당화	
사전검사와 탐색 단계	• 탐색적 문항 평가 • 문항분석(item analysis) • 내적 일치도	• 문항 포맷 • 전문가 검토 • IRT(item response theory) • 문항에 대한 기초 평가	• 문항반응분석 • 탐색적 요인분석 • 신뢰도 분석
문항 수정과 확인 단계	• 확인적 문항 평가 • 문항 수정	• 타당화 문항 포함 여부 • 개발 표본의 문항 관리	• 확인적 요인분석
타당화	• 대안 척도와의 비교 • 규범 타당화	• 문항 평가 • 척도(길이)의 최적화	• 수렴타당도 • 판별타당도 • 교차타당도

[a] Okazaki & Mendez(2013).
[b] Devellis(1991).

지능연구와 요인분석의 발전

요인분석(factor analysis)은 인간의 정신능력에 대한 측정, 특히 지능연구와 함께 발전해왔습니다. 초기 역량심리학자들은 정신능력을 마음속에 축적된 독특하고 일원화된 힘으로 정의하였지만 1904년 영국의 심리학자 스피어먼(Spearman)은 지능을 2요인으로 파악하였습니다. 그는 여러 지적 능력의 범위를 특징짓는 한 가지의 공통된 요인, 즉 일반요인이 있고 그러한 일반요인으로 설명되지 않는 개별 지적 능력의 범위로 특수요인이 있다고 가정하였습니다. 스피어먼은 지능에 관한 자신의 2요인 이론을 검증하기 위해 요인분석에 기초하였습니다. 그는 정신능력에 관한 데이터의 상관관계를 이용하여 요인분석하였을 때 여러 검사가 동일한 지적 능력의 범위를 측정하는 **공통요인**(g)과 개별 능력의 범위를 측정하는 **특수요인**(s)을 추출할 수 있었습니다. 그 후 요인분석은 지능이 여러 수준의 잠재요인으로 구성된다고 주장하는 서스톤(Thurstone)에 의해 일반화된 방법으로 발전하게 되었습니다.

요인분석은 인간의 정신역량을 모형화하고 그 실체를 증명하는 과학적 접근으로서 발전했지만 오늘날 다양한 이론의 잠재적 구조를 밝히고 나아가 잠재적 구조 간의 관계를 다루는 연구에서 폭넓게 사용되고 있습니다. 그리고 1980년대 이후 본격화된 구조방정식모형(SEM)의 개발은 요인분석의 접근을 더욱 활용성이 높은 방법으로 발전시키는 계기가 되었습니다. 흔히 구조방정식모형은 두 가지 모형으로 구성되는데, 먼저 **측정모형**은 잠재적 이론의 차원성(dimensionality)을 밝히는 확인적 요인분석(CFA) 절차를 제공함으로써 기존 방법으로 한계가 있었던 이론 검증을 위한 연역적 접근의 해법을 제공하게 되었습니다. 그리고 구조방정식의 **구조모형**은 확인된 잠재적 이론구조(구성개념) 간의 다중관계를 검증하는 절차를 제공함으로써 요인분석을 통해 산출된 여러 잠재요인 간의 복잡한 영향력 관계를 동시에 검증할 수 있게 되었고 점차 많은 분야에서 중요한 분석기법으로 자리매김하고 있습니다. 이는 마치 요인분석을 통해 산출된 이론적 잠재구조 간의 관계를 여러 회귀모형의 결합 형태로 분석하는 것과 같습니다. 그에 따라 이론적 구성개념(요인) 간의 관계는 탐색적 요인분석(EFA) → 확인적 요인분석(CFA) → 구조모형분석(SEM)이라는 통합적 분석 시퀀스를 완성하게 되었습니다.

[CHECK POINT]

요인분석은 이론적인 변수의 잠재구조를 밝히는 목적의 통계기법으로 탐색적 요인분석과 확인적 요인분석으로 구분됩니다. 탐색적 요인분석은 새로운 구성개념을 탐색하는 귀납적 접근을 취하는 반면 확인적 요인분석은 탐색적 요인분석에서 밝혀진 새로운 구성개념이 이론에 부합하는지를 확인하는 연역적 접근에 기반합니다.

Q64 요인분석을 위한 분석 단계는 어떻게 구분되나요?

해설

요인분석은 모든 관측변수(observed variable)가 그에 수반되는 잠재적이고 가설적인 구성개념(요인 혹은 차원을 말함)을 지닌다고 가정하고 관측변수의 상호상관에 기초하여 그와 같은 잠재적 구조를 추출해 내는 통계기법입니다. 그러므로 요인분석을 통해 추출된 요인은 관측변수들의 특성을 요약한 잘 정제되고 축약된 개념이며 원래의 관측변수보다 효율적인 설명이 가능합니다. 예를 들어, 100여 개가 넘는 정신능력을 측정하는 문항이 3~4개의 구성개념(언어력, 수리력, 추리력 등)으로 축약될 수 있다면 '지능'이라는 현상에 대한 설명의 효율성이 높을 뿐만 아니라 축약된 구성개념을 다른 개념이나 변수와 비교하는 등의 활용도가 증대될 것입니다.

요인의 추출은 관측변수의 상관행렬에 기초한 선형조합을 구하고 선형조합으로부터 관측변수의 상관이 다시 산출되는 과정(재연된 상관행렬 혹은 예측된 상관행렬: reproduced correlation)을 반복하면서 최종의 잠재요인을 구성합니다(초기 요인적재량으로부터 다시 추정된다는 의미에서 '재생상관'이라고도 함). 이때 재연상관행렬과 관측변수의 상관행렬의 차이를 잔차(residual)라 하는데, 요인분석은 곧 이 잔차를 최소화하는 과정으로 이해될 수 있습니다. 즉, 재연상관(예측상관)과 관측변수 간의 상관행렬의 차이(잔차)가 작을수록 좋은 요인분석이 되고 최적의 요인모형이 구해집니다(Gorsuch, 1993).

요인분석은 다른 통계기법과 달리 독립변수와 종속변수를 구분하지 않는 **대표적인 종속기법**(dependent technique)의 통계입니다. 실제 계산은 매우 복잡하지만 일반적인 분석적 절차를 숙지하면 누구나 쉽게 요인분석을 사용할 수 있습니다. 다만 요인분석은 측정의 타당도를 평가하는 목적을 포함하므로 정확한 해석과 평가를 위해 분석을 위한 표준 절차를 준수하는 것이 중요합니다. 이를 위해 다음의 [그림 5-1]은 요인분석의 절차를 단계별로 구분하여 제시한 것입니다.

	내용	SPSS 명령어
1단계	분석목적의 설정 측정변수(문항)의 지정	(메뉴) 분석 → 차원축소 → 요인분석
2단계	상관행렬의 계산 결측치 검사	기술통계: 계수, 역모형, 재연 상관행렬, 역-이미지, 구형성 검정 옵션: 결측값 제외
3단계	요인추출(분해)의 결정	주성분분석법, 공통요인법
4단계	요인의 추출	요인추출: 주성분, 비가중 최소제곱법, 일반화된 최소제곱법, 최대우도 등
5단계	비회전 최초 요인적재량의 산출	요인추출: 비회전 요인 해법, 스크리 도표, (추출) 고유값 기준, 고정된 요인 수 등 지정
6단계	요인의 회전 회전 후의 요인적재량 산출	요인회전: 직교회전, 사교회전 (표시) 회전 해법
7단계	요인의 해석	옵션: 크기순 정렬, 작은 계수 표시 안함(절대값 기준)
8단계	추후분석을 위한 요인점수의 산출	점수: 요인점수 계수행렬 표시, 변수로 저장

[그림 5-1] 요인분석의 절차와 SPSS 명령어

요인분석은 [그림 5-1]의 단계를 거치며 순차적으로 수행되므로 단계별 주요 용어에 익숙해지는 것이 필요합니다. 특히 연구자들은 실전분석에서 요인추출방법(3, 4단계)을 결정하고 순차적으로 요인추출의 기준(5단계), 요인회전방법(6단계), 요인해석과 요인점수의 산출(7, 8단계) 등을 결정해야 합니다.

Q65 분석목적에 따라 요인분석의 접근법이 어떻게 달라지나요?

해설

보통 요인분석은 관측변수를 축약하여 요약된 정보(잠재요인)로 사용하기 위해 변수 간의 상관을 이용하여 변수를 묶어 축약하는 방법이 일반적입니다. 그러나 종종 변수를 묶는 것이 아니라 응답을 중심으로 묶는 방법을 사용하기도 합니다. 이는 변수 간의 상관이 아니라 응답자의 반응패턴을 묶는 방법으로 변수를 대신하여 응답자를 묶는 요인분석적 접근이라고 할 수 있습니다. 그래서 요인분석은 변수를 묶는 방법의 요인분석(R타입)과 응답자를 묶는 방법의 요인분석(Q타입)으로 구분되며 흔히 요인분석이라고 하면 R타입의 요인분석을 말합니다. 예를 들어, 100명의 응답자가 10개의 관측변수에 응답하였다고 가정하면 10개 변수 간의 공통성을 추출하는 방법으로 접근하면 R타입의 요인분석이 되지만 응답의 유사한 패턴을 추출한다면 Q타입의 요인분석이 됩니다. 이 책에서 다루는 요인분석은 전형적인 의미에서 변수의 잠재적 구조를 탐색하는 R타입 요인분석에 해당합니다.

실제 Q타입의 요인분석은 계산의 복잡성과 추정의 정확성 문제로 자주 사용되지 않는데, 만일 응답자들의 특성에 따라 유사한 응답을 묶는 것이 목적이라면 대안적으로 군집분석(cluster analysis)과 같은 방법이 추천됩니다. 군집분석은 요인분석과 같이 독립변수와 종속변수가 구분되지 않는 종속기법의 다변량 분석에 해당하지만 요인분석과 달리 변수의 잠재적 구조가 아닌 응답자를 여러 잠재적 집단으로 구분하고 각 집단의 특성을 밝히는 유용한 방법입니다(Stewart, 1981). 응답자를 분류한다는 점에서 Q타입 요인분석과 군집분석은 비슷하지만 응답자를 묶는 방법에 차이가 있습니다. 즉, Q타입 요인분석은 반응의 평균과 표준편차를 이용해 상호상관을 구하고 그에 따라 응답패턴의 유사성을 구분하는 반면 군집분석은 응답 점수의 유클리트 거리(Euclidean distance)를 계산하여 거리가 가까운 응답끼리 묶는 방법을 택합니다. 간단히 말해, Q타입은 응답의 평균으로부터 패턴을 구분하고 군집분석은 거리로 구분합니다. 따라서 군집분석에서는 거리값이 가까운 응답자를 집단으로 구분하지만 Q타입에서는 거리가 멀어도 응답패턴이 유사하면 같이 묶이는 특성이 있습니다. 다음 [그림 5-2]는 설명 목적으로 Q타입의 요인분석과 군집분석의 차이를 도식적으로 나타낸 것입니다.

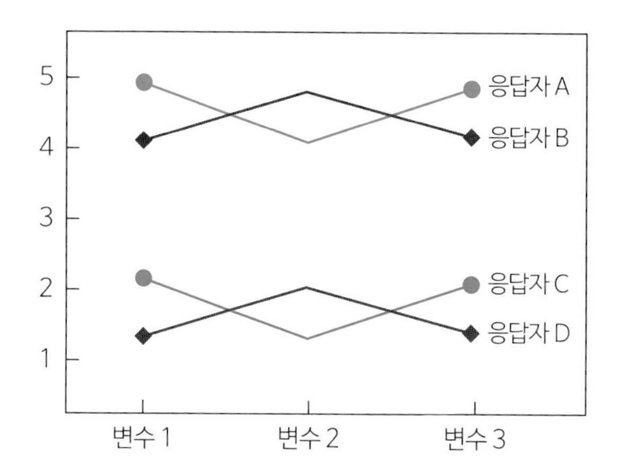

[그림 5-2] Q타입 요인분석과 군집분석의 비교

[그림 5-2]와 같이 A～D의 4명이 각각 3개의 변수에 응답하였다고 할 때 Q타입 요인분석과 군집분석은 4명을 각기 다른 방식으로 분류합니다. Q타입 요인분석은 응답패턴(분산)의 유사성으로 응답자를 분류하기 때문에 응답자 A와 C를 한 집단으로 묶고 응답자 B와 D를 또 다른 집단으로 구분하게 됩니다. 반면 군집분석을 사용하면 응답의 유클리트 거리값을 기준으로 하기 때문에 응답자 A와 B를 한 집단으로 묶고 응답자 C와 D를 또 다른 집단으로 묶게 됩니다. 특히 군집분석은 대규모 데이터에서 잠재적인 군집의 수를 파악하고 잠재적 계층구조를 통해 각 계층의 특성을 이해하는 방법입니다.

이 책에서 자세히 다루지는 않지만 군집분석과 더불어 실무활용도가 높은 다차원척도법과 같은 방법이 있습니다. 다차원척도법(multidimensional scaling: MDS)은 군집분석이나 요인분석과 같은 다변량 종속기법의 하나입니다. 흔히 다차원척도법은 군집분석과 같이 유클리트 거리값으로 응답(개체)의 유사성과 비유사성을 측정하고 이를 집단화하는데, 측정된 개체의 집단화를 2차원 혹은 3차원의 공간상에 시각적으로 표현한다는 것이 중요한 특징입니다. 시각적으로 개체의 집단 특성을 표현하기 때문에 직관적이면서 특히 실무에서 응용범위가 넓은 기법으로 볼 수 있습니다(예: 제품 이미지 분석, 고객세분화 기법 등).

Q66 요인추출(분해)은 무엇이며 어떤 기준으로 선택하나요?

해설

요인분석을 수행하기에 앞서 연구자는 연구목적에 따라 요인추출방법(분해모형)을 결정해야 합니다. 가장 일반적인 요인추출모형은 **주성분분석**(principle component analysis: PCA)과 **공통요인분석**(common factor analysis: CFA)이 있습니다. 주성분분석(PCA)은 초기 투입변수들이 지닌 정보(분산)를 극대화하고자 할 때 사용하고(초기 변수의 정보를 중시하여 산출요인을 최소화함), 공통요인분석(CFA)은 초기 변수들로 파악되지 않는 잠재적인 공통요인을 파악하는 것에 초점을 둘 때 사용합니다. 그에 따라 요인추출에서 **PCA법은 총분산을 사용하지만 CFA법은 고유분산(특수분산과 오차분산의 합)을 제외한 공통분산(커뮤넬리티)만을 사용하는 차이**가 있습니다. 구체적으로 PCA에서는 분석을 위한 상관행렬의 대각선에 표준화된 최대분산 1.0을 그대로 사용하지만 CFA에서는 대각선 값에 총분산 가운데 각 변수의 공통분산의 비율인 커뮤넬리티 추정치를 사용합니다(이때의 공통분산은 고유분산을 제외하므로 축소된 상관행렬[reduced correlation matrix]이라고 함). 사용 목적에 따라 두 가지 모형을 선택하는 기준을 요약하면 다음과 같습니다.

PCA법과 CFA법

- 주성분분석(PCA)의 사용 → 총분산을 통한 추정.
  - 초기 변수의 분산을 극대화하여 최대의 분산비율을 설명하는 요인을 찾고자 할 때(요인분석의 첫 단계에서)
  - 특수분산과 오차분산에 대한 사전지식이 있을 때 혹은 이들 분산이 총분산에서 차지하는 비중이 낮을 때
- 공통요인분석(CFA)의 사용 → 커뮤넬리티를 통한 추정.
  - 초기 변수들의 잠재적 요인 혹은 차원을 파악하는 것이 중요할 때
  - 특수분산과 오차분산에 대한 사전지식이 없을 때

PCA와 CFA의 비교

일반적으로 '총분산=공통분산+특수분산+오차분산'으로 표현됩니다. 여기서 공통분산은 한 변수가 다른 변수와 공유하는 비율이고 특수분산은 개별변수만의 분산비율, 오차분산은 표본오차를 포함한 무선오차의 분산비율을 말합니다. PCA와 CFA는 요인을 추출하는 과정에서 이들 분산 요소를 서로 다르게 사용함으로써 차이가 발생합니다. 둘 간의 차이를 알아보기 위해 초기 추정치(요인추출), 설명분산, 요인해법에서 산출 및 사용되는 값들을 비교해 보겠습니다.

◇ 요인의 추출(분해)

PCA는 이들 3개의 분산을 포함한 총분산을 사용하여 분산을 극대화하는 성분(component)을 추출하는데, 먼저 분산이 가장 큰 성분(요인)부터 가장 작은 성분까지를 내림차순으로 정렬하고 분산이 가장 큰 것을 첫 번째 성분으로 추출하고 그다음 나머지 분산을 극대화하는 선형조합으로 두 번째 성분을 추출합니다. 이러한 과정을 거치면서 연속적으로 모든 성분이 추출되므로 **PCA의 초기요인추출은 분석에 투입된 변수의 수만큼 주성분이 산출**됩니다. 따라서 PCA에서는 각 변수의 **분산을 1.0으로 고정하고**(평균이 0이고 표준편차가 1인 표준화된 형태) 상관행렬의 대각선에 투입합니다.

반면 CFA는 총분산 중에서 특수분산과 오차분산을 제외한 공통분산만을 사용하여 잠재요인(factor)을 추출합니다. 총분산을 사용하지 않으므로 CFA에서는 각 변수의 분산을 1.0이 아닌 공통변량 추정치, 즉 **커뮤넬리티**(communality, 공통성) **추정치**를 상관행렬의 대각선에 사용합니다. 커뮤넬리티 추정치는 재연상관행렬과 관측상관행렬의 차이(즉, 잔차)를 최소화하는 과정에서 반복 추정되고 분석의 마지막에 최적의 커뮤넬리티가 확정됩니다.

◇ 설명분산과 총분산(누적설명분산)

PCA에서는 각 변수의 분산이 1.0으로 고정되기 때문에 성분의 총분산은 관측변수의 수와 같아집니다(예: 관측변수의 수가 5개×변수별 분산 1.0=5.0). 이때 관측변수에 대한 각 성분의 설명비율을 나타내는 **아이겐값을 관측변수의 수로 나누어 주면 설명분산을 산출**하게 되는데(아이겐값÷관측변수의 수=성분의 설명분산), PCA에서는 각 성분의 설명량을 합한 총분산은 항상 100%가 됩니다. 그러나 CFA는 각 변수의 분산을 커뮤넬리티로 추정하므로 항상 1.0보다 작고 총분산(누적설명분산)은 공통요인에 의한 설명분산만을 포함하므로 항상 100%보다 작은 값을 갖습니다.

◇ 요인 해법

PCA는 관측변수의 분산을 그대로 사용하므로 요인 해법(factor solution)을 구하는 역행렬이 필요하지 않지만 CFA는 공통요인을 추출하기 위해 역행렬을 산출하고 그 값을 반복적으로 구하여 최종의 커뮤넬리티(공통성)를 추정합니다. 그렇게 산출된 최종의 커뮤넬리티는 각 관측변수가 요인모형에서 차지하는 설명분산이 됩니다.

사실 PCA에서 변수의 수만큼 요인이 산출된다는 것은 분산이 극대화되는 것 이외에 정보(즉, 공통요인)가 없는 것과 같습니다. 그러므로 PCA는 요인의 성질과 수가 어떠한가를 알고자 하는 요인분석의 첫 단계에서 주로 사용될 수 있습니다. 다만 경험적 연구들에 의하면 PCA와 CFA의 차이에도 불구하고 **변수의 수가 30을 초과하거나 커뮤넬리티가 0.60을 초과하면** 거의 같은 결과를 얻는 것으로 알려져 있습니다(Gorsuch, 1983). 더불어 연구목적과 데이터 특성에 의존할 뿐 어떤 모형이 요인추출에서 우수성을 보인다고 말하기는 어렵습니다(Snook & Gorsuch, 1989; Mulaik, 1990).

SPSS에서는 PCA를 요인추출의 디폴트 방법으로 삼고 있으며 상황에 따라 사용할 수 있는 다양한 CFA 모형을 포함하고 있습니다(비가중 최소제곱법, 일반화 최소제곱법, 최대우도, 추축요인, 알파 요인, 이미지 요인).

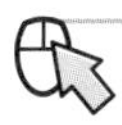

[CHECK POINT]

요약하면, PCA는 각 변수의 분산으로 1.0을 사용하고 CFA는 공통분산(커뮤넬리티)만을 사용합니다. 그에 따라 PCA에서 설명분산의 총합은 100%가 되지만 CFA에서 총분산은 항상 100%보다 작은 값을 갖습니다(총분산=공통분산+특수분산+오차분산).

Q67 요인추출의 주요 용어: 요인적재량, 커뮤넬리티, 아이겐값의 특성은 무엇인가요?

해설

일단 요인추출의 방법이 결정되면 요인을 추출하는 단계에 착수합니다. 이 단계에서 요인분석의 주요 용어들이 등장하는데, 요인적재량, 아이겐값(고유값), 커뮤넬리티(공통성) 등의 개념입니다. 이들 개념의 기본적인 정의는 다음과 같습니다.

- 요인적재량: 요인부하량(factor loading)이라고도 하며 초기요인행렬(성분행렬)에서 산출된 성분(요인)과 관측변수의 상관관계임.
- 커뮤넬리티: 공통성(communality)이라고 하며 성분(요인)에 대한 각 관측변수의 분산비율을 의미 → 변수별 요인적재량 제곱의 합, 즉 변수에 대한 $\sum$(요인적재량^2)임.
- 아이겐값: 고유값(eigenvalue)을 말하며 각 성분(요인)의 분산비율로 상대적 중요도를 의미 → 요인별 요인적재량 제곱의 합, 즉 성분에 대한 $\sum$(요인적재량^2)임.
- 설명분산: [아이겐값÷변수의 수]로 요인모형의 설명력 → 설명분산의 합=누적분산.

◇ 요인적재량

요인적재량(factor loading)은 요인추출의 첫 번째 결과물로 추출된 성분과 각 변수의 상관을 말합니다. 요인적재량은 관측변수와 재연상관(예측상관)의 차이, 즉 잔차를 최소화하는 과정에서 반복적으로 추정됩니다.[1] 이때 PCA모형은 성분분산을 극대화하는 변수들의 선형조합으로 계수를 반복 추정하며 그 과정에서 최적의 요인모형을 찾게 됩니다.

1) 재연상관(reproduced correlation)은 초기 관측변수의 상관으로부터 선형조합을 구하여 관측변수와 요인의 상관계수(요인적재량)를 추정하고 다시 잔차가 최소화되도록 재추정됨(최적의 요인모형을 만드는 과정에서 재연상관은 초기 요인적재량으로부터 반복 추정) → '$\sum$(요인별 변수의 곱)'으로 재연상관이 계산되고 재연상관의 대각선 값이 최종 커뮤넬리티가 됨. 그러므로 관측상관과 재연상관의 차이, 즉 잔차가 최소인 모형이 가장 좋은 최종의 요인모형으로 결정됨.

요인적재량은 좋은 요인모형을 찾는 과정의 산물이므로 측정변수들이 추출된 성분을 얼마나 잘 설명하는지, 즉 요인모형이 얼마나 좋은지를 알려 주는 역할을 합니다. 따라서 요인적재량이 한 성분에 대해 높게 적재되고 다른 성분에 낮게 적재될 때 해당 문항(변수)이 '요인적으로 순수하다'고 말합니다. 모든 변수가 요인적으로 순수한 모형이 가장 좋은 요인모형으로 평가됩니다.

또한 요인적재량은 성분(요인)과 관측변수 간의 상관이므로 요인 간의 상관에 의해 영향을 받습니다. 다시 말해, 요인 간에 상관이 없다고 가정하면 요인적재량은 정확히 상관계수로 해석하지만(직교회전, 요인 간 상관=0), 요인 간 상관을 가정하면 요인적재량은 상관계수로 해석되지 않습니다(사교회전, 요인간 상관≠0). 따라서 요인 간 상관을 가정하는 요인회전 방식을 취하면(사교회전) 상관행렬을 달리 해석해야 합니다. 이를 위해 사교회전에서는 구조행렬(structure matrix)과 패턴행렬(pattern matrix)이라는 용어로 구분하는데, 구조행렬은 성분과 관측변수 간의 상관으로 말하고 패턴행렬은 성분에 대한 관측변수의 가중치(관측변수가 성분을 설명하는 상대적 기여도)로 해석합니다. 이때 패턴행렬의 가중치는 각 성분을 독립변수로 하고 관측변수를 종속변수로 하여 산출한 다중회귀분석의 표준화 회귀계수와 같습니다. 요약하면, 직교회전은 요인 간 상관을 가정하지 않으므로 구조행렬과 패턴행렬이 같지만 사교회전은 요인 간의 상관을 가정하므로 구조행렬과 패턴행렬이 각기 다른 값을 갖게 됩니다.

해석의 관점에서 요인적재량의 크기가 어느 정도이어야 하는지에 대한 통계적 유의도는 없으나 대체로 요인적재량은 상관계수보다 큰 표준오차를 갖기 때문에 더 엄격한 수준에서 설정되어야 한다고 보고 있습니다(Cliff & Hamburger, 1967). 경험적으로 요인 간 상관이 없다고 가정할 때 ±0.30 이상이면 해당 요인을 잘 설명하는 변수로 해석하는데, 종종 보다 엄격한 기준으로 ±0.50 이상을 '요인적으로 순수한' 문항으로 간주하기도 합니다.

◇ 커뮤넬리티

요인적재량의 제곱은 결정계수 R^2과 같이 해석할 수 있습니다(단, 요인 간 상관=0). 따라서 변수 X가 요인 A에 0.50의 요인적재량을 갖는다면 요인 A는 변수 X를 약 25% 설명한다고 할 수 있습니다. 실제 요인분석에서는 단일한 요인이 아니므로 여러 요인에 변수 X의 설명(분산)총량을 구할 수 있는데, 만일 변수 X가 요인 A에 0.50, 요인 B에 0.30, 요인 C에 대해

0.10의 요인적재량을 갖는다고 가정하면 $0.50^2+0.30^2+0.10^2=0.25+0.09+0.01=0.35$, 즉 35%의 설명총량을 갖게 됩니다. 이 비율은 변수 X가 모든 요인에 대해 갖는 설명량을 의미하는 것으로 이를 곧 **커뮤넬리티**(communality: h^2, 공통성)라고 부릅니다.

수학적으로 커뮤넬리티는 추출된 성분을 독립변수로 하고 관측변수를 종속변수로 하여 얻어지는 다중상관제곱(SMC 혹은 다중 R^2)과 같으며 재연상관(reproduced correlation, 예측상관)을 구하는 과정에서 반복적으로 추정됩니다(최종 재연상관행렬의 대각선 값). 보통 커뮤넬리티의 추정은 관측변수의 수에 의존하는데, **관측변수가 20개 이상이면 표본의 다중상관제곱을 통해 합리적으로 커뮤넬리티를 추정**할 수 있습니다(Gorsuch, 1993).

요인적재량이 각 성분(요인)에 대한 변수의 가중치라고 하면 이들 가중치의 제곱합이 커뮤넬리티입니다. 따라서 추출된 성분에 의해 설명되는 개별 관측변수의 분산비율이며 커뮤넬리티가 높다는 것은 '요인모형을 결정하는 중요한 변수'라는 뜻을 함축하고 있습니다.

커뮤넬리티가 1.0을 초과하거나 너무 작은 값이면?

- 커뮤넬리티 값은 PCA에서는 총분산의 값이고 CFA에서는 고유분산(특수분산+오차분산)이 제외된 공통분산의 값이므로 최대 1.0보다 커질 수 없음.
- 만일 실전 분석에서 커뮤넬리티 값이 1.0을 초과하는 값을 얻었다면 이는 표본의 크기가 너무 작거나 추출된 요인의 수가 잘못되었음을 나타내는 징후임 → 표본크기를 크게 하거나 요인의 수를 줄이는 방법으로 안정된 커뮤넬리티를 얻어야 함.
- 커뮤넬리티 값이 너무 작으면 요인모형에 대한 해당 변수의 기여도가 낮다는 것을 의미하지만 종종 해당 변수에 극단치(outlier)가 포함되어 있을 때 이상치를 의미하는 작은 값이 산출될 수 있음 → 데이터 정제를 통한 극단치 제거 후 요인분석을 다시 수행.

커뮤넬리티(h^2)의 특성

- 총분산=공통분산+특수분산+오차분산 → 여기서 특수분산+오차분산=고유분산임.
- 공통분산은 커뮤넬리티(h^2), 특수분산(s^2)은 다른 분산과 공유하지 않은 개별변수의 분산이고 오

차분산(e^2)은 무선오차의 분산임 → 그러므로 $1.0 = h^2 + s^2 + e^2$과 같음.

- 총분산=진분산+오차분산($V_t = V_\infty + V_e$ ☞ Q4의 [공식 1-1]) → 진분산(V_∞)은 총분산에서 오차분산을 제외한 부분, 즉 신뢰도(r_{tt})에 해당함.
- 진분산(V_∞)=공통분산(h^2)+특수분산(s^2) → 즉, $r_{tt} = 1 - e^2 = h^2 + s^2$과 같음.
- 따라서 오차분산을 알면 신뢰도를 구할 수 있고 오차분산을 모르더라도 커뮤넬리티를 알면 신뢰도를 구할 수 있음(역으로 신뢰도를 알면 커뮤넬리티를 추정 → $h^2 = r_{tt} - s^2$).
- 또한 $s^2 + e^2 = U^2$(고유분산)이므로 $U^2 = 1 - h^2$와 같음 → 한 변수의 커뮤넬리티를 알면 고유분산의 추정이 가능함.

◇ 아이겐값

아이겐값(eigenvalue) 혹은 고유값은 개별 요인의 설명력으로 한 성분(요인)이 전체 요인모형에서 얼마나 기여하는지를 알려주는 상대적 기여도를 나타냅니다. 커뮤넬리티가 개별변수의 기여도라면 **아이겐값은 개별성분(요인)의 기여도**인 셈입니다. 따라서 아이겐값은 한 요인에 대한 모든 관측변수의 요인적재량의 제곱합으로 산출하며 아이겐값을 관측변수의 수로 나누면 각 성분의 **설명분산**을 구하고 설명분산의 합은 전체 요인모형의 **총분산**(누적%)과 같습니다.

예를 들어, 3개 변수(X_1, X_2, X_3)가 요인 a에 대해 0.80, 0.70, 0.60의 요인적재량을 보이고 요인 b에 대해 각각 0.50, 0.40, 0.30의 요인적재량을 보였다고 가정해 보겠습니다. 그러면 **요인** a의 아이겐값은 $0.80^2 + 0.70^2 + 0.60^2 = 1.49$이고, **요인** b의 아이겐값은 $0.50^2 + 0.40^2 + 0.30^2 = 0.50$이 됩니다. 또한 각각의 설명분산은 요인 a는 $1.49/3 = 0.497$, 요인 b는 $0.50/3 = 0.167$이 됩니다. 그리고 이들 설명분산의 합인 $0.497 + 0.167 = 0.663$, 즉 66.3%가 요인모형의 총분산이 됩니다.[2)]

결국 **아이겐값이 크다는 것은 해당 요인이 요인모형에 상대적으로 높은 기여를 하고 있음**을 나타내고 설명분산과 총분산은 요인모형의 적합성 정도를 의미합니다. 다만 아이겐값이 1.0보다 낮으면 한 개 변수의 최대분산에도 미치지 못하는 것이므로 흔히 아이겐값을 요인

2) 커뮤넬리티는 각각 X_1은 $0.80^2 + 0.50^2 = 0.89$, X_2는 $0.70^2 + 0.40^2 = 0.65$, X_3은 $0.60^2 + 0.30^2 = 0.45$임.

추출의 기준으로 사용합니다. 이 예에서 요인 a의 아이겐값은 1.49로 개별변수의 최대분산(1.0)보다 크므로 요인으로서 타당하지만 요인 b의 경우 아이겐값이 0.50으로 하나의 변수보다도 낮은 설명분산을 보이므로 요인(성분)으로 추출되기에 타당하지 않습니다.

따라서 SPSS와 같은 프로그램에서는 보통 **아이겐값 > 1.0**을 요인추출의 기준으로 삼고 추출될 요인이 최소한 하나의 변수가 설명하는 이상의 설명분산을 갖도록 설정합니다. 이는 순수하게 컴퓨터의 계산에 의한 탐색적 요인분석을 수행하는 경우이며, 대안적으로 아이겐값을 기준으로 삼지 않고 연구자가 산출될 요인의 수를 직접 지정하는 방식으로 요인분석을 수행할 수도 있습니다. SPSS에서 요인추출의 기준을 설정하는 방법은 다음과 같습니다.

SPSS에서 요인추출의 기준 설정

- 메뉴에서 [분석 → 차원축소 → 요인분석]을 선택하고 '요인추출'을 클릭한 후 다음 대화상자의 '추출'에서 '고유값 기준(E) 다음 값보다 큰 고유값(A)'에서 1 지정 혹은 '고정된 요인 수(N) 추출할 요인(T)'에서 추출할 요인 수 지정(예: 3개 요인의 추출).

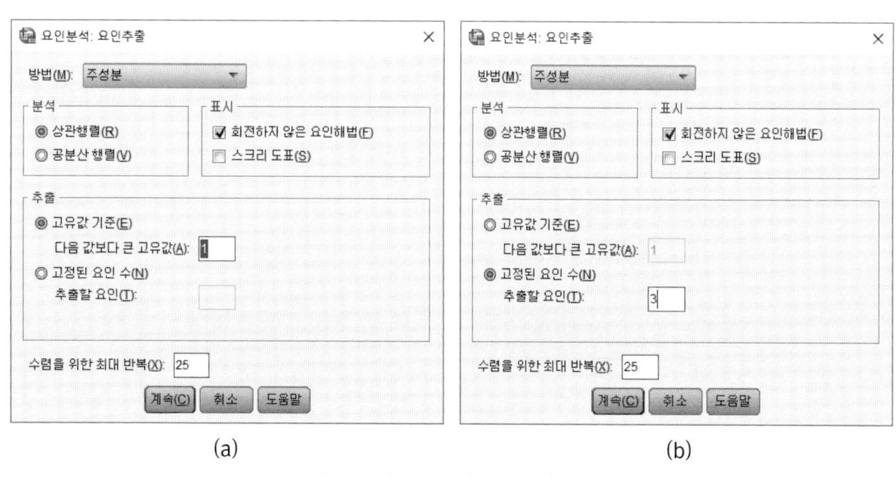

(a) (b)

[그림 5-3] SPSS의 요인추출 지정

- [그림 5-3]의 (a)는 '아이겐값 > 1.0'과 같이 아이겐값을 기준으로 요인을 추출하는 전형적인 탐색적 요인분석(EFA)의 접근이고 (b)는 연구자가 산출할 요인 수를 직접 지정하는 방식임(EFA의 대안적 접근).

Q68 요인적재량과 커뮤넬리티의 기하학적 원리란 무엇인가요?

해설

요인분석의 주요 개념인 요인적재량과 커뮤넬리티는 행렬과 벡터의 개념에 기초하므로 기하학 접근으로 이해할 수 있습니다. 기본적으로 요인적재량은 성분(요인)들을 축으로 하는 공간상의 좌표로 구성되고 커뮤넬리티는 성분 축에서 좌표로 뻗어 나가는 평균벡터로부터 구할 수 있습니다. 이를 도식적으로 나타내면 [그림 5-4]와 같습니다.

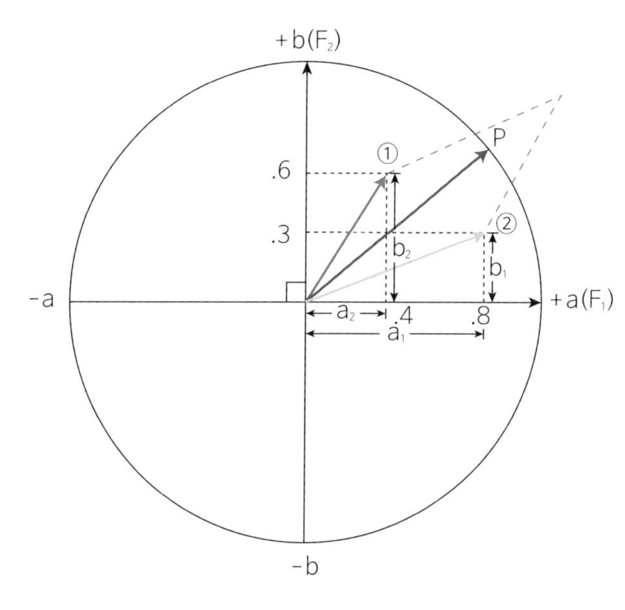

[그림 5-4] 요인적재량과 커뮤넬리티의 기하학(Guilford, 1954)

[그림 5-4]는 두 성분 축(a와 b)에 위치한 검사 ①과 ②의 좌표를 나타냅니다. 두 검사의 좌표는 요인(성분)을 기준으로 원점에서 뻗어 나오는 길이와 방향을 지닌 벡터(vector)로 표시됩니다. 두 개의 성분을 가정하므로 2차원의 공간을 구성하고 **두 성분은 직교하므로 서로 독립적임을 가정합니다**($\cos 90^{\circ}=0$). 이때 검사 ①과 ②의 벡터를 조합하는 평균벡터 P를 구할 수 있는데, **P벡터의 행렬식은 두 검사벡터를 양쪽 변으로 하는 평형사변형의 면적과 같**

습니다. 즉, $p=\begin{bmatrix} .8 & .3 \\ .4 & .6 \end{bmatrix}=0.48-0.12=0.36$이 되며 만일 검사가 3개 이상이면 P행렬식은 적비와 같습니다.

각 검사벡터의 좌표를 살펴보면 검사 ①은 (0.4, 0.6)이고 검사 ②는 (0.8, 0.3)인데, 각각 요인 a와 b에 대한 검사의 **요인적재량**을 의미합니다. 또한 **커뮤넬리티**(h^2)는 요인적재량의 제곱합이므로 각각 검사 ①은 $h^2=(0.4)^2+(0.6)^2=0.52$, 검사 ②는 $h^2=(0.8)^2+(0.3)^2=0.73$이 됩니다. 이를 정리하면 〈표 5-2〉와 같습니다.

<표 5-2> 두 검사의 요인적재량과 커뮤넬리티

	요인 a	요인 b	커뮤넬리티
검사 ①	0.4	0.6	0.52
검사 ②	0.8	0.3	0.73

여기서 검사 ①과 ②의 벡터 길이는 요인 a를 밑변으로 하는 직각삼각형의 빗변에 해당하므로 각 벡터의 길이는 피타고라스의 정리에 의해 수식으로 표현하면 다음과 같습니다.

- 검사 ①의 $h=\sqrt{(0.4)^2+(0.6)^2}=0.721$ → 벡터의 길이 h의 제곱=커뮤넬리티($0.721^2=0.52$)
- 검사 ②의 $h=\sqrt{(0.8)^2+(0.3)^2}=0.854$ → 벡터의 길이 h의 제곱=커뮤넬리티($0.854^2=0.73$)

◇ 벡터의 길이 h와 상관계수

기하학적으로 정의된 h를 알면 상관계수를 추정할 수 있는데, $r_{xy}=h_x h_y \cdot \cos\theta_{xy}$의 관계에 있습니다. 만일 커뮤넬리티가 1.0일 때(즉, $h=1$), $\cos\theta=90^\circ$이면 상관은 0이고 $\cos\theta=0^\circ$이면 상관은 +1.0이 됩니다. 또한 $\cos\theta>90^\circ$이면 부적 상관을 나타내고 $\cos\theta=180^\circ$이면 상관은 −1.0이 됩니다.

같은 맥락에서 [그림 5-4]에서 검사 ①과 ②의 각도($\cos\theta$)를 점점 늘리면 검사벡터가 요인벡터에 근접하게 되고 90°가 되면 두 성분(요인) 축이 직교하여 서로 독립적인 관계가 되며(직교회전) 90°보다 커지면 요인벡터를 넘어서게 되는 것을 볼 수 있습니다. 따라서 성분 축

이 $\cos\theta=90^{\circ}$을 유지하지 않게 되면 성분 간의 독립성은 유지되지 않으며 이때의 상관은 0이 아닌 값을 갖게 됩니다(사교회전).

이처럼 벡터와 행렬을 이용하면 성분(요인) 축에 더 많은 검사나 측정치가 존재할지라도 각각의 요인적재량과 커뮤넬리티를 구할 수 있고 역의 과정을 통해 상관을 추정할 수 있습니다. 나아가 요인분석은 최적의 요인모형을 산출하기 위해 성분 축이 여러 측정치(검사)의 선형조합을 통과하도록 회전하는 요인회전의 과정을 거쳐 최종 요인모형을 산출하게 됩니다.

[CHECK POINT]

두 개의 요인을 가정할 때 각 측정변수(혹은 검사)의 요인적재량은 각 측정치 벡터의 좌표이고 그로부터 각 벡터 길이(즉, 요인 a를 밑변으로 하는 직각삼각형의 빗변)의 제곱을 구하면 커뮤넬리티가 됩니다. 또한 측정변수(혹은 검사)의 벡터가 요인벡터에 근접하여 $\cos\theta=90^{\circ}$가 되면 두 요인의 축은 서로 독립적으로 직교하게 되고(상관=0) 요인의 축이 $\cos\theta=90^{\circ}$를 유지하지 않을 때 요인의 축은 독립적이지 않고 상관을 갖게 됩니다(상관$\neq$0). 그에 따라 최적의 요인모형 산출을 위한 축의 회전은 2가지 방식으로 구분되는데, 요인 간 상관이 0이 되도록 회전하는 직교회전과 요인 간 상관이 0이 되지 않는 사교회전이 있습니다.

Q69 요인회전의 목적은 무엇인가요? 직교회전과 사교회전의 차이는 무엇인가요?

해설

요인회전은 초기 요인적재량으로부터 성분(요인)을 더욱 단순한 구조로 만들고 '요인적으로 순수한' 문항들을 얻기 위해 요인의 축을 회전하는 과정을 말합니다. 요인회전을 통해 검사(문항)들은 한 성분에는 높게 적재되고 다른 성분에는 낮게 적재되면서 요인적으로 순수한 단순구조를 갖게 됩니다.

요인의 회전은 각 축의 각도를 90° 유지하면서 회전하는 **직교회전**(orthogonal rotation)과 축의 각도를 90°보다 크거나 작게 하면서 회전하는 **사교회전**(oblique rotation) 방식이 있습니다. 직교회전은 $\cos\theta = 90°$를 유지하면서 회전하므로 두 성분(요인)이 항상 독립적이며 요인 간의 상관은 0이 됩니다. 반면 사교회전은 $\cos\theta = 90°$를 유지하지 않으므로 요인 간 독립성이 유지되지 않으며 이때의 요인 간 상관은 0이 되지 않습니다. 회전방식에 따라 장단점이 있는데, 직교회전은 요인 간의 독립성이 유지되므로 요인을 해석하는 것이 명료하지만 요인축은 항상 직교를 유지하면서 회전하므로 검사(문항)의 특성을 정확히 반영하지 못할 수 있습니다. 반면 사교회전은 검사(문항)의 센트로이드를 통과하도록 축이 회전하므로 각 성분(요인)은 적재된 검사(문항)들의 특성을 비교적 정확히 반영할 수 있지만, 성분(요인)의 독립성이 유지되지 않으므로 검사 문항의 상호상관이 복잡할 때 그만큼 요인의 해석이 모호해질 수 있습니다.

따라서 요인의 독립성을 전제한 명료한 해석이 중요한 경우(연구의 초기 단계)에는 직교회전이 선호될 수 있고 사회과학이나 행동과학의 구성개념들과 같이 상호 독립성을 가정하기 어려운 경우에는 직교회전보다 사교회전이 선호될 수 있습니다. 요인회전의 목적은 요인적으로 순수한 문항을 만드는 것이므로 사교회전에서는 $\cos\theta$를 다양하게 조정하며 변수들이 요인에 최적으로 적재되는 요인모형을 찾게 됩니다. 다음 [그림 5-5]는 데이터의 특성에 따라 적절하게 축을 회전하면서 적재량을 향상시키는 여러 회전방식의 특징을 보여 주고 있습니다.

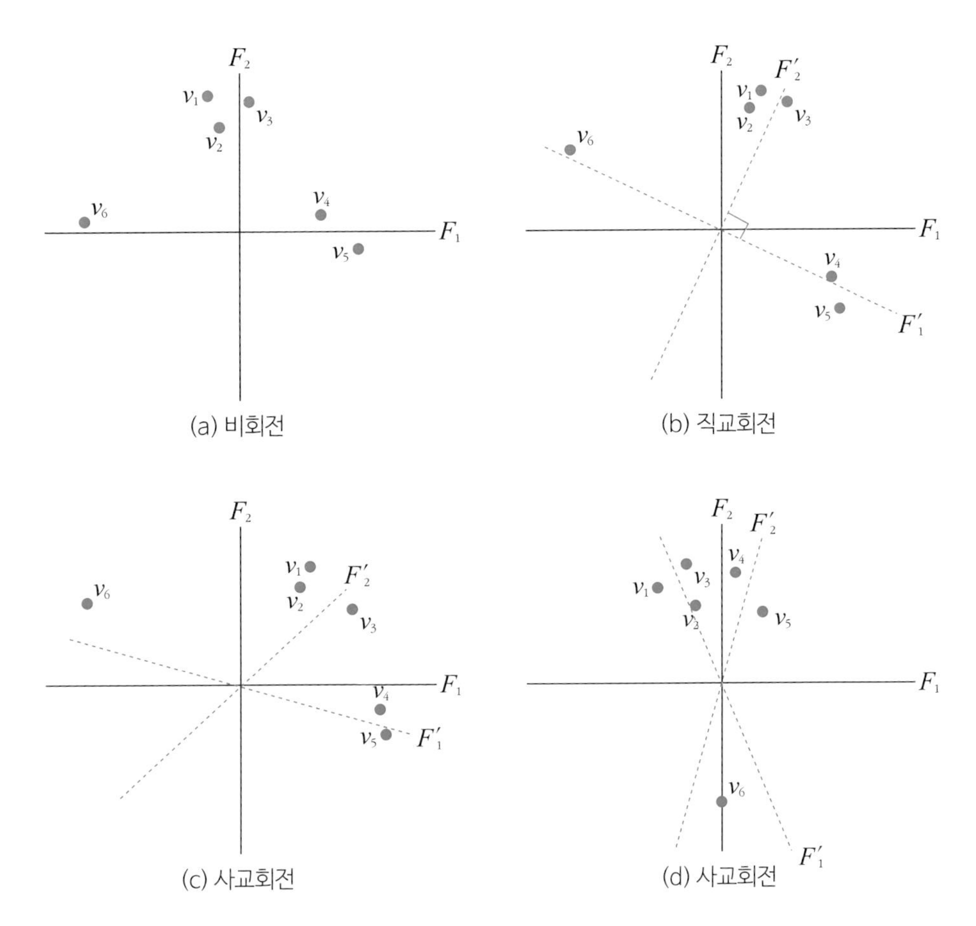

[그림 5-5] 요인회전의 유형

[그림 5-5]의 (a)는 회전을 하지 않은 경우이지만 각 검사(문항)가 이미 각 성분(요인)에 요인적으로 순수하게 적재되어 있습니다. (b)는 직교회전을 나타낸 것으로 V1~V3은 요인 2에 높게 적재되고 V4~V6은 요인 1에 높게 적재된 것을 볼 수 있습니다. 이상적이지만 직교회전을 통해 (b)와 같이 요인적으로 순수한 구조를 얻기는 쉽지 않습니다. 한편 (c)와 (d)는 사교회전의 경우인데, 각 검사(문항)의 센트로이드를 최대한 통과할 수 있도록 요인 각을 조정하면서 회전한 것입니다. 요인의 축 각도를 자유롭게 조정하므로 검사(문항)들의 특성을 잘 반영할 수 있지만 요인 간 높은 상관이 요인에 대한 해석을 어렵게 할 수 있습니다. 특히 같은 사교회전이지만 (d)는 (c)보다 검사들이 밀집해 있어 요인적으로 순수한 구조를 얻기 쉽지 않은 경우입니다(V6는 요인 1과 2에 모두 높게 적재될 가능성이 큼).

직교회전 혹은 사교회전을 통해 적재량이 극대화되는 값을 얻고 최적의 요인모형을 구하면 마지막 단계에서 산출된 요인을 해석하고 명칭을 부여합니다. 이때 명칭의 부여는 각 성분(요인)에 적재된 문항들의 특성을 최대한 반영해야 하고 이론적 근거를 지녀야 합니다. 만일 [그림 5-5]에서 V1~V3은 어휘력을, V4와 V5는 산술계산을, V6은 산술추리를 각각 측정했다면 요인 2는 '언어력'이라고 명명하고 요인 1은 '수리력'과 같이 명명할 수 있을 것입니다.

이렇게 요인의 명칭을 부여한 결과가 이론에 부합하면 요인분석을 종료하고 산출된 요인을 이용한 추후분석을 수행할 수 있습니다. 예를 들어, 다중회귀분석이나 판별분석에서 많은 변수를 한꺼번에 사용할 수 없거나 다중공선성의 문제가 있을 때 같은 특성의 변수를 유의미하게 묶어 요약한 성분의 점수(즉, 요인점수)를 이용해 회귀분석이나 판별분석에서 독립변수로 사용하는 것입니다. 그러나 요인이 적절히 산출되지 않으면 요인모형 가꾸기를 수행해야 합니다.

SPSS에서 직교회전과 사교회전의 선택

- SPSS에서 요인회전의 방식은 [그림 5-6]과 같음 → 직교회전에서는 베리멕스, 사교회전에서는 직접 오블리민이 대표적인 방식.
- 직교회전
  - 쿼티멕스(Quartimax): 쿼티멕스는 요인행렬에서 행(row)을 단순화시키면서 회전하는 방식으로 각 변수(문항)를 하나의 요인에 가능한 높게 적재시키는 방식(변수 중심).
  - 베리멕스(Varimax): 열(column)을 단순화하는 방식으로 요인행렬에서 적재량의 제곱합을 극대화시킴(요인중심). 따라서 베리멕스는 요인행렬의 각 열(성분)에서 어떤 적재량은 높게(±1.0에 근접), 어떤 적재량은 낮게(0에 근접) 되도록 회전함 → ±1.0이나 0에 가까울수록 단순 요인구조.
  - 이쿼멕스(Equimax): 쿼티멕스와 베리멕스의 혼합방식, 즉 요인행렬에서 행과 열을 동시에 단순화하는 방식.
  - 베리멕스는 쿼티멕스에 비해 직교방식에서 더 안정적인 결과를 얻는 것으로 알려져 있으며(Kaiser, 1974) 이쿼멕스는 자주 사용되지 않음.

[그림 5-6] SPSS의 요인회전의 방법

• 사교회전
  - 직접 오블리민(Direct Oblimin)과 프로맥스(Promax)는 모두 요인 간 상관을 전제하는 방식으로 차이점은 직접 오브리민은 델타(Delta) 계수를 이용하고 프로맥스는 카파(Kappa) 계수를 이용함 → 일반적인 데이터에서 둘 간의 큰 차이는 없음.

[CHECK POINT]

요약하면, 직교회전은 요인축을 직교로 유지하면서 최대한 측정변수들의 센트로이드에 근접하도록 회전하는 방식이고 사교회전은 요인축을 자유롭게 회전하면서 측정변수들의 센트로이드를 통과하도록 회전하는 방식입니다. SPSS에서 직교회전의 대표적 방법은 베리멕스이며 사교회전의 대표적인 방법은 직접 오블리민입니다. 직교회전은 두 요인축이 직교를 유지하며 회전하고 사교회전은 직교하지 않고 자유로운 각도로 회전하는 방식입니다.

Q70 요인분석의 사용 목적은 무엇인가요?

해설

요인분석은 관측변수의 상관에 기초하여 적은 수의 요약된 요인구조를 파악하거나 추후 분석을 위한 요인점수의 산출이 주된 목적입니다. 또한 그 기저에는 부적절한 문항을 제거하고 요인적으로 순수한 문항을 추출해 가는 과정을 포함하므로 **구성타당도의 검증과 이론의 구성**이라는 의미를 담고 있습니다. 더불어 이론적 구성개념의 수렴성과 변별성을 파악하는 기초적인 정보를 함께 제공합니다. 요인분석의 다양한 목적을 세분화하면 다음과 같습니다.

◇ 잠재적인 요인 수와 본질의 파악

관측변수로부터 잠재적인 요인의 수나 그 본질을 파악하는 것은 요인분석의 가장 기본적인 목적입니다. 최종적으로 산출된 요인모형을 통해 관측변수들이 몇 개의 구성개념으로 분류되는지를 파악하는 과정은 관측변수의 특성을 일련의 **이론으로 정의하는 과정**으로 볼 수 있습니다. 따라서 이론적 관점과 일치하지 않는 요인구조나 요인의 수는 잘못된 요인분석의 결과를 의미하며 이론적 구성개념과 일치하도록 요인모형을 수정하는 **요인모형 가꾸기**의 과정을 필요로 합니다.

예를 들어, 지능을 측정하는 9개의 문항이 있고 각각 V1은 문장완성, V2는 독해, V3는 반의어, V4는 동의어, V5는 논리적 추론, V6은 분석적 추론, V7은 산술계산, V8은 대수학, V9는 기하학을 측정한다고 가정해 보겠습니다. 그러면 이론적으로 V1~V4는 '언어능력', V5와 V6은 '추리능력', V7~V9는 '수리능력'을 각각 측정하므로 적절한 요인의 수는 3개가 될 것입니다. 이론적 관점과 일치하는 요인분석이 수행된다면 그 결과 3개의 요인 수가 산출될 것입니다. 그리고 V1~V4는 하나의 요인에 높게 적재되고 다른 요인에는 낮게 적재될 것이며 마찬가지로 V5~V6, V7~V9도 각기 하나씩의 요인에 높게 적재되면서 다른 요인에는 낮은 적재량은 보일 것입니다. 즉, 이론적으로 가정되는 구성개념에 요인적으로 순수한 구조를 보일 것입니다.

그로써 각기 산출된 성분(요인)은 언어력(V1~V4), 추리력(V5, V6), 수리력(V7~V9)으로 명명될 것입니다(언어력 대신에 '언어풍족성', '언어숙력도' 등 연구목적에 따른 이론적 개념을 사용). 그러나 만일 이론에서 가정되는 개념으로 문항이 적절히 묶이지 않는다면 이론적 개념에 부합되도록 문항을 제외하면서 최적의 요인구조를 갖도록 요인모형을 수정해 갈 수 있습니다. 이때 이론에 기초하여 측정문항의 신뢰도 계수, 커뮤넬리티, 아이겐값, 설명분산 등을 종합적으로 고려하면서 요인모형을 가꾸어 가게 됩니다.

◇ 가설적 이론의 검증

요인의 수나 그 본질을 파악하는 것은 일련의 선행이론으로부터 출발하므로 적절한 요인의 추출은 곧 이론적 구성개념의 타당도를 검증하는 과정이라 할 수 있습니다. 특히 이론적 구성개념을 검증할 목적인 경우에는 이론을 바탕으로 가설검증을 수행하는 것이 일반적입니다. 앞의 예에서 지능이론을 바탕으로 3개의 요인(언어력, 추리력, 수리력)을 가설로 설정하고 측정문항이 이론에 부합되는지를 가설검증할 수 있습니다. 이처럼 가설검증으로 요인분석을 수행할 때는 탐색적 요인분석(EFA)을 거쳐 확인적 요인분석(CFA)을 수행하고 요인구조가 가설과 일치하는지를 검증해야 합니다. 흔히 확인적 요인분석은 구조방정식의 측정모형(measurement model)을 이용하여 분석할 수 있습니다.

◇ 잠재요인의 상대적 중요도

요인분석의 목적이 탐색적이든 확인적이든 산출된 성분(요인)들이 요인모형을 얼마나 잘 설명하는지를 비교할 수 있습니다. 이때 사용되는 값은 아이겐값과 설명분산입니다. 아이겐값은 해당 성분(요인)의 요인적재량 제곱합이고 설명분산은 이를 관측변수의 수로 나누어 준 값입니다. 따라서 아이겐값(고유값)과 설명분산은 **한 성분(요인)이 전체 요인모형에서 차지하는 설명력이고 이 값을 비교함으로써 성분 간의 상대적 중요도를 평가**할 수 있습니다.

일반적으로 여러 개의 성분(요인)이 산출되었을 때 첫 번째로 산출된 요인이 가장 높은 분산비율을 나타내며 두 번째로 산출된 요인이 그다음 높은 분산비율을 나타냅니다. 이처럼 분산이 큰 순서대로 성분(요인)이 추출되고 더 이상 설명분산이 증가하지 않을 때 요인분석이 종료됩니다. 앞의 예에서 3개의 요인(언어력, 추리력, 수리력)이 요인추출의 준거인 아이겐값 > 1.0으로 추출된다면 이 중 지능을 구성하는 가장 중요한 성분이 첫 번째 요인으로 추출되고(가장 큰 아이겐값과 높은 분산비율) 그다음 중요한 순서대로 아이겐값과 분산비율이 산출됩니다. 그리고 아이겐값이 1.0보다 작아지면 더 이상의 요인을 추출하지 않고 분석이 종료됩니다.

◇ 추후 분석을 위한 요인점수의 산출

요인분석에서 산출된 요인점수(factor score)는 다른 목적의 추후 분석에 활용될 수 있습니다. 예를 들어, 다중회귀분석이나 판별분석에서 투입되는 독립변수가 너무 많거나 다중공선성의 영향으로 독립변수들의 해석이 어려운 경우 요인분석을 통해 관측변수의 수를 축약한 성분(요인)으로 추출하고 그 점수(요인점수)를 회귀모형이나 판별모형에서 독립변수로 사용할 수 있습니다. 다른 분석에 활용되는 만큼 추출된 요인은 관측변수의 특성을 잘 반영해야 하고 이론적으로 명확한 요인구조를 지녀야 해석적 오류를 막을 수 있습니다. 다른 분석에 활용할 목적으로 요인분석을 수행하였지만 변수들이 타당한 요인으로 잘 묶이지 않는다면 해당 변수를 분석에서 제외하는 것보다 나은 대안이 되지 못할 수도 있으므로 주의해야 합니다. 아마도 측정변수들의 잠재적 성분(요인)을 추출하여 구성개념을 확인하고 이들 구성개념 간의 영향력 관계를 동시에 검증할 목적이라면, 탐색적 요인분석(EFA)에 이어 확인적 요인분석(CFA)과 구조관계의 분석을 동시에 수행하는 구조방정식모형(SEM)을 단계적으로 적용하는 것이 바람직할 것입니다.

요인분석은 역사적으로 이론의 개발과 검증을 목적으로 발전한 고도의 기법이지만 그만큼 현실의 데이터가 이론에 부합하기에는 많은 어려움이 따르는 것도 사실입니다. MacCallum(1983)은 요인분석에 있어 "너무나도 많은 요인이 산출되는 것이 심각한 문제"라고 지적한 것처럼 실제 요인분석의 결과는 이론적 구조에 비해 너무 많은 잠재요인이 추출되는 경우가 흔합니다. 과학의 절약성에 근간을 둔 요인분석이지만 현실의 데이터는 측정오차, 표집오차, 측정의 시기와 방법, 해석 등의 비표집오차의 작은 영향에도 민감하게 반응한다는 점에서 요인분석의 올바른 사용은 이론의 완결성에 의존한다고 해도 과언이 아닐 것입니다.

Q71 요인분석을 위한 기본 가정은 무엇인가요?

해설

요인분석은 이론적 구성개념을 파악하는 방법으로 확고한 이론적 근거에서 출발해야 하며 더불어 데이터가 요인분석에 적합한지를 평가하는 기본 가정의 검토가 필수입니다. 요인분석의 기본 가정은 크게 표본크기, 다변량 정규성, 다중공선성, 표본의 상관행렬에 대한 가정을 포함합니다.

◇ 표본크기에 대한 가정

요인분석은 관측변수 간의 상관에 기초하므로 상관의 크기에 민감합니다. 특히 사례수가 적은 경우($n < 50$) 변수 간의 상관이 불안정하여 산출된 성분(요인)을 신뢰롭게 해석할 수 없게 됩니다. 요인분석에 필요한 사례수 기준에 대한 견해는 연구자마다 다소 차이가 있지만 적절한 사례수는 대체로 100~200의 크기를 권장하고 있습니다. 〈표 5-3〉은 요인분석에 필요한 적정 사례수에 대한 연구자들의 견해를 요약한 것입니다.

<표 5-3> 요인분석의 사례수에 대한 견해들

이론가	적정 사례수	설명
Comrey (1973)	$n \geq 200$	"요인분석을 위한 사례수가 $n < 50$이면 매우 부족하고 $n = 100$이면 다소 부족하고 $n = 200$이면 적당하다. $n = 300$이면 좋고 500을 넘어 1000에 이르면 매우 좋다."
Thorndike (1982)	$500 \leq n \leq 1000$	"n이 500에서 1000 정도의 표본이면 요인분석을 하기에 너무 크지 않은 적절한 크기이다."
Cattell (1978)	$n \geq 200$	"최소한 $n \geq 200$이어야 요인분석의 결과를 해석할 수 있다."
Nunnally (1978)	변수 $= 1 : n = 10$	"변수와 표본 수의 비율이 1:10 정도가 되면 요인분석이 타당하다."
Cliff (1987)	$n \geq 150$	"요인분석에서 40개 변수가 있을 때 약 $n \geq 500$의 표본이 필요하지만 최소한의 요구는 $n \geq 150$정도이다."

한편 데이터의 결측치는 분석에서 제외되므로 결측치 유무를 확인해야 하는데, 결측치가 많지 않을 때는 평균으로 대체하여 요인분석을 수행할 수 있습니다(SPSS 요인분석의 옵션에서 '결측값 → 평균으로 바꾸기' 사용). 다만 많은 결측치가 평균으로 대체되면 실제 응답이 왜곡될 수 있으므로 주의해야 합니다(과도한 적합성의 원인이 되거나 근거 없는 요인의 산출).

◇ 다변량 정규성

요인분석에서 다변량 정규성은 산출되는 요인 해법(factor solution)을 향상시키는 역할을 하지만 관측변수의 수가 증가하면 그만큼 다변량 정규성을 만족하기 어렵습니다. 요인분석에서 다변량 정규성 가정은 연구목적에 따라 다소 차이가 있습니다. 만일 실용적 목적으로 다수의 관측변수를 적은 수의 성분으로 요약하려 한다면 다변량 정규성 가정은 크게 문제시되지 않을 수 있으나 이론적 구성개념에 대한 통계적 추론(가설검증)을 목적으로 한다면 엄격한 다변량 정규성 가정이 필요합니다. 변수의 수가 증가하면 정규성 가정이 복잡해지지만 개별변수의 정규성과 선형성이 충족되면 다변량 정규성에 도움이 됩니다. 따라서 왜도(skewness)와 첨도(kurtosis)를 평가할 수 있는데, 왜도의 범위가 ±3.0 이내에 있거나 첨도가 ±10.0의 범위 내에 있을 때 대체로 정규성을 가정할 수 있습니다(Griffin & Steinbrecher, 2013; Kline, 2005). 왜도와 첨도의 범위에 대해서는 연구자마다 약간의 차이가 있는데, Lei와 Lomax(2005)는 왜도 ±2.0, 첨도 ±3.0의 범위를 주장하고 Curran 등(1996)은 왜도 ±2.0, 첨도 ±4.0의 범위를 정규성의 기준으로 삼고 있습니다.

한편 정규성과 관련하여 적절한 요인분석을 위해서는 변수 간 직선적인 관계를 가정해야 합니다. 요인분석은 적률상관에 기초하기 때문에 변수들의 선형성 가정을 위배할 때 요인 해법을 신뢰할 수 없게 됩니다. 대체로 정규성을 만족하는 경우 선형성을 충족하지만 SPSS에서 제공하는 Bartlett의 구형성 통계치를 해석하고 선형성을 평가할 수 있습니다. Bartlett의 값에 대한 카이제곱값이 $p < .05$이면 상관행렬식이 0이라는 영가설을 기각하고 변수 간 상관이 존재한다고 해석합니다. 이는 변수 간의 선형적 관계성(즉, 상관행렬이 독립적이지 않음)을 의미하는 것으로 투입된 변수들이 요인분석을 수행하기에 적합하다고 해석하는 근거가 됩니다.

◇ 다중공선성

다중공선성은 다변량 분석법의 주요 기본 가정에 해당하지만 요인분석은 본질적으로 변수 간의 상관에 기초하므로 너무 높지 않은 수준의 '적절한' 공선성을 필요로 합니다. 요인추출(분해) 방법으로 주성분분석(PCA)은 초기요인모형에서 역행렬이 필요하지 않아 영향이 적지만 공통요인분석(CFA)의 경우에는 높은 공선성을 보이는 변수는 분석에서 제외하는 것이 바람직합니다.

다중공선성은 한 변수를 종속변수로 하고 다른 변수들을 독립변수로 하여 다중상관제곱(SMC, 다중 R^2)을 구하는 것과 같고 개별변수의 SMC가 1.0에 가까우면 다중공선성이 존재하는 것으로 판단합니다. 만일 SMC값이 1.0이 된다면 이들 변수는 중복된 변수(즉, singularity)인 경우가 됩니다. 요인분석에서 다중상관제곱(SMC)은 커뮤넬리티와 같고 요인에 대한 변수의 설명력(강도)을 나타냅니다(커뮤넬리티의 특성 ☞ Q67). 따라서 최종 커뮤넬리티가 1.0에 가까우면 다중공선성이 높은 변수로 분석에서 제외하는 것이 좋습니다. 그러나 커뮤넬리티가 너무 낮아도 문제가 되는데, 이는 분석될 표본행렬이 요인분석에 적합하지 않다는 것을 의미하기 때문입니다. 따라서 타당한 요인분석을 위해서는 변수 간의 상관이 적절한 수준이어야 하고 공통의 성분(요인)을 측정하는 변수 간의 상관은 높고 다른 성분을 측정하는 변수와의 상관은 낮아야 합니다. 한편 요인분석될 상관행렬식이 0에 가깝거나 성분(요인)의 아이겐값이 0에 근접하면 다중공선성이 높은 변수들을 포함한 것으로 해석할 수 있습니다.

요약하면, ① 최종 커뮤넬리티가 1.0에 근접하거나 ② 표본의 상관행렬식이 0에 근접하거나 ③ 아이겐값이 0에 가까우면 공선성을 확인해야 합니다.

◇ 표본 상관행렬

당연한 것처럼 보이지만 요인분석될 표본은 '적당한 크기'의 상관행렬을 지녀야 합니다. 변수 간의 상관이 지나치게 높으면 다중공선성의 영향을 받고 상관이 지나치게 낮으면 공통요인을 갖지 않기 때문입니다. 대체로 '표본변수의 절반 이상이 $r \geq \pm 0.30$이면 요인분석될 만하다'고 판단할 수 있습니다. 물론 상관계수는 표본크기에 영향을 받으므로 표본이 큰 경우에는 ±0.30의 기준보다 높게 설정해야 합니다. 이러한 기준은 유용하지만 직관적이므로 다음과 같은 여러 지표를 종합적으로 평가하는 것이 바람직합니다.

(1) 편상관계수

편상관계수(partial correlation coefficient)를 이용하여 분석될 상관행렬의 적절성을 평가할 수 있습니다. 편상관계수는 다른 변수의 효과를 통제한 변수 쌍의 상관을 나타내므로 변수들이 적절한 공통요인을 갖고 있다면 편상관계수의 크기가 작아집니다. 따라서 **분석될 상관행렬이 적절할 때(공통요인이 존재) 편상관계수는 0에 근접**합니다.

SPSS 요인분석 절차에서는 편상관계수에 음수를 취한 **역-이미지(anti-image) 상관계수**를 산출하는데, 이 행렬의 대각선 이외의 계수들이 대부분 작은 값을 가지고 있으면 변수들이 요인분석에 적절하다고 평가합니다(대각선 이외의 값들이 크면 요인분석에 적합하지 않은 상관을 말함).

(2) KMO의 표본 적절성 측정치

Kaiser(1970, 1974)는 단순상관계수와 편상관계수를 비교하여 표본의 적정성(sampling adequacy)을 측정하는 지수를 개발하였는데 이를 KMO(Kaiser-Meyer-Olkin)의 **표본 적절성 측정치**라고 합니다. 이는 다음과 같이 구해집니다.

KMO＝단순상관제곱합÷(단순상관제곱합＋편상관제곱합) (공식 5-1)

만일 단순상관과 비교해 편상관이 작으면 KMO 값은 1에 접근하는데, 이렇게 '**KMO가 1에 가까울수록 표본상관이 요인분석에 적합하다**'고 해석합니다. 역으로 말해, KMO의 값이 작으면 변수 쌍의 상관이 다른 변수에 의해 설명되지 않는다는 의미이므로 변수들이 요인분석에 적합하지 않다고 해석합니다. 일반적으로 KMO의 값이 **0.90**이면 매우 좋고 **0.80**이면 양호한 수준이고, **0.60 혹은 0.70** 수준이면 보통이고 **0.50 이하**이면 부적절하다고 판단합니다(Kaiser, 1974).

(3) MSA(Measure of Sampling Adequacy)

MSA의 값은 개별변수의 표본 적절성을 평가하는 지표입니다. 이 값은 SPSS 요인분석에서 **역-이미지 상관행렬의 대각선**에 위치한 값들을 나타냅니다. 간단히 말해, MSA의 값이 전체적으로 클 때 요인분석에 적절한 표본 데이터임을 말합니다.

만일 요인분석을 수행하는 과정에서 적절하게 성분(요인)이 산출되지 않거나 타당하게 묶이지 않는다면 대체로 MSA의 값이 작은 것이 원인인 경우가 많습니다. 따라서 MSA의 값이 작은 변수를 요인분석에서 제외한다면 타당한 요인추출의 가능성을 높일 수 있습니다.

KMO와 같이 MSA 역시 유사한 해석적 준거가 있습니다. MSA의 값이 0.80이면 좋고 0.70이면 수용할 수준이고 0.60이면 보통, 0.50이면 문제가 있으나 사용할 수 있고 그 값이 0.50보다 작으면 표본 적절성을 충족하지 못하는 것으로 해석합니다(Kaiser, 1970). MSA의 값은 0에서 1.0의 범위를 가지며 다음과 같은 조건에서 그 값이 증가합니다. 즉, ① 표본의 크기가 증가할 때 ② 상관의 평균값이 커질 때 ③ 변수의 수가 증가할 때 ④ 요인의 수가 감소할 때입니다. 실제 분석에서 표본 데이터의 MSA가 작고 요인분석에 문제가 있을 때 이와 같은 조건에 해당되는지를 점검해 보는 것이 좋습니다.

이 밖에도 앞서 언급한 Bartlett의 구형성 검증은 변수 간 선형성을 파악하지만 이는 곧 요인분석될 변수 간의 상관이 유의미함을 의미하므로 표본의 적절성 평가에 참고할 수 있습니다. 다만 Bartlett 값은 표본크기의 영향을 많이 받으므로 표본의 크기가 작거나 변수와 표본크기의 비율이 1:5인 경우에 사용할 것을 권장합니다. 또한 커뮤넬리티가 적정 수준일 때 표본이 요인분석하기에 좋은 상관을 보이므로 참고로 할 수 있습니다(커뮤넬리티가 너무 높으면 다중공선성의 가능성을, 너무 낮으면 요인분석되기에 부적합한 상관을 의미).

하나의 요인에 하나의 변수만 적재된다면?

- 하나 혹은 두 개의 변수만으로 요인이 구성될 때: 대체로 다른 변수들과 SMC가 낮고 중요한 성분(요인)에 낮은 요인적재량을 보이면서 설명분산이 작고 불안정한 변수 → 요인구조가 약간만 변해도 다른 성분(요인)으로 계속 옮겨 다님.
- 조치: 이러한 변수들은 요인분석에서 일종의 극단치로 간주하고 분석에서 제외. 단, 요인분석은 구성개념에 중심 측정치가 포함되어야 하므로 제외하려는 변수가 성분(요인)의 핵심 측정치인지를 살펴보아야 하고 기본 가정에 대한 검토를 충실히 수행하는 것이 필요함.

Q72 요인분석을 위한 [예제연구 8]은 무엇인가요?

해설

요인분석은 관측변수가 모두 연속형 변수를 가정하는 전형적인 종속방법(dependent method)에 해당합니다(종종 0과 1로 코딩된 가변수를 사용). 실전에서 요인분석은 측정도구나 척도의 개발에 중요한 도구로 활용되며 SPSS를 이용한 탐색적 요인분석(EFA)은 척도개발의 첫 단계에서 이론(개념)에 부합하는 최적의 '요인모형 가꾸기'의 과정을 거치게 됩니다.

요인분석의 실습과 해설을 위한 [예제연구 8]은 조직에서 종업원의 직무만족을 측정하는 척도의 개발을 가정하고 직무만족 이론에 기초한 가상의 데이터를 예시한 것입니다. 직무만족은 '개인이 자신의 직무에 대해 갖는 일반적 태도'로 정의되는데, 직무경험에 대한 평가로부터 얻어지는 긍정적인 정서상태를 포함합니다. 고전적인 직무만족의 척도인 직무기술척도(job descriptive index: JDI)에서는 일(직무), 상사, 동료, 승진, 임금의 5개 하위 요인을 제안합니다(Smith et al., 1969). [예제연구 8]은 편의상 이들 5개 요인의 21개 문항을 추출하여 5점 리커트형 척도(1=전혀 중요하지 않다, 5=매우 중요하다)로 구성하고 100명의 종업원에게 실시한 것을 가정합니다. 그에 따라 [예제연구 8]은 총 21개 문항이 요인분석을 통해 몇 개의 잠재요인으로 추출될 수 있는지 그리고 추출된 요인이 이론적으로 합리적인지를 평가하기 위한 예제입니다.

예제연구 8(data file: 예제8_요인분석.sav)

- 연구가설: 종업원의 직무만족을 위한 척도는 일(직무), 상사, 동료, 승진, 임금의 5개 차원으로 구성될 것이다.
- 투입변수: 성별(gender), a1~a21 (21개 관측변수)

• 데이터의 구성(n=100)

ID	gender	a1	a2	a3	a4	a5	a6	a7	a8	a9	...	a20	a21
001	1	3	4	4	3	3	3	2	4	3	…	2	5
002	1	4	5	5	5	4	4	5	4	4	…	4	4
003	1	3	5	4	2	3	4	4	4	3	…	3	5
004	2	4	4	4	4	4	3	5	4	3	…	3	5
005	1	4	4	5	4	5	3	3	4	4	…	3	3
006	1	5	4	4	4	5	4	4	4	3	…	5	3
007	1	3	4	4	3	3	5	3	4	4	…	1	5
008	1	5	3	3	5	5	5	4	3	3	…	4	2
009	2	4	4	5	4	5	2	4	4	5	…	4	5
…	…	…	…	…	…	…	…	…	…	…	…	…	…
099	2	5	5	5	3	5	3	3	5	3	…	3	5
100	2	4	4	4	4	4	3	3	3	4	…	3	4

주: gender 1=남자, 2=여자

* 요인분석을 위한 추천 표본크기는 최소 $n \geq 200$이지만 해설 목적으로 100명의 데이터 이용.

[예제연구 8]을 이용하여 요인분석의 기본 절차와 요인추출 과정 및 요인회전, 타당한 요인모형을 가꾸는 과정 등을 순차적으로 해설합니다. 구체적인 해설의 순서는 다음과 같습니다.

* 요인분석의 과정과 해설 순서

① 탐색적 요인분석(EFA)을 위한 기본 절차로 아이겐값을 기준으로 요인을 추출하는 과정을 설명(*eigenvalue* > 1.0)

② 요인추출 모형의 결정과 요인회전

③ 합리적 요인모형을 만들기 위한 모형 가꾸기의 과정

④ 대안적 접근으로 연구자에 의한 '요인 수의 지정 방법' → 이론에서 가정하는 요인 수를 기준으로 전후 비교(4, 5, 6요인)

Q73 탐색적 요인분석+직교회전은 어떻게 수행하고 결과를 해석하나요?

[♣ 데이터: 예제8_요인분석.sav]

해설

SPSS를 이용한 탐색적 요인분석(exploratory factor analysis: EFA)의 기본 절차는 아이겐값(고유치)을 기준으로 추출될 요인의 수를 정하는 방법에 따릅니다. 추출될 요인의 수를 아이겐값에 기초하면(*eigenvalue* > 1.0) 변수의 상호상관에 의한 요인 수가 산출됩니다. **아이겐값은 개별 요인의 분산비율로** 그 값이 1.0보다 작으면 한 변수의 분산도 채 설명하지 못하는 요인을 의미하므로 최소한의 기준으로 *eigenvalue* > 1.0을 설정하여 탐색적 요인분석을 수행합니다. 이렇게 아이겐값을 기준으로 요인을 추출하는 경우 연구자의 관점이나 이론의 개입 없이 컴퓨터의 계산에 전적으로 의존한다는 것을 기억할 필요가 있습니다(탐색적 접근).

그러면 [예제연구 8]을 이용해 21개 문항에 대한 탐색적 요인분석(*eigenvalue* > 1.0)을 수행하고 결과를 살펴보겠습니다(요인추출은 PCA, 요인회전은 직교회전).

1. 기초 정보 **IBM® SPSS® Statistics**

```
FACTOR
 /VARIABLES a1 a2 a3 a4 a5 a6 a7 a8 a9 a10 a11 a12 a13 a14 a15 a16 a17 a18
 /MISSING LISTWISE
 /ANALYSIS a1 a2 a3 a4 a5 a6 a7 a8 a9 a10 a11 a12 a13 a14 a15 a16 a17 a18
 /PRINT UNIVARIATE INITIAL CORRELATION SIG DET KMO INV REPR AIC EXTRACTION ROTATION
    FSCORE
 /FORMAT SORT
 /PLOT EIGEN ROTATION
 /CRITERIA MINEIGEN(1) ITERATE(25)          → eigenvalue > 1.0
 /EXTRACTION PC
 /CRITERIA ITERATE(25)
 /ROTATION VARIMAX                          → 요인회전은 직교회전(베리멕스)
 /METHOD=CORRELATION.
```

(메뉴: 분석 → 차원축소 → 요인분석)
- 분석될 변수를 '변수' 칸에 입력하고 필요한 옵션 선택(기술통계, 요인추출법, 요인회전, 저장, 옵션 등)

요인분석의 SPSS 결과물은 기초통계량을 포함한 성분(요인) 및 커뮤넬리티 추정, 최종의 요인적재량 산출을 위한 정보들과 기본 가정의 검토를 위한 여러 산출물이 제시됩니다. 요인분석의 결과물은 많은 편이지만 결과해석에 필요한 결과와 계수산출에 필요한 결과물을 구분하여 해석하면 비교적 명료하게 결과물을 이해할 수 있습니다. 다만 요인분석에서 연구자가 이론적 근거에 따라 지정해야 하는 옵션들(요인추출법, 요인회전 등)이 있고 그에 따라 해석하는 결과물이 다른 것에 주의해야 합니다.

요인분석

Ⓐ 기술통계량

	평균	표준편차	분석수
a1	3.87	1.125	100
a2	4.12	.946	100
a3	4.25	.947	100
a4	3.80	1.073	100
a5	4.00	1.025	100
a6	3.76	1.046	100
a7	3.68	.952	100
a8	3.64	1.010	100
a9	3.75	1.149	100
a10	4.14	.817	100
a11	4.17	.888	100
a12	3.65	.968	100
a13	4.27	.941	100
a14	3.93	.967	100
a15	4.11	.875	100
a16	4.06	.897	100
a17	3.62	.972	100
a18	3.60	.932	100
a19	3.78	1.001	100
a20	3.44	.998	100
a21	4.43	.820	100

먼저 결과 Ⓐ의 '기술통계량'에는 투입된 변수에 대한 평균, 표준편차, 사례수가 제시되어 있습니다. 총 21개 변수가 투입되었고 사례수는 모두 100으로 결측치가 없습니다.

2. 기본 가정의 검토 **IBM® SPSS® Statistics**

Ⓑ 상관행렬[a]

		a1	a2	a3	a4	a5	a6	a7	a8	a9	a10	a11	a12	a13	a14	a15	a16	a17	a18	a19	a20	a21
상관관계	a1	1.000	.376	.078	.572	.420	.179	.112	-.086	-.018	.141	.305	.041	.138	.279	.004	.318	.158	.104	.055	.195	.149
	a2	.376	1.000	.180	.263	.104	.121	.245	.056	.112	.174	.288	.168	.179	.197	.130	.384	.182	.170	.039	.115	.245
	a3	.078	.180	1.000	.139	.219	.357	.157	.454	.262	.229	.153	.030	.014	.152	.162	.268	.302	.263	.208	.299	.225
	a4	.572	.263	.139	1.000	.468	.074	-.024	-.142	.074	.309	.259	.010	.204	.327	.013	.254	.265	.293	.297	.319	.305
	a5	.420	.104	.219	.468	1.000	.132	.021	.088	.129	.072	.266	-.122	-.073	.255	.124	.099	.112	.169	.315	.168	.072
	a6	.179	.121	.357	.074	.132	1.000	.267	.195	.177	.229	-.010	.026	-.098	-.027	-.015	.242	-.031	.056	-.176	.102	-.032
	a7	.112	.245	.157	-.024	.021	.267	1.000	.016	.277	.214	.244	.096	.030	.173	.273	.307	-.024	-.089	.053	-.020	.075
	a8	-.086	.056	.454	-.142	.088	.195	.016	1.000	.104	.062	-.044	-.027	-.067	.046	.091	.102	.075	.200	.071	.169	.079
	a9	-.018	.112	.262	.074	.129	.177	.277	.104	1.000	.199	.240	-.034	-.021	.330	.329	.073	-.059	.009	.110	-.035	.276
	a10	.141	.174	.229	.309	.072	.229	.214	.062	.199	1.000	.454	.190	.161	.089	.204	.485	.080	.154	.112	.295	.317
	a11	.305	.288	.153	.259	.266	-.010	.244	-.044	.240	.454	1.000	.258	.283	.438	.431	.405	.111	.132	.327	.222	.329
	a12	.041	.168	.030	.010	-.122	.026	.096	-.027	-.034	.190	.258	1.000	.205	.006	.201	.408	.093	.134	.003	.192	.153
	a13	.138	.179	.014	.204	-.073	-.098	.030	-.067	-.021	.161	.283	.205	1.000	.254	.148	.208	.323	.216	.289	.173	.215
	a14	.279	.197	.152	.327	.255	-.027	.173	.046	.330	.089	.438	.006	.254	1.000	.356	.250	.165	.238	.297	.168	.408
	a15	.004	.130	.162	.013	.124	-.015	.273	.091	.329	.204	.431	.201	.148	.356	1.000	.300	.002	.154	.259	.013	.243
	a16	.318	.384	.268	.254	.099	.242	.307	.102	.073	.485	.405	.408	.208	.250	.300	1.000	.223	.210	.139	.286	.390
	a17	.158	.182	.302	.265	.112	-.031	-.024	.075	-.059	.080	.111	.093	.323	.165	.002	.223	1.000	.644	.370	.497	.182
	a18	.104	.170	.263	.293	.169	.056	-.089	.200	.009	.154	.132	.134	.216	.238	.154	.210	.644	1.000	.414	.528	.214
	a19	.055	.039	.208	.297	.315	-.176	.053	.071	.110	.112	.327	.003	.289	.297	.259	.139	.370	.414	1.000	.320	.277
	a20	.195	.115	.299	.319	.168	.102	-.020	.169	-.035	.295	.222	.192	.173	.168	.013	.286	.497	.528	.320	1.000	.100
	a21	.149	.245	.225	.305	.072	-.032	.075	.079	.276	.317	.329	.153	.215	.408	.243	.390	.182	.214	.277	.100	1.000
유의확률 (단측)	a1		.000	.220	.000	.000	.037	.134	.197	.431	.081	.001	.342	.085	.002	.483	.001	.059	.151	.293	.026	.070
	a2	.000		.036	.004	.151	.115	.007	.289	.135	.042	.002	.048	.038	.025	.098	.000	.035	.046	.351	.128	.007
	a3	.220	.036		.084	.014	.000	.060	.000	.004	.011	.064	.382	.444	.066	.054	.004	.001	.004	.019	.001	.012
	a4	.000	.004	.084		.000	.233	.407	.080	.233	.001	.005	.462	.021	.000	.449	.005	.004	.002	.001	.001	.001
	a5	.000	.151	.014	.000		.095	.419	.193	.101	.237	.004	.113	.234	.005	.110	.164	.135	.046	.001	.048	.238
	a6	.037	.115	.000	.233	.095		.004	.026	.039	.011	.461	.399	.167	.396	.441	.008	.380	.290	.040	.156	.378
	a7	.134	.007	.060	.407	.419	.004		.439	.003	.016	.007	.170	.384	.043	.003	.001	.408	.190	.302	.420	.231
	a8	.197	.289	.000	.080	.193	.026	.439		.151	.271	.333	.395	.255	.324	.184	.156	.228	.023	.242	.047	.217
	a9	.431	.135	.004	.233	.101	.039	.003	.151		.024	.008	.368	.418	.000	.000	.234	.281	.463	.138	.364	.003
	a10	.081	.042	.011	.001	.237	.011	.016	.271	.024		.000	.029	.055	.188	.021	.000	.213	.063	.133	.001	.001
	a11	.001	.002	.064	.005	.004	.461	.007	.333	.008	.000		.005	.002	.000	.000	.000	.137	.096	.000	.013	.000
	a12	.342	.048	.382	.462	.113	.399	.170	.395	.368	.029	.005		.021	.477	.022	.000	.178	.091	.488	.028	.064
	a13	.085	.038	.444	.021	.234	.167	.384	.255	.418	.055	.002	.021		.005	.071	.019	.001	.015	.002	.042	.016
	a14	.002	.025	.066	.000	.005	.396	.043	.324	.000	.188	.000	.477	.005		.000	.006	.051	.009	.001	.047	.000
	a15	.483	.098	.054	.449	.110	.441	.003	.184	.000	.021	.000	.022	.071	.000		.001	.492	.064	.005	.447	.007
	a16	.001	.000	.004	.005	.164	.008	.001	.156	.234	.000	.000	.000	.019	.006	.001		.013	.018	.084	.002	.000
	a17	.059	.035	.001	.004	.135	.380	.408	.228	.281	.213	.137	.178	.001	.051	.492	.013		.000	.000	.000	.035
	a18	.151	.046	.004	.002	.046	.290	.190	.023	.463	.063	.096	.091	.015	.009	.064	.018	.000		.000	.000	.016
	a19	.293	.351	.019	.001	.001	.040	.302	.242	.138	.133	.000	.488	.002	.001	.005	.084	.000	.000		.001	.003
	a20	.026	.128	.001	.001	.048	.156	.420	.047	.364	.001	.013	.028	.042	.047	.447	.002	.000	.000	.001		.162
	a21	.070	.007	.012	.001	.238	.378	.231	.217	.003	.001	.000	.064	.016	.000	.007	.000	.035	.016	.003	.162	

a. 행렬식 = .001

Ⓒ 역-상관행렬

	a1	a2	a3	a4	a5	a6	a7	a8	a9	a10	a11	a12	a13	a14	a15	a16	a17	a18	a19	a20	a21
a1	2.070	-.343	.148	-.894	-.425	-.231	-.087	.011	.210	.332	-.387	.097	-.073	-.138	.132	-.323	-.108	.183	.348	-.089	.053
a2	-.343	1.428	-.095	-.169	.105	.070	-.238	-.093	-.082	.174	-.234	-.016	-.094	.111	.052	-.289	-.044	-.204	.208	.125	-.103
a3	.148	-.095	1.800	-.081	-.127	-.482	-.006	-.615	-.228	-.026	-.044	.040	.126	.061	-.099	-.061	-.507	.224	-.139	-.174	-.160
a4	-.894	-.169	-.081	2.402	-.632	.046	.229	.503	-.044	-.638	.437	.020	-.149	-.298	.204	.100	.054	-.201	-.276	-.199	-.289
a5	-.425	.105	-.127	-.632	1.781	-.165	.105	-.189	-.056	.208	-.360	.149	.376	-.037	-.118	.034	.021	.000	-.420	.084	.231
a6	-.231	.070	-.482	.046	-.165	1.565	-.318	-.032	-.207	-.198	.215	.029	-.039	.100	.171	-.272	.292	-.310	.368	-.022	.189
a7	-.087	-.238	-.006	.229	.105	-.318	1.431	.091	-.217	-.145	-.024	.003	.079	-.161	-.195	-.243	-.137	.322	-.226	.079	.186
a8	.011	-.093	-.615	.503	-.189	-.032	.091	1.476	.022	-.075	.239	.083	-.009	-.085	-.024	-.071	.260	-.274	-.011	-.163	-.078
a9	.210	-.082	-.228	-.044	-.056	-.207	-.217	.022	1.489	-.186	-.062	.036	.115	-.353	-.269	.338	.058	.080	.003	.087	-.256
a10	.332	.174	-.026	-.638	.208	-.198	-.145	-.075	-.186	1.966	-.799	.191	-.107	.545	-.003	-.600	.250	-.118	.228	-.337	-.248
a11	-.387	-.234	-.044	.437	-.360	.215	-.024	.239	-.062	-.799	2.189	-.303	-.174	-.517	-.368	.017	.069	.232	-.345	-.148	-.017
a12	.097	-.016	.040	.020	.149	.029	.003	.083	.036	.191	-.303	1.407	-.172	.278	-.153	-.530	.128	-.165	.200	-.231	-.082
a13	-.073	-.094	.126	-.149	.376	-.039	.079	-.009	.115	-.107	-.174	-.172	1.412	-.235	-.064	.054	-.408	.128	-.314	.101	.014
a14	-.138	.111	.061	-.298	-.037	.100	-.161	-.085	-.353	.545	-.517	.278	-.235	1.829	-.244	-.166	.120	-.240	.095	-.153	-.406
a15	.132	.052	-.099	.204	-.118	.171	-.195	-.024	-.269	-.003	-.368	-.153	-.064	-.244	1.619	-.292	.280	-.360	-.156	.247	.055
a16	-.323	-.289	-.061	.100	.034	-.272	-.243	-.071	.338	-.600	.017	-.530	.054	-.166	-.292	2.153	-.235	.155	-.023	-.113	-.400
a17	-.108	-.044	-.507	.054	.021	.292	-.137	.260	.058	.250	.069	.128	-.408	.120	.280	-.235	2.252	-1.132	-.108	-.399	-.051
a18	.183	-.204	.224	-.201	.000	-.310	.322	-.274	.080	-.118	.232	-.165	.128	-.240	-.360	.155	-1.132	2.325	-.383	-.471	-.056
a19	.348	.208	-.139	-.276	-.420	.368	-.226	-.011	.003	.228	-.345	.200	-.314	.095	-.156	-.023	-.108	-.383	1.815	-.218	-.221
a20	-.089	.125	-.174	-.199	.084	-.022	.079	-.163	.087	-.337	-.148	-.231	.101	-.153	.247	-.113	-.399	-.471	-.218	1.837	.325
a21	.053	-.103	-.160	-.289	.231	.189	.186	-.078	-.256	-.248	-.017	-.082	.014	-.406	.055	-.400	-.051	-.056	-.221	.325	1.646

결과 Ⓑ와 Ⓒ는 변수 간의 '상관행렬'과 '역-상관행렬'(inverse matrix)을 나타냅니다. 표본의 상관행렬은 **분석될 데이터의 적합성을 평가**하는 기초적인 자료로 상관행렬 계수의 절반 이상이 ±0.30 이상의 값을 가지면 대략 표본 데이터가 요인분석에 적합하다고 평가할 수 있습니다($r \geq \pm 0.30$). 다만 기초상관의 기준은 경험적이므로 결과 Ⓓ의 'KMO와 Bartlett의 검정'과 결과 Ⓔ의 '역-이미지 행렬'(MSA값 등)을 종합적으로 평가하는 것이 좋습니다. 결과 Ⓒ의 역-상관행렬은 표본 상관행렬의 역수를 취한 것으로 요인 해법(factor solution)을 구하는 과정에 사용되는 결과물입니다.

Ⓓ KMO와 Bartlett의 검정

표본 적절성의 Kaiser-Meyer-Olkin 측도		.736
Bartlett의 구형성 검정	근사 카이제곱	643.883
	자유도	210
	유의확률	.000

Ⓔ 역-이미지 행렬

		a1	a2	a3	a4	a5	a6	a7	a8	a9	a10	a11	a12	a13	a14	a15	a16	a17	a18	a19	a20	a21
역-이미지 공분산	a1	.483	-.116	.040	-.180	-.115	-.071	-.029	.004	.068	.082	-.085	.033	-.025	-.036	.040	-.072	-.023	.038	.093	-.024	.016
	a2	-.116	.700	-.037	-.049	.041	.031	-.116	-.044	-.039	.062	-.075	-.008	-.046	.043	.023	-.094	-.014	-.061	.080	.048	-.044
	a3	.040	-.037	.555	-.019	-.040	-.171	-.002	-.232	-.085	-.007	-.011	.016	.049	.018	-.034	-.016	-.125	.054	-.043	-.053	-.054
	a4	-.180	-.049	-.019	.416	-.148	.012	.067	.142	-.012	-.135	.083	.006	-.044	-.068	.053	.019	.010	-.036	-.063	-.045	-.073
	a5	-.115	.041	-.040	-.148	.561	-.059	.041	-.072	-.021	.059	-.092	.059	.149	-.011	-.041	.009	.005	6.835E-5	-.130	.026	.079
	a6	-.071	.031	-.171	.012	-.059	.639	-.142	-.014	-.089	-.064	.063	.013	-.018	.035	.067	-.081	.083	-.085	.129	-.008	.074
	a7	-.029	-.116	-.002	.067	.041	-.142	.699	.043	-.102	-.051	-.008	.002	.039	-.062	-.084	-.079	-.042	.097	-.087	.030	.079
	a8	.004	-.044	-.232	.142	-.072	-.014	.043	.678	.010	-.026	.074	.040	-.004	-.031	-.010	-.022	.078	-.080	-.004	-.060	-.032
	a9	.068	-.039	-.085	-.012	-.021	-.089	-.102	.010	.672	-.064	-.019	.017	.055	-.130	-.112	.105	.017	.023	.001	.032	-.105
	a10	.082	.062	-.007	-.135	.059	-.064	-.051	-.026	-.064	.509	-.186	.069	-.038	.152	-.001	-.142	.057	-.026	.064	-.093	-.077
	a11	-.085	-.075	-.011	.083	-.092	.063	-.008	.074	-.019	-.186	.457	-.098	-.056	-.129	-.104	.004	.014	.046	-.087	-.037	-.005
	a12	.033	-.008	.016	.006	.059	.013	.002	.040	.017	.069	-.098	.711	-.086	.108	-.067	-.175	.040	-.051	.078	-.089	-.035
	a13	-.025	-.046	.049	-.044	.149	-.018	.039	-.004	.055	-.038	-.056	-.086	.708	-.091	-.028	.018	-.128	.039	-.122	.039	.006
	a14	-.036	.043	.018	-.068	-.011	.035	-.062	-.031	-.130	.152	-.129	.108	-.091	.547	-.082	-.042	.029	-.057	.029	-.046	-.135
	a15	.040	.023	-.034	.053	-.041	.067	-.084	-.010	-.112	-.001	-.104	-.067	-.028	-.082	.618	-.084	.077	-.096	-.053	.083	.021
	a16	-.072	-.094	-.016	.019	.009	-.081	-.079	-.022	.105	-.142	.004	-.175	.018	-.042	-.084	.464	-.048	.031	-.006	-.029	-.113
	a17	-.023	-.014	-.125	.010	.005	.083	-.042	.078	.017	.057	.014	.040	-.128	.029	.077	-.048	.444	-.216	-.026	-.096	-.014
	a18	.038	-.061	.054	-.036	6.835E-5-5	-.085	.097	-.080	.023	-.026	.046	-.051	.039	-.057	-.096	.031	-.216	.430	-.091	-.110	-.015
	a19	.093	.080	-.043	-.063	-.130	.129	-.087	-.004	.001	.064	-.087	.078	-.122	.029	-.053	-.006	-.026	-.091	.551	-.065	-.074
	a20	-.024	.048	-.053	-.045	.026	-.008	.030	-.060	.032	-.093	-.037	-.089	.039	-.046	.083	-.029	-.096	-.110	-.065	.544	.107
	a21	.016	-.044	-.054	-.073	.079	.074	.079	-.032	-.105	-.077	-.005	-.035	.006	-.135	.021	-.113	-.014	-.015	-.074	.107	.608
역-이미지 상관계수	a1	.721[a]	-.199	.076	-.401	-.221	-.128	-.050	.006	.120	.165	-.182	.057	-.043	-.071	.072	-.153	-.050	.084	.179	-.046	.029
	a2	-.199	.812[a]	-.059	-.091	.066	.047	-.166	-.064	-.057	.104	-.133	-.012	-.066	.069	.034	-.165	-.025	-.112	.129	.077	-.067
	a3	.076	-.059	.743[a]	-.039	-.071	-.287	-.004	-.378	-.139	-.014	-.022	.025	.079	.033	-.058	-.031	-.252	.110	-.077	-.096	-.093
	a4	-.401	-.091	-.039	.722[a]	-.305	.024	.123	.267	-.023	-.294	.191	.011	-.081	-.142	.104	.044	.023	-.085	-.132	-.095	-.145
	a5	-.221	.066	-.071	-.305	.697[a]	-.099	.066	-.117	-.034	.111	-.182	.094	.237	-.020	-.070	.018	.011	.000	-.234	.046	.135
	a6	-.128	.047	-.287	.024	-.099	.590[a]	-.213	-.021	-.136	-.113	.116	.019	-.026	.059	.107	-.148	.156	-.162	.218	-.013	.118
	a7	-.050	-.166	-.004	.123	.066	-.213	.697[a]	.063	-.148	-.086	-.014	.002	.056	-.100	-.128	-.138	-.076	.177	-.140	.049	.121
	a8	.006	-.064	-.378	.267	-.117	-.021	.063	.563[a]	.015	-.044	.133	.057	-.006	-.052	-.016	-.040	.143	-.148	-.007	-.099	-.050
	a9	.120	-.057	-.139	-.023	-.034	-.136	-.148	.015	.724[a]	-.109	-.034	.025	.079	-.214	-.173	.189	.032	.043	.002	.053	-.164
	a10	.165	.104	-.014	-.294	.111	-.113	-.086	-.044	-.109	.658[a]	-.385	.115	-.064	.287	-.002	-.292	.119	-.055	.121	-.177	-.138
	a11	-.182	-.133	-.022	.191	-.182	.116	-.014	.133	-.034	-.385	.769[a]	-.173	-.099	-.258	-.195	.008	.031	.103	-.173	-.074	-.009
	a12	.057	-.012	.025	.011	.094	.019	.002	.057	.025	.115	-.173	.656[a]	-.122	.173	-.101	-.304	.072	-.091	.125	-.144	-.054
	a13	-.043	-.066	.079	-.081	.237	-.026	.056	-.006	.079	-.064	-.099	-.122	.747[a]	-.146	-.042	.031	-.229	.071	-.196	.062	.009
	a14	-.071	.069	.033	-.142	-.020	.059	-.100	-.052	-.214	.287	-.258	.173	-.146	.760[a]	-.142	-.083	.059	-.117	.052	-.084	-.234
	a15	.072	.034	-.058	.104	-.070	.107	-.128	-.016	-.173	-.002	-.195	-.101	-.042	-.142	.774[a]	-.156	.147	-.186	-.091	.143	.034
	a16	-.153	-.165	-.031	.044	.018	-.148	-.138	-.040	.189	-.292	.008	-.304	.031	-.083	-.156	.804[a]	-.107	.069	-.011	-.057	-.212
	a17	-.050	-.025	-.252	.023	.011	.156	-.076	.143	.032	.119	.031	.072	-.229	.059	.147	-.107	.714[a]	-.495	-.053	-.196	-.027
	a18	.084	-.112	.110	-.085	.000	-.162	.177	-.148	.043	-.055	.103	-.091	.071	-.117	-.186	.069	-.495	.727[a]	-.186	-.228	-.028
	a19	.179	.129	-.077	-.132	-.234	.218	-.140	-.007	.002	.121	-.173	.125	-.196	.052	-.091	-.011	-.053	-.186	.756[a]	-.119	-.128
	a20	-.046	.077	-.096	-.095	.046	-.013	.049	-.099	.053	-.177	-.074	-.144	.062	-.084	.143	-.057	-.196	-.228	-.119	.821[a]	.187
	a21	.029	-.067	-.093	-.145	.135	.118	.121	-.050	-.164	-.138	-.009	-.054	.009	-.234	.034	-.212	-.027	-.028	-.128	.187	.799[a]

a. 표본화 적합성 측도(MSA)

결과 Ⓓ의 'KMO 값'은 표본 적절성 측정치로 **단순상관제곱합÷(단순상관제곱합+편상관제곱합)**으로 구해지며 이 값이 1.0에 근접할수록 요인분석에 적합한 상관행렬임을 나타냅니다. 결과 Ⓓ에서 KMO 측도의 값은 0.736으로 수용할 만한 수준으로 표본이 요인분석 되기에 비교적 적절한 수준임을 나타냅니다(Kaiser, 1970, 1974). 또한 'Bartlett의 구형성 검정'의 값은 변수 간의 **상관이 0이라는 영가설(즉, 변수들의 독립성)을 검증**하는 것으로 결과 Ⓓ의 근사카이제곱(χ^2)=643.883이고 $p<.01$로 영가설을 기각하므로 변수 간 상관이 유의미함 혹은 변수 간 상관이 선형적 관계에 있음을 나타냅니다(바틀릿의 검증치는 특히 변수와 표본 사례의 비율이 1:5 이하인 경우에 유용).

한편 결과 Ⓔ의 '역-이미지'(anti-image) 상관행렬은 **변수 간 편상관계수에 음수를 취한 값**으로 이 값들이 대체로 작은 값을 가지면서 행렬의 대각선 값, 즉 MSA(Measure of Sampling Adequacy) 값이 전체적으로 클 때 요인분석에 적합한 표본 데이터임을 가정할 수 있습니다(해석 기준으로 0.60은 보통, 0.70은 양호, 0.80 이상은 좋음). 다시 말해, 결과 Ⓔ에서 역-이미지 상관행렬의 값은 작고 대각선의 값(MSA 값)은 클 때 표본이 요인분석에 적합하다고 해석합니다. 결과 Ⓔ를 보면 역-이미지 상관행렬의 계수들은 대체로 낮으며 MSA의 값(대각선의 수치)은 0.60보다 작은 값이 1~2개 포함되지만 대체로 그 이상이어서 요인분석에 적합한 표본 데이터라고 가정할 수 있겠습니다.

지금까지의 결과를 종합해 보면 결과 Ⓑ의 표본 상관행렬에서 ±0.30 이상의 계수들이 절반을 넘지 않는 것으로 나타나 표본 상관의 요인분석 적절성을 의심할 수 있습니다. 그러나 결과 Ⓓ의 표본 적절성 측정치인 KMO=0.736으로 Kaiser(1970, 1974)의 준거에 따라 '보통 수준'의 적절성을 보이고 결과 Ⓔ의 역-이미지 상관계수는 너무 크지 않으면서 대각선의 MSA 값들이 대체로 큰 값을 가지고 있어 표본의 상관행렬이 요인분석에 크게 문제시되지 않는 것으로 해석할 수 있습니다. 또한 결과 Ⓓ의 바틀릿의 구형성 검증값에 의한 카이제곱=643.883이고 $p<.01$이므로 변수들의 상관이 통계적으로 유의미하여 요인분석될 만한 상관임을 뒷받침하고 있습니다. 따라서 [예제연구 8]의 표본 데이터는 요인분석에 대체로 적절하다고 평가할 수 있습니다.

Ⓕ 공통성

	초기	추출
a1	1.000	.761
a2	1.000	.662
a3	1.000	.668
a4	1.000	.736
a5	1.000	.691
a6	1.000	.635
a7	1.000	.454
a8	1.000	.570
a9	1.000	.564
a10	1.000	.686
a11	1.000	.662
a12	1.000	.558
a13	1.000	.498
a14	1.000	.624
a15	1.000	.579
a16	1.000	.680
a17	1.000	.717
a18	1.000	.690
a19	1.000	.630
a20	1.000	.654
a21	1.000	.411

추출 방법: 주성분 분석

결과 Ⓕ의 '공통성'은 **커뮤넬리티**(communality)로 초기 추출 방법을 주성분분석법(PCA)으로 하여 '초기'의 값은 모두 1.0으로 설정되어 있고 '추출'의 값은 요인추출 후의 커뮤넬리티로 **예측상관행렬**(재연된 상관행렬: reproduced correlations)을 구하는 과정에서 반복적으로 추정됩니다. 즉, 최종 추정된 커뮤넬리티는 재연된 상관행렬(결과 Ⓙ)의 대각선 값으로 표시됩니다. 공통성(커뮤넬리티)은 관측변수의 분산비율로 요인적재량의 제곱합, 즉 ∑(요인적재량^2)으로 구해집니다. 따라서 커뮤넬리티가 크면 전체 요인모형을 설명하는 중요한 변수임을 나타내며 커뮤넬리티는 다중상관제곱(SMC)과 같으므로 그 값이 1.0에 가까우면 다중공선성을 판단하는 근거가 될 수 있습니다.

Ⓖ 설명된 총분산

성분	초기 고유값			추출 제곱합 적재량			회전 제곱합 적재량		
	전체	% 분산	누적 %	전체	% 분산	누적 %	전체	% 분산	누적 %
1	4.823	22.966	22.966	4.823	22.966	22.966	2.746	13.078	13.078
2	2.157	10.273	33.239	2.157	10.273	33.239	2.592	12.341	25.420
3	1.828	8.706	41.945	1.828	8.706	41.945	2.215	10.548	35.967
4	1.708	8.133	50.078	1.708	8.133	50.078	2.104	10.019	45.986
5	1.611	7.672	57.749	1.611	7.672	57.749	1.952	9.293	55.279
6	1.002	4.770	62.520	1.002	4.770	62.520	1.521	7.241	62.520
7	.940	4.476	66.996						
8	.877	4.175	71.171						
9	.734	3.493	74.664						
10	.700	3.333	77.996						
11	.625	2.977	80.974						
12	.611	2.909	83.883						
13	.566	2.693	86.576						
14	.487	2.318	88.894						
15	.439	2.091	90.985						
16	.408	1.945	92.930						
17	.365	1.737	94.666						
18	.357	1.698	96.364						
19	.318	1.516	97.880						
20	.231	1.102	98.982						
21	.214	1.018	100.000						

추출 방법: 주성분 분석

결과 Ⓖ의 '설명된 총분산'에는 아이겐값(고유값)과 설명분산이 제시되어 있습니다. '초기 고유값'에는 초기 성분의 아이겐값과 설명분산이 제시되고 '추출 제곱합 적재량'에는 요인 추출 후, '회전 제곱합 적재량'에는 요인회전 후 최종 아이겐값과 설명분산이 각각 제시됩니다. **아이겐값은** 각 성분의 분산비율로 성분별 $\sum$(요인적재량^2)으로 구해지며, **설명분산**은 아이겐값을 변수의 수로 나눈 값입니다.

예를 들어, '추출 제곱합 적재량'의 첫 번째 성분의 아이겐값 4.823은 결과 Ⓘ의 '성분행렬'에서 '성분 1'의 요인적재량 제곱합, 즉 $\sum(0.658^2+0.655^2+0.587^2+\cdots+0.481^2)=4.8236$과 같으며 이를 사례수로 나눈 값 $4.8236/21=0.2297$은 설명분산(22.97%)이 됩니다. 한편 '회전 제곱합 적재량'의 첫 번째 성분의 아이겐 값 2.746은 결과 Ⓚ의 '회전된 성분행렬'에서 '성분 1'의 요인적재량 제곱합 $\sum(0.818^2+0.801^2+0.651^2+\cdots-0.265^2)=2.7484$와 같고 이 값을 다시 사례수로 나눈 $2.7484/21=0.1308$은 설명분산으로 13.08%와 같습니다.

요인회전 후 '성분 1'의 아이겐값은 다소 낮아졌으나(4.823 → 2.746) '성분 2'에서 '성분 6'은 약간씩 상승했음을 보여 줍니다. 이는 요인이 회전되면서 변수들의 센트로이드를 통과하도록 요인이 적재되어 전체적인 요인모형이 개선되었음을 보여 줍니다. '추출 제곱합 적재량'과 '회전 제곱합 적재량'에서는 *eigenvalue* > 1.0 기준으로 추출하여 총 6개의 성분(요인)이 추출되었고 요인모형의 총분산은 62.52%로 양호한 모형으로 나타났습니다.

타당한 요인의 수는 몇 개?

- 결과 Ⓖ의 '초기 고유값'에서 성분 6은 1.002, 성분 7은 0.940으로 실제 작은 차이이지만 성분 7은 잠재요인에서 제외됨(아이겐값 > 1.0 기준).
- 적정 요인 수를 탐색하는 방법
  ① 스크리 도표(Scree Plot)를 통해 잠정적인 요인 수에 대한 통찰을 얻음.
  ② 여러 요인모형의 비교 → 요인 수를 5개, 6개, 7개로 가정하고 결과의 비교를 통해 가장 좋은 요인모형을 선택(이 경우 산출될 요인수를 각각 지정하여 산출).

Ⓗ 스크리 도표

결과 Ⓗ의 '스크리 도표(Scree Plot)'는 잠정적인 요인 수에 대한 직관적 통찰이 필요할 때(예: 요인 수에 대한 사전적인 정보가 없을 때) 유용하게 참고할 수 있는 도표입니다. 하나 이상의 독립적인 성분이 발견되면 스크리 도표에서 연결선이 급경사를 이루고 연결선이 직선 형태로 나타나면 잠재 성분으로 충분하지 않은 것으로 판단합니다. 결과 Ⓗ의 '스크리 도표'에서는 첫 번째에서 여섯 번째 성분까지가 경사를 이루고 있는 모양으로 대략 5~6개의 성분이 존재할 가능성이 있는 것으로 판단할 수 있습니다.

4. 초기 성분행렬과 재연된 상관행렬 **IBM® SPSS® Statistics**

① 성분행렬[a]

	성분					
	1	2	3	4	5	6
a16	.658	.257	.032	-.114	-.408	-.035
a11	.655	.265	-.314	-.083	.056	-.233
a4	.587	-.249	-.255	.499	-.052	-.112
a14	.577	.095	-.254	.035	.405	.230
a21	.561	.129	-.147	-.165	.143	.101
a18	.551	-.540	.230	-.192	.035	.057
a20	.541	-.448	.252	-.071	-.187	-.238
a10	.537	.265	.066	-.065	-.266	-.497
a19	.520	-.341	-.106	-.172	.426	-.144
a15	.438	.390	-.105	-.330	.331	-.078
a13	.404	-.189	-.338	-.340	-.119	.234
a17	.504	-.595	.152	-.177	-.077	.221
a7	.292	.568	.081	-.009	-.056	.189
a9	.314	.476	.126	.004	.471	.039
a8	.172	.014	.693	-.110	.188	.115
a3	.481	.045	.642	.031	.130	.062
a6	.200	.317	.556	.338	-.269	-.011
a1	.483	-.037	-.244	.618	-.250	.148
a5	.413	-.116	.002	.603	.307	-.219
a12	.292	.134	-.098	-.433	-.492	-.126
a2	.481	.168	-.065	.135	-.296	.541

추출 방법: 주성분 분석
a. 추출된 6성분

Ⓙ 재연된 상관계수

		a1	a2	a3	a4	a5	a6	a7	a8	a9	a10	a11	a12	a13	a14	a15	a16	a17	a18	a19	a20	a21
재연된 상관계수	a1	.761[a]	.480	.070	.660	.467	.224	.137	-.184	-.007	.186	.283	-.004	.139	.291	-.076	.327	.171	.111	.055	.184	.179
	a2	.480	.662[a]	.197	.280	.051	.232	.348	.032	.105	.100	.226	.188	.300	.319	.098	.444	.250	.154	-.028	.085	.291
	a3	.070	.197	.668[a]	.109	.240	.442	.223	.557	.317	.245	.115	-.002	-.043	.187	.189	.290	.312	.391	.208	.361	.201
	a4	.660	.280	.109	.736[a]	.581	.080	-.013	-.157	.006	.270	.380	-.013	.182	.350	.014	.283	.296	.296	.325	.366	.234
	a5	.467	.051	.240	.581	.691[a]	.170	-.009	.037	.213	.180	.257	-.280	-.104	.322	.055	.056	.099	.173	.313	.228	.139
	a6	.224	.232	.442	.080	.170	.635[a]	.293	.334	.158	.283	-4.408E-5	.033	-.252	-.095	-.047	.302	-.045	-.008	-.234	.135	-.024
	a7	.137	.348	.223	-.013	-.009	.293	.454[a]	.127	.353	.234	.270	.161	.037	.223	.311	.358	-.131	-.117	-.099	-.110	.238
	a8	-.184	.032	.557	-.157	.037	.334	.127	.570[a]	.241	.041	-.108	-.075	-.125	.024	.098	.070	.215	.281	.094	.207	.053
	a9	-.007	.105	.317	.006	.213	.158	.353	.241	.564[a]	.158	.309	-.096	-.054	.394	.461	.139	-.134	-.037	.182	-.109	.289
	a10	.186	.100	.245	.270	.180	.283	.234	.041	.158	.686[a]	.507	.407	.082	.094	.304	.557	.045	.143	.151	.361	.248
	a11	.283	.226	.115	.380	.257	-4.408E-5	.270	-.108	.309	.507	.662[a]	.295	.288	.449	.487	.484	.083	.150	.355	.207	.446
	a12	-.004	.188	-.002	-.013	-.280	.033	.161	-.075	-.096	.407	.295	.558[a]	.302	-.037	.180	.478	.139	.125	-.001	.226	.184
	a13	.139	.300	-.043	.182	-.104	-.252	.037	-.125	-.054	.082	.288	.302	.498[a]	.295	.193	.286	.386	.322	.285	.209	.315
	a14	.291	.319	.187	.350	.322	-.095	.223	.024	.394	.094	.449	-.037	.295	.624[a]	.421	.219	.209	.229	.428	.072	.449
	a15	-.076	.098	.189	.014	.055	-.047	.311	.098	.461	.304	.487	.180	.193	.421	.579[a]	.290	-.011	.077	.315	.016	.405
	a16	.327	.444	.290	.283	.056	.302	.358	.070	.139	.557	.484	.478	.286	.219	.290	.680[a]	.227	.236	.102	.341	.354
	a17	.171	.250	.312	.296	.099	-.045	-.131	.215	-.134	.045	.083	.139	.386	.209	-.011	.227	.717[a]	.678	.414	.552	.225
	a18	.111	.154	.391	.296	.173	-.008	-.117	.281	-.037	.143	.150	.125	.322	.229	.077	.236	.678	.690[a]	.486	.591	.249
	a19	.055	-.028	.208	.325	.313	-.234	-.099	.094	.182	.151	.355	-.001	.285	.428	.315	.102	.414	.486	.630[a]	.374	.338
	a20	.184	.085	.361	.366	.228	.135	-.110	.207	-.109	.361	.207	.226	.209	.072	.016	.341	.552	.591	.374	.654[a]	.170
	a21	.179	.291	.201	.234	.139	-.024	.238	.053	.289	.248	.446	.184	.315	.449	.405	.354	.225	.249	.338	.170	.411[a]
잔차[b]	a1		-.104	.008	-.088	-.047	-.044	-.025	.098	-.011	-.045	.023	.045	-.001	-.012	.080	-.009	-.013	-.007	.000	.012	-.030
	a2	-.104		-.016	-.017	.053	-.111	-.103	.025	.007	.075	.062	-.020	-.121	-.122	.032	-.059	-.068	.016	.066	.030	-.046
	a3	.008	-.016		.030	-.021	-.085	-.066	-.102	-.055	-.016	.038	.032	.057	-.035	-.027	-.022	-.010	-.127	.000	-.062	.023
	a4	-.088	-.017	.030		-.112	-.007	-.010	.015	.067	.039	-.121	.023	.022	-.023	-.001	-.029	-.031	-.003	-.028	-.047	.071
	a5	-.047	.053	-.021	-.112		-.038	.030	.051	-.084	-.107	.009	.158	.031	-.067	.068	.043	.013	-.004	.002	-.060	-.067
	a6	-.044	-.111	-.085	-.007	-.038		-.026	-.140	.019	-.054	-.010	-.007	.155	.068	.031	-.060	.014	.064	.058	-.033	-.008
	a7	-.025	-.103	-.066	-.010	.030	-.026		-.111	-.077	-.020	-.026	-.064	-.007	-.050	-.038	-.052	.107	.028	.152	.089	-.163
	a8	.098	.025	-.102	.015	.051	-.140	-.111		-.136	.021	.065	.048	.059	.023	-.007	.032	-.139	-.081	-.023	-.038	.026
	a9	-.011	.007	-.055	.067	-.084	.019	-.077	-.136		.042	-.069	.062	.033	-.064	-.132	-.065	.075	.047	-.072	.074	-.013
	a10	-.045	.075	-.016	.039	-.107	-.054	-.020	.021	.042		-.053	-.217	.078	-.004	-.099	-.072	.035	.011	-.039	-.066	.068
	a11	.023	.062	.038	-.121	.009	-.010	-.026	.065	-.069	-.053		-.037	-.005	-.011	-.057	-.078	.027	-.018	-.028	.016	-.117
	a12	.045	-.020	.032	.023	.158	-.007	-.064	.048	.062	-.217	-.037		-.098	.043	.021	-.069	-.046	.010	.004	-.033	-.030
	a13	-.001	-.121	.057	.022	.031	.155	-.007	.059	.033	.078	-.005	-.098		-.041	-.045	-.078	-.063	-.105	.004	-.035	-.100
	a14	-.012	-.122	-.035	-.023	-.067	.068	-.050	.023	-.064	-.004	-.011	.043	-.041		-.065	.031	-.044	.009	-.131	.096	-.040
	a15	.080	.032	-.027	-.001	.068	.031	-.038	-.007	-.132	-.099	-.057	.021	-.045	-.065		.010	.013	.076	-.056	-.003	-.162
	a16	-.009	-.059	-.022	-.029	.043	-.060	-.052	.032	-.065	-.072	-.078	-.069	-.078	.031	.010		-.004	-.026	.037	-.055	.036
	a17	-.013	-.068	-.010	-.031	.013	.014	.107	-.139	.075	.035	.027	-.046	-.063	-.044	.013	-.004		-.034	-.044	-.055	-.043
	a18	-.007	.016	-.127	-.003	-.004	.064	.028	-.081	.047	.011	-.018	.010	-.105	.009	.076	-.026	-.034		-.072	-.064	-.034
	a19	.000	.066	.000	-.028	.002	.058	.152	-.023	-.072	-.039	-.028	.004	.004	-.131	-.056	.037	-.044	-.072		-.054	-.062
	a20	.012	.030	-.062	-.047	-.060	-.033	.089	-.038	.074	-.066	.016	-.033	-.035	.096	-.003	-.055	-.055	-.064	-.054		-.070
	a21	-.030	-.046	.023	.071	-.067	-.008	-.163	.026	-.013	.068	-.117	-.030	-.100	-.040	-.162	.036	-.043	-.034	-.062	-.070	

추출 방법: 주성분 분석

a. 재연된 공통성

b. 관측된 상관계수와 재연된 상관계수 간의 잔차가 계산되었습니다. 절대값이 0.05보다 큰 90 (42.0%) 비중복 잔차가 있습니다.

결과 Ⓘ의 '성분행렬'은 요인회전 이전의 각 성분(요인)에 대한 변수별 초기 요인적재량을 나

타냅니다. 요인적재량(factor loading)은 초기 **표본상관**(결과 Ⓑ)과 **재연상관**(결과 Ⓙ)의 차이(잔차)를 최소화하는 과정에서 최종 적재량이 산출됩니다. 이는 요인적으로 순수한 구조를 만들기 위해 초기 상관행렬이 재생산되고 최종의 커뮤넬리티와 요인적재량은 반복 추정되는 과정을 거치는 것입니다. 그러므로 결과 Ⓘ의 '성분행렬'은 주성분분석에 의해 초기 추정된 요인적재량이며 재생산과정을 통해 다음의 결과 Ⓙ의 '재연된 상관계수'와 결과 Ⓚ의 '회전된 성분행렬'을 최종 산출하게 됩니다.

결과 Ⓙ의 '재연된 상관계수'는 결과 Ⓘ의 '성분행렬'로부터 재생산된 상관행렬로 **예측된 상관**을 의미합니다. 그 하단의 잔차(residual)는 표본상관에서 예측상관을 뺀 값(표본상관－예측상관＝잔차)이므로 결과 Ⓑ(표본상관)에서 결과 Ⓙ를 뺀 값이며, 이 잔차가 최소화될 때 최적의 요인모형이 됩니다. 예를 들어, 결과 Ⓙ의 A13과 A2의 잔차 －0.121은 결과 Ⓑ의 A13과 A2의 상관계수 0.179에서 결과 Ⓙ의 A13과 A2의 재연상관계수 0.300을 뺀 값(0.179－0.300＝－0.121)과 같습니다. 또한 **결과 Ⓙ '재연상관'의 대각선 값은 결과 Ⓕ의 '공통성', 즉 커뮤넬리티와 같음을 확인할 수 있습니다.**

결과 Ⓙ의 하단 표 설명에 '절대값이 0.05보다 큰 90(42.0%) 비중복 잔차가 있습니다'는 절대값이 0.05보다 큰 잔차가 전체에서 90사례(42.0%)임을 나타냅니다. 이 비율이 높을수록 요인모형이 적합하지 않은 것으로 판단할 수 있으며 **대략 50%를 넘지 않으면 양호한 요인모형으로 해석**할 수 있습니다.

재연상관계수(reproduced correlations)의 계산

- 결과 Ⓙ의 재연상관계수는 초기 요인적재량(결과 Ⓘ)로부터 산출됨 → ∑(산출된 요인별 변수의 곱).
- 예시) A13과 A2의 재연상관계수 0.300 → 결과 Ⓘ에서

  $(0.404\times0.481)+(-0.189\times0.168)+(-0.338\times-0.065)+(-0.340\times0.135)+$
  $(-0.119\times-0.296)+(0.234\times0.541)=0.3004$
- 결과 Ⓙ의 A13과 A2의 잔차 －0.121＝결과 Ⓑ의 0.179－0.300의 값 → 0.179－0.300＝－0.121
- 재연상관 및 잔차는 요인모형의 적절성을 판단하는 준거 → 가중최소제곱법(GLS)이나 최대우도법(ML)은 다변량 정규성을 가정하므로 모형의 적절성에 대한 카이제곱값을 제공, 즉 카이제곱이 $p>.05$이면 요인모형이 적절하다고 해석(영가설: 산출된 요인수가 모집단과 차이가 없음).

Ⓚ 회전된 성분행렬[a]

	성분					
	1	2	3	4	5	6
a17	.818	-.016	.068	.016	.070	.195
a18	.801	.083	.094	.072	.164	.028
a20	.651	-.081	.229	.353	.197	-.088
a19	.560	.468	.203	-.008	-.080	-.224
a13	.431	.227	-.080	.173	-.344	.326
a15	.005	.714	-.102	.238	.043	-.019
a14	.196	.666	.272	-.090	-.053	.239
a9	-.183	.646	.046	-.036	.331	.004
a11	.075	.569	.278	.485	-.123	.068
a21	.225	.521	.086	.191	-.012	.213
a4	.271	.089	.776	.147	-.100	.143
a5	.082	.201	.763	-.089	.181	-.144
a1	.039	-.026	.727	.114	-.044	.465
a10	.033	.192	.211	.752	.174	-.090
a16	.155	.202	.113	.659	.161	.378
a12	.144	.011	-.243	.653	-.128	.188
a3	.301	.205	.078	.080	.720	.064
a8	.232	.098	-.182	-.091	.681	-.039
a6	-.183	-.151	.189	.239	.669	.197
a2	.103	.134	.157	.119	.094	.765
a7	-.265	.349	-.042	.229	.267	.370

추출 방법: 주성분 분석
회전 방법: 카이저 정규화가 있는 베리멕스
a. 8 반복계산에서 요인회전이 수렴되었습니다.

결과 Ⓚ의 '회전된 성분행렬'은 최종의 요인모형을 나타냅니다. 이 예에서는 직교회전을 하였으므로 요인 간의 상관이 없음(상관=0, 즉 $\cos\theta=90°$)을 가정합니다. 즉, 요인적재량은 성분과 변수 간의 상관이자 관측변수의 가중치를 의미합니다(사교회전에서는 상관≠0이 아니므로 '상관'과 '가중치' 의미가 달라짐). 따라서 직교회전은 요인 간 상관이 없다고 가정되는 경우 사용하는 것이 좋고 사교회전은 요인 간 상관이 가정되는 경우에 사용합니다.

최종의 요인모형을 살펴보면(결과 Ⓚ) A17, A18, A20, A19, A13은 **성분 1**에 높게 적재되고 A15, A14, A9, A11, A21은 **성분 2**에, A4, A5, A1은 **성분 3**에, A10, A16, A12는 **성분 4**에, A3, A8, A6은 **성분 5**에, 그리고 A2, A7은 **성분 6**에 각기 높게 적재되었습니다. 다만 일부 문항들은 요인적으로 순수하지 못한 것으로 보입니다. 예를 들어, A20은 성분 4에도 0.353으로

높게 적재되었고 A19는 성분 2에(0.468), A13은 성분 5(−0.344)와 성분 6(0.326)에 각각 높게 적재되었으며 A9, A11, A1, A16, A3, A7 등 **여러 변수가 요인적으로 순수하지 못한 구조를 보이고 있습니다**(±0.30 이상 기준으로). 특히 요인구조가 약한 A7은 요인 6(0.370)으로 분류되었지만 약간의 변화에 요인 2(0.349)로 분류될 가능성이 큽니다.

이러한 결과는 요인분석이 완료되었지만 요인모형이 변수들을 요인적으로 순수한 구조로 만들지 못하므로 **요인모형의 수정(모형 가꾸기)이 필요하다**는 것을 의미합니다. 이를 위해서 요인모형을 4요인, 5요인, 6요인으로 지정하고 비교하는 추가분석을 수행할 수 있습니다(요인모형 가꾸기 ☞ Q76).

회전된 성분행렬(결과 Ⓚ)에서 커뮤넬리티와 아이겐값의 계산

- 결과 Ⓚ의 회전된 성분행렬에서 최종 커뮤넬리티를 산출 → 결과 Ⓕ의 '공통성'의 '추출' 항목.
- 문항 A1의 커뮤넬리티: 결과 Ⓕ의 문항 A1의 '추출' 값 0.761
  → 결과 Ⓚ에서 $0.039^2+(-0.026)^2+0.727^2+0.114^2+(-0.044)^2+0.465^2=0.761$
- 성분 1의 아이겐값: 결과 Ⓖ의 성분 1의 '회전 제곱합 적재량'의 2.746
  → 결과 Ⓚ에서 $0.818^2+0.801^2+0.651^2+0.560^2+\cdots(-0.265)^2=2.746$

5. 변환행렬과 요인점수 IBM® SPSS® Statistics

Ⓛ 성분 변환행렬

성분	1	2	3	4	5	6
1	.497	.520	.412	.435	.193	.294
2	-.781	.422	-.161	.296	.234	.210
3	.151	-.225	-.205	-.035	.931	-.132
4	-.329	-.257	.840	-.270	.182	.114
5	.023	.658	.054	-.609	.083	-.431
6	.105	.052	-.231	-.528	.040	.808

추출 방법: 주성분 분석
회전 방법: 카이저 정규화가 있는 베리멕스

결과 Ⓛ의 '성분 변환행렬(transformation matrix)'은 요인회전 후 요인적재량 행렬을 구하기 위해 높은 요인적재량을 더욱 높게 만들고 낮은 요인적재량은 더욱 낮게 만드는 과정에서 얻은 행렬입니다. 수학적으로 이 변환행렬은 회전각(요인회전)에 대한 사인(sine)과 코사인(cosine) 행렬을 의미합니다.

Ⓜ 회전 공간의 성분 도표

회전 공간의 성분 도표

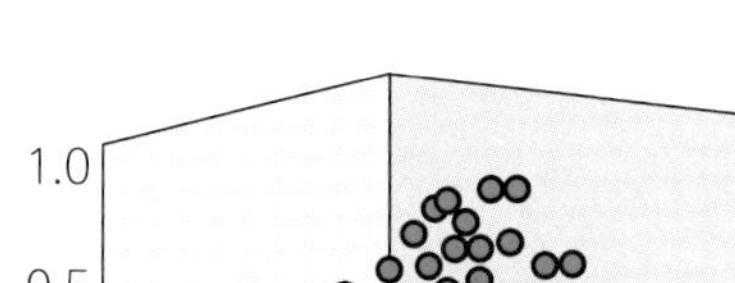
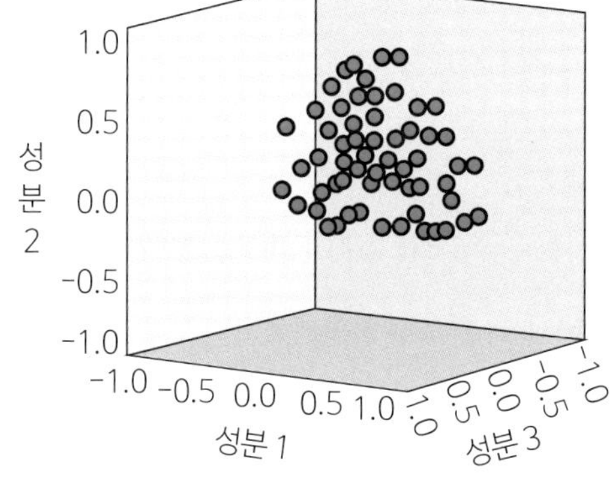

결과 Ⓜ의 '회전 공간의 성분 도표'는 회전된 요인에 의해 각 변수가 어떻게 공간상에 위치하는지를 나타내는 성분 도표(component plot)입니다. 평면상에서 여러 차원을 표현해야 하므로 요인 수가 3개 이상이면 사실상 정보성이 약하고 요인이 2개일 때 평면상에서 비교적 명확하게 변수(문항)의 요인별 분포를 파악할 수 있습니다. 보통 요인분석에서 2요인 모형을 검증하는 경우는 많지 않고 3개 혹은 그 이상의 요인추출이 많으므로 결과 Ⓜ의 '회전 공간의 성분 도표'의 해석적 용도는 적은 편입니다.

여기까지 해석이 완료되면 요인분석의 결과해석은 마무리되며 특히 산출된 요인에 대한 정보(결과 Ⓖ)와 최종 커뮤넬리티(결과 Ⓕ) 그리고 회전 후의 요인모형(결과 Ⓚ)이 결과해석에 필요한 주요 결과물입니다. 나머지 산출물은 주로 기본 가정에 대한 검토와 계수의 추정에 필요한 행렬 정보입니다. 요인분석에서 산출되는 마지막 정보는 다음에 제시된 성분점수 행렬(결과 Ⓝ)과 공분산 행렬(결과 Ⓞ)이 있습니다.

Ⓝ 성분점수 계수행렬

	성분					
	1	2	3	4	5	6
a1	-.064	-.113	.333	-.039	-.050	.271
a2	.009	-.021	-.032	-.127	.025	.575
a3	.089	.033	-.029	-.050	.364	.005
a4	.021	-.056	.367	.023	-.087	-.013
a5	-.050	.045	.402	-.075	.076	-.205
a6	-.118	-.146	.091	.105	.347	.088
a7	-.148	.121	-.076	.026	.118	.234
a8	.106	.036	-.138	-.110	.363	-.003
a9	-.120	.305	-.014	-.108	.155	-.038
a10	-.078	-.023	.093	.456	.043	-.281
a11	-.062	.184	.086	.216	-.120	-.120
a12	.037	-.073	-.175	.367	-.100	.039
a13	.170	.063	-.139	-.007	-.210	.229
a14	.027	.284	.048	-.210	-.062	.143
a15	-.045	.317	-.113	.063	-.015	-.102
a16	-.010	-.034	-.028	.285	.036	.136
a17	.336	-.074	-.070	-.098	.019	.149
a18	.315	-.028	-.045	-.042	.064	-.011
a19	.192	.195	.045	-.056	-.072	-.235
a20	.225	-.138	.065	.190	.075	-.176
a21	.044	.192	-.045	-.010	-.044	.090

추출 방법: 주성분 분석
회전 방법: 카이저 정규화가 있는 베리멕스

Ⓞ 성분점수 공분산 행렬

성분	1	2	3	4	5	6
1	1.000	.000	.000	.000	.000	.000
2	.000	1.000	.000	.000	.000	.000
3	.000	.000	1.000	.000	.000	.000
4	.000	.000	.000	1.000	.000	.000
5	.000	.000	.000	.000	1.000	.000
6	.000	.000	.000	.000	.000	1.000

추출 방법: 주성분 분석
회전 방법: 카이저 정규화가 있는 베리멕스

결과 Ⓝ의 '성분점수 계수행렬'(component score coefficient matrix)은 요인별 각 문항의 가중치로 요인점수 산출을 위한 값이고(Σ가중치×변수) 결과 Ⓞ의 '성분점수 공분산 행렬'(component score covariance matrix)은 성분(요인) 간의 분산-공분산을 나타냅니다.

SPSS의 경우 요인점수는 디폴트인 회귀방법 이외에도 바틀릿(Bartlett), 앤더슨-루빈(Anderson-Rubin) 방법으로도 구해집니다. 회귀방법은 추정된 요인점수와 실제 요인 간의 다중상관제곱(SMC)을 분산으로 취하며 그 값이 결과 ◎의 대각선 값으로 표시됩니다. 이 예에서는 **주성분분석으로 요인을 추출하였으므로 결과 ◎의 대각선 값은 모두 1.0으로 고정되고** 직교회전을 하였으므로 성분 간 공분산도 모두 0(즉, 상관=0)임을 주목할 수 있습니다.

그러나 사교회전을 하는 경우 결과 ◎의 대각선은 1.0이 아니고 공분산도 0이 아닌 실제 값을 갖게 됩니다. 그에 따라 요인추출법(PCA vs. CFA)에 관계없이 요인 간 상관을 나타내는 성분상관행렬(component correlation matrix)이 SPSS 결과물 마지막에 추가됩니다. 이와 같이 주성분분석 이외의 요인추출방법(예: 최대우도법 등)을 사용하거나 사교회전을 하면 결과 ◎의 대각선과 그 외의 값이 실제 값을 갖게 되므로 산출된 요인점수를 다중회귀분석이나 판별분석 등 다른 분석에 활용하게 됩니다. 예를 들어, 다중회귀분석에서 다중문항을 사용한 척도점수를 투입변수(예측변수)로 사용하고자 할 때 먼저 다중문항에 대한 요인분석을 수행하고 그로부터 얻은 성분(요인) 점수를 원점수 대신 예측변수의 점수로 회귀식에 투입할 수 있습니다. 요인분석을 통해 얻은 점수이므로 원점수보다 관측치들의 구성개념을 보다 잘 반영한다고 가정할 수 있고 회귀모형의 정확성을 높이는 데 기여하게 됩니다. 다만 원점수에서 요인점수로 변형된 점수를 사용하므로 척도점수의 해석에 주의해야 합니다.

요인분석의 해석이 마무리되면 최종 요인모형이 선행이론에 부합되는지를 마지막으로 평가하고 최종 요인모형이 이론에 부합하면 그에 따라 요인을 명명하고 분석을 마치게 됩니다. 그러나 최종의 모형이 이론에 부합되지 않고 관측문항들이 요인적으로 순수하지 않다고 판단되면 요인모형의 개선을 위해 요인모형 가꾸기 과정을 고려할 수 있습니다.

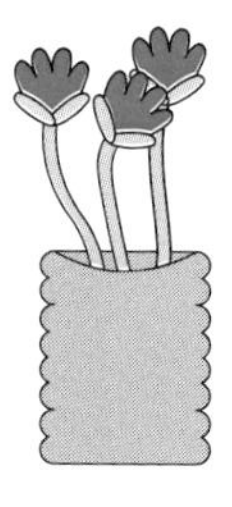

Q74 요인추출(분해)의 방법에는 무엇이 있으며 요인추출법에 따라 결과가 어떻게 달라지나요?

[♣ 데이터: 예제8_요인분석.sav]

해설

일반적으로 요인추출의 방법은 주성분분석(PCA)과 공통요인분석(CFA)으로 구분되며 공통요인분석에는 가중되지 않은 최소제곱법(unweighted least square: ULS), 일반화 최소제곱법(generalized least square: GLS), 최대우도(maximum likelihood: ML), 주축요인법(principal axis factoring), 알파요인법(alpha factoring), 이미지요인법(image factoring) 등이 있습니다.

어떤 요인추출법을 사용하는가에 따라 요인분석의 결과가 다소 차이가 있으므로 각 방법의 특성을 간략히 살펴보겠습니다. 먼저 **가중되지 않은 최소제곱법**(ULS)은 '비가중 최소제곱법'을 말하며 고정된 성분(요인) 수를 얻기 위해 관측상관과 재연상관 간의 차이의 제곱합, 즉 '잔차제곱합'을 최소화하는 요인패턴행렬을 구합니다. 여기서 상관행렬의 대각선 값은 고려되지 않으므로 커뮤넬리티는 요인행렬로부터 추정됩니다.

이와 유사하지만 **일반화 최소제곱법**(GLS)은 흔히 가중최소제곱법으로 불리며 상관행렬에서 다른 변수와 상관이 높은 변수(즉, 고유분산이 적고 공통분산이 큰 변수)에 가중치를 부여하는 방식으로 잔차를 최소화합니다. **최대우도**(ML)는 표본이 다변량 정규성을 따를 때 모집단으로부터 관측된 상관행렬을 표본 추출할 가능성을 최대화하는 적재량(loadings)을 계산함으로써 모수치를 추정합니다. 이때 공통분산이 큰 변수(고유분산이 낮고)에 가중치를 주어 반복적으로 요인적재량을 산출하는 방식입니다. **주축요인법**은 상관행렬의 대각선을 1.0으로 고정하지 않고 커뮤넬리티를 추정한다는 것을 제외하면 주성분분석법(PCA)과 같습니다. 이 방법은 다중상관제곱(SMC)의 값을 최초의 커뮤넬리티 추정치로 사용하고 그에 따라 요인을 추출합니다(첫 번째 요인이 대부분의 분산을 설명). 이후 과정은 PCA와 같이 요인적재량으로부터 커뮤넬리티를 재추정하고 새로운 요인을 추출하는데, 커뮤넬리티가 더 이상 변화되지 않을 때까지 반복됩니다.

이미지요인법은 논리적으로 주성분분석법과 같으나 상관행렬에 사용되는 값이 주축요인법과 같이 커뮤넬리티를 사용합니다. 다만 상관행렬의 대각선에 고정된 값을 정해 주고 해법(solution)을 구하기 위한 반복 추정은 하지 않습니다. 따라서 주축요인법과 주성분분석법의 혼합 방식의 접근으로 볼 수 있습니다. 마지막으로 **알파요인법**은 신뢰도 계수 알파(alpha)를 최대화하는 요인을 산출한다는 점에서 다릅니다. 즉 변수의 모집단에서 반복적으로 표본을 추출하였을 때 동일한 특성을 갖는 변수들이 되도록 요인을 추출하는데, 이때 커뮤넬리티와 아이겐값을 요인적재량의 제곱합으로 구하지 않고 요인의 신뢰도 계수(α)를 극대화하는 커뮤넬리티를 추정하는 방식입니다.

SPSS 요인추출(분해) 방법의 지정

- SPSS 메뉴: 〈분석 → 차원축소 → 요인분석 → 요인추출〉의 대화상자에서 '방법' 선택([그림 5-7]).

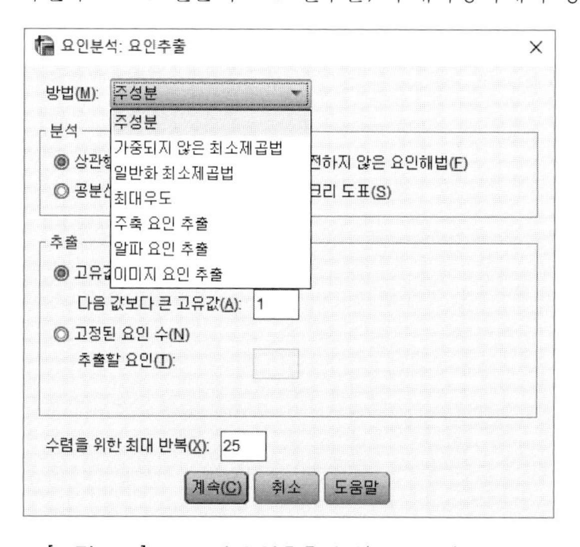

[그림 5-7] SPSS의 요인추출방법(요인분해)의 지정

- 디폴트는 주성분분석법이며 나머지 방법(가중되지 않은 최소제곱법, 일반화 최소제곱법, 최대우도, 주축요인법, 알파요인법, 이미지요인법)은 공통요인분석법에 해당됨.

요인추출법 1: 커뮤넬리티

요인추출법의 차이를 알아보기 위해 [예제연구 8]을 이용해 주성분분석(디폴트)과 공통요인분석에서 자주 사용되는 주축요인법 및 최대우도법의 결과를 비교해 보겠습니다.

<표 5-4> 직교회전에서 요인추출법(주성분분석, 주축요인법, 최대우도법)에 따른 커뮤넬리티의 비교

문항	주성분분석		주축 요인법		최대우도[a]	
	초기	추출	초기	추출	초기	추출
A1	1.000	.761	.517	.749	.517	.725
A2	1.000	.662	.300	.330	.300	.316
A3	1.000	.668	.445	.580	.445	.562
A4	1.000	.736	.584	.682	.584	.656
A5	1.000	.691	.439	.470	.439	.482
A6	1.000	.635	.361	.442	.361	.436
A7	1.000	.454	.301	.279	.301	.273
A8	1.000	.570	.322	.323	.322	.341
A9	1.000	.564	.328	.378	.328	.361
A10	1.000	.686	.491	.752	.491	.999
A11	1.000	.662	.543	.556	.543	.565
A12	1.000	.558	.289	.306	.289	.321
A13	1.000	.498	.292	.291	.292	.286
A14	1.000	.624	.453	.497	.453	.478
A15	1.000	.579	.382	.433	.382	.458
A16	1.000	.680	.536	.628	.536	.609
A17	1.000	.717	.556	.635	.556	.643
A18	1.000	.690	.570	.615	.570	.626
A19	1.000	.630	.449	.497	.449	.497
A20	1.000	.654	.456	.493	.456	.473
A21	1.000	.411	.392	.306	.392	.305

a 반복계산 중 1보다 큰 하나 이상의 공통성 추정치가 나타났습니다. 결과해법은 주의하여 해석해야 합니다.

〈표 5-4〉는 직교회전 방식에서 주성분분석법, 주축요인법, 최대우도법으로 요인추출을 했을 때의 커뮤넬리티를 각각 나타냅니다. 〈표 5-4〉에서 보듯이, 주성분분석에서는 커뮤넬리티 '초기' 값은 1.0으로 고정하지만 주축요인법과 최대우도법은 다중상관제곱을 '초기' 추

정치로 사용하므로 차이가 납니다. 또한 '추출' 값에서 주성분분석은 총분산(공통분산+특수분산+오차분산)을 극대화하는 방법으로 커뮤넬리티를 구하지만 주축요인법과 최대우도는 공통분산만을 사용합니다(최대우도는 공통분산에 가중치를 부여하는 방식, 주축요인법은 첫 번째 요인을 주축으로 설정하는 방식임). 특히 최대우도는 표본 데이터의 다변량 정규분포를 가정하므로 좀 더 엄격하게 평가됩니다. 따라서 다변량 정규성을 가정할 수 없는 경우 공통요인 추출을 사용하고자 한다면 주축요인추출이 대안이 될 수 있습니다.

요인추출법 2: 아이겐값

요인추출법에 따라 아이겐값과 설명분산에도 차이가 있습니다. 〈표 5-5〉는 주성분분석, 주축요인법, 최대우도법에 따른 아이겐값과 설명분산의 결과를 비교한 것입니다.

<표 5-5> 직교회전에서 요인추출법에 따른 아이겐값의 비교

구분	요인	초기 고유값[a]			추출 제곱합 적재량			회전 제곱합 적재량		
		전체	%분산	누적%	전체	%분산	누적%	전체	%분산	누적%
주성분분석	1	4.823	22.966	22.966	4.823	22.966	22.966	2.746	13.078	13.078
	2	2.157	10.273	33.239	2.157	10.273	33.239	2.592	12.341	25.420
	3	1.828	8.706	41.945	1.828	8.706	41.945	2.215	10.548	35.967
	4	1.708	8.133	50.078	1.708	8.133	50.078	2.104	10.019	45.986
	5	1.611	7.672	57.749	1.611	7.672	57.749	1.952	9.293	55.279
	6	1.002	4.770	62.520	1.002	4.770	62.520	1.521	7.241	62.520
주축요인법	1	4.823	22.966	22.966	4.359	20.756	20.756	2.345	11.167	11.167
	2	2.157	10.273	33.239	1.665	7.927	28.682	2.101	10.005	21.172
	3	1.828	8.706	41.945	1.346	6.412	35.094	1.895	9.022	30.194
	4	1.708	8.133	50.078	1.221	5.816	40.910	1.544	7.354	37.548
	5	1.611	7.672	57.749	1.079	5.136	46.046	1.410	6.715	44.264
	6	1.002	4.770	62.520	.572	2.722	48.768	.946	4.505	48.768
최대우도	1	4.823	22.966	22.966	2.139	10.188	10.188	2.348	11.183	11.183
	2	2.157	10.273	33.239	3.229	15.378	25.566	2.068	9.849	21.032
	3	1.828	8.706	41.945	1.396	6.649	32.215	1.902	9.058	30.090
	4	1.708	8.133	50.078	1.457	6.938	39.154	1.522	7.247	37.337
	5	1.611	7.672	57.749	1.232	5.867	45.020	1.407	6.701	44.038
	6	1.002	4.770	62.520	.958	4.560	49.580	1.164	5.542	49.580

a 초기 고유값(아이겐값)은 21개 요인에 대해 산출되지만 모두 같으므로 7번째 이하는 생략함.

〈표 5-5〉에서 보는 것과 같이 주성분분석에서는 '초기 고유값(아이겐값)'과 '추출 제곱합 적재량'이 같고 주축요인법과 최대우도에서는 다른 것을 확인할 수 있습니다. 특히 주축요인법은 초기 커뮤넬리티를 1.0으로 고정하지 않고 추정하는 것을 제외하고 주성분분석과 같으므로 '추출 제곱합 적재량'이 서로 유사하고 최대우도와는 차이가 있지만 '회전 제곱합 적재량'에서는 공통요인법인 주축요인법과 최대우도가 좀 더 가까운 값을 갖는 것을 알 수 있습니다.

설명분산은 아이겐값을 변수의 수로 나눈 값으로 주성분분석의 총분산(누적 %)은 항상 100%와 같지만 주축요인법과 최대우도는 공통요인법으로 공통분산만 포함하므로 100%보다 작은 값을 갖게 되는 것에 주의할 필요가 있습니다.

요인추출법 3: 회전된 성분행렬

요인추출법에 따른 회전된 성분행렬의 차이를 알아보기 위해 [예제연구 8]을 이용해 주성분분석, 주축요인법, 최대우도법의 최종 회전된 성분행렬의 결과를 비교해 보겠습니다.

<표 5-6> 직교회전에서 요인추출법에 따른 회전된 성분행렬의 비교

주성분분석							주축요인법							최대우도						
문항	회전된 성분행렬						문항	회전된 요인행렬						문항	회전된 요인행렬					
	1	2	3	4	5	6		1	2	3	4	5	6		1	2	3	4	5	6
A17	.818						A17	.766						A17	.777					
A18	.801						A18	.758						A18	.769					
A20	.651			.353			A20	.609						A20	.609					
A19	.560	.468					A19	.526	.420					A19	.520	.439				
A13	.431				-.344	.326	A13	.335						A13	.333					
A15		.714					A15		.623					A15		.636				
A14		.666					A14		.604					A14		.580				
A9		.646			.331		A11		.564		.303			A11		.569		.313		
A11		.569		.485			A9		.530					A9		.513				
A21		.521					A21		.434					A21		.421				
A4			.776				A1			.806	.310			A1			.801			
A5			.763				A4			.722				A4			.708			
A1			.727			.465	A5			.574				A5			.584			

A10				.752			A16				.647			A16				.637		
A16				.659		.378	A12				.494			A12				.530		
A12				.653			A2				.452			A2				.437		
A3	.301				.720		A7		.306		.308			A7				.315		
A8					.681		A3					.667		A3					.656	
A6					.669		A6					.579		A6					.580	
A2						.765	A8					.518		A8					.539	
A7		.349				.370	A10						.771	A10						.931
														적합도	$\chi^2(99)=78.852, p=.932$					

주: 요인적재량 0.30 이상만 표시함(SPSS 요인분석 옵션의 '계수표시형식' 사용).

〈표 5-6〉에서 주성분분석의 결과와 달리 공통요인분석법인 **주축요인법과 최대우도의 경우 요인별 문항에 변화가 있음을 주목**할 수 있습니다. 요인 1에서 요인 3까지는 크게 다르지 않으나 요인 4에 대해 주성분분석은 A10, A16, A12가 적재되고 주축요인과 최대우도에서는 A10 대신해 A2와 A7이 적재되었습니다. 또한 요인 6에 대해 주성분분석은 A2, A7이 적재되었지만 주축요인과 최대우도에서는 A10만이 적재되었습니다.

전체 요인모형을 비교해 보면 **주성분분석보다 주축요인과 최대우도에서 요인모형이 보다 요인적으로 순수한 형태**(한 요인에 높게 적재되고 다른 요인에 상대적으로 낮게 적재됨)를 보이고 있습니다. 이는 주성분분석(PCA)은 각 변수의 분산을 극대화하는 방법으로 요인을 추출하는 반면 공통요인분석(CFA)은 공통요인만을 추출하기 때문에 나타나는 차이입니다(그만큼 요인분석의 목적에 부합한다고 볼 수 있음).

특히 최대우도의 경우 다변량 정규분포를 가정하여 카이제곱값에 따른 모형 적합도를 유의검증합니다. 이 예에서 $\chi^2(99)=78.852$이고 $p>.05$이므로 산출된 **요인의 수가 모집단과 차이가 없다는 영가설을 기각할 수 없습니다**. 따라서 표본의 다변량 정규성을 가정할 때 요인모형은 적합한 요인모형으로 해석됩니다. 여기까지 제시된 결과 중심으로 해석을 마칠 수 있지만 이 예에서는 추가적인 고려 사항이 있습니다. 즉, 하나의 문항(A10)이 하나의 요인을 구성하여 오차효과를 배제할 수 없으므로 카이제곱의 결과와 관계없이 요인모형에 대한 수정(모형 가꾸기)이 필요한 것으로 볼 수 있습니다.

SPSS 요인적재량의 표시형식 지정

- SPSS 메뉴: 〈분석 → 차원축소 → 요인분석 → 옵션〉의 대화상자에서 '계수표시형식' 선택 후 '절대값(아래)' .30 지정([그림 5-8]).

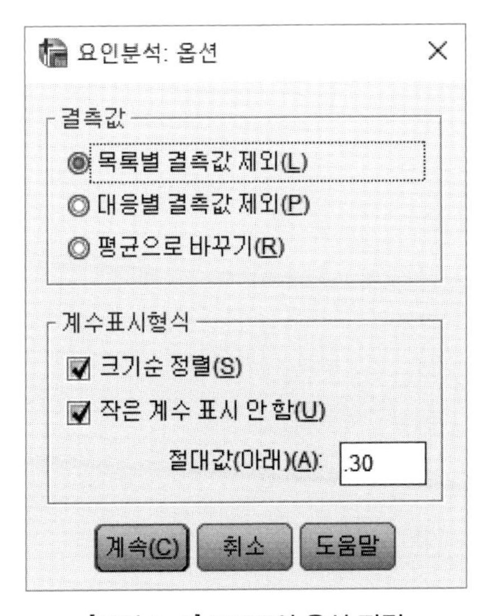

[그림 5-8] SPSS의 옵션 지정

- '계수표시형식'에서 절대값(아래) .30을 지정함으로써 회전된 성분(요인)행렬의 요인적재량 값이 ±0.30 이하인 값은 표시되지 않음.
- 크기순 정렬: 각 요인에 산출된 요인적재량의 크기순으로 정렬해서 표시됨.
- 결측값: 만일 표본 데이터에 결측치(missing data)가 있을 때 결측치를 평균으로 대체하기 위해 '평균으로 바꾸기'를 선택할 수 있음.

요인추출법 4: 요인점수 공분산 행렬

다음의 〈표 5-7〉은 요인추출법에 따라 산출되는 요인점수 공분산 행렬의 차이를 알아보기 위해 주성분분석, 주축요인법, 최대우도에 따른 요인점수 공분산 행렬의 결과를 비교한 것입니다.

<표 5-7> 직교회전에서 요인추출법에 따른 요인점수의 공분산행렬의 비교

구분	성분(요인)	1	2	3	4	5	6
주성분 분석	1	1.000	.000	.000	.000	.000	.000
	2	.000	1.000	.000	.000	.000	.000
	3	.000	.000	1.000	.000	.000	.000
	4	.000	.000	.000	1.000	.000	.000
	5	.000	.000	.000	.000	1.000	.000
	6	.000	.000	.000	.000	.000	1.000
주축 요인법	1	.819	.032	.038	.020	.024	.006
	2	.032	.752	.027	.049	.019	.048
	3	.038	.027	.821	.047	−.007	.010
	4	.020	.049	.047	.696	.021	.083
	5	.024	.019	−.007	.021	.718	.035
	6	.006	.048	.010	.083	.035	.703
최대 우도	1	.822	.032	.038	.022	.025	.000
	2	.032	.750	.030	.054	.019	.029
	3	.038	.030	.811	.043	−.003	−.003
	4	.022	.054	.043	.687	.019	.059
	5	.025	.019	−.003	.019	.710	.033
	6	.000	.029	−.003	.059	.033	.973

〈표 5-7〉에 나타난 것처럼, 주성분분석에서는 대각선 값인 분산이 1.0으로 고정된 반면 주축요인법과 최대우도에서는 각기 추정된 분산(커뮤넬리티)이 채워져 있습니다. 또한 직교회전으로 **주성분석**에서는 대각선 이외의 값(공분산)이 0이지만 **주축요인법**과 **최대우도법**에서는 추정된 공통분산에 의해 요인 해법(factor solution)이 구해지므로 그 값이 0이 아닌 추정값을 갖습니다. 이처럼 요인추출법에 따라 산출되는 요인 간의 공분산이 실제 값을 갖게 되는데, 이는 요인 간의 상관을 가정하는 사교회전에서도 동일합니다. 즉, 직교회전의 경우와 달리 사교회전을 수행하면 요인 간 상관을 가정하므로 주성분분석법으로 요인을 추출하더라도 요인 간의 상관행렬(factor correlation matrix)이 0이 아닌 실제 값을 갖게 됩니다.

Q75 탐색적 요인분석 + 사교회전은 어떻게 수행하고 결과를 해석하나요?

[♣ 데이터: 예제8_요인분석.sav]

해설

요인분석에서 사교회전(oblique rotation)은 축의 각도를 90°로 유지하지 않고 요인을 회전함으로써($\cos\theta \neq 90°$) **성분(요인) 간의 상관을 전제하는 회전방식**입니다. 따라서 성분은 문항(변수)들의 중심을 반영하여 공통요인에 근접하지만 독립성이 유지되지 않으므로 요인의 해석은 직교회전만큼 명료하지 않을 수 있습니다. 요인분석 사교회전의 특성을 정리하면 다음과 같습니다.

요인분석 사교회전(oblique rotation)의 특성

- 요인 간 상관이 가정될 때 사용: 상관≠0($\cos\theta \neq 90°$)
- 요인과 변수의 상관(요인구조행렬)과 가중치(요인패턴행렬)가 다름 → 가중치(weight)는 요인을 독립변수(IV), 관측변수를 종속변수(DV)로 한 다중회귀분석에서 표준화계수와 같음.
- 요인회전 후 요인의 설명분산의 합은 총분산과 같지 않음.
- 직교회전에 비해 요인을 단순구조로 만들지만 요인에 대한 해석이 직교회전에 비해 모호함.
- 요인의 축을 회전할 때 요인적재량은 변하지만 커뮤넬리티는 같음.
- 직교회전 대비 패턴행렬, 구조행렬, 요인 상관행렬이 SPSS 결과물에 추가됨.

그러면 [예제연구 8]을 이용해 21개 문항에 대한 탐색적 요인분석(*eigenvalue* > 1.0)+사교회전을 수행하고 결과를 살펴보겠습니다(요인추출은 PCA). 결과물은 직교회전과의 비교를 위해 필요한 결과물을 중심으로 해설합니다(기술통계치, 기초상관, 역행렬, KMO 및 Bartlett의 구형성 검증, 역-이미지 행렬, 재연된 상관계수는 직교회전과 동일함).

1. 기초 정보 **IBM® SPSS® Statistics**

```
FACTOR
 /VARIABLES a1 a2 a3 a4 a5 a6 a7 a8 a9 a10 a11 a12 a13 a14 a15 a16 a17 a18 a19 a20 a21
 /MISSING LISTWISE
 /ANALYSIS a1 a2 a3 a4 a5 a6 a7 a8 a9 a10 a11 a12 a13 a14 a15 a16 a17 a18 a19 a20 a21
 /PRINT UNIVARIATE INITIAL CORRELATION SIG DET KMO INV REPR AIC EXTRACTION ROTATION
    FSCORE
 /FORMAT SORT BLANK(.30)
 /PLOT EIGEN ROTATION
 /CRITERIA MINEIGEN(1) ITERATE(25)
 /EXTRACTION PC
 /CRITERIA ITERATE(25) DELTA(0)
 /ROTATION OBLIMIN                          → 요인회전: 사교회전(직접 오블리민)
 /METHOD=CORRELATION.
```

요인분석

1. 커뮤넬리티, 아이겐값, 성분행렬 **IBM® SPSS® Statistics**

Ⓐ 공통성

	초기	추출
a1	1.000	.761
a2	1.000	.662
a3	1.000	.668
a4	1.000	.736
a5	1.000	.691
a6	1.000	.635
a7	1.000	.454
a8	1.000	.570
a9	1.000	.564
a10	1.000	.686
a11	1.000	.662
a12	1.000	.558
a13	1.000	.498
a14	1.000	.624
a15	1.000	.579
a16	1.000	.680
a17	1.000	.717
a18	1.000	.690
a19	1.000	.630
a20	1.000	.654
a21	1.000	.411

추출 방법: 주성분 분석

Ⓑ 설명된 총분산

성분	초기 고유값			추출 제곱합 적재량			회전 제곱합 적재량[a]
	전체	% 분산	누적 %	전체	% 분산	누적 %	전체
1	4.823	22.966	22.966	4.823	22.966	22.966	2.928
2	2.157	10.273	33.239	2.157	10.273	33.239	2.956
3	1.828	8.706	41.945	1.828	8.706	41.945	1.980
4	1.708	8.133	50.078	1.708	8.133	50.078	2.586
5	1.611	7.672	57.749	1.611	7.672	57.749	2.653
6	1.002	4.770	62.520	1.002	4.770	62.520	1.885
7	.940	4.476	66.996				
8	.877	4.175	71.171				
9	.734	3.493	74.664				
10	.700	3.333	77.996				
11	.625	2.977	80.974				
12	.611	2.909	83.883				
13	.566	2.693	86.576				
14	.487	2.318	88.894				
15	.439	2.091	90.985				
16	.408	1.945	92.930				
17	.365	1.737	94.666				
18	.357	1.698	96.364				
19	.318	1.516	97.880				
20	.231	1.102	98.982				
21	.214	1.018	100.000				

추출 방법: 주성분 분석

a. 성분이 상관된 경우 전체 분산을 구할 때 제곱합 적재량이 추가될 수 없습니다.

결과 Ⓐ의 '공통성'은 커뮤넬리티를 나타낸 것으로 PCA 요인추출을 사용하여 초기치는 1.0으로 고정되고 '추출' 값은 재연상관(reproduced correlation) 행렬로부터 재추정된 것입니다. 직교회전의 커뮤넬리티와 차이가 없습니다.

결과 Ⓑ의 '설명된 총분산'에서 '초기 고유값'과 '추출 제곱합 적재량'은 직교회전+PCA의 경우와 차이가 없으나 **'회전 제곱합 적재량'은 사교회전을 하여 요인의 상관이 0이 아니므로 개별 요인의 설명분산의 합은 총분산과 같지 않습니다**(결과 Ⓑ의 주석 a의 설명에서 '성분이 상관된 경우 전체 분산을 구할 때 제곱합 적재량이 추가될 수 없다'는 것은 요인 간 상관으로 인해 총분산은 제곱합 적재량의 합이 되지 않음을 말함). 그에 따라 '회전 제곱합 적재량'에서는 직교회전과 달리 요인의 설명분산(% 분산)과 총분산(누적 %)이 제시되지 않습니다.

© 성분행렬[a]

	성분					
	1	2	3	4	5	6
a16	.658				-.408	
a11	.655		-.314			
a4	.587			.499		
a14	.577				.405	
a21	.561					
a18	.551	-.540				
a20	.541	-.448				
a10	.537					-.497
a19	.520	-.341			.426	
a15	.438	.390		-.330	.331	
a13	.404		-.338	-.340		
a17	.504	-.595				
a7		.568				
a9	.314	.476			.471	
a8			.693			
a3	.481		.642			
a6		.317	.556	.338		
a1	.483			.618		
a5	.413			.603	.307	
a12				-.433	-.492	
a2	.481					.541

추출 방법: 주성분 분석
a. 추출된 6 성분

결과 Ⓒ의 '성분행렬'은 요인회전의 이전 상태이므로 PCA를 사용하였다면 직교회전이든 사교회전이든 같은 결과를 보입니다. 따라서 요인회전 이전의 성분행렬은 하나만 제시되지만(결과 Ⓒ) 요인회전 후에는 패턴행렬(결과 Ⓓ)과 구조행렬(결과 Ⓔ)로 구분되어 제시됩니다. 결과 Ⓒ에서는 ±0.30 이하의 값은 생략하도록 옵션을 지정하여 그 이상의 값만 표시된 것입니다. 그러므로 ±0.30 이하의 요인적재량이 생략되었지만 직교회전을 수행한 결과(☞ Q73의 결과 Ⓘ)와 동일합니다. 그다음 제시되는 요인행렬은 회전 후의 요인행렬로 패턴행렬과 구조행렬이 각각 제시됩니다.

Ⓓ 패턴 행렬[a]

	성분					
	1	2	3	4	5	6
a15	.716					
a9	.662					
a14	.645					
a11	.511				-.458	
a21	.483					
a17		-.825				
a18		-.797				
a20		-.626			-.354	
a19	.456	-.523				
a13		-.412	-.342			.315
a3			.715			
a8			.699			
a6			.653			
a5				.771		
a4				.768		
a1				.730		.430
a10					-.779	
a12					-.654	
a16					-.614	.309
a2						.764
a7	.318	.301				.352

추출 방법: 주성분 분석
회전 방법: 카이저 정규화가 있는 오블리민
a. 17 반복계산에서 요인회전이 수렴되었습니다.

먼저 결과 Ⓓ는 패턴행렬(pattern matrix)이고 Ⓔ는 구조행렬(structure matrix)을 나타냅니다. 간단히 말해, **패턴행렬은 요인에 대한 변수의 가중치(weight)이고 구조행렬은 요인과 변수의 상관을 말합니다.** 직교회전에서는 가중치와 상관이 같지만 사교회전에서는 요인 간 상관이 존재하므로 변수의 가중치와 상관이 달라집니다.

사교회전은 요인들의 회전각을 직각으로 유지하지 않으므로 좀 더 변수들의 중심(센트로이드)을 통과하도록 축이 자유롭게 회전하여 직교회전에 비해 **요인적으로 순수한 구조, 즉 요인의 단순구조**를 만들 수 있습니다. 직교회전에 비해 결과 Ⓓ와 Ⓔ의 요인구조는 개선된 단순구조를 보이지만 여전히 일부 문항들은 다른 요인에도 높게 적재되어 있습니다. 달리

Ⓔ 구조행렬

	성분					
	1	2	3	4	5	6
a15	.721				-.306	
a14	.688			.349		
a9	.644		.350			
a11	.611			.340	-.560	
a21	.555					
a17		-.820				
a18		-.807				
a20		-.666			-.403	
a19	.501	-.592				
a13		-.457	-.339			.371
a3		-.305	.724			
a8			.677			
a6			.673			
a4		-.328		.806		
a5				.778		
a1				.747		.491
a10					-.773	
a16					-.735	.486
a12					-.654	
a2						.789
a7	.365					.419

추출 방법: 주성분 분석
회전 방법: 카이저 정규화가 있는 오블리민

말해, 사교회전은 직교회전보다 요인구조를 개선할 수 있지만 본질적으로 요인모형을 개선하기 위해서는 '모형 가꾸기'의 과정을 통해 문항을 조정하는 과정이 필요합니다(예: A7, A13, A19).

결과 Ⓕ의 '성분 상관행렬'은 요인점수 간의 상관을 보여 줍니다. 실제 요인 간 상관이 높지 않는데, 이렇게 요인 간 상관이 낮으면 요인이 독립적일 가능성이 큽니다. 즉, 요인의 상관이 낮을수록 직교회전의 결과와 유사해질 수 있음을 함축합니다(구조행렬과 직교 회전된 성분행렬의 차이는 cos θ의 크기에 의존).

Ⓕ 성분 상관행렬

성분	1	2	3	4	5	6
1	1.000	-.128	.072	.141	-.183	.130
2	-.128	1.000	.027	-.146	.131	-.047
3	.072	.027	1.000	.070	-.065	.009
4	.141	-.146	.070	1.000	-.108	.094
5	-.183	.131	-.065	-.108	1.000	-.249
6	.130	-.047	.009	.094	-.249	1.000

추출 방법: 주성분 분석
회전 방법: 카이저 정규화가 있는 오블리민

Ⓖ 성분점수 계수행렬

	성분					
	1	2	3	4	5	6
a1	-.096	.048	-.046	.326	.011	.260
a2	-.008	-.010	.027	-.003	.067	.547
a3	.051	-.080	.363	.001	.021	.001
a4	-.040	-.041	-.084	.355	-.033	-.004
a5	.052	.033	.081	.387	.068	-.200
a6	-.123	.121	.347	.095	-.109	.088
a7	.121	.142	.124	-.058	-.053	.239
a8	.045	-.088	.360	-.108	.086	-.017
a9	.293	.111	.162	.004	.080	-.029
a10	-.003	.060	.048	.083	-.418	-.216
a11	.187	.037	-.112	.088	-.213	-.072
a12	-.058	-.042	-.100	-.168	-.346	.079
a13	.065	-.173	-.210	-.116	-.019	.230
a14	.275	-.040	-.056	.072	.159	.138
a15	.306	.032	-.007	-.094	-.075	-.068
a16	-.011	.000	.039	-.013	-.290	.169
a17	-.054	-.325	.013	-.040	.065	.132
a18	-.009	-.306	.059	-.018	.020	-.015
a19	.194	-.200	-.071	.058	.045	-.218
a20	-.109	-.224	.071	.072	-.179	-.153
a21	.192	-.053	-.040	-.022	-.019	.103

추출 방법: 주성분 분석
회전 방법: 카이저 정규화가 있는 오블리민

Ⓗ 성분점수 공분산 행렬

성분	1	2	3	4	5	6
1	1.317	-.342	2.102	.501	-.876	2.165
2	-.342	1.191	-.243	-.281	2.213	-.042
3	2.102	-.243	3.090	.547	.549	2.310
4	.501	-.281	.547	1.118	-.398	1.353
5	-.876	2.213	.549	-.398	4.131	.168
6	2.165	-.042	2.310	1.353	.168	4.320

추출 방법: 주성분 분석
회전 방법: 카이저 정규화가 있는 오블리민

결과 Ⓖ의 '성분점수 계수행렬'은 요인점수의 산출을 위한 가중치이고(Σ가중치×변수) 결과 Ⓗ의 '성분점수 공분산 행렬'은 요인의 분산(대각선 값)과 공분산(대각선 이외의 값)을 나타냅니다. 사교회전에 따라 요인 간의 상관이 존재하므로 결과 Ⓗ에서와 같이 분산과 공분산이 실제 값을 갖게 됩니다.

Q76 요인모형 가꾸기란 무엇이며 기본적인 절차는 무엇인가요?

[♣ 데이터: 예제8_요인분석.sav]

해설

탐색적 요인분석(EFA)을 수행하였으나 요인적으로 순수하지 못한 문항과 요인의 단순구조가 이루어지지 않았다면 합리적인 요인모형을 만들어 가는 과정이 필요합니다. 흔히 요인모형을 단순구조로 만들기 위한 '요인모형 가꾸기'라고 합니다. 이를 위해 ① 부적절한 문항을 제거하면서 **각 문항(변수)이 순수한 요인구조를 갖도록** 만들고 ② 이론에 부합하도록 추출된 요인의 수를 지정하면서 **여러 요인모형을 비교하여** 최선의 모형을 선택하는 과정으로 진행됩니다.

첫 번째 절차는 탐색적 요인분석을 수행할 때 보통 함께 수행되는 절차이고 두 번째 절차는 이론에 근거해 여러 모형을 설정하고 비교하는 과정을 포함합니다. 따라서 첫 번째의 부적절한 문항을 제거하면서 문항을 요인적으로 순수하게 만드는 과정이 요인모형 가꾸기의 기본 절차이며, 두 번째 과정은 '이론에 부합하는 요인분석(요인 수의 지정)'을 수행하면서 최적의 모형을 찾아가는 대안적 접근이라고 할 수 있습니다.

여기서는 기본 절차로 부적절한 문항을 제거하면서 요인모형을 가꾸어 가는 과정에 대해 살펴보겠습니다. 이를 위해 필요한 정보는 최종의 **회전된 성분행렬, 커뮤넬리티, 아이겐값** 등이고 **신뢰도 분석**(내적 일치도: Cronbach's α)의 정보를 추가로 활용합니다. 부적절한 문항의 제거를 통한 요인모형 가꾸기의 일반적 절차를 요약하면 다음과 같습니다.

요인모형 가꾸기 1 – 부적절한 문항의 제거

① 최종의 회전된 성분행렬에서 요인적으로 순수하지 못한 문항, 즉 해당 요인과 더불어 다른 요인에도 높게 적재된 문항을 골라냄.

② 요인적으로 순수하지 못한 문항에 대한 커뮤넬리티 평가 → 커뮤넬리티는 요인모형에 대한 개별변수의 설명량이므로 이 값이 낮은 문항은 제거되어도 요인모형에 큰 영향을 주지 않음. 이때

해당 요인의 아이겐값도 함께 평가함.

③ 신뢰도(Cronbach's α)를 평가하고 신뢰도를 낮추는 문항을 제거 대상으로 고려함.

④ 위의 과정에서 요인적으로 순수하지 못한 문항을 제외하고 다시 요인분석을 수행함.

⑤ 문항이 제외된 결과를 비교하면서 아이겐값, 설명분산의 변화를 참고로 최선의 요인모형이 될 때까지 위의 과정을 반복함.

⑥ 이 과정에서 만족할 만한 결과를 얻지 못하면 두 번째 방법으로 요인 수를 지정하는 방식으로 여러 요인을 비교하는 절차를 수행해 보는 것도 필요함(요인 수의 지정 ☞ Q77).

문항 A7을 제외한 경우

요인모형 가꾸기를 수행하려면 먼저 최종의 '회전된 성분행렬'로부터 요인적으로 순수하지 못한 문항을 탐색해야 합니다. 기본적인 절차로 [예제연구 8]에서 탐색적 요인분석(직교회전+PCA)을 수행한 결과에 기초해 보면(☞ Q73의 결과 Ⓚ) 문항 A7은 요인 6으로 분류되지만 요인 2에도 높게 적재되어 순수하지 못한 문항으로 보이며 이때 커뮤넬리티는 0.454로 상대적으로 높지 않은 수준으로 제거되어도 요인모형에 큰 영향을 주지 않을 것으로 보입니다. 사교회전의 결과(☞ Q75의 결과 Ⓓ와 Ⓔ)에서도 문항 7은 요인 6으로 분류되면서 요인 1과 2에 높게 적재되어 제거 대상으로 판단됩니다. 커뮤넬리티로만 본다면 A21도 고려 대상이지만 다른 요인에 높게 적재되지 않은 요인적으로 순수한 문항임을 주목할 수 있습니다.

따라서 먼저 **문항 A7을 제외 대상으로 하여 요인분석을 다시 수행하는 것이 모형 가꾸기의 첫 단계**가 될 것인데, 만일 A7의 제거에도 모형이 개선되지 않는다면 '다음 대상'을 순차적으로 제거하는 과정을 거치게 됩니다. 이때 다음 대상은 문항 A7을 제거한 결과에 기초하여 정해지며, 여러 문항이 요인적으로 순수하지 못하다 해도 문항을 동시에 제거하면 전혀 다른 요인구조를 갖게 되므로 '순차적인' 접근을 추천합니다.

그러면 순차적으로 문항을 제거하면서 요인모형의 변화를 살펴보겠습니다. 다음의 〈표 5-8〉은 A7 문항을 제외한 요인분석의 결과와 제외하지 않은 결과의 커뮤넬리티를 비교하여 제시한 것입니다(직교회전, PCA, 아이겐값 > 1.0).

<표 5-8> 문항 A7을 포함한 경우와 제외한 경우의 커뮤넬리티

문항	문항 A7 포함		문항	문항 A7 제외	
	초기	추출		초기	추출
A1	1.000	.761	A1	1.000	.739
A2	1.000	.662	A2	1.000	.359
A3	1.000	.668	A3	1.000	.669
A4	1.000	.736	A4	1.000	.715
A5	1.000	.691	A5	1.000	.641
A6	1.000	.635	A6	1.000	.620
A7	1.000	.454	A7		
A8	1.000	.570	A8	1.000	.568
A9	1.000	.564	A9	1.000	.566
A10	1.000	.686	A10	1.000	.467
A11	1.000	.662	A11	1.000	.615
A12	1.000	.558	A12	1.000	.556
A13	1.000	.498	A13	1.000	.448
A14	1.000	.624	A14	1.000	.571
A15	1.000	.579	A15	1.000	.571
A16	1.000	.680	A16	1.000	.683
A17	1.000	.717	A17	1.000	.708
A18	1.000	.690	A18	1.000	.687
A19	1.000	.630	A19	1.000	.631
A20	1.000	.654	A20	1.000	.599
A21	1.000	.411	A21	1.000	.426

〈표 5-8〉에서 문항 A7이 제거되었을 때 관측되는 큰 변화는 문항 A2의 커뮤넬리티가 0.662에서 0.359로 급격히 낮아짐을 볼 수 있습니다. 문항 A2는 A7과 공변하는 양상을 보이고 두 문항 모두 요인 6을 구성한 문항이므로 A7이 제외된 경우 **요인 6의 변화를 관찰할** 필요가 있습니다. 다음 〈표 5-9〉는 문항 A7을 포함한 경우와 제외한 경우의 '회전된 성분행렬'을 비교한 것입니다.

<표 5-9> 문항 A7을 포함한 경우와 제외한 경우의 회전된 성분행렬

	문항 A7 포함							문항 A7 제외				
	1	2	3	4	5	6		1	2	3	4	5
A17	.818						A17	.827				
A18	.801						A18	.801				
A20	.651			.353			A20	.685				
A19	.560	.468					A19	.600	.477			
A13	.431				-.344	.326	A13	.404		.326		-.365
A15		.714					A15		.712			
A14		.666					A14		.664		.309	
A9		.646			.331		A9		.643			.338
A11		.569		.485			A11		.587	.436		
A21		.521					A21		.538	.310		
A4			.776				A16			.754		
A5			.763				A12			.691		
A1			.727			.465	A10			.594		
A10				.752			A2			.479	.335	
A16				.659		.378	A1				.814	
A12				.653			A4				.772	
A3	.301				.720		A5				.697	
A8					.681		A3					.721
A6					.669		A8					.688
A2						.765	A6					.664
A7		.349				.370	-					
총분산	62.520%						총분산	59.188%				

주: 요인적재량 0.30 이상만 표시함(SPSS 요인분석 옵션의 '계수표시형식' 사용).

〈표 5-9〉를 보면 문항 A7을 포함한 분석에서 A2는 요인 6으로 분류되었지만 문항 A7을 제외한 분석에서 A2는 요인 3으로 이동하였습니다. 그로써 요인모형은 6요인에서 5요인의 모형으로 변화가 발생하였습니다(문항 A7을 제외하였을 때 요인별 아이겐값은 큰 변화가 없으며 총분산은 62.520%에서 59.188%로 낮아짐 → 3.33%의 감소는 미미한 수준임).

이렇게 하여 문항 A7을 제외한 분석에서 '모형 가꾸기'를 종료할 것인지는 연구자의 판단이며 요인별 문항의 구성이 얼마나 논리적(이론)인지를 살펴보아야 합니다. 다만 〈표 5-8〉과 〈표 5-9〉를 종합할 때 여전히 모형에 영향을 주는 문항(예: A2, A13)이 존재하는 것으로 보이므로 추가분석을 고려할 수 있습니다.

SPSS 요인분석에서 특정 문항을 분석에서 제외하기

- SPSS 메뉴: 〈분석 → 차원축소 → 요인분석〉의 대화상자에서 분석될 '변수' 목록에서 제외.

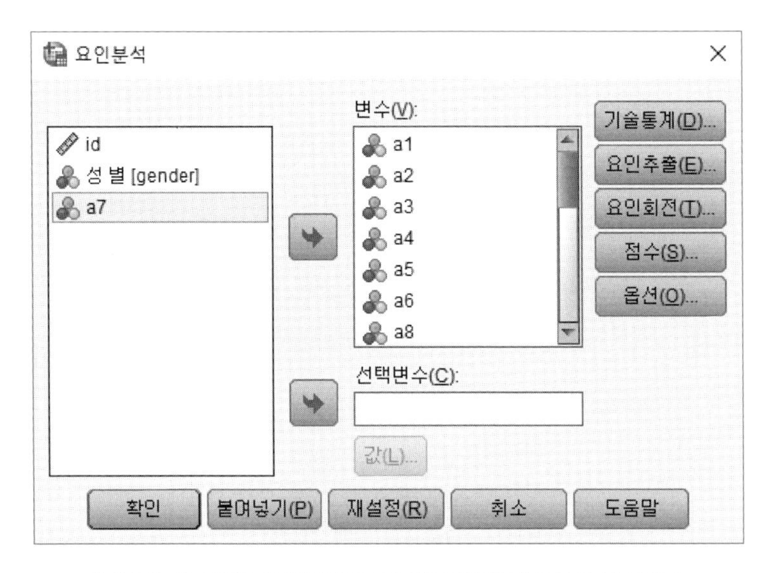

[그림 5-9] SPSS 요인분석에서 특정 문항을 제외하고 분석하기

- 신택스(syntax)를 이용한 경우 '/ANALYSIS'에서 a7만을 제외하고 실행.

```
FACTOR
 /VARIABLES a1 a2 a3 a4 a5 a6 a7 a8 a9 a10 a11 a12 a13 a14 a15 a16 a17 a18 a19 a20 a21
 /MISSING LISTWISE
 /ANALYSIS a1 a2 a3 a4 a5 a6 a8 a9 a10 a11 a12 a13 a14 a15 a16 a17 a18 a19 a20 a21
 /PRINT UNIVARIATE INITIAL CORRELATION SIG DET KMO INV REPR AIC EXTRACTION ROTATION
    FSCORE
 /FORMAT SORT BLANK(.30)
 /PLOT EIGEN ROTATION
 /CRITERIA MINEIGEN(1) ITERATE(25)
 /EXTRACTION PC
 /CRITERIA ITERATE(25) DELTA(0)
 /ROTATION VARIMAX
 /METHOD=CORRELATION.
```

문항 A7, A2, A13을 제외한 경우

이제 조금 더 나은 요인모형을 찾기 위해 여전히 개선의 여지가 있는 문항(A2, A13)을 추가하여 문항 A7, A2, A13을 모두 제거한 결과를 살펴보겠습니다(실전에서는 순차적으로 A7 → A2 → A13을 하나씩 제거하면서 분석을 반복 수행).

〈표 5-10〉은 문항 A7을 제외한 경우와 문항 A7, A2, A13을 모두 제외한 경우의 커뮤넬리티를 비교한 것이고 〈표 5-11〉은 최종의 회전된 성분행렬의 결과를 비교한 것입니다(직교회전, PCA, 아이겐값 > 1.0).

<표 5-10> 문항 A7을 제외한 경우와 A7, A2, A13을 제외한 경우의 커뮤넬리티

문항	문항 A7 제외		문항	문항 A7, A2, A13 제외	
	초기	추출		초기	추출
A1	1.000	.739	A1	1.000	.714
A2	1.000	.359	A2	–	–
A3	1.000	.669	A3	1.000	.682
A4	1.000	.715	A4	1.000	.728
A5	1.000	.641	A5	1.000	.616
A6	1.000	.620	A6	1.000	.687
A7	–	–	A7	–	–
A8	1.000	.568	A8	1.000	.593
A9	1.000	.566	A9	1.000	.572
A10	1.000	.467	A10	1.000	.533
A11	1.000	.615	A11	1.000	.628
A12	1.000	.556	A12	1.000	.597
A13	1.000	.448	A13	–	–
A14	1.000	.571	A14	1.000	.572
A15	1.000	.571	A15	1.000	.578
A16	1.000	.683	A16	1.000	.688
A17	1.000	.708	A17	1.000	.702
A18	1.000	.687	A18	1.000	.706
A19	1.000	.631	A19	1.000	.616
A20	1.000	.599	A20	1.000	.625
A21	1.000	.426	A21	1.000	.430

<표 5-11> 문항 A7을 제외한 경우와 A7, A2, A13을 모두 제외한 경우의 회전된 성분행렬

문항	문항 A7 제외					문항	문항 A7, A2, A13 제외				
	1	2	3	4	5		1	2	3	4	5
A17	.827					A17	.827				
A18	.801					A18	.815				
A20	.685					A20	.689				
A19	.600	.477				A19	.591	.478			
A13	.404		.326		−.365	A15		.715			
A15		.712				A14		.673	.306		
A14		.664		.309		A9		.632			.360
A9		.643			.338	A11		.594		.436	
A11		.587	.436			A21		.553			
A21		.538	.310			A1			.818		
A16			.754			A4			.785		
A12			.691			A5			.687		
A10			.594			A16				.748	
A2			.479	.335		A12				.724	
A1				.814		A10				.637	
A4				.772		A3					.740
A5				.697		A8					.701
A3					.721	A6					.698
A8					.688						
A6					.664						
신뢰도	.752	.710	.629	.741	.596	신뢰도	.772	.710	.741	.625	.596
총분산	59.188%					총분산	62.607%				

주: 요인적재량 0.30 이상만 표시함(SPSS 요인분석 옵션의 '계수표시형식' 사용). 신뢰도의 값은 크론바흐의 알파계수(Cronbach's α)임.

〈표 5-10〉의 커뮤넬리티를 보면 문항 A7, A2, A13을 모두 제외한 경우의 커뮤넬리티는 대체로 양호한 수준으로 보입니다(문항 A21은 다소 낮지만 요인적으로 순수한 문항임). 〈표 5-11〉에서 보듯이 A7, A2, A13을 제외한 경우(오른쪽)의 요인분석 결과는 5요인모형으로 대체로 순수한 요인구조를 보이며 총분산(누적 %)은 62.607로 A7만을 제외했을 때보다 약 3.42% 증가했습니다. 이와 더불어, 신뢰도(Cronbach's α)의 결과에서 모든 요인의 내적 일

치도계수가 0.60을 넘고 있어 수용할 만한 수준인 것으로 판단됩니다(내적 일치도의 준거는 0.90 이상이면 매우 좋음, 0.80이면 좋음, 0.70이면 양호, 0.60이면 수용할 수준, 0.50 이하면 낮은 신뢰도로 해석).

〈표 5-11〉까지의 결과로 연구자는 최종요인모형을 확정하거나 추가적인 분석(A11, A19 등을 제외 대상으로 고려)을 수행할 수 있습니다. 다만 요인모형의 개선을 위해 문항을 제거할 때 해당 요인을 설명하는 핵심 문항이 제외되지 않도록 이론(근거)을 참조하는 것이 좋은 요인모형을 가꾸는 방법입니다.

이렇게 요인모형 가꾸기를 마치고 연구자는 **산출된 성분(요인)에 대한 명칭을 부여**해야 하는데, 이때 요인에 명칭을 부여하는 작업 역시 이론에 근거해야 합니다. [예제연구 8]은 직무기술척도(JDI)로부터 출발하였으므로 최종적으로 18개의 타당한 문항에 대해 직무기술척도의 5개 하위 요인(일, 상사, 동료, 승진, 임금)에 따라 산출된 5요인의 명칭을 부여할 것입니다.

SPSS 내적 일치도(Cronbach' α)의 산출과 활용

- SPSS 메뉴: 〈분석 → 척도분석 → 신뢰도분석〉의 대화상자에서 '항목'에 분석될 변수를 이동(디폴트값은 크론바흐의 '알파'계수).

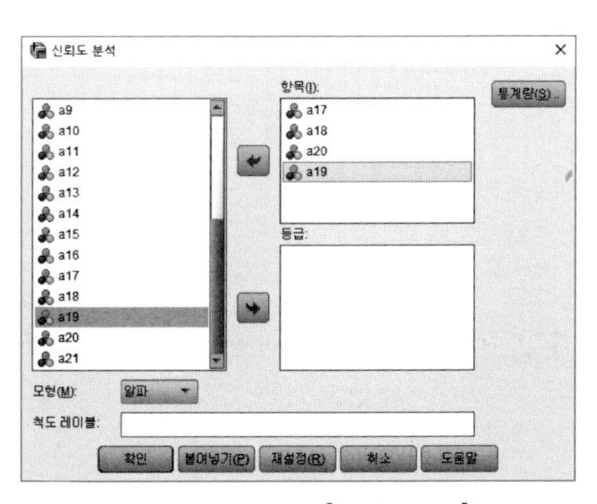

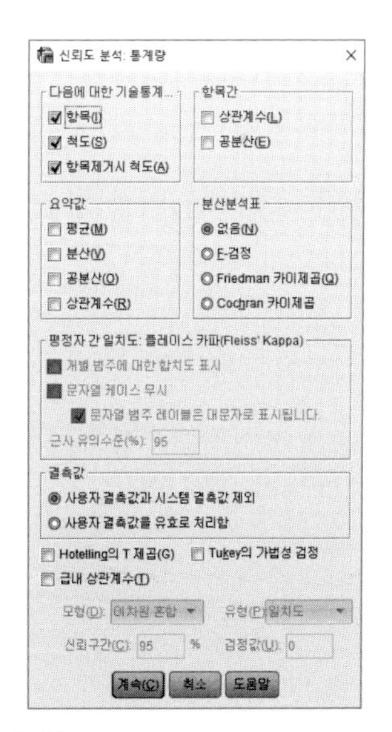

[그림 5-10] SPSS 신뢰도 분석

- 신뢰도 분석의 대화상자에서 '통계량'을 선택하고 '항목제거시 척도'에 체크 → 모든 항목(변수)이 포함된 알파 계수+각 문항이 제거될 때 알파 계수의 변화(항목이 삭제된 경우 Crobach 알파)를 파악 → 요인분석에서 문항을 제외할 것인지를 결정할 때 참고 값.
- 항목이 삭제된 경우 Cronbach 알파: 해당 문항이 제거될 때의 신뢰도 증감을 파악할 수 있음 → 예시: '항목이 삭제된 경우 Cronbach 알파'에서 가장 큰 값으로 표시된 경우 해당 문항을 제외하면 그만큼 신뢰도가 개선됨을 나타냄. 예를 들어, 아래의 신뢰도 분석 결과에서 '신뢰도 통계량'을 보면 현재 4개 문항(A17, A18, A20, A19)의 신뢰도계수는 0.772인데, '항목 총계 통계량'의 0.788을 나타내는 A19를 제외하면 3개 문항(A17, A18, A20)의 신뢰도 계수(Cronbach's α)는 0.772에서 0.788로 증가함을 나타냄.

신뢰도 통계량

Cronbach의 알파	항목 수
.772	4

항목 총계 통계량

	항목이 삭제된 경우 척도 평균	항목이 삭제된 경우 척도 분산	수정된 항목-전체 상관계수	항목이 삭제된 경우 Cronbach 알파
a17	10.82	5.260	.640	.683
a18	10.84	5.267	.683	.662
a20	11.00	5.475	.554	.729
a19	10.66	5.924	.438	.788

크론바흐 알파계수(Cronbach's α)는 측정문항의 신뢰도를 의미하므로 요인분석의 결과로부터 잠재적인 요인구조의 타당성을 분석하면서 신뢰도를 함께 제시하는 것이 일반적입니다.

Q77 이론에 근접한 요인분석은 무엇이며 그에 따른 요인 수의 지정은 어떻게 수행하나요?

[♣ 데이터: 예제8_요인분석.sav]

해설

이론에 근접한 요인분석이란 탐색적 요인분석(EFA)을 수행하지만 이론에 부합하도록 추출될 요인의 수를 연구자가 지정하는 방식을 말합니다. 흔히 요인모형 가꾸기의 두 번째 절차로 이론(논리)에 근거하여 요인의 수가 다른 여러 모형을 설정하고 비교를 통해 최선의 요인모형을 선택하는 과정입니다(첫 번째 절차는 아이겐값 > 1.0을 기준으로 요인의 수를 추출).

이론에 근거하여 요인의 수를 정하므로 **이론적으로 기대되는 모형과 대안 모형을 비교하는 목적으로 요인분석을 수행**하는 것과 같습니다. 예를 들어, [예제연구 8]은 직무기술척도(JDI)라는 이론으로부터 5요인모형이 가정되므로 이론적인 5요인모형을 기준으로 4요인 및 6요인 모형을 설정하고 비교하는 분석을 수행합니다. 이론에 근거하여 요인의 수를 정하므로 확인적 요인분석(CFA)의 대안적 접근이지만 요인 수의 지정은 엄밀한 의미에서 여전히 탐색적 요인분석을 수행하는 것입니다.

만일 이론을 검증할 목적으로 혹은 탐색적 요인분석(EFA)을 거쳐 확인적 요인분석(CFA)을 수행하고자 한다면 구조방정식의 **측정모형**(measurement model)을 사용하는 것이 일반적입니다. 따라서 탐색적 요인분석(EFA)에서 요인의 수를 지정하는 방식은 여러 요인모형의 비교를 통한 요인모형 가꾸기의 두 번째 절차로 보는 것이 적절합니다.

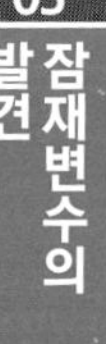

요인모형 가꾸기 2 - 요인 수의 지정

① 이론적 관점에서 타당한 요인 수에 대한 정보를 수집함 → 이론적 근거 확보.

② 이론에서 가정하는 요인의 수를 전후하여 3개 정도의 요인모형을 설정함 → 예시: 5요인모형이 이론적 가정이라면 4요인, 5요인, 6요인을 설정.

③ 가정되는 요인모형을 분석하고 결과를 비교함 → 커뮤넬리티, 아이겐값, 설명분산, 회전된 성분행렬 등.

④ 신뢰도(Cronbach's α)를 평가하고 신뢰도를 낮추는 문항을 제거 대상으로 고려함.

⑤ 몇 개의 대안모형에서 최선의 요인모형을 선택하고 부적절한 문항을 제외함 → 모형 가꾸기.

4, 5, 6 요인모형의 비교

[예제연구 8]에서 21개 문항에 대한 탐색적 요인분석을 수행하는데, **이론적으로 가정되는 5요인모형을 4요인 및 6요인과 비교함으로써 이론모형(5요인)의 적절성을 평가**할 수 있습니다. 이는 탐색적 요인분석(EFA)의 절차인 아이겐값(고유값) > 1.0의 기준으로 요인 수를 추출하는 접근과 다르지만 여전히 탐색적 요인분석에 기초한 모형 가꾸기에 해당합니다.

요인의 수는 이론적으로 가정되는 수를 기준으로 하며 [예제연구 8]과 같이 5개 요인이 이론적으로 가정된다면 4요인, 5요인(이론모형), 6요인을 각각 분석하고 5요인모형의 적절성을 평가합니다.

SPSS 요인분석의 요인 수의 지정 방식

- SPSS 메뉴: 〈분석 → 척도분석 → 요인분석〉을 선택하고 '요인추출' 항목의 대화상자에서 '추출'의 '고정된 요인의 수'를 클릭하고 추출할 요인 수를 지정.

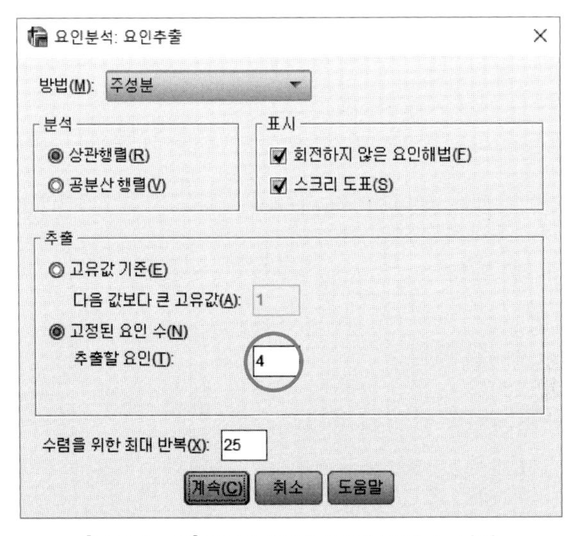

[그림 5-11] SPSS 요인분석의 요인 수 지정

- [그림 5-11]에서 '고정된 요인 수'를 4로 지정함으로써 4요인모형의 요인분석을 수행.

그러면 [예제연구 8]에서 요인의 수를 4, 5, 6요인으로 지정하고 결과를 비교해 보겠습니다(직교회전+PCA). 먼저 〈표 5-12〉는 4, 5, 6요인의 커뮤넬리티를 각각 나타낸 것입니다.

<표 5-12> 요인모형(4, 5, 6요인)별 커뮤넬리티의 비교

문항	4 요인		문항	5 요인		문항	6 요인*	
	초기	추출		초기	추출		초기	추출
A1	1.000	.677	A1	1.000	.739	A1	1.000	.761
A2	1.000	.282	A2	1.000	.370	A2	1.000	.662
A3	1.000	.647	A3	1.000	.664	A3	1.000	.668
A4	1.000	.721	A4	1.000	.723	A4	1.000	.736
A5	1.000	.548	A5	1.000	.643	A5	1.000	.691
A6	1.000	.563	A6	1.000	.635	A6	1.000	.635
A7	1.000	.415	A7	1.000	.418	A7	1.000	.454
A8	1.000	.522	A8	1.000	.557	A8	1.000	.570
A9	1.000	.341	A9	1.000	.563	A9	1.000	.564
A10	1.000	.367	A10	1.000	.438	A10	1.000	.686
A11	1.000	.604	A11	1.000	.608	A11	1.000	.662
A12	1.000	.300	A12	1.000	.542	A12	1.000	.558
A13	1.000	.429	A13	1.000	.443	A13	1.000	.498
A14	1.000	.407	A14	1.000	.571	A14	1.000	.624
A15	1.000	.463	A15	1.000	.573	A15	1.000	.579
A16	1.000	.513	A16	1.000	.679	A16	1.000	.680
A17	1.000	.662	A17	1.000	.668	A17	1.000	.717
A18	1.000	.685	A18	1.000	.686	A18	1.000	.690
A19	1.000	.427	A19	1.000	.609	A19	1.000	.630
A20	1.000	.562	A20	1.000	.597	A20	1.000	.654
A21	1.000	.380	A21	1.000	.401	A21	1.000	.411

* 6 요인은 아이겐값 > 1.0의 기준으로 요인 수를 산출한 결과와 같음.

〈표 5-12〉와 같이 커뮤넬리티(공통성)를 비교해 보면 6요인에서 4요인으로 갈수록 커뮤넬리티가 낮은 값들이 많아지는 경향을 보입니다. 특히 4요인은 A2, A9, A12 등 여러 변수의

커뮤넬리티가 낮으므로 요인모형의 개선에 큰 도움이 되지 않는 것을 예측할 수 있습니다.

문항들의 성분구조를 좀 더 구체적으로 파악하기 위해 스크리 도표(scree plot)를 참고합니다. 스크리도표는 전체적 문항(변수)의 잠재적 구조를 도표로 보여 주는 것이어서 요인수의 지정과 관계없이 동일하게 산출됩니다. 다음의 [그림 5-12]의 스크리 도표를 보면 대략 요인 수가 5~6에서 급경사를 이루고 역시 4요인으로는 합리적인 요인모형을 설명하기에 부족한 것으로 보입니다(급경사를 이루는 구간의 수가 대략적인 요인 수를 나타냄).

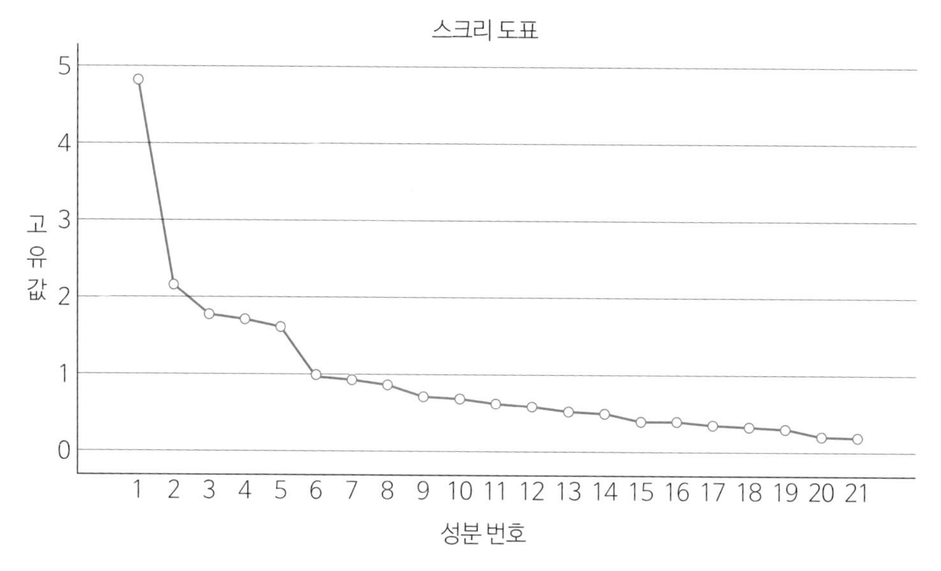

[그림 5-12] 요인분석의 스크리 도표(scree plot)

따라서 대략 5요인 혹은 6요인 모형이 합리적일 것으로 판단할 수 있습니다. 다만 스크리 도표는 참고용이며 실제 요인모형의 선택은 최종의 요인적재량, 아이겐값, 신뢰도계수 등을 종합하여 해석합니다. 즉, 요인모형의 커뮤넬리티와 스크리 도표를 통해 기초적인 정보를 파악하고 나면 아이겐값과 설명분산 그리고 회전된 성분행렬 등을 종합적으로 비교 분석합니다. 다음 〈표 5-13〉은 요인모형별 아이겐값과 설명분산을 요약하여 나타낸 것이고 〈표 5-14〉는 요인모형별 최종의 회전된 성분행렬을 나타낸 것입니다(직교회전+PCA).

<표 5-13> 요인모형(4, 5, 6요인)별 아이겐값의 비교

구분	성분	초기 고유값[a]			추출 제곱합 적재량			회전 제곱합 적재량		
		전체	%분산	누적%	전체	%분산	누적%	전체	%분산	누적%
4요인	1	4.823	22.966	22.966	4.823	22.966	22.966	3.371	16.053	16.053
	2	2.157	10.273	33.239	2.157	10.273	33.239	2.864	13.637	29.690
	3	1.828	8.706	41.945	1.828	8.706	41.945	2.333	11.107	40.798
	4	1.708	8.133	50.078	1.708	8.133	50.078	1.949	9.280	50.078
5요인	1	4.823	22.966	22.966	4.823	22.966	22.966	2.766	13.173	13.173
	2	2.157	10.273	33.239	2.157	10.273	33.239	2.600	12.381	25.553
	3	1.828	8.706	41.945	1.828	8.706	41.945	2.552	12.153	37.706
	4	1.708	8.133	50.078	1.708	8.133	50.078	2.275	10.831	48.537
	5	1.611	7.672	57.749	1.611	7.672	57.749	1.935	9.212	57.749
6요인	1	4.823	22.966	22.966	4.823	22.966	22.966	2.746	13.078	13.078
	2	2.157	10.273	33.239	2.157	10.273	33.239	2.592	12.341	25.420
	3	1.828	8.706	41.945	1.828	8.706	41.945	2.215	10.548	35.967
	4	1.708	8.133	50.078	1.708	8.133	50.078	2.104	10.019	45.986
	5	1.611	7.672	57.749	1.611	7.672	57.749	1.952	9.293	55.279
	6	1.002	4.770	62.520	1.002	4.770	62.520	1.521	7.241	62.520

a 초기 고유값(아이겐값)은 21개 성분에 대해 모두 같으므로 7번째부터는 생략함.

〈표 5-13〉에서와 같이 4요인은 50.078%, 5요인은 57.749%, 6요인은 62.520%의 총분산(누적 %)을 나타내고 있습니다. 같은 문항의 요인구조이므로 요인이 감소하면서 총분산도 감소합니다. 만일 부적절한 문항을 제거하고 요인적으로 순수한 문항의 구조를 갖게 되면 4요인 혹은 5요인의 총분산(누적설명분산)이 6요인을 초과할 수도 있습니다. 따라서 적절한 요인모형이 결정되면 다시 부적절한 문항을 제거하는 과정을 통해 최적의 요인모형을 탐색하는 것이 좋습니다.

이 예에서 6요인의 마지막 성분(요인)도 아이겐값이 1.0을 초과하고 있으므로 적합한 모형의 가능성이 있어 보이고 5요인의 경우에도 총분산이 크게 낮아지지 않으면서 양호한 아이겐값을 보여 적합한 모형으로 고려될 수 있습니다. 다만 4요인은 앞서 커뮤넬리티 및 스크리 도표의 해석과 더불어 총분산이 낮아 비교적 적절한 요인모형이 아닌 것으로 해석됩니다. 이렇게 커뮤넬리티, 스크리 도표, 아이겐값 및 총분산을 살펴보면서 전체 요인구조의 특징을 파악하고 나면 회전된 성분행렬에서 개별문항의 요인구조를 확인하고 최종의 의사결정을 하게 됩니다.

<표 5-14> 요인모형(4, 5, 6요인)별 회전된 성분행렬의 비교

4요인					5요인						6요인*						
문항	회전된 성분행렬				문항	회전된 성분행렬					문항	회전된 성분행렬					
	1	2	3	4		1	2	3	4	5		1	2	3	4	5	6
A11	.709				A17	.802					A17	.818					
A15	.672				A18	.802					A18	.801					
A16	.641				A20	.689					A20	.651			.353		
A21	.555				A19	.564	.501				A19	.560	.468				
A10	.537				A13	.397		.315		-.370	A13	.431				-.344	.326
A7	.524				A15		.709				A15		.714				
A14	.500		.337		A14		.667		.310		A14		.666				
A9	.470				A9		.636			.345	A9		.646			.331	
A12	.453				A11		.579	.439			A11		.569		.485		
A2	.401		.326		A21		.517				A21		.521				
A18		.807			A16			.759			A4			.776			
A17		.805			A12			.662			A5			.763			
A20		.695			A10			.585			A1			.727			.465
A19		.577			A2			.502	.320		A10				.752		
A13	.361	.417		-.354	A7		.316	.414			A16				.659		.378
A1			.807		A1				.807		A12				.653		
A4			.777		A4				.773		A3	.301				.720	
A5			.711		A5				.704		A8					.681	
A3		.318		.705	A3	.310				.712	A6					.669	
A6				.700	A8					.674	A2						.765
A8				.657	A6			.314		.662	A7		.349				.370

주: 요인적재량 0.30 이상만 표시함.

* 6요인은 *eigenvalue* > 1.0의 기준으로 산출한 결과와 같음.

〈표 5-14〉에서 요인적재량을 보면 5요인과 6요인의 경우 성분 1과 성분 2는 같고 나머지(요인 3, 4, 5)는 다른 구조를 보이며 4요인은 전혀 다른 요인구조를 보이고 있습니다. 이렇게 하여 5요인과 6요인을 대안으로 평가할 수 있는데, 6요인의 경우 마지막 요인이 2개의

문항으로만 구성되면서 문항 A7은 요인 2에도 적재될 가능성(즉, 요인적으로 순수하지 못함)이 높습니다. 또한 문항 A13도 요인 1에 적재되어 있지만 요인 5나 요인 6에도 높게 적재되어 있습니다. 따라서 문항 A7과 A13을 제외한 요인분석이 필요하지만 문항 A7이 제거되면 문항 A2에 대한 평가를 새롭게 해야 합니다. 그러한 과정을 거쳐 **문항을 제거하면서 요인모형을 다시 가꾸면 최종적으로 5요인모형이 선택될** 것입니다(☞ Q76의 〈표 5-11〉). 결과적으로 5요인모형이나 6요인모형의 선택이 가능하지만 부적절한 문항을 제거하는 과정을 거치면서 모형 가꾸기가 진행되면 이론에 부합하는 합리적인 모형이 선택될 수 있습니다. 이 예에서는 6요인모형을 선택하고 부적절한 문항을 제거해 가면 최종 5요인모형이 선택될 것이며 만일 5요인모형을 선택하고 부적절한 문항을 제거하여도 같은 결과를 얻게 될 것입니다.

기억하겠지만 이러한 과정은 **부적절한 문항 제거를 통한 모형 가꾸기**를 포함하므로 요인 수의 지정을 통한 요인모형의 비교에서 대안모형을 정하고 그다음 부적절한 문항을 제거해 주면 논리적으로 이론에 부합하는 요인모형(구조)을 탐색하게 됩니다. 나아가 **탐색적으로 파악된 요인구조를 이론모형으로 설정하여 검증**하는 과정, 즉 구조방정식의 '측정모형'을 통해 검증함으로써 'EFA → CFA'의 분석 시퀀스를 완성하게 됩니다. 실제 요인분석의 과정만을 놓고 보면 탐색적 요인분석과 확인적 요인분석으로 완료되지만 관측치의 잠재구조를 확인 후 잠재변수(요인) 간의 영향력 관계를 검증할 수 있습니다. 흔히 구조방정식의 '구조모형'을 설정하고 분석하는 절차로 요인분석의 다음 단계에 해당합니다.

[CHECK POINT]

이론에 근접한 요인분석은 여전히 탐색적 요인분석에 속하지만 연구자가 이론적으로 가정되는 요인 수를 직접 지정합니다. 이론상 가정되는 요인 수를 기준으로 전후의 요인모형을 설정하는데, 예를 들어 이론상 5요인이 가정되면 4, 5, 6요인 모형을 설정하고 비교하면서 5요인모형의 적절성을 평가하거나 더 나은 모형을 선택할 수도 있습니다. 나아가 최종의 모형이 결정되면 이론적 적합도를 평가하는 확인적 요인분석(CFA)을 수행하고 이론변수 간의 영향력 관계를 검증하는 구조관계의 검증을 다음 단계로 진행할 수 있습니다(구조방정식모형).

Q78 요인분석의 결과표 작성과 해석 요령은 무엇인가요?

[♣ 데이터: 예제8_요인분석.sav]

해설

탐색적 요인분석(EFA)의 결과표는 연구의 목적, 요인회전, 요인추출의 기준과 방식에 따라 달라질 수 있습니다. 요인분석의 결과표 작성과 해석 요령을 간략히 요약하면 다음과 같습니다.

(1) 연구목적이 **척도를 개발하거나 측정문항의 잠재구조를 파악하는 것**이라면 문항의 선정 절차와 측정, 커뮤넬리티(공통성), 아이겐값(고유값) 및 설명분산, 요인적재량 등을 체계적으로 제시해야 합니다. 그러나 연구목적이 **추가적인 분석(예: 다중회귀분석, 경로분석 등)을 위한 절차**로 구성개념을 파악하는 것이라면 표를 생략하고 서술하거나 필요한 정보만을 제시하고 나머지는 부록으로 처리할 수도 있습니다.

(2) 요인회전에서 **직교회전**을 하면 요인과 관측변수의 상관 및 가중치가 같으므로 하나의 '회전된 성분행렬'만을 제시하지만 **사교회전**을 하면 상관과 가중치가 서로 달라지므로 구조행렬(상관)과 패턴행렬(가중치)을 함께 제시해야 합니다.

(3) 요인추출의 기준이 **아이겐값**(고유값 1.0)이라면 하나의 성분(요인)행렬을 제시하지만 **연구자에 의한 지정**(이론에 근접한 방식)이라면 이론에 의해 요인 수가 가정되므로 대안적 요인모형(보통 2~3개)을 분석하고 최종의 요인모형이 선택되는 과정을 서술합니다.

(4) 요인추출의 방식이 최대우도나 주축요인법을 사용하면 설명분산의 합이 100%가 되지 않으므로 설명분산(% 분산)과 총분산(누적 %)을 제시하지 않고 주성분분석(PCA)인 경우에만 설명분산과 총분산을 제시합니다. 다만 주성분분석(PCA)이라도 사교회전의 경우 요인의 상관이 0이 아니므로 설명분산의 합이 총분산과 같지 않으므로 제시하지 않습니다.

요인분석의 결과표에 포함되는 기본적인 항목은 ① 변수들의 평균과 표준편차 ② 기초상관행렬(부록 가능) ③ 회전된 성분(요인)행렬-구조행렬과 패턴행렬 ④ 커뮤넬리티, 아이겐값, 설명분산 ⑤ 요인의 상관행렬(사교회전) ⑥ 신뢰도 계수 등을 포함합니다. 또한 측정의 구성개념을 위한 변별 및 수렴타당도에 대한 정보(평균분산추출, average variance extracted or AVE; 구성신뢰도, composite reliability or CR)를 추가하여 제시하는 것이 좋습니다(이들 개념에 대해서는 ☞ Q89).

요인분석 - 직교회전, PCA, 아이겐값 > 1.0의 해석

요인분석의 가장 기본적인 형태는 주성분분석(PCA) 및 아이겐값 > 1.0에 의한 요인추출과 직교회전을 수행한 경우로 볼 수 있습니다. 이 경우 하나의 회전된 성분(요인)행렬을 산출하므로 여기에 커뮤넬리티, 아이겐값, 설명분산, 신뢰도 계수를 함께 제시하면 효율적으로 결과표를 제시할 수 있습니다. 다음의 〈표 5-15〉는 [예제연구 8]에서 아이겐값 > 1.0을 기준으로 PCA를 수행하고 직교회전을 수행한 탐색적 요인분석의 결과표를 예시한 것입니다.

<표 5-15> 직무만족에 대한 탐색적 요인분석의 결과(직교회전, PCA, *eigenvalue*>1.0)

문항	측정내용	성분(요인)					커뮤넬리티
		1	2	3	4	5	
A17		.827					.702
A18		.815					.706
A20		.689					.625
A19		.591	.478				.616
A15			.715				.578
A14	실제		.673	.306			.572
A9	측정		.632			.360	.572
A11	문항		.594		.436		.628
A21			.553				.430
A1				.818			.714
A4				.785			.728
A5				.687			.616

A16				.748		.688
A12				.724		.597
A10				.637		.533
A3					.740	.682
A8					.701	.593
A6					.698	.687
고유값	2.56	2.51	2.24	2.11	1.85	
설명분산	14.21	13.94	12.45	11.70	10.30	
총분산	14.21	28.15	40.60	52.31	62.61	
α	0.77	0.71	0.74	0.63	0.60	
요인명	일	상사	동료	승진	임금	

주: 요인적재량 0.30 이상만 표시함. KMO=.726, Bartlett의 구형성 검증(카이제곱)=556.474, p=.000

〈표 5-15〉에서는 최종 5요인모형을 산출하고 이론적으로 가정되는 5개 요인에 대한 명칭을 부여하였습니다. 이 과정에서 문항 A7, A2, A13은 여러 요인에 걸쳐 높게 적재되어 요인적으로 순수하지 못한 문항으로 제외하고 21개 문항에서 18개의 문항으로 구성된 5요인 모형을 선택하였습니다.

〈표 5-15〉의 '측정내용'에는 실제 문항이나 문항의 키워드를 서술하여 독자들이 문항의 특성을 파악할 수 있도록 하는 것이 좋습니다. 또한 문항의 상관계수와 기술통계치(평균과 표준편차)를 별도의 표로 제시하고 변별 및 수렴타당도를 파악할 수 있는 통계치(AVE, CR)와 해설을 추가할 수 있습니다. 이 예에서는 직교회전을 수행하였으므로 '요인의 상관행렬'은 제시하지 않았습니다(사교회전을 수행하면 요인 간 상관행렬을 제시함).

결과해석 요령: 직교회전, PCA, 고유값 > 1.0

직무만족을 측정하는 문항들의 구성개념을 파악하기 위해 탐색적 요인분석(EFA)을 수행하였다. 요인추출은 아이겐값(고유값) 1.0을 기준으로 하여 주성분분석(PCA) 모형을 적용하고 요인의 회전은 요인 간의 독립성을 가정하는 직교회전을 수행하였다. 요인분석의 결과, 전체 21개 문항에서 A7, A2, A13은 여러 요인에 걸쳐 높게 적재되어 제외하고 최종 18개의 문항으로 5개 요인을 추출하였

다. 5요인모형의 결과는 각 문항이 대체로 해당 요인에 높게 적재되고 다른 요인에 낮게 적재되는 요인적으로 순수한 구조를 나타냈다.
요인모형의 총분산은 62.61%로 높은 수준이었으며 신뢰도 계수(Crobach's α)는 0.60에서 0.77로 수용할 만한 수준이었다. 따라서 전반적으로 요인모형은 양호한 것으로 평가된다. 각각의 요인은 '일', '상사', '동료', '승진', '임금' 요인으로 명명할 수 있으며 이론적으로 직무기술척도((JDI)의 요인에 부합되는 것으로 해석된다.

기본 가정에 대한 평가

- 기본 가정에 대한 평가는 연구의 '방법 및 절차'에 서술하거나 '결과' 파트에서 서술함.
- 사례수(N): 일반적으로 $n \geq 200$을 권장하지만 예제를 위해 $n=100$으로 실전에서는 다소 부족한 사례수임.
- 다중공선성: PCA로 요인추출을 하여 다중공선성의 영향을 덜 받음. 커뮤넬리티가 1.0에 근접하는 문항이 없고 아이겐값이 1.0을 초과하여 다중공선성의 영향이 크지 않는 것으로 해석됨.
- 표본 상관행렬: KMO(Kaiser-Meyer-Olkin)의 표본 적절성 측정치의 값이 0.726으로 보통 수준이며 Bartlett의 구형성 검증치(카이제곱)=556.474로 $p<.01$이므로 변수의 상관이 0이라는 영가설을 기각할 수 있음. 따라서 표본의 데이터는 요인분석을 수행하기에 적절한 것으로 해석됨.
- 또한 표에 제시되지 않았지만 MSA(measure of sampling adequacy: 역-이미지 상관행렬의 대각선 값)의 범위가 0.561에서 0.827로 요인분석에 적절한 표본임을 추가 설명할 수 있음.

요인분석 - 사교회전, PCA, 아이겐값 > 1.0의 해석

직교회전과 달리 사교회전을 수행하면 결과표에 ① 구조행렬(structure matrix) ② 패턴행렬(pattern matrix) ③ 요인의 상관행렬(factor correlation matrix)을 추가하여 제시합니다. 또한 사교회전은 요인의 상관이 0이 아니므로 설명분산(% 분산)과 총분산(누적 %)은 제시하지 않습니다. 다음 〈표 5-16〉은 요인분석의 구조행렬(상관)의 결과이고 〈표 5-17〉은 패턴행렬(가중치)의 결과를 예시한 것입니다. 또한 〈표 5-18〉은 사교회전에 따른 요인의 상관행렬을 나타내고 있습니다.

<표 5-16> 직무만족에 대한 탐색적 요인분석의 구조행렬(사교회전, PCA, *eigenvalue*>1.0)

문항	측정내용	성분(요인)					커뮤넬리티
		1	2	3	4	5	
a15		.720					.578
a14		.695			.378		.572
a11		.640			.367	−.467	.628
a9		.632		.372			.572
a21		.590				−.322	.430
a18	실제		−.831				.706
a17	측정		−.831				.702
a20	문항		−.712			−.320	.625
a19		.503	−.632				.616
a3			−.337	.758			.682
a6				.707			.687
a8				.697			.593
a1					.829		.714
a4			−.345		.819		.728
a5					.696		.616
a16		.304				−.767	.688
a12						−.724	.597
a10						−.652	.533

주: 요인적재량 0.30 이상만 표시함. KMO=.726, Bartlett의 구형성 검증(카이제곱)=556.474, p=.000

<표 5-17> 직무만족에 대한 탐색적 요인분석의 패턴행렬(사교회전, PCA, *eigenvalue*>1.0)

문항	측정내용	성분(요인)					커뮤넬리티
		1	2	3	4	5	
a15		.736					.578
a9		.657		.331			.572
a14		.649					.572
a11		.567				−.374	.628
a21		.532					.430

a17	실제		-.836				.702
a18	측정		-.817				.706
a20	문항		-.680				.625
a19		.430	-.577				.616
a3				.725			.682
a6				.707			.687
a8				.704			.593
a1					.836		.714
a4					.780		.728
a5					.682	.301	.616
a12						-.747	.597
a16						-.709	.688
a10						-.601	.533
고유값		2.85	2.90	1.95	2.64	2.25	
α		0.71	0.77	0.60	0.74	0.63	
요인명		상사	일	임금	동료	승진	

주: 요인적재량 0.30 이상만 표시함.

<표 5-18> 직무만족 요인의 상관행렬(사교회전, PCA, *eigenvalue*>1.0)

	구성개념				
	1	2	3	4	5
1. 상사	1.00				
2. 일	-.172	1.00			
3. 임금	.095	-.059	1.00		
4. 동료	.175	-.172	.079	1.00	
5. 승진	-.124	.111	-.060	-.131	1.00

〈표 5-16〉은 요인의 구조행렬로 관측변수와 요인의 상관을 의미하고 〈표 5-17〉의 패턴행렬은 요인에 대한 관측변수의 가중치를 의미합니다. 21개 문항에서 A7, A2, A13의 3개 문항이 제외된 분석의 결과입니다. 결과해석에서는 구조행렬과 패턴행렬의 값을 모두 설명하는 것이 좋습니다. 이 예에서 구조행렬과 패턴행렬의 계수는 다소 차이가 있으나 전체 요

인구조를 변화시키지 않으므로 패턴행렬을 기준으로 설명하고 커뮤넬리티, 고유값, 신뢰도 계수(Cronbach's α)를 함께 서술합니다. 그리고 마지막에 〈결과 5-18〉의 성분(요인)의 상관행렬에서 각 요인 간 상관을 설명합니다(대각선에 AVE를 제시하고 판별타당도를 설명할 수 있음).

이 예의 경우 사교회전의 결과는 직교회전의 결과와 요인구조가 유사하므로(적재량에서 차이가 있지만 요인구조는 동일) 결과해석은 직교회전과 대동소이합니다. 다만 언급했듯이, 요인의 상관을 전제하므로 최종 요인의 상관관계를 해석에 추가하여 서술합니다. 예를 들어, 〈표 5-18〉에서 보듯이 5개 요인의 상관계수는 −0.172에서 +0.175의 범위를 갖는 것으로 나타났습니다. 상관계수의 크기가 작아 요인들은 비교적 독립적인 것으로 해석됩니다.

06

구조방정식모형

Structural Equation Modeling: SEM

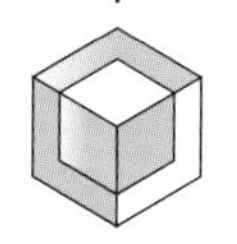

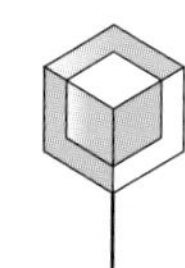

학습목표

- 구조방정식모형의 기본 개념
- 구조방정식모형의 분석 단계
- AMOS의 다이어그램(Diagram)
- 구조방정식모형의 기본 가정
- AMOS 다이어그램 작성과 결과해석
- 측정모형(measurement model)
- 구조모형(structural model)
- 경로모형(path analytic model)
- 결과표의 작성과 보고서
- 다중집단분석(multiple group analysis)

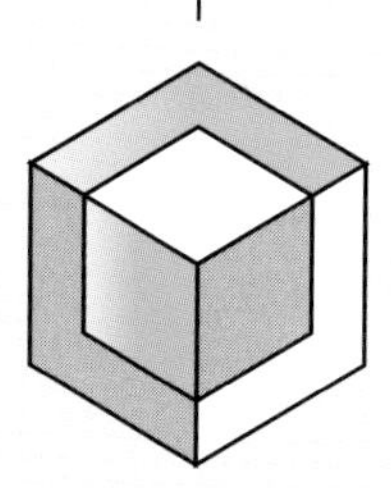

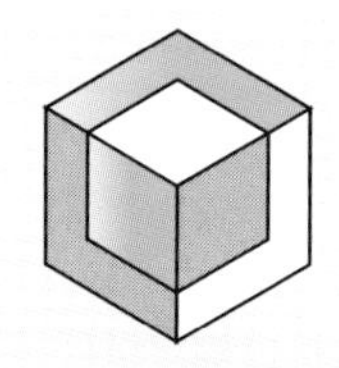

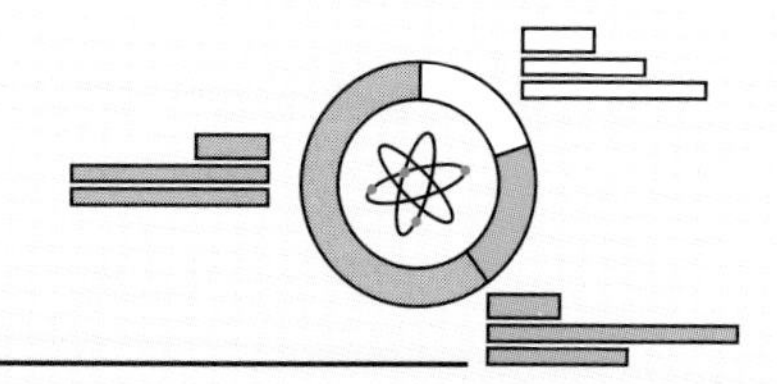

일러두기

- 실습 데이터: 예제9_SEM.sav
- 실습 명령문: 예제9_SEM.sps
- AMOS 프로그램: 예제9_측정모형.amw ~ 예제9_구조모형_M_2.amw(8개 파일)

Q79 구조방정식모형(SEM)이란 무엇인가요?

해설

구조방정식모형(structural equation modeling: SEM)은 잠재요인의 구조를 파악하고 잠재요인 간의 구조적 관계(영향력)를 단계적으로 검증할 수 있는 통계기법입니다. 간단히 말해, **요인분석과 회귀분석이 결합된 형태**이면서 다중회귀와 달리 여러 독립변수와 여러 종속변수의 사용이 가능한 본격적 의미에서 다중변수의 영향력 관계를 검증하는 방법입니다. 특히 이론모형의 적합성을 검증하는 **확인적 요인분석**(confirmatory factor analysis: CFA)의 수행이 가능하면서 동시에 변수의 다중적 경로관계를 검증하는 최신의 기법입니다.

구조방정식모형(SEM)은 대표적 명칭이지만 여러 이름으로 불리는데, 공변량구조분석(covariance structure analysis), 잠재변수분석(latent variable analysis), 연립방정식모형(simultaneous equation modeling), 인과분석모형(causal modeling) 등 다양한 명칭으로 사용됩니다(Tremblay & Gardner, 1996; Bentler, 1986; Breckler, 1990). 구조방정식모형은 여러 통계 프로그램에서 사용이 가능한데, 초기 대수행렬에 기초한 프로그래밍 기반으로 개발된 LISREL(linear structural relations; Jöreskog, 1977; Jöreskog & Sörbom, 1988, 1997), 행렬에 대한 기초 없이도 사용 가능한 EQS 프로그램(Bentler, 1985) 그리고 경로도식(path diagram)만으로도 구조방정식모형의 해법을 풀 수 있는 SPSS에서 제공하는 AMOS 프로그램 등이 있습니다. 이 책에서는 누구나 비교적 쉽게 사용할 수 있는 AMOS 프로그램을 사용할 것이지만 구조방정식모형은 그 자체로 대수행렬을 기반으로 하고 있으므로 개념적 이해에 필요한 행렬 기초를 함께 설명할 것입니다.

구조방정식모형이 제안된 초기에 비해 그 사용은 쉬워졌으나 어떤 명칭으로 불리고 어떤 프로그램을 사용하든 구조방정식모형은 **이론에 기초한 연역적 접근법을 취하므로 측정모형과 구조모형의 설정은 명확한 이론적 가정 없이는 사용될 수 없습니다.** 즉, 구조방정식모형은 이론을 검증하는 강력한 도구이지만 현실의 데이터가 이론에 부합하는지의 문제는 온전히 이론에 근거해야 합니다. 요인분석에서 너무 많은 요인의 산출이 치명적인 것처럼(MacCallum, 1983) 구조방정식의 모형이 이론에 근거하지 않고 임의로 설정된다면 어떤 결과에도 불구하고 타당한 해석은 불가능합니다. 만일 이론적 근거가 충분하지 않지만 구조방정식의 접근이 필요한 경우 대안적으로 탐색적 목적의 구조방정식모형(Exploratory Structural Equation Modeling: ESEM)을 사용할 수 있으나 이는 요인분석 목적(EFA+CFA)에 부합하는 방법으로 확인적 요인분석(CFA)의 대안적 접근으로 평가되고 있습니다(Marsh et al., 2014; Booth & Hughes, 2014).

구조방정식의 완전모형

구조방정식은 2가지의 하위모형을 포함하는데, 그 하나는 측정모형이라고 하며 다른 하나는 구조모형이라고 합니다. 측정모형(measurement model)은 전형적인 확인적 요인분석(CFA)의 방법을 말하며 이론모형의 적합성을 검증할 목적으로 관측치(변수)가 잠재적인 이론적 요인구조에 부합하는지를 검증합니다(이론적 요인모형을 가정하므로 연구자가 관측변수와 잠재변수를 직접 지정함). 구조모형(structural model)은 잠재변수(요인)의 구조적 관계를 파악하는 방법이며 측정모형을 통해 확인된 이론적 구성개념 간의 경로관계를 검증합니다.

나아가 구조방정식에서는 측정모형과 구조모형을 함께 표시할 수 있는데, 이렇게 측정모형과 구조모형이 결합된 형태를 완전모형(full model)이라고 부릅니다. 완전모형은 보통 측정모형을 먼저 검증하고(잠재구조 확인) 그다음 잠재변수의 구조적 관계를 검증하는 단계를 거치므로 흔히 2단계 모형(two-stage model)이라고도 합니다. AMOS와 같은 프로그램에서 구조모형은 완전모형의 형태에서 분석됩니다. 즉, 측정모형은 확인적 요인분석과 같고 구조모형은 잠재요인을 가정한 여러 회귀모형을 결합한 것으로 형태상으로 완전모형과 같습니다.

[그림 6-1]은 구조방정식모형을 예시한 것으로 6개의 잠재변수(원: ξ, η)와 17개의 관측변수(직사각형: X, Y)로 구성된 완전모형(측정모형+구조모형)의 형태를 나타냅니다. 모형을 표시할 때 잠재변수(latent variable)는 '원'으로 표시하고 관측변수(observed variable)는 '직사각형'으로 표시하는 것을 주의해야 합니다. 또한 구조방정식모형은 대수행렬에 기초하므로 모든 변수의 관계성은 행렬 용어를 사용하여 명명합니다. 올바른 구조방정식의 사용을 위해 이들 규칙과 용어에 익숙해질 필요가 있습니다.

[그림 6-1]에서 잠재성분(요인)은 원으로 표시하고 영향을 주는 잠재변수(ξ: xi 혹은 ksi)와 영향을 받는 잠재변수(η: eta)를 각각 나타냅니다(외생변수 → 내생변수의 구조관계). 그리고 직사각형은 관측변수를 나타내며 **외생변수**(영향을 주는 잠재변수)를 측정하는 9개의 관측변수($X_1 \sim X_9$)와 **내생변수**(영향을 받는 잠재변수)를 측정하는 8개의 관측변수($Y_1 \sim Y_8$)가 있습니다.

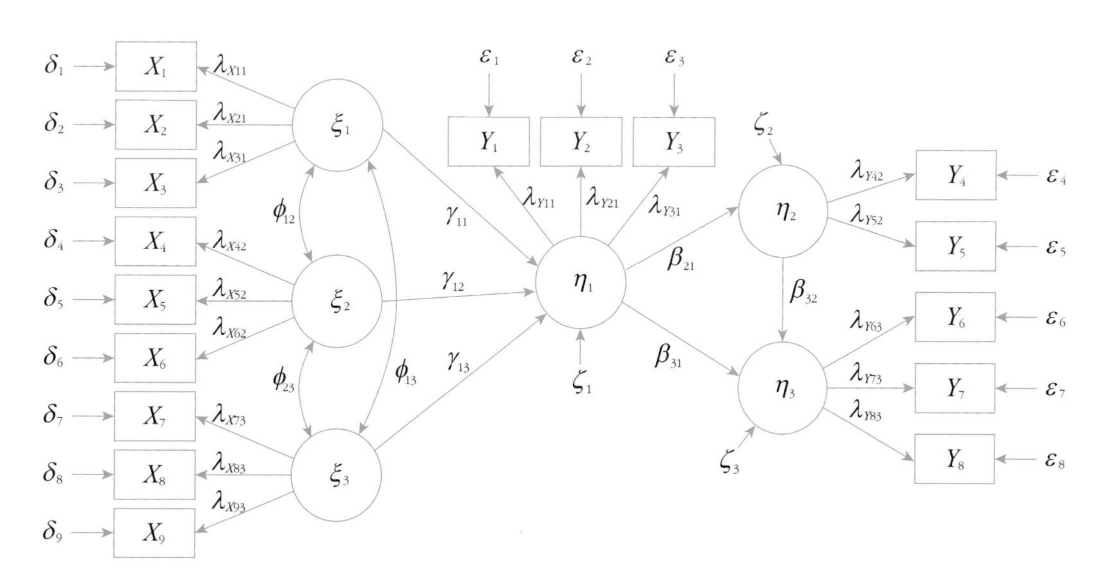

[그림 6-1] 구조방정식의 도해(圖解)와 행렬 기호

여기에 외생변수와 내생변수의 관계는 **감마**(γ)로 표시하고 내생변수 간의 관계는 **베타**(β)로 표현합니다. **아래첨자**는 영향을 받는 변수를 먼저 사용하므로, 예를 들어 $\xi_2 \rightarrow \eta_1$의 관계는 γ_{12}로 표시되고 $\eta_2 \rightarrow \eta_3$의 관계는 β_{32}로 표시됩니다. 영향을 주는 변수인 외생변수(ξ) 간의 관계는 **파이**(ϕ)로 표시하며 상관을 나타냅니다. 그리고 관측변수(직사각형)와 잠재변수(원)의 관계는 **람다**(λ)로 표시하고 관측변수의 오차분산은 **델타**(δ)와 **엡실론**(ε)을 각각 X와 Y의 오차분산으로 표시합니다.[1] 오차분산을 말할 때 정확히 델타는 **세타델타**($\theta\delta$)와 **세타엡실론**($\theta\varepsilon$)을 말하는데, 간단히 X의 델타(δ)와 Y의 엡실론(ε)이라고 하고 오차분산을 통틀어 말할 때 **세타**(θ)라고 부릅니다. 따라서 세타(θ)라고 말하면 X와 Y의 오차분산을 통칭합니

1) 완전모형에서는 외생변수와 내생변수가 구분되므로 X와 Y를 나누어 표시하지만(예: λ_{X11}, λ_{Y11}, δ_1, ε_1) 측정모형에서는 Y와 ε을 사용하지 않고 X와 $\delta(\theta\delta)$의 일련번호만을 사용함.

다. 내생변수(η)의 잔차는 제타(ζ)로 표시하고 만일 제타 간의 상관이 존재하면 사이(ψ) 기호로 표시합니다.

행렬 기호는 구조방정식을 이해하는 중요한 근간이지만 추세에 따라 SPSS의 AMOS는 어려운 행렬 기호의 사용을 줄이고 누구나 이해하기 쉬운 사용자 중심의 접근(다이어그램을 이용한 관계 설정)을 사용하고 있습니다. 다음의 [그림 6-2]는 SPSS의 AMOS를 이용해 [그림 6-1]의 도해를 경로도식(path diagram)으로 표시한 것입니다.

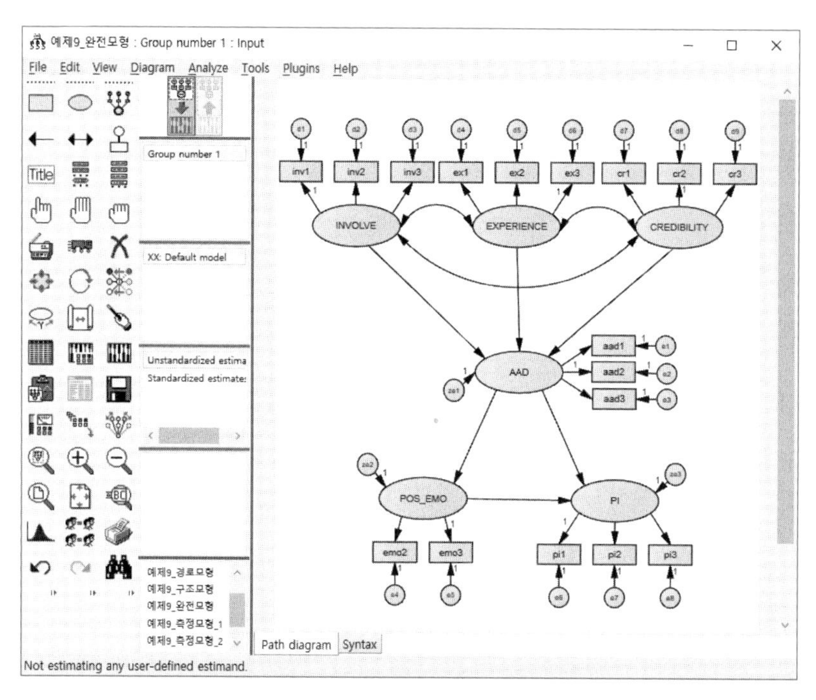

[그림 6-2] AMOS를 이용한 구조방정식모형의 예

[그림 6-2]의 AMOS 프로그램에서도 잠재변수는 원으로 표시되고 관측변수는 직사각형으로 표시되지만 행렬 기호를 사용하지 않는 만큼 쉽게 사용할 수 있는 장점이 있습니다(AMOS Graphics 이용 → 연구자가 모형의 경로를 직접 그리고 설정함). 다만 경로(path)를 쉽게 지정하고 제거할 수 있는 만큼 하나하나의 경로와 잠재변수의 설정은 반드시 이론적 근거가 필요하고 신중해야 합니다.

Q80 구조방정식의 기호학과 행렬표시는 무엇인가요?

해설

구조방정식모형(SEM)은 대수행렬에 기초하여 변수의 관계성을 나타내며 특히 행렬식에서 계수를 고정하거나 풀어 줌으로써 방정식의 미지수를 추정하게 됩니다. 구해야 하는 미지수(parameter)에 따라 자유도(degree of freedom)가 결정되고 자유도에 따라 모형의 산출 가능성이 파악됩니다. 따라서 좋은 모형을 만들기 위해서는 미지수는 줄이고 입력되는 정보(관측치)를 늘리는 것입니다. 즉, 많은 정보를 가지고 미지수를 추정할 때 좋은 모형을 산출할 수 있으며 이때 자유도는 0보다 큰 조건($df>0$)이 됩니다.

그러면 구조방정식모형의 이해에 필요한 대수행렬의 기초적인 행렬기호를 살펴보도록 하겠습니다. 구조방정식에 사용되는 변수 용어와 행렬기호를 정리하면 다음과 같습니다.

♧ 구조방정식에 사용되는 변수 용어와 행렬 기호([그림 6-1])

- 잠재변수 = 이론변수: ξ(xi 혹은 ksi), η(eta)
- 관측변수 = 측정변수: X, Y(observed variable, indicator, manifest variable)
- 외생변수 = 영향을 주는 잠재변수: ξ(exogenous variable)
- 내생변수 = 영향을 받는 잠재변수: η(endogenous variable)
- X_i = 외생변수(ξ)의 관측치들
- Y_i = 내생변수(η)의 관측치들

  [$\xi \rightarrow X, \eta \rightarrow Y$]
- 람다 $X(\lambda_X)$ = 관측변수 X_i에 대한 외생변수(ξ)의 효과(요인적재량)
- 람다 $Y(\lambda_Y)$ = 관측변수 Y_i에 대한 내생변수(η)의 효과(요인적재량)

  (* 측정모형에서는 모든 관측변수는 X_i로 설정)

  [$\xi \rightarrow \eta, \eta \rightarrow \eta$]
- 감마(γ) = 외생변수가 내생변수에 미치는 경로효과($\xi \rightarrow \eta$)

- 베타(β)=내생변수 간의 경로효과($\eta \rightarrow \eta$)

[*error term*]

- 델타(δ_i)=관측변수 X_i의 오차분산(세타델타 $\theta\delta$)
- 엡실론(ε_i)=관측변수 Y_i의 오차분산(세타엡실론 $\theta\varepsilon$: 측정모형의 경우 모두 δ_i로 사용)
- 제타(ζ)=내생변수(η)의 잔차

[*variance-covariance*]

- 파이(ϕ)=외생변수(ξ)의 분산-공분산(예: ϕ_{11}은 ξ_1의 분산, ϕ_{12}은 ξ_2와 ξ_1의 공분산)
- 사이(ψ)=제타(ζ)의 분산-공분산

* 측정모형에서는 관측변수가 모두 X_i로 설정되므로 엡실론(ε), 제타(ζ), 사이(ψ)는 없음.

행렬의 표시와 용어

구조방정식모형에서 주로 사용되는 대수행렬은 대략 7개 정도로 모수행렬인 람다(λ), 감마(γ), 베타(β), 델타(δ), 엡실론(ε), 파이(ϕ), 사이(ψ), 제타(ζ)를 정의하기 위해 사용됩니다. 〈표 6-1〉은 구조방정식에서 변수의 관계를 나타내는 기본 행렬의 특징과 각 행렬에 사용되는 모수(parameter)를 구분한 것입니다.

<표 6-1> 구조방정식에 사용되는 기본 행렬과 특징

행렬	특징	예시*	가능한 모수
ZE	• 모든 요소가 0인 행렬 • 영행렬(zero matrix)	$\begin{bmatrix} 0 & 0 \\ 0 & 0 \end{bmatrix} = [0\ 0]$	베타(β), 사이(ψ), 델타(δ), 엡실론(ε), 제타(ζ)
ID	• 대각선 요소는 1, 나머지는 0인 행렬 • 항등행렬(identity matrix)	$\begin{bmatrix} 1 & 0 \\ 0 & 1 \end{bmatrix} = [1\ 1]$	람다(λ_X, λ_Y), 감마(γ), 파이(ϕ), 제타(ζ)
DI	• 대각선 요소는 실제값 • 나머지는 0인 행렬	$\begin{bmatrix} 7 & 0 \\ 0 & 5 \end{bmatrix}$	람다(λ_X, λ_Y), 감마(γ), 파이(ϕ), 사이(ψ), 델타(δ), 엡실론(ε)
SD	• 대각선 아래 요소는 실제값 • 대각선과 그 위 요소는 0인 행렬	$\begin{bmatrix} 0 & 0 & 0 \\ 12 & 0 & 0 \\ 9 & 4 & 0 \end{bmatrix}$	베타(β)

SY	• 대각선 요소는 실제값 • 대각선 위와 아래 요소는 대칭인 행렬	$\begin{bmatrix} 7 & 0 & 0 \\ 0 & 4 & 0 \\ 0 & 0 & 9 \end{bmatrix}$	파이(ϕ), 사이(ψ), 델타(δ), 엡실론(ε)
ST	• 대각선 요소는 1 • 대각선 위와 아래 요소는 대칭인 행렬 • 상관행렬	$\begin{bmatrix} 1 & 4 & 9 \\ 4 & 1 & 7 \\ 9 & 7 & 1 \end{bmatrix}$	파이(ϕ)
FU	• 정방행렬(행과 열의 수가 같음) • 비대칭 직사각형 행렬	$\begin{bmatrix} 1 & 4 & 9 \\ 3 & 1 & 6 \\ 2 & 7 & 5 \end{bmatrix}, \begin{bmatrix} 1 & 4 & 9 & 3 \\ 2 & 1 & 5 & 6 \\ 4 & 4 & 5 & 9 \end{bmatrix}$	람다(λ_X, λ_Y), 베타(β), 감마(γ)

* 0과 1을 제외한 실제값은 예시를 위한 임의값임. 행렬의 초기치는 고정 및 해제 상태를 지정할 수 있음.

〈표 6-1〉에 기초하여 구조방정식의 모수를 추정하기 위해 가능한 행렬을 지정합니다. 설명을 위해 [그림 6-1]의 구조방정식 도해(圖解)에 포함된 계수행렬을 표시하면 다음과 같습니다(가능한 행렬 가운데 계수추정에 가장 효율적인 행렬을 지정하는 방식임).

람다 Y(λ_Y, FU)

	η_1	η_2	η_3
Y_1	λ_{Y11}	-	-
Y_2	λ_{Y21}	-	-
Y_3	λ_{Y31}	-	-
Y_4	-	λ_{Y42}	-
Y_5	-	λ_{Y52}	-
Y_6	-	-	λ_{Y63}
Y_7	-	-	λ_{Y73}
Y_8	-	-	λ_{Y83}

감마 행렬(γ, FU)

	ξ_1	ξ_2	ξ_3
η_1	γ_{11}	γ_{12}	γ_{13}

베타(β, SD)

	η_1	η_2	η_3
η_1	-	-	-
η_2	β_{21}	-	-
η_3	β_{31}	β_{32}	-

파이(ϕ, ST)

	ξ_1	ξ_2	ξ_3
ξ_1	ϕ_{11}	-	-
ξ_2	ϕ_{21}	ϕ_{22}	-
ξ_3	ϕ_{31}	ϕ_{32}	ϕ_{33}

사이(ψ, SY)

	ζ_1	ζ_2	ζ_3
ζ_1	ψ_{11}	-	-
ζ_2	-	ψ_{22}	-
ζ_3	-	-	ψ_{33}

엡실론($\theta\varepsilon$, DI)

	ε_1	ε_2	ε_3	ε_4	ε_5	ε_6	ε_7	ε_8
ε_1	$\theta\varepsilon_{11}$	–	–	–	–	–	–	–
ε_2	–	$\theta\varepsilon_{22}$	–	–	–	–	–	–
ε_3	–	–	$\theta\varepsilon_{33}$	–	–	–	–	–
ε_4	–	–	–	$\theta\varepsilon_{44}$	–	–	–	–
ε_5	–	–	–	–	$\theta\varepsilon_{55}$	–	–	–
ε_6	–	–	–	–	–	$\theta\varepsilon_{66}$	–	–
ε_7	–	–	–	–	–	–	$\theta\varepsilon_{77}$	–
ε_8	–	–	–	–	–	–	–	$\theta\varepsilon_{88}$

델타($\theta\delta$, DI)

	δ_1	δ_2	δ_3	δ_4	δ_5	δ_6	δ_7	δ_8	δ_9
δ_1	$\theta\delta_{11}$	–	–	–	–	–	–	–	–
δ_2	–	$\theta\delta_{22}$	–	–	–	–	–	–	–
δ_3	–	–	$\theta\delta_{33}$	–	–	–	–	–	–
δ_4	–	–	–	$\theta\delta_{44}$	–	–	–	–	–
δ_5	–	–	–	–	$\theta\delta_{55}$	–	–	–	–
δ_6	–	–	–	–	–	$\theta\delta_{66}$	–	–	–
δ_7	–	–	–	–	–	–	$\theta\delta_{77}$	–	–
δ_8	–	–	–	–	–	–	–	$\theta\delta_{88}$	–
δ_9	–	–	–	–	–	–	–	–	$\theta\delta_{99}$

[그림 6-3] 구조방정식의 행렬표시

이처럼 행렬을 표시하면 산출할 계수가 정해지므로 산출할 계수(미지수)의 행렬방정식을 만들게 됩니다. 행렬방정식은 구조방정식모형(SEM)에서 일련의 **변수에 대한 정의**이며 측정모형과 구조모형의 변수 각각에 대해 설정합니다. 측정모형에서 일반적 형태는 관측변수 $Y=\lambda_Y\times\eta+\varepsilon$이고 관측변수 $X=\lambda_X\times\xi+\delta$이며 구조모형의 경우에는 $\eta=\beta\times\eta+\gamma\times\xi+\zeta$의 기본적 형태를 취합니다. [그림 6-3]에 있는 각 계수를 추정하기 위한 행렬방정식을 나타내면 다음 〈표 6-2〉와 같습니다.

<표 6-2> 행렬방정식의 예시([그림 6-3])

모형	변수	방정식	변수	방정식
측정모형	Y_1	$= \lambda_{Y11}\eta_1 + \varepsilon_1$	X_1	$= \lambda_{X11}\xi_1 + \delta_1$
	Y_2	$= \lambda_{Y21}\eta_1 + \varepsilon_2$	X_2	$= \lambda_{X21}\xi_1 + \delta_2$
	Y_3	$= \lambda_{Y31}\eta_1 + \varepsilon_3$	X_3	$= \lambda_{X31}\xi_1 + \delta_3$
	Y_4	$= \lambda_{Y42}\eta_2 + \varepsilon_4$	X_4	$= \lambda_{X42}\xi_2 + \delta_4$
	Y_5	$= \lambda_{Y52}\eta_2 + \varepsilon_5$	X_5	$= \lambda_{X52}\xi_2 + \delta_5$
	Y_6	$= \lambda_{Y63}\eta_3 + \varepsilon_6$	X_6	$= \lambda_{X62}\xi_2 + \delta_6$
	Y_7	$= \lambda_{Y73}\eta_3 + \varepsilon_7$	X_7	$= \lambda_{X73}\xi_3 + \delta_7$
	Y_8	$= \lambda_{Y83}\eta_3 + \varepsilon_8$	X_8	$= \lambda_{X83}\xi_3 + \delta_8$
			X_9	$= \lambda_{X93}\xi_3 + \delta_9$
구조모형	η_1	$= \gamma_{11}\xi_1 + \gamma_{12}\xi_2 + \gamma_{13}\xi_3 + \zeta_1$		
	η_2	$= \beta_{21}\eta_1 + \zeta_2$		
	η_3	$= \beta_{31}\eta_1 + \beta_{32}\eta_2 + \zeta_3$		

주: 측정모형의 일반식은 $Y=\lambda_Y \times \eta + \varepsilon$ 및 $X=\lambda_X \times \xi + \delta$

구조모형의 일반식은 $\eta = \beta \times \eta + \gamma \times \xi + \zeta$

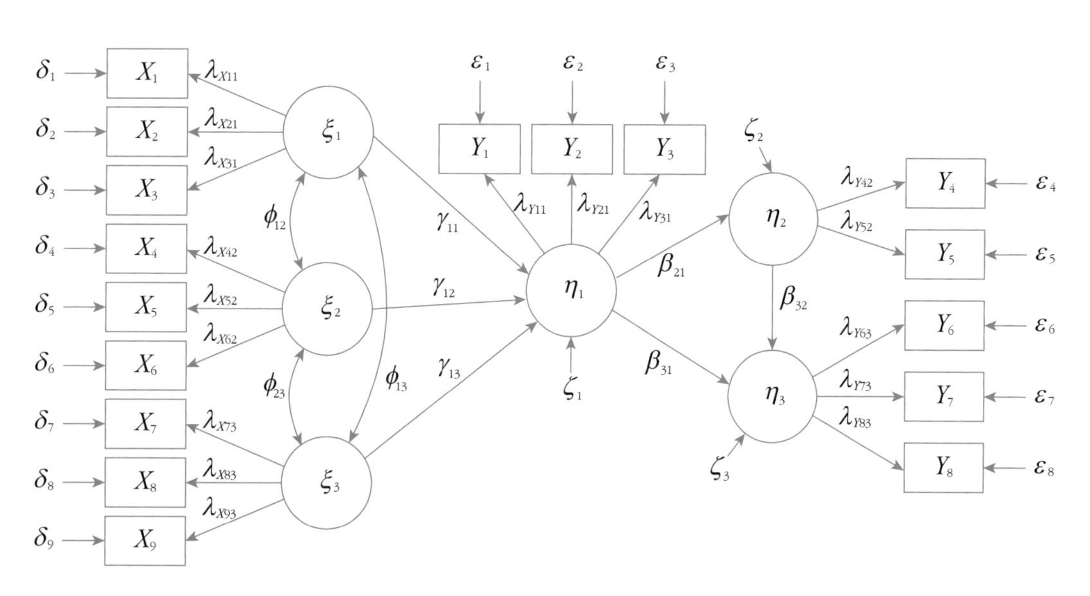

[그림 6-1] 구조방정식의 도해(圖解)와 행렬 기호

Q81 AMOS를 이용한 구조방정식의 분석 단계는 무엇이고 측정모형과 구조모형은 어떻게 설정하나요?

해설

SPSS의 AMOS는 사용자가 쉽게 접근할 수 있도록 그래픽 중심으로 설계되어 있습니다. 프로그램 설치 후(SPSS와 별도 설치) [AMOS Graphics]를 실행하여 변수와 경로를 다이어그램(diagram)으로 그려 변수 간의 관계를 표시함으로써 복잡한 행렬 표시를 피하고 구조방정식의 해법(solution)을 구할 수 있습니다.

먼저 측정의 이론모형을 정하고 이론(잠재)변수 간의 경로관계를 화살표로 표시한 후 분석될 데이터(SPSS 데이터)를 지정해 주면 준비 단계가 끝납니다. 그다음 분석을 수행하고 산출물을 해석하게 되는데, 필요한 경우 모델의 수정을 통해 최종 모형을 확정하고 경로계수를 추정하게 됩니다. AMOS를 기반으로 구조방정식을 분석하는 일반적 단계를 요약하면 다음과 같습니다.

AMOS를 이용한 구조방정식의 분석 단계

- 1단계: 이론에 근거하여 측정모형(이론모형)을 설정하고 이론변수 간의 구조적 관계를 설정 ⇨ AMOS Graphics의 실행: 관측변수는 직사각형, 원은 이론(잠재)변수를 표시, 외생변수(ξ) 간에는 양방향 화살표, 내생변수(η) 간에는 일방향 화살표, 오차분산($\delta, \varepsilon, \zeta$)의 별도 표시.
- 2단계: 모형의 파악(척도 미결정성 해소) ⇨ 관측변수와 잠재변수의 관계(λ_X, λ_Y)에서 하나의 경로를 1.0으로 고정 → 간명모형 만들기.
- 3단계: 기본 가정에 대한 평가 ⇨ 표본크기, 다변량 정규성, 잔차와 잠재변수 간의 무상관 등의 검토.
- 4단계: 모형의 평가 ⇨ 적합도(goodness-of-fit) 지수의 해석, 추정계수의 해석.
- 5단계: 모형의 수정과 최종 모형 ⇨ 이론검토 및 수정지표(modification index)의 활용.

※ AMOS Graphics 프로그램에서는 각 변수의 명칭과 행렬기호는 표시되지 않고 변수로만 표시되지만 해석과정에서 행렬개념이 적용됨.

그러면 먼저 AMOS Graphics를 이용해 구조방정식의 모형을 설정하는 방법부터 차근히 알아보겠습니다.

모형의 설정-AMOS Graphics

AMOS를 활용한 구조방정식의 첫 번째 단계는 이론적 관점에서 변수 간의 관계를 설정하고 도식화하여 다이어그램을 그리는 것입니다. 경로의 도식은 연구자가 변수를 하나하나 지정해 주어야 하는데, 이는 곧 구조방정식모형(SEM)이 이론에 근거한 분석을 수행한다는 것을 의미합니다(연역적 접근). 따라서 구조방정식모형에서 잠재변수는 이론적으로 가정되는 요인구조를 갖추어야 하고(선행연구 및 경험적 근거를 바탕으로 관측변수와 잠재변수의 관계 설정) 잠재변수 간의 경로효과(즉, $\xi \rightarrow \eta$ 및 $\eta \rightarrow \eta$) 또한 이론적인 범위에서 설정되어야 합니다. 그렇지 않으면 구조방정식모형은 위험한 접근이 될 수 있습니다. 그러나 실제 구조방정식에서 아무런 이론적 근거가 없는 관계성이 모형을 월등히 좋아지게 하는 경우를 자주 접할 수 있습니다. 물론 새로운 관계성에 대한 발견일 수도 있으나 동시에 위험한 결론일 수 있음을 염두에 두어야 합니다. 그것이 비록 수정지표를 활용한 개선일지라도 이론적 정당성을 확보해야 하며 그렇지 않을 때 얻어진 결과를 일반화하기 어렵습니다. 따라서 구조방정식에서 그려지는 모든 경로는 '**이론에 근거한 개념적 모형**'이어야 합니다.

구조방정식은 이론에 근거한 개념적 모형이 경험적 데이터에 부합하는지를 검증하는 것이므로 이론에 부합하는 '간명모형(simple model)'을 구현하는 것이 첫 번째 목표입니다. 너무 많은 측정치를 사용하거나 너무 많은 경로관계를 설정하면 모형의 간명성이 낮아지고 과잉 적합성(overestimating)의 오류를 범할 수 있습니다. 특히 변수 간의 경로관계를 설정할 때 과학의 절약성 원리에 따라 단순하면서도 최적으로 설정되어야 하며 그것이 이론모형을 검증하는 구조방정식모형의 목표에 부합하는 것입니다.

그러면 구조방정식에서 이론모형을 설정하는 방법을 알아보겠습니다. 먼저 다음의 [그림 6-4]는 가상적인 이론모형에 대해 AMOS Graphics를 활용한 측정모형 다이어그램을 예시한 것이고 [그림 6-5]는 구조모형의 다이어그램을 예시한 것입니다. [그림 6-4]는 측정모형의 예시로 6개의 구성개념(잠재변수)을 측정하는 17개의 관측치(측정변수)로 구성됩니다. 측정모형의 도식은 이론에 따라 각 잠재변수와 측정변수를 **연구자가 직접 지정해 주는 방식으**

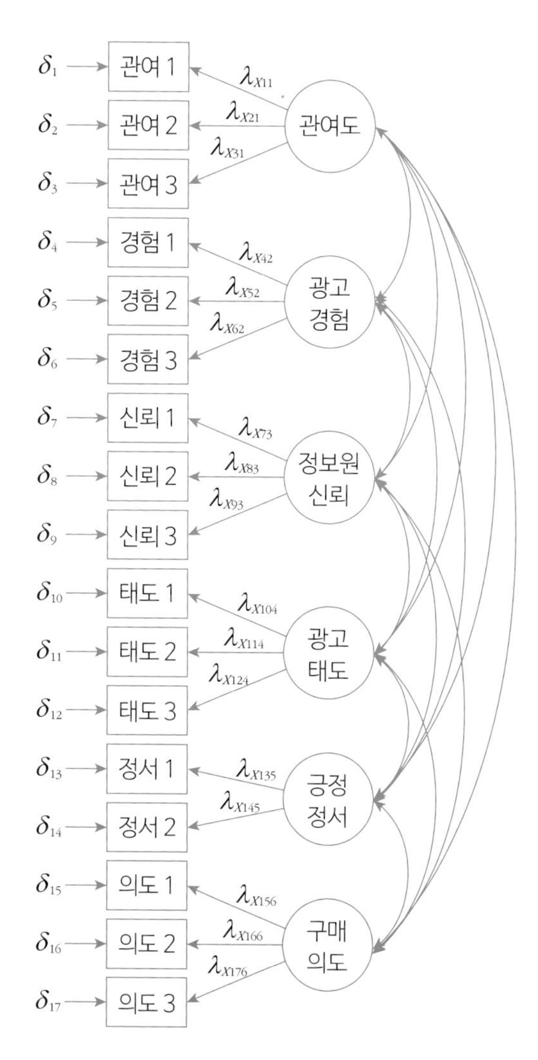

[그림 6-4] 측정모형의 도식 예(diagram)

로 전형적인 의미의 연역적 접근의 확인적 요인분석(CFA) 절차입니다. 측정모형은 관측변수를 구성하는 잠재변수를 확인하는 과정으로 경로관계가 없고 잠재변수와 관측변수의 관계(람다, λ: EFA의 요인적재량), 관측변수의 오차분산(델타, δ), 외생변수 간의 공분산(파이, ϕ)만으로 구성됩니다.

[그림 6-4]의 예시에는 '긍정정서'의 2개 문항을 제외하고 다른 변수는 모두 3개의 관측변수로 구성되어 있습니다(구조방정식은 잠재변수별 3개 이상의 측정치 사용을 권장함). 가정되는 잠재변수는 관여도, 광고에 대한 경험, 정보원의 신뢰도, 광고태도, 긍정정서, 구매의도의 6개 이론변수입니다.

이 예에서는 측정모형의 검증이 최종 목표이기보다는 잠재변수의 타당성을 확보(확인적 요인분석)하고 난 후 타당한 잠재변수 간의 구조적 경로관계를 가설검증하는 것이 목표입니다. 따라서 [그림 6-5]와 같이 잠재변수(이론변수) 간의 경로관계를 설정하고 검증할 목적으로 측정모형과 구조모형의 2단계로 분석하는 것이 구조방정식모형의 전형적인 형태입니다.

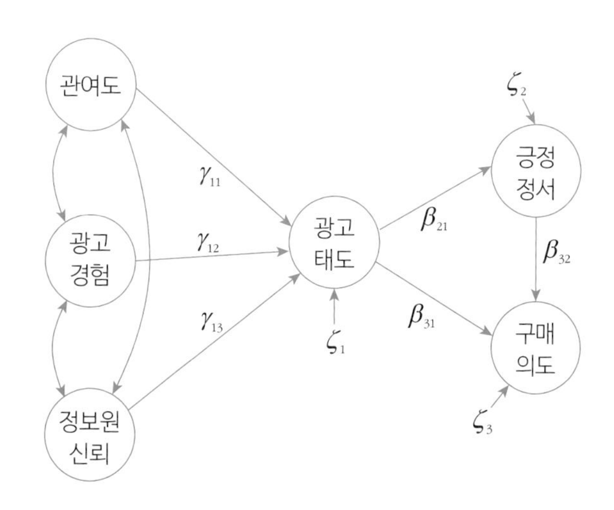

[그림 6-5] 구조모형의 도식 예(diagram)

[그림 6-5]의 예시 경우에는 3개의 외생변수(관여도, 광고경험, 정보원 신뢰)와 3개의 내생변수(광고태도, 긍정정서, 구매의도)가 있습니다. 외생변수(ξ)와 내생변수(η)의 관계는 **감마**(γ)로 표시되는 경로이고 내생변수 간의 관계는 **베타**(β)로 표시되는 경로입니다. 측정모형과 같이 구조모형의 경로관계도 이론에 근거해야 합니다. 구조모형은 잠재변수의 영향력 관계이므로 '원'으로 표시되고 외생변수의 분산(ξ), 내생변수의 분산(η), 외생변수와 내생변수의 관계(γ), 내생변수의 관계(β), 내생변수의 잔차(ζ)를 각각 표시합니다(종종 이론적 가정이 가능할 때 잔차 간의 상관[ψ]을 가정할 수 있음). 이 예의 구조방정식모형은 광고태도를 예측하는 3개의 선행변수(관여, 경험, 신뢰)를 가정하고 광고태도는 긍정정서와 구매의도에 영향을 주며 긍정정서는 다시 구매의도에 영향을 주는 구조관계를 가설모형으로 설정한 것입니다(이 모형은 '광고태도와 선행변수 간의 다중회귀모형+매개분석을 위한 회귀모형'의 결합 형태임).

Q82 구조방정식에서 모형의 파악은 무엇이고 간명모형을 위해 미지수(추정계수)를 줄이는 방법은 무엇인가요?

해설

이론모형을 설정하고 AMOS를 실행할 때 설정한 이론모형이 파악될 수 있는 모형이어야 정상적인 구조방정식의 결과를 산출할 수 있습니다.

구조방정식의 모형 파악(model identification)이란 **이론모형에 포함된 계수(미지수)를 추정하는 고유한 방정식이 있고 그에 따라 각 계수가 고유한 값을 갖는 것**을 말합니다. 만일 이론모형에서 추정되는 어떤 미지수라도 고유한 값을 갖지 않으면 검증될 수 없는 모형, 즉 **부정모형**(underidentified model)이 됩니다. 모형이 파악되지 않는다는 것은 행렬방정식에서 구하고자 하는 미지수는 많은 반면 고유값을 찾는데 필요한 정보(즉, 자료의 수)가 적다는 것을 의미합니다. 그러므로 구조방정식에서 모형의 파악은 **산출해야 할 미지수(추정계수)와 행렬방정식을 풀기 위해 주어진 자료의 수에 의해 결정**됩니다. 구조방정식모형에서 산출해야 할 미지수는 보통 7개 행렬($\lambda, \gamma, \beta, \phi, \psi, \delta, \varepsilon$)의 계수에 해당하며 주어진 자료의 수는 관측변수의 수와 같습니다. 산출될 미지수와 정보(자료의 수)에 따라 부정모형, 포화모형, 간명모형이 구분되는데, 다음 〈표 6-3〉은 산출할 미지수와 자료의 수에 따른 모형 유형을 나타낸 것입니다.

<표 6-3> 산출할 미지수와 자료의 수에 따른 모형의 구분

구분	조건	특징
부정모형 (underidentified model)	자료의 수 < 미지수의 수, $df<0$	미지수가 고유값을 갖지 않고 수많은 값을 지니므로 해석이 불가능함.
포화모형 (saturated model)	자료의 수 = 미지수의 수, $df=0$	고유값을 가지거나 이론모형으로서 간명성이 없어 통계검증이 불가능하고 분석 의미가 없음.
간명모형 (overidentified model)	자료의 수 > 미지수의 수, $df>0$	많은 정보로 적은 미지수를 추정하므로 과학적 절약성과 합리성을 갖는 모형.

〈표 6-3〉에서 포화모형은 흔히 '겨우 파악된 모형(just identified model)'이라고도 하며 관측변수(자료의 수)의 정보만으로 모형을 파악하는 것이므로 연구자의 관점에서 이론에 대한 검증이라고 보기 어렵습니다. 또한 간명모형은 정확한 의미에서 이론에 부합하는 최적의 모형을 말하며(simple model) 자료의 수가 미지수의 수를 지나치게 초과하면 과잉으로 적합한 모형(과잉단순)이 될 수 있습니다. 따라서 구조방정식모형(SEM)은 이론에 부합하면서 최적 수준으로 자료의 수가 존재하고 그로써 미지수의 고유값을 충분히 추정할 수 있는 경우, 즉 이론적 간명모형을 추구합니다.

자유도에 의한 모형의 파악

구조방정식(SEM)에서 모형파악의 여부는 기본적으로 자유도(degree of freedom: *df*)를 기준으로 합니다. SEM의 자유도는 미지수의 계산에 필요한 정도를 초과하는 자료의 수로 정의되며 곧 간명모형의 조건인 $df > 0$이 되도록 자료의 수가 미지수의 추정에 충분한 정보를 지니는지를 파악하는 것입니다. 자유도가 크면 그만큼 미지수를 계산할 때 남는 정보까지도 모형에서 설명해야 하므로 만일 자유도가 크면서도 모형이 적합하게 평가되면 낮은 자유도의 모형에 비해 더 좋은 모형이라고 인정받게 됩니다(많은 제약을 극복한 좋은 모형). 따라서 모형 적합도가 동일할 때 자유도가 작은 모형보다 자유도가 큰 모형이 훨씬 좋은 모형으로 평가됩니다(March et al., 1988).

SEM에서 자유도(*df*)는 미지수의 계산에 필요한 정보를 초과하는 자료의 수로 정의되므로 다음과 같이 공식으로 표현됩니다.

$$df = \frac{k(k+1)}{2} - m \qquad \text{(공식 6-1)}$$

여기서 k는 자료의 수(관측변수의 수)이고 m은 산출할 미지수의 수를 말합니다. 따라서 부정모형의 경우에는 자유도가 0보다 작고($df < 0$) 포화모형의 자유도는 0($df = 0$), 간명모형의 자유도는 항상 0보다 큰 조건($df > 0$)에 해당합니다. 이해를 돕기 위해 [그림 6-1]의 구조방정식모형의 도해(圖解)와 [그림 6-2]의 AMOS를 이용한 완전모형의 다이어그램에서 자유도를 계산해 보겠습니다. [그림 6-6]은 같지만 제시 방식이 다른 [그림 6-1]과 [그림 6-2]를 함께 나타낸 것입니다.

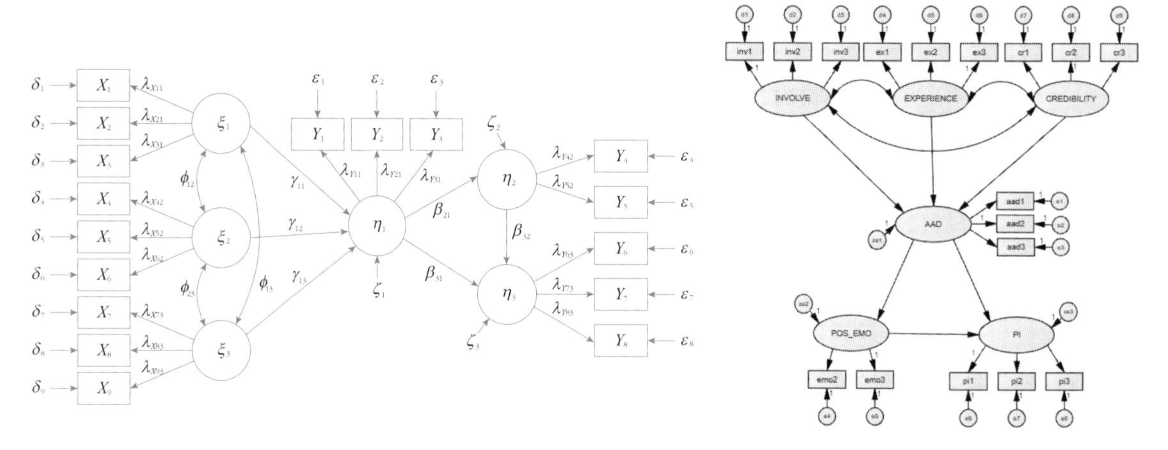

[그림 6-6] 자유도 계산을 위한 모형의 예시

[그림 6-6]에서 자료의 수와 산출할 미지수에 근거하여 자유도를 구하면 다음과 같습니다.

[그림 6-6]에서 자유도의 계산

- 자료의 수: 관측변수가 17개이므로 17(17+1)/2=153개
- 미지수의 수: λ_X=6개, λ_Y=5개, γ=3개, β=3개, ϕ=6개, ψ=3개, δ=9개, ε=8개 → 총 43개 (λ_X의 3개와 λ_Y의 3개는 1.0 고정)
- 자유도: $df=153-43=110$
- 따라서 $df>0$이므로 간명모형으로 파악될 가능성이 높음.

척도미결정성

설정한 이론모형이 파악되기 위해서는 $df>0$의 조건을 만족해야 하지만 산출할 개별 미지수가 모두 문제없이 파악되기 위해서는 몇 가지 사항이 충족되어야 합니다. 종종 AMOS와 같은 구조방정식 프로그램을 수행하다 보면 "**모형이 파악되지 않는다**(The model is probably unidentified)"와 같은 메시지를 접하게 됩니다. 이는 자유도가 $df>0$인 조건에서도 종종 나타나는데, 흔히 ① 데이터가 안정적이지 않거나 ② 개별 미지수의 척도값이 정해지지 않아 해법(solution)을 구할 수 없는 경우입니다.

특히 구조방정식에서 잠재변수는 초기의 값이 결정되지 않은 상태(즉, 임의값)에서 출발하므로 초기치를 정해 줌으로써 미지수 추정을 가능하게 해야 합니다. 흔히 구조방정식모형의 **척도미결정성**(scale indeterminacy)이라고 부르는 현상입니다.

척도미결정성이란?

- 잠재변수의 값이 임의적인 것을 말함(EFA에서 잠재성분의 속성과 같음).
- 잠재변수(ξ, η)의 분산은 관측되지 않으므로 객관적 준거가 존재하지 않아 정확한 분산 초기치를 정할 수 없음.
- **해결책**: 잠재변수(ξ, η) 혹은 관측값에 대한 가중치(λ)의 초기치를 지정 → 1.0으로 척도 단위를 부여함으로써 미결정성을 해소할 수 있음.

척도미결성을 해소하면 대체로 모형은 파악되는데, 그럼에도 불구하고 개별 미지수가 파악되지 않는다면 다음과 같은 증상들을 추가로 검토해 보아야 합니다.

① 여러 계수의 표준오차가 매우 큰 값을 갖거나

② AMOS의 산출물에서 분산-공분산 행렬(variance-covariance matrix)을 산출하지 못하거나 그 값들이 매우 큰 경우 → 공분산행렬의 값들이 크다는 것은 미지수 간의 상관이 크다는 것을 의미하고 미지수 값들이 무수히 존재할 때 상관이 높아짐.

③ 음수의 오차분산과 같은 불가능한 값을 갖는 경우.

④ 미지수의 값을 하나씩 고정하면서 반복 추정하였을 때 모형의 적합도가 현저하게 변화되는 경우.

다만 데이터 특성은 미지수 추정방식(예, 최대우도, 최소자승법 등)에 의존하므로 주의 깊게 변화를 살펴보아야 합니다. 만일 종합적 검토에도 불구하고 미지수가 파악되지 않는 조건에 있거나 그와 같은 징후가 발견되면 미지수 파악을 위한 가능한 조치를 해야 합니다. 가능한 조치란 결국 척도미결정성을 해소하고 추정할 미지수의 수를 줄여 줌으로써 자유도를 높이고 간명한 모형을 만드는 것입니다. 이와 같은 문제가 구조방정식모형을 어렵게 만들지만 간명한 모형을 만들기 위해 추정할 미지수를 줄이는 다음의 방법을 참고하면 도움이 될 것입니다(조치 사항).

간명모형을 위한 추정 미지수 줄이기

① 경로 축소

- 관계성이 의심스럽거나 명확하지 않은 경로(path)를 제거함 → 경로가 많아지면 산출할 계수가 증가하므로 간명모형에서 점점 멀어짐.

② 척도미결정의 해소

- 잠재변수의 분산(예: ϕ_{11})을 1.0으로 고정하거나 잠재변수에 대한 측정변수의 가중치(λ_X, λ_Y)의 하나를 1.0으로 고정함 → 잠재변수의 분산을 고정하면 모든 가중치를 구함(EFA처럼 모든 관측변수의 가중치를 추정할 때 사용).
- 가중치 고정: [그림 6-6]에서 잠재변수 INVOLVE(ξ_1)에 대한 inv(X_1)의 가중치(λ_{X11})를 1.0으로 고정함 → 그러면 잠재변수의 분산(ϕ_{11})과 두 람다(λ_{X21}, λ_{X31})의 계수값을 산출함(가중치의 고정 ☞ Q87).
- 분산 고정: [그림 6-6]에서 잠재변수 INVOLVE(ξ_1)의 분산(ϕ_{11})을 1.0으로 고정함 → 해당 람다($\lambda_{X11}, \lambda_{X21}, \lambda_{X31}$)의 계수값을 모두 산출함(분산의 고정 ☞ Q88).
- 단, 분산 혹은 가중치 중 하나만 1.0으로 고정해야 함.

③ 등가제약(equality constraints)

- 특정한 2개의 미지수의 값이 같다고 가정함.
- 하나의 미지수는 다른 미지수의 값으로 결정되므로 그만큼 자유도가 늘어나고 간명모형이 됨.
- 예시: [그림 6-6]에서 (a) λ_{X42}와 λ_{X52}의 추정치를 같다고 가정하거나 (b) 잠재변수의 분산 ϕ_{11}과 ϕ_{22}가 같다고 가정(nested model)하여 미지수를 줄임(등가제약의 모형 ☞ Q85).

④ 알려진 추정치의 값을 고정

- 미지수 가운데 잘 알려진 추정치의 계수를 고정하여 자유도를 증가시킴(Hayduk, 1987) → 자유도의 증가로 모형의 간명성을 높일 수 있으나 오차 변동으로 인해 동일모형의 검증으로 사용을 제한하는 것이 바람직함.

Q83 구조방정식의 모형을 평가하는 방법은 무엇인가요? 적합도 지수는 어떻게 해석하나요?

해설

구조방정식모형의 결과를 해석할 때 가장 기본이 되는 요소는 모형의 적합도(goodness-of-fit)를 평가하는 것입니다. 모형의 평가는 보통 여러 적합도 지수를 해석하는데, 지수들은 각기 용도에 따라 해석되므로 특정 지수에 의존하지 않고 종합적으로 판단하는 것이 중요합니다.

구조방정식에서는 전반적인 모형의 적합도를 나타내는 **전반적 평가지수**(chi-square, NCP, FMIN, GFI, AGFI, RMSEA, RMR), 추정모형(estimation model)과 영모형(null model)을 비교하는 **증분 적합도 지수**(NFI, TLI, IFI, CFI, RFI), 모형의 절약성을 평가하는 **간명성 지수**(PNFI, PGFI, AIC, ECVI, CVI) 등이 있습니다.

chi-square와 NCP

카이제곱(chi-square: χ^2)은 익숙한 통계치로 모형의 적합성을 평가하는 가장 기초적이고 원시적인 지수에 속합니다. 카이제곱값이 0이면 완벽하게 들어맞는 모형을 의미하는데, 이때 모형은 $df=0$(표본행렬−모형행렬=0)인 상태의 포화모형(saturated model)이 됩니다.

보통 카이제곱은 표본행렬(S: 관측행렬)과 모형행렬(Σ: 추정행렬)의 차이를 나타낼 때 표본크기의 함수로 표시되는 통계치이므로 표본크기가 커지면 두 행렬의 차이가 작아도 통계적으로 유의미한 값을 나타냅니다. 이처럼 카이제곱값은 표본크기에 영향을 많이 받으므로 표본크기가 큰 경우 적합도를 평가하는 지수로 적절하지 않습니다. 이런 점에서 카이제곱값을 평가할 때 **카이제곱값을 자유도로 나눈 값이 5.0 이하면 양호하고 3.0 이하면 좋은 모형으로 평가**하기도 합니다(Kline, 2005).

카이제곱값은 기초적인 통계치이지만 표본크기($n > 200$)와 다변량 정규성에 민감하므로 표본의 크기가 크고 측정변수가 많을 때 모형을 과대평가하는 경향이 있어 대체로 참고용으로 사용합니다(Bentler & Bonett, 1980).

표본크기에 영향을 받는 카이제곱값을 우도율(likelihood-ratio)에 의해 교정한 지수가 **NCP**(non-centrality parameter)입니다. NCP는 McDonald와 Marsh(1990)에 의해 제안된 것으로 표본행렬(S)과 모형행렬(Σ)의 불일치를 나타내는 지수이며 **상대적으로 표본크기의 영향을 덜 받는 것으로** 알려져 있습니다. 90% 신뢰수준에서 신뢰구간을 함께 제시하며 그 값이 낮을수록 양호한 모형을 의미합니다. 또한 **NCP를 표본크기로 나누어 표준화한 지수가 SNCP**(scaled noncentrality parameter)입니다(McDonald & Marsh, 1990). 쉽게 말해, NCP는 카이제곱값에서 자유도를 뺀 값이고 SNCP는 NCP를 사례수(N)로 나눈 값입니다. 하지만 이들 지수 역시 통계적 검증 절차가 없어 통계적 유의도가 제시되지 않으므로 대안모형과 비교를 위한 참고용으로 활용하는 것이 좋습니다. 유사하게 **FMIN**(minimum value of discrepancy function F)은 NCP를 다시 n−1로 나누어 준 값으로 불일치 함수 F의 최소값을 나타냅니다. 이 값은 표본크기가 커서 카이제곱의 해석이 곤란할 때 대안적으로 사용 가능한 지표입니다. NCP와 같이 90% 신뢰수준에서 신뢰구간을 함께 제시하며 **값이 작을수록** 표본행렬과 모형행렬의 불일치가 적은 모형임을 나타냅니다.

카이제곱(χ^2)과 NCP

- 적합도 평가에서 카이제곱값이 크고 유의미하면($p < .05$) 모형이 적합하지 않다고 판단하며 카이제곱값이 작고 유의미하지 않으면($p > .05$) 모형이 적합한 것으로 평가함 → 표본크기에 영향을 받으므로 참고용.
- 카이제곱값/자유도: 그 값이 5.0이면 수용 가능한 수준이고 3.0이면 좋은 모형으로 평가함 → AMOS의 'CMIN/DF'의 값.
- 대안적으로 표본크기의 영향을 개선한 NCP와 SNCP, FMIN 등을 해석할 수 있음. 단, 통계적 준거가 없으므로 대안모형의 비교용으로 사용.
  - $NCP = F - df$, 여기서 F는 추정모형의 카이제곱값이고 df는 추정모형의 자유도
  - $FMIN(F0) = (F - df)/n - 1$, 여기서 F는 추정모형의 카이제곱값이고 df는 추정모형의 자유도

※ F=추정모형의 카이제곱, df=추정모형의 자유도, n=사례수

GFI와 AGFI

GFI(goodness-of-fit index: 일반 적합도 지수)는 가장 보편적인 적합도 지수입니다. 보통 모형행렬(Σ: 모형공분산행렬)이 표본행렬(*S*: 표본공분산행렬)을 설명하는 비율을 의미하며 마치 회귀분석의 R^2과 같이 생각할 수 있습니다.

GFI의 범위는 0과 1 사이의 값을 나타내지만 만일 음수의 값을 나타낸다면 모형이 매우 나쁘다는 것을 의미합니다(Herting & Costner, 1985). 카이제곱값과 달리 GFI는 표본크기와 다변량 정규성의 영향을 덜 받으므로 비교적 제약 없이 사용할 수 있는 적합도 지수입니다(Tanaka & Huba, 1985). 보통 GFI는 표본이 200 이상일 때 그 값이 0.90 이상이면 양호한 모형이고 0.95 이상이면 매우 좋은 모형으로 판단합니다(Bentler & Bonett, 1980; Kline, 2005).

GFI는 자유도가 작아질수록 큰 값을 갖기 때문에(자유도가 작아지면 *S*와 Σ의 차이가 0에 근접) 자유도의 영향을 조정한 AGFI(adjusted goodness-of-fit index: 수정 일반 적합도 지수)를 사용합니다. AGFI는 산출할 미지수가 많아지면 GFI보다 작은 값을 갖게 됩니다. AGFI의 해석은 보통 수정 R^2과 같습니다(Tabachnick & Fidell, 2013).

GFI와 AGFI

- *GFI*는 표본이 $n > 200$이고 $GFI \geq 0.90$이면 양호한 모형으로 평가하고 $GFI \geq 0.95$이면 매우 좋은 모형으로 평가함.
- *GFI*는 자유도가 감소할수록 큰 값을 가지므로 자유도가 작은 경우 *AGFI*를 해석함 → 여러 값을 종합적으로 해석할 때 기본 지수로 사용.

RMR과 RMSEA

RMR(root mean square residual: 원소 간 평균차이)은 표본행렬(*S*)과 추정행렬(Σ)의 차이, 즉 잔차 분산-공분산행렬(residual variance-covariance matrix)을 합하여 평균한 값의 제곱근으로 간단히 잔차평균이라고 할 수 있습니다. *S*와 Σ의 차이가 작을수록 모형의 적합성을 나타내므로 RMR이 0에 근접한다는 것은 모형이 그만큼 양호함을 말합니다(즉, 잔차=0).

일반적으로 RMR은 모형의 실용적 적합성을 평가하는데, 그 값이 0.07 이하면 대체로 양호한 모형이고 0.05 이하면 좋은 모형으로 평가합니다(Bentler & Bonett, 1980; Bagozzi & Yi, 1988). 다만 RMR은 표본의 측정 단위에 영향을 받으므로 상관행렬을 분석에 사용할 때는 RMR의 크기에 영향을 주지 않지만 공분산행렬을 투입하여 분석한다면 RMR 값에 영향을 주므로 해석에 주의해야 합니다(표본행렬이 공분산행렬인 경우 측정의 단위가 클수록 RMR 값이 더 작아짐).

따라서 설정한 이론모형의 척도 단위가 다를 때는 RMR을 표준화한 SRMR(standardized RMR)을 사용하거나 더 일반화된 값으로 RMSEA(root mean square error of approximation: 오차평균 근사치)를 사용합니다. RMSEA는 RMR과 유사하지만 표본에서 추정된 것이 아니라 모수로부터 추정된 값을 의미하며 표본크기가 커서 카이제곱값을 해석할 수 없을 때 유용합니다(표본크기의 영향이 가장 적음). 특히 확인적 요인분석의 해석에 중요하며 그 값이 0.05에서 0.08일 때 수용할 만한 모형으로 평가합니다(Steiger, 2007; MacCallum et al., 1996).

RMR와 RMSEA

- *RMR*은 표본행렬(S)과 추정행렬(Σ)의 차이, 즉 잔차를 의미하므로 그 값이 0에 근접할수록 양호한 모형을 의미함 → 보통 $RMR \leq 0.05$이면 매우 좋고 $RMR \leq 0.07$이면 수용할 만함.
- *RMSEA*는 표본크기가 큰 경쟁모형의 비교나 확인적 요인분석에서 유용함 → *RMSEA*의 값이 0.05~0.08일 때 양호한 모형으로 평가.

  - $RMSEA = \sqrt{\frac{(F - df)/(n-1)}{df}}$

  ※ F=추정모형의 카이제곱, df=추정모형의 자유도, n은 사례수

증분 적합도 지수: NFI, TLI, IFI, CFI, RFI

NFI(normed fit index: 표준 적합도 지수)는 모든 측정치가 하나의 잠재요인(성분)을 측정한다고 가정하는 영모형(null model)과 연구자가 설정한 모형 간의 거리를 비율로 계산한 것

과 같습니다(Bentler & Bonett, 1980). 보통 추정모형(연구모형)은 측정치들이 여러 요인을 측정한다고 가정하므로 하나의 잠재요인만을 가정하는 영모형을 비교의 근거로 삼게 됩니다. 이때 NFI는 기초적인 영모형(null model)으로부터 추정모형의 설명비율을 나타냅니다. 즉, 추정모형이 영모형에 접근하면 NFI의 값은 0에 근접하고 NFI가 0에 가까울수록 나쁜 모형을 의미합니다. 일반적으로 **NFI가 0.90 이상일 때 수용 가능한 양호한 모형으로 평가**합니다(Bentler & Bonett, 1980).

NFI는 표준화된 지수이지만 표본크기에 영향을 받는데, 만일 표본크기가 매우 작으면 모형이 양호할지라도 NFI는 1.0에 접근하지 않습니다(Bearden et al., 1982). 그러므로 표본크기가 작은 경우에는 대안적인 지수로 Tucker와 Lewis(1973)의 **TLI**(Tucker-Lewis index: 투커-루이스 지수)를 사용할 수 있습니다.[2] TLI는 NFI에 비해 표본크기가 작은 경우에도 구조방정식모형을 안정적으로 평가하는 것으로 알려져 있으며 **그 값이 0.90 이상이면 양호하고 적합한 모형으로 평가**합니다(March et al., 1988). 따라서 TLI는 RMSEA와 더불어 표본크기에 덜 민감한 지수로 평가됩니다.

표본크기의 영향을 방지하는 또 다른 지수로 Bollen(1986, 1989)에 의해 개발된 **IFI**(incremental fit index: 일반 증분 적합도 지수)가 있습니다. IFI는 연구모형과 영모형을 서로 포함관계에 있는 모형(nested model: 둥지모형)으로 간주하고 비교를 통해 적합도의 증가분을 평가하는 지수입니다. NFI, TLI, IFI는 추정모형과 영모형의 비교를 통해 증가분을 계산하기 때문에 이들을 통칭하여 **증분 적합도 지수**라고 하고 **그 값이 0.90 이상일 때 양호한 모형으로 판단**합니다.

이 밖에도 추정모형과 영모형을 비교하는 적합도 지수로 **CFI**(comparative fit index: 비교 적합도 지수)와 **RFI**(relative fit index: 상대적 적합도 지수)가 있습니다. 이들 지수는 0과 1사이의 값을 가지고 **0.90 이상일 때 좋은 모형으로 판단하고 0.95이상이면 매우 좋은 모형으로 평가**합니다(West et al., 2012). CFI는 표본크기나 모형의 복잡성에 영향을 덜 받고 작은 표본에도 적합하며 모형의 개발과 대안모형의 평가에서 비교 지수로 유용합니다(Rigdon, 1996). 특히 **CFI는 둥지모형(nested model)에서 큰 모형과 작은 모형 간의 간명성을 파악할 때 활용도**

2) 흔히 NNFI(non-normed fit index)는 구조방정식모형에 TLI를 적용한 것으로 서로 같은 의미로 사용됨.

가 높은 지수입니다.[3] 예를 들어, 등가제약으로 대안모형을 구성하였을 때 큰 모형(설정모형)과 작은 모형(등가제약 모형)의 간명성 차이를 비교할 목적으로 사용합니다(둥지모형의 비교 ☞ Q85). 둥지모형의 비교에서 CFI의 차이가 0.01을 초과하면 실질적 차이로 해석할 수 있는데(Widaman, 1985; Browne & Cudeck, 1993), 이때 모형 간의 차이에 대한 통계적 차이를 평가하기 위해 카이제곱 차이 검증치(sequential chi-square difference test: SCDT)를 함께 해석하고 최선의 간명모형을 선택합니다. 카이제곱 차이검증치(SCDT)는 연구모형과 대안모형 간의 카이제곱의 차이 값을 차이 자유도에서 유의검증하는 방법으로 모형 간의 실제 차이를 반영합니다($df=1$일 때, 카이제곱=3.84는 $p=.05$; 차이 자유도가 1일 때 카이제곱 차이값이 3.84보다 크면 $p<.05$로 통계적으로 유의미하다고 해석함). 또한 PCFI(parsimony CFI)는 CFI의 값에 간명비율을 곱한 것으로 0과 1 사이의 값을 가지고 값이 클수록 간명한 모형으로 평가합니다.

증분 적합도 지수

- NFI는 연구모형이 영모형과 차이가 있는지를 파악하는 지수로 NFI가 0에 근접하면 연구모형의 증분효과가 없는 것으로 평가함 → $NFI=1.0$이면 최적의 모형으로 말하며 $NFI \geq 0.90$일 때 양호한 모형으로 평가함.
- TLI는 표본크기의 영향을 받는 NFI의 대안적 지수로 일반적인 해석의 준거는 $TLI \geq 0.90$일 때 모형이 양호한 것으로 평가함.
- IFI는 추정모형과 영모형을 둥지모형으로 가정하고 증가분을 평가하는 지수로 해석의 준거는 $IFI \geq 0.90$일 때 양호한 모형으로 평가함.
  - $NFI=1-F/F_i$
  - $TLI=(f_i-f)/(f_i-1)$, 여기서 $f_i=F_i/df_i$이고 $f=F/df$임(df_i는 영모형의 자유도, df는 추정모형의 자유도)
  - $IFI=(F_i-F)/(F_i-df)$

3) 둥지모형(nested model)에서 작은 모형의 미지수는 큰 모형 미지수의 부분집합이 됨. 따라서 작은 모형의 자유도는 큰 모형에 비해 자유도가 크고 미지수가 적은 모형이며 큰 모형은 상대적으로 자유도가 적고 미지수가 많은 모형을 의미함.

- $CFI = 1-((F-df)/(F_i-df_i))$
- $PCFI = (df/df_i) \times CFI \rightarrow df/df_i$는 간명성 비율(PRATIO)
- $RFI = (f_i - f)/f_i$

※ F=추정모형의 카이제곱, F_i=영모형의 카이제곱, $f=F/df$, $f_i=F_i/df_i$, df=추정모형의 자유도, df_i=영모형의 자유도

간명성 지수: PNFI, PGFI, AIC, ECVI

PNFI(parsimony normed fit index: 간명성 표준 적합도 지수)는 모형의 간명성(절약성)을 파악하기 위한 지수로 James 등(1982)이 NFI를 변형하여 제안한 것입니다. 자유도가 0보다 클 때($df>0$), 즉 산출할 미지수보다 자료의 수가 많을 때 모형은 간명해지므로 **PNFI는 자유도의 수로 모형의 적합성을 판단**하는 방법입니다.

PNFI는 다른 자유도(df)를 지닌 모형을 비교할 목적으로 사용되므로 연구모형과 대안모형을 비교할 때 적합합니다. PNFI의 경험적 준거로는 **PNFI 값이 0.60 이상이고 PNFI의 차이가 0.06~0.09의 범위에 있으면 비교모형 간의 실질적인 차이가 있는 것으로 해석**합니다(Williams & Podsakoff, 1989; Williams & Holahan, 1994). 특히 PNFI는 CFI나 SCDT와 달리 모형이 서로 포함관계에 있지 않아도 비교할 수 있는 장점을 갖습니다.

한편 PGFI(parsimony goodness-of-fit index: 간명성 일반 적합도 지수)는 Mulaik 등(1989)에 의해 제안된 것으로 PNFI와 같은 간명성 지수이지만 GFI를 변형한 값입니다. 이 지수는 미지수에 대한 자유도를 계산하여 GFI 값의 간명성을 평가합니다. PNFI와 PGFI는 모두 0과 1 사이의 값을 가지며 **그 값이 작을수록 간명한 모형으로 해석**합니다.

그 밖의 간명성 지수로 통계정보이론에 근간한 Akaike(1987)의 AIC(Akaike information criterion)와 Bozdogan(1987)이 제안한 CAIC(consistence Akaike information criterion)가 있습니다. AIC와 CAIC는 공분산행렬 혹은 상관행렬로 구성된 표본행렬(S)이 추정행렬(Σ)에 비해 좋은지를 평가하는 지수로 카이제곱값이 작을 때 그 값이 작아집니다. 그러므로 **AIC나 CAIC의 값이 작을수록 간명한 모형임**을 나타냅니다.

또한 같은 표본크기를 가정한 추정모형과 대안모형의 적합성을 비교하는 지수로 ECVI

(expected cross-validation index: 교차타당화 기대지수)가 있습니다. ECVI는 Browne와 Cudeck(1989)에 의해 제안된 것으로 동일한 크기의 표본에서 표본행렬과 추정행렬의 적합도를 비교하는 지수입니다. 흔히 이론적인 교차타당화를 의미하는 값이지만 경험적인 수용 가능한 준거는 없습니다. 다만 표본의 크기가 충분할 때 추정표본(estimation sample)과 타당화표본(validation sample)으로 나누고 각각의 공분산행렬에서 값의 크기를 비교하여 그 값이 작을수록 양호한 모형으로 평가합니다.

간명성 지수

- *PNFI*는 서로 다른 자유도를 가진 모형을 비교 → 연구모형과 대안모형의 비교.
- *PGFI*는 *GFI*를 변형한 값으로 자유도에 의해 *GFI*의 간명성을 평가.
- *AIC*와 *CAIC*는 카이제곱값이 작을 때 그 값이 작아지도록 계산된 지수.
- *PNFI*, *PGFI*, *AIC*, *CAIC*의 값이 작을수록 모형이 간명한 것으로 평가함.
  - $PNFI = (df/df_i) \times (1 - F/F_i)$
  - $PGFI = (2df/k(k+1)) \times GFI$
  - $AIC = F + 2m$
  - $ECVI = (F + 2m)/n - 1 \rightarrow F + 2m$은 AIC의 값

※ F = 추정모형의 카이제곱, F_i = 영모형의 카이제곱, k = 관측변수의 수, m = 미지수의 수, n = 사례수

구조방정식의 모형적합도를 해석하고 나면 그다음 잠재요인의 경로효과를 구체적으로 설명하는 단계로 넘어가게 됩니다. 이때 모형의 적합성이 낮거나 수용 가능한 수준이 아닌 경우 이론을 검토하고 모형을 재구성하거나 경로관계를 수정하는 일이 생길 수 있습니다(잘 확립된 이론을 바탕으로 설정된 모형은 대체로 수용 가능한 수준을 초과할 것으로 기대). 잠재변수에 대한 설정이나 경로관계가 이론적으로나 논리적으로 잘 구성되었음에도 현실의 데이터가 적합하지 않은 것으로 나온다면 연구자는 수정지수(modification index)를 참고로 필요한 경로를 재설정하거나 불필요한 경로를 제거하는 과정을 도움받을 수 있습니다(AMOS

산출물의 'Modification Indices'에서 그 값이 큰 경로의 제거나 변경).

모형의 수정지수는 관계가 설정되거나 제거되었을 때 카이제곱의 변화(감소), 즉 모형의 개선 정도를 나타냅니다. 그래서 수정지수는 현재의 데이터에서 가장 적합한 이론모형을 찾도록 도움을 주는 역할을 합니다. 다만 수정지수는 이론에 근거한 모형의 수정과정이 아니므로 실제 분석에 반영하려는 목적이 아닌 참고용으로 활용하는 것이 바람직합니다(수정지수는 데이터의 이상 유무를 확인하고 극단치의 제거를 통해 정제된 데이터를 확보하기 위한 참고자료로 활용).

이상과 같은 적합도 지수의 해석적 기준을 요약하면 다음 〈표 6-4〉와 같습니다.

<표 6-4> 적합도 지수의 해석 기준(요약)

구분	지수	기준
일반 적합도	카이제곱	p > .05(단, 표본크기의 영향이 큼) 카이제곱/자유도(CMIN/DF) < 5.0
	NCP	값이 작을수록
	SNCP	값이 작을수록
	FMIN	값이 작을수록
	GFI	좋음≥0.90
	AGFI	좋음≥0.90
	RMR	좋음≤0.05
	RMSEA	좋음 0.05~0.08
증분 적합도	NFI	좋음≥0.90
	TLI	좋음≥0.90
	IFI	좋음≥0.90
	CFI	양호≥0.90, 좋음≥0.95, 모형비교≥0.01
	RFI	양호≥0.90, 좋음≥0.95
간명성 지수	PNFI	좋음≥0.60 (모형비교) 0.06~0.09
	PGFI	값이 작을수록
	AIC	값이 작을수록
	ECVI	값이 작을수록

Q84 구조방정식모형의 기본 가정은 무엇인가요?

해설

구조방정식모형의 기본 가정은 측정모형과 구조모형에 모두 적용되며 다른 다변량 분석법에서 일반적인 사례수 및 다변량 정규성에 대한 가정과 구조방정식 고유의 잠재변수와 잔차 상관에 대한 가정을 포함합니다.

◇ 표본크기에 대한 가정

구조방정식모형의 표본크기에 대해, Jöreskog와 Sörbom(1997)은 "**표본크기는 충분히 커야 한다**"고 밝혔지만 어느 정도가 충분한 크기인지에 대해서는 여러 견해가 있습니다. 다만 표본크기가 너무 작으면 오차분산에 의해 해석 오류의 가능성이 증가하고 너무 크면 과잉적합의 위험성이 증가합니다. 특히 여러 적합도 지수를 산출하는 근간인 카이제곱은 사례수의 영향을 받으므로 표본이 커지면 신뢰할 수 없는 값이 됩니다.

구조방정식의 해법(solution)을 타당하게 산출하는 일반적 준거로 **표본크기(N)는 최소한 $n \geq 200$이어야** 한다는 것에 동의하지만 다음과 같은 조건들을 고려해야 합니다.

(1) 확인적 요인분석을 위한 측정모형의 해법을 구하기 위해서는 최소 200 이상의 표본크기를 가져야 적합도 지수의 해석에 오류가 없습니다(Boomsma, 1987).

(2) 표본오차를 줄이기 위해 표본크기는 추정해야 할 미지수의 숫자보다 5~10배 이상이어야 안정적입니다(Bentler & Chou, 1987).

(3) 표본의 데이터가 정규분포를 이루지 못할 때 혹은 미지수 추정을 최대우도(ML)나 가중최소자승법(GLS)을 사용할 경우는 보통보다 더 많은 사례가 요구됩니다.

◇ 다변량 정규성

다른 다변량 기법과 같이 구조방정식의 측정치들은 다변량 정규성을 가정해야 합니다. 특히 적합도 지수로서 카이제곱을 유의미하게 해석하기 위해서 다변량 정규성 가정이 필요합니다. 카이제곱은 관측변수의 정규성에 민감하고 편포된 분포(왜도, 첨도)에서 카이제곱은 그 값이 작아도 통계적으로 유의하므로 신뢰할 수 없게 됩니다.

다변량 정규성 가정을 검토하는 방법으로 먼저 개별변수의 왜도와 첨도를 평가할 수 있는데, 왜도가 ±2.0 혹은 ±3.0의 범위에 있고 첨도가 ±3.0 혹은 ±4.0의 범위에 있을 때 정규성을 가정할 수 있습니다(Curran et al., 1996; Kline, 2005). 또한 유의검증이 가능한 Lilliefors 유의수준에 따른 Kolmogorov-Smirnov 검증으로 관측변수들의 정규성을 체크할 수 있습니다($p > .05$이면 정규성 가정).

구조방정식모형은 다변량 정규성에 민감하므로 다변량 정규성을 가정할 수 없다면 다소 덜 엄격한 방식의 계수추정법을 사용해야 합니다. 즉, 최대우도나 일반화 최소제곱법은 다변량 정규성을 가정할 때 사용하지만 그렇지 않으면 비가중최소제곱법과 같이 정규성을 가정하지 않는 추정법을 사용할 수 있습니다(단, 추정모형이 크고 복잡한 경우에는 추정의 오차가 커짐). 다음은 정규성 가정에 따른 미지수 추정방식을 요약한 것입니다.

다변량 정규성에 따른 추정법의 사용: 가중되지 않은 최소제곱법, 일반화 최소제곱법, 최대우도

- 정규성을 가정하지 않을 때 → 가중되지 않은 최소제곱법(unweighted least square: ULS)을 사용.
  - 표본행렬(S)과 추정행렬(Σ)의 차이를 제곱해 그 값을 최소화하는 계수를 찾는 방식
  - 장점은 변수의 정규성과 상관없이 안정된 추정치를 얻을 수 있다는 것이며 단점은 공분산행렬을 사용하면 상관행렬을 사용할 때와 미지수 추정이 달라지는 것임(즉, 척도의존성)
  - ULS를 사용할 때 표준화된 데이터 혹은 상관행렬을 이용하는 것이 좋음
- 정규성을 가정할 때 → 일반화 최소제곱법(generalized least square: GLS) 혹은 최대우도법(maxium likelihood: ML)을 사용.
  - GLS는 ULS와 개념적으로 유사하면서 실제 계산은 최대우도와 같음
  - GLS와 ML은 정규성을 가정할 때 사용 → ULS에 비해 추정치가 실제 모수에 근접함(수렴적 효율성: asymptotical efficiency)
  - 수렴적 효율성에 기초하여 모형검증, 모형비교, 추정치에 대한 유의검증을 수행
  - 척도의존성을 갖지 않음 → 상관행렬이든 공분산행렬이든 동일한 추정치를 얻음. 단, 표본크기가 작거나 양분변수를 포함할 때 안정된 추정치를 구할 수 없음

◇ 잔차와 잠재변수의 무상관

구조방정식의 해법을 구하기 위해서는 잔차와 잠재변수 간의 상관이 없음을 가정해야 합니다. 외생변수와 내생변수를 포함하므로 구체적인 가정은 다음과 같습니다.

① 내생변수의 잔차(ζ)와 외생변수(ξ)는 서로 상관이 없다.
② Y변수의 오차(ε)와 내생변수(η)는 서로 상관이 없다.
③ X변수의 오차(δ)와 외생변수(ξ)는 서로 상관이 없다.
④ 제타(ζ), 엡실론(ε), 델타(δ)는 서로 상관이 없다.

이 밖의 상관은 구조방정식에서 모두 사용이 가능합니다. 특히 실제 데이터 분석에서는 제타(ζ) 간의 상관이 자주 발견되며 이들 간 상관은 모형을 개선하는 경우가 종종 있습니다. 구조방정식의 해법(solution)은 기본 가정을 만족할 때 대체로 합리적으로 구해지지만 데이터의 문제로 해법을 구하지 못하거나 잘못된 계산을 수행하는 경우가 있습니다. 주요 증상으로 모형 설정이나 계산의 오류를 파악할 수 있으므로 다음의 경우를 참고하면 도움이 될 것입니다.

① 변수의 분산이 음수나 혹은 0의 값을 지님 → 분산이 음수가 나오더라도 모형의 적합도가 크게 떨어지지 않지만 논리적으로 존재할 수 없는 값이므로 극단치를 검토하고 조치한 후 모형을 재설정해야 함.
② 외생변수의 분산(ϕ)과 내생변수의 잔차(ψ) 그리고 오차분산(δ, ε)은 항상 관측변수의 분산(X, Y)보다 값이 작아야 함 → 그렇지 않으면 미지수의 계산이 잘못되어 신뢰할 수 없음.
③ 반복 추정(iteration)의 횟수가 많고 해법의 산출가능성(admissibility)이 낮음 → 이 역시 모형과 데이터에 문제가 있다는 징후이므로 모델의 수정 및 미지수의 개수를 조정하는 것이 필요함.

Q85 구조방정식모형에서 하나의 잠재변수가 하나의 관측변수만을 가지고 있을 때 어떻게 해야 하나요?

해설

구조방정식모형(SEM)의 기본 가정을 충족하고 나면 정상적으로 분석을 수행할 수 있지만 이론적 잠재변수를 확인하고 그들 간의 구조적 경로관계를 분석할 목적이므로 잠재변수를 확인하는 과정(측정모형의 검증 과정)이 편향되지 않도록 주의해야 합니다. 이를 위해 관측변수와 잠재변수의 관계는 명확한 이론적 근거에 의해 설정되어야 하고 실제 데이터에서 관측변수의 오차분산 추정을 신뢰할 수 있어야 합니다. 그에 따라 구조방정식에서 오차분산의 추정을 확신하기 위해서는 하나의 잠재변수에 최소한 3개 이상의 관측변수를 사용할 것을 권장합니다(Bentler & Chou, 1987). 하나 혹은 두 개의 관측변수가 하나의 잠재변수를 측정한다고 가정하면 미지수의 계산이 잘못될 수 있으므로 빈약한 준거로 간주됩니다.

반대로 하나의 잠재변수에 너무 많은 관측변수가 있으면 모형이 데이터에 부합되지 않아 어려움이 커집니다(Bentler, 1980). 실전에서는 최소 3개 이상의 관측변수를 사용하면서 데이터에 부합하는 수준으로 관측변수의 수를 조절하는 것이 현실적인 어려움을 해결하는 방법이 될 것입니다. 다만 하나의 잠재변수에 하나의 관측변수를 사용하는 경우 미지수 추정이 불가능하므로 계수 추정치를 얻기 위해 오차분산을 설정해 주어야 합니다.

단일관측치의 오차분산은 신뢰할 수 없지만 이론적으로나 경험적으로 신뢰도 값을 알고 있다면 교정된 오차분산의 추정이 가능하며 그로부터 얻은 추정치는 다중관측치를 사용하는 경우와 유사하게 평가됩니다(Wayne & Ferris, 1990; Frone et al., 1992). 신뢰도는 '측정오차의 상대적 부재'로 정의되므로 다음과 같은 일반화된 공식으로 나타낼 수 있습니다(Farkas & Tetrick, 1989).

$$\text{오차분산} = (1 - \text{신뢰도}) \times \text{관측변수의 분산} \qquad \text{(공식 6-2)}$$

그러므로 〈공식 6-2〉를 이용하면(관측변수의 최대분산은 1.0), 신뢰도를 알 때 관측변수의 오차분산을 추정할 수 있고 그 값을 모형의 오차분산(δ, ε) 값으로 설정해 주면 잠재변수에 대한 관측변수의 가중치(λ)를 추정할 수 있습니다. 이때 관측변수의 람다(λ) 값은 불편추정치로 결과를 신뢰하게 됩니다(Frone et al., 1992). 다만 관측변수에 대한 신뢰도 정보는 선행연구 및 경험적으로 타당한 결과에 기초해야 합니다(오차분산을 설정하여 관측변수의 가중치를 산출하기 위해서는 기존 연구의 신뢰도계수를 활용하고 만일 신뢰도 정보가 없을 때는 다중관측치를 사용해야 함).

예시: 단일관측치의 오차분산 추정

단일한 관측치가 구조방정식모형에 자주 등장하지는 않지만 종종 실전 사례에서 불가피한 단일 측정으로 오차분산의 교정치를 신뢰도로부터 추정하는 경우를 발견할 수 있습니다. 이해를 돕기 위해 실전 사례를 참고로 가상적인 이론모형을 설정하고 결과를 살펴보겠습니다. [그림 6-7]은 실전 사례를 바탕으로 단일한 관측치가 포함된 가상적인 측정모형의 다이어그램을 나타낸 것입니다(Prussia et al., 1993).

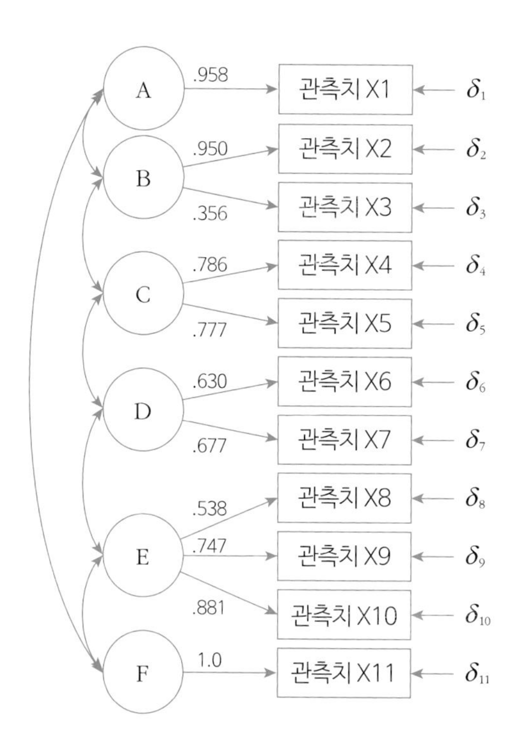

[그림 6-7] 단일관측치를 사용한 구조방정식모형의 예시(Prussia et al., 1993)

[그림 6-7]의 연구모형은 측정모형에 관한 몇 가지 주목할 만한 사항을 포함하고 있습니다. 주요 사항을 요약하면 다음과 같습니다.

(1) 잠재변수에 대한 관측치의 가중치(람다: $\lambda_{11}\sim\lambda_{105}$)를 모두 추정하였는데(F는 제외), 실제 잠재변수의 분산($\phi_{11}\sim\phi_{55}$)을 1.0으로 설정하여 척도미결정성을 해결하였습니다(척도미결정성 ☞ Q82). 만일 잠재변수 'A'에서 'E'의 분산을 1.0으로 고정하지 않으려면 각 잠재변수의 람다 하나씩을 1.0으로 고정해 주어야 합니다(예: $\lambda_{11}, \lambda_{22}, \lambda_{43}, \lambda_{64}, \lambda_{85}$의 가중치=1.0). 이 예에서는 2개만으로 측정된 관측치가 많아 람다보다는 잠재변수의 '분산'을 고정하는 것이 좋습니다.

(2) 잠재변수 'A'와 'F'는 각기 하나씩의 관측변수를 가지고 있는데, **잠재변수 'A'에 대한 가중치(λ_{11})는 .958로 추정되었고 'F'에 대한 가중치(λ_{116})는 1.0으로 고정**되어 있습니다. 즉, 둘 다 하나의 관측치로 잠재변수를 측정하고 있지만 하나(X1의 가중치)는 추정하고 다른 하나(X11의 가중치)는 추정 없이 가중치를 1.0으로 고정하였습니다. 말하자면, 잠재변수 A의 경우는 선행연구의 신뢰도 계수($\alpha=0.90$)로부터 오차분산(δ_1)을 계산하였고(1-신뢰도) 그로부터 X1의 가중치를 추정하였습니다(람다=0.958). 반면 잠재변수 F의 경우는 오차분산(δ_{11})을 설정할 근거가 없어(즉, 기존연구의 경험적 신뢰도가 없음) 오차분산을 0으로 하고 X11의 가중치를 1.0으로 고정하였습니다(람다=1.0). 이처럼 단일관측치이지만 오차분산을 경험적 신뢰도로부터 계산하여 설정하는 경우와 그렇지 않은 경우가 있을 수 있습니다(이 예에서 잠재변수 'B', 'C', 'D'는 모두 2개의 관측치만을 가지고 있어 안정된 오차추정치를 얻기 어려울 수 있음).

(3) 실제 Prussia 등(1993)의 연구에서는 [그림 6-7]의 6요인모형과 등가제약 모형(잠재변수 'B'와 'C'의 등가제약)을 비교하였습니다. 즉, 가설적 6요인모형과 둥지모형(nested model)을 비교하여 최선의 모형을 선택하였습니다. 둥지모형에서 작은 모형(등가제약: 5요인)은 큰 모형(6요인)에 비해 자유도는 크고 미지수가 적은 모형으로 더 절약적인 모형입니다. 따라서 만일 가설적 모형 간에 차이가 없다면 간명한 모형(5요인)을 채택하고 다음 단계의 경로모형을 검증하게 됩니다. 다음 〈표 6-5〉는 등가제약 모형을 포함한 실제 연구의 측정모형 결과를 요약한 것입니다.

<표 6-5> [그림 6-7]에 대한 측정모형 적합도(Prussia et al., 1993)

모형	카이제곱	자유도	CFI	PFI	카이제곱 차이	자유도	CFI 차이
1. 6-요인모형	41.605	33	.972	.583			
2. 단일요인모형	7091.023*	48	.000				
3. 등가모형(B=C)	43.507	38	.982	.678			
차이: 모형 3-1					1.902	5	.010
4. 등가모형(D=E)	74.656*	38	.879	.607			
차이: 모형 4-1					35.051*	5	.093

* $p < .01$

〈표 6-5〉와 같이 연구자들은 6요인모형, 단일요인을 가정하는 영모형(null model), 등가제약모형 1(B=C), 등가제약 모형 2(D=E)를 설정하고 비교하였습니다. 그리고 모형비교를 위한 적합도 지수로는 증분 적합도와 간명성 지수 및 카이제곱 차이검증치(sequential chi-square difference test: SCDT)를 사용하였습니다.

모형비교의 결과, 6요인모형은 첫 번째 등가제약 모형(B=C)과 유의미한 차이를 보이지 않았으며(SCDT=1.902, $p > .05$) 등가제약 모형(B=C)이 더 양호한 모형으로 평가됩니다(6요인모형 → 등가제약 모형, CFI 0.972 → 0.982, PFI 0.583 → 0.678).[4] 반면 두 번째 등가제약 모형(D=E)의 경우는 상대적으로 낮은 CFI 값(0.879)을 보이고 6요인모형에 비해 좋은 모형이라고 평가되지 않습니다. 즉, 모형 간의 차이가 유의미한데(CFI 차이=0.093, SCDT=35.051, $p < .01$), 등가제약 모형(D=E)은 6요인모형에 비해 좋은 모형이 아니므로 기각될 수 있습니다.

그에 따라 실제 연구 결과를 요약하면(Prussia et al., 1993), 잠재변수 B와 C를 등가제약(equality constraints)하여 하나의 잠재변수로 가정하고 최종 **5 요인 측정모형을 채택**하였습니다. 그리고 4개의 관측변수(관측치 $X_2 \sim X_5$)로 하나의 잠재변수(B)를 측정하였습니다. 모형비교를 통해 타당한 측정모형을 확인한 연구자들은 다음 단계로 구조모형을 설정하고 잠재변수 간의 경로관계를 검증하였습니다(출처: *Journal of Applied Psychology, 78*, 3: 382–394).

4) CFI는 0.90 이상일 때 양호한 모형, 0.95 이상일 때 매우 좋은 모형으로 평가하고(West et al., 2012) CFI의 차이가 0.01을 초과할 때 실질적 차이로 해석함(Widaman, 1985). P(N)FI는 0.60 이상이고 그 차이가 0.06~0.09의 범위에 있을 때 비교모형 간의 차이로 해석함(Williams & Podsakoff, 1989).

Q86 구조방정식모형의 분석을 위한 [예제연구 9]는 무엇인가요?

해설

구조방정식모형(SEM)의 데이터는 모두 연속형 변수를 우선하여 사용합니다(종종 양분형 변수를 연속형으로 변환하여 사용). 구조방정식모형은 측정모형과 구조모형의 2단계 분석이 일반적인 접근이지만 측정도구(척도)의 표준화 정도에 따라 탐색적 요인분석(EFA)을 먼저 수행하고 확인적 요인분석(CFA)의 절차로 측정모형을 검증하고 나서 구조모형을 수행하기도 합니다. 한편 구조방정식모형에서 잠재변수를 가정하지 않고 척도변수나 다중문항(multi-item)의 합산점수나 평균 점수를 그대로 관측변수의 점수로 사용하여 변수 간의 구조관계를 분석하는 경로분석(path analysis)과 같은 응용 접근도 있습니다.

구조방정식모형의 해설을 위한 [예제연구 9]는 광고태도를 예측하는 관여도(INVOLVE), 광고경험(EXPERIENCE), 정보원신뢰성(CREDIBILITY)의 3개 변수를 가정하고 그에 따른 광고태도(AAD), 긍정정서(POS_EMO), 구매의도(PI)의 가설적 구조관계를 검증하는 모형입니다. 처음 연구모형에 포함된 관측변수는 총 18개로 잠재변수별 3개씩의 관측치를 갖는 모형이었으나 그 가운데 긍정정서의 첫 번째 관측치(emo1)는 모형에 부합하지 않아 제외하고 17개의 관측변수로 최종 측정모형을 구성하였습니다. 따라서 [예제연구 9]는 관여도(inv1, inv2, inv3), 광고경험(ex1, ex2, ex3), 정보원신뢰성(cr1, cr2, cr3), 광고태도(aad1, aad2, aad3), 긍정정서(emo2, emo3), 구매의도(pi1, pi2, pi3)의 6개 잠재변수를 측정하는 문항들로 구성된 측정모형과 이들의 경로관계를 검증하는 구조모형으로 구성됩니다. 관측변수는 모두 5점 리커트형 척도(1=전혀 동의하지 않음, 5=매우 동의함)로 측정되었고 데이터는 300명을 대상으로 수집하였습니다. [그림 6-8]은 [그림 6-6]과 같으며 (가)는 분석을 위한 AMOS의 다이어그램(IBM SPSS AMOS Graphics)을 나타낸 것이고 (나)는 그에 대한 구조방정식모형을 행렬 도식으로 표시한 것입니다.

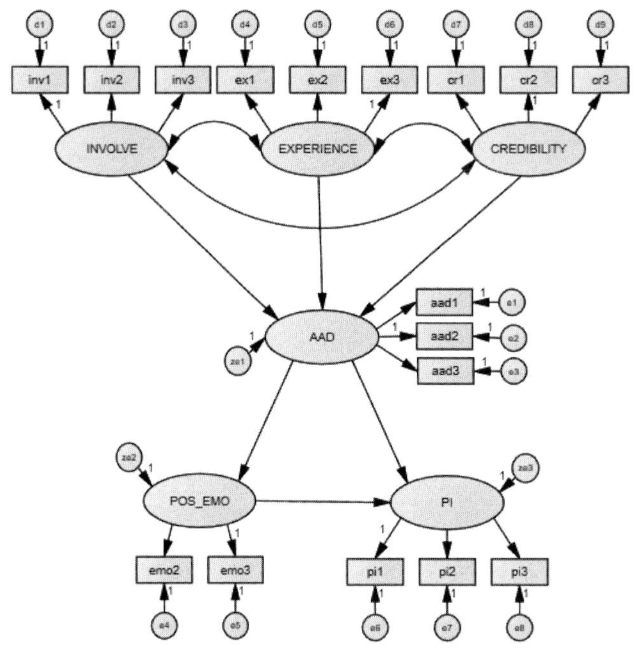

(가) AMOS의 다이어그램

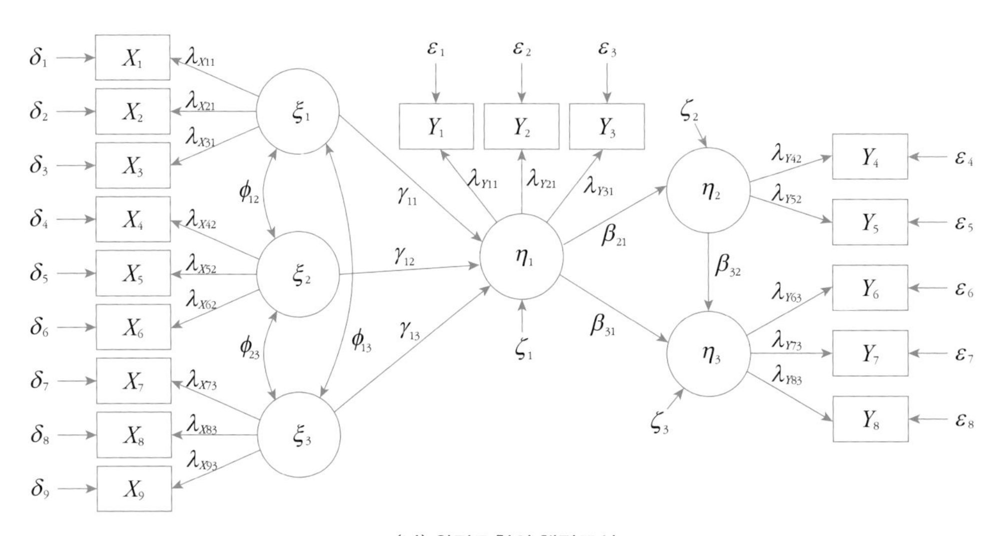

(나) 완전모형의 행렬도식

[그림 6-8] 예제연구 9를 위한 AMOS의 다이어그램과 행렬도식([그림 6-6])

예제연구 9(data file: 예제9_SEM.sav)

- 연구주제: 광고태도의 예측변수와 광고태도, 긍정정서, 구매의도의 관계
- 투입변수: 지역(area), 성별(gender), inv1~inv3, ex1~ex3, cr1~cr3, aad1~aad3, emo1~emo3, pi1~pi3
- 데이터의 구성($n=300$)

ID	area	gender	inv1	inv2	inv3	ex1	ex2	ex3	cr1	cr2	…	pi2	pi3
001	1	1	4	4	4	4	4	4	1	1	…	4	4
002	1	2	2	2	2	3	4	4	3	3	…	2	2
003	1	1	3	3	3	3	3	3	3	3	…	3	3
004	1	1	3	4	3	3	3	4	2	3	…	3	3
005	1	1	3	4	3	4	3	4	3	4	…	5	3
006	1	1	3	3	3	3	4	4	5	4	…	4	4
007	1	1	3	3	3	3	3	3	3	3	…	3	2
008	1	1	2	3	3	3	3	2	3	3	…	3	3
009	1	2	4	4	4	4	4	4	3	4	…	4	4
…	…	…	…	…	…	…	…	…	…	…	…	…	…
299	3	1	4	4	3	4	4	4	4	4	…	4	2
300	3	1	3	3	4	4	4	3	3	3	…	3	4

주: area 1=가, 2=나, 3=다, gender 1=남자, 2=여자.

[예제연구 9]를 이용한 구조방정식모형의 해설 순서는 다음과 같습니다.

① 6개 잠재변수(INVOLVE, EXPERIENCE, CREDIBILITY, AAD, POS_EMO, PI)에 대한 확인적 요인분석 → 측정모형(measurement model)의 검증.

② 6개 잠재변수 간의 구조관계 → 구조모형(structure model)의 검증.

③ 잠재변수를 가정하지 않는 구조모형, 즉 측정모형으로 확인한 6개 변수의 각 평균을 산출하여 관측변수의 점수로 삼고 관측변수 간의 구조적 관계를 분석 → 경로분석(path analysis)의 수행.

④ 성별(gender)에 따른 구조모형의 차이 → 다중집단분석(multi-group analysis)의 접근.

Q87 구조방정식을 이용한 측정모형은 어떻게 수행하고 결과를 해석하나요? - 람다(λ)를 고정한 측정모형의 경우

[♣ 데이터: 예제9_SEM.sav]

해설

구조방정식의 측정모형은 확인적 요인분석(CFA)을 위한 전형적인 접근법입니다. 따라서 보통의 경우에는 탐색적 요인분석(EFA)을 실시하고 그다음 잠재구조를 확인하는 측정모형을 분석합니다. 다만 척도나 문항 개발의 목적이 아니고 연구에 사용된 관측치들이 잘 알려져 있거나 표준화된 척도를 사용한 경우는 탐색적 요인분석을 생략하고 확인적 요인분석을 위한 측정모형을 바로 수행할 수도 있습니다. [그림 6-9]는 AMOS Graphics에서 측정모형을 위한 다이어그램을 표시한 것입니다.

측정모형은 2가지 방식으로 미지수를 추정하는데, ① 관측치의 람다(예, λ_{11}, λ_{42} 등)를 1.0으로 고정하거나 ② 잠재변수의 분산(예: ϕ_{11})을 1.0으로 고정하는 방식으로 척도미결정성을 해소하고 미지수를 산출하게 됩니다(척도미결정성 ☞ Q82). 여기서는 먼저 람다(λ)를 고정하는 방법에 대해 살펴보겠습니다.

람다를 고정한 측정모형

[그림 6-9]는 관측치의 람다 하나씩을 1.0으로 고정한 방식으로 척도를 부여하고 미지수를 산출하는 접근을 보여 주고 있습니다(척도의 람다=1.0 고정).[5]

5) AMOS 프로그램: 그려진 경로에서 'INVOLVE → inv1'의 화살표 선택 후 'Object Properties'의 'Parameters' 탭을 클릭하고 'Regression weight'에 1을 입력. 같은 방법으로 'EXPERIENCE → ex3', 'CREDIBILITY → cr2', 'AAD → aad2', 'POS_EMO → emo3', 'PI → pi1'의 Regression weight에 각각 1을 입력. 이렇게 하여 각 잠재변수별로 하나씩의 람다를 1.0으로 고정함. 이때 비표준화계수가 가장 큰 값의 람다를 고정함으로써 1.0보다 큰 값이 산출되지 않도록 함.

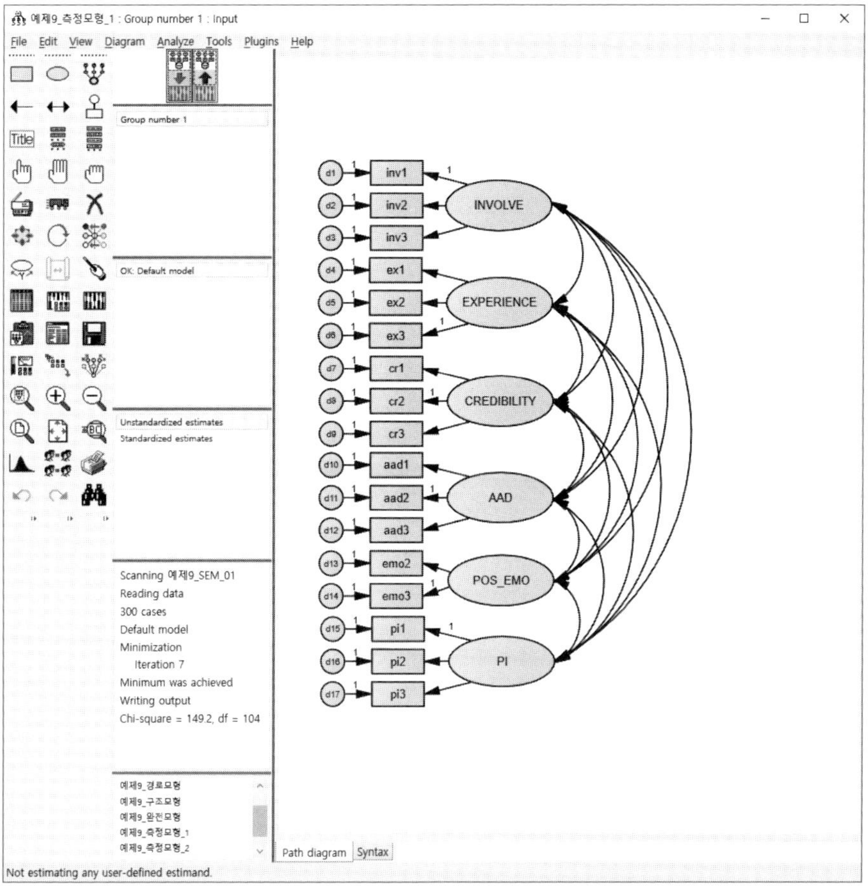

[그림 6-9] 예제연구 9를 위한 AMOS의 측정모형(λ의 고정)

그에 따라 [그림 6-9]와 같이 각 잠재변수별로 하나씩 관측치에 임의의 척도값 1.0을 부여하였습니다(inv1, ex3, cr2, aad2, emo3, pi1). 이와 같이 하나의 람다값을 고정하여(척도값 부여) 척도미결정성을 해소합니다. 이렇게 람다(λ)에 대한 척도가 부여되면 미지수(추정계수) 산출을 위한 분석을 실행할 수 있습니다.

AMOS의 산출물은 다양한 결과물을 포함하며 이 가운데 주요한 결과는 추정치(Estimates), 모형 적합도(Model Fit), 정규성 평가(Assessment of normality), 수정지수(Modification Indices) 등이 있고 다중집단분석에서 사용하는 미지수의 쌍 비교(Pairwise Parameter Comparisons)와 같은 고급 기능도 포함됩니다. 여기서는 기본적인 형태의 측정모형 결과를 먼저 살펴보겠습니다.

1. 기초 정보 **IBM® SPSS® AMOS**

* AMOS Output → Notes for Model (AMOS Graphics를 실행하여 얻는 산출물)
* 미지수 추정: 관측치의 람다(λ)를 고정한 측정모형

Ⓐ Notes for Model

Notes for Model (Default model)

Computation of degrees of freedom (Default model)

Number of distinct sample moments: 153
Number of distinct parameters to be estimated: 49
Degrees of freedom (153 - 49): 104

Result (Default model)

Minimum was achieved
Chi-square = 149.200
Degrees of freedom = 104
Probability level = .002

결과 Ⓐ의 '모형정보'(Notes for Model)를 보면 표본자료(정보)의 수는 153개, 추정할 미지수는 49이고 그에 따른 자유도는 $df=104(153-49)$임을 보여 줍니다. [그림 6-9]에서 구해야 할 미지수를 세어 보면 람다(λ) 11개(총 17개에서 고정된 람다 6개를 제외), 파이(ϕ) 21개(잠재변수 간의 상관 15개와 잠재변수의 분산 6개), 델타(δ) 17개로 총 49개입니다.

디폴트 모형(Default model)은 [그림 6-9]의 지정된 6 요인모형을 말하며 연구자가 AMOS Graphics 프로그램에서 잠재변수를 측정한다고 가정되는 관측치(사각형)를 직접 잠재변수(원)에 연결한 것입니다. 잠재변수별로 INVOLVE 3개(inv1, inv2, inv3), EXPERIENCE 3개(ex1, ex2, ex3), CREDIBILITY 3개(cr1, cr2, cr3), AAD 3개(aad1, aad2, aad3), POS_EMO 2개(emo2, emo3), PI 3개(pi1, pi2, pi3)의 관측변수가 있음을 가정하였습니다. 그 결과 이 모형의 카이제곱(χ^2)은 149.200이고 자유도 104, 유의확률은 $p=.002$로 0.01 수준에서 유의미합니다. 카이제곱값이 통계적으로 유의미하다는 것은 설정된 이론모형과 데이터가 차이가 있음, 즉 가설모형이 데이터에 부합하지 않음을 말합니다. 그러나 카이제곱값은 표본크기에 직접 영향을 받으므로 참고용으로만 사용하고 모형의 적합도 해석은 AMOS 산출물의 'Model Fit'에 있는 여러 적합도 지수를 상황에 맞게 종합적으로 해석합니다.

* AMOS Output → Model Fit

Ⓑ Model Fit

Model Fit Summary

CMIN

Model	NPAR	CMIN	DF	P	CMIN/DF
Default model	49	149.200	104	.002	1.435
Saturated model	153	.000	0		
Independence model	17	2515.668	136	.000	18.498

RMR, GFI

Model	RMR	GFI	AGFI	PGFI
Default model	.022	.946	.921	.643
Saturated model	.000	1.000		
Independence model	.163	.346	.265	.308

Baseline Comparisons

Model	NFI Delta1	RFI rho1	IFI Delta2	TLI rho2	CFI
Default model	.941	.922	.981	.975	.981
Saturated model	1.000		1.000		1.000
Independence model	.000	.000	.000	.000	.000

Parsimony-Adjusted Measures

Model	PRATIO	PNFI	PCFI
Default model	.765	.719	.750
Saturated model	.000	.000	.000
Independence model	1.000	.000	.000

NCP

Model	NCP	LO 90	HI 90
Default model	45.200	16.714	81.696
Saturated model	.000	.000	.000
Independence model	2379.668	2220.535	2546.154

FMIN

Model	FMIN	F0	LO 90	HI 90
Default model	.499	.151	.056	.273
Saturated model	.000	.000	.000	.000
Independence model	8.414	7.959	7.427	8.516

RMSEA

Model	RMSEA	LO 90	HI 90	PCLOSE
Default model	.038	.023	.051	.930
Independence model	.242	.234	.250	.000

AIC

Model	AIC	BCC	BIC	CAIC
Default model	247.200	253.477	428.685	477.685
Saturated model	306.000	325.601	872.679	1025.679
Independence model	2549.668	2551.846	2612.632	2629.632

ECVI

Model	ECVI	LO 90	HI 90	MECVI
Default model	.827	.731	.949	.848
Saturated model	1.023	1.023	1.023	1.089
Independence model	8.527	7.995	9.084	8.535

HOELTER

Model	HOELTER .05	HOELTER .01
Default model	259	282
Independence model	20	22

결과 Ⓑ의 '모형 적합도'(Model Fit)를 보면 여러 적합도 지수가 산출되어 있습니다. 전반적 모형 적합도 지수로 자주 사용되는 것은 RMSEA(표본크기의 영향이 가장 적음: 준거≤0.08), RMR(준거≤0.07), GFI와 AGFI(준거≥0.90) 등이 있으며 증분 적합도 지수로 TLI, IFI, CFI 등이 자주 인용됩니다(준거≥0.90). 간명성 지수인 P(N)FI(준거≥0.60)는 서로 다른 자유도를 가진 모형을 비교하고자 할 때 흔히 사용됩니다. 단일모형에서는 전반적 모형 적합도 지수와 증분 적합도 지수를 중심으로 해석하고 연구모형(디폴트모형)과 대안모형의 비교를 목적으로 할 때는 증분 적합도와 간명성 지수를 함께 해석합니다.

결과 Ⓑ에서 RMSEA=0.038, RMR=0.022, GFI=0.946, AGFI=0.921, TLI=0.975, IFI=0.981, CFI=0.981, PNFI=0.719 등으로 전반적으로 양호한 적합도를 보이고 있습니다(적합도 지수의 해석 ☞ Q83). 결과에서 'Saturated model'은 *df*=0인 포화모형을 말하고 'Independence model'은 하나의 잠재요인을 가정하는 독립모형으로 간명성이 전혀 없는 모형에 해당합니다.

3. 추정치 **IBM® SPSS® AMOS**

* AMOS Output → Estimates(Regression Weights, Standardized Regression Weights)

Ⓒ Estimates(λ의 고정)

Estimates (Group number 1 - Default model)

Scalar Estimates (Group number 1 - Default model)

Maximum Likelihood Estimates

Regression Weights: (Group number 1 - Default model)

			Estimate	S.E.	C.R.	P	Label
inv3	<---	INVOLVE	.889	.066	13.505	***	par_1
inv2	<---	INVOLVE	.860	.064	13.429	***	par_2
inv1	<---	INVOLVE	1.000				
ex3	<---	EXPERIENCE	1.000				
ex2	<---	EXPERIENCE	.697	.063	10.995	***	par_3
ex1	<---	EXPERIENCE	.796	.074	10.824	***	par_4
cr3	<---	CREDIBILITY	.881	.050	17.630	***	par_5
cr2	<---	CREDIBILITY	1.000				
cr1	<---	CREDIBILITY	.811	.051	15.808	***	par_6
aad3	<---	AAD	.881	.072	12.152	***	par_7
aad2	<---	AAD	1.000				
aad1	<---	AAD	.828	.060	13.856	***	par_8
pi3	<---	PI	.946	.090	10.468	***	par_9
pi2	<---	PI	.880	.088	9.974	***	par_10
pi1	<---	PI	1.000				
emo2	<---	POS_EMO	.810	.056	14.358	***	par_26
emo3	<---	POS_EMO	1.000				

Standardized Regression Weights: (Group number 1 - Default model)

			Estimate
inv3	<---	INVOLVE	.765
inv2	<---	INVOLVE	.778
inv1	<---	INVOLVE	.846
ex3	<---	EXPERIENCE	.834
ex2	<---	EXPERIENCE	.661
ex1	<---	EXPERIENCE	.676
cr3	<---	CREDIBILITY	.810
cr2	<---	CREDIBILITY	.947
cr1	<---	CREDIBILITY	.744
aad3	<---	AAD	.732
aad2	<---	AAD	.841
aad1	<---	AAD	.778
pi3	<---	PI	.724
pi2	<---	PI	.708
pi1	<---	PI	.799
emo2	<---	POS_EMO	.812
emo3	<---	POS_EMO	.941

결과 ⓒ의 '추정치'(Estimates)는 측정모형에서 가장 중요한 결과물입니다. 미지수의 추정은 최대우도(ML)를 사용하였고 잠재변수($\xi_1 \sim \xi_6$)와 관측치($X_1 \sim X_{17}$)의 관계를 나타내는 **가중치**(regression weights)와 가중치의 **표준화 값**(standardized regression weights)을 보여 주고 있습니다.

[그림 6-9]의 측정모형 다이어그램에서와 같이 잠재변수별로 관측치 하나씩이 1.0으로 고정되어 있습니다(inv1, ex3, cr2, aad2, emo3, pi1). 하나씩의 관측치를 고정할 때는 해당 관측치에서 비표준화계수가 가장 큰 값을 1.0으로 고정해 줌으로써 가중치가 1.0보다 큰 값을 가지지 않도록 설정해 주었습니다. 그로써 결과 ⓒ에서처럼 비표준화계수의 경우에도 1.0을 초과하는 값을 표시하지 않도록 합니다(예: inv1~inv3에서 비표준화계수가 가장 큰 값을 갖는 변수인 inv1을 1.0으로 고정). 결과 ⓒ에서 회귀가중치(Regression Weight)의 **Estimate** 값이 비표준화계수이며 **S.E.**는 표준오차, **C.R.**은 t값을 각각 나타냅니다. t값(C.R)은 비표준화계수(Estimate)의 값을 표준오차(S.E.)로 나누어 준 값입니다. 'P'는 유의확률(probability)을 말하고 $p < .001$ 이하의 값일 때 결과 ⓒ처럼 '***'으로 표시되고 그 이상의 값일 때 실제 값이 표시됩니다. 이 예에서 측정모형의 모든 관측변수의 t값은 유의수준 $p < .001$에서 유의미한 것으로 해석할 수 있습니다.

또한 결과 ⓒ의 'Standardized Regression Weights'는 **가중치의 표준화 값으로** 탐색적 요인분석(EFA)의 요인적재량과 같이 해석할 수 있습니다. 가중치가 표준화됨에 따라 모든 계수의 값이 비교 가능한 수준으로 산출되었고 **표준화 값의 범위는 0.661에서 0.947**로 비교적 높은 값을 나타냅니다. 이들 계수의 유의성과 앞서 적합도 지수를 함께 평가하면 연구모형(디폴트모형)은 비교적 양호한 측정모형으로 해석될 것입니다.

측정모형의 결과해석은 지금까지 살펴본 모형적합도(Model Fit)와 가중치(Regression Weights) 및 표준화 값(Standardized Regression Weights)을 중심으로 이루어지지만 실제 추정치의 산출물(Estimates)에는 그 밖의 다양한 계수 정보가 포함됩니다. 그중에는 구조모형의 분석에서 주요하게 해석되는 계수들이 포함되는데, 공분산의 유의도, 잠재변수의 상관, 다중상관제곱(SMC), 분산-공분산행렬, 상관행렬, 잔차 공분산 및 표준 잔차 공분산, 요인점수 가중치, 직접효과 및 간접효과 등이 있습니다.

Q88 측정모형에서 잠재변수의 분산(ϕ)을 고정하는 방법은 어떻게 수행하나요?

[♣ 데이터: 예제9_SEM.sav]

해설

구조방정식을 이용한 측정모형에서 미지수를 추정하는 두 번째 방식은 잠재변수의 분산(예: ϕ_{11})을 1.0으로 고정하고 미지수를 추정하는 것입니다. 분석의 절차와 해석은 람다(λ)를 고정하는 방식과 크게 다르지 않으나 관측치의 가중치(람다)를 모두 산출할 수 있어 잠재변수가 적은 수의 관측치(2~3개)를 가진 경우 람다의 해석에 도움이 됩니다. 앞서 람다(λ)를 고정하는 방식을 살펴보았듯이 주요 결과물은 모형적합도(Model Fit), 가중치(Regression Weights), 표준화 값(Standardized Regression Weights) 등입니다. 가중치(λ)를 고정하는 경우와 분산(ϕ)을 고정하는 경우의 중요한 차이는 **가중치**(Regression Weights)의 결과에서 확인할 수 있습니다. 그러면 잠재변수의 분산(ϕ)을 고정한 측정모형을 수행하고 람다(λ)를 고정한 경우와 비교해 보겠습니다.

잠재변수의 분산을 고정한 측정모형

먼저 잠재변수의 분산을 고정하여 척도미결정성을 해소하기 위해서는 Amos Graphics 프로그램에서 각 람다(λ)의 분산값을 해제하고 파이(ϕ)를 1.0으로 고정해야 합니다. 즉, 잠재변수에 대한 관측변수의 가중치에 부여한 척도 단위를 잠재변수의 분산에 부여한다는 의미를 갖습니다. 따라서 잠재변수의 람다(λ)에 하나씩 부여했던 1.0의 값을 잠재변수의 분산(ϕ)에 각각 부여합니다. 다음의 [그림 6-10]은 람다(λ)를 대신해 6개 잠재변수의 분산을 1.0으로 고정한 다이어그램을 나타냅니다($\phi_{11}, \phi_{22}, \phi_{33}, \phi_{44}, \phi_{55}, \phi_{66}$을 1.0으로 고정).[6]

6) AMOS 프로그램: SPSS AMOS Graphics 실행 → 다이어그램에서 잠재변수 INVOLVE를 선택한 후 'Parameters' 탭을 클릭하고 'Variance'에 1을 입력. 같은 방법으로 EXPREIENCE, CREDIBILITY, AAD, POS_EMO, PI의 Variance에 1을 입력. 이때 각 람다의 Regression Weight는 모두 비움. 모두 빈칸으로 비워두면 그 값을 산출한다는 의미임.

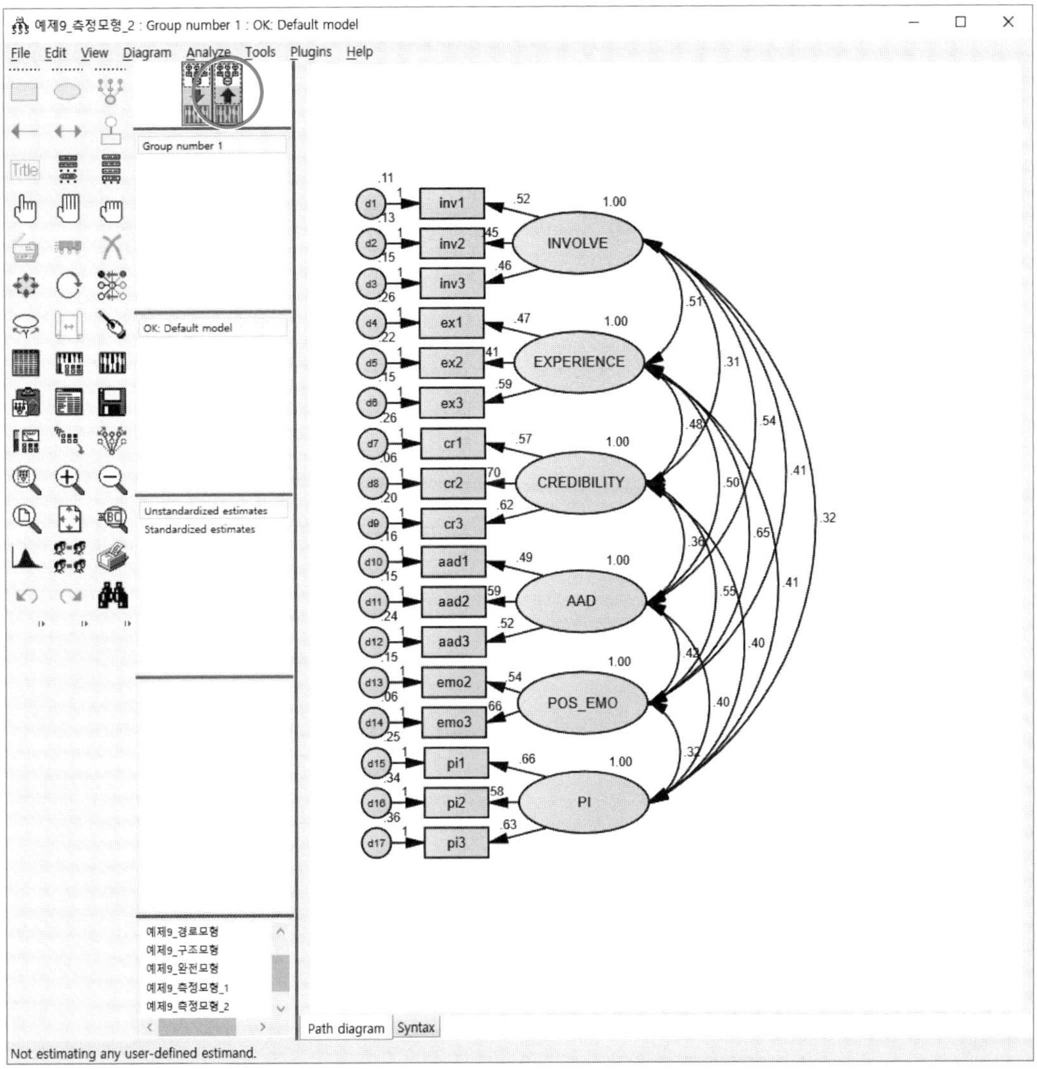

[그림 6-10] AMOS의 측정모형(ϕ의 고정)

[그림 6-10]에서 보듯이, 각 잠재변수의 분산이 모두 1.0으로 고정됨에 따라 가중치(람다: λ)가 모두 산출되었습니다. [그림 6-10]에는 분석 후에 다이어그램에 계수가 표시되도록 결과를 선택(파란색 원)한 것이며 이들 계수는 다시 AMOS 산출물(AMOS output)의 '추정치(Estimates)'에서 자세하게 제시됩니다. 잠재변수의 분산(ϕ)을 고정한 측정모형의 결과는 **비표준화 가중치(regression weights)에는 차이가 있으나** 모형의 적합도와 표준화 가중치는 람다 계수를 고정한 경우와 차이가 없습니다.

Ⓓ Estimates(ϕ의 고정)

Estimates (Group number 1 - Default model)

Scalar Estimates (Group number 1 - Default model)

Maximum Likelihood Estimates

Regression Weights: (Group number 1 - Default model)

			Estimate	S.E.	C.R.	P	Label
inv3	<---	INVOLVE	.463	.032	14.562	***	par_1
inv2	<---	INVOLVE	.447	.030	14.785	***	par_2
inv1	<---	INVOLVE	.520	.031	16.543	***	par_3
ex3	<---	EXPERIENCE	.587	.038	15.633	***	par_4
ex2	<---	EXPERIENCE	.409	.035	11.805	***	par_5
ex1	<---	EXPERIENCE	.468	.039	12.031	***	par_6
cr3	<---	CREDIBILITY	.619	.038	16.333	***	par_7
cr2	<---	CREDIBILITY	.702	.034	20.503	***	par_8
cr1	<---	CREDIBILITY	.570	.039	14.598	***	par_9
aad3	<---	AAD	.523	.039	13.462	***	par_10
aad2	<---	AAD	.594	.036	16.309	***	par_11
aad1	<---	AAD	.492	.033	14.845	***	par_12
pi3	<---	PI	.628	.049	12.778	***	par_13
pi2	<---	PI	.584	.047	12.306	***	par_14
pi1	<---	PI	.663	.047	14.095	***	par_15
emo2	<---	POS_EMO	.536	.034	15.557	***	par_31
emo3	<---	POS_EMO	.662	.035	18.801	***	par_32

Standardized Regression Weights: (Group number 1 - Default model)

			Estimate
inv3	<---	INVOLVE	.765
inv2	<---	INVOLVE	.778
inv1	<---	INVOLVE	.846
ex3	<---	EXPERIENCE	.834
ex2	<---	EXPERIENCE	.661
ex1	<---	EXPERIENCE	.676
cr3	<---	CREDIBILITY	.810
cr2	<---	CREDIBILITY	.947
cr1	<---	CREDIBILITY	.744
aad3	<---	AAD	.732
aad2	<---	AAD	.841
aad1	<---	AAD	.778
pi3	<---	PI	.724
pi2	<---	PI	.708
pi1	<---	PI	.799
emo2	<---	POS_EMO	.812
emo3	<---	POS_EMO	.941

결과 Ⓓ의 '추정치'(Estimates)를 보면 표준화 계수(standardized regression weights)는 람다를 1.0으로 고정한 경우와 같지만(☞ Q87 결과 Ⓒ) 비표준화계수(regression weights)와 t값은 차이가 있습니다(모두 $p<.001$). 요약하면, 잠재변수의 분산(ϕ)을 고정하면 비표준화 계수(가중치)의 모든 값을 산출하므로 적은 관측치를 포함한 모형에서 계수 해석에 도움이 됩니다. 하지만 실제 유의도 및 표준화계수에는 변화가 없음을 알 수 있습니다.

Q89 측정모형을 평가하는 수렴타당도와 판별타당도 계수는 어떻게 산출하나요?

[♣ 데이터: 예제9_SEM.sav]

해설

구조방정식의 측정모형은 탐색적 요인분석(EFA)과 같이 변수의 잠재구조를 파악하고 이론적 구성개념(construct)을 확인하는 절차를 포함합니다. 그래서 측정모형의 검증에 따라 모형의 적합도와 잠재변수를 설명하는 **관측변수의 가중치**(람다: λ) **크기를 요인적재량처럼 해석**합니다. 여러 적합도 지수와 가중치의 해석으로 모형의 적합성을 판단하지만 이때 측정치의 수렴성과 변별성을 함께 평가하여 잠재변수의 이론구조를 포괄적으로 평가해 주는 것이 좋습니다. 즉, 확인적 요인분석은 이론적 구성개념을 파악하는 과정이므로 **수렴타당도**(convergent validity)와 **판별타당도**(discriminant validity)에 대한 정보를 함께 제공해 주는 것입니다.

수렴타당도는 측정치들이 하나의 구성개념에 수렴하는 정도를 말하며 판별타당도는 한 구성개념의 측정치들이 다른 구성개념의 측정치들과 구분(변별)되는 정도를 말합니다. 흔히 요인분석에서 측정치들이 하나의 성분에 높게 적재되고 다른 성분에 낮게 적재되는 경우, 즉 '**요인적으로 순수한 구조**'인 경우 **수렴성과 변별성이 높다**고 말합니다.

또한 수렴성과 판별력을 평가하는 지수로 **구성개념 신뢰도**(composite reliability or construct reliability: CR)와 **평균분산추출**(average variance extracted: AVE)과 같은 지수가 있습니다. 이들 지수의 산출 공식과 해석 기준은 다음과 같습니다.

(1) 구성개념 신뢰도(CR)

- $CR = (\sum$추정치의 표준점수$)^2/((\sum$추정치의 표준점수$)^2 + \sum(1 - SMC))$

(공식 6-3)

여기서 $SMC =$ 표준점수^2

- 준거: ≥ 0.70(Hair et al., 2010; Bagazzi & Yi, 1988) 혹은 ≥ 0.60(Fornell & Larcker, 1981)

(2) 평균분산추출(AVE)

- $AVE=(\sum$추정치의 표준점수$^2)/k$ or $AVE=(\sum SMC)/k$ (공식 6-4)

  여기서 k는 관측치의 수
- 준거: $AVE \geq 0.50$, $\sqrt{AVE}>$구성개념 간의 상관계수(Fornell & Larcker, 1981)

추정치의 표준점수는 관측변수의 가중치 표준화 값(standardized regression weights; 람다, λ)을 말하고 SMC(squared multiple correlation)는 각 표준점수의 제곱 값으로 다중상관제곱입니다. CR은 엄격하게 0.70 이상을 기준으로 하거나 0.60 이상이면 수렴성과 판별력이 있다고 해석하고(Hair et al., 2010), AVE가 0.50 이상이거나 AVE의 제곱근 값이 잠재변수(구성개념)의 영순위상관(zero-order correlation)보다 클 때 판별타당도가 있는 것으로 해석합니다(Fornell & Lacker, 1981).

그러면 실제 [예제연구 9]의 측정모형에서 CR과 AVE를 계산해 보겠습니다.

Ⓐ Estimates

Standardized Regression Weights: (Group number 1 - Default model)

			Estimate
inv3	<---	INVOLVE	.765
inv2	<---	INVOLVE	.778
inv1	<---	INVOLVE	.846
ex3	<---	EXPERIENCE	.834
ex2	<---	EXPERIENCE	.661
ex1	<---	EXPERIENCE	.676
cr3	<---	CREDIBILITY	.810
cr2	<---	CREDIBILITY	.947
cr1	<---	CREDIBILITY	.744
aad3	<---	AAD	.732
aad2	<---	AAD	.841
aad1	<---	AAD	.778
pi3	<---	PI	.724
pi2	<---	PI	.708
pi1	<---	PI	.799
emo2	<---	POS_EMO	.812
emo3	<---	POS_EMO	.941

결과 Ⓐ의 'Estimates'는 측정모형에서 산출한 가중치 표준화 값(표준점수)으로 [예제연구 9]의 측정모형에 대한 AMOS 결과 'Estimates'의 값입니다. 이 값에 기초하여 〈표 6-6〉은 구

성개념의 CR(composite reliability)을 산출하는 과정이고 〈표 6-7〉은 AVE(average variance extracted)의 산출과정을 나타냅니다.

<표 6-6> 측정모형의 구성개념 신뢰도(CR) 산출

구성개념 (변수명)	산출식		CR**
	a. (Σ표준점수)^2	b. Σ(1-SMC)*	
INVOLVE	$(0.846+0.778+0.765)^2=5.707$	0.284+0.395+0.415=1.094	0.839
EXPERIENCE	$(0.676+0.661+0.834)^2=4.713$	0.543+0.563+0.304=1.411	0.770
CREDIBILITY	$(0.744+0.947+0.810)^2=6.255$	0.446+0.103+0.344=0.894	0.875
AAD	$(0.778+0.841+0.732)^2=5.527$	0.395+0.293+0.464=1.152	0.828
POS_EMO	$(0.812+0.941)^2=3.073$	0.341+0.115=0.455	0.871
PI	$(0.799+0.708+0.724)^2=4.977$	0.362+0.499+0.476=1.336	0.788

* SMC=표준점수^2

** $CR=a/(a+b)$

<표 6-7> 측정모형의 평균분산추출(AVE) 산출

구성개념 (변수명)	산출식		AVE**
	c. Σ표준점수^2	d. k*	
INVOLVE	0.716+0.605+0.585=1.906	3	0.635
EXPERIENCE	0.457+0.437+0.696=1.589	3	0.530
CREDIBILITY	0.554+0.897+0.656=2.106	3	0.702
AAD	0.605+0.707+0.536=1.848	3	0.616
POS_EMO	0.659+0.885=1.545	2	0.772
PI	0.638+0.501+0.524=1.664	3	0.555

* k=관측변수의 수

** $AVE=c/d$

〈표 6-6〉과 〈표 6-7〉에서 보듯이, **CR의 범위는 0.770에서 0.875로 엄격한 준거 ≥0.70을 초과하고 AVE 역시 0.530~0.772의 범위로 준거인 ≥0.50을 초과하여** 양호한 수렴 및 판별타당도를 갖는 것으로 해석됩니다. 다만 잠재변수인 'POS_EMO'는 2개의 관측치로 구성되어 계수추정이 불안정하여 미지수 추정에 영향을 줄 수 있습니다. 정확한 의미에서 2개

의 관측치로 산출한 CR과 AVE의 값은 신뢰롭게 해석할 수 없으므로 최소 3개 이상의 사용을 권장합니다.

판별타당도의 해석을 위해 **AVE의 제곱근($\sqrt{AVE}$)**을 구하고 구성개념 간의 상관계수 크기와 비교합니다. 만일 **AVE의 값이 준거인 0.50 이상이고 AVE의 제곱근 값이 구성개념 간의 상관계수보다 클 때** 구성개념의 판별타당도를 확신할 수 있습니다(Fornell & Larcker, 1981). 다음 〈표 6-8〉은 구성개념의 상관계수와 기술통계치를 제시하면서 AVE의 제곱근 값을 함께 표시한 예시입니다.

<표 6-8> 구성개념의 기초상관과 기술통계치(N=300)

	1	2	3	4	5	6
1. INVOLVE	.797					
2. EXPERIENCE	.406**	.728				
3. CREDIBILITY	.291**	.424**	.838			
4. AAD	.456**	.424**	.342**	.785		
5. POS_EMO	.359**	.537**	.499**	.352**	.879	
6. PI	.257**	.329**	.346**	.324**	.255**	.745
Mean	3.167	3.467	3.256	3.236	3.325	3.077
SD	.521	.555	.673	.590	.641	.706

** $p < .01$
주: 대각선은 평균분산추출(AVE)의 제곱근임.

〈표 6-8〉의 상관은 구성개념의 원점수로부터 얻은 기초상관이지만 AMOS의 결과물에서 산출되는 상관표 중에서 잠재변수에 해당하는 부분을 사용할 수 있습니다. 실제 원점수의 상관과 요인분석의 상관에 큰 차이가 없는 경우는 원점수 상관을 이용하는 것이 편리하지만(해석적 용이성) 엄격한 적용을 위해 요인분석의 상관을 이용할 수 있습니다(원점수를 이용해 평균을 산출할 때 SPSS에서 변수명을 다르게 설정함. AMOS의 변수명과 중복을 피하기 위함). 〈표 6-8〉에서 보듯이, 변수 간의 상관계수가 각 AVE 제곱근의 값을 초과하지 않으므로 양호한 수준의 판별타당도를 갖는 것으로 해석할 수 있습니다(단, 2개의 관측치를 사용하는 경우 상관계수를 제시하기도 함).

Q90 구조방정식을 이용한 구조모형의 주요 결과는 무엇이고 어떻게 해석하나요?

[♣ 데이터: 예제9_SEM.sav]

해설

구조방정식의 구조모형(structural model)은 측정모형에서 확인된 잠재변수 간의 구조적 관계를 분석하는 2단계의 절차입니다. 정확한 의미에서 구조방정식의 구조모형은 잠재변수를 가정하는 경로관계를 말하고 만일 잠재변수가 아닌 관측변수 간의 구조관계를 설정하는 경우 경로모형에 의한 경로분석(path analysis)이라고 부릅니다. 여기서는 잠재변수를 가정하는 모형(구조방정식의 2단계 모형)을 살펴보겠습니다.

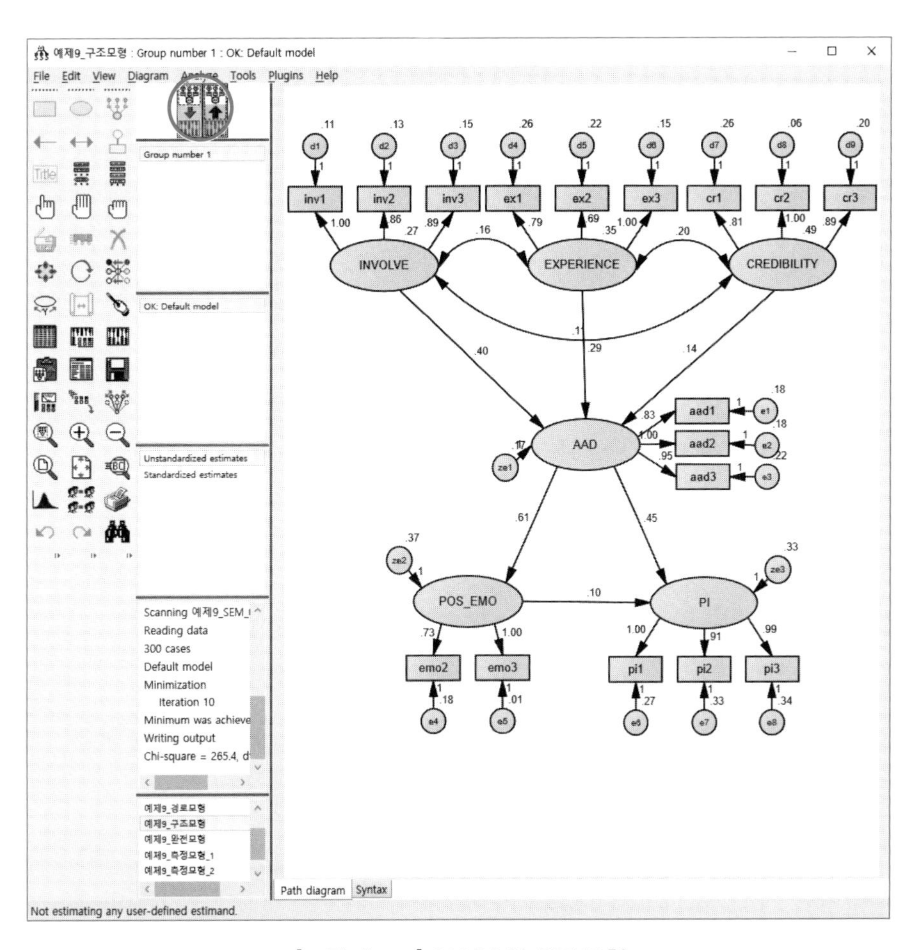

[그림 6-11] AMOS의 구조모형

구조모형은 측정모형을 포함한 잠재변수의 경로관계를 나타내므로 AMOS에서 구조방정식의 완전모형과 같은 형태를 취합니다. 다만 측정모형과 구조모형을 2단계로 분석하는 경우 측정모형은 첫 번째 단계에서 해석하므로 **구조모형에서는 잠재변수의 경로관계만을 해석하는 것이** 일반적입니다. [그림 6-11]은 AMOS Graphics에서 구조모형을 위한 다이어그램을 표시한 것입니다(분석을 실행하고 원 안의 계수 표시 결과를 클릭함).

구조모형의 경로효과는 외생변수(ξ)와 내생변수(η)의 직접적인 관계와 간접적인 관계를 포함하므로 **개별변수의 효과를 직접효과와 간접효과로 나누어 설명**할 수 있습니다. 따라서 구조모형의 분석은 다음과 같은 순서로 진행합니다.

① 외생변수와 내생변수의 관계(γ)와 내생변수 간의 관계(β)를 해석함 → 표준계수, t값, 유의수준(p), 설명분산(SMC).

② 잠재변수 간의 직접효과와 간접효과를 구분하여 해석함.

③ 필요한 경우 매개효과분석 및 다중집단분석(조절효과)을 추가 수행함.

1. 기초 정보 **IBM® SPSS® AMOS**

* AMOS Output → Notes for Model (AMOS Graphics를 실행하여 얻는 산출물)

Ⓐ Notes for Model

Notes for Model (Default model)

Computation of degrees of freedom (Default model)

Number of distinct sample moments:	153
Number of distinct parameters to be estimated:	43
Degrees of freedom (153 - 43):	110

Result (Default model)

Minimum was achieved
Chi-square = 265.388
Degrees of freedom = 110
Probability level = .000

결과 Ⓐ의 '모형정보'(Notes for Model)에서 보듯이 표본 자료는 153개, 추정할 모수는 43개, 그에 따른 자유도는 $df = 110(153-43)$입니다. [그림 6-11]에서 구해야 할 미지수(모수)는 각각 람다 11개(λ_X 6개, λ_Y 5개), 파이(ϕ) 6개(잠재변수 간의 상관 3개와 잠재변수의 분산

3개), 감마(γ) 3개, 베타(β) 3개, 델타(δ) 9개, 세타(ε) 8개, 제타(ζ) 3개로 총 43개입니다(χ^2= 265.388, df=110, p=.000).

2. 모형 적합도 **IBM® SPSS® AMOS**

* AMOS Output → Model Fit

Ⓑ Model Fit

Model Fit Summary

CMIN

Model	NPAR	CMIN	DF	P	CMIN/DF
Default model	43	265.388	110	.000	2.413
Saturated model	153	.000	0		
Independence model	17	2515.668	136	.000	18.498

RMR, GFI

Model	RMR	GFI	AGFI	PGFI
Default model	.048	.909	.873	.653
Saturated model	.000	1.000		
Independence model	.163	.346	.265	.308

Baseline Comparisons

Model	NFI Delta1	RFI rho1	IFI Delta2	TLI rho2	CFI
Default model	.895	.870	.935	.919	.935
Saturated model	1.000		1.000		1.000
Independence model	.000	.000	.000	.000	.000

Parsimony-Adjusted Measures

Model	PRATIO	PNFI	PCFI
Default model	.809	.723	.756
Saturated model	.000	.000	.000
Independence model	1.000	.000	.000

NCP

Model	NCP	LO 90	HI 90
Default model	155.388	111.473	207.005
Saturated model	.000	.000	.000
Independence model	2379.668	2220.535	2546.154

FMIN

Model	FMIN	F0	LO 90	HI 90
Default model	.888	.520	.373	.692
Saturated model	.000	.000	.000	.000
Independence model	8.414	7.959	7.427	8.516

RMSEA

Model	RMSEA	LO 90	HI 90	PCLOSE
Default model	.069	.058	.079	.002
Independence model	.242	.234	.250	.000

AIC

Model	AIC	BCC	BIC	CAIC
Default model	351.388	356.897	510.651	553.651
Saturated model	306.000	325.601	872.679	1025.679
Independence model	2549.668	2551.846	2612.632	2629.632

ECVI

Model	ECVI	LO 90	HI 90	MECVI
Default model	1.175	1.028	1.348	1.194
Saturated model	1.023	1.023	1.023	1.089
Independence model	8.527	7.995	9.084	8.535

HOELTER

Model	HOELTER .05	HOELTER .01
Default model	153	167
Independence model	20	22

결과 Ⓑ의 '모형 적합도(Model Fit)'를 보면 RMSEA=0.069(준거≤0.08), RMR=0.048(준거≤0.07)이고 GFI=0.909, AGFI=0.873, TLI=0.919, IFI=0.935, CFI=0.935(이상 준거≥0.90) 그리고 PNFI=0.723(준거≥0.60)으로 나타났습니다. AGFI의 값이 다소 낮지만 다른 적합도 지수들은 대체로 준거를 만족하고 있어 구조모형이 양호한 것으로 해석됩니다.

3. 추정치

IBM® SPSS® AMOS

* AMOS Output → Estimates(Regression Weights, Standardized Regression Weights)

ⓒ Estimates-01

Estimates (Group number 1 - Default model)

Scalar Estimates (Group number 1 - Default model)

Maximum Likelihood Estimates

Regression Weights: (Group number 1 - Default model)

			Estimate	S.E.	C.R.	P	Label
AAD	<---	EXPERIENCE	.294	.082	3.585	***	par_12
AAD	<---	CREDIBILITY	.138	.054	2.547	.011	par_13
AAD	<---	INVOLVE	.397	.082	4.857	***	par_14
POS_EMO	<---	AAD	.606	.082	7.358	***	par_15
PI	<---	AAD	.449	.100	4.496	***	par_16
PI	<---	POS_EMO	.103	.069	1.493	.135	par_17
inv1	<---	INVOLVE	1.000				
inv2	<---	INVOLVE	.860	.064	13.422	***	par_1
inv3	<---	INVOLVE	.889	.066	13.494	***	par_2
ex1	<---	EXPERIENCE	.788	.076	10.350	***	par_3
ex2	<---	EXPERIENCE	.689	.065	10.628	***	par_4
ex3	<---	EXPERIENCE	1.000				
cr1	<---	CREDIBILITY	.813	.052	15.645	***	par_5
cr2	<---	CREDIBILITY	1.000				
cr3	<---	CREDIBILITY	.885	.051	17.214	***	par_6
aad1	<---	AAD	.831	.062	13.375	***	par_7
aad2	<---	AAD	1.000				
aad3	<---	AAD	.949	.078	12.234	***	par_8
emo3	<---	POS_EMO	1.000				
emo2	<---	POS_EMO	.728	.076	9.552	***	par_18
pi3	<---	PI	.991	.093	10.635	***	par_19
pi2	<---	PI	.913	.090	10.187	***	par_20
pi1	<---	PI	1.000				

Standardized Regression Weights: (Group number 1 - Default model)

			Estimate
AAD	<---	EXPERIENCE	.306
AAD	<---	CREDIBILITY	.171
AAD	<---	INVOLVE	.364
POS_EMO	<---	AAD	.492
PI	<---	AAD	.394
PI	<---	POS_EMO	.111
inv1	<---	INVOLVE	.845
inv2	<---	INVOLVE	.778
inv3	<---	INVOLVE	.765
ex1	<---	EXPERIENCE	.673
ex2	<---	EXPERIENCE	.658
ex3	<---	EXPERIENCE	.839
cr1	<---	CREDIBILITY	.744
cr2	<---	CREDIBILITY	.945
cr3	<---	CREDIBILITY	.812
aad1	<---	AAD	.747
aad2	<---	AAD	.804
aad3	<---	AAD	.754
emo3	<---	POS_EMO	.994
emo2	<---	POS_EMO	.769
pi3	<---	PI	.740
pi2	<---	PI	.717
pi1	<---	PI	.779

결과 ⓒ의 '추정치'(Estimate-01)에는 주요 결과로 **비표준화 경로계수**(regression weights)와 **표준화 경로계수**(standardized regression weights)가 제시되어 있습니다. 비표준화 경로계수는 간단히 '경로계수'라고 부르며(측정모형에서는 요인적재량처럼 가중치라는 용어로 사용하며 구조모형에서는 변수 간의 경로관계에 초점을 두므로 경로계수라는 용어를 선호함) 표준화 경로계수는 경로계수를 표준화한 값으로 간단히 '표준계수'라고도 합니다. **C.R.**은 Ctitial Ratio의 약자로 t값을 말하며 비표준화 계수를 표준오차(S.E.)로 나눈 값이고 P는 그에 따른 유의확률 값입니다.

구조모형에서도 관측변수(X, Y)와 잠재변수(ξ, η)의 관계를 설명하는 계수(가중치: 람다)가 포함되어 있으나 구조모형에서는 잠재변수 간의 경로계수(γ, β)를 중심으로 해석합니다(람다는 측정모형에서 해석). [그림 6-11]의 경로모형에 기초하여 결과 ⓒ를 해석하는데, 계수의 크기는 곧 경로효과의 크기를 말하므로 표준화 계수(standardized regression weights)를 제시하고 그에 대한 t값과 유의수준은 비표준화 계수(regression weights)에 있는 값을 사용합니다. 표준화계수를 제시할 것인지 비표준화계수를 제시할 것인지는 연구자의 선호에 따릅니다. 다만 비표준화계수를 표로 제시하고자 한다면 표준오차(S.E.)를 함께 제시합니다(비표준화계수는 직접 비교가 불가하므로 표준오차를 제시하여 비교 가능하도록 정보를 제공하는 것이 좋음).

결과 ⓒ를 구체적으로 살펴보면 설정된 경로에서 POS_EMO와 PI의 관계는 유의미하지 않지만(표준계수=0.111, t=1.493, p > .05), CREDIBILITY와 AAD의 관계는 유의수준 .05에서 유의미하고(표준계수=0.171, t=2.547, p < .05) 나머지 경로는 모두 유의수준 .01에서 유의미하였습니다. 즉, 'EXPERIENCE → AAD'의 표준계수=0.306이고 t=3.585, 'INVOLVE → AAD'의 표준계수=0.364이고 t=4.857, 'AAD → POS_EMO'의 표준계수=0.492이고 t=7.358, 'AAD → PI'의 표준계수=0.394이고 t=4.496으로 나타났습니다(모두 p < .01). 이처럼 결과를 서술할 때 표준화 계수를 사용하는 것이 일반적이지만 표를 제시할 때와 마찬가지로 비표준화 계수를 사용하여 결과를 서술하고자 한다면 표준오차를 함께 서술하는 것이 좋습니다(예시: 'AAD → PI'의 경로계수=0.449, SE=0.100, t=4.496, p < .01).

Ⓓ Estimates-02

Squared Multiple Correlations: (Group number 1 - Default model)

	Estimate
AAD	.458
POS_EMO	.242
PI	.211
pi1	.607
pi2	.514
pi3	.547
emo2	.591
emo3	.987
aad3	.568
aad2	.646
aad1	.558
cr3	.660
cr2	.892
cr1	.553
ex3	.704
ex2	.433
ex1	.452
inv3	.585
inv2	.606
inv1	.715

결과 Ⓓ의 '추정치'(Estimates-02)에는 **다중상관제곱**(squared multiple correlations: SMC)이 제시되어 있습니다. 이 값은 구조 관계에서 **내생변수(η)에 대한 설명량을 의미하며 회귀분석에서 R^2과 같이 해석**할 수 있습니다. 이를 각 내생변수에 대한 행렬방정식으로 표현하면 다음과 같습니다.

① AAD: $\eta_1 = \gamma_{11}\xi_1 + \gamma_{12}\xi_2 + \gamma_{13}\xi_3 + \zeta_1 = 0.458 \rightarrow 45.8\%$

② POS_EMO: $\eta_2 = \beta_{21}\eta_1 + \zeta_2 = 0.242 \rightarrow 24.2\%$

③ PI: $\eta_3 = \beta_{31}\eta_1 + \beta_{32}\eta_2 + \zeta_3 = 0.211 \rightarrow 21.1\%$

다시 말해 AAD는 INVOLVE, EXPERIENCE, CREDIBILITY에 의해 45.8%의 설명분산을 보이고 POS_EMO는 AAD에 의해 24.2%의 설명분산을 보였습니다. 또한 최종변수인 PI는 AAD와 POS_EMO에 의해 21.1%의 설명분산을 보이고 있습니다. 같은 의미이지만 달리 표현하면, AAD와 POS_EMO는 PI를 21.1% 설명한다고 해석할 수도 있습니다.

Q91 구조모형의 직접효과와 간접효과는 어떻게 해석하나요?

[♣ 데이터: 예제9_SEM.sav]

해설

구조방정식의 구조모형에서 개별변수의 관계를 해석하고 나면(표준계수, t값과 유의도, 설명분산) 그다음은 다중관계에서 변수의 전체 경로를 직접효과와 간접효과로 구분하여 설명합니다. AMOS의 결과물에는 **총효과**(total effects), **직접효과**(direct effects), **간접효과**(indirect effects)로 구분되고 각각 비표준화 계수와 표준화 계수가 산출됩니다. 실제 산출물에는 관측변수를 포함한 모든 변수에 대한 총효과, 직접효과, 간접효과가 표시되지만 **구조모형의 해석에 필요한 것은 잠재변수의 효과**에 관한 것이므로 해당 부분을 발췌하여 살펴보겠습니다. 다음의 결과 Ⓔ~Ⓖ는 잠재변수 간의 경로에 관한 총효과, 직접효과, 간접효과를 나타낸 것입니다(잠재변수와 관측치 간의 효과는 생략함).

Ⓔ Estimates-03

Total Effects (Group number 1 - Default model)

	CREDIBILITY	EXPERIENCE	INVOLVE	AAD	POS_EMO	PI
AAD	.138	.294	.397	.000	.000	.000
POS_EMO	.084	.178	.241	.606	.000	.000
PI	.071	.150	.203	.511	.103	.000

Standardized Total Effects (Group number 1 - Default model)

	CREDIBILITY	EXPERIENCE	INVOLVE	AAD	POS_EMO	PI
AAD	.171	.306	.364	.000	.000	.000
POS_EMO	.084	.150	.179	.492	.000	.000
PI	.077	.137	.163	.448	.111	.000

결과 Ⓔ의 '추정치'(Estimates-03)는 **잠재변수 간의 관계에 대한 총효과**(total effect)를 나타낸 것입니다(잠재변수 간의 경로효과만 발췌). 각 계수의 비표준화 계수와 표준화 계수가 표시되어 있습니다. 결과 Ⓔ에서 AAD의 선행요인 CREDIBILITY, EXPERIENCE, INVOLVE의 총효과는 직접효과만을 가지고 있으므로 '총효과=직접효과'가 됩니다. 즉, 'AAD → POS_

EMO'의 0.606과 'POS_EMO → PI'의 0.103은 '총효과=직접효과'와 같습니다(결과 Ⓕ의 직접효과 계수와 같음).

반면 'CREDIBILITY → POS_EMO'의 0.084, 'EXPERIENCE → POS_EMO'의 0.178, 'INVOLVE → POS_EMO'의 0.241, 그리고 'CREDIBILITY → PI'의 0.071, 'EXPERIENCE → PI'의 0.150, 'INVOLVE → PI'의 0.203은 모두 총효과=간접효과와 같습니다. 즉, 이들 변수의 관계는 직접효과는 없고 간접효과만 포함하고 있습니다(결과 Ⓖ의 간접효과 계수와 같음).

Ⓕ Estimates-04

Direct Effects (Group number 1 - Default model)

	CREDIBILITY	EXPERIENCE	INVOLVE	AAD	POS_EMO	PI
AAD	.138	.294	.397	.000	.000	.000
POS_EMO	.000	.000	.000	.606	.000	.000
PI	.000	.000	.000	.449	.103	.000

Standardized Direct Effects (Group number 1 - Default model)

	CREDIBILITY	EXPERIENCE	INVOLVE	AAD	POS_EMO	PI
AAD	.171	.306	.364	.000	.000	.000
POS_EMO	.000	.000	.000	.492	.000	.000
PI	.000	.000	.000	.394	.111	.000

Ⓖ Estimates-05

Indirect Effects (Group number 1 - Default model)

	CREDIBILITY	EXPERIENCE	INVOLVE	AAD	POS_EMO	PI
AAD	.000	.000	.000	.000	.000	.000
POS_EMO	.084	.178	.241	.000	.000	.000
PI	.071	.150	.203	.062	.000	.000

Standardized Indirect Effects (Group number 1 - Default model)

	CREDIBILITY	EXPERIENCE	INVOLVE	AAD	POS_EMO	PI
AAD	.000	.000	.000	.000	.000	.000
POS_EMO	.084	.150	.179	.000	.000	.000
PI	.077	.137	.163	.055	.000	.000

특히 이 예에서 'AAD → PI'의 경로는 직접효과와 간접효과를 동시에 포함하고 있습니다. 결과 Ⓔ에서 'AAD → PI'의 총효과 0.511은 결과 Ⓕ의 직접효과 0.449와 결과 Ⓖ의 간접효과 0.062로 분할됩니다. 즉, 'AAD → PI'의 경로효과는 'AAD → PI'의 직접효과(0.449)와

'AAD → POS_EMO → PI'의 간접효과(0.062)를 합한 효과와 같습니다.

요약하면, 구조모형에서 총효과는 직접효과와 간접효과로 구분되고 간접효과가 없을 때 '총효과=직접효과'와 같고 직접효과가 없을 때 '총효과=간접효과'와 같습니다. 이때 **간접효과의 크기는 직접효과의 교적(곱)으로 계산**되는데, 간략하게 간접효과의 크기를 계산하는 방법을 예시하면 다음과 같습니다.

간접효과(indirect effect)의 계산

- 예시 1: 'AAD → POS_EMO → PI'의 간접효과 0.062
  - 근거: 'AAD → POS_EMO'의 직접효과 0.606, 'POS_EMO → PI'의 직접효과 0.103
  - 산출: 간접효과 $0.606 \times 0.103 \approx 0.0624$
- 예시 2: 'INVOLVE → AAD → POS_EMO'의 간접효과 0.241
  - 근거: 'INVOLVE → AAD'의 직접효과 0.397, 'AAD → POS_EMO'의 직접효과 0.606
  - 산출: 간접효과 $0.397 \times 0.606 \approx 0.2406$

이 예에서처럼 'AAD → PI와 POS_EMO → PI'의 직접효과와 'AAD → POS_EMO → PI'의 간접효과를 모두 포함하는 경우를 **부분 매개효과 모형**(partial mediating effect model)이라고 말합니다. 그러므로 이 예의 구조모형은 3개 변수(INVOLVE, EXPERIENCE, CREDIBILITY)가 AAD를 예측하는 회귀모형과 'AAD → POS_EMO → PI'의 부분매개모형이 결합한 형태를 취하고 있습니다. 따라서 구조모형을 분석한 후 필요에 따라 매개효과를 밝히는 추가분석을 수행할 수 있습니다.

일반적으로 추가모형의 분석(매개효과 및 조절효과)은 가설검증의 목적에 따라 구조방정식모형과 별개로 진행하는 경우가 많으며 이를 위해 Baron과 Kenny(1986)의 매개효과분석 및 Hayes(2013)의 조건부 프로세스를 이용한 매개효과분석을 활용할 수 있습니다(매개효과 및 조건부 프로세스 모형 ☞ Q28, Q29, Q92).

Q92 구조모형을 분석하고 난 후 매개효과에 관한 추가분석을 어떻게 수행하고 해석하나요?

[♣ 데이터: 예제9_SEM.sav]

해설

구조방정식의 구조모형이 매개효과(mediation effect)를 포함하는 경우 구조모형의 검증에 이어 매개효과를 추가하여 분석하게 됩니다. [예제연구 9]의 가설모형에서 'AAD → POS_EMO → PI'의 관계는 경로관계에 매개효과가 포함된 모형으로 [그림 6-12]와 같이 나타낼 수 있습니다.

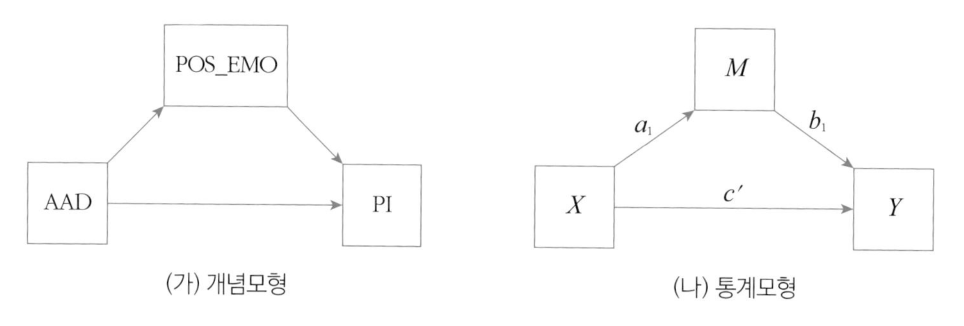

[그림 6-12] 매개효과모형의 개념도

[그림 6-12]에서 AAD는 독립변수(X)이고 PI는 종속변수(Y)이며 POS_EMO는 매개변수(M)입니다. 이를 위해 SPSS의 회귀분석 절차를 이용한 Baron과 Kenny(1986)의 매개효과 분석과 Hayes(2013)의 조건부 프로세스에 의한 간접효과 분석을 수행할 수 있습니다(분석 절차 ☞ Q29).

먼저 [예제연구 9]의 데이터(예제9_SEM.sav)를 열어 각 변수의 합산 평균점수를 구하고 변수를 생성합니다. 이때 변수 측정치는 각 관측치의 합산점수 평균을 사용하거나 요인분석을 통한 요인점수를 측정치로 활용할 수 있습니다.[7] 여기서는 해석적 편의와 동일척도의

7) 합산점수의 평균을 이용하면 각 구성개념을 관측변수로 정의하여 회귀분석을 하게 되고 요인점수를 이

유지를 위해 각 측정치의 합산점수 평균을 개별변수의 측정치로 하여 분석을 수행합니다 (문항묶음을 이용한 분석).

1. Baron과 Kenny(1986)의 모형

IBM® SPSS® Statistics

```
REGRESSION
 /MISSING LISTWISE
 /STATISTICS COEFF OUTS R ANOVA
 /CRITERIA=PIN(.05) POUT(.10)
 /NOORIGIN
 /DEPENDENT intend
 /METHOD=ENTER att.
```

→ 1단계: 의도$(Y') = B_0 + B_1$(태도)

```
REGRESSION
 /MISSING LISTWISE
 /STATISTICS COEFF OUTS R ANOVA
 /CRITERIA=PIN(.05) POUT(.10)
 /NOORIGIN
 /DEPENDENT emo
 /METHOD=ENTER att.
```

→ 2단계: 정서$(Y') = B_0 + B_1$(태도)

```
REGRESSION
 /MISSING LISTWISE
 /STATISTICS COEFF OUTS R ANOVA
 /CRITERIA=PIN(.05) POUT(.10)
 /NOORIGIN
 /DEPENDENT intend
 /METHOD=ENTER att emo.
```

→ 3단계: 의도$(Y') = B_0 + B_1$(태도)$+ B_2$(정서)

※ att=AAD, emo=POS_EMO, intend=PI

Ⓐ 계수[a]

모형		비표준화 계수		표준화 계수	t	유의확률
		B	표준화 오류	베타		
1	(상수)	1.821	.216		8.436	.000
	att 광고태도	.388	.066	.324	5.911	.000

a. 종속변수: intend 구매의도, R제곱=.105

용하면 잠재변수의 속성 그대로 회귀분석을 수행할 수 있음. 따라서 요인점수는 잠재변수의 개념에 더 부합하는 장점이 있고 합산점수의 평균(문항묶음)은 척도가 동일하므로 해석이 용이한 장점을 지님.

Ⓑ 계수[a]

모형		비표준화 계수 B	비표준화 계수 표준화 오류	표준화 계수 베타	t	유의확률
1	(상수)	2.085	.194		10.751	.000
	att 광고태도	.383	.059	.352	6.500	.000

a. 종속변수: emo 긍정정서 R제곱=.124

Ⓒ 계수[a]

모형		비표준화 계수 B	비표준화 계수 표준화 오류	표준화 계수 베타	t	유의확률
1	(상수)	1.453	.252		5.775	.000
	att 광고태도	.320	.069	.267	4.616	.000
	emo 긍정정서	.177	.064	.161	2.772	.006

a. 종속변수: intend 구매의도, R제곱=.128

결과 Ⓐ~Ⓒ는 Baron과 Kenny(1986)의 매개효과 모형에서 제안하는 3단계의 분석과정을 수행한 결과입니다. 결과 Ⓐ는 독립변수(att)와 종속변수(intend)의 관계를 단순회귀분석한 것이고, 결과 Ⓑ는 독립변수(att)와 매개변수(emo)의 관계에 대한 단순회귀의 결과입니다. 그리고 결과 Ⓒ는 독립변수(att)와 매개변수(emo)를 예측변수로 한 다중회귀분석의 결과입니다. 이를 단계별 회귀식으로 나타내면 다음과 같습니다.

- 1단계(결과 Ⓐ): 의도(Y')$=B_0+B_1$(태도)
- 2단계(결과 Ⓑ): 정서(Y')$=B_0+B_1$(태도)
- 3단계(결과 Ⓒ): 의도(Y')$=B_0+B_1$(태도)$+B_2$(정서)

결과를 해석하면 [그림 6-12]의 $X \rightarrow M(a_1)=0.352$, $X \rightarrow Y(c)=0.324$, $X \rightarrow Y(c')=0.267$입니다(모두 $p<.01$). 1단계와 3단계의 베타계수를 비교해 보면($c : c'$) 그 **차이가** 0.057(0.324-0.267)입니다. 이와 같은 **1단계와 3단계의 베타 값의 차이가 유의미할 때 매개효과를 확신**하므로 이 값의 차이가 유의한지를 검증해야 합니다. 매개효과가 통계적으로 유의미한지를 알아보기 위해 이 책에서 다루었던 Hayes(2013)의 조건부 프로세스 모형을 이용해 분석해 보겠습니다(Hayes의 조건부 프로세스 모형을 이용하기 위해서는 SPSS에 Hayes의 프로세스 매크로가 설치되어 있어야 함).

- 프로세스 매크로 지정: SPSS에 Hayes의 프로세스 매크로가 설치되어 있을 때 〈분석 → 회귀분석 → PROCESS v3.4.1 by Andrew F. Hayes〉를 선택하고 변수를 지정.

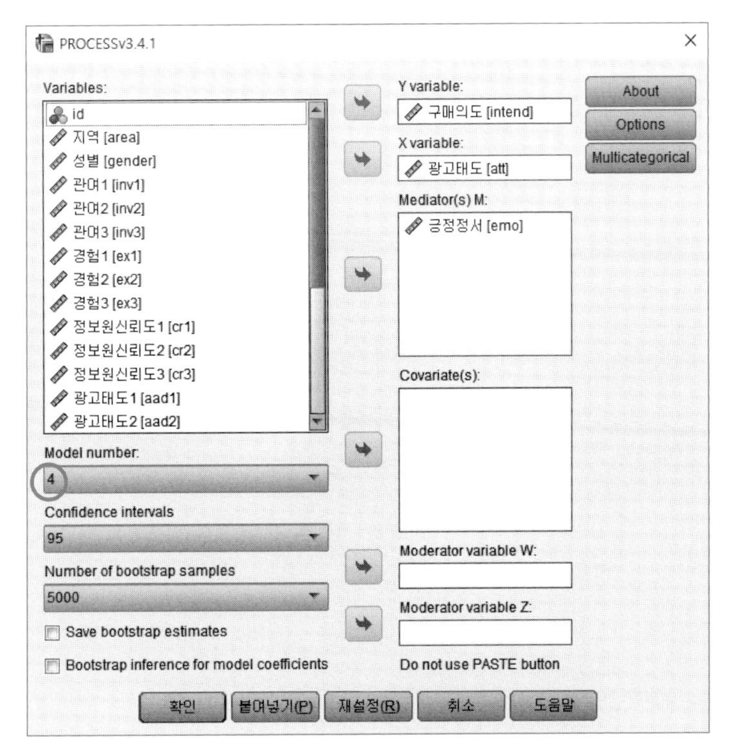

[그림 6-13] SPSS 프로세스 매크로의 지정(모형 4번)

[그림 6-13]과 같이 Hayes의 프로세스 매크로가 설치되어 있을 때 매개효과를 분석하기 위해서는 매크로 모형 4번을 이용해야 하므로 모형번호(Model Number)를 4로 지정하고 변수 지정(Y, X, M)을 한 후 실행합니다(매크로 버전이 계속 최신화되고 있으나 알고리즘은 동일함). Hayes의 프로세스 모듈은 SPSS에서 호환되는 확장모듈을 설치한 것으로 SPSS output의 형태(SPSS가 제공하는 피봇표)가 아닌 텍스트 형태로 결과물이 출력됩니다. 다음의 결과 Ⓓ와 Ⓔ는 Hayes의 매크로를 이용한 SPSS 산출물입니다(Hayes 모형은 bootstrapping 방식을 적용하므로 계수의 소수점 뒷자리가 유동적임).

Ⓓ PROCESS Procedure for SPSS Version 3.4.1

```
**************************************************************************
Model : 4
  Y : intend (PI)
  X : att (AAD)
  M : emo (POS_EMO)

Sample
Size: 300
**************************************************************************
OUTCOME VARIABLE: emo

Model Summary
       R       R-sq      MSE        F         df1        df2          p
    .3524    .1242    .3617   42.2440   1.0000   298.0000     .0000

Model
               coeff       se          t           p        LLCI       ULCI
constant  2.0850    .1939   10.7514    .0000   1.7033   2.4666
att            .3833    .0590     6.4995    .0000     .2672      .4993

**************************************************************************
OUTCOME VARIABLE: intend

Model Summary
       R        R-sq       MSE        F          df1         df2            p
    .3571    .1275    .4384   21.7023   2.0000   297.0000     .0000

Model
                coeff       se          t           p        LLCI       ULCI
constant   1.4526    .2515   5.7753    .0000    .9576    1.9476
att             .3202    .0694   4.6164    .0000    .1837      .4568
emo           .1768    .0638   2.7723    .0059    .0513      .3023

****************** DIRECT AND INDIRECT EFFECTS OF X ON Y *****************
Direct effect of X on Y
    Effect      se          t           p        LLCI      ULCI
    .3202    .0694   4.6164    .0000    .1837    .4568

Indirect effect(s) of X on Y:
           Effect   BootSE   BootLLCI   BootULCI
emo     .0678    .0320     .0096        .1354

*********************** ANALYSIS NOTES AND ERRORS ************************
Level of confidence for all confidence intervals in output:
  95.0000

Number of bootstrap samples for percentile bootstrap confidence intervals:
  5000

------ END MATRIX -----
```

결과 Ⓓ의 프로세스 모형 4의 결과를 보면 결과물 'OUTCOME VARIABLE: emo'는 앞서 2단계의 결과와 동일하고(결과 Ⓑ) 'OUTCOME VARIABLE: intend'는 3단계의 결과와 같습니다(결과 Ⓒ). 그리고 'DIRECT AND INDIRECT EFFECT OF X ON Y'는 *X*(태도) → *Y*(의도)에 대한 직접효과와 간접효과를 분할하여 제시한 것입니다. 여기서 '간접효과'(Indirect of effect(s) of X on Y)는 *X*(태도) → *Y*(의도)의 1단계와 3단계의 차이를 의미합니다. **간접효과의 값은 0.0678(결과 Ⓐ와 Ⓒ에서 비표준화계수 0.388−0.320=0.068)**, 하한계는 0.0096이고 상한계는 0.1354로 하한계와 상한계의 범위에 0을 포함하지 않아 유의미한 것으로 해석할 수 있습니다.

이처럼 간접효과를 Hayes 모형으로 분석할 수 있지만(흔히 구간추정법) 다른 방법으로 점추정을 이용하는 소벨검증을 사용할 수도 있습니다. **소벨검증(Sobel test)은 Z값에 의한 점추정**이라는 점이 다르지만 둘 다 간접효과의 유의성을 검증하는 공통점을 갖습니다. 다음의 결과 Ⓔ는 SPSS 매크로가 설치된 소벨검증을 이용한 분석결과입니다.

Ⓔ Preacher and Hayes(2004) SPSS Macro for Simple Mediation

```
VARIABLES IN SIMPLE MEDIATION MODEL
 Y    intend
 X    att
 M    emo

DESCRIPTIVES STATISTICS AND PEARSON CORRELATIONS
          Mean     SD    intend     att     emo
intend  3.0767  .7065   1.0000   .3239   .2548
att     3.2356  .5898    .3239  1.0000   .3524
emo     3.3250  .6415    .2548   .3524  1.0000

SAMPLE SIZE
   300

DIRECT AND TOTAL EFFECTS
           Coeff     s.e.       t    Sig(two)
b(YX)      .3880    .0656   5.9106   .0000
b(MX)      .3833    .0590   6.4995   .0000
b(YM.X)    .1768    .0638   2.7723   .0059
b(YX.M)    .3202    .0694   4.6164   .0000

INDIRECT EFFECT AND SIGNIFICANCE USING NORMAL DISTRIBUTION
          Value    s.e.   LL95CI   UL95CI      Z     Sig(two)
Effect    .0678   .0268   .0152    .1204    2.5248    .0116

********************************** NOTES **********************************
Bootstrap confidence intervals are preferred to the Sobel test for inference about indirect effects.

------ END MATRIX -----
```

결과 Ⓔ의 소벨검증 결과를 보면 기술통계치와 기초상관이 제시되고 프로세스 모형 4번의 분석과 유사한 결과가 'DIRECT AND TOTAL EFFECTS'의 값으로 제시되어 있습니다. 그리고 마지막으로 소벨(Sobel)의 $Z=2.5248$이고 $p=.0116$으로 $p<.05$이므로 간접효과가 통계적으로 유의미하고 해석하게 됩니다(Hayes의 프로세스 매크로와 마찬가지로 소벨검증을 위한 SPSS 매크로를 같은 방법으로 설치).

이를 종합하여 매개효과에 관한 결과를 요약하면 〈표 6-9〉와 같이 결과표를 작성할 수 있습니다.

<표 6-9> 매개효과를 위한 회귀분석 결과

변수	1단계: PI				2단계: POS_EMO				3단계: PI			
	B	SE	β	t	B	SE	β	t	B	SE	β	t
AAD	.388	.066	.324	5.911**	.383	.059	.352	6.500**	.320	.069	.267	4.616**
POS_EMO									.177	.064	.161	2.772**
	$R^2=.105$, $F=34.935$**				$R^2=.124$, $F=42.244$**				$R^2=.128$, $F=21.702$**			
Sobel 검증								값		SE		Z
								.0678		.0268		2.5248*
Boot 간접효과						간접효과		SE		95% LLCI		95% ULCI
						.0678		.0320		.0096		.1354

* $p<.05$, ** $p<.01$

주: N=300, B=비표준화계수, SE=표준오차, β=표준화계수, LLCI=신뢰구간하한계, ULCI=신뢰귀간상한계

〈표 6-9〉에서 보듯이, 매개효과분석의 결과표에는 매개효과분석을 위한 Baron과 Kenny(1986)의 모형에 기초하여 단계별 회귀계수와 모형의 설명력 R^2을 제시하고 간접효과분석을 위한 점추정법의 소벨검증과 구간추정법의 Boot 간접효과(Hayes 모형 4번)의 결과를 종합하여 제시합니다. 단계별 결과와 간접효과의 결과를 개별적으로 제시할 수 있으나 한눈에 볼 수 있도록 제시함으로써 직접효과와 간접효과를 비교 가능하도록 정보를 제공하는 것이 좋습니다. 이때 소벨검증과 Boot 간접효과검증은 동일 목적이므로 한 가지만 선택적으로 제시할 수도 있습니다.

SPSS 소벨검증 매크로의 이용

- 소벨검증 매크로 지정: 〈분석 → 회귀분석 → Preacher and Hayes(2004)… (SOBEL)〉을 선택하고 변수를 지정(Sobel 매크로가 설치된 경우).

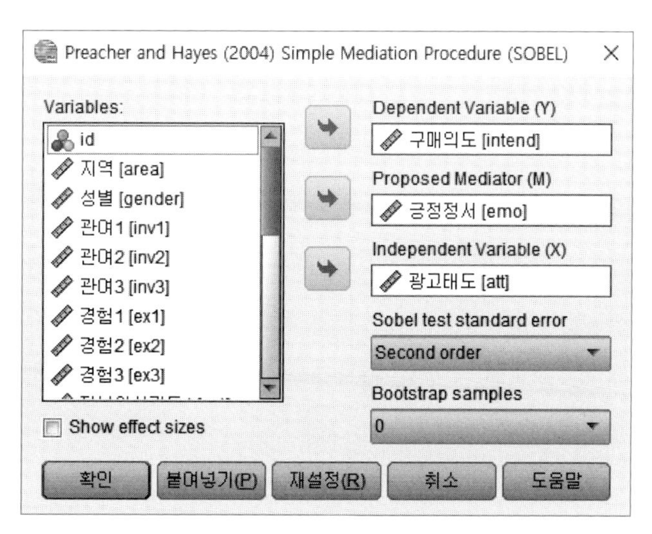

[그림 6-14] SPSS 소벨검증 매크로 지정

♧ SPSS 호환모드 설치: Hayes의 조건부 프로세스 매크로

- 매크로 파일 얻기: http://www.processmacro.org (PROCESS v4.3. for SPSS)
- 설치경로: SPSS 〈메뉴 → 확장 → 유틸리티〉에서 '사용자 정의 대화 상자 설치(호환모드)' 선택.
- '사용자 정의 대화 상자 설치(호환모드)'를 선택하여 대화상자가 열리면 다운로드한 process.spd의 경로를 찾아 선택해 주면 자동 설치됨 → '분석' 메뉴의 회귀분석 모듈에서 매크로가 추가된 것을 확인.

Q93 구조방정식의 구조모형에서 기타의 결과물에는 어떤 것들이 포함되나요?

[♣ 데이터: 예제9_SEM.sav]

해설

구조모형의 분석에서 추정치(경로계수, 표준계수, t값과 유의도, 설명분산, 직접효과와 간접효과)를 해석하고 나면 설정모형 및 경로효과에 관한 결론을 도출하게 됩니다. AMOS의 결과물은 분석의 수행과정을 함께 제시하므로 그 외 많은 정보를 포함합니다. 모든 결과물을 같은 수준에서 해석하지는 않지만 이들 정보는 계수의 산출에 이용되거나 모형의 적합도에 관한 추가적인 정보로 활용됩니다.

여기서 결과해석에 도움이 되는 주요 결과물로 분산-공분산행렬, 상관, 잔차에 대한 정보, 수정지표, 정규성 평가 등을 살펴보겠습니다.

1. 추정치(분산-공분산행렬, 상관, 잔차 정보) **IBM® SPSS® AMOS**

* AMOS Output → Estimates(Covariance, Correlation, Variance, Residual Covariance)

Ⓐ Estimates: Covariance, Correlations

Covariances: (Group number 1 - Default model)

			Estimate	S.E.	C.R.	P	Label
INVOLVE	<-->	EXPERIENCE	.157	.025	6.316	***	par_9
EXPERIENCE	<-->	CREDIBILITY	.200	.031	6.430	***	par_10
INVOLVE	<-->	CREDIBILITY	.114	.025	4.508	***	par_11

Correlations: (Group number 1 - Default model)

			Estimate
INVOLVE	<-->	EXPERIENCE	.511
EXPERIENCE	<-->	CREDIBILITY	.482
INVOLVE	<-->	CREDIBILITY	.313

Ⓑ Estimates: Variances

Variances: (Group number 1 - Default model)

	Estimate	S.E.	C.R.	P	Label
INVOLVE	.271	.033	8.266	***	par_21
EXPERIENCE	.349	.045	7.694	***	par_22
CREDIBILITY	.491	.049	10.127	***	par_23
ze1	.175	.029	6.013	***	par_24
ze2	.370	.057	6.526	***	par_25
ze3	.331	.049	6.690	***	par_26
d1	.108	.016	6.582	***	par_27
d2	.130	.015	8.630	***	par_28
d3	.151	.017	9.097	***	par_29
d4	.262	.027	9.662	***	par_30
d5	.217	.022	10.095	***	par_31
d6	.147	.027	5.526	***	par_32
d7	.262	.024	10.714	***	par_33
d8	.059	.019	3.070	.002	par_34
d9	.198	.022	9.031	***	par_35
e1	.177	.020	8.909	***	par_36
e2	.177	.024	7.496	***	par_37
e3	.221	.024	9.060	***	par_38
e5	.006	.045	.138	.891	par_39
e4	.178	.028	6.351	***	par_40
e8	.340	.041	8.237	***	par_41
e7	.330	.038	8.635	***	par_42
e6	.271	.039	7.005	***	par_43

결과 Ⓐ의 '추정치'(Estimates: Covariances, Correlations)는 잠재변수(ξ, η)의 상관과 공분산을 표시하고 결과 Ⓑ의 '추정치'(Estimates: Variances)는 잠재변수(ξ, η)의 분산과 관측변수 및 내생변수의 오차분산($\delta, \varepsilon, \zeta$)을 모두 나타내고 있습니다. 이 결과물은 AMOS Graphics의 다이어그램([그림 6-11])에 표시되는 값과 같습니다.

Ⓒ Estimates: Implied Covariances

Matrices (Group number 1 - Default model)

Implied (for all variables) Covariances (Group number 1 - Default model)

	CREDIBILITY	EXPERIENCE	INVOLVE	AAD	POS_EMO	PI	pi1	pi2	pi3	emo2	emo3	aad3	aad2	aad1	cr3	cr2	cr1	ex3	ex2	ex1	inv3	inv2	inv1
CREDIBILITY	.491																						
EXPERIENCE	.200	.349																					
INVOLVE	.114	.157	.271																				
AAD	.172	.193	.169	.322																			
POS_EMO	.104	.117	.103	.195	.488																		
PI	.088	.098	.087	.165	.138	.419																	
pi1	.088	.098	.087	.165	.138	.419	.690																
pi2	.080	.090	.079	.150	.126	.382	.382	.679															
pi3	.087	.098	.086	.163	.137	.415	.415	.379	.752														
emo2	.076	.085	.075	.142	.355	.100	.100	.092	.099	.437													
emo3	.104	.117	.103	.195	.488	.138	.138	.126	.137	.355	.494												
aad3	.163	.183	.161	.306	.185	.156	.156	.143	.155	.135	.185	.511											
aad2	.172	.193	.169	.322	.195	.165	.165	.150	.163	.142	.195	.306	.499										
aad1	.143	.160	.141	.268	.162	.137	.137	.125	.136	.118	.162	.254	.268	.399									
cr3	.435	.177	.101	.152	.092	.078	.078	.071	.077	.067	.092	.144	.152	.126	.583								
cr2	.491	.200	.114	.172	.104	.088	.088	.080	.087	.076	.104	.163	.172	.143	.435	.550							
cr1	.399	.162	.093	.140	.085	.071	.071	.065	.071	.062	.085	.132	.140	.116	.353	.399	.587						
ex3	.200	.349	.157	.193	.117	.098	.098	.090	.098	.085	.117	.183	.193	.160	.177	.200	.162	.496					
ex2	.138	.241	.108	.133	.080	.068	.068	.062	.067	.059	.080	.126	.133	.110	.122	.138	.112	.241	.383				
ex1	.157	.275	.124	.152	.092	.078	.078	.071	.077	.067	.092	.144	.152	.126	.139	.157	.128	.275	.190	.479			
inv3	.101	.140	.240	.151	.091	.077	.077	.070	.076	.066	.091	.143	.151	.125	.090	.101	.082	.140	.096	.110	.365		
inv2	.098	.135	.233	.146	.088	.074	.074	.068	.074	.064	.088	.138	.146	.121	.087	.098	.080	.135	.093	.107	.207	.331	
inv1	.114	.157	.271	.169	.103	.087	.087	.079	.086	.075	.103	.161	.169	.141	.101	.114	.093	.157	.108	.124	.240	.233	.378

Ⓓ Estimates: Implied Correlations

Implied (for all variables) Correlations (Group number 1 - Default model)

	CREDIBILITY	EXPERIENCE	INVOLVE	AAD	POS_EMO	PI	pi1	pi2	pi3	emo2	emo3	aad3	aad2	aad1	cr3	cr2	cr1	ex3	ex2	ex1	inv3	inv2	inv1
CREDIBILITY	1.000																						
EXPERIENCE	.482	1.000																					
INVOLVE	.313	.511	1.000																				
AAD	.432	.574	.574	1.000																			
POS_EMO	.213	.283	.282	.492	1.000																		
PI	.194	.257	.257	.448	.305	1.000																	
pi1	.151	.201	.200	.349	.238	.779	1.000																
pi2	.139	.185	.184	.321	.219	.717	.559	1.000															
pi3	.143	.190	.190	.332	.226	.740	.576	.530	1.000														
emo2	.163	.217	.217	.379	.769	.235	.183	.168	.174	1.000													
emo3	.211	.281	.281	.489	.994	.303	.236	.217	.224	.764	1.000												
aad3	.325	.433	.432	.754	.371	.338	.263	.242	.250	.285	.369	1.000											
aad2	.347	.461	.461	.804	.396	.360	.281	.258	.267	.304	.393	.606	1.000										
aad1	.323	.429	.428	.747	.368	.335	.261	.240	.248	.283	.365	.563	.600	1.000									
cr3	.812	.391	.254	.351	.173	.157	.123	.113	.116	.133	.172	.264	.282	.262	1.000								
cr2	.945	.455	.296	.408	.201	.183	.143	.131	.135	.154	.200	.307	.328	.305	.767	1.000							
cr1	.744	.358	.233	.321	.158	.144	.112	.103	.107	.122	.157	.242	.258	.240	.604	.702	1.000						
ex3	.404	.839	.429	.482	.237	.216	.168	.155	.160	.182	.236	.363	.387	.360	.328	.382	.301	1.000					
ex2	.317	.658	.337	.378	.186	.169	.132	.121	.125	.143	.185	.285	.304	.282	.258	.299	.236	.552	1.000				
ex1	.324	.673	.344	.386	.190	.173	.135	.124	.128	.146	.189	.291	.310	.288	.263	.306	.241	.565	.443	1.000			
inv3	.239	.391	.765	.439	.216	.197	.153	.141	.146	.166	.215	.331	.353	.328	.195	.226	.178	.328	.257	.263	1.000		
inv2	.244	.398	.778	.446	.220	.200	.156	.143	.148	.169	.218	.336	.359	.333	.198	.230	.181	.334	.262	.268	.595	1.000	
inv1	.265	.432	.845	.485	.239	.217	.169	.156	.161	.184	.237	.365	.390	.362	.215	.250	.197	.363	.285	.291	.647	.658	1.000

Ⓔ Estimates: Residual Covariances

Residual Covariances (Group number 1 - Default model)

	pi1	pi2	pi3	emo2	emo3	aad3	aad2	aad1	cr3	cr2	cr1	ex3	ex2	ex1	inv3	inv2	inv1
pi1	.000																
pi2	-.012	.000															
pi3	.003	.011	.000														
emo2	-.002	.008	-.007	.000													
emo3	.005	.006	-.011	.000	.000												
aad3	.034	.014	-.001	.003	.004	.000											
aad2	.023	-.006	-.051	-.032	-.039	-.006	.000										
aad1	-.042	-.021	-.070	-.041	-.036	-.001	.035	.000									
cr3	.164	.090	.046	.129	.140	.052	.034	.000	.000								
cr2	.123	.063	.043	.135	.149	-.019	-.037	-.048	.001	.000							
cr1	.139	.072	.047	.118	.132	-.023	-.002	-.028	-.024	.005	.000						
ex3	.054	.059	.005	.119	.136	-.009	-.039	-.030	.033	-.009	.019	.000					
ex2	.043	.034	.027	.085	.096	.028	-.035	-.009	-.019	-.026	.001	.007	.000				
ex1	.086	.077	.065	.089	.119	.034	-.013	-.008	.030	.009	.048	-.003	-.009	.000			
inv3	.003	-.008	.011	.046	.041	.002	-.008	-.026	.018	-.005	-.012	-.020	-.024	.003	.000		
inv2	.054	.037	.005	.027	.013	.012	.018	-.008	.027	-.022	.012	-.007	.000	-.007	.003	.000	
inv1	.037	.027	-.008	.065	.039	-.003	-.014	-.012	.026	-.001	.028	.016	.010	.012	.001	-.003	.000

Ⓕ Estimates: Standardized Residual Covariances

Standardized Residual Covariances (Group number 1 - Default model)

	pi1	pi2	pi3	emo2	emo3	aad3	aad2	aad1	cr3	cr2	cr1	ex3	ex2	ex1	inv3	inv2	inv1
pi1	.000																
pi2	-.257	.000															
pi3	.053	.244	.000														
emo2	-.062	.264	-.201	.000													
emo3	.133	.169	-.314	.000	.000												
aad3	.970	.392	-.039	.090	.143	.000											
aad2	.663	-.175	-1.385	-1.124	-1.255	-.178	.000										
aad1	-1.343	-.668	-2.141	-1.636	-1.308	-.037	1.149	.000									
cr3	4.433	2.470	1.187	4.369	4.445	1.607	1.043	-.017	.000								
cr2	3.426	1.762	1.133	4.716	4.837	-.591	-1.154	-1.686	.025	.000							
cr1	3.745	1.949	1.206	4.018	4.191	-.711	-.051	-.975	-.608	.121	.000						
ex3	1.578	1.734	.132	4.341	4.640	-.305	-1.278	-1.105	1.003	-.284	.588	.000					
ex2	1.431	1.161	.860	3.578	3.748	1.046	-1.324	-.393	-.671	-.943	.032	.249	.000				
ex1	2.554	2.325	1.846	3.321	4.140	1.146	-.455	-.298	.964	.291	1.529	-.106	-.329	.000			
inv3	.096	-.268	.363	1.979	1.625	.068	-.306	-1.116	.644	-.193	-.432	-.759	-1.090	.101	.000		
inv2	1.943	1.341	.163	1.217	.533	.498	.703	-.354	1.038	-.883	.473	-.288	-.022	-.285	.122	.000	
inv1	1.219	.901	-.270	2.707	1.533	-.102	-.502	-.485	.945	-.043	1.006	.607	.447	.471	.054	-.124	.000

결과 Ⓒ와 Ⓓ는 구조모형으로부터 추정된 공분산과 상관을 제시하고 있으며 결과 Ⓒ의 대각선은 분산을 나타내고 대각선 이외의 값은 공분산을 나타냅니다. 결과 Ⓓ는 잠재변수 및 관측변수를 모두 포함한 상관계수를 표시하고 있습니다. 결과 Ⓔ와 Ⓕ는 추정된 공분산 행렬로부터 얻은 잔차행렬과 표준화 잔차행렬을 나타냅니다.

분산-공분산행렬로부터 구조모형의 경로관계에 따른 잠재변수의 **다중상관제곱**(설명분산: SMC)를 구하게 되는데, 다중상관제곱을 구하는 방법을 간략하게 예시하면 다음과 같습니다.

다중상관제곱(squared multiple correlations: SMC)의 산출

- 방법 1: (standardized weights)^2 → 표준계수의 제곱으로 계산.
  - 예시: inv2=0.606 (☞ Q90의 결과 Ⓓ, Ⓒ)
  - 근거: 표준계수(Standardized Regression Weights의 'inv2 ← INVOLVE'의 값)=0.778
  - 산출: $0.778^2 \approx 0.6053$
- 방법 2: 모형분산에서 오차분산을 뺀 비율로 계산.
  - 예시: inv2=0.606
  - 근거: 추정분산(Implied Covariances의 'inv2' 대각선 값: 결과 ⓒ)=0.331, 오차분산(Variances의 'd2'의 값: 결과 Ⓑ)=0.130
  - 산출: $(0.331-0.130)/0.331 \approx 0.6072$

Ⓖ Estimates: Factor Score Weights

Factor Score Weights (Group number 1 - Default model)

	pi1	pi2	pi3	emo2	emo3	aad3	aad2	aad1	cr3	cr2	cr1	ex3	ex2	ex1	inv3	inv2	inv1
CREDIBILITY	.001	.001	.001	.000	.003	.007	.010	.008	.172	.649	.119	.020	.009	.009	.002	.002	.003
EXPERIENCE	.002	.002	.002	.000	.008	.024	.031	.026	.013	.049	.009	.422	.196	.186	.023	.025	.036
INVOLVE	.002	.001	.001	.000	.007	.020	.026	.022	.001	.005	.001	.026	.012	.012	.228	.257	.361
AAD	.020	.015	.016	.002	.073	.211	.278	.231	.008	.029	.005	.038	.018	.017	.027	.030	.042
POS_EMO	.001	.001	.001	.025	.966	.002	.003	.002	.000	.000	.000	.000	.000	.000	.000	.000	.000
PI	.307	.230	.242	.001	.033	.024	.031	.026	.001	.003	.001	.004	.002	.002	.003	.003	.005

결과 Ⓖ의 '요인점수 가중치'(Estimates: Factor Score Weights)는 잠재변수(ξ, η)에 대한 회귀분석의 결과입니다. 즉, 외생변수(ξ)와 내생변수(η)를 각각 종속변수로 하고 관측변수(X, Y)

를 독립변수로 하여 회귀분석을 수행한 결과의 회귀계수와 같습니다. 가중치가 높을수록 해당 잠재변수를 측정하는 중심 변수임을 의미하며 수렴성을 확인하는 정보로도 활용할 수 있습니다.

2. 기타 정보(수정지수, 반복 추정, 정규성 평가) **IBM® SPSS® AMOS**

* AMOS Output → Estimates(Modification Indices, Minimization History, Assessment of normality)

Ⓗ Modification Indices

M.I. Par Change

Regression Weights: (Group number 1 - Default model)

			M.I.	Par Change
POS_EMO	<---	CREDIBILITY	36.820	.328
POS_EMO	<---	EXPERIENCE	34.989	.401
PI	<---	CREDIBILITY	7.671	.160
pi1	<---	CREDIBILITY	12.599	.191
pi1	<---	cr3	15.067	.184
pi1	<---	cr2	9.983	.154
pi1	<---	cr1	11.450	.160
pi3	<---	aad2	4.360	-.114
emo2	<---	inv1	5.792	.096
emo3	<---	CREDIBILITY	7.722	.103
emo3	<---	EXPERIENCE	9.134	.140
emo3	<---	cr2	8.119	.096
emo3	<---	cr1	5.048	.073
emo3	<---	ex3	9.073	.106
emo3	<---	ex2	4.676	.087
emo3	<---	ex1	7.954	.101
aad2	<---	EXPERIENCE	6.028	-.131
aad2	<---	POS_EMO	7.088	-.110

...

(이하 생략)

결과 Ⓗ의 'Modification Indices'는 수정지수를 나타냅니다. 모든 변수에 대해 산출되며 상단에는 잠재변수의 경로관계에서 경로가 수정될 때 향상되는 지수 값을 표시합니다. 'CREDIBILITY → POS_EMO'의 수정지수는 36.820, 'EXPERIENCE → POS_EMO'는 34.989로 둘 다 수정지수가 큰 경로로 이들 경로가 추가되면 모형이 상당히 개선됨을 알려 줍니다. 이처럼 보통 다른 수정지수와 값의 차이가 클 때 모형 개선의 가능성을 직관적으로 판단할 수 있습니다.

수정지수는 이론적 논리에 의한 것이 아니라 추정(계산)에 근거하므로 모형 개선에 참고할 수 있지만 그로부터 임의로 경로를 추가하는 것은 구조방정식의 논리에 맞지 않으므로 사용에 주의가 필요합니다. 따라서 빈약한 적합도 지수 혹은 미약한 경로효과에 따라 모형 개선이 필요할 때 가장 먼저 고려해야 할 것은 이론적 근거이고 그다음 수정지수를 참고로 극단치와 분포를 검토하고 관련변수의 데이터를 개선하는 것입니다(데이터 정제). 이 예에서 두 경로의 수정지수가 높지만 이들 경로를 추가하는 것은 모형을 개선할지라도 이론에 근거하지 않으므로 경로 추가를 권장하지 않습니다.

Ⓘ Iteration

Minimization History (Default model)

Iteration		Negative eigenvalues	Condition #	Smallest eigenvalue	Diameter	F	NTries	Ratio
0	e	12		-.389	9999.000	2620.780	0	9999.000
1	e*	4		-.179	3.277	916.082	20	.529
2	e	0	436.836		.999	404.209	5	.851
3	e	0	168.081		.675	337.879	4	.000
4	e	1		-.239	.973	313.523	1	.288
5	e	0	1079.346		.211	273.120	9	1.096
6	e	0	52.327		.216	270.591	4	.000
7	e	0	53.476		.183	265.552	1	1.087
8	e	0	53.426		.039	265.389	1	1.030
9	e	0	53.079		.002	265.388	1	1.002
10	e	0	53.078		.000	265.388	1	1.000

결과 Ⓘ의 'Iteration'은 미지수 해법(solution)을 찾기 위해 얼마나 많은 반복추정(iteration)을 했는지를 나타냅니다. 표본행렬과 추정행렬의 차이가 최소화되도록 미지수를 추정하는데, 이 예에서는 총 10번의 반복추정으로 해법을 찾았으므로 반복추정의 횟수는 적은 편입니다(대략 $n \leq 25$이면 양호한 모형임). 이처럼 반복추정의 횟수가 적다는 것은 그만큼 모형이 좋다는 것을 의미합니다. 결과 Ⓘ에서 일부 나타나는 음수의 고유값(eigenvalue)은 부정행렬을 의미하므로 구조방정식모형에서는 반복추정을 위해 일정한 상수를 곱하여 양수로 한정합니다. 즉, 분석행렬의 고유값이 0보다 큰 양정치행렬(positive definite matrix)로 전환하여 미지수 추정을 가능하게 하는 방식입니다.

Ⓙ Assessment of normality

Assessment of normality (Group number 1)

Variable	min	max	skew	c.r.	kurtosis	c.r.
pi1	1.000	5.000	-.039	-.274	-.142	-.504
pi2	1.000	5.000	-.205	-1.449	-.015	-.055
pi3	1.000	5.000	.523	3.697	-.660	-2.333
emo2	1.000	5.000	-.069	-.490	.916	3.240
emo3	1.000	5.000	-.379	-2.682	1.025	3.624
aad3	1.000	5.000	-.209	-1.480	-.006	-.022
aad2	1.000	5.000	.074	.526	.319	1.129
aad1	1.000	5.000	.037	.259	.815	2.880
cr3	1.000	5.000	-.293	-2.074	.242	.855
cr2	1.000	5.000	-.299	-2.112	.096	.340
cr1	1.000	5.000	-.267	-1.888	.313	1.107
ex3	1.000	5.000	-.060	-.427	.070	.247
ex2	2.000	5.000	-.034	-.239	-.309	-1.094
ex1	1.000	5.000	-.044	-.309	.441	1.560
inv3	1.000	5.000	.285	2.014	1.066	3.770
inv2	2.000	5.000	.488	3.454	.751	2.655
inv1	1.000	5.000	.245	1.730	.890	3.147
Multivariate					61.358	20.907

결과 Ⓙ의 'Assessment of normality'는 **정규성 평가**의 결과로 기본 가정의 하나인 분포의 정규성을 파악하는 정보로 활용할 수 있습니다(기본 가정의 검토 ☞ Q84). 특히 다변량 정규성을 평가하는 왜도와 첨도가 제시되어 있는데, 이 예에서 개별변수의 왜도(skewness: ±2.0 혹은 ±3.0)와 첨도(kurtosis: ±3.0 혹은 ±4.0)가 기준 범위 내에 있으므로 정규성을 크게 위배하지 않는 것으로 해석할 수 있습니다(Kline, 2005). 정규성에 대한 평가를 위해 그 외에도 Kolmogorov-Smirnov 검증의 결과를 해석할 수 있습니다. 이 경우 Kolmogorov-Smirnov의 값이 $p > .05$이면 정규성을 위배하지 않는 것으로 해석합니다.

결과 Ⓙ에서 다변량 첨도(Multivariate kurtosis)는 변수의 수에 의존하므로 다소 큰 값을 보이지만 개별변수의 왜도 범위가 −0.379에서 +0.523이고 첨도 범위는 −0.660에서 +1.066으로 기준 범위 내에 있어 정규성을 크게 위배하지 않은 것으로 평가할 수 있습니다.

Q94 구조방정식모형을 활용한 경로분석은 무엇이며 어떻게 수행하고 해석하나요?

[♣ 데이터: 예제9_SEM.sav]

해설

경로분석(path analysis)은 구조방정식의 구조모형과 접근방식이 같지만 잠재변수를 가정하지 않는 경우, 즉 관측변수를 사용하는 구조모형이라고 할 수 있습니다. 경로분석을 위한 관측변수로는 직접 관측치들의 합산평균을 사용하거나 요인분석 등을 통해 얻은 요인점수를 관측변수처럼 사용할 수 있습니다. 합산평균이나 요인점수 중 어느 것을 사용하든 경로분석의 모형에 투입되는 변수는 잠재변수가 아닌 관측변수로 설정한다는 것이 가장 큰 특징입니다. 물론 요인분석과 같이 관측치들의 잠재구조를 밝히고 그대로 구조모형에 적용한다면 지금까지 살펴본 완전모형으로 측정모형과 구조모형을 단계적으로 접근하는 분석과 같습니다.

그러므로 경로분석에 사용되는 변수는 순수하게 ① 관측치들의 합산점수(평균)를 사용하거나 ② 요인분석에서 얻는 요인점수를 독립적인 하나의 관측변수처럼 사용하게 됩니다. 요인점수는 관측치들의 잠재구조를 잘 대표하지만 원래 척도에서 변형된 것이므로 명료한 해석이 다소 어려울 수 있습니다. 반면 관측치의 합산점수나 평균은 요인점수만큼 잠재구조를 반영하지 않지만 변형되지 않은 점수이면서 척도를 유지하고 있어 척도점수 그대로를 해석할 수 있습니다. 어느 점수체계를 관측변수로 사용할 것인지는 연구의 목적과 특성에 따라 다를 수 있지만 개별변수의 정규성을 가정하는 한 장단점을 고려해 선택할 수 있습니다. 다만 이론적 잠재구조가 중요한 연구에서는 요인점수를 활용하는 것이 추정의 오차를 줄이는 더 좋은 접근이 될 수 있습니다.

여기서는 설명 목적으로 직관적 해석을 위해 [예제연구 9]의 데이터를 활용하여 각 측정치의 합산평균을 개별(관측)변수의 측정치로 사용하여 관측변수에 대한 경로모형을 분석해 보겠습니다. 다음 [그림 6-15]는 SPSS AMOS를 이용한 경로분석 모형의 다이어그램으로 모두 관측변수를 가정하므로 직사각형으로 표시했습니다.

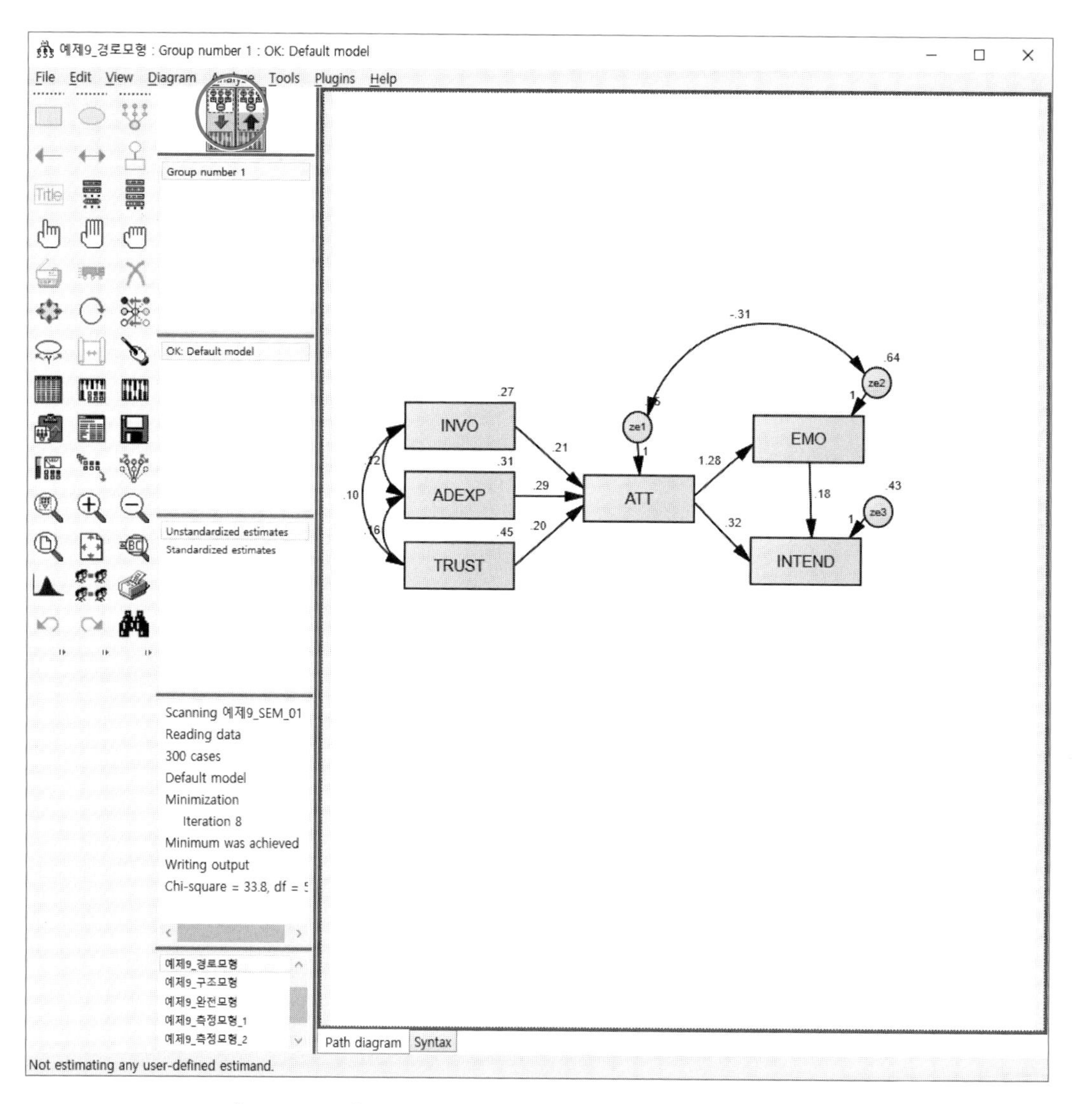

[그림 6-15] AMOS를 이용한 경로분석 모형의 다이어그램

[그림 6-15]의 경로분석 모형의 특성을 요약하면 다음과 같습니다.

① 모든 변수는 직사각형으로 표시함 → 잠재변수가 아닌 관측변수를 가정하는 것과 같음.

② 모든 변수는 해당 관측치의 합산 평균을 측정점수로 사용함(변수명은 측정모형의 변수명과 중복되지 않도록 설정).

③ 외생변수 간의 상관을 표시하고 내생변수의 오차분산을 추정함.

④ (설명목적) 적합도 향상을 위해 두 내생변수(ATT, EMO)의 오차 간 상관을 가정함.

1. 기초 정보 **IBM® SPSS® AMOS**

* 관측변수(데이터: 예제9_SEM.sav)
  - 외생변수: INVO=mean(inv1,inv2,inv3), ADEXP=mean(ex1,ex2,ex3), TRUST=mean(cr1, cr2, cr3)
  - 내생변수: ATT=mean(aad1,aad2,aad3), EMO=mean(emo2,emo3), INTEND=mean(pi1, pi2, pi3)

AMOS Output → Notes for Model: AMOS Graphics를 실행하여 얻는 산출물

Ⓐ Notes for Model

Notes for Model (Default model)

Computation of degrees of freedom (Default model)

Number of distinct sample moments:	21
Number of distinct parameters to be estimated:	16
Degrees of freedom (21 - 16):	5

Result (Default model)

Minimum was achieved
Chi-square = 33.807
Degrees of freedom = 5
Probability level = .000

결과 Ⓐ의 'Notes for Model'은 경로분석(path analysis)의 모형 정보를 나타냅니다. 표본의 정보는 21개, 추정할 모수는 16개, 자유도는 df=5(21−16)입니다. [그림 6−15]에서 구해야 할 모수는 파이(ϕ) 6개(외생변수 분산 3개, 외생변수 간의 상관 3개), 감마(γ) 3개, 베타(β) 3개, 제타(ζ) 3개, 제타 간 상관(ζ_1−ζ_2) 1개로 총 16개입니다.

디폴트 모형(경로분석 모형)의 카이제곱(χ^2)=33.807이고 자유도(df)=5, 그에 따른 유의확률은 p=.000으로 통계적으로 유의미하지만 카이제곱은 표본크기에 영향을 받으므로 결과 Ⓑ의 적합도 지수를 종합하여 모형의 적합성을 판단합니다. 다음의 결과 Ⓑ는 [그림 6−15]의 경로모형에 대한 모형의 적합도 지수를 종합하여 보여 주고 있습니다.

2. 모형 적합도

IBM® SPSS® AMOS

* AMOS Output → Model Fit

Ⓑ Model Fit

Model Fit Summary

CMIN

Model	NPAR	CMIN	DF	P	CMIN/DF
Default model	16	33.807	5	.000	6.761
Saturated model	21	.000	0		
Independence model	6	435.911	15	.000	29.061

RMR, GFI

Model	RMR	GFI	AGFI	PGFI
Default model	.024	.965	.852	.230
Saturated model	.000	1.000		
Independence model	.120	.578	.409	.413

Baseline Comparisons

Model	NFI Delta1	RFI rho1	IFI Delta2	TLI rho2	CFI
Default model	.922	.767	.933	.795	.932
Saturated model	1.000		1.000		1.000
Independence model	.000	.000	.000	.000	.000

Parsimony-Adjusted Measures

Model	PRATIO	PNFI	PCFI
Default model	.333	.307	.311
Saturated model	.000	.000	.000
Independence model	1.000	.000	.000

NCP

Model	NCP	LO 90	HI 90
Default model	28.807	14.000	51.096
Saturated model	.000	.000	.000
Independence model	420.911	356.486	492.755

FMIN

Model	FMIN	F0	LO 90	HI 90
Default model	.113	.096	.047	.171
Saturated model	.000	.000	.000	.000
Independence model	1.458	1.408	1.192	1.648

RMSEA

Model	RMSEA	LO 90	HI 90	PCLOSE
Default model	.139	.097	.185	.000
Independence model	.306	.282	.331	.000

AIC

Model	AIC	BCC	BIC	CAIC
Default model	65.807	66.574	125.067	141.067
Saturated model	42.000	43.007	119.779	140.779
Independence model	447.911	448.198	470.133	476.133

ECVI

Model	ECVI	LO 90	HI 90	MECVI
Default model	.220	.171	.295	.223
Saturated model	.140	.140	.140	.144
Independence model	1.498	1.283	1.738	1.499

HOELTER

Model	HOELTER .05	HOELTER .01
Default model	98	134
Independence model	18	21

결과 Ⓑ의 'Model Fit'에 있는 적합도 지수를 보면 RMSEA=0.139(준거≤0.08), RMR=0.024(준거≤0.07)이고 GFI=0.965, AGFI=0.852, TLI=0.795, IFI=0.933, CFI=0.932(이상 준거≥0.90) 그리고 PNFI=0.307(준거≥0.60)로 나타났습니다. 일부 적합도 지수들은 준거를 초과하지만 지수 간의 편차가 크고 준거를 충족하지 못하는 지수로 인해 경로분석 모형은 만족할 만한 적합도로 판단하기 어렵습니다. 특히 경로분석 모형에서 RMSEA가 대체로

큰 값을 갖는 것은 관측치만으로 구성된 모형의 측정오차에 기인하므로 분석에 앞서 오차의 영향요인(극단치, 분포 등)을 먼저 제거하는 것이 필요할 것입니다.

Ⓒ Estimates-01

Regression Weights: (Group number 1 - Default model)

			Estimate	S.E.	C.R.	P	Label
ATT	<---	ADEXP	.292	.043	6.779	***	par_1
ATT	<---	TRUST	.196	.033	6.020	***	par_2
ATT	<---	INVO	.211	.046	4.604	***	par_3
EMO	<---	ATT	1.277	.152	8.407	***	par_4
INTEND	<---	ATT	.320	.069	4.632	***	par_5
INTEND	<---	EMO	.177	.064	2.782	.005	par_9

Standardized Regression Weights: (Group number 1 - Default model)

			Estimate
ATT	<---	ADEXP	.275
ATT	<---	TRUST	.223
ATT	<---	INVO	.186
EMO	<---	ATT	1.174
INTEND	<---	ATT	.267
INTEND	<---	EMO	.161

결과 Ⓒ의 '추정치'(Estimates-01)에는 경로계수(regression weights)와 표준화 계수(standardized regression weights)가 제시되어 있습니다. 잠재변수를 가정하지 않으므로 경로관계를 나타내는 계수의 표시가 전부입니다. [그림 6-15]의 경로를 참고로 결과 Ⓒ를 살펴보면 모든 경로는 p=.01수준에서 유의미하고 특히 'ATT → EMO'의 경로효과가 큰 것으로 나타났습니다(단, 계수 추정치의 편차가 큰 것은 측정오차의 영향).

Ⓓ Estimates-02

Squared Multiple Correlations: (Group number 1 - Default model)

	Estimate
ATT	.278
EMO	-.550
INTEND	.128

결과 Ⓓ의 '추정치'(Estimates-02)에 있는 다중상관제곱(squared multiple correlations: SMC)을 보면 EMO의 설명력이 가장 높고(−0.550), 그다음 ATT(0.278), INTEND(0.128)의 순서로 나타났습니다(이 예는 경로분석의 설명 목적으로 수행하였지만 모형의 개선과 오차감소 및 계수 안정화를 위해 데이터 정제가 필요할 수 있음).

Q95 구조방정식 측정모형의 결과표 작성과 해석 요령은 무엇인가요?

[♣ 데이터: 예제9_SEM.sav]

해설

구조방정식의 2단계 모형을 적용하여 측정모형과 구조모형의 분석을 수행한 경우 결과표에 포함되어야 할 기본적인 내용은 ① 관측변수 혹은 잠재변수의 상호상관과 기술통계치(평균 및 표준편차), ② 측정모형의 표준계수, t값, 신뢰도 계수(α), 평균분산추출(AVE), 구성개념 신뢰도(CR), 적합도 지수, ③ 구조모형의 결과로 표준계수, t값, 직접효과, 간접효과, 설명분산(R^2), 적합도, 다이어그램 등입니다.

구조방정식모형은 다양한 장면에서 활용되므로 결과의 제시 방식도 다양합니다. 구성개념의 평가가 중요할 때는 측정모형에서 탐색적 요인분석(EFA)과 확인적 요인분석(CFA)의 결과를 같이 제시하고 문항의 내용(설문)을 명시하는 것이 좋습니다. 또한 구조모형의 결과는 다이어그램을 제시하거나 직접효과와 간접효과를 구분하여 제시하는 것도 좋은 방법입니다.

여기서는 측정모형의 결과표 작성과 해석 요령을 알아보도록 하겠습니다. 이를 위해 [예제연구 9]의 데이터를 AMOS에서 분석한 결과에 기초해 측정모형의 결과표를 작성합니다(기초상관표는 생략 ☞ Q87~Q89). 다음의 〈표 6-10〉은 측정모형의 결과표 작성 요령입니다.

<표 6-10> 측정모형의 결과(구성개념)

구성개념	번호	문항내용	CFA		α	AVE	CR
			표준계수	t값			
INVOLVE	inv1		.846	16.543**	.839	.635	.839
	inv2		.778	14.785**			
	inv3		.765	14.562**			
EXPERIENCE	ex1		.676	12.031**	.762	.530	.770
	ex2		.661	11.805**			
	ex3		.834	15.633**			

CREDIBILITY	cr1	실제	.744	14.598**	.864	.702	.875
	cr2	문항	.947	20.503**			
	cr3	내용	.810	16.333**			
AAD	aad1		.778	14.845**	.822	.616	.828
	aad2		.841	16.309**			
	aad3		.732	13.462**			
POS_EMO	emo2		.812	15.557**	.865	.772	.871
	emo3		.941	18.801**			
PI	pi1		.799	14.095**	.790	.554	.788
	pi2		.708	12.306**			
	pi3		.724	12.778**			
적합도	$\chi^2=149.20(df=104)$, $p<.01$, RMSEA=.038, RMR=.022, PNFI=.719, IFI=.981, TLI=.975, CFI=.981						

** $p<.01$

〈표 6-10〉에서 보듯이, 측정모형의 결과에는 구성개념별 문항 구성과 표준계수(AMOS 결과물의 standardized regression weights)와 t값(AMOS 결과물의 regression weights)을 제시하고 각 관측치의 신뢰도 계수(Cronbach's α), AVE(average variance extracted), CR(composite reliability)은 별도로 산출하여 함께 제시하였습니다.[8)]

〈표 6-10〉에서와 같이 모형의 적합도는 대체로 전반적 부합도 지수, 증분부합도, 간명성 지수 등을 복합적으로 제시하는 것이 좋고 표본크기의 영향을 고려해 해석적 편향이 최소화될 수 있는 자료를 함께 제시합니다. 위의 예시에서는 RMSEA(0.05≤기준≤0.08), RMR(기준≤0.05), PNFI(기준≥0.60), IFI, TLI, CFI(기준≥0.90)가 제시되었습니다. 적합도 지수는 여러 값을 제시하는데, 일부 지수들은 기준을 초과하고 일부 지수들은 기준을 미달하는 경우가 종종 발생합니다. 이런 경우에는 일부 적합도 지수가 기준을 충족하지 않더라도 주요 지수들이 기준을 충족한다면 '수용 가능한 수준'으로 해석할 수 있습니다. 그러나 다수의 적합

8) 실제 연구에서는 POS_EMO의 관측치는 2개로만 구성되므로 신뢰도 계수를 대신해 상관계수를 제시할 수 있음. 결과표의 계수는 파이(ϕ)를 고정한 측정모형의 결과임(☞ Q88).

도 지수(혹은 RMSEA와 같은 주요 지수)가 기준을 충족하지 못한다면 모형이 나쁘다는 것을 의미하므로 요인모형의 가꾸기 과정을 고려할 수 있습니다. 특히 RMSEA와 같은 주요 지표가 수용 기준을 초과하지 못하거나 3개 이상의 지수에서 기준을 충족하지 못할 때 데이터에 대한 점검부터 다시 고려하는 것이 바람직합니다. 또한 측정치의 적합성을 나타내는 지수와 더불어 Cronbach의 α계수와 AVE 및 CR과 같은 지표를 함께 해석하는 것이 좋습니다. 이들 계수는 측정치의 신뢰도와 타당도를 나타내는 직접적인 계수이므로 측정모형의 적합성을 파악하는 중요한 정보입니다. 따라서 일부 적합도 지수가 준거를 충족하지 못할지라도 이들 신뢰도 및 타당도 계수가 양호한 수준이라면 적합한 모형으로 판단할 수 있습니다.

한편 여기서는 제시하지 않았으나 측정모형의 해석에서는 수렴타당도와 판별타당도를 함께 설명하는 것이 좋은데, 이때 기초상관표에 AVE의 제곱근($\sqrt{AVE}$)을 상관행렬의 대각선에 제시하고 상관계수와 비교하여 설명할 수 있습니다(AVE와 CR의 산출 ☞ Q89). 확인적 요인분석 목적으로 측정모형을 분석한 결과에 대한 일반적인 서술 요령은 다음과 같습니다.

결과해석 요령: 측정모형의 결과

〈표 6-10〉의 확인적 요인분석의 결과, 표준계수의 범위는 0.661에서 0.947이었으며 모두 통계적으로 유의미한 수준이었다($p < .01$). 구성개념에 대한 측정모형의 적합도는 카이제곱(104) = 149.20이고 $p < .01$로 유의하지만 전반적인 적합도의 지수는 대체로 준거를 초과하여 양호한 모형으로 평가된다(RMSEA = 0.038, RMR = 0.022, PNFI = 0.719, IFI = 0.981, TLI = 0.975, CFI = 0.981). 또한 신뢰도 계수는 0.762~0.865의 범위로 대체로 수용 가능한 수준이었으며 구성개념 신뢰도(CR)는 양호한 수렴타당도와 판별타당도를 의미하는 0.70의 준거를 모두 초과하는 것으로 나타났다. 평균분산추출(AVE)은 준거인 0.50을 초과하여 구성개념의 판별타당도가 양호한 것으로 해석된다. 따라서 연구모형에 사용된 다중측정치의 구성개념은 신뢰도와 타당도를 지닌 합리적인 이론 구조로 평가된다.

Q96 구조방정식 구조모형의 결과표 작성과 해석 요령은 무엇인가요?

[♣ 데이터: 예제9_SEM.sav]

해설

구조방정식의 2단계 모형에서 측정모형을 검증한 후 잠재변수의 경로관계를 위한 구조모형의 결과를 제시하고 해석합니다. 구조모형의 결과표는 연구목적에 따라 다양한 방식으로 제시할 수 있습니다. 예를 들어, 결과표를 대신해 다이어그램으로 표시하거나 결과표만을 제시하고 설명할 수도 있습니다. 또한 직접효과와 간접효과를 중심으로 설명하는 방식으로 결과표를 제시할 수도 있습니다.

다음의 〈표 6-11〉은 변수의 구조관계에 대한 가설검증을 위한 결과표의 예시이고 [그림 6-16]은 구조모형의 결과를 다이어그램으로 나타낸 것입니다. 그리고 〈표 6-12〉는 직접효과와 간접효과를 구분한 결과표의 예시입니다(세부결과는 ☞ Q90~Q91).

<표 6-11> 구조모형의 결과

경로	표준계수	t값	연구가설(예시)	결과(예시)
INVOLVE → AAD	.364	4.857**	가설1a	지지됨
EXPERIENCE → AAD	.306	3.585**	가설1b	지지됨
CREDIBILITY → AAD	.171	2.547*	가설1c	지지됨
AAD → POS_EMO	.492	7.358**	가설2a	지지됨
POS_EMO → PI	.111	1.493	가설2b	기각됨
AAD → PI	.394	4.496**	가설2c	지지됨
모형 적합도	$\chi^2=265.388(df=110)$, $p<.01$, RMSEA = .069, PNFI = .723, IFI = .935, TLI = .919, CFI = .935			

* $p<.05$, ** $p<.01$

〈결과 6-11〉의 구조모형 결과는 가설검증을 가정하여 결과표에 검증하고자 하는 가설의 경로와 가설번호를 제시하고 가설의 지지 여부를 밝히고 있습니다. 가설검증의 결과를 일

목요연하게 제시하고자 할 때 유용합니다. 결과를 보면 'POS_EMO → PI'의 경로를 제외하고 모두 통계적으로 경로효과가 유의한 것으로 나타났습니다($p < .05$ 혹은 $p < .01$). 보통의 경우 변수 간의 관계성이 존재하는 것을 가설로 설정하므로 가설 2b를 기각하는 것으로 해석(예시)하였습니다. 결과표를 해석할 때는 먼저 ① 구조모형의 적합도를 설명하고 ② 세부적인 경로효과와 계수 ③ 가설의 지지 여부 순서로 진행하는 것이 자연스러운 흐름입니다.

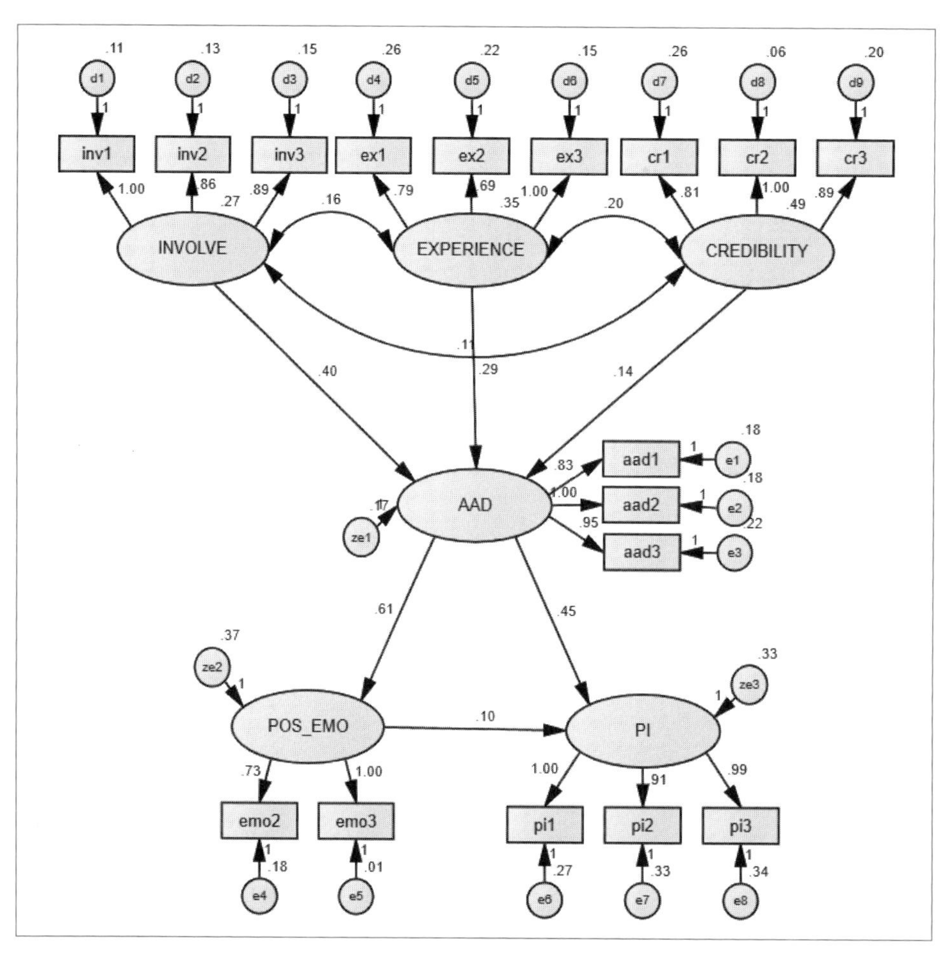

[그림 6-16] 구조모형의 결과 도식(다이어그램)

[그림 6-16]의 다이어그램은 경로관계를 도식적으로 표현하고 각 계수 값이 경로에 직접 표시되어 있으므로 독자들이 쉽게 결과를 이해하는 데 도움이 됩니다. 필요에 따라 [그림 6-16]을 직접 제시하거나 생략할 수 있습니다. 종합적으로 구조모형의 결과를 해석하는 요령은 다음과 같습니다.

결과해석 요령: 구조모형의 결과

구조모형의 분석 결과, 카이제곱(110)=265.39, $p<.01$에도 불구하고 여러 모형의 적합도 지수는 가설적인 구조모형이 수용 가능한 양호한 모형임을 나타낸다(RMSEA=0.069, PNFI=0.723, IFI=0.935, TLI=0.919, CFI=0.935). 구체적으로 〈표 6-11〉과 같이 AAD를 예측하는 INVOLVE(표준계수=0.364, t=4.857, $p<.01$), EXPERIENCE(표준계수=0.306, t=3.585, $p<.01$), CREDIBILITY(표준계수=0.171, t=2.547, $p<.05$)는 통계적으로 모두 유의미한 것으로 나타났다. 따라서 가설 1a, 1b, 1c는 모두 지지되었다. AAD에 대한 설명분산은 약 45.8%로 높은 수준이었다. 또한 AAD는 POS_EMO(표준계수=0.492, t=7.358)와 PI(표준계수=0.394, t=4.496)에 유의미한 직접적인 효과를 보였다($p<.01$). 따라서 가설 2a와 2c는 지지되었다. 그러나 POS_EMO와 PI의 관계는 통계적으로 유의미하지 않았고(표준계수=0.111, t=1.493, $p>.05$) 가설 2b는 기각되었다. POS_EMO의 설명분산은 24.2%였고 최종변수인 PI의 설명분산은 약 21.1%로 나타났다. 한편 간접경로를 포함한 AAD → POS_EMO → PI의 경로에서 총효과의 표준계수는 0.448, 직접효과 0.394, 간접효과 0.055로 상대적으로 직접효과가 크게 작용하는 것으로 해석된다.

<표 6-12> 구조모형의 경로(직접효과와 간접효과)

예측변수	R^2	PI(R^2=.211)			
		총효과	직접효과	간접효과	간접경로
INVOLVE	–	.163		.163	INVOLVE → AAD → PI
EXPERIENCE	–	.137		.137	EXPERIENCE → AAD → PI
CREDIBILITY	–	.077		.077	CREDIBILITY → AAD → PI
AAD	.458	.448	.394	.055	AAD → POS_EMO → PI
POS_EMO	.242	.111	.111		
모형 적합도	χ^2=265.388(df=110), $p<.01$, RMSEA=.069, PNFI=.723, IFI=.935, TLI=.919, CFI=.935				

주: 효과계수는 표준계수임. R^2=Squared Multiple Correlations.

마지막으로 〈결과 6-12〉는 직접효과와 간접효과를 분리하여 제시한 것으로 종종 간접효과가 중요한 연구에서 각 효과의 크기를 비교하여 설명할 목적으로 사용됩니다.

Q97 AMOS를 이용한 다중집단분석이란 무엇인가요?

[♣ 데이터: 예제9_SEM.sav]

해설

구조방정식을 이용한 다중집단분석(multiple group analysis)은 구조방정식의 측정모형과 구조모형이 여러 집단에서 동일한지를 검증하는 방법입니다. 예를 들어, [예제연구 9]의 연구모형이 성별(남/여)에 따라 동일한 요인구조(측정의 동일성)를 보이는지 혹은 동일한 경로계수(구조의 동일성)를 나타내는지를 분석할 수 있습니다. 이때 성별 변수는 흔히 조절변수(moderating variable)의 역할을 하며 모형의 경로에서 성별에 따른 차이를 조절효과로 설명합니다(구조 동일성). 또한 측정모형은 측정의 동일성을 파악하므로 다른 표본에서 측정모형과 동일한 요인구조가 발견된다면 교차타당화(cross validation)를 검증하는 것이 됩니다(측정 동일성). 즉, 여러 집단에서 측정모형이 동일하다는 것은 측정의 불변성(invariance)을 말하므로 측정의 척도가 여러 표본에서 동일하게 인식되고 동일하게 측정될 수 있는 타당한 척도임을 말합니다. 예를 들어, 성별(남/여) 집단에 따라 측정 동일성이 검증된다면 두 집단에서 측정이 불변함, 즉 두 집단이 동일한 요인구조의 척도를 사용해서 측정되었음을 말하는 것입니다. 그러므로 구조방정식의 측정 동일성은 다중집단에서 구조방정식모형을 적용할 때 충족해야 하는 요건에 해당합니다(다중집단이 동일한 척도에 의해 측정되었음을 평가).

설명을 위해 [그림 6-17]에서 앞서 다루었던 구조방정식 행렬 도식을 다시 살펴보겠습니다(행렬기호 참조). 집단변수는 성별(남/여)을 가정하고 적용합니다. [그림 6-17]은 완전모형으로 측정모형과 구조모형을 포함하고 있는데, 이때 측정 동일성은 잠재변수와 관찰치의 관계(λ, ϕ, $\theta\delta$, $\theta\varepsilon$)가 성별집단에서 같은지를 검증하고 구조 동일성은 잠재변수 간의 관계(r, β)가 성별집단에서 동일한지를 검증하게 됩니다. 즉, 측정동일성은 남자집단과 여자집단의 측정치들이 같은 요인구조를 지니는지를 검증하고 구조동일성은 측정동일성을 전제로 잠재변수의 경로관계가 성별에 따라 같은지를 검증합니다.

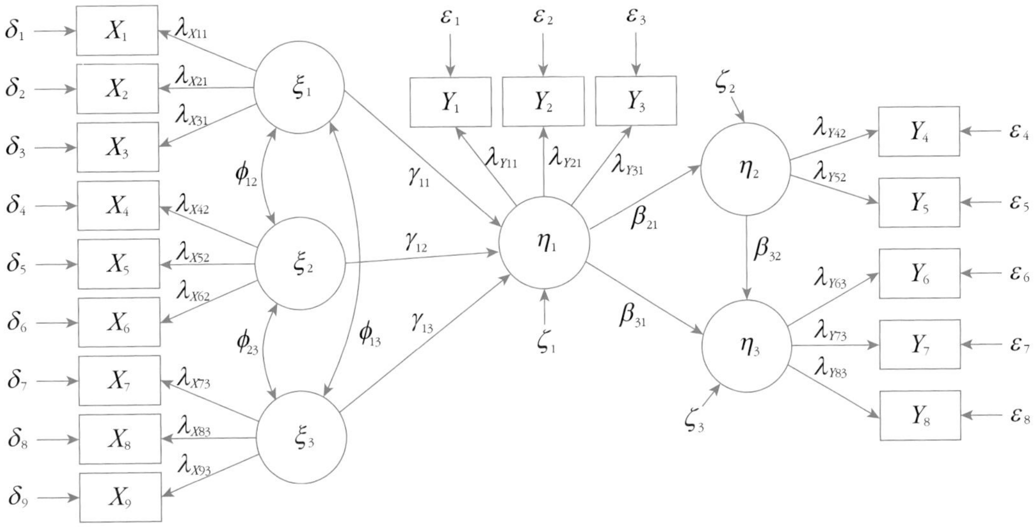

[그림 6-17] 구조방정식의 도해(圖解)와 행렬 기호([그림 6-1])

먼저 다중집단분석에서 기본이 되는 **측정 동일성**(measurement equivalence)을 세분화해서 보면 집단별(남/여) 형태가 동일한지(형태 동일성), 람다가 동일한지(λ: 요인계수 동일성), 파이가 동일한지(ϕ: 공분산 동일성), 세타가 동일한지($\theta\delta$, $\theta\varepsilon$: 오차분산 동일성)를 단계별로 평가하게 됩니다. 요인계수 동일성(λ), 공분산 동일성(λ, ϕ), 오차분산 동일성(λ, ϕ, θ)은 각 계수가 집단별로 동일한지를 검증하는 것으로 **등가의 제약모형**(constraint model)을 분석하는 것과 같습니다.

여기서 집단별로 기본 형태(형태 동일성)가 같고 요인계수(요인계수 동일성)까지 같으면 '측정 동일성을 충족한다'고 말합니다. 다만 구조방정식모형에는 더 많은 계수(예: 공분산, 오차분산 등)가 있으므로 이들이 모두 충족되는지를 단계적으로 분석하고 만일 모든 계수가 충족되면 **완전 측정 동일성**이 확인되었다고 말합니다. 그러나 실제 데이터에서는 완전 측정 동일성까지 모든 계수의 동일성을 확보하는 경우는 많지 않으며 대체로 **기본 형태에서 요인계수까지 동일하다면 측정 동일성을 충족한 것으로 가정**할 수 있습니다. 다중집단의 측정 동일성 검증은 형태 동일성에서 완전 측정 동일성까지 단계적으로 검증되며 각 단계의 특징을 요약하면 다음 〈표 6-13〉과 같습니다.

<표 6-13> 다중집단분석을 위한 동일성 검증의 단계

구분	단계	동일성 검증	제약	형태	AMOS의 명칭과 모수
측정 동일성	1	형태 동일성	-	집단 간의 제약이 없는 모형(기저모형)	• Unconstrained
	2	요인계수 동일성	λ	요인계수(요인적재량)의 동일제약	• Measurement weights • 모수: a
	3	공분산 동일성	ϕ	잠재변수의 공분산 동일제약	• AMOS의 모형 없음 • 모수: ccc, vvv
	4	요인계수+ 공분산 동일성	λ, ϕ	요인계수와 공분산의 동일제약	• Structural covariances • 모수: a, ccc, vvv
	5	요인계수+ 공분산+ 오차분산 동일성	λ, ϕ, θ	요인계수, 공분산, 오차분산의 동일제약	• Measurement residuals • 모수: a, ccc, vvv, v
구조 동일성	1	경로계수	γ, β	내생변수(η)의 경로관계 동일제약	• Structural weights • 모수: a, b
	2	오차분산 (내생변수)	ζ	내생변수의 오차까지 동일제약	• Structural residual • 모수: a, b, ccc, vvv, vv

AMOS의 다중집단분석을 수행하면 〈표 6-13〉의 단계별로 모형 적합도 지수가 산출됩니다. AMOS에서는 제약 모수에 따른 동일성 모형의 명칭이 단계별로 구분되는데, 측정 동일성은 5단계로 구분됩니다. 1단계의 **형태 동일성**은 'Unconstrained'라고 표시되고 집단 간 어떠한 제약도 없는 모형으로 기저모형(baseline model)을 말합니다. 2단계의 **요인계수 동일성 모형**은 람다계수(λ)를 제약한 모형으로 'Measurement weights'로 표시되며 모수는 'a'로 표시됩니다(예시: a1_1=a1_2 → 1은 남자, 2는 여자집단이고 '='은 두 집단의 람다가 동일하다는 제약을 나타냄). 3단계의 **공분산 동일성**은 잠재변수의 공분산 파이(ϕ)를 제약하는 모형으로 AMOS에서는 단독으로 표시되지 않고 4단계에서 요인계수와 공분산을 함께 제약한 모형으로 표시됩니다. 공분산은 잠재변수의 분산과 공분산을 포함하며 공분산의 모수는 'ccc'로 표시되고 분산의 모수는 'vvv'로 표시됩니다. 4단계의 **요인계수+공분산 동일성**은 요인계수와 공분산을 동일 제약하는 모형으로 AMOS에서 'Structural covariances'라고 표시되고 모수는 'a, ccc, vvv'가 표시됩니다. 'ccc'는 공분산의 모수를 나타내고 'vvv'는 분산의 모수를 표시합니다. 마지막 5단계는 **4단계+오차분산(θ)을 포함하는 제약모형**으로 AMOS에서

'Measurement residuals'로 표시되고 오차분산의 모수 'v'를 포함한 모든 모수가 표시됩니다.

구조 동일성은 측정 동일성의 제약모형을 포함하면서 경로계수(γ, β)와 내생변수의 오차(ζ)를 제약하는 모형을 추가한 것입니다. **경로계수를 제약하는 모형**은 'Structural weights'로 표시되고 감마(γ)와 베타(β)의 모수는 'b'로 표시됩니다. 또한 구조 동일성의 오차분산까지를 제약하는 모형은 'Structural residual'로 표시되고 제타(ζ)의 모수는 'vv'로 표시됩니다. AMOS에 부여된 모형 명칭이나 모수 명칭은 디폴트로 정해져 있지만 연구자의 편의나 연구목적에 따라 연구변수에 부합하는 명칭으로 변경하여 사용할 수 있습니다.

각 모형의 적합도를 해석함과 더불어 **기저모형**(1단계)과 **제약모형**(2~5단계)의 평가를 위해 모형비교(model comparison)를 수행하면서 동일성 여부를 분석합니다. 예를 들어, 1단계의 기저모형이 양호하고 **2단계**의 요인계수 동일성 모형이 집단 간 동일하다고 평가되면 측정 동일성을 가정합니다(카이제곱 차이 값이 $p > .05$). 만일 5단계까지 제약계수가 집단별로 모두 동일하면 **완전 측정 동일성**을 확보하게 됩니다. 실제 5단계까지 완전 측정 동일성을 확보하는 경우는 드물고 대부분 2단계까지의 동일성을 확보하면 측정 동일성으로 간주합니다.

측정 동일성이 검증되고 나면 그다음 **구조 동일성**(structural equivalence)을 검증하게 됩니다. 구조 동일성은 잠재변수 간의 관계로 **감마(γ)와 베타(β)가 동일한지를 검증하고** 구체적인 변수경로의 집단 간의 차이를 밝히는 단계를 거치는데, 이때 연구의 가설검증을 동시에 수행합니다. 이론상 구조 동일성 검증에서도 내생변수의 오차(ζ)까지를 제약하지만 구조모형의 경로계수(γ, β) 제약모형을 검증하고 가설의 채택 여부를 결정하는 단계(1단계)까지가 일반적입니다. 다만 구조 동일성의 검증은 측정 동일성을 전제하므로 **측정 동일성이 확보되지 않으면 구조 동일성 검증은 의미가 없습니다.** 집단 간에 측정이 동일하지 않아 경로계수의 차이를 밝히는 의미가 없기 때문입니다. 이런 경우 측정 동일성을 확보하기 위해 일부 요인계수(람다: λ)를 제외하거나 전체의 요인모형 가꾸기를 재검토하는 과정이 필요합니다. 요약하면, 〈표 6-13〉의 측정 동일성 검증에서 2단계 요인계수 동일성을 확인하면 구조 동일성의 경로계수 동일성 검증의 단계(1단계)에서 가설검증을 위한 다중집단분석을 수행합니다.

실제 AMOS에서 동일성 검증을 위해서는 집단 지정과 데이터 매칭 그리고 제약모수를 선택하는 다소 복잡한 과정을 거쳐야 합니다. 다음 〈표 6-14〉는 [예제연구 9]의 성별에 따른 다중집단분석을 가정한 AMOS의 절차를 예시한 것입니다.

<표 6-14> SPSS AMOS를 이용한 다중집단분석의 절차와 사용법

구분	절차	AMOS 사용법
1	모형 그리기	• AMOS Graphics에서 측정모형과 구조모형 그리기
2	집단 설정[9]	• 메뉴: 'Analyze → Manage Groups → Group Name' 선택 • 집단 생성: '남자' → New → '여자'
3	집단별 데이터 매칭	• 메뉴: 'File → Data Files..'에서 집단별 File, Variable, Value 지정 • 남자: File=예제9_SEM.sav, Grouping Variable=gender, Group Value=1 • 여자: File=예제9_SEM.sav, Grouping Variable=gender, Group Value=2 • 다른 방법: 데이터 파일을 '남자'와 '여자' 파일로 따로 지정 가능
4	다중집단의 모수 설정	• 메뉴: 'Analyze → Multiple-Group Analysis..' 선택 • 연구목적에 따라 제약할 모수를 선택적으로 지정 • 보통은 디폴트 사용 권장
5	출력물의 설정	• 메뉴: 'View → Analysis Properties → Output 탭' • 필요한 정보 선택(※ 모두 지정하여 출력하고 필요한 정보를 선택적으로 해석 가능)
6	AMOS Output	• Model Fit: 모형별 적합도 • Model Comparison: 기저모형(1단계)과 2~5단계 모형의 비교 • Estimates: 집단별 추정계수(모수치) • Pairwise Parameter Comparisons: 모수의 유의성 검증 • 다른 방법: 카이제곱을 이용한 모수의 유의성 검증(메뉴 'Manage Models'에서 모수 제약을 하나씩 지정 → 모수별 등가제약이 유의한지를 Model Comparison 에서 카이제곱 및 유의도로 평가)

〈표 6-14〉에서 보듯이, 기본적으로 AMOS Graphics에서 연구모형의 도식을 ① 다이어그램으로 그리는 것은 동일합니다. 그다음 절차에서 ② 집단(남/여)을 설정하고 ③ 설정된 집단에 대한 데이터의 값을 지정하고(데이터 연결) ④ 동일성 검증을 위한 모수를 지정(디폴트 권장)한 후 ⑤ 출력물을 지정하고 ⑥ 산출된 결과물(모형비교)을 해석하게 됩니다. 그러면 실제 SPSS AMOS 프로그램을 이용해 다중집단분석을 수행하고 해석하는 방법을 알아보겠습니다.

9) 확인적 요인분석을 위한 다중집단분석은 대체로 작은 집단(2~4개)에 적용됨. 집단의 수가 많아지면 모수가 증가하므로 큰 표본이 필요하고 해석이 복잡해짐.

Q98 AMOS를 이용한 다중집단분석의 측정 동일성 검증은 어떻게 수행하고 해석하나요?

[♣ 데이터: 예제9_SEM.sav]

해설

[예제연구 9]를 이용해 성별에 따른 다중집단분석을 수행하고 AMOS의 결과물을 살펴보겠습니다. 분석에 앞서 [그림 6-9]의 측정모형에 기초하여(☞ Q87), 성별(남/여)에 따른 집단 설정, 데이터 매칭, 다중집단의 모수설정 등을 지정합니다. 그다음 해석단계에서는 기저모형과 제약모형들의 적합도를 평가하고 모형비교를 통해 집단별 측정 동일성 여부를 해석합니다.

1. 기초 정보 **IBM® SPSS® AMOS**

① 집단 설정: Analyze → Manage Groups → Group Name (남자 → New → 여자)

Manage Groups ? ×
Group Name
남자
New Delete Close

Manage Groups ? ×
Group Name
여자
New Delete Close

② 집단별 데이터 매칭: 'File → Data Files..'에서 집단별 File, Variable, Value 지정
(지정 순서: File Names → Grouping Variables → Group Value)

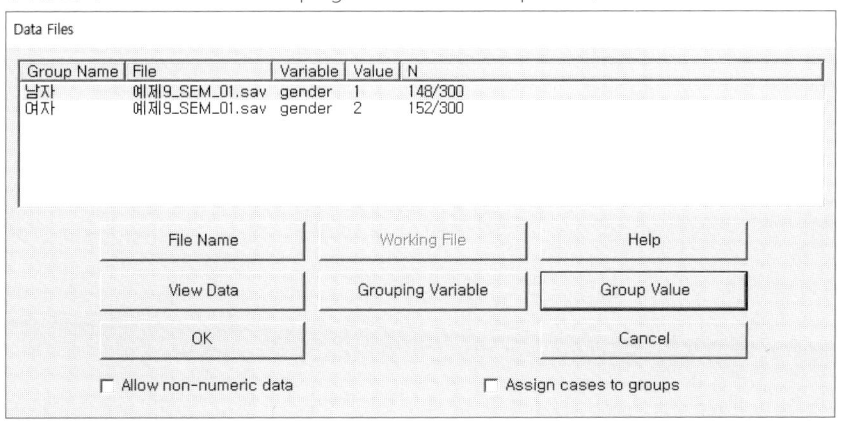

③ 다중집단분석의 모수설정: 'Analyze → Multiple-Group Analysis..'에서 제약 모수 지정(디폴트 권장)

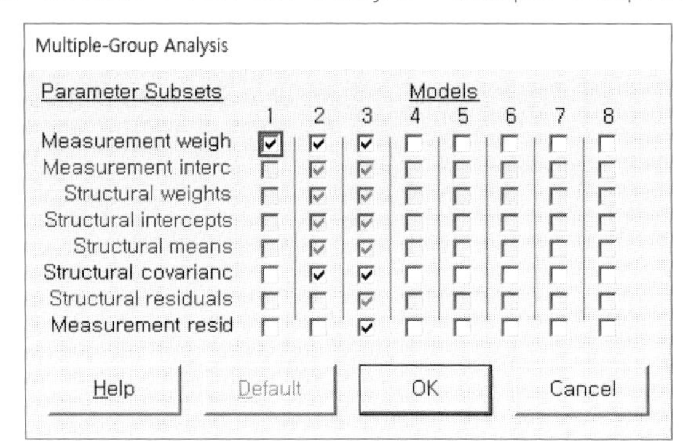

④ 필요 결과물 산출: 'View → Analysis Properties → Output'에서 선택

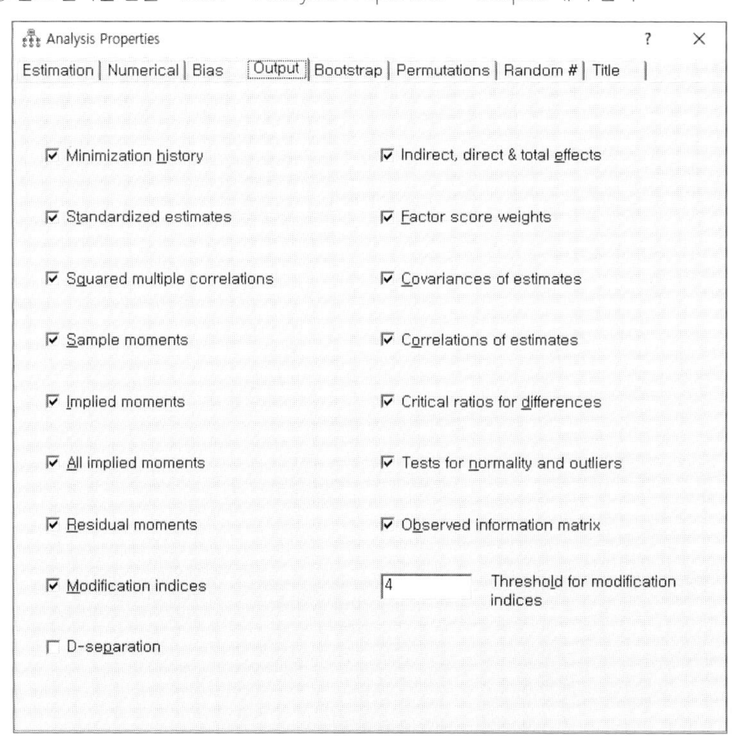

⑤ 실행: Ctrl + F9 or 실행 아이콘 클릭( )

위와 같은 과정으로 집단(남/여)을 설정하고 데이터를 매칭한 후 모수(parameter)를 지정하게 되는데, 여기서 제약모수의 디폴트는 측정 가중치(measurement weight), 구조 공분산(structural covariance), 측정오차(measurement residual)입니다. 모든 지정이 끝나면 [그림 6-18]과 같이 다이어그램에 제약모수가 표시되고 다중집단분석을 수행할 준비가 완료됩니다.

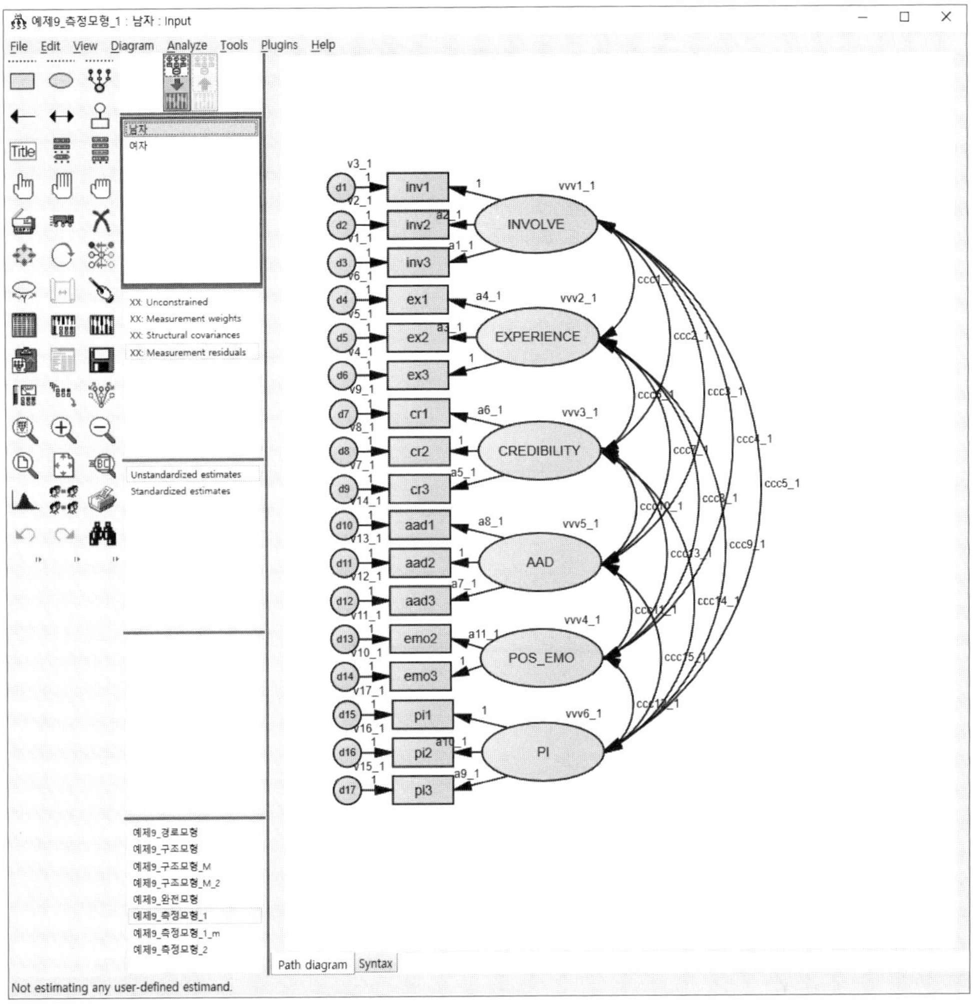

[그림 6-18] AMOS의 다중집단분석을 위한 측정 동일성 모형(다이어그램)

[그림 6-18]을 보면 〈표 6-13〉의 모수(a, ccc, vvv, v)가 표시되어 있고 모든 모수는 '*_1'로 표시되어 있습니다. 모수 'a'는 요인계수(λ), 'ccc'는 공분산(ϕ), 'vvv'는 분산(ϕ), 'v'는 오차분산(θ)을 각각 나타냅니다. 그리고 현재 집단이 '남자'로 선택되어 있어 모수는 '*_1'로 표시되고 만일 집단의 '여자'를 선택하면 '*_2'로 표시됩니다. 모형(XX) 칸에는 4개의 모형이 제시되어 있는데 제약이 없는 기저모형(Unconstained), 요인계수 제약모형(Measurement weights), 요인계수+공분산 제약모형(Structural convariance), 요인계수+공분산+오차분산 제약모형(Measurement residuals)이 지정되어 있습니다. 이제 AMOS에서 분석을 실행(Ctrl+F9)하면 이들의 단계별 제약모형의 결과가 산출됩니다.

Ⓐ Notes for Model

Notes for Model (Unconstrained)

Computation of degrees of freedom (Unconstrained)

Number of distinct sample moments:	306
Number of distinct parameters to be estimated:	98
Degrees of freedom (306 - 98):	208

Result (Unconstrained)

Minimum was achieved
Chi-square = 253.512
Degrees of freedom = 208
Probability level = .017

결과 Ⓐ의 'Notes for Model'에는 Unconstrained 모형, 즉 집단 간의 제약이 없는 기저모형(baseline model)의 정보가 제시되어 있습니다. 기저모형의 카이제곱(χ^2)=253.512이고 df=208, 유의확률은 p=.017로 나타났습니다.

2. 모형 적합도와 모형비교 IBM® SPSS® AMOS

* AMOS Output → Model Fit
* AMOS Output → Model Comparison

Ⓑ Model Fit

Model Fit Summary

CMIN

Model	NPAR	CMIN	DF	P	CMIN/DF
Unconstrained	98	253.512	208	.017	1.219
Measurement weights	87	270.040	219	.011	1.233
Structural covariances	66	323.279	240	.000	1.347
Measurement residuals	49	340.789	257	.000	1.326
Saturated model	306	.000	0		
Independence model	34	2433.505	272	.000	8.947

RMR, GFI

Model	RMR	GFI	AGFI	PGFI
Unconstrained	.025	.912	.871	.620
Measurement weights	.030	.907	.870	.649
Structural covariances	.043	.891	.861	.699
Measurement residuals	.043	.885	.863	.743
Saturated model	.000	1.000		
Independence model	.142	.383	.305	.340

Baseline Comparisons

Model	NFI Delta1	RFI rho1	IFI Delta2	TLI rho2	CFI
Unconstrained	.896	.864	.980	.972	.979
Measurement weights	.889	.862	.977	.971	.976
Structural covariances	.867	.849	.962	.956	.961
Measurement residuals	.860	.852	.962	.959	.961
Saturated model	1.000		1.000		1.000
Independence model	.000	.000	.000	.000	.000

Parsimony-Adjusted Measures

Model	PRATIO	PNFI	PCFI
Unconstrained	.765	.685	.749
Measurement weights	.805	.716	.786
Structural covariances	.882	.765	.848
Measurement residuals	.945	.813	.908
Saturated model	.000	.000	.000
Independence model	1.000	.000	.000

NCP

Model	NCP	LO 90	HI 90
Unconstrained	45.512	9.345	89.875
Measurement weights	51.040	13.409	96.852
Structural covariances	83.279	40.375	134.259
Measurement residuals	83.789	39.867	135.804
Saturated model	.000	.000	.000
Independence model	2161.505	2007.466	2322.939

AIC

Model	AIC	BCC	BIC	CAIC
Unconstrained	449.512	476.450		
Measurement weights	444.040	467.954		
Structural covariances	455.279	473.421		
Measurement residuals	438.789	452.258		
Saturated model	612.000	696.112		
Independence model	2501.505	2510.851		

FMIN

Model	FMIN	F0	LO 90	HI 90
Unconstrained	.851	.153	.031	.302
Measurement weights	.906	.171	.045	.325
Structural covariances	1.085	.279	.135	.451
Measurement residuals	1.144	.281	.134	.456
Saturated model	.000	.000	.000	.000
Independence model	8.166	7.253	6.736	7.795

ECVI

Model	ECVI	LO 90	HI 90	MECVI
Unconstrained	1.508	1.387	1.657	1.599
Measurement weights	1.490	1.364	1.644	1.570
Structural covariances	1.528	1.384	1.699	1.589
Measurement residuals	1.472	1.325	1.647	1.518
Saturated model	2.054	2.054	2.054	2.336
Independence model	8.394	7.877	8.936	8.426

RMSEA

Model	RMSEA	LO 90	HI 90	PCLOSE
Unconstrained	.027	.012	.038	1.000
Measurement weights	.028	.014	.039	1.000
Structural covariances	.034	.024	.043	.998
Measurement residuals	.033	.023	.042	.999
Independence model	.163	.157	.169	.000

HOELTER

Model	HOELTER .05	HOELTER .01
Unconstrained	287	305
Measurement weights	282	300
Structural covariances	257	272
Measurement residuals	260	275
Independence model	40	42

결과 Ⓑ의 'Model Fit'에는 기저모형과 지정된 제약모형이 모두 표시되어 있습니다. 모형별 계수비교가 필요하므로 이를 요약하면 다음 〈표 6-15〉와 같습니다.

<표 6-15> 측정 동일성의 적합도 지수 요약

모형	제약	$\chi^2(df)$	RMSEA	RMR	GFI	AGFI	IFI	TLI	CFI
Unconstrained	–	253.512 (208)	.027	.025	.912	.871	.980	.972	.979
Measurement weights	λ	270.040 (219)	.028	.030	.907	.870	.977	.971	.976
Structural covariances	$\lambda+\phi$	323.279 (240)	.034	.043	.891	.861	.962	.956	.961
Measurement residuals	$\lambda+\phi+\theta$	340.789 (257)	.033	.043	.885	.863	.962	.959	.961

〈표 6-15〉에 정리된 모형별 적합도를 살펴보면 제약이 늘어나면서 추정 모수가 많아지고 그에 따라 모형의 자유도가 증가함을 볼 수 있습니다. 카이제곱은 참고로 하고 여러 부합도 지수를 볼 때 어떠한 제약도 하지 않는 **기저모형(unconstrained)이 가장 양호한 것으로 평가**됩니다(가장 좋은 적합도의 기저모형을 최종모형으로 채택). 기저모형은 형태 동일성에 대한 정보이므로 적합성 지수들이 준거를 초과할 때 다중집단의 '형태 동일성'을 가정한다고 해석합니다. 즉, 기저모형의 적합성 지수가 기준을 초과하여 성별(남/여) 집단의 형태 동일성을 가정할 수 있습니다.

기저모형을 요인계수 모형(measurement weight)과 비교할 때 큰 차이를 보이지 않습니다. 그러나 공분산까지 제약한 모형(structural covariance)과 오차분산까지 제약한 모형(measurement residuals)은 수용 가능한 수준일지라도 상대적으로 낮은 적합도를 나타내는 것으로 보입니다. 구체적으로 〈표 6-15〉에서 기저모형(Unconstrained)의 카이제곱(χ^2)=253.512, RMSEA=0.027, GFI=0.912, TLI=0.972, CFI=0.979이고 요인계수 제약모형(Measurement weight)의 카이제곱(χ^2)=270.040, RMSEA=0.028, GFI=0.907, TLI=0.971, CFI=0.976로 근소하지만 기저모형이 더 우수한 것으로 나타났습니다. 또한 공분산 제약모형(Structural covariance) 및 오차분산 제약모형(Measurement residuals)의 경우에도 기저모형에 비해 더 낮은 적합도를 보이고 있습니다. 다만 〈표 6-15〉는 각 모형의 전체적인 적합도를 나타내지만 직접적으로 모형별 적합도를 비교한 값은 아니므로 대략적인 경향을 파악하는 데 사용합니다.

따라서 중요한 것은 기저모형과 집단별 요인계수를 등가제약한 모형이 차이를 보이는지를 파악하는 것인데, 만일 둘 간의 차이가 없다면 기저모형에 비해 집단별(남/여)로 등가제약한 요인계수가 다르지 않음을 의미하므로 **측정 동일성을 확인**하는 것입니다. 앞서 언급했듯이 결과 Ⓑ와 〈표 6-15〉의 요약표에서 대략적인 차이는 확인할 수 있지만 제약모형 간의 실질적인 차이를 확인하기 위해서는 정확한 통계적 유의성을 검증해야 합니다. 다음에 제시된 AMOS 결과물(결과 Ⓒ)의 'Model Comparison'은 측정동일성의 검증에 필요한 각 모형의 차이에 대한 통계적 유의검증결과(카이제곱차이 검증치)로 동일성 검증의 주요 결과물입니다.

Ⓒ Model Comparison

Nested Model Comparisons

Assuming model Unconstrained to be correct:

Model	DF	CMIN	P	NFI Delta-1	IFI Delta-2	RFI rho-1	TLI rho2
Measurement weights	11	16.528	.123	.007	.007	.002	.002
Structural covariances	32	69.767	.000	.029	.031	.014	.016
Measurement residuals	49	87.277	.001	.036	.039	.012	.013

Assuming model Measurement weights to be correct:

Model	DF	CMIN	P	NFI Delta-1	IFI Delta-2	RFI rho-1	TLI rho2
Structural covariances	21	53.239	.000	.022	.024	.013	.014
Measurement residuals	38	70.749	.001	.029	.032	.010	.012

Assuming model Structural covariances to be correct:

Model	DF	CMIN	P	NFI Delta-1	IFI Delta-2	RFI rho-1	TLI rho2
Measurement residuals	17	17.510	.420	.007	.008	-.002	-.003

결과 Ⓒ의 '모형비교'(Model Comparison)는 기저모형(Unconstrained)과 제약모형의 카이제곱 차이값(기저모형－제약모형의 $\Delta\chi^2$)을 나타냅니다. 결과 Ⓒ를 보면 요인계수 제약모형과 기저모형의 카이제곱 차이는 $\Delta\chi^2=16.528$이고 $df=11$로 $p=0.123$이므로 두 모형 간에는 차이가 없는 것으로 해석됩니다. 즉, 둥지모형인 요인계수 제약모형(Measurement weights)은 제약이 없는 기저모형(Unconsctrained)과 차이가 보이지 않습니다. 그러므로 집단별(남/여) 측정모형의 요인계수(람다, λ)는 동일한 측정에서 이루어졌음을 확인할 수 있습니다.

한편 공분산까지 제약한 모형(structural convariance: $\lambda+\phi$)과 오차분산까지 제약한 모형(measurement residuals: $\lambda+\phi+\theta$)은 모두 기저모형과 유의미한 차이를 보였습니다(공분산 제약모형 $\Delta\chi^2=69.767$, 오차분산 제약모형 $\Delta\chi^2=87.277$, 모두 $p<.01$). 따라서 집단별 측정모형은 요인계수까지는 동일한 측정을 가정할 수 있으나 공분산 및 오차분산은 동일하지 않은 것으로 나타났습니다. 하지만 앞서 언급했듯이, 측정모형에서 집단별 요인계수(λ)까지 동일한 모형일 때 측정 동일성이 확보되는 것으로 판단하므로 이 예의 경우 성별집단(남/여)의 측정치는 동일한 척도에 의해 측정되었다고 해석할 수 있습니다(측정동일성의 확보). 결과 Ⓒ의 모형비교의 결과를 요약하면 다음 〈표 6-16〉과 같습니다.

<표 6-16> 집단(남녀)에 따른 다중집단 확인적 요인분석의 모형비교(요약)

모형	제약	$\chi^2(df)$	$\Delta\chi^2(\Delta df)$	Δp
Unconstrained	–	253.512(208)	–	–
Measurement weights	λ	270.040(219)	16.528(11)	.123
Structural covariances	$\lambda+\phi$	323.279(240)	69.767(32)	.000
Measurement residuals	$\lambda+\phi+\theta$	340.789(257)	87.277(49)	.001

〈표 6-16〉은 모형비교를 중심으로 요약한 것이지만 실제 결과표를 제시할 때는 제약모형의 개별 적합도와 차이를 한눈에 볼 수 있도록 〈표 6-15〉와 〈표 6-16〉을 통합하여 제시할 수도 있습니다(결과표의 작성 요령 ☞ Q100).

여기까지 해석하면 다중집단분석을 위한 측정 동일성 검증의 주요 결과는 해석이 완료되는데, 나머지 결과물에서 측정모형의 계수추정치를 해석하는 것이 남습니다. 다만 요인계수의 제시가 집단별(남/여)로 구분되므로 각각 집단을 클릭하여 해당 집단의 요인계수를 확인해야 합니다(Amos Output의 좌측 하단에서 집단 선택). 다음의 결과 Ⓓ와 Ⓔ는 측정 동일성 검증에서 볼 수 있는 집단별(남/여) 요인계수(Ⓓ: 가중치, regression weights)와 표준화 계수(Ⓔ: standardized regression weights)입니다.

Ⓓ Estimates

Regression Weights: (남자 - Unconstrained)

			Estimate	S.E.	C.R.	P	Label
inv3	<---	INVOLVE	1.009	.120	8.428	***	a1_1
inv2	<---	INVOLVE	.949	.115	8.244	***	a2_1
inv1	<---	INVOLVE	1.000				
ex3	<---	EXPERIENCE	1.000				
ex2	<---	EXPERIENCE	.737	.096	7.650	***	a3_1
ex1	<---	EXPERIENCE	.739	.111	6.645	***	a4_1
cr3	<---	CREDIBILITY	.851	.070	12.224	***	a5_1
cr2	<---	CREDIBILITY	1.000				
cr1	<---	CREDIBILITY	.787	.073	10.780	***	a6_1
aad3	<---	AAD	.756	.091	8.317	***	a7_1
aad2	<---	AAD	1.000				
aad1	<---	AAD	.883	.085	10.393	***	a8_1
pi3	<---	PI	1.036	.123	8.449	***	a9_1
pi2	<---	PI	.940	.116	8.077	***	a10_1
pi1	<---	PI	1.000				
emo2	<---	POS_EMO	.809	.094	8.620	***	a11_1
emo3	<---	POS_EMO	1.000				

Regression Weights: (여자 - Unconstrained)

			Estimate	S.E.	C.R.	P	Label
inv3	<---	INVOLVE	.792	.077	10.272	***	a1_2
inv2	<---	INVOLVE	.764	.075	10.142	***	a2_2
inv1	<---	INVOLVE	1.000				
ex3	<---	EXPERIENCE	1.000				
ex2	<---	EXPERIENCE	.605	.090	6.737	***	a3_2
ex1	<---	EXPERIENCE	.835	.111	7.502	***	a4_2
cr3	<---	CREDIBILITY	.886	.075	11.887	***	a5_2
cr2	<---	CREDIBILITY	1.000				
cr1	<---	CREDIBILITY	.838	.076	11.033	***	a6_2
aad3	<---	AAD	1.144	.187	6.121	***	a7_2
aad2	<---	AAD	1.000				
aad1	<---	AAD	.687	.110	6.239	***	a8_2
pi3	<---	PI	.805	.183	4.399	***	a9_2
pi2	<---	PI	.708	.169	4.196	***	a10_2
pi1	<---	PI	1.000				
emo2	<---	POS_EMO	.817	.077	10.615	***	a11_2
emo3	<---	POS_EMO	1.000				

Ⓔ Estimates

Standardized Regression Weights: (남자 - Unconstrained)

			Estimate
inv3	<---	INVOLVE	.745
inv2	<---	INVOLVE	.764
inv1	<---	INVOLVE	.804
ex3	<---	EXPERIENCE	.826
ex2	<---	EXPERIENCE	.680
ex1	<---	EXPERIENCE	.608
cr3	<---	CREDIBILITY	.810
cr2	<---	CREDIBILITY	.958
cr1	<---	CREDIBILITY	.723
aad3	<---	AAD	.673
aad2	<---	AAD	.872
aad1	<---	AAD	.839
pi3	<---	PI	.753
pi2	<---	PI	.721
pi1	<---	PI	.849
emo2	<---	POS_EMO	.773
emo3	<---	POS_EMO	.953

Standardized Regression Weights: (여자 - Unconstrained)

			Estimate
inv3	<---	INVOLVE	.777
inv2	<---	INVOLVE	.766
inv1	<---	INVOLVE	.879
ex3	<---	EXPERIENCE	.835
ex2	<---	EXPERIENCE	.584
ex1	<---	EXPERIENCE	.707
cr3	<---	CREDIBILITY	.791
cr2	<---	CREDIBILITY	.934
cr1	<---	CREDIBILITY	.757
aad3	<---	AAD	.785
aad2	<---	AAD	.705
aad1	<---	AAD	.577
pi3	<---	PI	.606
pi2	<---	PI	.565
pi1	<---	PI	.714
emo2	<---	POS_EMO	.821
emo3	<---	POS_EMO	.936

결과 Ⓓ와 Ⓔ는 확인적 요인분석에서 요인적재량과 같지만 집단별로 산출된 것입니다. 집단별 모든 계수가 통계적으로 유의미하지만($p < .01$) 여자집단에서 0.60 이하의 표준화계수가 다수 포함된 것을 볼 수 있습니다. 이는 만일 확인적 요인분석(CFA)에서 **모형 가꾸기를 해야 한다면 여자집단의 관측치에 대한 검토가 필요하다는 것을 의미**합니다. 예를 들어, 여자집단에서 PI를 측정하는 3개 변수(pi1, pi2, pi3)의 AVE를 구하면 $\sum(0.714^2+0.565^2+0.606^2)/3=0.399$로 준거(≥0.50)에 미치지 못하므로 관측치에 대한 검토 및 데이터 정제가 필요할 수 있습니다($AVE=\sum$표준점수$^2/k$, k는 변수의 수).

이 예에서는 요인계수의 측정 동일성을 확보하였으므로 다음 단계의 구조 동일성 검증으로 넘어갑니다(단, 척도개발의 경우에는 공분산 및 오차분산까지 동일성이 요구됨).

계수의 측정 동일성을 확보하지 못할 때 – AMOS를 이용한 개별 모수의 동일성 파악

- AMOS를 이용하여 개별 모수를 하나씩 해제(혹은 제약)하면서 모형비교 → 개별 모수의 동일성 평가 → 부분 측정 동일성을 확인.
- 예시: 공분산 ccc5_1=ccc5_2만을 지정(방법: ccc1_1=ccc1_2부터 순차적으로 제약).
  - Structural covariances의 Parameter Constraints에서 ccc5_1=ccc5_2를 제약하고 결과 확인

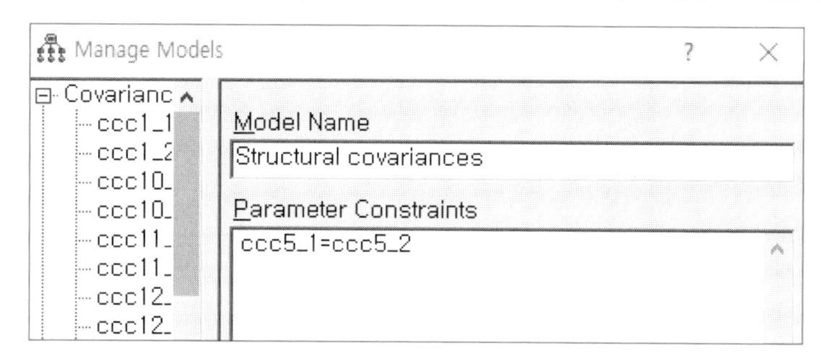

  - Model Comparison의 산출물

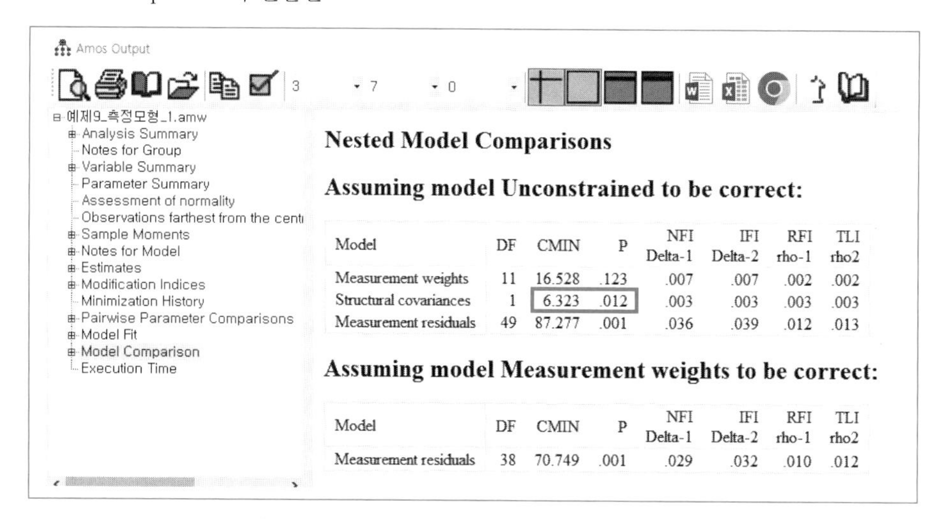

Nested Model Comparisons

Assuming model Unconstrained to be correct:

Model	DF	CMIN	P	NFI Delta-1	IFI Delta-2	RFI rho-1	TLI rho2
Measurement weights	11	16.528	.123	.007	.007	.002	.002
Structural covariances	1	6.323	.012	.003	.003	.003	.003
Measurement residuals	49	87.277	.001	.036	.039	.012	.013

Assuming model Measurement weights to be correct:

Model	DF	CMIN	P	NFI Delta-1	IFI Delta-2	RFI rho-1	TLI rho2
Measurement residuals	38	70.749	.001	.029	.032	.010	.012

[그림 6-19] 개별 모수의 측정 동일성 확인 결과

  - 제약모형 'ccc5_1=ccc5_2'는 공분산(ϕ) 동질성에서 집단 간 차이가 있는 모수임([그림 6-19])
  - 같은 방법으로 모든 모수에 대해 차이를 확인하고 유의한 모수 해제 → 부분 측정 동질성 확보

Q99 AMOS를 이용한 다중집단분석의 구조 동일성 검증은 어떻게 수행하고 해석하나요?

[♣ 데이터: 예제9_SEM.sav]

해설

다중집단분석을 위한 측정 동일성이 확인되면 그다음 가설검증을 위한 구조 동일성(structural equivalence)을 분석하는 단계로 넘어갑니다. 구조 동일성은 측정 동일성을 포함하면서 구조관계 모수(γ, β)의 동질성을 검증합니다. 그에 따라 기저모형(unconstrained), 요인계수 제약모형(measurement weights), **경로계수 제약모형**(structural weights), 공분산 제약모형(structural covarinances), **내생변수 오차분산 제약모형**(structural residuals), 측정변수 오차분산 제약모형(measurement residuals)을 포함합니다. 이 가운데 경로계수(γ, β) 제약모형과 내생변수 오차분산(ζ) 제약모형은 잠재변수(내생변수, 외생변수) 간의 경로관계에 해당하는 제약모형이고 요인계수 및 측정변수 오차분산 제약모형은 측정 동일성과 같습니다. 따라서 잠재변수 간의 경로관계를 가설검증하기 위해서는 경로계수 제약모형을 기본으로 해석하고(모수 표시 'b') 필요한 경우 내생변수 오차분산 제약모형(모수 표시 'vv')을 함께 검증합니다.

구체적으로 구조 동일성 검증을 위한 AMOS 결과물은 모형별 적합도(Model Fit), 모형비교(Model Comparison), 추정치(Estimates), 그리고 모수 쌍의 비교(Pairwise Parameter Comparisons) 등입니다. AMOS의 구조 동일성 분석을 위한 설정은 측정 동일성과 동일하지만 구조모형을 위한 집단별 경로비교(모수 쌍의 비교)가 결과물에 추가됩니다. 즉, 남자집단과 여자집단에서 각 경로계수가 차이가 있는지를 유의검증 결과로 보여 줍니다. 그러면 AMOS에서 다중집단분석으로 성별에 따른 구조모형 동일성을 검증하고 해석해 보겠습니다. 먼저 다음의 [그림 6-20]은 구조모형에서 집단별(남/여) 다중집단분석을 지정한 다이어그램을 나타냅니다.

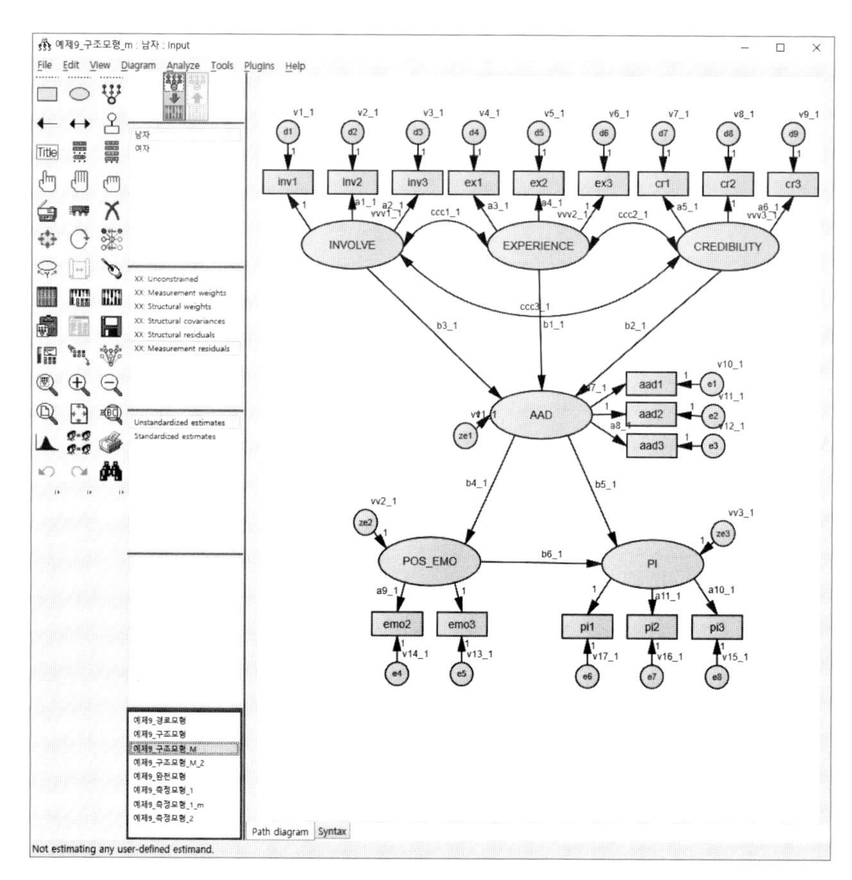

[그림 6-20] AMOS의 다중집단분석을 위한 구조 동일성 모형(다이어그램)

[그림 6-20]의 AMOS 모수 표시 가운데 'b'는 경로계수(γ, β)에 해당하며 'vv'는 제타(ζ)의 분산(내생변수의 오차분산)을 나타냅니다. 다른 모수 표시(a, ccc, vvv, v)는 측정 동일성의 경우와 같습니다. 모든 지정이 완료되면 AMOS에서 분석을 실행(Ctrl+F9)하여 결과물을 산출합니다. 구조 동일성은 경로계수의 집단(남/여) 차이를 분석할 목적의 가설검증인 경우가 대부분이므로 그에 해당하는 결과물을 중심으로 해석합니다.

1. 기초 정보 **IBM® SPSS® AMOS**

* 구조모형의 설정
* 집단별 데이터 매칭: 'File → Data Files..'에서 집단별 File, Variable, Value 지정
  (지정 순서: File Names → Grouping Variables → Group Value)
* 다중집단분석의 모수설정: 'Analyze → Multiple-Group Analysis..'

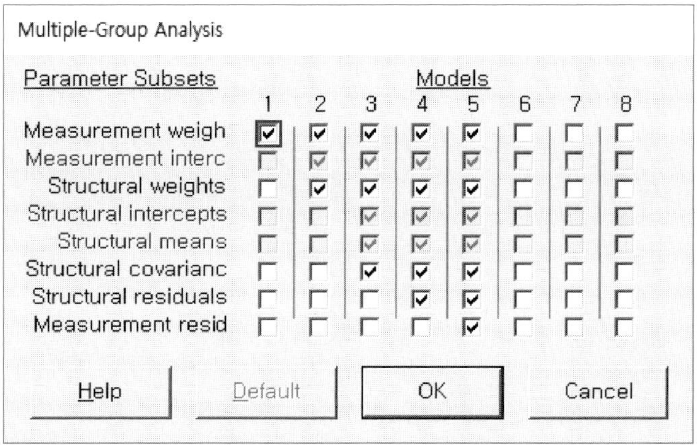

Multiple-Group Analysis

Parameter Subsets	1	2	3	4	5	6	7	8
Measurement weigh	☑	☑	☑	☑	☑	☐	☐	☐
Measurement interc	☐	☑	☑	☑	☑	☐	☐	☐
Structural weights	☐	☑	☑	☑	☑	☐	☐	☐
Structural intercepts	☐	☐	☑	☑	☑	☐	☐	☐
Structural means	☐	☐	☑	☑	☑	☐	☐	☐
Structural covarianc	☐	☐	☑	☑	☑	☐	☐	☐
Structural residuals	☐	☐	☐	☑	☑	☐	☐	☐
Measurement resid	☐	☐	☐	☐	☑	☐	☐	☐

Help　Default　OK　Cancel

- 측정모형에 비해 모형 단계 증가: Structural weights, Structural residuals (디폴트 권장)

* 실행: Ctrl + F9 or 실행 아이콘 클릭( )

다중집단분석의 구조 동일성 검증은 개별경로가 집단별(남/여)로 어떻게 차이를 보이는지에 관심을 두므로 모형 적합도 및 모형비교를 측정 동일성과 유사하게 해석하지만 **개별 경로계수에 대한 동일성 검증**에 초점을 두게 됩니다.

Ⓐ Notes for Model

Notes for Model (Unconstrained)

Computation of degrees of freedom (Unconstrained)

Number of distinct sample moments:	306
Number of distinct parameters to be estimated:	86
Degrees of freedom (306 - 86):	220

Result (Unconstrained)

Minimum was achieved
Chi-square = 368.854
Degrees of freedom = 220
Probability level = .000

결과 Ⓐ의 'Note for Model'은 집단 구분을 하지 않은 구조모형의 결과로 카이제곱(χ^2)은 368.854이고 df=220, 그에 따른 유의확률은 p=.000로 나타났습니다. 결과 Ⓐ의 요약에 있는 카이제곱값은 다시 결과 Ⓑ의 모형 적합도(Model Fit)에서 'Unconstrained'로 표시됩니다.

Ⓑ Model Fit

Model Fit Summary

CMIN

Model	NPAR	CMIN	DF	P	CMIN/DF
Unconstrained	86	368.854	220	.000	1.677
Measurement weights	75	389.996	231	.000	1.688
Structural weights	69	412.315	237	.000	1.740
Structural covariances	63	423.933	243	.000	1.745
Structural residuals	60	441.381	246	.000	1.794
Measurement residuals	43	458.529	263	.000	1.743
Saturated model	306	.000	0		
Independence model	34	2433.505	272	.000	8.947

RMR, GFI

Model	RMR	GFI	AGFI	PGFI
Unconstrained	.048	.879	.832	.632
Measurement weights	.051	.873	.832	.659
Structural weights	.058	.869	.831	.673
Structural covariances	.059	.866	.831	.687
Structural residuals	.061	.858	.824	.690
Measurement residuals	.061	.852	.828	.732
Saturated model	.000	1.000		
Independence model	.142	.383	.305	.340

Baseline Comparisons

Model	NFI Delta1	RFI rho1	IFI Delta2	TLI rho2	CFI
Unconstrained	.848	.813	.933	.915	.931
Measurement weights	.840	.811	.928	.913	.926
Structural weights	.831	.806	.920	.907	.919
Structural covariances	.826	.805	.917	.906	.916
Structural residuals	.819	.799	.911	.900	.910
Measurement residuals	.812	.805	.910	.906	.910
Saturated model	1.000		1.000		1.000
Independence model	.000	.000	.000	.000	.000

Parsimony-Adjusted Measures

Model	PRATIO	PNFI	PCFI
Unconstrained	.809	.686	.753
Measurement weights	.849	.713	.787
Structural weights	.871	.724	.801
Structural covariances	.893	.738	.819
Structural residuals	.904	.740	.823
Measurement residuals	.967	.785	.879
Saturated model	.000	.000	.000
Independence model	1.000	.000	.000

NCP

Model	NCP	LO 90	HI 90
Unconstrained	148.854	99.830	205.766
Measurement weights	158.996	108.394	217.481
Structural weights	175.315	122.818	235.673
Structural covariances	180.933	127.615	242.112
Structural residuals	195.381	140.566	258.039
Measurement residuals	195.529	139.932	258.987
Saturated model	.000	.000	.000
Independence model	2161.505	2007.466	2322.939

FMIN

Model	FMIN	F0	LO 90	HI 90
Unconstrained	1.238	.500	.335	.690
Measurement weights	1.309	.534	.364	.730
Structural weights	1.384	.588	.412	.791
Structural covariances	1.423	.607	.428	.812
Structural residuals	1.481	.656	.472	.866
Measurement residuals	1.539	.656	.470	.869
Saturated model	.000	.000	.000	.000
Independence model	8.166	7.253	6.736	7.795

RMSEA

Model	RMSEA	LO 90	HI 90	PCLOSE
Unconstrained	.048	.039	.056	.668
Measurement weights	.048	.040	.056	.642
Structural weights	.050	.042	.058	.504
Structural covariances	.050	.042	.058	.491
Structural residuals	.052	.044	.059	.357
Measurement residuals	.050	.042	.057	.495
Independence model	.163	.157	.169	.000

AIC

Model	AIC	BCC	BIC	CAIC
Unconstrained	540.854	564.493		
Measurement weights	539.996	560.612		
Structural weights	550.315	569.281		
Structural covariances	549.933	567.250		
Structural residuals	561.381	577.873		
Measurement residuals	544.529	556.348		
Saturated model	612.000	696.112		
Independence model	2501.505	2510.851		

ECVI

Model	ECVI	LO 90	HI 90	MECVI
Unconstrained	1.815	1.650	2.006	1.894
Measurement weights	1.812	1.642	2.008	1.881
Structural weights	1.847	1.671	2.049	1.910
Structural covariances	1.845	1.666	2.051	1.904
Structural residuals	1.884	1.700	2.094	1.939
Measurement residuals	1.827	1.641	2.040	1.867
Saturated model	2.054	2.054	2.054	2.336
Independence model	8.394	7.877	8.936	8.426

HOELTER

Model	HOELTER .05	HOELTER .01
Unconstrained	208	221
Measurement weights	206	218
Structural weights	199	212
Structural covariances	199	210
Structural residuals	193	204
Measurement residuals	198	209
Independence model	40	42

결과 Ⓑ의 '모형 적합도(Model Fit)'에는 기저모형과 여러 제약모형의 적합도 지수가 제시됩니다. 측정모형과 비교하여 2개의 모형이 추가로 산출되었습니다(Structural weights, Structural residuals). 측정 동질성(요인계수 동질성)을 전제로 집단(남/여) 간 경로계수의 차이를 가설검증하는 것이 연구의 목적인 경우 **경로계수(γ, β)의 구조 동일성에 해당하는 제약모형**(Structural weights)**을 해석하고 경로계수의 집단 간 차이를 비교**하게 됩니다. 확인적 요인분석의 목적으로 측정 동일성을 검증하였다면 경로계수 제약모형(Structural weights)의 적합도를 요약하여 제시하거나 가설검증을 위한 집단별 경로계수의 차이를 설명하는 단계로 넘어갈 수 있습니다.

여기서는 경로계수 제약모형의 전반적인 모형 적합도를 요약하고 다음 단계에서 기저모형과 경로계수 제약모형의 비교(Model Comparison)를 통해 구조 동일성을 만족하는지를 단계적으로 살펴보겠습니다. 다음의 〈표 6-17〉은 구조 동일성의 주요 적합도 지수를 요약한 것입니다.

<표 6-17> 구조 동일성의 적합도 지수 요약

모형	제약	$\chi^2(df)$	RMSEA	RMR	GFI	AGFI	IFI	TLI	CFI
Structural weights	$\lambda+\gamma,\beta$	412.315 (237)	.050	.058	.869	.831	.920	.907	.919
Structural residuals	$\lambda+\gamma,\beta$ $+\phi,\zeta$	441.381 (246)	.052	.061	.858	.824	.911	.900	.910

〈표 6-17〉은 **경로계수 제약모형**(structural weights)과 **내생변수의 오차분산**(structural residuals) 제약모형의 적합도 지수를 요약한 것입니다. 구조 동일성에서는 경로계수 제약모형을 중심으로 해석하며(가설검증) 오차분산의 결과는 표의 제시나 해석을 하지 않을 수도 있습니다. 〈표 6-17〉을 보면 경로계수 제약모형(Structural weights)의 GFI가 다소 낮지만 여러 부합도 지수는 준거를 초과하고 있습니다(RMSEA=0.50, IFI=0.920, TLI=0.907, CFI=0.919). 이를 바탕으로 경로계수 제약모형의 동일성을 파악하기 모형비교의 결과를 해석합니다(제약모형 간의 비교와 개별 경로계수의 비교). 먼저 다음의 결과 Ⓒ를 통해 제약모형의 차이를 검증하고 그다음 개별 경로계수의 동일성 검증을 진행합니다.

Ⓒ Model Comparison

Nested Model Comparisons

Assuming model Unconstrained to be correct:

Model	DF	CMIN	P	NFI Delta-1	IFI Delta-2	RFI rho-1	TLI rho2
Measurement weights	11	21.143	.032	.009	.010	.001	.001
Structural weights	17	43.461	.000	.018	.020	.007	.008
Structural covariances	23	55.079	.000	.023	.025	.008	.009
Structural residuals	26	72.527	.000	.030	.033	.013	.015
Measurement residuals	43	89.675	.000	.037	.041	.007	.008

결과 Ⓒ의 '모형비교(Model Comparison)'를 보면 기저모형(Unconstrained model)과 경로계수 제약모형(Structural weights)의 차이가 유의미한 것으로 나타났습니다($\Delta\chi^2=43.461$, $\Delta df=17$, $p<.01$). 이는 경로계수가 집단별로 차이가 있음을 나타내므로 가설검증에 따라 집단(남/여) 간 차이를 설명하고 해석하게 됩니다.

다만 기저모형과 경로계수 제약모형이 차이를 보이므로 완전 구조 동일성을 기각하고 부분 구조 동일성 모형, 즉 어느 경로에서 차이가 있으며 어느 경로에서 차이가 없는지를 알아보는 절차를 진행합니다. 다시 말해, 개별 모수의 동일성을 파악하는 절차에 따라 경로계수(γ, β) 각각을 제약모형으로 설정하고 모형비교를 수행합니다. AMOS에서 개별 경로계수에 대한 동일성 검증을 위한 설정 방법을 요약하면 다음과 같습니다(개별 경로계수 제약모형).

개별 경로계수에 대한 동일성 검증

- 개별 경로계수의 동질성을 확인하는 절차: 개별 경로계수 제약 → 모형비교: 카이제곱 차이.
- 예시: 경로계수를 하나씩 개별 제약모형으로 지정함(b1_1=b1_2~b6_1=b6_2).
  - 메뉴: Analysis → Manage Model에서 Model Name: b1~b6로 지정
  - Parameter Constraints: b1_1=b1_2

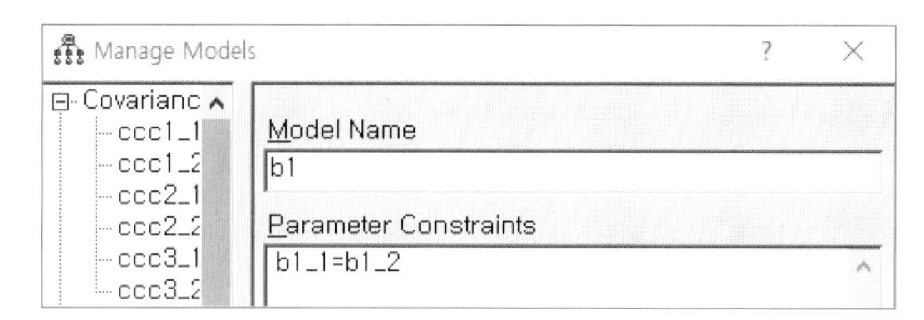

Manage Models
Covarianc
ccc1_1
ccc1_2
ccc2_1
ccc2_2
ccc3_1
ccc3_2
Model Name
b2
Parameter Constraints
b2_1=b2_2

- 같은 방법으로 b2~b6까지 매칭(_1=남자집단, _2=여자집단) → [그림 6-20]

• b1~b6만 남기고 나머지는 삭제(경로계수만 산출: 예제9_구조모형_M_2.amw).

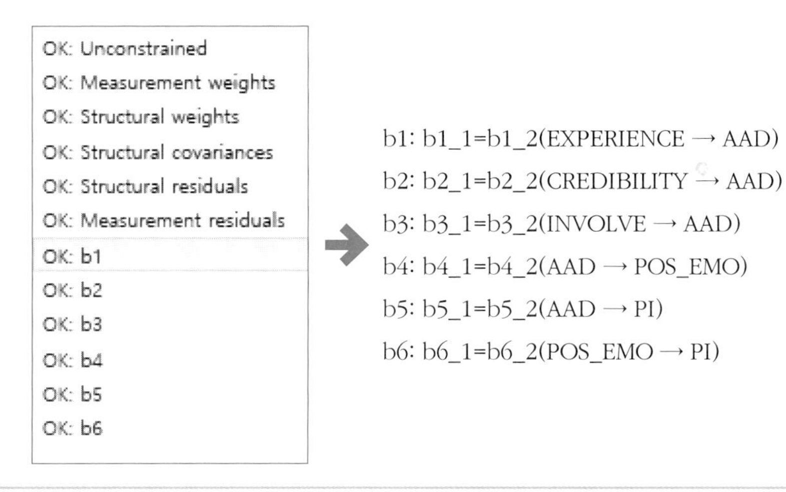

Ⓓ Model Fit

Model Fit Summary

CMIN

Model	NPAR	CMIN	DF	P	CMIN/DF
Unconstrained	86	368.854	220	.000	1.677
Measurement weights	75	389.996	231	.000	1.688
Structural weights	69	412.315	237	.000	1.740
Structural covariances	63	423.933	243	.000	1.745
Structural residuals	60	441.381	246	.000	1.794
Measurement residuals	43	458.529	263	.000	1.743
b1	85	369.242	221	.000	1.671
b2	85	369.625	221	.000	1.673
b3	85	370.714	221	.000	1.677
b4	85	387.936	221	.000	1.755
b5	85	370.670	221	.000	1.677
b6	85	369.415	221	.000	1.672
Saturated model	306	.000	0		
Independence model	34	2433.505	272	.000	8.947

Ⓔ Model Comparison

Nested Model Comparisons

Assuming model Unconstrained to be correct:

Model	DF	CMIN	P	NFI Delta-1	IFI Delta-2	RFI rho-1	TLI rho2
Measurement weights	11	21.143	.032	.009	.010	.001	.001
Structural weights	17	43.461	.000	.018	.020	.007	.008
Structural covariances	23	55.079	.000	.023	.025	.008	.009
Structural residuals	26	72.527	.000	.030	.033	.013	.015
Measurement residuals	43	89.675	.000	.037	.041	.007	.008
b1	1	.389	.533	.000	.000	-.001	-.001
b2	1	.771	.380	.000	.000	.000	-.001
b3	1	1.861	.173	.001	.001	.000	.000
b4	1	19.082	.000	.008	.009	.009	.010
b5	1	1.816	.178	.001	.001	.000	.000
b6	1	.561	.454	.000	.000	-.001	-.001

결과 Ⓓ의 '모형 적합도(Model Fit)'는 경로계수 제약모형(b1~b6)을 포함한 카이제곱값을 나타내고 결과 Ⓔ의 '모형비교(Model Comparison)'는 **개별 경로계수를 제약한 모형**(b1~b6) **과 기저모형의 차이를 나타냅니다.** 결과 Ⓓ의 b1~b6의 카이제곱값과 적합도지수(NFI, IFI, RFI, TLI)는 각 경로계수를 집단(남/여)별로 동일성 지정한 개별 경로계수의 적합도를 나타냅니다. 그리고 결과 Ⓔ는 집단별 개별경로계수(b1~b6)의 차이를 카이제곱차이값으로 나타낸 것입니다. 결과 Ⓔ를 살펴보면 기저모형과 제약모형 b1(EXPERIENCE → AAD)과의 차이는 $\Delta\chi^2=0.389$이고 $df=1$, $p>.05$이므로 구조 동일성을 확인할 수 있습니다. 마찬가지로 b2, b3, b5, b6 제약모형은 기저모형과 차이를 보이지 않았고(모두 $p>.05$) **제약모형 b4(AAD → POS_EMO)만이 기저모형과 차이를 보였습니다**($\Delta\chi^2=19.082$, $df=1$, $p<.01$). 그러므로 이 예에서는 완전 구조 동일성은 가정되지 않았지만 **부분 구조 동일성은 확인**하였습니다.

이렇게 부분 구조 동일성을 확인하면 이제 세부적인 경로계수의 차이를 설명하고 가설검증을 진행합니다. 이때 결과표의 작성은 결과 Ⓔ의 b1~b6의 개별 경로계수 구조 동일성의 결과와 확인적 요인분석을 위한 측정 동일성의 결과를 함께 제시하고 각 카이제곱 차이 값($\Delta\chi^2$)을 표시하여 측정 및 구조 동일성의 결과를 한눈에 볼 수 있도록 제시할 수 있습니다(결과표의 작성요령 ☞ Q100). 그러나 복잡성을 피하고 측정 동일성과 개별적으로 제시하고자 한다면 대안적으로 결과 Ⓓ와 Ⓔ로부터 다음의 〈표 6-18〉과 같이 나타낼 수 있습니다.

<표 6-18> 경로계수 구조 동일성의 모형비교(경로별 요약)

경로계수 동일성	제약	$\chi^2(df)$	$\Delta\chi^2(\Delta df)$	Δp
Unconstrained	-	368.854(220)	-	-
Structural weights	$\lambda+\gamma,\beta$	412.315(237)	43.461(17)	.000
EXPERIENCE → AAD	γ_{12}	369.242(221)	.389(1)	.533
CREDIBILITY → AAD	γ_{13}	369.625(221)	.771(1)	.380
INVOLVE → AAD	γ_{11}	370.714(221)	1.861(1)	.173
AAD → POS_EMO	β_{21}	387.936(221)	19.082(1)	.000
AAD → PI	β_{31}	370.670(221)	1.816(1)	.178
POS_EMO → AAD	β_{32}	369.415(221)	.561(1)	.454

이렇게 하여 개별 경로계수의 구조 동일성을 검증하고 나면 이제 각 경로계수의 크기를 집단별로 평가하기 위해 다음의 결과 Ⓕ와 Ⓖ를 해석합니다.

Ⓕ Estimates

Scalar Estimates (남자 - Unconstrained)

Maximum Likelihood Estimates

Regression Weights: (남자 - Unconstrained)

			Estimate	S.E.	C.R.	P	Label
AAD	<---	EXPERIENCE	.174	.121	1.442	.149	b1_1
AAD	<---	CREDIBILITY	.163	.072	2.269	.023	b2_1
AAD	<---	INVOLVE	.553	.155	3.560	***	b3_1
POS_EMO	<---	AAD	.269	.092	2.932	.003	b4_1
PI	<---	AAD	.244	.107	2.273	.023	b5_1
PI	<---	POS_EMO	-.014	.104	-.134	.894	b6_1

- 이하 생략 -

Scalar Estimates (여자 - Unconstrained)

Maximum Likelihood Estimates

Regression Weights: (여자 - Unconstrained)

			Estimate	S.E.	C.R.	P	Label
AAD	<---	EXPERIENCE	.271	.096	2.832	.005	b1_2
AAD	<---	CREDIBILITY	.075	.070	1.066	.286	b2_2
AAD	<---	INVOLVE	.319	.078	4.070	***	b3_2
POS_EMO	<---	AAD	1.104	.211	5.231	***	b4_2
PI	<---	AAD	.586	.257	2.281	.023	b5_2
PI	<---	POS_EMO	.104	.115	.910	.363	b6_2

- 이하 생략 -

Ⓖ Estimates

Standardized Regression Weights: (남자 - Unconstrained)

			Estimate
AAD	<---	EXPERIENCE	.164
AAD	<---	CREDIBILITY	.196
AAD	<---	INVOLVE	.407
POS_EMO	<---	AAD	.274
PI	<---	AAD	.234
PI	<---	POS_EMO	-.013

Standardized Regression Weights: (여자 - Unconstrained)

			Estimate
AAD	<---	EXPERIENCE	.376
AAD	<---	CREDIBILITY	.119
AAD	<---	INVOLVE	.441
POS_EMO	<---	AAD	.652
PI	<---	AAD	.441
PI	<---	POS_EMO	.133

결과 Ⓕ와 Ⓖ는 가설검증에 필요한 결과로 외생변수와 내생변수의 관계를 나타내는 경로계수(γ, β)만을 발췌한 것입니다. 결과 Ⓕ는 구조모형의 집단별 경로계수(가중치, regression weights)를 나타낸 것이고 결과 Ⓖ는 경로계수의 집단별 표준화 계수(standardized regression weights)입니다. 결과 Ⓓ의 C.R. 값은 Critical Ratio로 비표준화 계수(Estimates)를 표준오차(S.E.)로 나눈 값이며 흔히 t값을 말합니다. 예를 들어, 'EXPERIENCE → AAD'의 C.R.=0.174/0.121=1.442와 같습니다. 이와 같은 집단별 경로계수의 효과를 요약하면 〈표 6-19〉와 같습니다(구조동일성 결과 포함).

<표 6-19> 집단(남/여)에 따른 경로계수의 차이 검증

경로	제약	$\Delta\chi^2(\Delta df)$	표준화계수	
			남자	여자
EXPERIENCE → AAD	γ_{12}	.389(1)	.164	.376**
CREDIBILITY → AAD	γ_{13}	.771(1)	.196*	.119
INVOLVE → AAD	γ_{11}	1.861(1)	.407**	.441**
AAD → POS_EMO	β_{21}	19.082(1)**	.274**	.652**
AAD → PI	β_{31}	1.816(1)	.234*	.441*
POS_EMO → PI	β_{32}	.561(1)	−.013	.133

* $p < .05$, ** $p < .01$

〈표 6-19〉에는 카이제곱 차이 값과 표준화 계수(standardized regression weights)를 집단별로 제시하고 유의도를 함께 제시하였습니다. 결과를 보면 남자집단의 경우 EXPERIENCE → AAD의 경로와 POS_EMO → PI의 경로는 통계적으로 유의미하지 않았고(각각 표준계수=0.164, 표준계수=−0.013, 모두 $p > .05$) 나머지 경로는 유의미한 것으로 나타났습니다. 즉, CREDIBILITY → AAD(표준계수=0.196)와 AAD → PI(표준계수=0.234)는 $p < .05$로 유의미하였으며, INVOLVE → AAD(표준계수=0.407)와 AAD → POS_EMO(표준계수=0.274)는 $p < .01$로 통계적으로 유의미한 것으로 나타났습니다. 여자집단의 경우는 CREDIBILITY → AAD(표준계수=0.119)와 POS_EMO → PI(표준계수=0.133)는 유의미하지 않았지만, AAD → PI(표준계수=0.441)는 $p < .05$로 유의미하였고 EXPERIENCE → AAD(표준계수=0.376), INVOLVE → AAD(표준계수=0.441), AAD → POS_EMO(표준계수=0.652)는 $p < .01$로 유의미하였습니다.

이러한 경로효과에서 집단차이는 카이제곱 차이 값으로 설명합니다. 〈표 6-19〉에서 보듯이, 집단 간의 차이는 AAD → POS_EMO에서만 통계적으로 유의미하였습니다($\Delta\chi^2_1$=19.082, $p < .01$). 이처럼 집단 간의 경로계수 차이를 표로 제시할 수 있지만 다이어그램을 그려 각 경로에 계수와 유의도를 표시할 수도 있습니다.

여기까지 해석하고 나면 다중집단분석의 구조 동일성 검증까지 마치게 됩니다. 특히 개별 경로계수의 동일성 검증을 카이제곱값과 그 차이값을 이용하는 방법을 해설하였지만 AMOS에서는 개별 경로계수의 차이를 직접 보여 주는 산출물을 포함하고 있습니다. 즉, AMOS Output에서 'Critical Ratios for Differences between Parameters'는 두 집단 경로계수의 차이에 대한 t값을 제공하므로 그 값에 기초해서 차이를 설명할 수도 있습니다. 실제 앞서 설명한 카이제곱 차이값을 이용하는 것이 일반적인 방법이지만 AMOS의 결과물을 이용해 개별 경로계수의 집단 간 차이를 해석하는 방법을 소개하면 다음과 같습니다.

집단별 경로계수의 차이 검증 - Critical Ratios for Differences between Parameters

- AMOS의 결과물(Output)에 있는 쌍 비교(Pairwise Parameter Comparisons)를 통해서 개별 경로계수의 차이를 파악할 수 있음.
- 메뉴: AMOS Output → Pairwise Parameter Comparisons → Critical Ratios for Differences

between Parameters (Unconstrained).

- 모든 미지수에 대한 쌍 비교가 나와 있으므로 엑셀과 같은 스프레드시트에 복사해서 간편 보기로 활용.
  - 예시: 제약 모수 b(경로계수)만을 남기고 나머지는 삭제함(실제 결과표는 모든 계수에 대해 산출되므로 매우 복잡하게 보임. 따라서 해석에 필요한 부분만 발췌하여 사용할 것을 추천).

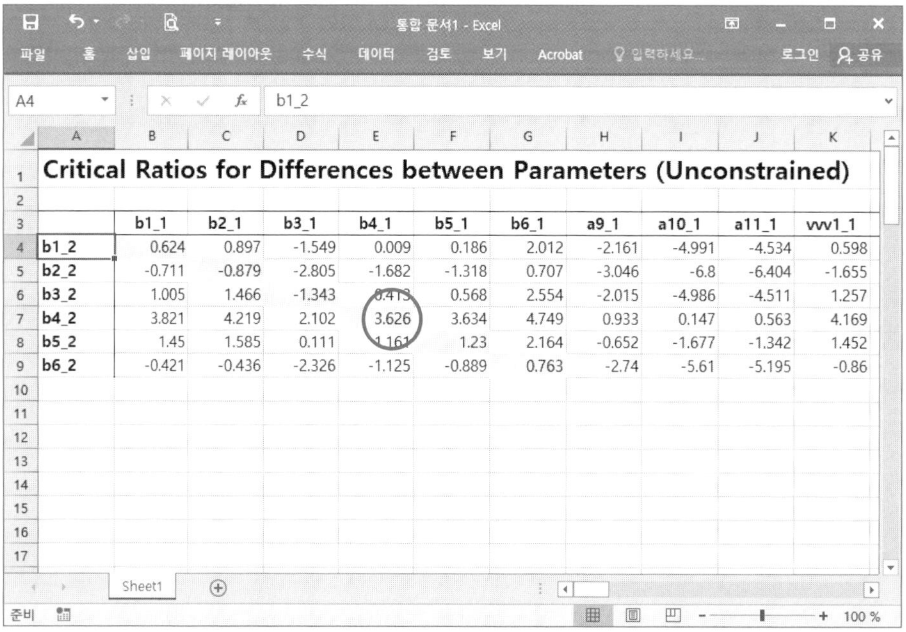

Critical Ratios for Differences between Parameters (Unconstrained)

	b1_1	b2_1	b3_1	b4_1	b5_1	b6_1	a9_1	a10_1	a11_1	vvv1_1
b1_2	0.624	0.897	-1.549	0.009	0.186	2.012	-2.161	-4.991	-4.534	0.598
b2_2	-0.711	-0.879	-2.805	-1.682	-1.318	0.707	-3.046	-6.8	-6.404	-1.655
b3_2	1.005	1.466	-1.343	0.413	0.568	2.554	-2.015	-4.986	-4.511	1.257
b4_2	3.821	4.219	2.102	3.626	3.634	4.749	0.933	0.147	0.563	4.169
b5_2	1.45	1.585	0.111	1.161	1.23	2.164	-0.652	-1.677	-1.342	1.452
b6_2	-0.421	-0.436	-2.326	-1.125	-0.889	0.763	-2.74	-5.61	-5.195	-0.86

[그림 6-21] 경로계수의 쌍 비교를 위해 엑셀에서 해당 부분만 발췌한 모습

  - 필요한 정보: 가로 b1_1~b6_1, 세로 b1_2~b6_2 → 나머지는 삭제(모수 'b'는 경로계수)
  - _1은 '남자'집단(가로), _2 는 '여자'집단(세로) → 집단별 구조 동일성 제약
- 결과해석
  - Critical Ratio는 집단별 표준계수(standardized regression weights)에 대한 t값
  - 임계치: ±1.96일 때 $p < .05$ → 따라서 **b4_1과 b4_2의 쌍에서만 차이를 보임**(t=3.626, $p < .01$)
  - 모수 b4는 AAD → POS_EMO의 경로임. 따라서 AAD → POS_EMO의 경로에 성별집단(남/여)의 차이가 있는 것으로 해석.

Q100 AMOS를 이용한 다중집단분석의 결과표 작성과 해석 요령은 무엇인가요?

[♣ 데이터: 예제9_SEM.sav]

해설

AMOS의 다중집단분석은 구조방정식모형에 기초하므로 결과표의 작성은 그와 유사하지만 집단정보와 동일성 검증의 결과가 추가됩니다. 그에 따라 다중집단분석의 결과표에 포함되어야 할 내용은 ① 집단별 기술통계치와 기초상관 ② 측정 동일성의 결과표 ③ 구조 동일성의 결과표 ④ 집단별 경로계수의 효과 등입니다.

구조방정식의 다중집단분석 결과는 다양한 방식으로 사용되므로 일반적으로 사용되는 2가지 방식의 결과표 작성과 해석 요령을 알아보겠습니다. 첫째는 집단 간 동일성 모형의 결과와 경로계수의 효과를 각각 표로 제시하고 해석하는 방법이고, 둘째는 하나의 표에 동일성 모형과 경로계수의 효과를 동시에 제시하는 방법입니다. 보통 가설검증의 경우에 측정모형은 요인계수 제약모형까지 제시하고 구조모형은 경로계수 제약모형을 제시하지만 척도 개발이나 타당도 연구와 같이 특정 목적을 지닌 연구에서는 공분산 및 오차분산 제약모형의 동일성까지 검증된 결과를 포함해야 합니다. 여기서는 일반적 가설검증의 목적으로 요인계수 및 경로계수 제약모형까지를 제시하고 경로계수의 집단별 효과를 표로 제시하는 방법을 알아보겠습니다. 결과표는 [예제연구 9]의 성별을 집단변수로 한 AMOS의 다중집단분석 결과에 기초합니다.

먼저 동일성 검증과 경로계수의 효과를 각각 표로 제시하고 해석하는 방법입니다. 다음 〈표 6-20〉은 집단별 측정 동일성 모형의 검증 결과를 나타내고 〈표 6-21〉은 구조 동일성 모형에서 집단별 경로계수의 효과를 나타낸 것입니다.

<표 6-20> 집단(남/여)별 측정 동일성 검증 결과

모형	$\chi^2(df)$	$\Delta\chi^2(\Delta df)$	RMSEA	IFI	TLI	CFI
기저 모형	253.512(208)	–	.027	.980	.972	.979
측정 동일성 모형	270.040(219)	16.528(11)	.028	.977	.971	.976

<표 6-21> 구조 동일성 모형의 경로계수 차이

경로	남자집단			여자집단		
	비표준계수 (*B*)	표준오차 (*SE*)	표준계수 (β)	비표준계수 (*B*)	표준오차 (*SE*)	표준계수 (β)
EXPERIENCE → AAD	.174	.121	.164	.271	.096	.376**
CREDIBILITY → AAD	.163	.072	.196*	.075	.070	.119
INVOLVE → AAD	.553	.155	.407**	.319	.078	.441**
AAD → POS_EMO	.269	.092	.274**	1.104	.211	.652**
AAD → PI	.244	.107	.234*	.586	.257	.441*
POS_EMO → PI	−.014	.104	−.013	.104	.115	.133

* $p < .05$, ** $p < .01$

〈표 6-20〉의 **동일성 검증 결과**에는 기저모형과 측정 동일성 제약모형의 적합도 지수 및 카이제곱 차이가 제시되어 있습니다. 이는 〈표 6-15〉와 〈표 6-16〉에서 모형의 적합도와 측정 동일성을 함께 평가할 수 있도록 표를 작성한 것입니다. **기저모형**은 집단 간의 제약이 없는 모형이고 **측정 동일성 모형**은 집단 간 요인계수(λ)의 등가제약 모형을 나타냅니다. 즉, 집단(남녀) 간에 요인계수 동일성이 충족되면 측정 동일성을 가정하게 되고 경로계수 동일성으로 구조 동일성을 평가하게 됩니다.

이 예에서 기저모형의 적합도 지수가 모두 준거를 초과하고 있어 **형태 동일성이 가정되는 것으로 확인**됩니다(준거: 0.05≤RMSEA≤0.80; IFI, TLI, CFI≥0.90). 또한 기저모형과 요인계수 동일성 모형은 차이를 보이지 않아 측정 동일성이 가정됩니다($\Delta\chi^2 = 16.528$, $df = 11$, $p > .05$). 측정 동일성이 확보됨에 따라 경로계수 차이를 해석하는 구조 동일성 모형에서 경로별 집단 차이를 해석합니다. 구조 동일성은 집단 간의 경로계수의 차이를 의미하므로 측정 동일성을 전제로 집단 간 차이를 가설검증하기 위해 경로계수의 차이를 해석하는 단계입니다. 이때 **부분 구조 동일성 제약**(일부 경로에는 차이가 있고 다른 경로에는 차이가 없음)을 확인하기 위해 다음과 같은 접근을 사용합니다.

(1) 〈표 6-22〉와 같이 개별 경로계수를 제약하는 모형의 카이제곱 차이 값을 확인하고 어느 경로에서 집단 간 차이가 나는지를 분석하여 부분 구조 동일성을 평가하고 세부

경로 차이를 설명합니다.

(2) 카이제곱값은 표본크기에 민감하므로 대안적으로 여러 적합도 지수가 높은 수준에서 각기 준거를 초과할 때 구조 동일성을 수용 가능한 것으로 판단하고 집단 간 경로계수의 차이를 해석합니다.

만일 집단 간 차이에 대한 가설검증이 주된 관심인 경우에는 〈표 6-21〉과 같이 집단(남자/여자) 간의 경로 차이를 우선하여 제시할 수 있습니다. 〈표 6-21〉은 **구조 동일성 모형의 집단 간 경로계수의 차이**를 나타낸 것으로 경로별로 남자와 여자집단의 비표준화 계수(unstandardized regression weight: *B*)와 표준오차(standard error: *SE*), 표준화 계수(standardized regression weight: β)가 제시되어 있습니다. 이 결과에서 표준화 계수를 대신하여 t값(AMOS 결과물의 C.R.)을 함께 제시해 줄 수도 있습니다. 〈표 6-21〉의 결과에서 남자와 여자집단에서 차이를 보이는 경로에 대한 통계적 유의성 검증이 가설검증의 주요 결과입니다. 이 예에서는 **남자의 경우** EXPERIENCE → AAD의 경로와 POS_EMO → PI의 경로가 유의미하지 않았고(모두 $p > .05$) 나머지 경로는 모두 통계적으로 유의미하였습니다. 반면 **여자의 경우** CREDIBILITY → AAD와 POS_EMO → PI의 경로가 유의미하지 않고(모두 $p > .05$) 나머지 경로는 유의미한 수준이었습니다. 따라서 POS_EMO → PI의 경로는 남녀집단 모두에서 유의미하지 않았지만, 남자의 경우는 EXPERIENCE → AAD의 효과가 없는 반면 여자의 경우는 CREDIBILITY → AAD의 효과가 미약한 것으로 해석됩니다.

이와 같은 방식의 결과표 제시와 해석이 일반적이지만 구조 동일성에서 부분 동일성에 대한 설명을 추가하여 세부적인 해석을 제공할 수도 있습니다. 즉, **어느 경로에서 집단 간 차이가 발생하는지를 분석하여 부분적인 구조 동일성을 확인**하면 더 정확한 해석이 가능합니다. 이를 위해 개별 경로계수를 제약하는 모형을 만들고 카이제곱 차이값을 함께 제시합니다. 결과적으로 〈표 6-22〉와 같이 개별 경로계수의 동일성 제약모형과 집단별 표준계수를 한꺼번에 볼 수 있도록 표를 만듭니다. 〈표 6-22〉는 앞서의 〈표 6-16〉에서 〈표 6-19〉까지의 결과를 종합한 것과 같습니다.

<표 6-22> 성별 동일성 제약모형의 차이 검증

모형(경로)		$\chi^2(df)$	RMSEA	CFI	$\Delta\chi^2(\Delta df)$	표준계수	
						남자	여자
측정 동일성	형태 동일성	253.512(208)	.027	.979	–		
	요인계수 동일성	270.040(219)	.028	.976	16.528(11)		
경로 계수 동일성	Unconstrained	368.854(220)	.048	.931	–		
	1. EXPERIENCE → AAD	369.242(221)	.047	.931	.389(1)	.164	.376**
	2. CREDIBILITY → AAD	369.625(221)	.048	.931	.771(1)	.196*	.119
	3. INVOLVE → AAD	370.714(221)	.048	.931	1.861(1)	.407**	.441**
	4. AAD → POS_EMO	387.936(221)	.050	.923	19.082(1)**	.274**	.652**
	5. AAD → PI	370.670(221)	.048	.931	1.816(1)	.234*	.441*
	6. POS_EMO → PI	369.415(221)	.047	.931	.561(1)	−.013	.133

* $p < .05$, ** $p < .01$

〈표 6-22〉에는 **형태 동일성**(기저모형), **요인계수 동일성**(측정모형), **경로계수 동일성**(구조모형)으로 구분하여 동일성 모형을 세분화하고 특히 경로계수 동일성에서는 경로별 제약모형의 결과와 경로의 표준계수를 제시했습니다. 측정 동일성의 결과는 〈표 6-20〉과 같으나 구조 동일성을 경로별로 세분화하여 제시한 것입니다. 〈표 6-22〉에서는 집단(남/여) 간 개별 경로의 카이제곱 차이를 제시하여 어느 경로에서 차이가 있는지를 종합하여 볼 수 있도록 하였습니다. 〈표 6-22〉에서 카이제곱 차이를 보면 다른 경로는 집단 간 차이가 없으나 'AAD → POS_EMO'의 경로에서 유의미한 차이가 있는 것을 확인할 수 있습니다($\Delta\chi^2 = 19.082$, $df = 1$, $p < .01$). 그러므로 **부분 구조 동일성을 확보하고 가설검증을 수행**합니다.

결과표의 제시방법은 대략적인 표준은 있지만 연구목적에 따라 다양하게 제시될 수 있습니다. 그 목적은 독자들에게 정확하고 종합적인 정보를 전달하여 연구를 파악하는 데 도움을 주는 것이므로 목적에 따라 필요한 정보를 제시하는 것이 좋습니다. 다음은 구조방정식모형의 다중집단분석 결과를 서술하는 일반적인 요령입니다.

결과해석 요령: 구조방정식을 이용한 다중집단분석

PI를 예측하는 가설적 연구모형을 설정하고 성별에 따른 차이를 파악하기 위해 AMOS를 이용한 다중집단분석을 수행하였다. 다중집단분석을 위해 형태 동일성, 측정 동일성(요인계수), 구조 동일성(경로계수)을 순차적으로 검증하였다. 그 결과 〈표 6-22〉에서 보듯이, 기저모형의 적합도 지수들은 대체로 양호한 수준을 보여 두 집단 간 요인구조가 동일하다는 형태 동일성을 확인하였다($\chi^2 = 253.512$, $df = 208$, $p < .01$; RMSEA = 0.027, CFI = 0.979). 또한 형태 동일성 모형과 요인계수(λ) 모형의 카이제곱 차이는 $\Delta\chi^2 = 16.528$($df = 11$), $p > .05$로 두 집단에서 측정변수들이 동일한 척도(간격)에 있음, 즉 측정 동일성이 가정되었다(CFI 차이 < .01).

측정 동일성에 기초하여 집단 간 경로계수의 동질성을 분석하였다. 그 결과, AAD → POS_EMO의 경로에서 집단 간 차이가 통계적으로 유의미하였고($\Delta\chi^2 = 19.082$, $df = 1$, $p < .01$) 다른 경로에서는 집단 간 차이는 통계적으로 유의미하지 않았다(모두 $p > .05$). 따라서 완전 구조 동일성은 검증되지 않았으나 부분 구조 동일성을 확인하였다.

한편 집단(남/여)에 따른 경로효과를 세부적으로 살펴보면 EXPERIENCE → AAD의 경로는 여자집단에서 효과를 보이고(표준계수 = 0.376, $p < .01$) CREDIBILITY → AAD 경로는 남자집단에서 상대적으로 효과를 보였다(표준계수 = 0.196, $p < .05$). 또한 INVOLVE → AAD, ADD → POS_EMO, AAD → PI 경로는 남녀집단 모두에서 통계적으로 유의미한 경로인 것으로 나타났다. 그러나 POS_EMO → PI의 경로효과는 남녀집단 모두에서 유의미하지 않은 것으로 나타났다(표준계수 남자 = −0.013, 여자 = 0.133, 모두 $p > .05$).

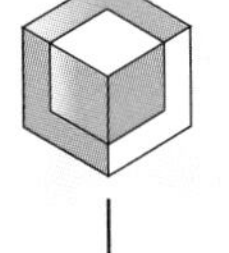

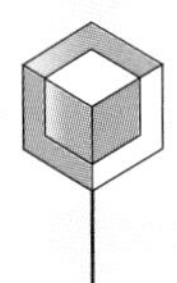

부록

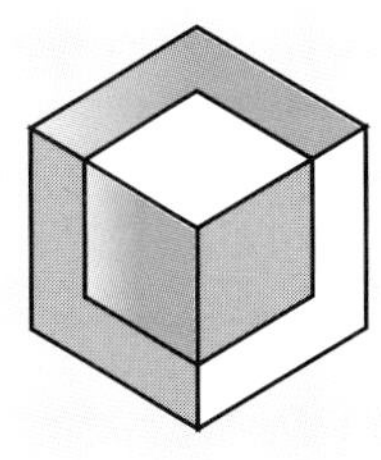

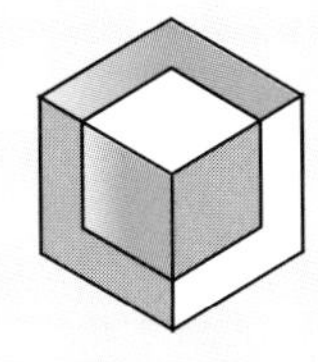

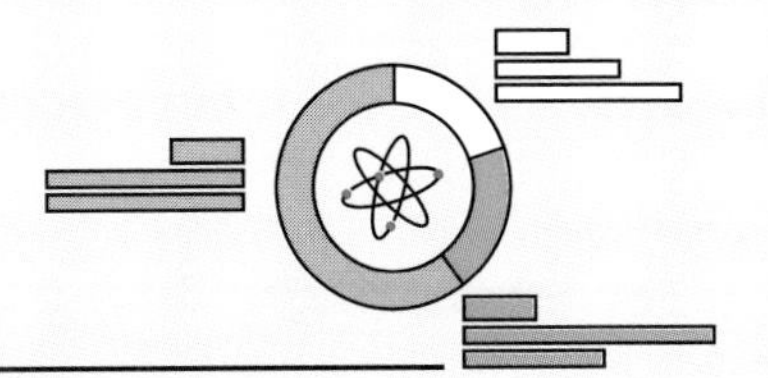

부록 1 표준정규분포표

(1) 표준점수 (χ/σ)	(2) x에서 z까지의 면적	(3) 큰 부분의 면적	(4) 작은 부분의 면적(χ/σ)z	(1) 표준점수 (x)	(2) x에서 z까지의 면적	(3) 큰 부분의 면적	(4) 작은 부분의 면적(χ/σ)z
0.00	.0000	.5000	.5000	0.55	.2088	.7088	.2912
0.01	.0040	.5040	.4960	0.56	.2123	.7123	.2877
0.02	.0080	.5080	.4920	0.57	.2157	.7157	.2843
0.03	.0120	.5120	.4880	0.58	.2190	.7190	.2810
0.04	.0160	.5160	.4840	0.59	.2224	.7224	.2776
0.05	.0199	.5199	.4801	0.60	.2257	.7257	.2743
0.06	.0239	.5239	.4761	0.61	.2291	.7291	.2709
0.07	.0279	.5279	.4721	0.62	.2324	.7324	.2676
0.08	.0319	.5319	.4861	0.63	.2357	.7357	.2643
0.09	.0359	.5359	.4641	0.64	.2389	.7389	.2611
0.10	.0398	.5398	.4602	0.65	.2422	.7422	.2578
0.11	.0438	.5438	.4562	0.66	.2454	.7454	.2546
0.12	.0478	.5478	.4522	0.67	.2486	.7486	.2514
0.13	.0157	.5517	.4483	0.68	.2517	.7517	.2483
0.14	.0557	.5557	.4443	0.69	.2549	.7549	.2451
0.15	.0596	.5596	.4404	0.70	.2580	.7580	.2420
0.16	.0636	.5636	.4364	0.71	.2611	.7611	.2389
0.17	.0675	.5675	.4325	0.72	.2642	.7642	.2358
0.18	.0714	.5714	.4286	0.73	.2673	.7473	.2327
0.19	.0753	.5753	.4247	0.74	.2704	.7704	.2296
0.20	.0793	.5793	.4207	0.75	.2734	.7734	.2266
0.21	.0832	.5832	.4168	0.76	.2764	.7764	.2236
0.22	.0871	.5871	.4129	0.77	.2794	.7794	.2206
0.23	.0910	.5910	.4090	0.78	.2823	.7823	.2177
0.24	.0948	.5948	.4052	0.79	.2852	.7852	.2148
0.25	.0987	.5987	.4013	0.80	.2881	.7881	.2119
0.26	.1026	.6026	.3974	0.81	.2910	.7910	.2090
0.27	.1064	.6064	.3936	0.82	.2939	.7939	.2061
0.28	.1103	.6103	.3897	0.83	.2967	.7967	.2033
0.29	.1141	.6141	.3859	0.84	.2995	.7995	.2005
0.30	.1179	.6179	.3821	0.85	.3023	.8023	.1977
0.31	.1217	.6217	.3783	0.86	.3051	.8051	.1949
0.32	.1255	.6255	.3745	0.87	.3078	.8078	.1922
0.33	.1293	.6293	.3707	0.88	.3106	.8106	.1894
0.34	.1331	.6331	.3669	0.89	.3133	.8133	.1867
0.35	.1368	.6368	.3632	0.90	.3159	.8159	.1841
0.36	.1406	.6406	.3594	0.91	.3186	.8186	.1814
0.37	.1443	.6443	.3557	0.92	.3212	.8212	.1788
0.38	.1480	.6480	.3520	0.93	.3238	.8238	.1762
0.39	.1517	.6517	.3483	0.94	.3264	.8264	.1736
0.40	.1554	.6554	.3446	0.95	.3289	.8289	.1711
0.41	.1591	.6591	.3409	0.96	.3315	.8315	.1685
0.42	.1628	.6628	.3372	0.97	.3340	.8340	.1660
0.43	.1664	.6664	.3336	0.98	.3365	.8365	.1635
0.44	.1700	.6700	.3300	0.99	.3389	.8389	.1611
0.45	.1736	.6736	.3264	1.00	.3413	.8413	.1587
0.46	.1772	.6772	.3228	1.01	.3438	.8438	.1562
0.47	.1808	.6808	.3192	1.02	.3461	.8461	.1539
0.48	.1844	.6844	.3156	1.03	.3485	.8485	.1515
0.49	.1879	.6879	.3121	1.04	.3508	.8508	.1492
0.50	.1915	.6915	.3085	1.05	.3531	.8531	.1469
0.51	.1950	.6950	.3050	1.06	.3554	.8554	.1446
0.52	.1985	.6985	.3015	1.07	.3577	.8577	.1423
0.53	.2019	.7019	.2981	1.08	.3599	.8599	.1401
0.54	.2054	.7054	.2946	1.09	.3621	.8621	.1379

〈계속〉

(1) 표준점수 (χ/σ)	(2) x에서 z까지의 면적	(3) 큰 부분의 면적	(4) 작은 부분의 면적(χ/σ)z	(1) 표준점수 (x)	(2) x에서 z까지의 면적	(3) 큰 부분의 면적	(4) 작은 부분의 면적(χ/σ)z
1.10	.3643	.8643	.1357	1.65	.4505	.9505	.0495
1.11	.3665	.8665	.1335	1.66	.4515	.9515	.0485
1.12	.3686	.8686	.1314	1.67	.4525	.9525	.0475
1.13	.3708	.8708	.1292	1.68	.4535	.9535	.0465
1.14	.3729	.8729	.1271	1.69	.4545	.9545	.0455
1.15	.3749	.8749	.1251	1.70	.4554	.9554	.0446
1.16	.3770	.8770	.1230	1.71	.4564	.9564	.0436
1.17	.3790	.8790	.1210	1.72	.4573	.9573	.0427
1.18	.3810	.8810	.1190	1.73	.4582	.9582	.0418
1.19	.3830	.8830	.1170	1.74	.4591	.9591	.0409
1.20	.3849	.8849	.1151	1.75	.4599	.9599	.0401
1.21	.3849	.8869	.1131	1.76	.4609	.9608	.0392
1.22	.3888	.8888	.1112	1.77	.4616	.9616	.0384
1.23	.3907	.8907	.1093	1.78	.4625	.9625	.0375
1.24	.3925	.8925	.1075	1.79	.4633	.9633	.0367
1.25	.3944	.8944	.1056	1.80	.4641	.9641	.0359
1.26	.3962	.8962	.1038	1.81	.4649	.9649	.0351
1.27	.3980	.8980	.1020	1.82	.4656	.9656	.0344
1.28	.3997	.8997	.1003	1.83	.4664	.9664	.0336
1.29	.4015	.9015	.0985	1.84	.4671	.9671	.0329
1.30	.4032	.9032	.0968	1.85	.4678	.9678	.0322
1.31	.4049	.9049	.0951	1.86	.4686	.9686	.0314
1.32	.4066	.9066	.0934	1.87	.4693	.9693	.0307
1.33	.4082	.9082	.0918	1.88	.4699	.9699	.0301
1.34	.4099	.9099	.0901	1.89	.4706	.9706	.0294
1.35	.4115	.9115	.0885	1.90	.4713	.9713	.0287
1.36	.4131	.9131	.0869	1.91	.4719	.9719	.0281
1.37	.4147	.9147	.0853	1.92	.4726	.9726	.0274
1.38	.4162	.9162	.0838	1.93	.4732	.9732	.0268
1.39	.4177	.9177	.0823	1.94	.4738	.9738	.0262
1.40	.4192	.9192	.0808	1.95	.4744	.9744	.0256
1.41	.4207	.9207	.0793	1.96	.4750	.9750	.0250
1.42	.4222	.9222	.0778	1.97	.4756	.9756	.0244
1.43	.4236	.9236	.0764	1.98	.4761	.9761	.0239
1.44	.4251	.9251	.0749	1.99	.4767	.9767	.0233
1.45	.4265	.9265	,0735	2.00	.4772	.9772	.0228
1.46	.4279	9279	.0721	2.01	4778	.9778	.0222
1.47	.4292	9292	.0708	2.02	4783	.9783	.0217
1.48	.4306	9306	.0694	2.03	4788	.9788	.0212
1.49	.4319	9319	.0681	2.04	4793	.9793	.0207
1.50	.4332	9332	.0668	2.05	4798	.9798	.0202
1.51	.4345	9345	.0655	2.06	4803	.9803	.0197
1.52	.4352	9357	.0643	2.07	4808	.9808	.0192
1.53	.4357	9370	.0630	2.08	4812	.9812	.0188
1.54	.4370	9382	.0618	2.09	4817	.9817	.0183
1.55	.4382	9394	.0606	2.10	4821	.9821	.0179
1.56	.4394	9406	.0594	2.11	4826	.9826	.0174
1.57	.4406	9418	.0582	2.12	4830	.9830	.0170
1.58	.4418	9429	.0571	2.13	4834	.9834	.0166
1.59	.4429	9441	.0599	2.14	4838	.9838	.0162
1.60	.4441	9452	.0548	2.15	4842	.9842	.0158
1.61	.4452	9463	.0537	2.16	4846	.9846	.0154
1.62	.4463	9474	.0526	2.17	4850	.9850	.0150
1.63	.4484	9484	.0516	2.18	4854	.9854	.0146
1.64	.4495	9495	.0505	2.19	4857	.9857	.0143

〈계속〉

(1) 표준점수 (χ/σ)	(2) x에서 z까지의 면적	(3) 큰 부분의 면적	(4) 작은 부분의 면적(χ/σ)z	(1) 표준점수 (x)	(2) x에서 z까지의 면적	(3) 큰 부분의 면적	(4) 작은 부분의 면적(χ/σ)z
2.20	.4861	.9861	.0139	2.75	.4970	.9970	.0030
2.21	.4864	.9864	.0136	2.76	.4971	.9971	.0029
2.22	4868	.9868	.0132	2.77	.4972	.9972	.0028
2.23	.4871	.9871	.0129	2.78	.4973	.9973	.0027
2.24	.4875	.9875	.0125	2.79	.4974	.9974	.0026
2.25	.4878	.9878	.0122	2.80	.4974	.9974	.0026
2.26	.4881	.9881	.0119	2.81	.4975	.9975	.0025
2.27	4884	.9884	.0116	2.82	.4976	.9976	.0024
2.28	.4887	.9887	.0113	2.83	.4977	.9977	.0023
2.29	.4890	.9890	.0110	2.84	.4977	.9977	.0023
2.30	.4893	.9893	.0107	2.85	.4978	.9978	.0022
2.31	.4896	.9896	.0104	2.86	.4979	.9979	.0021
2.32	.4898	.9898	.0102	2.87	.4979	.9979	.0021
2.33	4901	.9901	.0099	2.88	.4980	.9980	.0020
2.34	.4904	.9904	.0096	2.89	.4981	.9981	.0019
2.35	.4906	.9906	.0094	2.90	.4981	.9981	.0019
2.36	.4909	.9909	.0091	2.91	.4982	.9982	.0018
2.37	.4911	.9911	.0089	2.92	.4982	.9982	.0018
2.38	.4913	.9913	.0087	2.93	.4983	.9983	.0017
2.39	.4916	.9916	.0084	2.94	.4984	.9984	.0016
2.40	.4918	.9918	0082	2.95	.4984	.9984	.0016
2.41	4920	.9920	.0080	2.96	.4985	.9985	.0015
2.42	.4922	.9922	.0078	2.97	.4985	.9985	.0015
2.43	.4925	.9925	.0075	2.98	.4986	.9986	.0014
2.44	.4927	.9927	.0073	2.99	.4986	.9986	.0014
2.45	.4929	.9929	.0071	3.00	.4987	.9987	.0013
2.46	.4931	.9931	.0069	3.01	.4987	.9987	.0013
2.47	.4932	.9932	.0068	3.02	.4987	.9987	.0013
2.48	.4934	.9934	.0066	3.03	.4988	.9988	.0013
2.49	.4936	.9936	0064	3.04	.4988	.9988	.0012
2.50	.4938	.9938	.0062	3.05	.4989	.9989	.0012
2.51	.4940	.9940	.0060	3.06	.4989	.9989	.0011
2.52	.4941	.9941	.0059	3.07	.4989	.9989	.0011
2.53	.4943	.9943	.0057	3.08	.4990	.9990	.0011
2.54	.4945	.9945	.0055	3.09	.4990	.9990	.0010
2.55	.4946	.9946	.0054	3.10	.4990	.9990	.0010
2.56	.4948	.9948	.0052	3.11	.4991	.9991	.0010
2.57	.4949	.9949	.0051	3.12	.4991	.9991	.0009
2.58	.4951	.9951	.0049	3.13	.4991	.9991	.0009
2.59	.4952	.9952	.0048	3.14	.4992	.9992	.0009
2.60	.4953	.9953	.0047	3.15	.4992	.9992	.0008
2.61	.4955	.9955	.0045	3.16	.4992	.9992	.0008
2.62	.4956	.9956	.0044	3.17	.4992	.9992	.0008
2.63	.4957	.9957	.0043	3.18	.4993	.9993	.0008
2.64	.4959	.9959	.0041	3.19	.4993	.9993	.0007
2.65	.4960	.9960	.0040	3.20	.4993	.9993	.0007
2.66	.4961	.9961	.0039	3.21	.4993	.9993	.0007
2.67	.4962	.9962	.0038	3.22	.4994	.9994	.0007
2,68	.4963	.9963	.0037	3.23	.4994	.9994	.0006
2.69	.4964	9964	.0036	3.24	.4994	.9994	.0006
2.70	.4965	.9965	.0035	3.30	.4995	.9995	.0006
2.71	.4966	.9966	.0034	3.40	.4997	.9997	.0005
2.72	.4967	.9967	.0033	3.50	.4998	.9998	.0003
2.73	.4968	.9968	.0032	3.60	.4998	.9998	.0002
2.74	.4969	.9969	.0031	3.70	.4999	.9999	.0001

부록 2 카이제곱분포표

df	.99	.98	.95	.90	.80	.70	.50	.30	.20	.10	.05	.02	.01	.001
1	.00016	.00063	.0039	.016	.064	.15	.46	1.07	1.64	2.71	3.84	5.41	6.64	10.83
2	.02	.04	.10	.21	.45	.71	1.39	2.41	3.22	4.60	5.99	7.82	9.21	13.82
3	.12	.18	.35	.58	1.00	1.42	2.37	3.66	4.64	6.25	7.82	9.84	11.34	16.27
4	.30	.43	.71	1.06	1.65	2.20	3.36	4.88	5.99	7.78	9.49	11.67	13.28	18.46
5	.55	.75	1.14	1.61	2.34	3.00	4.35	6.06	7.29	9.24	11.07	13.39	15.09	20.52
6	.87	1.13	1.64	2.20	3.07	3.83	5.35	7.23	8.56	10.64	12.59	15.03	16.81	22.46
7	1.24	1.56	2.17	2.83	3.82	4.67	6.35	8.38	9.80	12.02	14.07	16.62	18.48	24.32
8	1.65	2.03	2.73	3.49	4.59	5.53	7.34	9.52	11.03	13.36	15.51	18.17	20.09	26.12
9	2.09	2.53	3.32	4.17	5.38	6.39	8.34	10.66	12.24	14.68	16.92	19.68	21.67	27.88
10	2.56	3.06	3.94	4.86	6.18	7.27	9.34	11.78	13.44	15.99	18.31	21.16	23.21	29.59
11	3.05	3.61	4.58	5.58	6.99	8.15	10.34	12.90	14.63	17.28	19.68	22.62	24.72	31.26
12	3.57	4.18	5.23	6.30	7.81	9.03	11.34	14.01	15.81	18.55	21.03	24.05	26.22	32.91
13	4.11	4.76	5.89	7.04	8.63	9.93	12.34	15.12	16.98	19.81	22.36	25.47	27.69	34.53
14	4.66	5.37	6.57	7.79	9.47	10.82	13.34	16.22	18.15	21.06	23.68	26.87	29.14	36.12
15	5.23	5.98	7.26	8.55	10.31	11.72	14.34	17.32	19.31	22.31	25.00	28.26	30.58	37.70
16	5.81	6.61	7.96	9.31	11.15	12.62	15.34	18.42	20.46	24.54	26.39	29.83	32.00	39.29
17	6.41	7.26	8.67	10.08	12.00	13.53	16.34	19.51	21.62	24.77	27.59	31.00	33.41	40.75
18	7.02	7.91	9.39	10.86	12.86	14.44	17.34	20.60	22.76	25.99	28.87	32.35	34.80	42.31
19	7.63	8.57	10.12	11.65	13.72	15.35	18.34	21.69	23.90	27.20	30.14	33.69	36.19	43.82
20	8.26	9.24	10.85	12.44	14.58	16.27	19.34	22.78	25.04	28.41	31.41	35.02	37.57	45.32
21	8.90	9.92	11.59	13.24	15.44	17.18	20.34	23.86	26.17	29.62	32.67	36.34	38.93	46.80
22	9.54	10.60	12.34	14.04	16.31	18.10	21.34	24.94	27.30	30.81	33.92	37.66	40.29	48.27
23	10.20	11.29	13.09	14.85	17.19	19.02	22.34	26.02	28.43	32.01	35.17	38.97	41.64	49.73
24	10.86	11.99	13.85	15.66	18.06	19.94	23.34	27.10	29.55	33.20	36.42	40.27	42.98	51.18
25	11.52	12.70	14.61	16.47	18.94	20.87	24.34	28.17	30.68	34.38	37.65	41.57	44.31	52.62
26	12.20	13.41	15.38	17.29	19.82	21.79	25.34	29.25	31.80	35.56	38.88	42.86	45.64	54.05
27	12.88	14.12	16.15	18.11	20.70	22.72	26.34	30.32	32.91	36.74	40.11	44.14	46.96	55.48
28	13.56	14.85	16.93	18.94	21.59	23.65	27.34	31.39	34.03	37.92	41.34	45.42	48.28	56.89
29	14.26	15.57	17.71	19.77	22.48	24.58	28.34	32.46	35.14	39.09	42.56	46.69	49.59	58.30
30	14.95	16.31	18.49	20.60	23.36	25.51	29.34	33.53	36.25	40.26	43.77	47.96	50.89	59.70

부록 3 t 분포표

dt	일방검증					
	0.25	0.10	0.05	0.025	0.01	0.005
	양방검증					
	.050	0.20	0.10	0.05	0.02	0.01
1	1.000	3.078	6.314	12.706	31.821	63.657
2	0.816	1.886	2.920	4.303	6.965	9.925
3	0.765	1.638	2.353	3.182	4.541	5.841
4	0.741	1.533	2.132	2.776	3.747	4.604
5	0.727	1.476	2.015	2.571	3.365	4.032
6	0.718	1.440	1.943	2.447	3.143	3.707
7	0.711	1.415	1.895	2.365	2.998	3.499
8	0.706	1.397	1.860	2.306	2.896	3.355
9	0.703	1.383	1.833	2.262	2.821	3.250
10	0.700	1.372	1.812	2.228	2.764	3.169
11	0.697	1.363	1.796	2.201	2.718	3.106
12	0.695	1.356	1.782	2.179	2.681	3.055
13	0.694	1.350	1.771	2.160	2.650	3.012
14	0.692	1.345	1.761	2.145	2.624	2.977
15	0.691	1.341	1.753	2.131	2.602	2.947
16	0.690	1.337	1.746	2.120	2.583	2.921
17	0.689	1.333	1.740	2.110	2.567	2.898
18	0.688	1.330	1.734	2.101	2.552	2.878
19	0.688	1.328	1.729	2.093	2.539	2.861
20	0.687	1.325	1.725	2.086	2.528	2.845
21	0.686	1.323	1.721	2.080	2.518	2.831
22	0.686	1.321	1.717	2.074	2.503	2.819
23	0.685	1.319	1.714	2.069	2.500	2.807
24	0.685	1.318	1.711	2.064	2.492	2.797
25	0.684	1.316	1.708	2.060	2.485	2.787
26	0.684	1.315	1.706	2.056	2.479	2.779
27	0.684	1.314	1.703	2.052	2.473	2.771
28	0.683	1.313	1.701	2.048	2.467	2.763
29	0.683	1.311	1.699	2.045	2.462	2.756
30	0.683	1.310	1.697	2.042	2.457	2.750
40	0.681	1.303	1.684	2.021	2.423	2.704
60	0.679	1.296	1.671	2.000	2,390	2.660
120	0.677	1.289	1.658	1.980	2.358	2.617
∞	0.674	1.282	1.645	1.960	2.326	2.576

부록 4 F 분포표

가는 숫자 5%, 고딕 숫자 1%

분자의 자유도 (df_1) \ 분모의 자유도 (df_2)	1	2	3	4	5	6	7	8	9	10	11	12	13	14
1	161	18.51	10.13	7.71	6.61	5.99	5.59	5.32	5.12	4.96	4.84	4.75	4.67	4.60
	4052	**96.49**	**34.12**	**21.20**	**16.26**	**13.74**	**12.25**	**11.26**	**10.56**	**10.04**	**9.65**	**9.33**	**9.07**	**8.86**
2	200	19.00	9.55	6.94	5.79	5.14	4.47	4.46	4.26	4.10	3.98	3.88	3.80	3.74
	4999	**99.00**	**30.82**	**18.00**	**13.27**	**10.92**	**9.55**	**8.65**	**8.02**	**7.56**	**7.20**	**6.93**	**6.70**	**6.51**
3	216	19.16	9.28	6.59	5.41	4.76	4.35	4.07	3.86	3.71	3.59	3.49	3.41	3.34
	5403	**99.17**	**29.45**	**16.69**	**12.06**	**9.78**	**8.45**	**7.59**	**6.99**	**6.55**	**6.22**	**5.95**	**5.74**	**5.56**
4	225	19.25	9.12	6.39	5.19	4.53	4.12	3.84	3.63	3.48	3.36	3.26	3.18	3.11
	5625	**99.25**	**26.71**	**15.98**	**11.39**	**9.15**	**7.85**	**7.01**	**6.42**	**5.99**	**5.67**	**5.41**	**5.20**	**5.03**
5	230	19.30	9.01	6.26	5.05	4.39	3.97	3.69	3.48	3.33	3.20	3.11	3.02	2.96
	5784	**99.30**	**28.24**	**15.52**	**10.97**	**8.75**	**7.46**	**6.63**	**6.05**	**5.64**	**5.32**	**5.05**	**4.86**	**4.69**
6	234	19.33	8.94	6.16	4.95	4.28	3.87	3.58	3.37	3.22	3.09	3.00	2.92	2.85
	5859	**99.33**	**27.91**	**15.21**	**10.67**	**8.47**	**7.19**	**6.37**	**5.80**	**5.39**	**5.07**	**4.82**	**4.62**	**4.46**
7	237	19.36	8.88	6.09	4.88	4.21	3.79	3.50	3.29	3.14	3.01	2.92	2.84	2.77
	5928	**99.34**	**27.67**	**14.98**	**10.45**	**8.26**	**7.00**	**6.19**	**5.62**	**5.21**	**4.88**	**4.65**	**4.44**	**4.28**
8	239	19.37	8.84	6.04	4.82	4.15	3.73	3.44	3.23	3.07	2.95	2.85	2.77	2.70
	5961	**99.36**	**27.49**	**14.80**	**10.27**	**8.10**	**6.84**	**6.03**	**5.47**	**5.06**	**4.74**	**4.50**	**4.30**	**4.14**
9	241	19.38	8.81	6.00	4.78	4.10	3.68	3.39	3.18	3.02	2.90	2.80	2.72	2.65
	6022	**99.38**	**27.34**	**14.66**	**10.15**	**7.98**	**6.71**	**5.91**	**5.35**	**4.95**	**4.63**	**4.39**	**4.19**	**4.03**
10	242	19.39	8.78	5.96	4.74	4.06	3.63	3.34	3.13	2.97	2.86	2.76	2.67	2.60
	6056	**99.40**	**27.23**	**14.54**	**10.06**	**7.87**	**6.62**	**5.82**	**5.26**	**4.85**	**4.54**	**4.30**	**4.10**	**3.94**
11	243	19.40	8.76	5.93	4.70	4.03	3.60	3.31	3.10	2.94	2.82	2.72	2.63	2.56
	6082	**99.41**	**27.13**	**14.45**	**9.96**	**7.79**	**6.54**	**5.74**	**5.18**	**4.78**	**4.46**	**4.22**	**4.02**	**3.86**
12	244	19.41	8.74	5.91	4.68	4.00	3.57	3.28	3.07	2.91	2.79	2.69	2.60	2.53
	6106	**99.42**	**27.05**	**14.37**	**9.89**	**7.72**	**6.47**	**5.67**	**5.11**	**4.71**	**4.40**	**4.16**	**3.96**	**3.80**
14	245	19.42	8.71	5.87	4.64	3.96	3.52	3.23	3.02	2.86	2.74	2.64	2.35	2.48
	6142	**99.43**	**26.92**	**14.24**	**9.77**	**7.80**	**6.35**	**5.56**	**5.00**	**4.60**	**4.29**	**4.05**	**3.85**	**3.70**
16	246	19.43	8.69	5.84	4.60	3.92	3.49	3.20	2.98	2.82	2.70	2.60	2.51	2.44
	6169	**99.44**	**26.83**	**14.15**	**9.58**	**7.52**	**6.27**	**5.48**	**4.92**	**4.52**	**4.21**	**3.98**	**3.78**	**3.62**
20	248	19.44	8.66	5.80	4.56	3.87	3.44	3.15	2.93	2.77	2.65	2.54	2.46	2.39
	6208	**99.45**	**26.69**	**14.02**	**9.55**	**7.39**	**6.15**	**5.36**	**4.80**	**4.41**	**4.10**	**3.86**	**3.67**	**3.51**

〈계속〉

가는 숫자 5%, 고딕 숫자 1%

분모의 자유도 (df_2) / 분자의 자유도 (df_1)	15	16	17	18	19	20	21	22	23	24	25	26	27	28
1	4.54	4.49	4.45	4.41	4.38	4.35	4.32	4.30	4.28	4.26	4.24	4.22	4.21	4.20
	8.68	8.35	8.40	8.28	8.18	8.10	8.02	7.94	7.88	7.82	7.77	7.72	7.68	7.64
2	3.68	3.63	3.59	3.55	3.52	3.49	3.47	3.44	3.42	3.40	3.38	3.37	3.35	3.34
	6.36	6.23	6.11	6.01	5.93	5.85	5.78	5.72	5.66	5.61	5.57	5.53	5.49	5.45
3	3.29	3.24	3.20	3.16	3.13	3.10	3.07	3.05	3.03	3.01	2.99	2.98	2.96	2.95
	5.42	5.29	5.18	5.09	5.01	4.94	4.87	4.82	4.76	4.72	4.68	4.64	4.60	4.57
4	3.06	3.01	2.96	2.93	2.90	2.87	2.84	2.82	2.80	2.78	2.76	2.74	2.73	2.71
	4.89	4.77	4.67	4.58	4.50	4.43	4.37	4.31	4.26	4.22	4.18	4.14	4.11	4.07
5	2.90	2.85	2.81	2.77	2.74	2.71	2.68	2.66	2.64	2.62	2.60	2.59	2.57	2.56
	4.56	4.44	4.34	4.25	4.17	4.10	4.04	3.99	3.94	3.90	3.86	3.82	3.79	3.76
6	2.79	2.74	2.70	2.66	2.63	2.60	2.57	2.55	2.53	2.51	2.49	2.47	2.46	2.44
	4.32	4.20	4.10	4.01	3.94	3.87	3.81	3.76	3.71	3.67	3.63	3.59	3.55	3.53
7	2.70	2.66	2.62	2.58	2.55	2.52	2.49	2.47	2.45	2.43	2.41	2.39	2.37	2.36
	4.14	4.03	3.93	3.85	3.77	3.71	3.65	3.59	3.54	3.50	3.46	3.42	3.39	3.36
8	2.64	2.59	2.55	2.51	2.48	2.45	2.42	2.40	2.38	2.36	2.34	2.32	2.30	2.29
	4.00	3.89	3.79	3.71	3.63	3.56	3.51	3.45	3.41	3.36	3.32	3.29	3.26	3.23
9	2.59	2.54	2.50	2.46	2.43	2.40	2.37	2.35	2.32	2.30	2.28	2.27	2.25	2.24
	3.89	3.78	3.68	3.60	3.52	3.45	3.40	3.35	3.30	3.25	3.21	3.17	3.14	3.11
10	2.55	2.49	2.45	2.41	2.38	2.35	2.32	2.30	2.28	2.26	2.24	2.22	2.20	2.19
	3.80	3.69	3.59	3.51	3.43	3.37	3.31	3.26	3.21	3.17	3.15	3.09	3.05	3.03
11	2.51	2.45	2.41	2.37	2.34	2.31	2.28	2.26	2.24	2.22	2.20	2.18	2.16	2.15
	3.73	3.61	3.52	3.44	3.36	3.30	3.24	3.16	3.14	3.09	3.05	3.02	2.98	2.95
12	2.48	2.42	2.38	2.34	2.31	2.28	2.25	2.23	2.20	2.18	2.16	2.15	2.13	2.12
	3.67	3.55	3.45	3.37	3.30	3.23	3.17	3.12	3.07	3.03	2.99	2.96	2.93	2.90
14	2.43	2.37	2.33	2.29	2.26	2.23	2.20	2.18	2.14	2.13	2.11	2.10	2.08	2.06
	3.56	3.45	3.35	3.27	3.19	3.13	3.07	3.02	2.97	2.93	2.89	2.86	2.83	2.80
16	2.39	2.33	2.29	2.25	2.21	2.18	2.15	2.13	2.10	2.09	2.06	2.05	2.03	2.02
	3.48	3.37	3.27	3.19	3.12	3.05	2.99	2.94	2.89	2.85	2.81	2.77	2.74	2.71
20	2.35	2.28	2.25	2.19	2.15	2.12	2.09	2.07	2.04	2.02	2.00	1.99	1.97	1.96
	3.36	3.25	3.16	3.07	3.00	2.94	2.88	2.83	2.78	2.74	2.70	2.66	2.63	2.60

〈계속〉

가는 숫자 5%, 고딕 숫자 1%

분자의 자유도 (df_1)	분모의 자유도 (df_2)	29	30	32	34	36	38	40	42	44	46	48	50	55	60
	1	4.18	4.17	4.15	4.13	4.11	4.10	4.08	4.07	4.06	4.05	4.04	4.03	4.02	4.00
		7.60	7.56	7.50	7.44	7.39	7.35	7.31	7.27	7.24	7.21	7.19	7.17	7.12	7.08
	2	3.33	3.32	3.30	3.28	3.26	3.25	3.23	3.22	3.21	3.20	3.19	3.18	3.17	3.15
		5.42	5.39	5.34	5.29	5.25	5.21	5.18	5.15	5.12	5.10	5.08	5.06	5.01	4.98
	3	2.93	2.92	2.90	2.88	2.86	2.85	2.84	2.83	2.82	2.81	2.80	2.79	2.78	2.76
		4.54	4.51	4.46	4.42	4.38	4.34	4.31	4.29	4.26	4.24	4.22	4.20	4.18	4.13
	4	2.70	2.69	2.67	2.65	2.63	2.62	2.61	2.59	2.58	2.57	2.56	2.56	2.54	2.52
		4.04	4.02	3.97	3.93	3.89	3.86	3.83	3.80	3.76	3.76	3.74	3.72	3.68	3.65
	5	2.54	2.53	2.51	2.49	2.48	2.46	2.45	2.44	2.43	2.42	2.41	2.40	2.38	2.37
		3.73	3.70	3.65	3.61	3.58	3.54	3.51	3.49	3.46	3.44	3.42	3.41	3.37	3.34
	6	2.43	2.42	2.40	2.38	2.36	2.35	2.34	2.32	2.31	2.30	2.30	2.29	2.27	2.25
		3.50	3.47	3.42	3.38	3.35	3.32	3.29	3.26	3.24	3.22	3.20	3.18	3.15	3.12
	7	2.35	2.34	2.32	2.30	2.28	2.26	2.25	2.24	2.23	2.22	2.21	2.20	2.18	2.17
		3.33	3.30	3.25	3.21	3.18	3.15	3.12	3.10	3.07	3.05	3.04	3.02	2.98	2.95
	8	2.28	2.27	2.25	2.23	2.21	2.19	2.18	2.17	2.16	2.14	2.14	2.13	2.11	2.10
		3.20	3.17	3.12	3.08	3.04	3.02	2.99	2.96	2.94	2.92	2.90	2.88	2.85	2.82
	9	2.22	2.21	2.19	2.17	2.15	2.14	2.12	2.11	2.10	2.09	2.08	2.07	2.05	2.04
		3.08	3.06	3.01	2.97	2.94	2.91	2.88	2.86	2.84	2.82	2.80	2.78	2.75	2.72
	10	2.18	2.16	2.14	2.12	2.10	2.09	2.06	2.06	2.05	2.04	2.03	2.02	2.00	1.99
		3.00	2.98	2.94	2.89	2.86	2.82	2.80	2.77	2.75	2.73	2.71	2.70	2.66	2.63
	11	2.14	2.12	2.10	2.08	2.06	2.05	2.04	2.02	2.01	2.00	1.99	1.98	1.97	1.95
		2.92	2.90	2.86	2.82	2.78	2.75	2.73	2.70	2.68	2.66	2.64	2.62	2.59	2.56
	12	2.10	2.09	2.07	2.05	2.03	2.02	2.00	1.99	1.98	1.97	1.96	1.95	1.93	1.92
		2.87	2.84	2.80	2.76	2.72	2.69	2.66	2.64	2.62	2.60	2.58	2.56	2.53	2.50
	14	2.05	2.04	2.02	2.00	1.98	1.96	1.95	1.94	1.92	1.91	1.90	1.90	1.88	1.86
		2.77	2.74	2.70	2.66	2.62	2.59	2.56	2.54	2.52	2.50	2.48	2.46	2.43	2.40
	16	2.00	1.99	1.97	1.95	1.93	1.92	1.90	1.89	1.88	1.87	1.86	1.85	1.83	1.81
		2.68	2.66	2.62	2.58	2.54	2.51	2.49	2.46	2.44	2.42	2.40	2.38	2.35	2.32
	20	1.94	1.93	1.91	1.89	1.87	1.85	1.84	1.82	1.81	1.80	1.79	1.78	1.76	1.75
		2.57	2.55	2.51	2.47	2.43	2.40	2.37	2.35	2.32	2.30	2.28	2.25	2.23	2.20

〈계속〉

가는 숫자 5%, 고딕 숫자 1%

분자의 자유도 (df_1) \ 분모의 자유도 (df_2)	65	70	80	100	125	150	200	400	1000	∞
1	3.99	3.98	3.96	3.94	3.92	3.91	3.89	3.86	3.85	3.81
	7.04	7.01	6.96	6.90	6.84	6.81	6.75	6.70	6.66	6.64
2	3.14	3.13	3.11	3.09	3.07	3.06	3.04	3.02	3.00	2.99
	4.95	4.92	4.88	4.82	4.87	4.75	4.71	4.66	4.62	4.60
3	2.75	2.74	2.72	2.70	2.68	2.67	2.65	2.62	2.61	2.60
	4.10	4.08	4.04	3.98	3.94	3.91	3.88	3.83	3.80	3.78
4	2.51	2.50	2.48	2.46	2.44	2.43	2.41	2.39	2.38	2.37
	3.62	3.60	3.56	3.51	3.47	3.44	3.41	3.36	3.34	3.32
5	2.36	2.35	2.33	2.30	2.29	2.27	2.26	2.23	2.22	2.21
	3.31	3.29	3.25	3.20	3.17	3.14	3.11	3.06	3.04	3.02
6	2.24	2.23	2.21	2.19	2.17	2.16	2.14	2.12	2.10	2.09
	3.09	3.07	3.04	2.99	2.95	2.92	2.90	2.85	2.82	2.80
7	2.15	2.14	2.12	2.10	2.08	2.07	2.05	2.03	2.02	2.01
	2.93	2.91	2.87	2.82	2.79	2.76	2.73	2.69	2.66	2.64
8	2.08	2.07	2.05	2.03	2.01	2.00	1.98	1.96	1.95	1.94
	2.79	2.77	2.74	2.69	2.65	2.62	2.60	2.55	2.53	2.51
9	2.02	2.01	1.99	1.97	1.95	1.94	1.92	1.90	1.89	1.88
	2.70	2.67	2.64	2.59	2.56	2.53	2.50	2.46	2.43	2.41
10	1.98	1.97	1.95	1.92	1.90	1.89	1.87	1.85	1.84	1.83
	2.61	2.59	2.55	2.51	2.47	2.44	2.41	2.37	2.34	2.32
11	1.94	1.93	1.91	1.88	1.86	1.85	1.83	1.81	1.80	1.79
	2.54	2.51	2.48	2.43	2.40	2.37	2.34	2.29	2.25	2.24
12	1.90	1.89	1.88	1.85	1.83	1.82	1.80	1.78	1.76	1.75
	2.47	2.45	2.41	2.36	2.33	2.30	2.28	2.23	2.20	2.18
14	1.85	1.84	1.82	1.79	1.77	1.76	1.74	1.72	1.70	1.69
	2.37	2.35	2.32	2.26	2.23	2.20	2.17	2.12	2.09	2.07
16	1.80	1.79	1.77	1.75	1.72	1.71	1.69	1.67	1.65	1.64
	2.30	2.28	2.24	2.19	2.15	2.12	2.09	2.04	2.01	1.99
20	1.73	1.72	1.70	1.68	1.65	1.64	1.62	1.60	1.58	1.57
	2.18	2.15	2.11	2.06	2.03	2.00	1.97	1.92	1.89	1.87

부록 5 r의 z환산표

r	z	r	z	r	z
.01	.010	.34	.354	.67	.811
.02	.020	.35	.365	.68	.829
.03	.030	.36	.377	.69	.848
.04	.040	.37	.388	.70	.867
.05	.050	.38	.400	.71	.887
.06	.060	.39	.412	.72	.908
.07	.070	.40	.424	.73	.929
.08	.080	.41	.436	.74	.950
.09	.090	.42	.448	.75	.973
.10	.100	.43	.460	.76	.996
.11	.110	.44	.472	.77	1.020
.12	.121	.45	.485	.78	1.045
.13	.131	.46	.497	.79	1.071
.14	.141	.47	.510	.80	1.099
.15	.151	.48	.523	.81	1.127
.16	.161	.49	.536	.82	1.157
.17	.172	.50	.549	.83	1.188
.18	.182	.51	.563	.84	1.221
.19	.192	.52	.576	.85	1.256
.20	.203	.53	.590	.86	1.293
.21	.213	.54	.604	.87	1.333
.22	.224	.55	.618	.88	1.376
.23	.234	.56	.633	.89	1.422
.24	.245	.57	.648	.90	1.472
.25	.255	.58	.662	.91	1.528
.26	.266	.59	.678	.92	1.589
.27	.277	.60	.693	.93	1.658
.28	.288	.61	.709	.94	1.738
.29	.299	.62	.725	.95	1.832
.30	.310	.63	.741	.96	1.946
.31	.321	.64	.758	.97	2.092
.32	.332	.65	.775	.98	2.298
.33	.343	.66	.793	.99	2.647

참고문헌

김상원, 양병화(2016). 브랜드 충성도에 대한 모바일 앱에서의 브랜드 체험과 정서적 유대감의 조절된 매개효과. 한국심리학회지: 소비자 · 광고, 17(4), 711-733.

양병화(2013). 조사와 통계분석. 서울: 학지사.

Abel, M. H. (1996). Self-esteem: Moderator or mediator between perceived stress and expectancy success? *Psychological Reports, 79,* 635-641.

Aiken, L. S., & West, S. G. (1991). *Multiple regression: Testing and interpreting interactions*. New York: Sage.

Akaike, H. (1987). Factor analysis and AIC. *Psychometrika, 52*, 317-332.

Bagozzi, R. P., & Yi, Y. (1988). On the use of structural equation models in experimental designs. *Journal of Marketing Research, 26*, 271-284.

Baron, R., & Kenny, D. A. (1986). The moderator-mediator variable distinction in social psychological research: Conceptual, strategic, and statistical considerations. *Journal of Personality and Social Psychology, 51*(6), 1173-1182.

Bearden, W. O., Sharma, S., & Teel, J. E. (1982). Sample size effects on chi-square and other statistics used in evaluating causal models. *Journal of Marketing Research, 19*, 425-430.

Bentler, P. M. (1985). *Theory and implementation of EQS: A structural equations program*. Los Angeles: BMDP Statistical software.

Bentler, P. M. (1986). Structural modeling and psychometrika: A historical perspective on growth and achievements. *Psychometrika, 51*, 35-51.

Bentler, P. M. (1990). Comparative fit indexes in structural models. *Psychological Bulletin, 107*, 238-246.

Bentler, P. M., & Bonett, D. G. (1980). Significance tests and goodness of fit in the analysis of covariance structures. *Psychological Bulletin, 88*, 588-606.

Bentler, P. M., & Chou, C-P. (1987). Practical issues in structural modeling. *Sociological Methods and Research, 16*, 78-117.

Bollen, K. A. (1986). Sample size and Bentler and Bonett's nonnormed fit index. *Psychometrika,*

51, 375–377.

Bollen, K. A. (1989). *Structural equations with latent variables*. New York: Wiley.

Boomsma, A. (1987). The robustness of maximum likelihood estimation in structural equation models. In P. Cuttance & R. Ecob (Eds.), *Structural modeling by example: Applications in educational, sociological, and behavioral research*. New York: Cambridge University.

Booth, T., & Hughes, D. (2014). Exploratory structural equation modeling of personality data. *Assessment, 21*(3), 260–271.

Bozdogan, H. (1987). Model selection and Akaike's information criteria(AIC). *Psychometrika, 52*, 345–370.

Breckler, S. J. (1990). Applications of covariance structure modeling in psychology: Cause for concern? *Psychological Bulletin, 107*(2), 260–273.

Browne, M. W., & Cudeck, R. (1989). Single sample cross-validation indices for covariance structures. *Multivariate Behavioral Research, 24*, 445–455.

Browne, M. W., & Cudeck, R. (1993). Alternative ways of assessing model. In K. A. Bollen & J. S. Long (Eds.), *Testing structural equation models*. New York: Sage Publications.

Cattell, R. B. (1978). *The scientific use of factor analysis in behavioral and life sciences*. New York: Plenum.

Cliff, N. (1987). *Analyzing multivariate data*. San Diego: Harcourt Brace Jovanovich.

Cliff, N., & Hamburger, C. D. (1967). The study of sampling errors in factor analysis by means of artificial experiments. *Psychological Bulletin, 68*, 430–445.

Cohen, J. (1988). *Statistical power analysis for the behavioral sciences* (2nd ed.). Hillsdale, NJ: Erlbaum.

Cole, D. A., Maxwell, S. E., Avery, R., & Saleas, E. (1994). How the power of MANOVA can both increase and decrease as a function of the intercorrelations among dependent variables. *Psychological Bulletin, 115*, 465–474.

Cole, M. S., Walter, F., & Bruch, H. (2008). Affective mechanisms linking dysfunctional behavior to performance in work teams: A moderated mediation study. *Journal of Applied Psychology, 93*(5), 945–958.

Comrey, A. L. (1973). *A first course in factor analysis*. New York: Academic Press.

Cooper, C. L., & Payne, R. (1978). *Stress at work*. London: Wiley.

Curran, P. J., West, S. G., & Finch, J. F. (1996). The robustness of test statistics to nonnormality and specification error in confirmatory factor analysis. *Psychological Methods, 1*(1), 16–29.

Devellis, R. F. (1991). *Scale development: Theory and applications*. London: Sage Publications.

Dillon, W. R., & Goldstein, M. (1984). *Multivariate analysis: Methods and applications*. New York: John Wiley & Sons.

Farkas, A. J., & Tetrick, L. E. (1989). A three-wave longitudinal analysis of the causal ordering of satisfaction and commitment on turnover decisions. *Journal of Applied Psychology, 74*(6), 855–868.

Fishbein, M., & Ajzen, I. (1975). *Belief, attitude, intention, and behavior: An introduction to theory and research*. Reading, MA: Addition Wesley.

Fornell, C., & Larcker, D. F. (1981). Evaluating structural equation models with unobservable variables and measurement error. *Journal of Marketing Research, 18*, 39–50.

Frone, M. R., Russell, M., & Cooper, M. L. (1992). Antecedents and outcomes of work-family conflict: Testing a model of the work-family interface. *Journal of Applied Psychology, 77*(1), 65–78.

Gorsuch, R. L. (1993). *Factor analysis*. Hillsdale, NJ: Lawrence Erlbaum Associates.

Gould, S. J. (1981). *The mismeasure of man*. New York: Norton.

Green, P. E., Tull, D., & Albaum, G. (1988). *Research for marketing decisions*. Upper Saddle River, NJ: Prentice Hall.

Griffin, M. M., & Steinbrecher, T. D. (2013). Large-scale datasets in special education research. *International Review of Research in Developmental Disabilities, 45*, 155–183.

Guilford, J. P. (1954). *Psychometric methods*. New York: McGraw-Hill.

Hair, J. F., Black, W. C., Babin, B. J., & Anderson, E. A. (2010). *Multivariate data analysis*. Englewood Cliffs, NJ: Prentice-Hall.

Harris, R. J. (2001). *A primer of multivariate statistics*. New York: Psychology Press.

Hattie, J. (2009). *Visible learning: A synthesis of over 800 meta-analyses relating to achievement*. Park Square, OX: Rutledge.

Hayduk, L. A. (1987). *Structural equation modeling with LISREL: Essentials and advances*. Baltimore: The Johns Hopkins University Press.

Hayes, A. F. (2013). *Introduction to mediation, moderation, and conditional process analysis: A regression-based approach*. New York: Guilford Press.

Herting, J. R., & Costner, H. L. (1985). Respecification in multiple indicator models. In H. M. Blalock (Ed.), *Causal models in the social sciences* (2nd ed.). Chicago: Aldine.

Jaccard, J., Turrisi, R., & Wan, C. K. (1990). *Interaction effects in multiple regression*. Beverly Hills, Calif.: Sage Publications.

James, L. R., Mulaik, S. A., & Brett, J. M. (1982). *Causal analysis: Assumptions, models, and data*.

Beverly Hills, Calif.: Sage.

Jöreskog, K. G. (1977). Structural equation models in the social sciences: Specification, estimation and testing. In P. R. Krishnaiah (Ed.), *Applications of statistics*. Amsterdam: North-Holland, 265-287.

Jöreskog, K. G., & Sörbom, D. (1988). *PRELIS: A program for multivariate data screening and data summarization*. Mooresville: Scientific Software.

Jöreskog, K. G., & Sörbom, D. (1997). *LISREL 8: Structural equation modeling with the SIMPLIS command language*. Chicago: SSI Inc.

Kaiser, H. F. (1970). A second-generation little jiffy. *Psychometrika, 35*, 401-415.

Kaiser, H. F. (1974). An index of factorial simplicity. *Psychometrika, 39*, 31-36.

Kline, T. (2005). *Psychological testing: A practical approach to design and evaluation*. London: Sage Publications.

Lei, M., & Lomax, R. G. (2005). The effect of varying degrees of nonnormality in structural equation modeling. *Structural Equation Modeling: A Multidisciplinary Journal, 12*(1), 1-27.

Linn, R. L., & Gronlund, N. E. (1995). *Measurement and assessment in teaching* (7th ed.). Englewood Cliffs, NJ: Merrill.

Lord, F. M., & Novick, M. R. (2008). *Statistical theories of mental test scores* (reprint ed.). New York: Information Age Pub.

MacCallum, R. C., Browne, M. W., & Sugawara, H. M. (1996). Power analysis and determination of sample size for covariance structure modeling. *Psychological Methods, 1*(2), 130-149.

MacCallum, R. (1983). A comparison of factor analysis programs in SPSS, BMDP, and SAS. *Psychometrika, 48*, 223-231.

March, H. W., Balla, J. R., & McDonald, R. P. (1988). Goodness-of-fit indexes in confirmatory factor analysis: The effect of sample size. *Psychological Bulletin, 103*, 391-410.

Mardia, K. V. (1971). The effect of nonnormality on some multivatiate tests and robustness to nonnormality in the linear model. *Biometrika, 58*(1), 105-121.

Marsh, H. W., Morin, A. J., Parker, P. D., & Kaur, G. (2014). Exploratory structural equation modeling: An integration of the best features of exploratory and confirmatory factor analysis. *Annual Review of Clinical Psychology, 10*, 85-110.

McDonald, R. P., & Marsh, H. W. (1990). Choosing a multivariate model: Noncentrality and goodness of fit. *Psychological Bulletin, 107*, 247-255.

Mosteller, F., & Tukey, J. W. (1977). *Data analysis and regression*. Reading, Mass.: Addison-Wesley.

Mulaik, S. A. (1990). Blurring the distinction between component analysis and common factor analysis. *Multivariate Behavioral Research, 25*, 53–59.

Mulaik, S. A., James, L. R., Van Alstine, J., Nennett, N., Lind, S., & Stilwell, C. D. (1989). Evaluation of goodness-of-fit indices for structural equation models. *Psychological Bulletin, 105*, 430–445.

Nunnally, J. (1978). *Psychometrics theory* (2nd ed.). New York: McGraw-Hill.

Okazaki, S., & Mendez, F. (2013). Perceived ubiquity in mobile services. *Journal of Interactive Marketing, 27*(2), 98–111.

Olson, C. L. (1979). Practical considerations in choosing a MANOVA test statistic: A rejoinder to Stevens. *Psychological Bulletin, 86*, 1350–1352.

Preacher, K. J., & Hayes, A. F. (2004). SPSS and SAS procedures for estimating indirect effects in simple mediation models. *Behavior Research Methods, Instruments, & Computers, 36*, 717–731.

Preacher, K. J., Rucker, D. D., & Hayes, A. F. (2007). Addressing moderated mediation hypotheses: Theory, methods, and prescriptions. *Multivariate Behavioral Research, 42*(1), 185–227.

Prussia, G. E., Kinicki, A. J., & Bracker, J. S. (1993). Psychological and behavioral consequences of job loss: A covariance structure analysis using Weiner's (1985) attribution model. *Journal of Applied Psychology, 78*(3), 382–394.

Rigdon, E. E. (1996). Demonstrating the effects of unmodeled random measurement error. *Structural Equation Modeling, 3*(1), 307–322.

Seer, G. A. F. (1984). *Multivariate observations*. New York: Wiley.

Sharma, S., Durand, R. M., & Gur-Arie, O. (1981). Identification and analysis of moderator variables. *Journal of Marketing Research, 18*, 291–300.

Smith, P. C., Kendall, L. M., & Hulin, C. L. (1969). *The measurement of satisfaction in work and retirement*. IL: Rand McNally.

Snook, S. C., & Gorsuch, R. L. (1989). Principal component analysis versus common factor analysis: A monte carlo study. *Psychological Bulletin, 106*, 148–154.

Steiger, J. H. (2007). Understanding the limitations of global fit assessment in structural equation modeling. *Personality and Individual Differences, 42*(5), 893–898.

Stewart, D. W. (1981). The application and misapplicaiton of factor analysis in marketing research. *Journal of Marketing Research, 18*, 51–62.

Tabachnick, B. G., & Fidell, L. S. (2013). *Using multivariate statistics* (6th ed.). NJ: Pearson.

Tanaka, J. S., & Huba, G. J. (1985). A fit index for covariance structure models under arbitrary GLS estimation. *British Journal of Mathematical and Statistical Psychology, 42*, 233–239.

Tatsuoka, M. M. (1971). *Multivariate analysis techniques for education and psychological research*. New York: Wiley.

Thorndike, R. L. (1982). *Applied psychometrics*. Boston: Houghton Mifflin.

Tremblay, P. F., & Gardner, R. G. (1996). On the growth of structural equation modeling in psychological journals. *Structural Equation Modeling, 3*(2), 93–104.

Tucker, L. R., & Lewis, C. (1973). The reliability coefficient for maximum likelihood factor analysis. *Psychometrika, 38*, 1–10.

Wayne, S. J., & Ferris, G. R. (1990). Influence tactics, affect, and exchange quality in supervisor-subordinate interactions: A laboratory experiment and field study. *Journal of Applied Psychology, 75*(5), 487–499.

West, S. G., Taylor, A. B., & Wu, W. (2012). Model fit and model selection in structural equation modeling. R. H. Hoyle (Ed.), *Handbook of structural equation modeling*. New York: Guilford Press.

Widaman, K. F. (1985). Hierarchically nested covariance structure models for multitrait-multimethod data. *Applied Psychological Measurement, 9*, 1–26.

Wilkinson, L. (1979). Test of significance in stepwise regression. *Psychological Bulletin, 86*(1), 168–174.

Williams, L. J., & Holahan, P. J. (1994). Parsimony-based fit indices for multiple-indicator models. *Structural Equation Modeling, 1*(2), 161–189.

Williams, L. J., & Podsakoff, P. M. (1989). Longitudinal field methods for studying reciprocal relationships in organizational behavior research: Toward improved causal analysis. *Research in Organizational Behavior, 11*, 247–292.

찾아보기

인명

내용

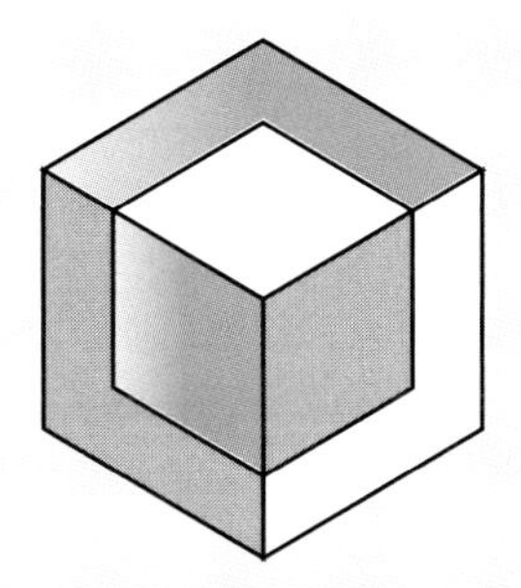

저자 소개

양병화(Yang, Byunghwa)

중앙대학교 심리학 박사
전 미국 미시건대학교 NQRC 객원연구원
현 강원대학교 심리학과 교수

〈주요 연구와 저서〉

브랜드 트라이벌리즘과 소비자 충성심의 관계: SPA 패션 브랜드 모형(2019, 한국심리학회지: 소비자·광고, 20, 365-393)

The integrated mobile advertising model: The effects of technology- and emotion-based evaluations(2013, *Journal of Business Research, 66*, 1345-1352)

Individual differences and sales performance: A distal-proximal mediation model of self-efficacy, conscientiousness, and extraversion (2011, *Journal of Personal Selling & Sales Management, 31*, 371-381)

조사와 통계분석(2013, 학지사)

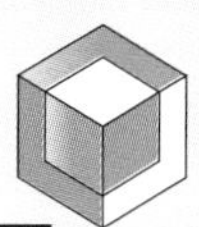

SPSS/AMOS를 활용한 100문 100답

다변량 통계분석의 이론과 해설

Multivariate Data Analysis
for Absolute Beginners

2023년 12월 12일 1판 1쇄 인쇄
2023년 12월 20일 1판 1쇄 발행

지은이 • 양병화
펴낸이 • 김진환
펴낸곳 • (주) 학지사
04031 서울특별시 마포구 양화로 15길 20 마인드월드빌딩 4층
대 표 전 화 • 02)330-5114 팩스 • 02)324-2345
등 록 번 호 • 제313-2006-000265호

홈 페 이 지 • http://www.hakjisa.co.kr
인스타그램 • https://www.instagram.com/hakjisabook/

ISBN 978-89-997-3026-9 93310

정가 28,000원